AF525605

Business Process Transformation mit SAP® Signavio®

SAP PRESS

SAP PRESS ist eine gemeinschaftliche Initiative von SAP SE und der Rheinwerk Verlag GmbH. Unser Ziel ist es, Ihnen als Anwendern qualifiziertes SAP-Wissen zur Verfügung zu stellen. SAP PRESS vereint das Know-how der SAP und die verlegerische Kompetenz von Rheinwerk. Die Bücher bieten Ihnen Expertenwissen zu technischen wie auch zu betriebswirtschaftlichen SAP-Themen.

Damit Sie nach weiteren Titeln Ihres Interessengebiets nicht lange suchen müssen, haben wir eine kleine Auswahl zusammengestellt.

Densborn et al.
Migration nach SAP S/4HANA
714 Seiten, 2023, geb.
ISBN 978-3-8362-9364-8
www.sap-press.de/5654

Holger Seubert
SAP Business Technology Platform: Einsatz, Services, Erfolgsfaktoren
371 Seiten, 2021
ISBN 978-3-8362-8594-0
www.sap-press.de/5384

Saueressig et al.
SAP S/4HANA Cloud: Funktionen, Nutzen, Erfolgsfaktoren
620 Seiten, 2022, geb.
ISBN 978-3-8362-8896-5
www.sap-press.de/5500

Teuber et al.
SAP Cloud ALM: Das umfassende Handbuch
ca. 670 Seiten, erscheint im September 2023, geb.
ISBN 978-3-8362-9464-5
www.sap-press.de/5686

Johannes Strasser, Michael Sokollek, Manuel Sänger,
Maike Spierling, Marvin Schönwälder

Business Process Transformation mit SAP® Signavio®

Liebe Leserin, lieber Leser,

vielen Dank, dass Sie sich für ein Buch von SAP PRESS entschieden haben.

Mit der SAP Signavio Process Transformation Suite gibt SAP Ihnen einen ganzen Werkzeugkasten an die Hand, um Ihre Geschäftsprozesse zu optimieren und das Kundenerlebnis zu revolutionieren. Doch was können die einzelnen Lösungen eigentlich und wann lohnt sich der Einsatz von SAP Signavio? Das erfahren Sie in diesem Buch!

Unser erfahrenes Autorenteam rund um Johannes Strasser, Michael Sokollek, Manuel Sänger, Maike Spierling und Marvin Schönwälder gibt Ihnen einen umfassenden Überblick über die einzelnen Tools und zeigt Ihnen, welche Funktionen und Vorteile sie für Ihr Unternehmen bieten. Sie erfahren nicht nur, wie Sie die Business Process Transformation strategisch angehen, sondern erhalten auch ganz konkrete Tipps und Praxisbeispiele, wie Sie den Wechsel zu SAP S/4HANA nutzen, um Ihre Geschäftsprozesse mit SAP Signavio auf die Zukunft auszurichten.

Wir freuen uns stets über Lob, aber auch über kritische Anmerkungen, die uns helfen, unsere Bücher zu verbessern. Scheuen Sie sich nicht, sich bei mir zu melden; Ihr Feedback ist jederzeit willkommen.

Ihre Nicole Hohmann
Lektorat SAP PRESS

nicole.hohmann@rheinwerk-verlag.de
www.rheinwerk-verlag.de
Rheinwerk Verlag · Rheinwerkallee 4 · 53227 Bonn

Auf einen Blick

TEIL I Einführung in Business Process Transformation

TEIL II Das Business-Process-Transformation-Portfolio von SAP

TEIL III Wie Sie mit Business Process Transformation den Wechsel zu SAP S/4HANA erfolgreich gestalten

Wir hoffen, dass Sie Freude an diesem Buch haben und sich Ihre Erwartungen erfüllen. Ihre Anregungen und Kommentare sind uns jederzeit willkommen. Bitte bewerten Sie doch das Buch auf unserer Website unter **www.rheinwerk-verlag.de/feedback**.

An diesem Buch haben viele mitgewirkt, insbesondere:

Lektorat Nicole Hohmann
Korrektorat Monika Klarl, Köln
Herstellung Denis Schaal
Typografie und Layout Vera Brauner
Einbandgestaltung Lisa Kirsch
Coverbilder Shutterstock: 561542845 © Coolakov_com
Satz SatzPro, Krefeld
Druck Beltz Grafische Betriebe, Bad Langensalza

Dieses Buch wurde gesetzt aus der TheAntiquaB (9,35/13,7 pt) in FrameMaker.
Gedruckt wurde es mit mineralölfreien Farben auf chlorfrei gebleichtem, FSC®-zertifiziertem Offsetpapier (90 g/m²).
Hergestellt in Deutschland.

Bibliografische Information der Deutschen Nationalbibliothek:
Die Deutsche Nationalbibliothek verzeichnet diese Publikation in der Deutschen Nationalbibliografie; detaillierte bibliografische Daten sind im Internet über *http://dnb.dnb.de* abrufbar.

ISBN 978-3-8362-9174-3

1. Auflage 2023

Informationen zu unserem Verlag und Kontaktmöglichkeiten finden Sie auf unserer Verlagswebsite **www.rheinwerk-verlag.de**. Dort können Sie sich auch umfassend über unser aktuelles Programm informieren und unsere Bücher und E-Books bestellen.

Inhalt

TEIL III Wie Sie mit Business Process Transformation den Wechsel zu SAP S/4HANA erfolgreich gestalten

Einleitung

In einer sich ständig verändernden Welt ist es für Unternehmen von großer Bedeutung, ihre Geschäftsprozesse zu verstehen, zu verbessern und kontinuierlich zu verändern, um wettbewerbsfähig zu bleiben. Nur wer sich auf Basis effizienter Prozesse und effektiver Entscheidungen schnell an veränderte Marktbedingungen und Kundenanforderungen anpassen kann, wird langfristig erfolgreich sein und konkurrenzfähig bleiben. Insbesondere seit dem Jahr 2020 stehen Unternehmen weltweit vor großen und zum Teil sehr unvorhersehbaren Herausforderungen, die eine Anpassung bestehender Geschäftsprozesse erforderlich machen. Covid-19, unterbrochene Lieferketten und geopolitische Konflikte sind nur einige Beispiele dafür. Um diesen Herausforderungen aktiv zu begegnen, ist ein Prozessmanagement kein Nice-to-have, sondern ein Need-to-have für jedes Unternehmen.

Business Process Transformation ermöglicht es Unternehmen, ihre Geschäftsprozesse zu verstehen, anzupassen und Veränderungen zu implementieren. Die *SAP Signavio Process Transformation Suite* ist eine Plattform, die Unternehmen bei genau diesen Aspekten unterstützt. Dieses Buch gibt einen detaillierten Überblick über das SAP-Signavio-Produktportfolio und zeigt auf, welche Vorteile der Einsatz der Suite oder einzelner Lösungen für Ihr Unternehmen haben kann.

Ein weiterer Auslöser, der Unternehmen dazu veranlassen kann, sich intensiv mit ihren Geschäftsprozessen auseinanderzusetzen, ist die Umstellung auf SAP S/4HANA. Wenn Sie vor dem Wechsel zu SAP S/4HANA stehen, stellen Sie sich sicher folgende Fragen:

- Wie können Sie sicherstellen, dass der Wechsel zu SAP S/4HANA Mehrwert für Ihr Unternehmen schafft?
- Wie kann der Wechsel zu SAP S/4HANA so schnell wie möglich durchgeführt werden?
- Wie stellt Ihr Unternehmen sicher, dass der Wechsel auf SAP S/4HANA durchführbar ist?

Das Business Process Transformation Management unterstützt Sie bei diesen und weiteren Fragen. Es sollte daher zentraler Bestandteil Ihrer Umstellung auf SAP S/4HANA sein. Wir beschreiben detailliert, wie Sie während der Transformation vorgehen, wie es nach der Transformation weitergeht und wie Sie sofort loslegen können. Lassen Sie uns gemeinsam in die Welt des Business Process Transformation Management mit SAP Signavio eintauchen!

Zielgruppe des Buchs

Dieses Buch richtet sich an Führungskräfte, Geschäftsprozessmanager*innen, IT-Expert*innen und alle, die an der Optimierung und Transformation von Geschäftsprozessen interessiert sind. Es bietet einen praxisorientierten Leitfaden für den effektiven Einsatz der SAP Signavio Business Process Transformation Suite und liefert wertvolle Einblicke und Best Practices für eine erfolgreiche Geschäftsprozesstransformation. Nicht zuletzt werden auch Berater*innen angesprochen, die Unternehmen bei der digitalen Transformation und der Einführung von SAP-Signavio-Lösungen begleiten.

Weitere Zielgruppen sind:

- **Business Executives**, die den Mehrwert von SAP S/4HANA, RISE with SAP und intelligenten Technologien mit SAP Signavio besser verstehen möchten
- **Projektmanager*innen**, die ihre Projekte (z. B. SAP-S/4HANA-Migration, RISE with SAP, Geschäftstransformation) mit SAP Signavio unterstützen möchten
- **Line of Business Manager**, die die Performance überwachen und Verbesserungspotenziale in ihrem Bereich identifizieren möchten
- **Process Owner**, die die Performance überwachen und Verbesserungspotenziale ihres End-to-End-Prozesses identifizieren möchten
- **Transformationstreiber**, die nach unternehmensweiten Automatisierungspotenzialen suchen

Inhalt und Aufbau des Buchs

Dieses Buch ist in drei Teile untergliedert. **Teil I**, »Einführung in Business Process Transformation«, führt Sie in das Thema SAP Signavio ein und erläutert typische Beweggründe für den Einsatz von Business Process Management und der SAP Signavio Business Process Transformation Suite. **Teil II**, »Das Business-Process-Transformation-Portfolio von SAP«, stellt Ihnen die Funktionen der einzelnen Komponenten vor und erläutert deren Anwendung jeweils anhand eines Beispiels. **Teil III**, »Wie Sie mit Business Process Transformation den Wechsel zu SAP S/4HANA erfolgreich gestalten«, stellt die Einzellösungen in den Zusammenhang und zeigt deren Anwendung im Rahmen einer SAP-S/4HANA-Transformation und darüber hinaus. Wir beschreiben, wie Unternehmen die SAP Signavio Business Process Transformation Suite nutzen können, um ihre Geschäftsprozesse zu optimieren und gleichzeitig für zukünftige Herausforderungen gerüstet zu sein.

Die Kapitel des Buchs bauen aufeinander auf, daher ist es ratsam, zuerst das Warum zu verstehen (siehe Teil I, Kapitel 1 und Kapitel 2), um dann das Was (siehe Teil II, Kapitel 3 bis Kapitel 9) und das Wie (siehe Teil III, Kapitel 10 bis Kapitel 14) zu verstehen.

Kapitel 1, »Warum Business Process Transformation?«, zielt darauf ab, Ihnen die Dringlichkeit und die Chancen der Business Process Transformation zu vermitteln. Zu diesem Zweck werden die Rahmenbedingungen für die Business Process Transformation erörtert, zu denen u. a. neue Technologien und Geschäftsmodelle, Marktentwicklungen, Globalisierung und komplexe Produktabhängigkeiten gehören.

Hinter Business Process Transformation verbirgt sich ein umfassendes Framework für die ganzheitliche Geschäftsprozesstransformation. In **Kapitel 2**, »Was ist Business Process Transformation?«, erfahren Sie, aus welchen Teilen dieses Framework besteht und welche Kernfähigkeiten es bietet.

In **Kapitel 3**, »SAP Signavio Process Insights«, wird die erste SAP-Signavio-Lösung im Detail erläutert. Dieses Kapitel bietet Ihnen einen Funktionsüberblick, Potenziale und ein praktisches Anwendungsbeispiel zum Einsatz von SAP Signavio Process Insights.

Die Lösung SAP Signavio Process Intelligence wird in **Kapitel 4**, »SAP Signavio Process Intelligence«, näher vorgestellt. In diesem Kapitel erhalten Sie einen Überblick über die Funktionen, Möglichkeiten und ein praktisches Anwendungsbeispiel von SAP Signavio Process Intelligence.

Die Lösung SAP Signavio Process Manager stellen wir Ihnen in **Kapitel 5**, »SAP Signavio Process Manager«, näher vor. Dieses Kapitel bietet Ihnen einen Funktionsüberblick, Potenziale wie auch ein praktisches Anwendungsbeispiel zum Einsatz des SAP Signavio Process Managers.

Kapitel 6, »SAP Signavio Journey Modeler«, führt Sie des Weiteren in die Lösung SAP Signavio Journey Modeler ein. Auch in diesem Kapitel erhalten Sie einen Überblick über die Funktionen und Potenziale der Lösung. In einem praktischem Anwendungsbeispiel sehen Sie dann, wie Sie SAP Signavio Journey Modeler in der Praxis einsetzen können.

In **Kapitel 7**, »SAP Signavio Process Collaboration Hub«, widmen wir uns der Lösung SAP Signavio Process Collaboration Hub. Nach einem Überblick über die Funktionen und Potenziale zeigen wir Ihnen in einem praktischen Anwendungsbeispiel, wie die Lösung die Zusammenarbeit verbessern kann.

Die Lösung SAP Signavio Process Governance und die dazugehörigen Funktionen werden in **Kapitel 8**, »SAP Signavio Process Governance«, vorgestellt. Lernen Sie die Workflow-Funktionen kennen und finden Sie im praktischen Anwendungsbeispiel heraus, wie z. B. ein Freigabeprozess eingerichtet wird.

SAP Build Process Automation gehört zwar zur Produktfamilie von SAP Build, ist aber funktional in das SAP-Signavio-Portfolio integriert, weshalb wir Ihnen die Lösung in **Kapitel 9**, »SAP Build Process Automation«, vorstellen. Sie lernen die Funktionen und

Potenziale der Lösung kennen. Anschließend lernen Sie in einem praktischen Anwendungsbeispiel mögliche Einsatzszenarien der Lösung kennen.

Der Wechsel zu SAP S/4HANA ist für Unternehmen der ideale Zeitpunkt, um in das Business Process Transformation Management einzusteigen. In **Kapitel 10**, »Der Wechsel zu SAP S/4HANA als Einstieg in das Business Process Transformation Management«, beschreiben wir die Grundprinzipien von SAP S/4HANA und Wechselszenarien beim Umstieg auf SAP S/4HANA. Wir beschreiben außerdem die Erfolgsfaktoren und Dimensionen des Business Process Transformation Managements sowie die Chancen und Herausforderungen, die sich ergeben, wenn sich Unternehmen für den Einsatz von Business Process Transformation Management entscheiden.

Wichtige Aspekte wie Prozessorganisationen, Prozessrollen, Prozessarchitekturen, Variantenmanagement und die Verknüpfung des Prozessmanagements mit dem Application Lifecycle Management und dem Enterprise Architecture Management werden in **Kapitel 11**, »Die Grundlagen für ein Business Process Transformation Management«, beschrieben.

Die SAP-Signavio-Methode zur End-to-End Business Process Transformation entlang der Phasen Analyze, Enhance, Process Design, Solution Design, Build, Test und Enablement wird in **Kapitel 12**, »Der Einsatz des Business Process Transformation Managements beim Wechsel zu SAP S/4HANA«, beschrieben. In Kundenbeispielen verdeutlichen wir außerdem, wie die Methode Kunden bei ihrem Transformationsprojekt unterstützt.

Nachdem der Wechsels zu SAP S/4HANA abgeschlossen ist, ist es notwendig, das Business Process Transformation Management auf die Phase der kontinuierlichen Prozessveränderung auszurichten. **Kapitel 13**, »Der Einsatz des Business Process Transformation Managements über das SAP-S/4HANA-Projekt hinaus«, widmet sich dieser Phase der kontinuierlichen Prozesstransformation.

Für den Einstieg in das Business Process Transformation Management mit SAP stehen verschiedene Angebote zur Verfügung. In **Kapitel 14**, »Der Einstieg in das Business Process Transformation Management« beschreiben wir Möglichkeiten, Lösungen und Grundkonzepte, wie Sie produktive Systeme analysieren und Verbesserungspotenziale identifizieren.

Hinweiskästen

In hervorgehobenen Informationskästen sind in diesem Buch Inhalte zu finden, die wissenswert und hilfreich sind, aber etwas außerhalb der eigentlichen Erläuterung stehen. Damit Sie die Informationen in den Kästen sofort einordnen können, haben wir die Kästen mit Symbolen gekennzeichnet:

In Kästen, die mit diesem Symbol gekennzeichnet sind, finden Sie Informationen zu *weiterführenden Themen* oder wichtigen Inhalten, die Sie sich merken sollten. [«]

Dieses Symbol weist Sie auf *Besonderheiten* hin, die Sie beachten sollten. Es *warnt* Sie außerdem vor häufig gemachten Fehlern oder Problemen, die auftreten können. [!]

Mit diesem Symbol sind *Tipps* und *Hinweise* aus der Berufspraxis markiert, die praktische Empfehlungen geben, die Ihnen die Arbeit erleichtern können. [+]

Danksagung

Ein großes Dankeschön geht an unsere Kolleginnen und Kollegen von SAP Signavio und Westernacher Consulting, die uns bei der Erstellung dieses Buchs tatkräftig unterstützt und motivierend beiseite gestanden haben. Wir bedanken uns auch herzlich beim Lektorat des Rheinwerk Verlags für die tatkräftige Unterstützung und Veröffentlichung dieses Werks.

Wir wünschen Ihnen viel Spaß bei der Lektüre.

Johannes Strasser, **Michael Sokollek**, **Manuel Sänger**,
Maike Spierling und **Marvin Schönwälder**

TEIL I

Einführung in Business Process Transformation

Kapitel 1
Warum Business Process Transformation?

Ziel dieses Kapitels ist es, Ihnen die Dringlichkeit und die Chancen von Business Process Transformation zu vermitteln. Dazu gehen wir auf die Rahmenbedingungen einer Geschäftstransformation ein, zu denen u. a. neue Technologien und Geschäftsmodelle, Marktentwicklungen, die Globalisierung und komplexe Produktabhängigkeiten gehören.

Unsere heutige Geschäftswelt ist eine völlig andere, als sie es vor 10 oder gar 20 Jahren noch war. Sie ist schnelllebiger geworden, digitaler, globalisierter. Ja, unberechenbarer und volatiler denn je zuvor. Erfolgreiche Unternehmen von morgen müssen dementsprechend über spezielle Kompetenzen verfügen, um in einem Umfeld mit steigender Komplexität und sich ändernden Marktbedingungen agil zu bleiben und vor allem, um sich langfristig darin behaupten zu können. Unternehmen von morgen werden intelligent, kundenzentriert und vernetzt. Nur so können die aktuellen Herausforderungen effektiv als Chance gesehen werden, sich nachhaltig von den Mitbewerbern zu differenzieren und Marktanteile fortwährend zu sichern.

In diesem Zusammenhang beleuchten wir in Abschnitt 1.1 zunächst die aktuellen Herausforderungen für Unternehmen. In Abschnitt 1.2 lernen wir dann die Kompetenzen erfolgreicher Unternehmen von heute kennen. Abschließend widmen wir uns in Abschnitt 1.3 ausführlich den Ansprüchen an das intelligente Unternehmen von morgen.

1.1 Aktuelle Herausforderungen für Unternehmen

Das Geschäftsumfeld von heute verändert sich schneller als je zuvor. Allein seit 2020 mussten sich sämtliche Unternehmen weltweit an neue und teilweise unvorhersehbare Bedingungen anpassen: von der Corona-Pandemie und den damit verbundenen Lockdowns über die zunehmende Inflation, volatile Märkte, das veränderte Konsumverhalten bis hin zu geopolitischen Konflikten, die die Welt in Atem halten. Gleichzeitig haben sich neue Technologien und Trends behauptet – allen voran Web 3.0 und die damit verbundenen Möglichkeiten für Unternehmen aus verschiedensten Branchen.

Unsere globalisierte Welt ist so wahnsinnig schnelllebig geworden, dass es sogar einen eigenen Begriff dafür gibt: *VUCA*. VUCA steht für Volatilität, Ungewissheit, Komplexität (Complexity) sowie Ambiguität. Abbildung 1.1 veranschaulicht dieses Konzept.

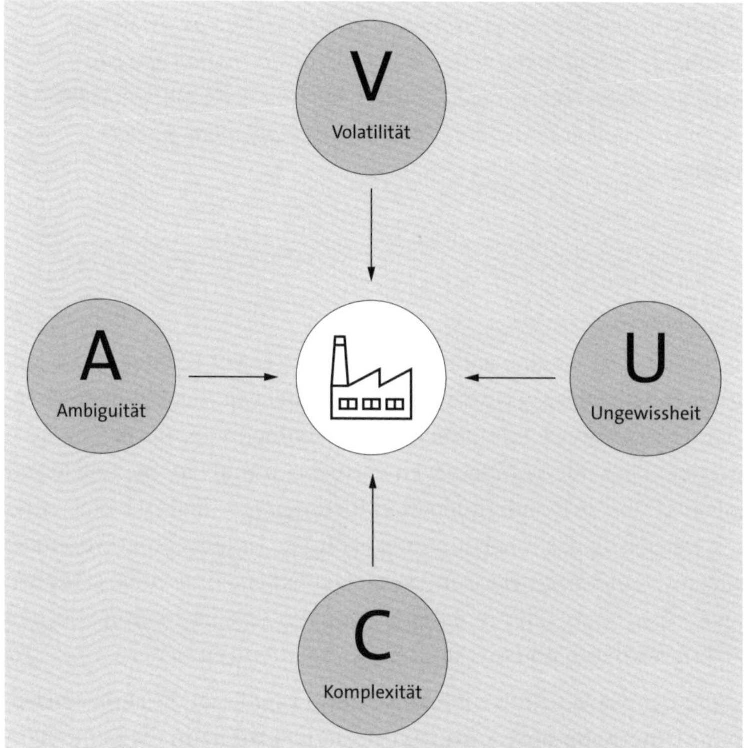

Abbildung 1.1 Die Einflüsse der VUCA-Welt auf Unternehmen

VUCA ist dabei der Überbegriff für die unterschiedlichen Herausforderungen, denen sich Unternehmen heutzutage stellen müssen. Vereinfacht ausgedrückt ist VUCA ein Nebenprodukt der schnelllebigen und digitalisierten Geschäftswelt, in der wir uns befinden. Unterdessen stellen wir eine erhöhte Komplexität in Bezug auf Produktvielfalt, Geschäftsprozesse und Stakeholder-Beziehungen fest. Ursprünglich stammt der Begriff aus den 1990er Jahren. Die US-Armee hat damit damals die großen Veränderungen innerhalb des Militärs nach Ende des kalten Krieges beschrieben. Heute allerdings kommt die Terminologie vor allem im Business-Kontext zum Einsatz. Volatilität, Ungewissheit, Komplexität und Ambiguität werden aufgrund von großen Umweltveränderungen wie etwa der fortschreitenden Digitalisierung oder Globalisierung gefördert, die wiederum Druck auf die Veränderung unserer Arbeitswelt ausüben. All diese Aspekte prägen die Welt, in der wir heute leben und stellen uns vor gewaltige Herausforderungen. Etablierte Unternehmen oder gar ganze Branchen kollabieren; gleichzeitig schießen neue Unternehmen aus dem Boden. Umstrukturierungen und Optimierungen werden zum neuen Standard.

Als wenn das alles nicht schon genug wäre, setzen sich auch neue Technologien und Geschäftsmodelle in nahezu allen denkbaren Geschäftsfeldern in rasantem Tempo durch.

Bevor wir auf die Technologien eingehen, möchten wir uns zunächst die aktuellen Herausforderungen an heutige Unternehmen ansehen und besser verstehen.

1.1.1 Volatilität

Die *Volatilität* umfasst die Schwankungen und die oft unberechenbaren Änderungen von Rahmenbedingungen, die oftmals in großem Ausmaß und auch schnell erfolgen. Eine steigende Volatilität hat demnach eine beschleunigte und starke Veränderung der Rahmenbedingungen und des Umfelds zur Folge. Dazu zählen eine hohe Fluktuation, unerwartete Änderungen und neue Trends. Diese sorgen für neue, unerwartete Mitbewerber sowie für sich substituierende Produkte und immer kürzere Produktlebenszyklen. Ungewissheit beschreibt wiederum die Unsicherheit, die mit der erschwerten Unvorhersehbarkeit von Ereignissen einhergeht, da viele Variablen nicht verlässlich oder unzureichend bekannt sind. Eine steigende Ungewissheit führt ebenso zu einer schwerer vorhersehbaren Zukunft wie zu einer größeren Wahrscheinlichkeit des Eintritts von überraschenden Ereignissen. Dazu zählen eine geringere Aussagekraft von vergangenheitsorientierten Analysen, eine erschwerte Entscheidungsfindung und Planung sowie ein geringeres Verständnis der Mitarbeitenden dazu, was um sie herum passiert. Auch Kundenbedürfnisse und Kundennachfragen können sich regelrecht von heute auf morgen verändern. Neben der Volatilität und Ungewissheit sind wir heutzutage auch einer Vielzahl komplexer Bedingungen ausgesetzt. Diese erschwert die Abschätzung von Auswirkungen eines veränderten Faktors auf andere Faktoren. Eine steigende Komplexität umfasst viele unbekannte Elemente, die in wechselseitiger Abhängigkeit zueinander sowie in Interaktion miteinander stehen. Damit verbunden ist eine große Menge an unüberschaubaren Informationen sowie eine höhere Anzahl von Einflussfaktoren auf den Markt, das Unternehmen oder die einzelnen Mitarbeitenden. Eine steigende Ambiguität von Informationen hat schlussendlich zur Folge, dass widersprüchliche Informationen unterschiedlich gedeutet werden. Ursächlich dafür ist einerseits die Datenflut sowie die enorme Anzahl von verschiedenen Informationskanälen und andererseits die unterschiedliche Bewertung der Informationen auf Basis individueller Werte und Interessen. Diese Mehrdeutigkeit von Informationen führt infolgedessen zu einer erschwerten Orientierung für alle Beteiligten, aus der Missverständnisse und sogar Konflikte entstehen können. Wenn Informationen mehrdeutig sind, führt dies zu unterschiedlichen Interpretationen, was wiederum ein höheres Risiko für Fehlentscheidungen mit sich bringt.

Vielleicht fragen Sie sich, was das alles für Ihr Unternehmen bedeutet. Die Antwort auf diese Frage ist komplex: Früher konnten noch langfristige Entscheidungen mit abschätzbaren Risiken anhand von jahrelanger Erfahrung getroffen werden. In der heutigen VUCA-Welt lassen sich Risiken sowie Entscheidungsfaktoren nur noch sehr kurzfristig abschätzen, wenn dies überhaupt möglich ist. Unternehmen, die ihre gewohnten Entscheidungsprinzipien in der VUCA-Welt durchsetzen möchten, treffen Entscheidungen oftmals falsch, zu spät oder gar nicht. Egal ob gesellschaftlicher Wandel oder globale Machtverschiebungen, Sie kommen nicht darum herum, die Unberechenbarkeit unserer Zeit bis zu einem gewissen Grad zu akzeptieren. Trotzdem benötigt jedes Unternehmen solide Strategien und effektive Werkzeuge, um sich in einer sich stetig verändernden Welt zu behaupten. Fokussieren Sie sich auf Ihre Kernkompetenzen, und setzen Sie sich mit den für Sie bedeutsamen Grundsatzfragen auseinander, also beispielsweise:

- Wie gewichten Sie Ihre Informationen?
- Wie heben Sie sich gegenüber Ihren Mitbewerbern ab?
- Wie können Sie unter Berücksichtigung der genannten Faktoren eine langfristige Loyalität Ihrer Kunden, Lieferanten und Mitarbeitenden fördern?

Eine klar definierte, kundenorientierte Vision ist hilfreich, um sich über realistische Ziele bewusst zu sein und sich sowohl Struktur als auch Orientierung zu verschaffen. Ähnlich wie bei der Disruption bietet es sich auch hier an, der Unberechenbarkeit unserer VUCA-Welt dementsprechend positiv gestimmt zu begegnen und die damit verbundenen Herausforderungen als Chance für Ihr Unternehmen zu sehen, sich stetig weiterzuentwickeln. Wenn man sich mit den einzelnen Merkmalen befasst und geeignete Strategien dafür erarbeitet, wird auch das »Früher war alles besser«-Gefühl gedämpft. Jedenfalls ist es von Bedeutung, Ihr Unternehmen der Zukunft gegenüber gut aufzustellen. Dies erreichen Sie u. a. durch Agilität und unternehmensweite Transparenz. Beide Ansätze sowie weitere Ansätze werden in Abschnitt 1.2, »Welche Kompetenzen muss ein Unternehmen heute mitbringen?«, näher behandelt. Um diese später noch besser zu verstehen, tauchen wir zunächst noch etwas tiefer in unsere aktuellen Herausforderungen ein und widmen uns dem Thema Ungewissheit.

1.1.2 Ungewissheit

Eine weitere Herausforderung stellt die *Ungewissheit* und die damit zusammenhängende dauernde *Unberechenbarkeit* der heutigen Zeit dar. Die bereits diskutierte Volatilität, Pandemien, Lockdowns, die Verschiebung gesellschaftlicher Werte, geopolitische Konflikte und volatile Marktentwicklungen sind nur einige Beispiele. Diese Unberechenbarkeit umfasst vier Merkmale unserer modernen Welt, die allesamt neue Ansätze im Denken und Handeln erfordern. Das schon eingeführte Akronym VUCA wird in der Betriebswirtschaft häufig verwendet, um eben diese Unabhängigkeit zu beschreiben.

Auch das Konzept der *Disruption* trägt zur Unberechenbarkeit unserer Zeit bei. Disruption bedeutet, dass bestehende Strukturen und Prozesse aufgebrochen und gegebenenfalls völlig neu definiert werden. Dabei wird die etablierte Lösung von einer einfacheren, kostengünstigeren oder schnelleren Innovation abgelöst. Der Begriff der Disruption hat vor allem durch Startups an Popularität gewonnen. Tatsächlich war Disruption das Wirtschaftswort des Jahres 2015 und ist seitdem in unserer Gesellschaft quasi omnipräsent. Egal ob Elektromobilität oder Online-Payment, wir alle kennen Beispiele, die traditionelle Geschäftsmodelle auf den Kopf gestellt und neu erfunden haben.

Wo liegt nun der Unterschied zu typischen Innovationen, und warum stellt Disruption überhaupt eine Herausforderung für Unternehmen der heutigen Zeit dar? Um das zu verstehen, müssen wir zunächst zwischen inkrementellen und radikalen Innovationen unterscheiden. Innovationen sind per definitionem Erfindungen, Ideen oder Übertragungen aus anderen Industrien, die einzelne Produkte und Unternehmen oder sogar eine gesamte Branche erneuern oder verbessern sollen.

Inkrementelle Innovationen sind Innovationen, die eine schrittweise Veränderung mit sich bringen. Veränderungen werden dementsprechend nach und nach identifiziert und/oder umgesetzt. Sie sind meist das Ergebnis einer Anwendung eines kontinuierlichen Verbesserungsprozesses, beispielsweise wenn ein Auto mit weniger CO_2-Ausstoß im Vergleich zum Vorgängermodell entwickelt wird.

Im Gegensatz dazu zielen *radikale Innovationen* auf die komplette Transformation des Bestehenden ab, inklusive Kunden- und Lieferantenbeziehungen. Beispiel dafür ist ein neuer Marktteilnehmer in der Automobilindustrie, der sich ausschließlich auf elektrobetriebene Fahrzeuge fokussiert. Diese radikale Innovation stellt nun eine disruptive Innovation dar. Hierbei ist festzuhalten, dass eine Innovation erst dann disruptiv wird, wenn die Mehrheit der Anwender*innen bzw. Kund*innen diese auch annimmt und der herkömmlichen Variante vorzieht. Jedenfalls geht Innovation stets vom Kunden und seinen Bedürfnissen aus. Radikale Innovationen sind daher nicht per se schlechter oder besser als inkrementelle. Da radikale Innovationen in der Regel nicht innerhalb von Unternehmen passieren, sondern von außen an sie herangetragen werden, sind die Folgen dieser Innovationen daher oft mit größeren Umstrukturierungen verbunden – sei es auf der Ebene der einzelnen Mitarbeitenden, im Unternehmen oder sogar in ganzen Märkten. Effektive Disruptionen können sowohl in existierenden als auch in neuen Märkten zu überraschenden, schnellen und auch harten Umbrüchen führen. In beiden Fällen – sei es in einem existierenden Markt, wie beispielsweise der Automobilindustrie, oder in einem neu entwickelten Markt, wie das Metaversum – stellen Disruptionen traditionelle, innovationsscheue Unternehmen vor erhebliche Herausforderungen. Bekannte Opfer disruptiver Technologien sind etwa Nokia oder Kodak. Beide Unternehmen waren einst Marktführer in ihren jeweiligen Segmenten, wurden jedoch mittlerweile vom Erfolg der Smartphones und der Digitalfotografie überrannt.

Vielleicht denken Sie im Hinblick auf Ihr Unternehmen, dass Sie all das nicht beträfe. Vielleicht haben Sie damit momentan auch Recht, es gibt jedoch keine Branche, die in Zukunft nicht von Disruptionen betroffen sein wird. Durch die fortschreitende Digitalisierung erfolgen heutzutage mehr und deutlich schnellere Umbrüche als noch vor einem Jahrzehnt. Darüber hinaus verschwinden jetzt schon vertraute Berufsbilder, und völlig neue Denkweisen etablieren sich an den globalen Märkten. So hart und überraschend die Umbrüche disruptiver Kräfte oft erscheinen, so ist das Aufkommen von Disruption zugleich ein äußerst schleichender Prozess. Unternehmen wollen einerseits innovativ sein. Andererseits werden disruptive Ideen häufig zunächst weder wahr- noch ernst genommen. Obwohl beispielsweise die Apple AirPods aufgrund ihrer Ähnlichkeit mit Zahnbürstenaufsätzen zunächst belächelt wurden, haben sie sich am Markt mittlerweile etabliert. Hersteller von kabelbasierten Kopfhörern haben demgemäß das Nachsehen und infolgedessen einen erheblichen Wettbewerbsnachteil. Eine große Gefahr ist auch, dass sich tatsächliche Veränderungen nur schleichend bemerkbar machen. Dementsprechend werden diese von (noch) etablierten Unternehmen erst verspätet entdeckt. Die Umsätze bleiben bis dahin zunächst konstant, um dann regelrecht von einem Tag auf den anderen zusammenzubrechen. Wer also nicht mit der Zeit geht, geht mit der Zeit – früher oder später.

Nicht jedes Unternehmen kann eine Innovationskultur entwickeln, die disruptiv ist. Auch wäre diese Kultur für manche Unternehmen überhaupt nicht vorteilhaft – vor allem wenn radikale Innovationen weder das Geschäftsmodell voranbringen noch wirkliche Mehrwerte bei Kunden oder Mitarbeitenden schaffen. Gleichzeitig sollten Unternehmen und Organisationen den digitalen Wandel für sich nutzen und Innovationen – in welcher Form auch immer – als Chance verstehen. Wenn Sie die Digitalisierung erfolgreich für sich nutzen, können Sie dadurch Ihre eigenen Kernkompetenzen stärken und gehen einen Schritt voran. Dafür ist ein gutes Gespür für Entwicklungen und Trends wichtig. Wer stets auf dem aktuellen Stand der Dinge ist, kann sich Neuerungen leichter anpassen. Beispielsweise lohnt sich ein regelmäßiger Blick auf Impulsgeber für innovative Entwicklungen wie etwa die Fraunhofer-Gesellschaft, die zukunftsrelevante Schlüsseltechnologien und die Verwertung von deren Ergebnissen in Wirtschaft und Industrie beleuchten. Es gibt keine universelle Vorlage für die Entstehung von innovativen Ideen, Produkten oder Konzepten, die sich auf sämtliche Situationen, Branchen und Marktverhältnisse übertragen ließe. Die kontinuierliche Evaluation Ihrer Strategie und Ihrer Geschäftsprozesse kann jedoch einen

Beitrag zu nachhaltigem Erfolg leisten und dabei helfen, Disruptionen zu begegnen. Wenn in Ihrem Umfeld Disruptionen auftreten, kann eine Geschäftsumstrukturierung ein geeigneter Weg sein. Nehmen Sie sich die Zeit, um Ihr Geschäftsmodell komplett neu und revolutionär zu definieren. Gehen Sie dabei vor, als ob Sie Ihr Unternehmen den aktuellen Herausforderungen entsprechend neu gründen müssten. Orientieren Sie sich dabei an den folgenden Fragen:

- Welche Kundenprobleme lösen Sie wie und auf welche Art und Weise?
- Wie fördern Sie die Kommunikation zwischen Ihren Mitarbeitenden?
- Wie vermeiden Sie Silodenken?
- Wie sieht Ihre Organisationsstruktur aus?
- Wie treffen Sie schnell effektive Entscheidungen?
- Wie können Ihre Geschäftsprozesse Ihre strategischen Ziele bestmöglich unterstützen?
- Wie passen Sie Ihre Geschäftsprozesse etwaigen regulatorischen Änderungen an?
- Welche Prozesse können Sie automatisieren?
- Wie stellen Sie eine umfassende Kundenexzellenz sicher?

Auf diese Weise kannibalisieren Sie regelrecht Ihr eigenes Geschäftsfeld, indem Sie es einerseits vor äußeren Einflüssen verteidigen und andererseits stark von innen am Markt auftreten. Auch wenn Sie Ihr Geschäftsmodell nicht von Grund auf verändern können oder wollen, können Sie in diesem Kontext experimentieren und Ihre Prioritäten identifizieren. Sie bauen dadurch einen Mechanismus auf, der Sie in Zukunft vor Disruptionen schützt. Im Zuge dessen können Sie die Disruption als Chance sehen, um sich weiterzuentwickeln und noch besser zu werden.

1.1.3 Komplexität

Wie in Abschnitt 1.1.1, »Volatilität«, bereits kurz angeschnitten, bringt das »C« in unserer heutigen VUCA-Welt eine erhebliche *Komplexität* (Complexity) mit sich. Vor allem Komplexitätsprobleme im Zuge wirtschaftlich unsicheren Zeiten haben besondere Signifikanz. Sich ändernde Vorschriften, geopolitische Ungewissheiten, stark volatile Kapitalmärkte und die Verfügbarkeiten von Schlüsselqualifikationen sind nur die Spitze des Eisbergs. Ausgehend von Fusionen und Übernahmen, der Dezentralisierung von Aufgaben und Entscheidungsbefugnissen über die IT-Infrastruktur bis hin zu steigenden geschäftlichen Anforderungen, z. B. basierend auf neuen gesetzlichen Vorgaben oder zur Sicherung der Wettbewerbsfähigkeit – die Ursachen von Unternehmenskomplexität sind vielseitig und betreffen Geschäftsprozesse, -daten und -systeme ebenso wie Mitarbeitende.

Ein Beispiel: Neue Umweltstandards betreffen Ihren Produktionsbereich, und Sie müssen infolgedessen Ihre Produktionsprozesse sowie Ihre Erzeugnisse anpassen, um künftig konkurrenzfähig zu bleiben. Durch den deutlich gewachsenen Umfang von und eine Vielfalt an Produkten, Prozessen und Stakeholder-Beziehungen in Kombination mit dem stetigen Wachstumsdruck hat die Unternehmenskomplexität in den vergangenen Jahrzehnten weltweit drastisch zugenommen.

Wachstum ist allgemein ein Zeichen wirtschaftlichen Erfolgs. Die Förderung von Profitabilität und Marktpräsenz ist für die Mehrheit der Unternehmen unabdingbar, um langfristig zu überleben. Damit Unternehmen wachsen und größer werden können, müssen sie sich mit verschiedensten Märkten, einer erhöhten Anzahl an Produktkategorien, Compliance-Anforderungen, diversen Kundenkanälen und -segmenten befassen. Nun kann ein steigendes Wachstum auch zu mehr Komplexität führen, vor allem in einem weltweit vernetzten wirtschaftlichen Umfeld. Gleichzeitig kann sich die daraus entstehende Komplexität wiederum negativ auf den Unternehmenserfolg auswirken und Kernkompetenzen des Unternehmens schaden, wie etwa der Produktivität, Innovationskraft, Entscheidungsstärke oder dem Kundenservice. Diese Komplexität kann für Unternehmen nicht nur zu einer Belastung, sondern auch zu einer erheblichen Überlastung führen.

Wenn sich Organisationen vergrößern, können ihre IT-Systeme und Geschäftsprozesse einen Punkt erreichen, an dem Mitarbeitende und Geschäftspartner diverse Hürden auf ihren Weg zum Zielvorhaben bewältigen müssen. In diesem Zusammenhang können sich durch die steigende Unternehmenskomplexität Silos entwickeln. Sobald sich Silos bilden, fokussieren sich die einzelnen Mitarbeitenden ausschließlich und teilweise engstirnig auf ihre eigenen Aktivitäten. Das Gesamtbild des großen Ganzen und die firmenweite Zusammenarbeit zur Förderung des gemeinsamen Geschäftserfolgs werden außen vor gelassen. Dieses Vorgehen schadet in weiterer Folge nicht nur dem Unternehmensklima, sondern hemmt auch die Innovationskraft sowie die nachhaltige Wettbewerbsfähigkeit des Unternehmens. Kurzum: Ein Silogebilde kann sich ein Unternehmen in der heutigen Zeit nicht mehr leisten.

Dass Komplexität und Silos im Unternehmen Innovationen entgegenwirken, wirkt sich eben langfristig problematisch auf den Unternehmenserfolg aus. Dabei sind es vor allem die Innovationen, die für das Unternehmen wichtig sind, um stetig neue Produkte zu entwickeln und Ertragsströme zu generieren. Komplexität geht regelrecht mit dem Risiko einher, dass die firmenweite Kollaboration sowie der team- und bereichsübergreifende Informationsaustausch drastisch gesenkt oder sogar völlig eliminiert werden. Dies kann sich negativ auf andere Funktionen auswirken, wie etwa auf Produktentwicklung, Lieferkette, Personalabteilung oder Kundendienst. Daraus resultiert eine verzögerte *Time-to-Market*. Es dauert also länger, bis Produkte auf den Markt kommen. Darüber hinaus können Chancen gegebenenfalls nicht genutzt werden, und die für das Unternehmen einzigen Wettbewerbsvorteile sind bald verflossen. Dennoch ist Unternehmenskomplexität nicht ausschließlich ein technisches Problem. So kann beispielsweise eine wenig effektive IT-Governance eine beträchtliche Anzahl von Problemen herbeiführen. Werden viele unterschiedliche IT-Systeme bei gleichzeitig schwacher IT-Governance im Unternehmen eingesetzt, kann dies gravierende Auswirkungen zur Folge haben. IT-bezogene Projektinitiativen können unter diesen Umständen sogar gänzlich scheitern. Daher ist es essenziell, derartige Initiativen nicht nur über die IT-Abteilung, sondern mit dem gesamten Business unter Berücksichtigung der Geschäftsziele abzuwickeln.

Grundsätzlich ist festzuhalten, dass eine zu hohe Komplexität, beispielsweise hinsichtlich Ihrer IT-Systeme oder Geschäftsprozesse, Ihrem Unternehmen schaden kann und deshalb nicht ignoriert werden darf. Sie kann Ihr Wachstum, Ihre Produktivität sowie die Sicherstellung Ihrer Wettbewerbsvorteile beeinträchtigen. Wie gehen Sie in Ihrem Unternehmen mit der steigenden Komplexität um, und welche Faktoren liegen ihr zugrunde? Um diese Fragen zu beantworten, ist es sinnvoll, zwischen externer und interner Komplexität zu differenzieren. Externe Komplexität wird von außen verursacht: etwa durch Umweltveränderungen, Marktentwicklungen, Regulierungen, neue Technologien usw. Auf diese Faktoren haben Sie nur begrenzt Einfluss; Sie können sich lediglich bestmöglich anpassen. Interne Komplexität herrscht hingegen direkt innerhalb Ihres Unternehmens und wird u. a. durch Faktoren wie einer siloorientierten Unternehmenskultur bzw. der Art und Anzahl Ihrer Geschäftsprozesse begünstigt. Sie kann direkt von Ihnen beeinflusst und durch Entscheidungen zu Strukturen, Produkten und Geschäftsprozessen reduziert werden. Für letzteren Punkt können Sie beispielsweise von digitalen Werkzeugen und Tools mit einfacher Anwendung profitieren, die Ihnen helfen, Mehrwerte zu generieren sowie Ihre Wertschöpfung zu steigern. Damit verbunden bietet es sich ebenfalls an, Ihre Geschäftsprozesse und Systeme zu vereinfachen. Inspiration hierfür finden Sie in Teil III, »Wie Sie mit Business Process Transformation den Wechsel zu SAP S/4HANA erfolgreich gestalten«, dieses Werkes. Es liegt bei Ihnen, ob Sie der Komplexität erlauben, die Profitabilität und Effektivität Ihres Unternehmens zu untergraben, indem Sie die einzelnen Faktoren einfach hinnehmen, oder ob Sie die Komplexität aktiv und firmenweit angehen. Wie Sie einen dauerhaften Wettbewerbsvorteil erzielen können, liegt daran, inwieweit Sie unnötige Komplexität reduzieren, vermeiden oder beseitigen können.

1.1.4 Ambiguität

Ambiguität ist ein Zustand der Ungewissheit, in dem einem Entscheidungsträger ein klares Verständnis der Wahrscheinlichkeit vieler möglicher Ergebnisse fehlt. In diesem Kontext können Informationen unterschiedlich gedeutet und gewichtet werden. Diese Mehrdeutigkeit tritt häufig in wirtschaftlichen Entscheidungssituationen auf, da die Entscheidungsträger auf subjektive Bewertungen von Umweltbedingungen und deren zugrundeliegenden Ursachen angewiesen sind. Auch leben wir zweifelsfrei in einer Ära, die von Informationsüberflutung und ständigen Erneuerungen geprägt ist. Der technologische Fortschritt führt in vielzähligen unternehmensrelevanten Bereichen zu einem tiefgreifenden Wandel, wie etwa in der Kommunikationstechnologie, an den Kapitalmärkten oder auch im Transportwesen. Gleichzeitig ermöglicht dieser Fortschritt ebenso einen hohen Grad an weltweiter Kollaboration auf wirtschaftlicher Ebene – in Echtzeit. Diese internationale Zusammenarbeit hat wiederum zahlreiche Veränderungen in verschiedensten Bereichen zur Folge, inklusive der einzelnen Wirtschafts- und Konzernstrukturen, der Möglichkeit des weltweiten Handels und der Finanzmärkte. Die Ausweitung internationaler Arbeitsteilung ist deutlich gestiegen und hat dazu geführt, dass in fast allen Sektoren der Wirtschaft eine Umstrukturierung stattgefunden hat. Die verstärkte internationale Zusammenarbeit zwischen Unternehmen führt zudem zu einem unverkennbaren Anstieg des Warentransports rund um den Erdball. Ebenso ist es möglich, Geldbeträge in Milliardenhöhe in Sekundenschnelle rund um den Globus zu transferieren. Die Globalisierung und damit verbundene Schnelllebigkeit fördern die Entstehung von Global Playern, die über eine derartige Wirtschaftskraft verfügen, die mit der Wirtschaftskraft ganzer Länder vergleichbar ist. Diese Unternehmen optimieren ihre Wertschöpfungsketten bis zur Perfektion und senken dadurch ihre Produktionskosten. Dieses Gebrauchmachen von Größeneffekten in Verbindung mit der Nutzung von Standortvorteilen für einzelne Bereiche der Wertschöpfungskette stellt optimale Möglichkeiten zur Verfügung, um eine dominante Marktstellung aufzubauen. Kleinere Unternehmen können in diesem Zusammenhang dem Preisdruck dauerhaft nicht standhalten und werden vom Markt verdrängt.

Fakt ist, dass der Trend hinsichtlich der zunehmenden Verflechtung von Unternehmen und Wertschöpfungsketten über Ländergrenzen hinweg unaufhaltsam ist. Die Konkurrenz besteht nun nicht mehr nur aus den Mitbewerbern in der näheren Umgebung, sondern sie umfasst darüber hinaus Konkurrenten aus der ganzen Welt. Gleichzeitig sind in unserer Menschheitsgeschichte kaum so viele und tiefgreifende Veränderungen in so kurzer Zeit wie heute vorgefallen. Wir befinden uns mitten in einem globalisierten Innovationszeitalter, getrieben vom digitalen Wandel. Wir sind regelrecht darauf gedrillt, noch schneller und besser zu sein. Diese Schnelllebigkeit erzeugt einen gewissen Druck auf unsere Geschäftswelt. Durch kürzere Produktlebenszyklen, steigende Importkonkurrenz und starken globalen Wettbewerb wird es für heimische Unternehmen immer wichtiger, schnell und innovativ zu handeln – in immer kürzeren Abständen. Sie werden geradezu gezwungen, stets neue Angebote zu unterbreiten und in weiterer Folge neue Kunden anzulocken sowie bestehende Kunden zu behalten. Unternehmen bemühen sich nun, fortlaufend mit diesem technischen Fortschritt mitzuhalten. Neue Technologien finden kontinuierlich ihren Weg in unseren Arbeitsalltag, Kommunikationswege werden vermehrt in virtuelle

Räume verlagert und ineffiziente, immer wiederkehrende Aufgaben durch automatisierte Prozesse ersetzt.

Um den Herausforderungen der Ambiguität entgegenzuwirken und um sie bestmöglich als Chance zu betrachten, ist es sinnvoll, diese in Ihrer Unternehmensstrategie und -vision zu berücksichtigen. Stellen Sie sich dabei z. B. die folgenden Fragen:

- Was bedeutet Globalisierung für Ihr Unternehmen?
- Wie gehen Sie mit der heutigen Schnelllebigkeit um?
- Wie wirken Sie überraschenden Änderungen entgegen?
- Verfügen Sie über Echtzeiteinblicke in Ihre Daten, Systeme und Geschäftsprozesse?
- Sind Ihre verteilten Niederlassungen alle auf demselben Wissensstand hinsichtlich Geschäftsdaten und Geschäftsprozessen?
- Simulieren Sie alternative Geschäftsszenarien, um gegenüber etwaigen Umweltschwankungen gewappnet zu sein?
- Wie Identifizieren Sie die sich rasch ändernden Wünsche und Anforderungen Ihrer Kunden?

Die Reflektion derartiger Fragen hilft Ihnen, Ihren internationalen Handel zu pflegen, den weltweiten Vertrieb Ihrer Produkte zu stärken und sogar neue Absatzmärkte zu erschließen. Anhand dieser Expansionsmöglichkeiten können Sie wiederum entsprechendes Wachstum erzielen. Gesättigte Märkte im Heimatland und das Ziel einer Umsatzsteigerung beeinflussen Ihre Expansionsvorhaben positiv. Sie können Mehrwerte durch profitable Partnerschaften generieren und sinnvolle Kooperationen eingehen, was sich abermals vorteilhaft auf die eigene Wirtschaftsleistung auswirken kann. Es ist ebenfalls von Vorteil, dass Sie dank der globalen Reichweite die Zahl Ihrer potenziellen Kunden erhöhen können. Exportorientierung, kombiniert mit Innovationskraft, sind schließlich fundamentale Kriterien für Ihren geschäftlichen Erfolg im Zuge der Globalisierung. Mittels der Pflege bestehender sowie neuer Auslandsmärkte können Sie Ihren Erfolg weiter ausbauen. In diesem Zusammenhang helfen Ihnen Lösungen des Business-Process-Transformation-Portfolios von SAP bei Ihren Vorhaben hinsichtlich internationaler Ausrichtung – wie genau, erfahren Sie im Verlauf dieses Buches. Die aktuellen Herausforderungen an Unternehmen, allen voran die Volatilität, Ungewissheit, Komplexität und Ambiguität ergeben für Unternehmen vor allem auch prozessbezogene Herausforderungen:

- Sicherstellung von Echtzeiteinblicken in bzw. Verständnis über unternehmensweite sowie lokal definierte Geschäftsprozesse und Best Practices
- Identifizierung und Minimierung lokaler und globaler Prozessineffizienzen, wie beispielsweise Verzögerungen von Abläufen oder lange Vorlaufzeiten

- Umgang mit fehleranfälligen, sich wiederholenden manuell ausgeführten Geschäftsprozessen
- Förderung der Transparenz des Reifegrads eines dokumentierten Geschäftsprozesses und die damit verbundenen Risiken
- nachhaltige Steigerung der Kunden-, Mitarbeitenden- und Lieferantenzufriedenheit und -loyalität
- Vermeidung von Fehlausrichtungen entscheidender Transformationsaktivitäten des Unternehmens
- bereichsübergreifender Wissensaustausch hinsichtlich Prozessinitiativen
- Gewährleistung einer kontinuierlichen Prozesskonformität
- Einhaltung interner und externer Governance-Anforderungen und regulatorischer Compliance

Es bleibt spannend. Wir stellen Ihnen nämlich im Laufe dieses Buches für jede der einzelnen Herausforderungen einen Lösungsvorschlag vor.

1.2 Welche Kompetenzen muss ein Unternehmen heute mitbringen?

Die Herausforderungen im Zuge der heutigen VUCA-Welt sind echt und allgegenwärtig. Die erfolgreiche Anpassung an diese Gegebenheiten entscheidet zwischen Marktgewinnern und -verlierern. Eingesessene Unternehmen müssen dennoch funktionieren und bestmöglich ihren Wettbewerbsvorteil ausbauen – auch wenn die Marktbedingungen noch so unberechenbar sind. Gleichzeitig werden ambitionierte Zukunftsvisionen festgelegt, etwa in Bezug auf Nachhaltigkeit, Effizienz, Digitalisierung, Wachstum oder Attraktivität als Arbeitgeber.

Für Unternehmen, die dauerhaft erfolgreich sein wollen, ist es daher unabdingbar, nicht nur ihre Strategien und Strukturen, sondern auch ihre Geschäftsprozesse zu überdenken und sie an die aktuellen Gegebenheiten anzugleichen. Dies erfordert ein gewisses Maß an Agilität und firmenweite Transparenz sowie Nachvollziehbarkeit sämtlicher Geschäftsaktivitäten. Nicht zuletzt steht auch das Thema Mensch im Mittelpunkt – und dies, obwohl wir immer wieder von Prozessen, Daten und Systemen sprechen. Führende Unternehmen von morgen bringen Empathie gegenüber ihren Kunden, Mitarbeitenden und Lieferanten mit, um die Zufriedenheit und die damit verbundene Loyalität aller involvierten Stakeholder zu steigern.

Abbildung 1.2 fasst fünf erfolgskritische Kompetenzen zusammen, die sich für ein zeitgemäßes Unternehmen zu pflegen lohnt: *Agilität*, *Transparenz*, *Kollaboration*, *Transformation* und *Kundenexzellenz*. Sehen wir uns diese nun etwas näher an.

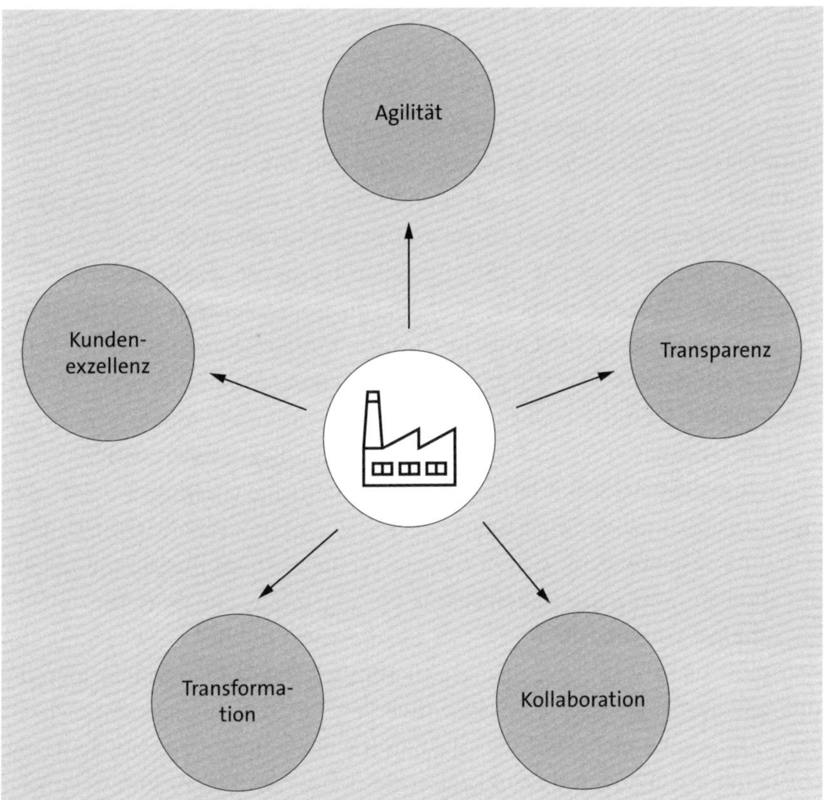

Abbildung 1.2 Erfolgskritische Kompetenzen zeitgemäßer Unternehmen

1.2.1 Agilität

Unter Agilität verstehen wir ein schnelles, aktives und flexibles Anpassen der Strategien, Unternehmensstrukturen und Geschäftsprozesse an die aktuellen Herausforderungen aus Abschnitt 1.1, »Aktuelle Herausforderungen für Unternehmen«. Immer mehr Unternehmen nutzen das Konzept der Agilität, um somit auch den Herausforderungen der VUCA-Welt entgegenzutreten. Denn eine der größten Herausforderungen unserer VUCA-Welt sind die kurzen Planungshorizonte, gepaart mit einer hohen Unberechenbarkeit. Mittlerweile gibt es eine Reihe agiler Arbeitsformen wie beispielsweise *Scrum*, *Kanban* oder *Design Thinking*, die dabei unterstützen, flexibler zu werden und etwaige Risiken zu reduzieren. Diese moderne Arbeitsweise wird vorangetrieben, weil Teams durch agile Methoden, Strukturen und eine agile Denkweise wesentlich besser mit komplexen Rahmenbedingungen umgehen können. Die Einführung agiler Methoden eignet sich vor allem dann, wenn das Umfeld eines Teams oder gar des gesamten Unternehmens komplex wird. Dies ist meist der Fall, wenn sowohl die Problemstellung als auch die hierzu passende Lösung unklar sind und/oder sich die Rahmenbedingungen stetig ändern. Agile Formen der Arbeit helfen dabei, Unternehmen effizienter zu organisieren und rasche Reaktionen auf eventuelle Marktveränderungen zu fördern. Das eigene Handeln rasch anzupassen und schnell auf veränderte Umstände reagieren zu können, hilft durchaus in der VUCA-Welt. Auch die Komplexität unserer VUCA-Welt kann anhand von agilen Methoden effektiver gehandhabt werden. Dies ist entscheidend, wenn Sie weiterhin erfolgreich sein wollen. Durch Agilität können Sie in einem komplexen Umfeld nämlich bessere Lösungen erzielen. Beispielsweise haben Sie mit agilen Teams die Möglichkeit, sich nah am Markt zu bewegen. Sie stehen somit in einem konstanten Austausch zu Ihrer Zielgruppe und erhöhen dadurch die Empathie für Ihre Kunden. Infolgedessen können Sie potenzielle Kundenprobleme frühzeitig identifizieren und gezielter mit Ihren Lösungen adressieren. Dies führt auch zu einer verbesserten Teamkompetenz, denn Sie sammeln damit regelmäßig neues Kundenwissen und reflektieren zudem stets die Kollaboration Ihres Teams. Somit lernen Sie kontinuierlich dazu und sind auf neue Herausforderungen sowie Veränderungen bestmöglich vorbereitet. Dadurch können Sie schneller reagieren und sich von Ihren Wettbewerbern durch eine höhere Kompetenz absetzen. Wenn Ihre agilen Teams auf Augenhöhe kollaborieren, erlaubt dies zusätzlich eine Miteinbeziehung vieler Perspektiven bei der Entwicklung von neuen und innovativen Lösungen. Gleichzeitig minimieren agile Arbeitsformen die Risiken des Scheiterns. Ein Expertenteam diverser Fachrichtungen kann sich als Team eines einzelnen Bereichs mit einer größeren Vielfalt an Themen beschäftigen. Die verschiedenen Ansichts- und Denkweisen, kombiniert mit einer iterativen Vorgehensweise, steigern die Erfolgschancen Ihrer Initiativen. Ebenso werden durch die Einbeziehungen verschiedener Stakeholder auch schädliche Silos beseitigt. Wenn Sie in der Lage sind, in kurzen und iterativen Intervallen Antworten auf Ihre Herausforderungen zu generieren, wird es auch einfacher, die Rahmenbedingungen sowie die damit verbundenen Risiken besser abzuschätzen. Somit können Sie noch effektiver auf Veränderungen reagieren. In diesem Zusammenhang ist es dienlich, Flexibilität und Agilität zu integrieren, um beispielsweise Ihre Geschäftsprozesse bei Bedarf besser anpassen zu können. Festzuhalten ist, dass sich komplexe Situationen meist in Kollaboration und unter der Berücksichtigung verschiedenster Ansichtsweisen und Ideen am besten lösen lassen. Kapitel 7, »SAP Signavio Process Collaboration Hub«, vertieft diese Thematik anhand eines Anwendungsbeispiels der Business-Process-Transformation-Lösung SAP Signavio Process Collaboration Hub.

Fragen Sie sich also, wo Ihr Unternehmen in Bezug auf Agilität steht und aus welchem Grund Sie eigentlich agil werden wollen. Was ist der Sinn? Ihr Anspruch ist es höchstwahrscheinlich, mit Ihrer Konkurrenz mitzuhalten, sich an die Geschwindigkeit und den Einflüssen einer niemals stillstehenden, fluiden und digitalen Welt anzupassen und dabei ein attraktives, vertrauensbasiertes Unternehmensumfeld zu bewahren. Wie gelingt Ihnen der erfolgreiche Schritt in die Zukunft? Agilität lässt sich selbstverständlich nicht von heute auf morgen umsetzen. Agilität muss zu den individuellen Bedürfnissen Ihres Unternehmens passen bzw. passend gemacht werden. Es ist ein transformativer Prozess, der seine Zeit braucht. Erfolgskritisch dafür ist die Bereitschaft aller Beteiligten, offen gegenüber Neuem zu sein sowie bremsende Strukturen und veraltete Hierarchien aufzubrechen. Sie müssen allerdings nicht zwanghaft und aggressiv Ihr gesamtes Unternehmen auf den Kopf stellen. Allein durch akkurate Echtzeiteinblicke in erfolgsrelevanten Informationen haben Sie eine agile Grundlage, aktive Entscheidungen zügig zu treffen. Darauf aufbauend ist es ebenfalls hilfreich, eventuell verkrustete Geschäftsprozesse und ein ineffizientes Workflow Management zu überdenken. In weiterer Folge ergeben sich Geschäftsfelder, in denen sich Agilität besonders lohnt. Für all dies gibt es eine verlässliche, technologische Unterstützung. Die *SAP Signavio Process Transformation Suite*, die Ihnen in Kapitel 2, »Was ist Business Process Transformation?«, näher vorgestellt wird, gibt Ihnen detaillierteren Aufschluss darüber.

Agilität steht schlussendlich für Lebendigkeit und Energie. Es geht darum, antizipativ und initiativ, effektiv und effizient sowie proaktiv and reaktiv erfolgsentscheidende Veränderungen zu vollziehen. Agilität beruht u. a. auf Vertrauen und Kommunikation. Entscheidungen werden einander zugesprochen. Es wird bestmöglich abgesprochen und nicht befohlen. Grundlage dafür ist eine ganzheitliche, unternehmensweite Transparenz.

1.2.2 Transparenz

Durch *Transparenz* wird Verständnis gegenüber allen Beteiligten geschaffen, und sie steigert das Vertrauen in eigene Entscheidungen. Um Mitarbeitenden die Möglichkeit zu geben, rasch zu reagieren und neue Lösungswege zu identifizieren, ist es notwendig, ihnen sämtliche für sie relevanten Informationen zugänglich zu machen. Denn Unternehmen können völlig unverschuldet in Schieflage geraten, beispielsweise wenn sich ein Lieferant nicht an seine Lieferzeiten hält und infolgedessen die Produktion zum Erliegen kommt. Dieser Zusammenhang ist für Mitarbeitende häufig nicht offensichtlich. Dementsprechend ist es wichtig, sämtliche Beteiligte aufzuklären. In der Praxis hinken allerdings viele Unternehmen hinterher, wenn es darum geht, ihren Mitarbeitenden klare Einblicke im Hinblick auf die Strategie sowie die Geschäftsziele und -prozesse zu gewähren. Die Mitarbeitenden dieser Unternehmen fühlen sich nicht wertgeschätzt, was wiederum der Motivation, Loyalität und Zufriedenheit schadet. Wie sollen die Herausforderungen unserer VUCA-Welt bewältigt werden, wenn die Mitarbeitenden nicht vollständig mit eingebunden und über kritische Risiken informiert werden? Eine offene, aktive und regelmäßige Kommunikation innerhalb des Unternehmens ist daher unabdingbar für einen nachhaltigen Erfolg. Wenn Transparenz entsprechend beachtet und fest in der Unternehmenskultur verankert wird, steigert dies in weiterer Folge die Reaktionsfähig, Effizienz und

Schlagkräftigkeit, vor allem in dynamischen Märkten. Neben den Mitarbeitenden stufen auch die Kunden derartige Unternehmen als vertrauenswürdiger ein, denn transparente Unternehmen werden von verschiedensten Stakeholdern positiver wahrgenommen.

In Krisenzeiten ist der Bedarf an Transparenz und einer offenen Kommunikation noch höher. Krisen bringen nämlich nicht nur wirtschaftliche Unsicherheiten, sondern auch Veränderungen für Beschäftigte mit sich. Beispielsweise erfahren aufgrund der COVID19-Pandemie viele Teams deutlich geringeren persönlichen Kontakt. Damit alle Mitarbeitenden wissen, wo sie stehen und wie es um das Unternehmen im Allgemeinen steht, sollten Unternehmen deshalb stets dafür sorgen, dass keine Informationen verloren gehen – auch wenn von zu Hause aus oder verteilt gearbeitet wird. Selbstverständlich ist es unmöglich und auch völlig irrsinnig, Informationen des Unternehmens ungefiltert weiterzugeben. In jedem Unternehmen gibt es Informationen, die als intern, wettbewerbsentscheidend oder gar als Firmengeheimnis eingestuft sind. Eine unbeschränkte Transparenz kann es demnach nicht geben – sie ist in diesem Kontext auch gar nicht gemeint. Vielmehr bietet es sich an, Strategien zur freiwilligen und kontinuierlichen Veröffentlichung relevanter Informationen zu entwickeln. Transparenz bedeutet hier also nicht, jedes einzelne Detail mit jedem zu teilen, sondern vielmehr den Kontext herzustellen, um gute Entscheidungen treffen zu können.

Transparente Geschäftsprozesse sind außerdem auch ein Kernelement, um in Zukunft in einem gesunden Maße wachsen zu können. Doch wie verschaffen Sie sich volle Prozesstransparenz? Dabei sind die folgenden Fragen relevant:

- Welche Prozessdetails sind für Ihre Mitarbeitenden besonders relevant?
- Welche Unternehmensbereiche könnten von einer erhöhten Transparenz profitieren?
- Welche operativen Abläufe laufen effizient – welche weniger?
- Welche Aktivitäten können verbessert bzw. automatisiert werden?
- Wie halten Sie Ihre Mitarbeitenden über Prozessänderungen auf dem Laufenden?

Bis dato wurden derartige Fragestellungen mühsam anhand von Vermutungen, Workshops und langwierigen Interviews geklärt, die meist ein unvollständiges und vor allem subjektives Bild des eigentlichen Prozessgeschehens zeichneten. Perspektiven der nächsten Generation bietet diesbezüglich die SAP Signavio Process Transformation Suite. Dadurch erhalten Sie datengestützte Echtzeiteinblicke in Ihre Geschäftsprozesse, identifizieren Schwachstellen und Verbesserungspotenziale, visualisieren und simulieren diverse Varianten hinsichtlich Ihrer Prozessveränderungen und steuern die Nachvollziehbarkeit sowie die Governance sämtlicher Workflows. Somit können Sie zielgerichtet transparente Maßnahmen zur Prozessoptimierung und -automatisierung ableiten, denn die faktenbasierten Einsichten fördern eine transparente Entscheidungsfindung. Die SAP Signavio Process Transformation Suite bietet Ihnen zudem die Möglichkeit, die Kollaboration Ihrer Teams über Bereiche hinweg aktiv zu unterstützen. Damit erreichen Sie nicht nur Transparenz über relevante Prozessabläufe und -änderungen, sondern können diese auch auf einfache Weise unternehmensweit pflegen. Dies führt zu mehr Klarheit, Effektivität und Fokus auf das Wesentliche. Während die SAP Signavio Process Transformation Suite ganzheitliche Transparenz hinsichtlich Ihrer Prozessinitiativen sicherstellt, eignet sich insbesondere der SAP Signavio Process Collaboration Hub, um diese über sämtliche Bereiche Ihres Unternehmens hinweg zu verbreiten. Welche Funktionen dieser Hub genau umfasst, erfahren Sie in Kapitel 7, »SAP Signavio Process Collaboration Hub«.

Zunächst bleiben wir beim Thema Kollaboration, um im Detail zu verstehen, warum Kollaboration überhaupt eine wichtige Kompetenz erfolgreicher Unternehmen darstellt.

1.2.3 Kollaboration

Zusammenarbeit in Form von *Kollaboration* ist eine weitere Antwort auf die Herausforderungen unserer VUCA-Welt, denn Bedürfnisse und Märkte verändern sich stetig und rasant, Technologien sind leichter zugänglich und nutzbar, und gleichzeitig gestalten mindestens drei sehr unterschiedliche Generationen aktiv unsere Gesellschaft und Unternehmen. Dies ist ein Auszug von Faktoren, die Unternehmen berücksichtigen müssen, um die Wünsche ihrer Kunden frühzeitig zu identifizieren und auf diese zügig und genau einzugehen. Zeitgemäßes Arbeiten ohne ausgereifte Kollaboration, die Zusammenarbeit im Team, ist in nicht mehr vorstellbar. Selbstverständlich wird in Unternehmen schon seit eh und je zusammengearbeitet, allerdings oft nur in der jeweiligen Abteilung sowie mit seriell verknüpften Aktivitätsschritten. Für die meisten Unternehmen ist es schließlich charakteristisch, Aufgaben zu formalisieren, zu regeln und zu reglementieren, mit dem Ziel, allen Akteuren Orientierung und Entlastung zu bieten. Solche starren Definitionen und Regelungen sind aber in unserer VUCA-Welt eher kontraproduktiv, vor allem wenn mit Überraschungen zu rechnen ist.

Unter *Kollaboration* verstehen wir das zielgerichtete, freiwillige und vor allem proaktive Miteinanderarbeiten. Sie entsteht aus der Intention der Teammitglieder heraus, einen wertvollen Beitrag für das einzelne Team bzw. für das gesamte Unternehmen leisten zu wollen. Eine echte Kollaboration kann nicht angeordnet oder vereinbart werden und kennt auch keine Abteilungsgrenzen. Sie kennt lediglich den inneren Antrieb jeder involvierten Person, sich bestmöglich mit ihren Stärken einzubringen. Es werden demgemäß neue, agile Denkweisen benötigt, die die Zusammenarbeit abseits dem begrenzenden Bereichsdenken fördern. Diese Denkmodelle unterstützen dabei, die Komplexität zielgerichtet zu beeinflussen, um weiterhin Mehrwerte erziele zu können. Die Aufgaben sind heute größtenteils nämlich so derartig komplex, dass sie nur in einer funktionierenden Zusammenarbeit erledigt werden können. Die kollaborative und offene Zusammenarbeit ist daher einer der Erfolgsfaktoren für Unternehmen unseres digitalen Zeitalters. Meist befinden sich einzelne Teammitglieder an unterschiedlichen Orten der Welt – in anderen Niederlassungen oder im Homeoffice, oder sie arbeiten zu unterschiedlichen Tageszeiten, wie es bei global verteilten Teams der Fall ist. Dann kann eine solide Zusammenarbeit nur mit technischer Unterstützung gelingen. Um diese zu verbessern bzw. zu vereinfachen, können geeignete Kollaborationstools genutzt werden. Spätestens seit den Lockdowns in den Jahren 2020/2021 wissen wir diese noch mehr zu schätzen. Sie ermöglichen ein Arbeiten von überall aus. Digitale Kollaborationstools können allgemein helfen, Datensilos zu beseitigen, relevante Informationen firmenweit auszutauschen und Prozesse transparenter zu machen. Sie verhelfen auf diese Weise dahingehend, in größeren Gruppen Orientierung zu finden. Für Teammitglieder ist so der aktuelle Status stets ersichtlich. Wenn wir an solche Tools denken, fallen uns in erster Linie Applikationen für die Dokumentbearbeitung und -ablage, virtuelle Meetings, Projektmanagement oder Planung ein. An dieser Stelle ist es daher angebracht, auch an ein Kollaborationstool für das Prozessmanagement zu verweisen. Wie bereits im Abschnitt 1.2.2, »Transparenz«, kurz angedeutet, bietet hierzu der SAP Signavio Process Collaboration Hub eine interessante Lösung. Mit ihm können Teams umfangreiche Prozessinitiativen weltweit zusammen realisieren und kontinuierlich ausbauen. Dies umfasst das Teilen und die Weitereinwicklung der Geschäftsprozesse genauso wie deren gemeinsamen Optimierung – über verteilte Teams versteht sich. Geschäftsprozessstandards werden unternehmensweit standort- sowie sprachunabhängig zugänglich und einheitlich aufgefasst, verstanden und umgesetzt. Dadurch können auch neue Mitarbeitende Aktivitäten inklusive aller prozessbezogenen Inhalte wie Diagramme, Kommentare, Risiken oder Verantwortlichkeiten schnell nachvollziehen und erfassen, was wiederum den Einarbeitungsaufwand reduziert. In einer Welt, in der alles schneller gehen muss, muss dementsprechend auch eine schnelle Kollaboration ermöglicht werden. Langwierige Abstimmungen und E-Mail-Ketten haben ausgedient. Sie werden durch intuitive Workflows und Kommentar- sowie Editierfunktionen ersetzt, immer mit dem Ziel, alle Beteiligten aktiv in die Kollaboration einzubeziehen und diese anhaltend zu fördern. Aus Prozesssicht bringt Sie das einen Schritt weiter in Richtung operationaler Exzellenz. Wie sie diese mithilfe von SAP Business Process Transformation erreichen und maximieren, erfahren Sie u. a. in Kapitel 4, »SAP Signavio Process Intelligence«.

Wie fördern Sie die Kollaboration in Ihrem Unternehmen und in Ihren einzelnen Teams? Gibt es etwaige Blockaden, die eine proaktive Zusammenarbeit hemmen könnten? Wenn ja, welche und wie können Sie diese vermindern bzw. vermeiden?

Eine tiefgreifende Reflektion diesbezüglich ist empfehlenswert, damit Sie sich Ihrer Stärken und Verbesserungspotenziale hinsichtlich der Kollaboration noch bewusster werden.

1.2.4 Transformation

Unternehmen, die sich im ständigen Wandel stets erfolgreich neu definieren können, haben einen wesentlichen Vorteil gegenüber ihren Mitbewerbern. Ausgangsbasis für den Wandel sind Veränderungen und Entwicklungen des Marktumfeldes. Veränderungen allein erfordern schon ein hohes Maß an Transparenz anhand von ständiger Kommunikation und Zusammenarbeit mit sämtlichen Beteiligten. Die *Transformation* geht noch einen Schritt weiter und berücksichtig vor allem auch die Wahrnehmung und Intention sowie den direkten Dialog mit Mitarbeitenden, Kunden und Lieferanten. Veränderungen sind vergangenheitsbezogen. Sie befassen sich damit, etwas aus der Vergangenheit besser zu machen. Transformation ist zukunftsorientiert. Sie beschäftigt sich damit, die Zukunft aktiv zu geschalten und die Innovationsfähigkeit sowie Einzigartigkeit des Unternehmens zu fördern. Aber nicht nur: Wenn alte Paradigmen an Bedeutung verlieren und neue Ansätze an Zugkraft gewinnen, erneuern sich Unternehmen auch mit dem Ziel, kundenzentrierter, mitarbeiterfreundlicher, partizipativer, nachhaltiger und digitaler zu werden. Transformation beschreibt in diesem Kapitel die Intention des Unternehmens, bestehende Geschäftsprozesse, Daten und Systeme umzugestalten und an neue Technologien anzupassen, um die aktuellen Herausforderungen aus Abschnitt 1.1 nachhaltig bewältigen zu können. Allerdings wird durch die Anwendung neuer Technologien allein noch kein Mehrwert für das Unternehmen erzielt. Technologie an sich liefert keinen direkten Wert, sondern sie unterstützt und ermöglicht es, unter der richtigen Anwendung, erfolgskritischen Mehrwert zu schaffen und diesen für sich zu nutzen. Das Wesentlichste bei der Transformation ist somit nicht die Technologie, sondern die Menschen, die diese handhaben und unter der Berücksichtigung der Unternehmensvision kontinuierlich einsetzen.

Transformation repräsentiert einen kontinuierlichen Prozess und ist demnach in stetiger Bewegung. Auch wenn man »angekommen« ist, gilt es, den Status quo fortwährend und proaktiv zu pflegen. Bei der Transformation ist es zudem von Vorteil, die Eigendynamiken im Prozessverlauf zu reflektieren und ein Bewusstsein sowie eine Sensibilisierung bezüglich der Komplexitäten für sich zu gewinnen. Meist müssen Unternehmen im Laufe ihres Transformationsprozesses einen beträchtlichen Teil ihrer Umweltbeziehungen neu definieren. Vor allem eine ganzheitliche Geschäftstransformation beeinflusst den Ablauf der gesamten Organisation. Es bietet sich dafür an, für jedes Unternehmen sowie für jedes einzelne Team zuallererst eine klare Zukunftsvorstellung und -richtung zu entwickeln. Dies dient als Orientierungskompass, und ein gemeinsam verständliches Ziel hilft dabei, sich in unserer turbulenten VUCA-Welt nicht zu verlieren. Transformation hat mit Veränderung und Revolution zu tun. Folglich ist es für alle Stakeholder essenziell, über eine ausgeprägte Veränderungskompetenz zu verfügen. Dabei sind neben der Umsetzung von Veränderungen in den Arbeitsalltag, vor allem die prinzipielle Offenheit sowie Lust darauf, Veränderungen im Unternehmen aktiv mitzugestalten, entscheidend. Es ist zudem wichtig, Ihre Authentizität während Ihres Transformationsprozesses aufrecht zu halten. Dies ist von großer Bedeutung, um damit die Beziehungen zu Ihren Mitarbeitenden, Kunden und Lieferanten auch in Zeiten des Umbruchs allseitig zu pflegen. All diese Charakteristika sind neben den behandelten Kompetenzen Agilität, Transparenz und Kollaboration Kernelemente für einen effektiven Umgang mit der Transformation. Passende Ausgangspunkte für ein erfolgreiches Business Process Transformation Management finden Sie in Kapitel 11, »Die Grundlagen für ein Business Process Transformation Management«.

Eine aktive Auseinandersetzung mit der aktuellen Zukunftsfähigkeit Ihres Unternehmens stellt zusammen mit der Etablierung von holistischen Transformationsprozessen und der Bereitschaft, auch die Problembereiche detailiert zu analysieren, eine weitere Grundlage hinsichtlich Ihrer Transformation dar. Folgende Fragen könnten hier von Relevanz sein:

- Wofür steht Ihr Unternehmen?
- Welche Werte pflegen Sie?
- Was hat Sie groß gemacht?
- Welchen Zweck erfüllen Sie?
- Welche Barrieren können Sie wie eliminieren?
- Wo können Sie mehr Freiheiten im Unternehmen schaffen und etwaige Ängste abbauen, um Ihre Innovationsfähigkeit zu begünstigen?

Obwohl Sie durch Transformation womöglich anstreben, digitaler, innovativer, nachhaltiger usw. zu werden, führt die eigentliche Motivation wohl dazu, in Zukunft wettbewerbsfähig zu bleiben bzw. noch wettbewerbsfähiger zu werden. Oberste Priorität der kompletten Transformationsinitiative ist es demnach, Ihren Kunden auch unter sich ändernden Rahmen- und Umweltbedingungen sowie Marktentwicklungen das bieten zu können, wonach sie fragen. Infolgedessen ist es unabdingbar, Ihre Kunden und Wünsche sowie deren Bedürfnisse durchgehend in Ihrem Transformationsvorhaben zu berücksichtigen. Warum diese sogenannte Kundenexzellenz eine weitere wertvolle Kompetenz für moderne Unternehmen darstellt und aus welchen Elementen diese besteht, erfahren Sie im nachfolgenden Abschnitt.

1.2.5 Kundenexzellenz

Um in der heutigen VUCA-Welt mithalten zu können, reicht es nicht mehr aus, rein produktorientiert und gewinnorientiert zu operieren. Vielmehr geht es darum, die Bedürfnisse, Herausforderungen und Probleme der Kunden zu identifizieren und, darauf basierend, Produkte und Lösungen zu entwickeln. Diese Herangehensweise ist mehr als zeitgemäß. Erfolgreiche Unternehmen müssen sich nämlich stets den Wünschen ihrer Zielgruppe anpassen, um nachhaltig wettbewerbsfähig zu bleiben. Früher stand das Produkt an erster Stelle, und erst danach kam die Kundschaft. Heute ist es genau umgekehrt, denn die tollsten Produkte bringen nichts, wenn sie keine Lösung für die Kundschaft bieten. Unter dieser Kundenorientierung versteht man die Prozessorientierung, die dabei unterstützt, den Kunden in den Mittelpunkt unternehmerischer Entscheidungen zu stellen. Aufgrund des sich stetig ändernden Wettbewerbs sowie des Kundenverhaltens wird der Kundenfokus somit zu einem immer bedeutungsvolleren Ansatz, um das Wachstum des Unternehmens fortwährend voranzutreiben. Kundenfokus per se zielt darauf ab, die Erwartungen und Wünsche der Kundschaft nicht nur wahrzunehmen, sondern auch ernst zu nehmen. Entscheidungen, Handlungen und das Verhalten des Unternehmens werden auf den Kunden und seine Anforderungen sowie Bedürfnisse ausgerichtet. Dabei werden die Kundenwünsche und -erwartungen systematisch erfasst, dokumentiert sowie anschließend analysiert und ausgewertet. Daraus resultierend können Produkte, Dienstleistungen und/oder einzelne Prozessabläufe individuell an den jeweiligen Kunden angepasst werden.

Wenn Sie in der Lage sind, auf Ihre Kundenbedürfnisse aktiv einzugehen, können Sie langfristig Ihre allgemeine Kundenzufriedenheit steigern. Hintergrund dafür ist u. a. die Tatsache, dass Sie dadurch Ihre Kunden noch besser bei ihren Kaufentscheidungen sowie bei der Erreichung ihrer Ziele unterstützen können. Infolgedessen bauen Sie noch loyalere Kundenbeziehungen auf. Indem Sie Kundenprobleme gezielt lösen, Kommunikation mit Ihrer Kundschaft proaktiv implementieren und rasch auf Feedback eingehen, bauen Sie weiteres Vertrauen auf. Oberstes Ziel eines kundenorientierten Ansatzes ist es, den Kunden an das Unternehmen zu binden und somit nicht an die Konkurrenz zu verlieren. Selbstverständlich hängt es von Ihrem Leitbild ab, wie intensiv Sie sich nach Ihrer Kundschaft richten. Jedenfalls ist es dienlich, den optimalen internen und externen Kundenfokus in Ihrer Unternehmenspraxis zu verankern und die Kundenerwartungen nicht nur zu erfüllen, sondern auch wenn möglich zu übertreffen. Denn der Kundenfokus fördert die Steigerung des Kundenwertes sowie Ihres ökonomischen Erfolgs und hilft Ihnen darüber hinaus, Ihre Mitbewerber abzuhängen. Die Berücksichtigung der Kundenperspektiven unterstützt Sie zudem dabei, Produkte zu liefern, die Ihre Kunden lieben. In diesem Kontext bietet es sich an, die Kundschaft in Ihrem Prozessalltag miteinzubinden – von der Erfassung von Erfahrungen bis hin zur Feedback-Kommunikation. Ihre Kunden werden dadurch

Teil des Prozesses und fühlen sich in weiterer Folge noch mehr wertgeschätzt. Die sich daraus entwickelnde Kundenexzellenz ist die notwendige Grundlage für ein überragend erfolgreiches Unternehmen – unabhängig von der Branche. Wer die Wünsche sowie die Bedürfnisse seiner Kundschaft bestmöglich bedienen und gleichzeitig mit Blick auf künftige Trends beeinflussen kann, wird sich in seinem Segment sehr wahrscheinlich maßgeblich behaupten. Ausführlichere Informationen zur Kundenexzellenz und wie Sie diese mit SAP Signavio erzielen können, erfahren Sie in Kapitel 6, »SAP Signavio Journey Modeler«.

Um die einzelnen Schritte vom Erstkontakt des Kunden mit dem jeweiligen Produkt bis hin zum Moment der Kaufentscheidung zu analysieren, können sogenannte *Customer Journeys* herangezogen werden. Dabei werden sämtliche Phasen, die ein Kunde bis zur Kaufentscheidung durchläuft, beschrieben. Die Customer Journey verbindet alle Kontaktpunkte des Kunden mit dem Unternehmen, sei es die Marke, das Produkt oder die Dienstleistung. Sie berücksichtigt dementsprechend verschiedenste Faktoren, um eine effektive Kundenbindung zu fördern. Nähere Details zum Thema Customer Journey finden Sie in Abschnitt 2.2.4, »SAP Signavio Journey Modeler«.

Auch wenn wir uns in diesem Abschnitt mit dem Thema Kundenexzellenz auseinandersetzen, geht es in erster Linie um den Faktor Mensch. Daher ist es für moderne Unternehmen ebenfalls unabdingbar, die Erfahrungen ihrer Mitarbeitenden und Lieferanten zu beachten. Eine steigende Mitarbeiterunzufriedenheit durch die ständige Doppelbelastung durch Familie und Beruf im Homeoffice haben beispielsweise auch Auswirkungen auf das Prozessmanagement. In diesem Sinne ist es wichtig, die operative Geschäftsabwicklung mit dem Experience Management ganzheitlich im Prozessmanagement zu verbinden. Dies bedeutet, dass es zukünftig nicht mehr nur um Effizienz und Kosten geht, sondern auch um die Möglichkeit, die Erfahrungen von Kunden, Mitarbeitenden und Lieferanten einzuschließen. Relevante Funktionen, Potenziale und Anwendungsbeispiele dafür finden Sie in Kapitel 6 im Zuge der Vorstellung des SAP Signavio Journey Modelers.

1.3 Das intelligente Unternehmen von morgen

Traditionelle Ansätze und konservative Herangehensweisen unterstützen schnelllebige Veränderungen nur unzureichend, und es mangelt ihnen an aussagekräftigen Einblicken in die Geschäftsprozesse, was dazu führt, dass Entscheidungen auf der Grundlage veralteter Informationen getroffen werden, was letztendlich zu unzufriedenen Kunden und folglich zu einer verminderten Wettbewerbsfähigkeit führt.

Wettbewerbsvorteile werden in der VUCA-Welt vor allem dadurch erzielt, dass Unternehmen proaktiv und antizipativ handeln und dabei auf positive Kundenerfahrungen setzen. Die Intelligenz von Unternehmen liegt nicht mehr allein bei den Mitarbeitenden, sondern in der Technologie und Vernetzung aller Menschen, Geschäftsprozesse und Systeme in der gesamten Wertschöpfungskette. Smarte Technologien wie künstliche Intelligenz (KI), Blockchain, Cloud Computing, Internet of Things (IoT) und Robotic Process Automation (RPA) unterstützen Organisationen dabei, diese Mission zu verfolgen, um im Zeitalter von Big Data und Industrie 4.0 nachhaltig echte Ergebnisse voranzutreiben. SAP hat daher ein Bündel von Produkten, Services und Tools geschaffen, um Unternehmen auf ihrem Weg zum intelligenten Unternehmen zu unterstützen: *RISE with SAP*. Die Hauptidee von RISE with SAP ist die Bereitstellung von Business Transformation als Service, der verschiedene Bereiche abdeckt, darunter Infrastruktur, Technologie, Anwendungen und Geschäftsprozesse.

Das Lösungsportfolio Business Process Transformation fokussiert sich auf die Geschäftsprozesse und repräsentiert infolgedessen einen wesentlichen Bestandteil, wenn es darum geht, Geschäftsprozesse, Daten und Systeme miteinander zu harmonisieren und dabei den Menschen in den Mittelpunkt zu stellen. Business Process Transformation von SAP legt den Grundstein für das intelligente Unternehmen von morgen. Die Lösungen des Portfolios bieten End-to-End-Funktionen der nächsten Generation für die strategische Prozesstransformation sowie die Neuerfindung von Kundenerlebnissen.

Wie in Abbildung 1.3 illustriert, umfasst das Konzept eines intelligenten Unternehmens an sich im Allgemeinen drei wesentliche Komponenten:

- ganzheitliche Digitalisierung
- Kundenzentrierung
- Vernetzung

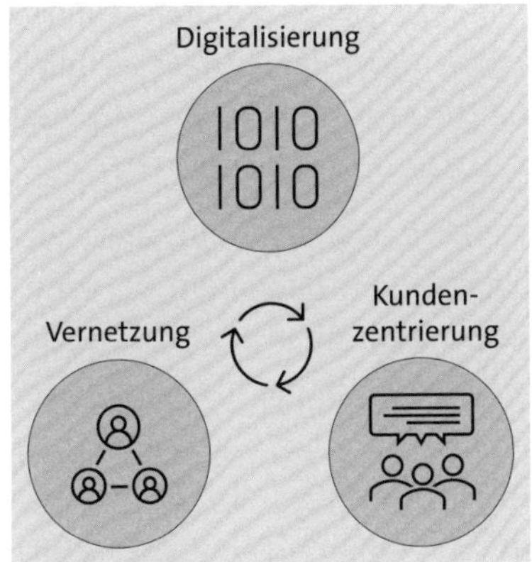

Abbildung 1.3 Kernkomponenten eines intelligenten Unternehmens

Wir beleuchten nun jede einzelne Komponente eines intelligenten Unternehmens, um unser Grundverständnis hinsichtlich eines intelligenten Unternehmens zu vertiefen.

1.3.1 Ganzheitliche Digitalisierung

Digitalisierung ist der Prozess der kompletten Umwandlung von Informationen aus analoger oder manueller Form in digitaler Form – beispielsweise die Umwandlung handschriftlicher Aufzeichnungen in computerisierte Aufzeichnungen. Digitalisierung umfasst zudem die Anwendung digitaler Technologien und Fähigkeiten, um Aktivitäten auf neue und effizientere Weise durchzuführen, die zu besseren Ergebnissen führen. Sie ist die Grundlage für die digitale Transformation. Und die digitale Transformation ermöglicht es, neu zu denken, wie Unternehmen ihre Technologien, Mitarbeitenden und Prozesse einsetzen, um ihr Geschäft voranzubringen.

Die digitale Transformation an sich verfolgt einen kundenorientierten, digitalen Ansatz für alle Aspekte eines Unternehmens, von seinen Geschäftsmodellen über Kundenerfahrungen bis hin zu Prozessen und Abläufen. Der Ansatz umfasst KI, Automatisierung, Cloud und andere digitale Technologien, um Daten zu nutzen und intelligente Workflows, eine schnellere und intelligentere Entscheidungsfindung und Echtzeitreaktionen auf Marktstörungen zu fördern. Heutzutage bedeutet digitale Transformation die Umstellung von manuellen und analogen Prozessen auf digitalisierte Prozesse in allen Aspekten des Geschäfts – einschließlich der Lieferkette, des Enterprise Resource Planning (ERP), des Betriebs, des Kundenservice und mehr. Im Wesentlichen hilft die digitale Transformation Unternehmen und anderen Organisationen dabei, bessere Resultate zu erzielen, indem sie Menschen, Orte und Dinge miteinander verbindet. Jedes Unternehmen hat seinen eigenen Grund für die digitale Transformation. Einige können durch Wachstumschancen oder erhöhten Wettbewerbsdruck angespornt werden, während es für andere sich ändernde regulatorische Standards sind. Was auch immer der Grund ist, aus dem ein Unternehmen diesen Weg einschlägt, die Ergebnisse können gezielt entwickelte Produkte, Dienstleistungen und Erfahrungen umfassen, die die Erwartungen der Kunden erfüllen oder übertreffen. Höhere Effizienz und andere geschäftliche Vorteile können die Rentabilität steigern und die Innovation fördern.

Die Geschichte der digitalen Transformation beginnt mit den ersten Computern, die handschriftliche Notizen in computerisierte Informationen umwandelten, die verarbeitet, analysiert und geteilt werden konnten. Mit dem Aufkommen von Netzwerken und Internet wurden diese Fähigkeiten weiterentwickelt, und Datensätze wurden extrem groß. Big Data erforderte robustere digitale Datenverwaltungs- und Analyseprozesse, die von Rechenzentren, Data Warehouses und mittlerweile Data Lakes unterstützt werden. Die Entwicklung der Cloud war zum Teil eine Reaktion auf immer größere Datenmengen und den Bedarf an ständig wachsenden Möglichkeiten zu Verwaltung, Analyse und Verarbeitung dieser Daten. IoT, KI und maschinelles Lernen bieten seitdem noch ausgefeiltere Technologieoptionen für Unternehmen, die ihre Abläufe transformieren möchten, um bessere Ergebnisse zu erzielen. Virtuelle und erweiterte Realität sowie auf Blockchain basierende Technologien sind Teil der Mischung innovativer Fähigkeiten, die zu einer weit verbreiteten digitalen Transformation beitragen. Kundenerwartungen waren schon immer der wichtigste Treiber der digitalen Transformation. Es begann, als ein Ansturm neuer Technologien neue Arten von Informationen und Fähigkeiten auf neue Weise zugänglich machte, wie beispielsweise Smartphones, soziale Medien, IoT oder Cloud Computing. Auch Disruptoren wie Amazon und Tesla haben ihrer Konkurrenz Marktanteile entrissen, indem sie diese Technologien übernommen haben, um Geschäftsmodelle neu zu erfinden (E-Commerce, elektronische Lieferung), Prozesse zu optimieren (Supply Chain Management, Entwicklung neuer Features) sowie an einer ständigen Verbesserung des Kundenerlebnisses zu arbeiten (kontextbezogene Kundenbewertungen, personalisierte Empfehlungen). Konkurrenten passten sich an, um noch mehr Möglichkeiten und Komfort zu bieten (oder sie kämpften und verschwanden vielleicht sogar). Heutzutage und vor allem nach der COVID-19-Pandemie erwarten Kunden mehr denn je, dass sie alle Geschäfte digital abwickeln, wo und wann auch immer, mit jedem Gerät, mit allen unterstützenden Informationen und Inhalten, die sie benötigen, in unmittelbarer Nähe.

Während viele Unternehmen eine digitale Transformation als Reaktion auf eine einzelne Wettbewerbsbedrohung oder Marktveränderung vornehmen, geht es nicht darum, eine einmalige Lösung zu finden. Ziel ist es, eine technische und operative Grundlage zu schaffen, um sich weiterzuentwickeln und bestmöglich auf unvorhersehbare und sich ständig ändernden Kundenerwartungen, Marktbedingungen und lokale oder globale Ereignisse zu reagieren. Erst wenn sämtliche Schritte der Wertschöpfungskette digital nachvollziehbar und ganzheitlich vernetzt sind, ist die technologische Basis für ein intelligentes Unternehmen geschaffen. Dies ist ein konstanter Prozess, der stets flexibel im Hinblick auf zukünftige Entwicklungen durchgeführt und erweitert werden muss. Intelligente Geschäftsanwendungen sind infolgedessen keine Insellösungen, wie wir sie von traditionellen Technologien wie Enterprise Resource Planning oder Customer Relationship Management (CRM) kennen. Sie sind in eine Plattform integriert, die zentrale Geschäftsprozessfunktionen sowie innovative Technologien bereitstellt. Dies ermöglicht es intelligenten Unternehmen, auf Daten und Informationen zuzugreifen, neue Geschäftsmöglichkeiten zu schaffen und bessere Entscheidungen auf allen Ebenen der Organisation zu treffen, um letztendlich gezielt auf die Erwartungen der Kundschaft eingehen zu können.

1.3.2 Kundenzentrierung

Infolge der Digitalisierung steigt die Zahl der Berührungspunkte mit jedem neuen Gerät. Kunden können über die verschiedensten Kanäle jederzeit von überall aus mit einem Unternehmen in Kontakt treten. Kunden sind daher für Unternehmen präsenter denn je. Denn der Kunde verfügt über eine Bewegungsfreiheit und Auswahl wie nie zuvor. Auf globaler Ebene werden Angebote eingeholt, eingekauft und das

Gekaufte kritisch bewertet. Infolgedessen stellen Kunden nicht nur höhere Anforderungen an das Produkt selbst, sondern an die gesamte Customer Journey und somit an das Gesamterlebnis des Einkaufs. Dies gilt sowohl für Konsumenten als auch für Geschäftskunden. Eine weitere Herausforderung ist dabei der eiserne Preiskampf im globalen Wettbewerb, dem sich auch Klein- und Mittelbetriebe (KMUs) nicht entziehen können. Wer also erfolgreich bestehen will, muss sich konsequent und vor allem fortwährend auf die Bedürfnisse der Kunden ausrichten und sicherstellen, ihnen nicht nur ein Produkt oder eine Dienstleistung zu verkaufen, sondern dabei anhaltende Emotionen zu erzeugen.

Kundenzentrierung beschreibt in diesem Kontext die Fähigkeit einer Organisation, die Situationen, Wahrnehmungen und Erwartungen ihrer Kunden zu verstehen. Die Kundenzentrierung erfordert, dass die Kunden im Mittelpunkt aller Entscheidungen bezüglich der Bereitstellung von Produkten, Dienstleistungen und Erfahrungen stehen, um Kundenzufriedenheit, Loyalität und Interessensvertretung sicherzustellen. Bei zu vielen Unternehmen handelt es sich dabei meistens allerdings um einen Hype – ein Rebranding von traditionellem Marketing, Vertrieb und Kundenservice, das keine grundlegenden Änderungen und folglich auch wenig Nutzen mit sich bringt. In diesem Zusammenhang ist es auch wichtig, zwischen Kundenzentrierung und Kundenorientierung zu differenzieren. Letztere verfolgt in der Regel ein Absatz- und Umsatzziel. Kundenzentrierung hat im Gegenzug das Ziel, Mehrwert für Kunden zu schaffen und Kunden langfristig an das Unternehmen zu binden. Für die einzelnen Kunden bedeutet dies ein individuelles, passgenaues Kundenerlebnis und schließlich Zufriedenheit, Loyalität und Markentreue. Echte Kundenzentrierung erfordert infolgedessen die Transformation aller Unternehmensfunktionen, die Kunden betreffen, das Aufbrechen der Silos zwischen diesen Funktionen und den Aufbau einer Kultur, die Verhaltensweisen belohnt, die auf den Kundenerfolg ausgerichtet sind. Sämtliche Unternehmensbereiche – von Forschung und Entwicklung über das Produktmanagement bis hin zu Marketing und Vertrieb – müssen somit ihre traditionellen Prioritäten und Erfolgsmaßstäbe um Metriken erweitern, die sich auf den Kundenwert und den Erfolg konzentrieren. Denn zu oft fühlen sich Mitarbeitende, die keinen direkten Kundenkontakt haben, von den Kundenergebnissen abgekoppelt und für sie nicht verantwortlich. Dies führt zu Entscheidungen und Prioritätensetzungen, die sich an den Bedürfnissen der Lieferanten und nicht der Kunden orientieren. Es bietet sich für Unternehmen an, ihren Mitarbeitenden verstehen zu helfen, wie ihre Arbeit nicht nur zur Bereitstellung bestimmter Produkte und Lösungen, sondern auch zur allgemeinen Geschäftsstrategie des Kunden beiträgt.

Erfolgreiche Unternehmen von morgen streben nach Wettbewerbsdifferenzierung durch jeden Aspekt der Customer Journey und Customer Experience (CX). Sie zeichnen sich in zweierlei Hinsicht aus. Erstens behandeln derartige Marktführer die Lösungsimplementierung, die Servicebereitstellung und den Kundenservice im Gegensatz zu vielen Mitbewerbern nicht als Kostenstellen, sondern als Werttreiber. Anstatt sich in erster Linie auf die interne Effizienz dieser Elemente zu konzentrieren, suchen sie kontinuierlich nach Möglichkeiten, um das Kundenerlebnis an jedem Berührungspunkt zu verbessern. Sie erklären sich bereit, interne Kosten in Kauf zu nehmen, wenn dies die Komplexität für Kunden reduziert, die Zeitspanne bis zum eigentlichen Umsatz verkürzt und die Kundenbindung sowie die Cross-Selling-Möglichkeiten erhöht. Kundenservice- und Support-Teams in kundenzentrierten Unternehmen suchen nach Möglichkeiten, um unerwarteten Mehrwert zu liefern – statt einfach nur das unmittelbare Problem zu lösen. Ein solcher Ansatz erfordert eine enge Partnerschaft zwischen Vertriebsleitern und Führungskräften im operativen Geschäft, die für viele der Systeme und Ressourcen verantwortlich sind, die das Kundenerlebnis schlussendlich prägen.

Zweitens balancieren erfolgreiche Unternehmen von morgen auch Investitionen in die Automatisierung mit einem anhaltenden Fokus auf menschliche Interaktionen mit Kunden. Während Customer Journeys zunehmend automatisiert werden, möchte trotzdem ein Großteil der Verbraucher*innen weltweit immer noch mit menschlichen Gesprächspartner*innen interagieren. Aus welchem Grund? Auch wenn Kund*innen die Möglichkeit schätzen, beispielsweise schnell aus einem Katalog von Online-Angeboten auszuwählen oder eine Lösung selbst zu konfigurieren, ziehen es viele vor, sich bei komplexen oder einzigartigen Anforderungen an ein sachkundiges, beratendes Vertriebsteam zu wenden. Self-Service-Tools verbreiten sich, da sie leistungsfähiger werden, aber menschliches Urteilsvermögen, Einfallsreichtum und – wenn etwas schief geht, Empathie – können nicht ersetzt werden. Erstklassige Unternehmen verstehen die gegenseitige Abhängigkeit zwischen Systemen und Menschen und optimieren das Kundenerlebnis, indem sie ergänzende Verbesserungen an beiden vornehmen und ihre nahtlose Integration sicherstellen.

Wie bei vielen Geschäftsdisziplinen geht es bei der Kundenzentrierung daher um mehr als nur um Systeme und Tools. Eine effektive Umsetzung hängt letztendlich vom Thema Mensch ab. Deshalb ist es unabdingbar, die Zufriedenheit, Motivation, Kreativität, Inspiration sowie das Engagement der einzelnen Mitarbeitenden zu fördern. Denn sie sind es am Ende des Tages, die nachhaltigen Kundenmehrwert ermöglichen. Grundlegend dafür ist neben einem etwaigen kulturellen Wandel auch die Vernetzung von Menschen, Prozessen, Daten und Systemen innerhalb des Unternehmens.

1.3.3 Vernetzung

Mehr denn je ist es entscheidend, Menschen, Geschäftsprozesse, Daten und Systeme zu harmonisieren, damit ein Unternehmen erfolgreich operieren kann. Wenn keine angemessenen Prozesse vorhanden sind, können Mitarbeitende ineffektiv sein und die Technologie versagen. Gleichzeitig können inakkurate und nicht in Echtzeit verfügbare Daten zu fehlerhaften Entscheidungen führen. Technologie allein wird bestehende Probleme nicht beseitigen, wenn die Menschen und die Geschäftsprozesse fehlen und nicht miteinander im Einklang sind. Diesbezüglich schaffen hierbei die Geschäftsprozesse den Rahmen für die Menschen, ihr Machen und ihre Entscheidungen zu fördern. Die technischen Systeme und Tools werden in weiterer Folge zur effizienteren Ausführung eben dieser Prozesse verwendet. Für Effizienz und Effektivität braucht es also eine gute Balance, damit die Geschäftsprozesse und Systeme mit den richtigen Daten den Menschen am Ende wirklich unterstützen können.

Früher lag die Intelligenz eines Unternehmens ausschließlich bei den Mitarbeitern. Heute ist sie folglich in der Kombination von Menschen, Geschäftsprozessen, Daten und Systemen zu finden. Der technologische Aspekt übernimmt immer mehr Aufgaben, denn innovative Technologien lernen mittlerweile schneller und effizienter als wir Menschen es tun. Solche smarte Technologien nutzen beispielsweise KI und sind infolgedessen lernfähig. Sie sind in der Lage, mit bestimmten Regeln umgehen zu können, bzw. sie können derartig trainiert werden, dass sie situationsabhängig reagieren können. Dies kann eventuell abschreckend wirken, bringt allerdings eine enorme Arbeitserleichterung mit sich. Für Menschen zeitintensive Aufgaben können mit technologischen Mitteln innerhalb kürzester Zeit bewältigt werden. Sie ermöglichen es, die enormen Datenmengen aus Big Data zu beherrschen, denn sie schaffen Intelligenz ohne Kapazitätsbeschränkung. Die technischen Elemente funktionieren außerdem im Gegensatz zum Menschen 24/7. Trotz alledem sind es die Menschen, die diese steuern. Trotz ihrer Fähigkeiten löst Technologie somit alleinig keine Probleme. Auch wenn Automatisierung betrieben wird, muss jemand den Aufwand sorgfältig überwachen und bei etwaigen Blockaden eingreifen. Technologie beseitigt bestehende Probleme nicht ohne das Zutun von Menschen und Prozessen. In diesem Sinne kann Technologie dem Menschen die Arbeit erleichtern, ohne sie ihm streitig zu machen. Neben Automatisierungsfunktionen können Mitarbeitende beispielsweise durch geeignete Kommunikations- sowie Kollaborationstools noch produktiver, engagierter und effizienter arbeiten. Der Mensch steht letztendlich im Mittelpunkt. Denn er verfügt über wertvolle Empathie, Kreativität und erfolgskritische Entscheidungsfähigkeit.

Viel zu oft investieren Unternehmen allerdings hauptsächlich in Technologie und versuchen, die Prozesse und Mitarbeitenden nachzurüsten. In diesem Kontext fokussieren sich viele Geschäftstransformationsstrategien vorwiegend auf Technologie und Prozesse, während sie die beteiligten Personen fast völlig ignorieren. Dies ist jedoch keine gute Strategie, wenn Sie eine Transformation erfolgreich umsetzen und treiben wollen. Dabei handelt es sich nämlich um eine Rückwärtslogik. Der tatsächliche Wert jeder Technologie besteht darin, die Zustimmung und Unterstützung aller Beteiligten zu erhalten, um das Potenzial der Technologie und der Geschäftsprozesse voll auszuschöpfen. Es erfordert eine *Vernetzung* von Prozessen, Systemen und Daten – mit dem Menschen im Mittelpunkt (siehe Abbildung 1.4).

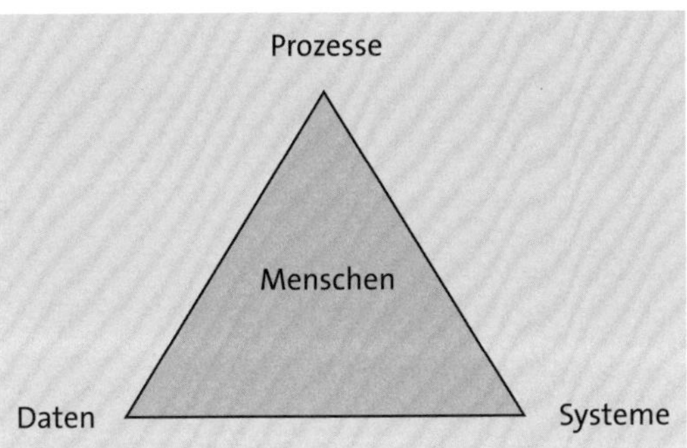

Abbildung 1.4 Der Mensch im Mittelpunkt

Eine echte Geschäftstransformation basiert auf den Menschen, die die Geschäftsprozesse durchführen und kontinuierlich innovieren, während sie von smarten Technologien und Systemen profitieren, um die Geschäftsdaten intelligent zu verarbeiten. Durch diese Vernetzung können u. a. die richtigen, faktenbasierten Geschäftsentscheidungen getroffen, volle Prozesstransparenz gewährleistet, Business und IT gänzlich miteinander abgestimmt sowie Geschäftstransformationen erwartungsgemäß und vor allem sicher vollzogen werden.

1.4 Zusammenfassung

In diesem Kapitel haben wir die Rahmenbedingungen vorgestellt, mit denen sich Unternehmen heute auseinandersetzen müssen und denen mit dem Einsatz von Business Process Transformation begegnet werden kann. Dazu gehören neue Technologien und Geschäftsmodelle, allgemeine Entwicklungen wie Marktentwicklungen, Globalisierung oder Pandemien und der deutlich gewachsene Umfang an Produkten, Prozessen und Stakeholder-Beziehungen. Prozessaktivitäten müssen daher von A bis Z zurückverfolgt werden können, und Entscheidungsabläufe müssen nachvollziehbar sein. Für eine Weiterentwicklung der Geschäftsprozesse sind eine offene Kommunikation und die firmenweite Zusammenarbeit erforderlich. Berücksichtigt werden müssen auch die Erfahrungen auf der Kundenseite.

Kapitel 2
Was ist Business Process Transformation?

Hinter Business Process Transformation verbirgt sich ein umfassendes Framework zur ganzheitlichen Geschäftsprozesstransformation. Erfahren Sie in diesem Kapitel, aus welchen Teilen dieses Framework besteht und welche Kernfähigkeiten es mit sich bringt.

Dieses Kapitel gewährt Ihnen in Abschnitt 2.1 einen allgemeinen Überblick über das Portfolio *Business Process Transformation* von SAP. In Abschnitt 2.2 stellen wir Ihnen die einzelnen Produktlösungen der SAP Signavio Process Transformation Suite vor.

2.1 Business Process Transformation im Überblick

Business Process Transformation zielt darauf ab, Ihre Geschäftsprozesse, Daten und Systeme miteinander zu harmonisieren und dabei den Menschen in den Mittelpunkt zu stellen. Es liefert Ihnen verschiedenste Werkzeuge, um mit den Herausforderungen unserer VUCA-Welt standzuhalten und somit langfristig wettbewerbsfähig zu bleiben.

Business Process Transformation ist eines der heißesten Themen, wenn es um die Geschäftsprozesstransformation geht. Denn die umfangreichen Produktlösungen von SAP Signavio helfen Ihnen, Ihr Business in einem sich kontinuierlich verändernden Marktumfeld selbstbewusst durch Ihre alltäglichen Abläufe, Prozesse und Entscheidungen zu navigieren.

[«]

Die Übernahme von Signavio durch SAP

SAP übernahm Anfang 2021 Signavio, ein führendes Unternehmen im Bereich Prozessmanagement. Dadurch kann SAP nun Unternehmen leichter dabei helfen, ihre gesamten Geschäftsprozesse schneller zu verstehen, zu verbessern, zu transformieren und in großem Umfang zu steuern.

Zunächst verschaffen wir uns einen kurzen Überblick über die Zielgruppen von Business Process Transformation:

- *Business Executives*, die den Mehrwert von SAP S/4HANA, RISE with SAP und intelligenten Technologien im Zuge der Business Process Transformation besser verstehen möchten.
- *Projektmanager*innen*, die ihre Projekte (SAP-S/4HANA-Migration, RISE with SAP und Geschäftstransformation) mit Business Process Transformation unterstützen möchten.
- *Line-of-Business-Manager*innen*, die die Performance überwachen und Verbesserungspotenziale ihres Bereiches identifizieren möchten.
- *Process Owner*, die die Performance überwachen und Verbesserungspotenziale ihres End-to-End-Prozesses identifizieren möchten.
- *Prozessmanager*innen*, die nach unternehmensweiten Automatisierungspotenzialen suchen.

In diesem Abschnitt zeigen wir Ihnen nun, was Business Process Transformation von SAP genau macht und wie es überhaupt zu diesem Lösungspaket kam.

2.1.1 Was macht Business Process Transformation?

Business-Process-Transformation-Lösungen ermöglichen strategische End-to-End-Transformationen Ihrer Geschäftsprozesse und stellen die Grundlage für das intelligente Unternehmen von morgen dar. Sie erlauben es Ihnen, Ihre digitale Transformation in Ihrem individuellen Tempo und zu Ihren eigenen Bedingungen zu gestalten, unabhängig von Ihrer Ausgangssituation. Erfolgreiche Unternehmenstransformationen erfordern ein solides Verständnis für die Probleme der Kunden, eine tiefgreifende Prozessanalyse, Branchen-Benchmarking, die Neugestaltung relevanter Geschäftsprozesse und eine reibungslose Kollaboration aller Beteiligten – um nur einige Faktoren zu nennen. Business Process Transformation von SAP ist ein ganzheitliches Lösungsportfolio, das diese Komponenten in einem einheitlichen, cloudbasierten Toolpaket vereint. Darüber hinaus kombiniert Business Process Transformation eine granulare Prozessanalyse mit den Werkzeugen, die für die erfolgreiche Überarbeitung und Anpassung von Geschäftsprozessen oder die Entwicklung völlig neuer und innovativer Prozesse unabdingbar sind. Neben Geschäftsprozessdesign und Benchmarking deckt SAP Business Process Transformation u. a. auch entscheidende Gap-Analysen, das Verbesserungs- sowie das Prozessänderungsmanagement ab.

[»]

Die Bedeutung von Business Process Transformation

Durch die Integration der Prozess-Suite von Signavio erweiterte SAP seine hauseigene Business-Process-Transformation-Lösung. Business Process Transformation repräsentiert heute innerhalb des SAP-Portfolios die neueste Prozessplattform und bietet umfassende sowie ganzheitliche Produktlösungen für die Transformation Ihrer gesamten Geschäftsprozesse.

All diese Funktionen unterstützen Sie bei Ihrer Prozesstransformation. Wird diese kontinuierlich betrieben, werden infolgedessen neue Wettbewerbsvorteile geschaffen. Die Richtwerte bezüglich Time-to-Insight sowie Time-to-Adapt sind diesbezüglich entscheidende Faktoren und helfen Ihnen auf dem Weg zum intelligenten Unternehmen von morgen. Der Richtwert *Time-to-Insight* misst, wie schnell Sie Ihre Daten in umsetzbare Erkenntnisse umwandeln können. Der Richtwert *Time-to-Adapt* misst in weiterer Folge, wie schnell Sie Ihre Erkenntnisse praktisch umsetzen bzw. anpassen können. Abbildung 2.1 illustriert den Grundgedanken hinter SAP Business Process Transformation.

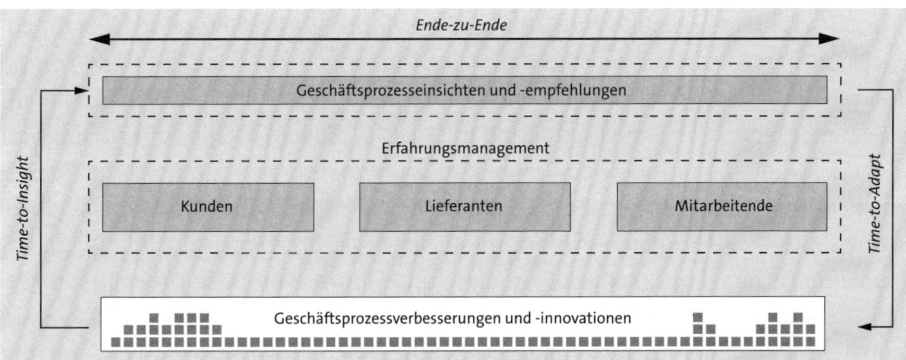

Abbildung 2.1 Die Vision von SAPs Business Process Transformation (Quelle: SAP)

Kurzum werden Daten diverser ERP-Systeme hinsichtlich Ihrer Geschäftsprozesse gemappt. Gleichzeitig werden auch die Erfahrungen Ihrer Kunden, Lieferanten und Mitarbeitenden einbezogen. Schlussendlich können Sie mit dem Business-Process-Transformation-Portfolio nachhaltige Prozessverbesserungen und -innovationen durchführen. Details hierzu finden Sie in Abschnitt 2.2, »SAP Signavio Process Transformation Suite«.

Die komplette Suite von SAP Business Process Transformation an sich umfasst folgende Lösungen zur Geschäftsprozesstransformation:

- SAP Signavio Process Insights
- SAP Signavio Process Intelligence
- SAP Signavio Process Manager
- SAP Signavio Journey Modeler

- SAP Signavio Process Collaboration Hub
- SAP Signavio Process Governance
- SAP Build Process Automation

Mit *SAP Signavio Process Insights* können Sie einen sofortigen Mehrwert sicherstellen. Das Tool ermöglicht Ihnen einen Überblick über die Prozessperformance Ihres Unternehmens, Sie können mit Analysen der nächsten Generation tief in die Geschäftsprozesse eintauchen und von auf Sie zugeschnittenen Verbesserungsempfehlungen profitieren (siehe Abschnitt 2.2.1, »SAP Signavio Process Insights«). Beispielsweise können Sie Key Performance Indicators (KPIs) mit überdurchschnittlich hohen Außenständen anhand von Benchmark-Werten aus der Branche einsehen und auf der Basis von maßgeschneiderten Empfehlungen wie der Einrichtung eines automatischen Abgleichs von Zahlungseingängen und Rechnungen, Kreditmanagement oder Mahnverfahren ein noch besseres Forderungsmanagement anstreben.

SAP Signavio Process Intelligence ermöglicht es Ihnen, Ihre Ist-Prozesse samt möglicher Flaschenhälse zu visualisieren und zu scannen: von der detaillierten Prozessanalyse für Geschäftstransformationen (einschließlich SAP-S/4HANA-Migrationen) über die Untersuchung und Interaktion mit Geschäftsdaten bis hin zur Nutzung von Process-Mining-Funktionen für faktenbasierte Änderungen Ihrer Geschäftsprozesse, um die tatsächlichen Potenziale dieser vollständig aufzudecken (siehe Abschnitt 2.2.2, »SAP Signavio Process Intelligence«). Unter *Process Mining* versteht man eine Technik zur Erkennung, Analyse und Optimierung von Geschäftsprozessen. Basierend auf vorhandenen Prozessdaten kann mithilfe von Process Mining automatisch eine dynamische Visualisierung der realen Prozesse, ihrer Leistung und Compliance gezeigt werden.

Wenn es um die Modellierung und komplette Neugestaltung Ihrer Geschäftsprozesse geht, können Sie auf den *SAP Signavio Process Manager* zurückgreifen (siehe Abschnitt 2.2.3, »SAP Signavio Process Manager«). Diese Business-Process-Transformation-Lösung unterstützt Sie dabei, schnell auf unvorhersehbare geschäftliche und gesetzliche Änderungen zu reagieren, Ihr Prozess-Repository unternehmensweit zu skalieren und Geschäftsprozesse derartig zu simulieren, um alternative Geschäftsszenarien zu definieren und zu testen.

Falls Sie Ihre Kundenexzellenz und die damit einhergehende Kundenzufriedenheit und -loyalität steigern möchten, stellt SAP Business Process Transformation mit dem *SAP Signavio Journey Modeler* ein hilfreiches Tool dafür zu Verfügung (siehe Abschnitt 2.2.4, »SAP Signavio Journey Modeler«). Damit können Sie Customer-Journey Models für Touchpoint-Optimierungen entwickeln, Ihre Geschäftsprozessen speziell auf Ihre Kundenerfahrungen ausrichten sowie kundenzentrierte Journeys für Feedback und potenzielle Verbesserungsmaßnahmen hinsichtlich der Erlebnisse Ihrer Kunden pflegen.

Der *SAP Signavio Process Collaboration Hub* ermöglicht Ihnen eine firmenweite Zusammenarbeit auf individuelle Weise, indem Sie eine zentrale Informationsquelle für all Ihre Teams schaffen, etwaige Geschäftssilos aufbrechen und ein verbessertes Verständnis über KPIs, Aufgaben und Projekte fördern (siehe Abschnitt 2.2.5, »SAP Signavio Process Collaboration Hub«).

Um den Erfolg Ihrer Prozessinitiativen zu gewährleisten und auch nachzuvollziehen, können Sie *SAP Signavio Process Governance* einsetzen (siehe Abschnitt 2.2.6, »SAP Signavio Process Governance«). Dieses Tool hilft Ihnen dabei, vollständige Transparenz und Kontrolle über die Arbeitsabläufe in Ihrem Unternehmen zu erzielen, Prototypen für eine rasche Umsetzung und Skalierung von Arbeitsabläufen ohne Codierung zu entwickeln sowie Geschäftsprozessvariationen und eventuelle Nacharbeiten zu reduzieren.

Letztlich, wie der Name es schon verrät, können Sie mit *SAP Build Process Automation* manuelle, repetitive und/oder zeitintensive Aktivitäten Ihrer Geschäftsprozesse dank robotergestützte Prozessautomatisierung (Robotic Process Automation, RPI) sowie künstlicher Intelligenz (KI) automatisieren. SAP Build Process Automation fördert dadurch die Produktivität Ihrer Mitarbeitenden sowie die Prozesseffizienz und Agilität Ihres Unternehmens (siehe Abschnitt 2.2.7).

Exzellenz herstellen

Exzellenz ist ein wesentliches Stichwort, wenn es um Business Process Transformation geht. Die vielfältigen Produktlösungen helfen Ihnen auf Ihrem Weg zur Prozessexzellenz, zur operationellen Exzellenz sowie zur Kundenexzellenz.

Bestimmt erinnern Sie sich an die prozessbezogenen Herausforderungen aus Abschnitt 1.1, »Aktuelle Herausforderungen für Unternehmen«. Das Business-Process-Transformation-Portfolio von SAP liefert sämtliche Funktionen, um die Performance Ihrer Geschäftsprozesse dauerhaft zu stärken. Die einzelnen Herausforderungen und Lösungen innerhalb der SAP Signavio Process Transformation Suite, mit denen Sie diesen begegnen können, sind in Tabelle 2.1 aufgeführt.

Herausforderung	Business-Process-Transformation-Lösungen
Sicherstellung von Echtzeiteinblicken in bzw. Verständnis über unternehmensweite sowie lokal definierte Geschäftsprozesse und Best Practices	SAP Signavio Process Insights SAP Signavio Process Intelligence

Tabelle 2.1 Funktionen und Lösungen der Business Process Transformation Suite von SAP

Herausforderung	Business-Process-Transformation-Lösungen
Identifizierung sowie Minimierung lokaler und globaler Prozessineffizienzen, wie beispielsweise Verzögerungen oder lange Vorlaufzeiten	SAP Signavio Process Insights SAP Signavio Process Intelligence
Umgang mit fehleranfälligen, sich wiederholenden manuell ausgeführten Geschäftsprozessen	SAP Build Process Automation
Förderung der Transparenz über den Reifegrad eines dokumentierten Geschäftsprozesses und die damit verbundenen Risiken	SAP Signavio Process Manager SAP Signavio Process Collaboration Hub
nachhaltige Steigerung der Kunden-, Mitarbeiter- und Lieferantenzufriedenheit sowie -loyalität	SAP Signavio Journey Modeler
Vermeidung von Fehlausrichtungen entscheidender Transformationsaktivitäten des Unternehmens	komplette SAP Business Process Transformation Suite
bereichsübergreifender Wissensaustausch hinsichtlich der Prozessinitiativen	SAP Signavio Process Collaboration Hub
Gewährleistung einer kontinuierlichen Prozesskonformität	SAP Signavio Process Governance
Einhaltung interner und externer Governance-Anforderungen und regulatorischer Compliance	SAP Signavio Process Governance

Tabelle 2.1 Funktionen und Lösungen der Business Process Transformation Suite von SAP (Forts.)

Tabelle 2.1 umfasst einen Auszug von potenziellen Herausforderungen, die Sie anhand von Business-Process-Transformation-Lösungen bewältigen können. Bevor wir allerdings zu sehr ins Detail der einzelnen Lösungen abdriften, befassen wir uns zunächst mit deren Entwicklung.

[»]

Beschleunigen Sie Ihre Transformationsvorhaben mit dem SAP Signavio Process Explorer

Die Fähigkeit jedes Unternehmens, sich schnell an neue Marktbedingungen und Kundenverhalten anzupassen, ist eine wichtige Säule des langfristigen Erfolgs. Demzufolge überdenken Unternehmen die Art und Weise, wie sie arbeiten, verkaufen, liefern und mit Mitarbeitenden, Partnern und Kunden interagieren. Um Geschäftsprozessänderungen zu erleichtern, hat SAP die allgemeine Verfügbarkeit des *SAP Signavio Process Explorers* angekündigt. Die Lösung organisiert und zentralisiert kollektives Wissen aus Tausenden von Transformationsprojekten, die von SAP und dessen Partnerökosystem bereitgestellt werden. Kunden sind infolgedessen in der Lage, schneller und mit größerer Zuversicht zu operieren, indem sie auf mehr als 7.000 Prozessmodelle, Capability Maps für über 20 Geschäftsbereiche, Wertbeschleuniger für mehr als 13 Branchen sowie verschiedenste Prozessmetriken und Produktempfehlungen verweisen.

Diese Lösung wurde entwickelt, um die Time-to-Value jeder Geschäftsprozessänderung zu verkürzen, indem sie ein einziges Gateway für die Erkundung und den Zugriff auf Wertbeschleuniger und andere Ressourcen bereitstellt. Die Time-to-Value per se kennzeichnet die Vorlaufzeit, die zwischen einer Intention und deren erster Nutzenstiftung liegt. Zu den verfügbaren Ressourcen gehören Business Capability und Solution Maps, Prozessmodelle, Metriken und Best Practices der Branche sowie Best Practices und Empfehlungen für SAP-Produkte. So kann beispielsweise ein Versorgungsunternehmen auf ein branchenspezifisches Prozessmodell für den End-to-End-Order-to-Cash-Prozess rasch zugreifen und erkennen, wo Prozessänderungen die größten Auswirkungen haben.

Um auf die Inhalte des SAP Signavio Process Explorers zugreifen zu können, benötigen Sie lediglich einen bei SAP registrierten Benutzer.

2.1.2 Evolution der Business-Process-Transformation-Lösungen

Als Signavio 2009 gegründet wurde, drehte sich die Branche noch ganz um Business-Process-Management-Systeme (BPMS). Umfassende Technologielösungen wurden entwickelt, die alle Probleme auf einmal lösen sollten: von der Erfassung über die Modellierung und Automatisierung bis hin zum Monitoring von Geschäftsabläufen. Das klang auf den ersten Blick natürlich ansprechend. Nach einiger Zeit stellten allerdings zahlreiche Softwareanbieter fest, dass zwischen der Analyse und Lösung eines Problems Welten lagen. Auch die Zuständigkeiten waren grundsätzlich verschieden: Die Fachkräfte wollten Prozessverbesserungen nicht allein den IT-Verantwortlichen überlassen, und diese modellierten wiederum Prozesse, die den Unternehmensalltag der Fachkräfte nicht widerspiegelten. Heute sind viele BPMS-Anbieter vom Markt verschwunden, und neue Wettbewerber haben die Branche für sich entdeckt: Schlanke Lösungen mit wenig Code traten in Konkurrenz zu umfassenden Entwicklungsumgebungen, während Open-Source-Anbieter den Markt eroberten.

Der Name Signavio

Was steckt hinter dem Namen Signavio? Signavio wurde aus dem italienischen Segnavia abgeleitet. Segnavia bedeutet Wegweiser. Heute ist Signavio ein verlässlicher

Wegweiser für zahlreiche Unternehmen auf der ganzen Welt und navigiert diese durch den stetigen Wandel der Märkte.

Als eine der ersten ernst zu nehmenden Lösungen für Prozessmodellierung eroberte der *Signavio Process Manager* vor einigen Jahren den Markt. Zu dieser Zeit wurden in der Branche noch die Vorteile des BPMN-Standards (BPMN = Business Process Model and Notation) diskutiert. 2010 veröffentlichte das Forschungsunternehmen Gartner den wegweisenden Magic Quadrant für Business-Process-Automation-Lösungen (BPA-Lösungen) und stellte 14 führende Softwareanbieter vor. Stand 2019 haben sich aus dieser Liste lediglich acht Softwarehersteller am Markt behauptet. Viele Unternehmen wandten sich schließlich von diesem Thema ab oder schafften es nicht in die Liste der beliebtesten Anbieter. Zu Beginn richteten sich Prozessmodellierungstools lediglich an Expert*innen. Als Technologie für wenige Ausgewählte konnten sie nur nach ausgiebigem Training verwendet werden. Dies hatte Konsequenzen für den Markt: Mit dem Bedarf sanken auch die Umsätze der Softwareanbieter. Dementsprechend hoch gestalteten sich auch die Preise für diese Lösungen. So überraschte es nicht, wie viel Begeisterung Signavio auslöste. Schließlich gibt es neben reinen Prozessexpert*innen innerhalb der Unternehmen viele weitere Fachkräfte, die Interesse daran hatten, die operativen Abläufe in ihrem Arbeitsalltag weiterzuentwickeln. Sie profitierten von einer intuitiven Lösung, die ohne Trainingsaufwand genutzt werden konnte, um Prozesse innerhalb kurzer Zeit zu modellieren und zu verbessern. Natürlich spielt auch die Cloud als IT-Trendthema eine wichtige Rolle: Die Menschen konnten plötzlich auf eine Anwendung zugreifen, ohne ihre IT-Abteilung einzubeziehen – revolutionär! Um darüber hinaus auch die Erfahrungen und die Erlebnisse der Kunden erfassen, dokumentieren, vergleichen und simulieren zu können, rief Signavio das intuitive Tool *Signavio Journey Modeler* ins Leben.

Signavio hat als erster Softwareanbieter der Branche eine kollaborative Plattform entwickelt, die Unternehmen eine End-to-End-Sicht auf ihre Prozesslandschaft bietet. Auch dies trug zum Erfolg des Unternehmens bei, denn zuvor waren statische Webseiten noch die Norm: Folglich erhielten die Anwender*innen dieser älteren Lösungen nicht immer Zugriff auf aktuelle Informationen und konnten sich ohne kostspielige Lizenzen nicht an Verbesserungen beteiligen. Zu dieser Zeit wurde der *Signavio Collaboration Hub* entwickelt.

Natürlich drehten sich die letzten Jahre nicht nur um die Modellierung und Weiterentwicklung von Geschäftsprozessen. Auch im Bereich der Automatisierung hat sich eine Menge getan. Das Workflow Management agiert heute eigenständig und integriert zahlreiche unterschiedliche Produktarten: Viele Lösungen für Content Management, Service Management und für eine unternehmensweite Zusammenarbeit verfügen mittlerweile auch über Workflow-Funktionen. Softwarehersteller und deren Kunden wissen schließlich seit längerer Zeit: Schnelle und benutzerfreundliche Lösungen können bessere Ergebnisse erzielen als umfangreiche Enterprise Solutions. Mit einer umfassenden Workflow-Technologie, die sich um alltägliche Arbeitsaufgaben dreht und in eine Modellierungsumgebung eingebettet ist, ist Signavio einzigartig: Der Softwarehersteller nahm *Signavio Process Governance* einige Jahre nach der Gründung in sein Produktportfolio auf.

Selbst zu einer Zeit, in der Prozesse nicht im Trend lagen, erfreute sich Signavio dreistelliger Wachstumsraten. Schließlich kündigten sich vor über zwei Jahren spannende Veränderungen an, die die Welt des Prozessmanagements auf den Kopf stellten. Eine wichtige Veränderung war das wachsende Interesse an der Methode *Process Mining*. Einige BPMS-Lösungen verfügten zwar bereits über Funktionen, die an diese Methode erinnerten; viele verstanden Process Mining aber vor allem als akademischen Ansatz, der keinen klaren Wert für Unternehmen aufwies, und nicht als innovative Methode, um Unternehmensabläufe transparenter zu machen sowie die real gelebten Ist-Prozesse mit optimierten Soll-Prozessen zu vergleichen. Einige Softwareanbieter spezialisierten sich auf Process-Mining-Tools, und auch in diesem Segment eroberten neu gegründete Unternehmen wie Celonis den Markt. Inspiriert von einem wachsenden Interesse an Process Mining brachte auch das Signavio-Team ein Analysetool auf den Markt: *Signavio Process Intelligence*. Durch seine Cloud-Technologie und ihren kollaborativen Ansatz ist dieses Tool nicht nur kostengünstiger als andere Lösungen, sondern es hat auch einen weiteren wichtigen Vorteil: Es richtet sich nicht nur an Mitarbeitende mit Spezialkenntnissen, sondern an Fachanwender*innen aus den unterschiedlichen Abteilungen der Organisationen. Damit hat sich auch die Methodik des Process Minings weiterentwickelt.

Eine weitere wichtige Veränderung kündigte die neu entstandene *Signavio Business Transformation Suite* an: Sie brachte die Modellierung, Automatisierung und Auswertung von Prozessen zusammen und verknüpfte sie mit kollaborativen Funktionen – in einer einzigen Lösung. Erstmalig wurde auf diesem Wege eine Process-Mining-Technologie mit einer umfassenden Lösung zur Prozessmodellierung verknüpft. Das Ergebnis war eine End-to-End-Sicht auf alltägliche Geschäftsabläufe im Unternehmen, die sich kurzerhand analysieren, modellieren und verbessern ließen (zugleich manuell und automatisiert). So gelang es Organisationen, eine Brücke zur internen IT-Abteilung zu schlagen und innovative Methoden der Automatisierung in den Betriebsalltag zu integrieren. Auf diesem Wege sollte es gelingen, Prozesse entlang unterschiedlicher IT-Systeme zu verstehen, zu messen und durch ein Monitoring im Blick zu halten.

Seit einiger Zeit bewegt außerdem ein neuer Trend die Branche: Robotic Process Automation (RPA). Unter RPA an sich versteht man einen Ansatz zur Prozessautomatisierung, bei dem immer wiederkehrende, manuelle, zeitaufwendige oder fehlerträchtige Aktivitäten durch Softwareroboter (sogenannte *Bots*) einerseits erlernt und andererseits automatisiert durchgeführt werden. Diese Technologie tritt in Konkurrenz zu allen Softwareanbietern, die mit einer Lösung für Automatisierung am Markt teilnehmen. Doch wie jeder Technologie-Hype geht auch RPA mit gewissen Risiken einher. Häufig fallen in Bezug auf RPA etwa diese Fragen:

- Wie lässt sich eine RPA-Initiative skalieren und unternehmensweit einsetzen?
- Wie kann die Performance von Software-Robotern gesteuert werden?
- Lassen sich die Lösungen unterschiedlicher RPA-Anbieter miteinander kombinieren?
- Wie schütze ich mein Unternehmen vor fehlerhaften Software-Robotern?

Derzeit sieht es so aus, als ließen sich die Software-Roboter nicht auf ihrem Weg in die Unternehmen aufhalten. Doch die Herausforderung besteht darin, RPA heute so einzusetzen, dass es morgen nicht schon bereut wird. Prozessmodellierung ist heute gleichermaßen für Fachanwender*innen aus den Unternehmen sowie für RPA-Anbieter interessant: Die Methodik bietet eine wertvolle Hilfestellung im Unternehmensalltag und für die Implementierung von RPA-Lösungen. Dies stellt eine Kehrtwende dar: Schließlich galt die Prozessmodellierung im BPMS-Mikrokosmos als wunder Punkt umfassender Automatisierungsprojekte. Außerdem ist für RPA-Anbieter die Verknüpfung mit Process Mining interessant, denn sie bietet wichtige Vorteile bei der Implementierung und Durchführung von RPA-Projekten, wie beispielsweise die durch Process Mining initiierte Identifizierung von maßgeschneiderten Anwendungsfällen für RPA. Dadurch kann das Potenzial von RPA im gesamten Unternehmen massiv gefördert werden. Im Rückblick lässt sich beobachten, dass die Modellierung, das Monitoring und die systemübergreifende Auswertung von Prozessen zusammengehören. Doch wurde in der Vergangenheit unterschätzt, welche wichtige Rolle kollaborative Technologien spielen sollten, die die Weiterentwicklung von Geschäftsprozessen ermöglichen. Nicht vorhersehbar war die Entwicklung, dass die Prozessmodellierung zahlreiche Lösungen für die Automatisierung überholen sollte.

Prozessmanagement als dynamische Initiative

Weiten Sie den Blick auf Ihre Prozesslandschaft aus: Betrachten Sie Ihr Prozessmanagement nicht länger als Projekt, sondern als dynamische Initiative. Statt simpler Dokumentation erhalten Sie mit SAP Signavio wertvolle Einblicke, mit denen Sie Ihren Geschäftsalltag auch unter veränderten Bedingungen zielgerichtet planen und gewinnbringend steuern können.

2021 übernimmt SAP SE mit Signavio das führende Unternehmen für Business Process Transformation und erweitert die Signavio Process Transformation Suite mit den hauseigenen Lösungen SAP Process Insights, die mittlerweile SAP Signavio Process Insights heißt, und SAP Build Process Automation (ehemals SAP Process Automation). Seit diesem Zeitpunkt ist Business Process Transformation, damals noch unter dem Namen *Business Process Intelligence* bekannt, u. a. ein wichtiger Bestandteil des neuen SAP-Angebots RISE with SAP, das Unternehmen bei der ganzheitlichen digitalen Transformation helfen soll. RISE with SAP macht Unternehmen widerstandsfähig, agil sowie intelligent und unterstützt dabei, Kern-ERP-Prozesse in die Cloud zu verlagern. Die Integration der cloudnativen Prozess-Suite von Signavio in die hauseigene Business-Process-Transformation-Lösung erlaubt SAP folglich, eine ganzheitliche Suite flexibler Lösungen zur Prozesstransformation anzubieten, mit der Kunden ihre Geschäftsprozesse durchgängig anpassen können. Dazu gehören die Analyse, das Design und die Verbesserung von Geschäftsprozessen sowie das Management von Prozessänderungen. Die Suite ermöglicht es den Kunden auch, den langfristigen Erfolg dieser Prozessänderungen zu überwachen.

[«]

Die Positionierung von SAP Signavio

Prozessmodellierung, -Governance oder -analysen allein reichen in der heutigen Zeit nicht mehr aus, um effektive Prozesstransformationsresultate zu erzielen. Vielmehr geht es darum, verschiedene Tools, Inhalte und Methodiken miteinander zu kombinieren, um nachhaltigen Mehrwert für die Geschäftsprozesstransformation zu generieren. SAP Signavio positioniert sich im Bereich Business Process Transformation und umfasst diese Kombination aus Methodik, Produktlösungen und Prozessinhalten.

Durch die Übernahme führt jetzt SAP zusammen mit den Signavio-Lösungen standardisierte Out-of-the-Box-Prozess-KPIs, umfassende Benchmarking-Daten, Process Mining, User Behaviour Mining und Customer Experience Analysen durch, um den Kunden eine 360-Grad-Sicht auf jeden Geschäftsprozess zu bieten. Gleichzeitig erhalten die Kunden Werkzeuge zum vollständigen Verständnis und zur Transformation der Prozesse an die Hand: Die Business Process Transformation Suite ist geboren.

2.2 SAP Signavio Process Transformation Suite

Wie in der Einführung bereits angeschnitten, bietet Business Process Transformation von SAP Unternehmen die Möglichkeit, Ihre Geschäftsprozesse aus End-to-End-Sicht zu verstehen, zu verbessern sowie umzugestalten. Da die Lösungen webbasiert sind, erlauben sie eine schnelle skalierbare Transformation aller Geschäftsprozesse – über sämtliche Unternehmensbereiche hinweg.

Die SAP Signavio Process Transformation Suite umfasst dementsprechend die folgenden Kernfähigkeiten:

- **Prozessanalyse und Process Mining**
  End-to-End-Prozessanalyse für Unternehmenstransformationen und Initiativen hinsichtlich operationeller Exzellenz
- **Prozess- und Journey-Modellierung**
  Management, Modellierung und Simulation von Geschäftsprozessen und diversen Journeys
- **Prozess-Governance und -automatisierung**
  Sicherstellung organisatorischer und regulatorischer Compliance sämtlicher dokumentierten Prozesse
- **Prozesskollaboration**
  interaktive und bereichsübergreifende Zusammenarbeit in Echtzeit

Um uns der Macht der SAP Signavio Process Transformation Suite noch bewusster zu werden, werfen wir einen Blick auf Abbildung 2.2.

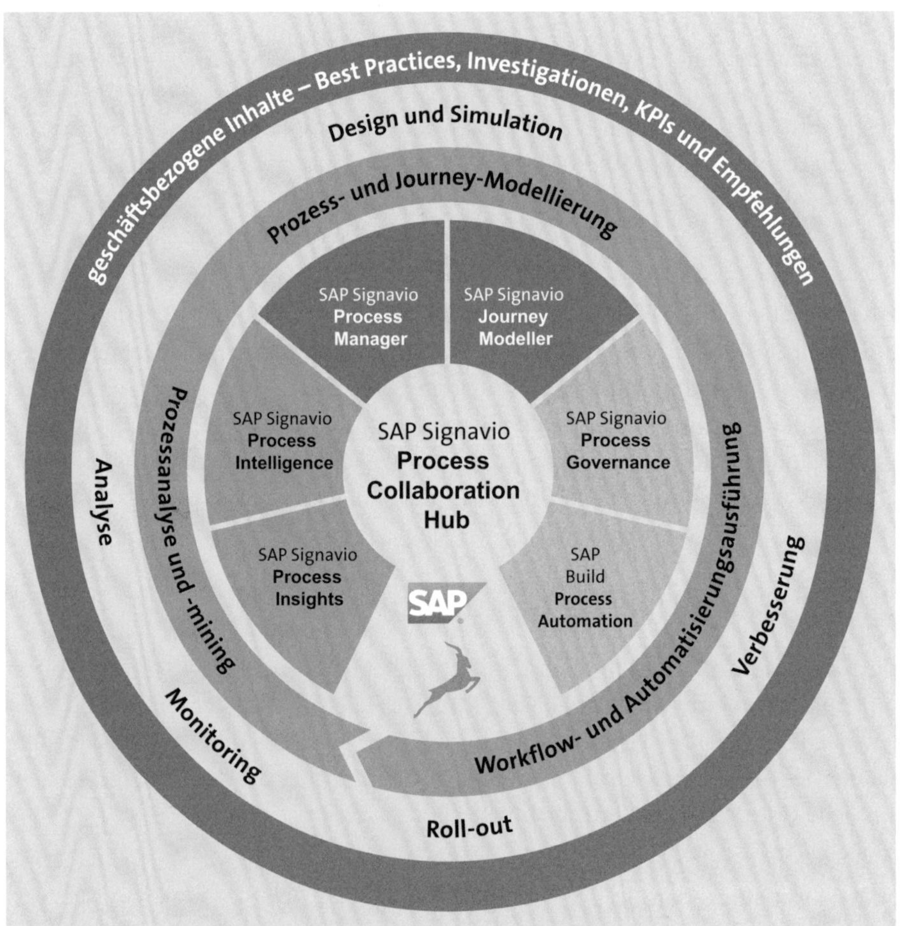

Abbildung 2.2 SAP-Signavio-Lösungen im Überblick (Quelle: SAP)

Abbildung 2.2 visualisiert, wie die einzelnen Business-Process-Transformation-Lösungen zusammenspielen – stets unter der Berücksichtigung von SAPs Best Practices und industriespezifischen Verbesserungsvorschlägen. Die Tools SAP Signavio Process Insights und SAP Signavio Process Intelligence dienen in erster Linie der Prozessanalyse und den Process-Mining-Aktivitäten. Der SAP Signavio Process Manager und der SAP Signavio Journey Modeler konzentrieren sich hingegen auf die Prozess- und Journey-Modellierung. SAP Signavio Process Governance und SAP Build Process Automation stellen wiederum das Management von Workflows und Automatisierungen in den Vordergrund. Der Schlüssel zum Erfolg – wie in Abbildung 2.2 illustriert – ist und bleibt der menschliche Aspekt, der mit dem SAP Signavio Process Collaboration Hub ganzheitlich gepflegt wird. Auch erkennen Sie in Abbildung 2.2 sämtliche SAP-Activate-Projektphasen, die durchgängig anhand der jeweiligen Business-Process-Transformation-Lösungen unterstützt werden. Diesem Thema widmen wir uns detailreicher in Kapitel 12, »Der Einsatz des Business Process Transformation Managements beim Wechsel zu SAP S/4HANA«. Zunächst möchten wir Ihnen jedoch in diesem Abschnitt die genannten Business-Process-Transformation-Lösungen näher vorstellen.

2.2.1 SAP Signavio Process Insights

Mit *SAP Signavio Process Insights* gewinnen Sie schnell einen Überblick über die Performance Ihres Unternehmens. Sie profitieren von gezielten Verbesserungsempfehlungen und können sich einen direkten geschäftlichen Nutzen sichern, indem Sie Ihre Geschäftsprozesse mit fortschrittlichen Analysen systematisch end-to-end untersuchen. Die Lösung ermöglicht Ihnen dabei eine ganzheitliche sowie eine kontinuierliche Überwachung, Bewertung und Verbesserung Ihrer Geschäftsprozesse. Sie analysiert die Performance Ihrer Geschäftsprozesse und unterstützt Sie dabei, diese schnell und einfach anhand von daten- sowie industriebasierten Fakten zu evaluieren, Transformationsmöglichkeiten zu eruieren und Prozessanpassungen direkt durchzuführen.

[«]

Ihr Nutzen durch SAP Signavio Process Insights

SAP Signavio Process Insights unterstützt nicht nur die Transparenz und das Verständnis über alle Geschäftsprozesse hinweg, sondern liefert auch Erkenntnisse darüber, an welchen Stellen Optimierungen notwendig sind und wie die erwünschten Geschäftsergebnisse erzielt werden können. Diese Genauigkeit der Erkenntnisse unterstützt Ihre Teams bei der Entdeckung, Analyse, Verbesserung und Optimierung von Prozessen.

Sie können SAP Signavio Process Insights nahezu mühelos mit Ihrem SAP-ERP- oder S/4HANA-System verknüpfen und bereits innerhalb kürzester Zeit sämtliche Prozessschwächen und Optimierungsmöglichkeiten in Echtzeit aufdecken. Das Tool generiert maßgeschneiderte Verbesserungsempfehlungen und zeigt Ihnen Automatisierungspotenziale auf – stets unter der Berücksichtigung der industriespezifischen Best Practices.

SAP Process Insights umfasst 40 Geschäftsprozessabläufe für sieben verschiedene Geschäftsbereiche sowie sechs End-to-End-Prozesse, was über 400 individuellen Metriken, 130 Leistungsindikatoren sowie 15 der wichtigsten Geschäftszielen und Wertetreibern entspricht. Mehr als 100 Korrekturempfehlungen, wie beispielsweise Stammdatenkorrekturen oder Konfigurationsänderungen, sind bereits in der Lösung integriert. Zudem liefert SAP Signavio Process Insights mehr als 300 auf Sie zugeschnittene Innovationsempfehlungen für SAP S/4HANA sowie SAP-Fiori-Apps und SAP-Angebote, u. a. für robotische Prozessautomatisierung, maschinelles Lernen (ML) und Situationsmanagement.

Mithilfe von SAP Signavio Process Insights unterstützen Sie den Wandel weg von einer Prozesstransformation, basierend auf Intuition oder Bauchgefühl, hin zu einer tiefgreifenden und datenbasierten Prozessverbesserung. Sie können damit dynamische Berichte in Echtzeit erstellen, die die Performance und Effizienz bestehender Geschäftsprozesse bewerten. Diese Berichte können infolgedessen für schnelle Leistungsvergleiche und KPI-Benchmarking in Betracht gezogen werden.

Durch die Integration mit der SAP Intelligent Robotic Process Automation (SAP Intelligent RPA) und der automatischen Bot-Erstellung ermöglicht es das Tool, Engpässe frühzeitig zu identifizieren und vom System empfohlene Verbesserungsvorschläge inklusive Korrekturmaßnahmen zu berücksichtigen. In diesem Kontext können Sie dann Ihre Abläufe durch automatisierte Überwachungsfunktionen weiter abstimmen. Dies hat sowohl schnelle Zeit- und Kosteneinsparungen als auch langfristige Vorteile hinsichtlich Effizienz und Prozessoptimierung zur Folge.

Die fortschrittliche und vor allem intuitive Visualisierung von Prozessdaten liefert ein Live-Bild davon, wie Ihr Unternehmen tatsächlich operiert. In Kombination mit der Echtzeitüberwachung der Geschäftsprozessperformance können Sie Ihre betriebliche Transparenz steigern, um etwaige Silos zu durchbrechen und um die Wünsche und Anliegen Ihrer Kunden noch zügiger zu erfüllen.

SAP Signavio Process Insights schafft eine rasche Transparenz über Wertschöpfungsquellen innerhalb der SAP-ERP-Anwendung oder des SAP-S/4HANA-Systems, das Sie verwenden, und steuert somit zur Maximierung Ihrer Erträge in sämtlichen Geschäftsbereichen bei. Darüber hinaus können Sie Initiativen zur anhaltenden Verbesserung mit Leistungsansichten und Prozess-Drilldowns der nächsten Generation vorantreiben, was in einem noch klareren Verständnis Ihrer Geschäftsprozesse resultiert.

Sie können die innovative Extraktion von Prozessdaten sowie kontinuierliche Datenaktualisierungen nutzen, um Echtzeiteinblicke in Ihre Prozessperformance zu erhalten und somit Ihre gesamte Geschäftstätigkeit noch effektiver zu gestalten. Dank der integrierten Ursachenanalyse können Sie Ihren Prozessfokus eingrenzen, den Ursprung etwaiger Probleme ausfindig machen und tiefgründig analysieren. Durch die Berücksichtigung datenbasierter Prozessverbesserungsempfehlungen können Sie umgehend mit Ihren Optimierungen loslegen und sich auf die wesentlichen Korrekturmaßnahmen fokussieren. Die fortgeschrittene, äußerst anwenderfreundliche Benutzeroberfläche von SAP Process Insights ermöglicht es Ihnen zusätzlich, die komplette Zusammenarbeit zwischen all Ihren Entscheidungsträgern, Fachleuten und IT-Experten kontinuierlich zu fördern.

Tiefergehende Informationen zu den Funktionen und zum Einsatz von SAP Signavio Process Insights finden Sie in Kapitel 3, »SAP Signavio Process Insights«.

2.2.2 SAP Signavio Process Intelligence

Von der Durchführung detaillierter Prozessanalysen über die Interaktion mit Geschäftsdaten bis hin zur Nutzung von Process Mining für faktengestützte Prozessoptimierungen bietet Ihnen *SAP Signavio Process Intelligence* eine zuverlässige Produktlösung, um beispielsweise Engpässe oder verborgene Potenziale Ihrer Geschäftsprozesse zielgerichtet aufzudecken.

SAP Signavio Process Intelligence ist ein wesentlicher Bestandteil des Business-Process-Transformation-Portfolios von SAP. Das Tool umfasst Process-Mining-Funktionen der nächsten Generation und unterstützt intelligentere Geschäftsentscheidungen, indem SAP Signavio Process Intelligence leistungsstarke, faktenbasierte Einsichten in denkbare Risiken und nachhaltigen Verbesserungsmöglichkeiten bietet. So können Sie den in Ihren Prozessen, Daten und Systemen verborgenen Geschäftswert identifizieren und langfristig maximieren.

[«]

Ihr Nutzen durch SAP Signavio Process Intelligence

Durch die automatische Anwendung von Process-Mining-Algorithmen bietet SAP Signavio Process Intelligence Transparenz und Verständnis für die tatsächlichen Geschäftsabläufe Ihrer Organisation. Sie gewinnen Erkenntnisse darüber, wie und warum Ihre End-to-End-Geschäftsprozesse momentan auf eine bestimmte Art und Weise ablaufen und können in weiterer Folge Ihren operativen Betrieb noch besser auf Ihre Prozesse ausrichten.

SAP Signavio Process Intelligence erlaubt es Ihnen, detaillierte Geschäftsprozessanalysen für kontinuierliche Verbesserungen durchzuführen und smarte Diagnosen über die Prozessperformance zu erstellen. Diese Diagnosen werden dann zum Testen potenzieller Engpässe und Ablaufsimulationen und zur Bewertung von Prozessänderungsalternativen unter der Berücksichtigung von Best-Practice-Szenarien eingesetzt. Anhand der detaillierten Analysen können auch Optimierungen der Geschäftsprozesse hinsichtlich Robotic Process Automation, Hyperautomatisierung, künstlicher Intelligenz und maschinellem Lernen sowie präzise das Kundenverhalten für verbesserte Customer Journeys abgeleitet werden. Falls Sie sich für die Lösung RISE with SAP entscheiden, hebt SAP Signavio Process Intelligence die SAP-S/4HANA-Transformation Ihres Unternehmens zusätzlich auf das nächste Level.

SAP Signavio Process Intelligence unterstützt Sie außerdem dabei, ein umfangreicheres Verständnis Ihrer Daten zu gewinnen, um faktenbasierte Prozessänderungen vorzunehmen. Mithilfe dieses Tools erhalten Sie eine klarere End-to-End-Sicht auf Ihre Geschäftsprozesse – von Ereignisprotokollen bis hin zu den einzelnen Aktionen der User. Aus dem technischem Blickwinkel können Sie Ihre Daten gezielt verwalten, neue Ablaufmodelle generieren, Inhalte aus den Anwendungen von Drittanbietern integrieren sowie Metriken für eine eingehende Prozessanalyse festlegen, um den Ist-Zustand, die Aktivitäten sowie Abläufe noch besser zu verstehen. Damit verbunden können Sie von Out-of-the-Box-Funktionen profitieren, um die Zeit bis zur tatsächlichen Prozessanalyse anhand von ETL-Konnektoren (Extract, Transform und Load) und Transformationsvorlagen für die gängigsten Geschäftsprozesse, einschließlich Order-to-Cash (O2C) und Procure-to-Pay (P2P), zu verkürzen. ETL ist ein Prozess, bei dem Daten aus verschiedenen Datenquellen in einer Zieldatenbank vereinigt werden. Zuerst werden die relevanten Daten aus diversen Quellen extrahiert (Extract), anschließend in das Format der Zieldatenbank transformiert (Transform) und letztendlich in diese geladen (Load).

Die Interaktion und Analyse der wesentlichsten Informationen erfolgt äußerst effizient, denn SAP Signavio Process Intelligence deckt umgehend Ineffizienzen und Engpässe in Geschäftsprozessen auf und sorgt so für reibungslose Abläufe. In diesem Zuge können einzelne Prozessaktivitäten granular untersucht werden, um sie mit vordefinierten KPIs zu vergleichen, Auswirkungsanalysen durchzuführen und Varianten zur Rationalisierung einzelner Prozessabläufe zu identifizieren. Mit SAP Signavio Process Intelligence können Sie Ihre Prozesskontrollflüsse dynamisch abbilden und intuitiv miteinander verbinden, um die Einhaltung von Unternehmensvorschriften und Prozessabweichungen sicherzustellen. Durch das Ausführen von Ursachenanalysen ermöglicht Ihnen das Tool eine Untersuchung etwaiger Verzögerungen, übersprungener Aktivitäten und Ereignisabfolgen bei gleichzeitiger drastischer Reduzierung von Zykluszeiten und potenzieller Nacharbeit.

Mit SAP Signavio Process Intelligence können Sie darüber hinaus Mehrwerte im Zusammenhang mit Widgets für eine beschleunigte Leistungsanalyse und den Austausch von Ergebnissen erzielen. Diese Widgets liefern eine ansprechende User Experience und bieten zeitgleich detaillierte Extraktionen für sofortige Einblicke in leistungsrelevante KPIs, Analysen zu Zykluszeiten und generelle Indikatoren über den aktuellen Zustand Ihres Unternehmens. Zusätzlich zu den Widgets können Prozessleistungs- und Compliance-Metriken erstellt und mit Process-Mining-Analysen kombiniert werden, um Ihre Geschäftsergebnisse noch weiter zu beschleunigen.

SAP Signavio Process Intelligence erlaubt es Ihnen außerdem, sich auf Informationen zu fokussieren, die für Sie von hoher Bedeutung sind – gebündelt auf einer einzigen Plattform. Damit wird Ihnen eine noch akkuratere, datenbasierte Grundlage für Ihre Entscheidungsfindung geschaffen. Durch die Extraktion und Verbindung von Daten mit erweiterten Integrationsfunktionen ist es auch möglich, eine Verknüpfung zu verschiedenen Quellsystemen herzustellen, um relevante Widgets für sofortige Informationen zu ermitteln. Auf diese Weise können Sie Ihre Daten in eine Umgebung transformieren, in der Business, Prozesse und IT harmonisch kooperieren, um somit die Effizienz und Effektivität Ihres Unternehmens langfristig zu fördern.

Tiefergehende Informationen zu den Funktionen und zum Einsatz von SAP Signavio Process Intelligence finden Sie in Kapitel 4, »SAP Signavio Process Intelligence«.

2.2.3 SAP Signavio Process Manager

Der *SAP Signavio Process Manager* unterstützt Sie dabei, umgehend auf unvorhersehbare geschäftliche und gesetzliche Änderungen reagieren zu können. Mit diesem Tool skalieren Sie darüber hinaus zielbewusst das gesamte Prozess-Repository Ihres Unternehmens und können etwa anhand von Prozesssimulationen die verschiedensten Geschäftsszenarien definieren und stetig neu erfinden – so geht Agilität.

Der SAP Signavio Process Manager kommt ins Spiel, wenn Sie Ihre Geschäftsprozesse umfassend modellieren, analysieren, simulieren und stetig optimieren möchten. Diese intuitive Business-Process-Lösung bietet Ihnen nicht nur die Möglichkeit, anhand von erweiterten Prozessmodellierungsfunktionen die Abläufe Ihrer Geschäftsaktivitäten zu visualisieren, sondern auch vollständig zu überwachen. Vom Finanz- und Personalwesen über Einkauf und Fertigung bis hin zu Logistik und Vertrieb profitieren Ihre Mitarbeitenden von der Effizienz und Effektivität, die sich aus einer einzigen zusammenhängenden Geschäftsprozesslandschaft ergeben, die ebenfalls IT-Systemgrenzen überschreitet. Der SAP Signavio Process Manager macht sämtliche Geschäftsprozesse innerhalb Ihrer gesamten Organisation deutlich einfacher zugänglich. Dies fördert eine unternehmensweite Prozesstransparenz und ermöglicht schließlich Prozessmodellierung für jeden Mitarbeitenden in Ihrem Unternehmen.

Der SAP Signavio Process Manager ist allerdings weit mehr als ein Prozessmodellierungstool. Diese Business-Process-Transformation-Lösung umfasst auch umfangreiche Funktionen zur vollständigen Organisation Ihres Prozess-Repositorys. Sie ermöglicht es Ihnen z. B., Ihre Geschäftsprozesse so zu verknüpfen, dass die Customer Journey verbessert und somit das Kundenerlebnis gesteigert wird, und eine verbesserte Customer Experience ist nur einer der Vorteile dieses leistungsstarken Tools und stellt auch nur die Spitze des Eisbergs dar. Der SAP Signavio Process Manager bietet nämlich eine Vielzahl an weiteren Vorteilen und Potenzialen für Ihr Unternehmen. Das Tool erlaubt es Ihnen beispielsweise, detaillierte Einblicke in all Ihre Geschäftsbereiche zu erhalten, die Produktivität zu steigern und Kosten zu senken, Prozesse besser mit der Gesamtstrategie zu verbinden, einen strategischen und umfangreichen Geschäftsplan umzusetzen und rasch auf regulatorische Veränderungen zu reagieren. All diese nützlichen Fähigkeiten bieten Ihnen eine große Chance. Sie machen Ihr Unternehmen noch nachhaltiger, wettbewerbsfähiger und standfester in unserer schnelllebigen, globalisierten Geschäftswelt.

Darüber hinaus umfasst der SAP Signavio Process Manager ein effektives Potenzial zur schnellen Verbesserung Ihrer betrieblichen Abläufe durch eine vereinfachte Modellerstellung mit der Funktion *QuickModel*. Dadurch können Geschäftsprozesse simpel in tabellarischer Form erstellt, neue Aktivitäten hinzugefügt, bearbeitet und dann vor der Veröffentlichung des Prozessmodells nochmals separat überprüft werden. Selbstverständlich widmen wir uns im späteren Verlauf dieses Buches detailliert dieser Funktion (siehe Kapitel 5, »SAP Signavio Process Manager«). Jedenfalls behalten Sie mit dem SAP Signavio Process Manager die volle Kontrolle über Ihre Geschäftsaktivitäten und verbessern ganzheitlich den Prozess-Output mit verschiedensten Bearbeitungsfunktionen, unabhängig davon, wie viele Tausende Aktivitäten Ihre Prozesslandschafft umfasst.

[»]

Ihr Nutzen durch den SAP Signavio Process Manager

Prozessmodelle sind im Einzelnen bereits nützlich und verdeutlichen, wie Ihre Organisation zusammenarbeitet. Sind diese Modelle mit weiteren Faktoren verbunden, entfalten sie jedoch erst ihr wahres Potenzial. Als Teil des SAP-Signavio-Lösungsportfolios lassen sich Ihre Prozessmodelle mit dem SAP Signavio Process Manager aus verschiedenen Blickwinkeln betrachten: im Rahmen der Customer Journey, des Risiko- und Entscheidungsmanagements, der Ressourcenplanung, der IT-Implementierung und vielen weiteren Aspekten. Der SAP Signavio Process Manager ist die Grundlage, um Ihre Prozesse zum Leben zu erwecken.

Anhand des SAP Signavio Process Managers können alle Mitarbeitenden in Ihrem Team ihr Fachwissen weitergeben und erhalten so stets die Unterstützung, die sie benötigen. Der resultierende gemeinsame Input sowie das Feedback steigern den Standard der Arbeitsweise in Ihrem Unternehmen. Wie das im Detail aussieht? Ganz einfach. Die betreffenden Mitarbeitenden können Kommentare zu den Aufgabenmeldungen hinzufügen und in Echtzeit auf Kollegen aus anderen Abteilungen und Firmenstandorten reagieren. Sie können außerdem Feedback einholen und Gespräche führen, die zu rascheren und besseren Resultaten führen. Auf diese Art und Weise können Sie an der Spitze Ihres Unternehmensumfeldes bleiben, indem Sie Silos ausschließen und stattdessen die Leistung aller Beteiligten fördern.

[«]

Prozessmodelle mit SAP Signavio Process Intelligence verbinden

Mit SAP Signavio Process Intelligence können Sie ein operatives Process Mining Cockpit aufbauen, das Ihre Daten mit dem Prozessmanagement verbindet und statische Prozessmodelle in dynamische und reaktionsfähige Dashboards verwandelt. So werden Sie frühzeitig informiert, angeleitet und gewarnt. Entscheiden Sie einfach, welche Prozesse und Aktivitäten Sie innerhalb dieser Prozesse überwachen oder besser verstehen möchten. Platzieren Sie Indikatoren, wählen Sie die Schwellenwerte, und lassen Sie Ihre Prozessmodelle von SAP Signavio Process Intelligence mit den entsprechenden Daten verbinden.

Damit Sie sich auf alternative Geschäftsszenarien vorbereiten können, liefert Ihnen der SAP Signavio Process Manager eine Simulation Ihrer Geschäftsprozesse. Dabei wird eine Was-wäre-wenn-Umgebung geschaffen, um die potenzielle Investitionsrentabilität von Prozessveränderungen zu quantifizieren und vorherzusagen. Schlussendlich können Sie sich mit den Aufgaben befassen, die für Sie am entscheidendsten sind, indem Sie die Prozesssimulation durch das Einstellen und Überwachen von Fallszenarien aktivieren. In diesem Zusammenhang können Sie auch versteckte Chancen identifizieren sowie die besten Prozessalternativen für komplexe Projekte aufdecken – stets mit dem einen Ziel, Ihr Unternehmen auf langfristige Sicht noch smarter zu machen.

Tiefergehende Informationen zu den Funktionen und zum Einsatz des SAP Signavio Process Managers finden Sie in Kapitel 5, »SAP Signavio Process Manager«.

2.2.4 SAP Signavio Journey Modeler

Mit dem *SAP Signavio Journey Modeler* haben Sie die Möglichkeit, eine hohe Kundenzufriedenheit durch Customer Journey Models, die Anpassung von Geschäftsprozessen an Kundenerfahrungen und den Austausch von Customer Journeys für Feedback und Erfahrungsverbesserungen zu erreichen. Der Begriff *Customer Journey* beschreibt die einzelnen Zyklen eines Kunden inklusiver aller Berührungspunkte mit dem Unternehmen, vom ersten Kontakt bis hin zur finalen Kaufentscheidung. Daher liefern Customer Journey Models u. a. wertvolle Einblicke, um das Kaufverhalten der Kunden sowie deren Erfahrungen besser zu verstehen.

Der SAP Signavio Journey Modeler ist ein weiteres hilfreiches Tool zur Prozessvisualisierung, das ebenso Teil der ganzheitlichen Suite von Business Process Transformation ist. Diese Lösung unterstützt Sie bei der Entwicklung einer zentralen Echtzeitansicht der Kundenerfahrung durch die Verknüpfung von Journeys mit Geschäftsprozessen, zugehörigen IT-Anwendungen, Integrationspunkten und Datenflüssen. Mit dem SAP Signavio Journey Modeler können Sie Ihre Kundenerlebnisse operationalisieren, indem Sie Ihre Kundenerfahrungen in Ihren Geschäftsprozessen berücksichtigen. Dadurch können Sie dann Ihre Organisationssysteme, Messgrößen und Rollen derartig anpassen, um die Erlebnisse Ihrer Kunden positiv zu fördern.

Der SAP Signavio Journey Modeler erlaubt es Ihnen, drei wesentliche Schritte umzusetzen:

1. Modellieren Sie die Kundenerlebnisse schnell und einfach.
2. Verwalten Sie die Modelle effektiv innerhalb der SAP Signavio Business Transformation Suite.
3. Verknüpfen Sie die Erfahrungen Ihrer Kunden mit Ihren Geschäftsprozessen.

Die Journey Models an sich sind erlebnisorientiert und gewähren einen Blick auf Ihr Unternehmen aus der Perspektive Ihrer Kunden, der Mitarbeitenden, Lieferanten und/oder weiteren entscheidenden Stakeholdern Ihrer Organisation. Vorerst fokussieren wir uns auf das Kundenszenario, um den Umfang dieser ersten Einführung einzugrenzen, auch wenn die Grundidee der Journey Models dieselbe bleibt.

Da sich Journey Models von typischen Geschäftsprozessen, die mit BPMN abgebildet werden, unterscheiden, verdeutlicht Tabelle 2.2 die Differenz zwischen der Notation von Geschäftsprozessen im Vergleich zu Journey Models.

	Geschäftsprozess	Kundenerlebnis
Perspektive	Inside-out	Outside-in
Modellierungsart	Ablaufdiagramm	Customer Journey
Empfohlenes Tool	SAP Signavio Process Manager	SAP Signavio Journey Modeler
Alleinstellungsmerkmal	Mit dem SAP Signavio Journey Modeler verknüpfen Sie die operative Exzellenz von innen nach außen mit den Kundenerfahrungen von außen nach innen und schaffen so einen harmonischen Einklang zwischen Erlebnissen, Prozessen und Daten, um Ihre Kunden in großem Stil zu begeistern.	

Tabelle 2.2 Notation von Geschäftsprozessen im Vergleich zu Journey Models

Die Geschäftsprozesse Ihres Unternehmens lassen sich am geeignetsten anhand eines Prozessdiagramms mit dem SAP Signavio Process Manager darstellen, während die Erlebnisse Ihrer Kunden am besten mit dem SAP Signavio Journey Modeler modelliert werden. Damit verbunden können alle bereits im SAP Signavio Process Manager modellierten Geschäftsprozesse mit dem SAP Signavio Journey Modeler verbunden werden. Dies umfasst das Mapping der Prozessmodelle aus dem SAP Signavio Process Manager mit den Journey Models aus dem SAP Signavio Journey Modeler – auf einer spezifischen aufgaben- oder schrittbasierten Ebene. In weiterer Folge haben Sie auch die Möglichkeit, verknüpfte Prozesse direkt im SAP Signavio Process Collaboration Hub zu öffnen und zu teilen.

Customer Journeys können in tabellarischer Form erfasst werden, in der die einzelnen Phasen der Kundenerlebnisse im Detail beschrieben werden. Der SAP Signavio Journey Modeler hilft Ihnen, sämtliche Berührungspunkte aufzulisten, die Stimmungslage für jede Phase zu visualisieren, Prozesslandkarten erlebnisorientiert zu verknüpfen sowie Datenvisualisierungen als Widgets hinzuzufügen. Derartige Widgets können direkt aus SAP Signavio Process Intelligence integriert werden.

Anhand der Einbindung operativer und externer Daten mit Customer Journeys können Sie Verbesserungsmöglichkeiten identifizieren und sicherstellen, dass Sie dadurch Ihre Kundenzufriedenheit und -loyalität dauerhaft steigern können. Bei dieser sogenannten *Kundenexzellenz* (Customer Excellence) handelt es sich um die Kombination der Inside-out- und Outside-in-Perspektive: Welche der Geschäftsprozesse haben Berührungspunkte mit den Kunden (Inside-out), und – noch entscheidender – wie nehmen die Kunden diese Berührungspunkte überhaupt wahr (Outside-in)? Solche hochkarätigen Einsichten führen infolgedessen zu verschiedensten Vorteilen und Chancen für Ihr Unternehmen.

Nun ermöglicht Ihnen das Tool, Ihre Kundenerfahrungen bei der Interaktion mit bestimmten Geschäftsprozessen direkt in quantifizierbare und verwaltbare Informationen zu übersetzen. Dadurch können Sie sich schnell an eventuelle Veränderungen Ihrer Kundenerwartungen anpassen und in weiter Folge Ihre Kunden langfristig begeistern. Dies hat auch eine intelligentere Entscheidungsfindung hinsichtlich dessen zur Folge, welche Ihrer Kunden wann und wie am besten bedient werden sollen. Mit dem SAP Signavio Journey Modeler können Sie Ihre gesamte Organisation auf kritische Kundenergebnisse ausrichten, indem Sie auf Journey-Analysen und Stimmungsanalysen zurückgreifen. Darüber hinaus werden die Interdependenzen zwischen der Kundenstimmung, den signifikanten Momenten der Wahrheit (Moments of Truth) und den zugrundeliegenden Prozessabläufen klarer verständlich. Wie das aussehen könnte, sehen Sie in Abbildung 2.3.

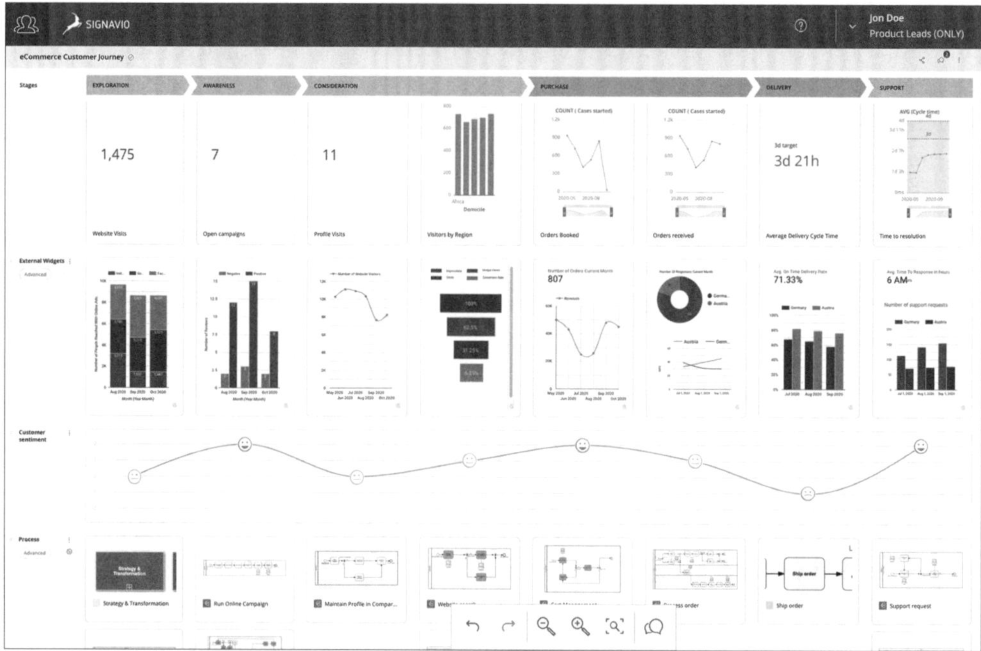

Abbildung 2.3 Beispiel einer Customer Journey im E-Commerce-Bereich

Ihr Nutzen durch den SAP Signavio Journey Modeler

Der SAP Signavio Journey Modeler bietet Ihnen die Werkzeuge, um drei Dinge zu tun:

- schnell und einfach ansprechende Journey Models zu entwerfen
- diese Journey Models in der SAP Signavio Business Transformation Suite zu verwalten
- Ihre Journey Models mit Ihren Geschäftsprozessen zu verbinden, um neue Geschäftswerte schaffen zu können.

Weiteres spannendes Potenzial liegt hinter der bereits bestehenden Geschäftsprozesslandschaft. Werden die Process-Mining-Funktionen von SAP Signavio Process Intelligence herangezogen, können Sie kritische Kundeninteraktionspunkte noch detailreicher identifizieren. Kundendaten und Process-Mining-Analysen helfen Ihnen dabei, die Ursachen für Frustration oder Zufriedenheit Ihrer Kunden zu verstehen und dann die Geschäftsprozesse dementsprechend anzupassen oder sogar komplett neu zu gestalten, um Ihre Kundenzufriedenheit, -bindung und -loyalität effektiv und vor allem nachhaltig zu steigern.

Letztendlich können Sie auch Silos zwischen Ihren Kundenerlebnis- und Prozessteams aufbrechen und sich auf gemeinsame Ziele und Definitionen der Journey-Modellierung konzentrieren. Dadurch können Sie einerseits Ihre operative Komplexität reduzieren und andererseits Variationen in den Geschäftsprozessabläufen verwalten, um ein ganzheitliches und konsistentes Kundenerlebnis sicherzustellen. Entsprechende Einsichten können über den SAP Signavio Process Collaboration Hub in Ihrem gesamten Unternehmen gesammelt und geteilt werden, um die Erlebnisse Ihrer Kunden noch weiter zu steigern.

Tiefergehende Informationen zu den Funktionen und zum Einsatz des SAP Signavio Journey Modelers finden Sie in Kapitel 6, »SAP Signavio Journey Modeler«.

2.2.5 SAP Signavio Process Collaboration Hub

Der SAP Signavio Process Collaboration Hub erlaubt es Ihnen, eine einzige Informationsquelle für all Ihre Teams zu nutzen, Geschäftssilos aufzubrechen sowie ein verbessertes Verständnis über Ihre KPIs, Aufgaben und Projekte zu schaffen. Die Folge: volle Prozesstransparenz.

Kurzum: Der *SAP Signavio Process Collaboration Hub* verändert die Art und Weise, wie Ihre Mitarbeitenden firmenweit zusammenarbeiten. Der Hub stellt eine ganzheitliche Plattform zur Kollaboration bereit, um das Wissen Ihrer Mitarbeitenden effektiv zu nutzen und die Geschäftsprozesse kontinuierlich zu optimieren und zu innovieren. Dies bedeutet, dass der SAP Signavio Process Collaboration Hub als Quelle der Wahrheit (Single Source of Truth) Ihrer Geschäftsprozesse agiert, die Ihnen Echtzeiteinblicke liefert und Mitarbeitenden einen transparenten und unternehmensweiten Anlaufpunkt ermöglicht, an dem sie ihre Tätigkeiten und ihre Expertise in Bezug auf die Geschäftsprozesse vereinen können.

Der SAP Signavio Process Collaboration Hub unterstützt Sie dabei, über Änderungen an Ihren Prozessmodellen in Echtzeit auf dem Laufenden zu bleiben und alle Prozessinhalte übersichtlich und intuitiv darzustellen. Das Tool hilft Ihnen, geschäftsprozessbezogene Projektaktivitäten zu verstehen, zu verfolgen und zu verwalten. Zudem fördert diese Business-Process-Transformation-Lösung die Organisation von Geschäftsprozessinhalten über die gesamte Signavio Business Transformation Suite hinweg. Demzufolge treibt der Hub Prozessinitiativen in Ihrem gesamten Unternehmen voran, indem er sicherstellt, dass alle Beteiligten auf dem gleichen Wissensstand sind, und indem er verschiedenste Ansichten rationalisiert und allen Beteiligten verständliche Updates liefert.

In erster Linie pflegt der Hub eine zentrale Wissensplattform über das Was, Warum und Wie hinsichtlich Ihrer Geschäftsprozesse und stellt somit ein gemeinsames Verständnis im gesamten Unternehmen sicher. Alles, was Sie für solide Prozesskommunikation und -kollaboration benötigen, befindet sich an einem Ort – dem Hub. Sie können direkt über den Hub auf die Daten, Prozessmodelle und Analysen aus SAP Signavio Process Intelligence, dem SAP Signavio Process Manager und SAP Signavio

Process Governance zugreifen. Die schlanke Suchfunktion über die gesamte Signavio Business Transformation Suite gewährleistet Ihnen, dass Sie alle für Ihre Rollen relevanten Prozessinformationen finden und einsehen können, mit welchen Themen und Aktivitäten Ihre Mitarbeitenden aktuell beschäftigt sind.

[»]

Ihr Nutzen durch den SAP Signavio Process Collaboration Hub

Der SAP Signavio Process Collaboration Hub ist das Herz von kollaborativem Prozessmanagement. Die zentrale Wissensbasis sichert das Know-how aller Beteiligten, sorgt für eine organisationsweite Kollaboration und eine reibungslose Kommunikation – auch über Standortgrenzen hinweg. So ist jeder Mitarbeitende in Ihrer Organisation auf dem neuesten Stand und gut informiert, nicht nur über das Was, sondern auch über das Warum und Wie.

Die intuitive Benutzeroberfläche des Hubs erleichtert die Anwendung für Anwender*innen aller Wissensstufen (siehe Abbildung 2.4). Da Ihre Mitarbeitenden individuell über relevante Updates und Konversationen informiert werden, können Sie die Lücke zwischen Verantwortung und Aktion schließen. Durch den beschleunigten Informationsaustausch Ihrer Mitarbeitenden haben Sie nun die Möglichkeit, mehr Ideen zu generieren, Prozesse schneller zu optimieren und die Hemmschwelle für Prozessveränderungen deutlich zu senken.

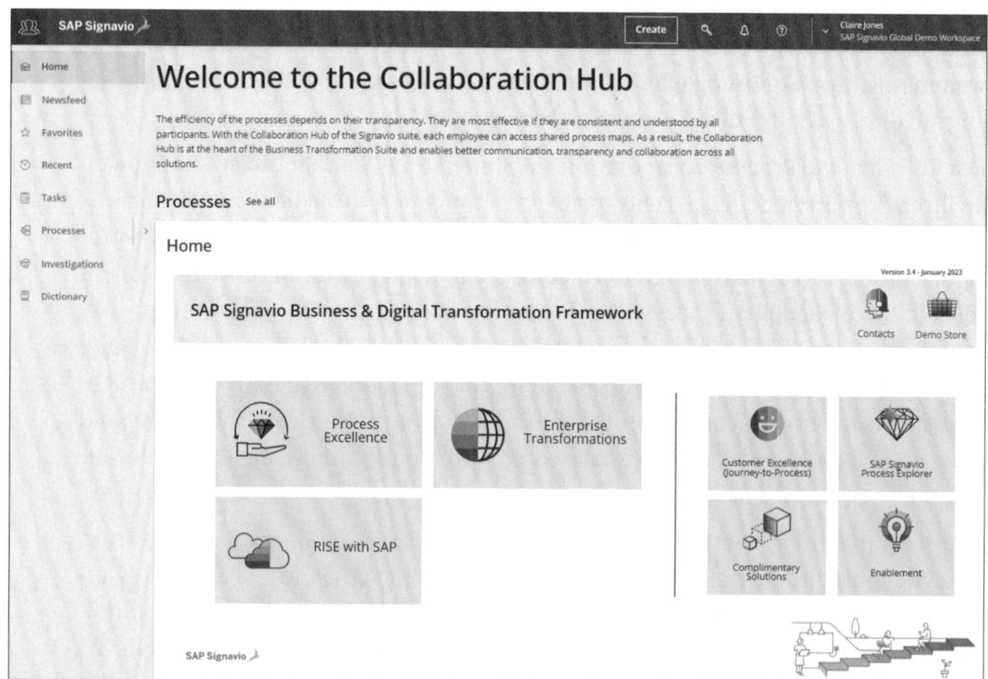

Abbildung 2.4 Einstiegsbild des SAP Signavio Collaboration Hubs

Mit dem ansehnlichen Präsentationsmodus des Hubs können Ihre Mitarbeitenden das Gesamtbild Ihrer ganzheitlichen Prozesslandschaft einsehen. Mit dem Tool lassen sich einfache Schritt-für-Schritt-Walk-throughs selbst der komplexesten Geschäftsprozesse erstellen und detaillierte Präsentationen im Übersichtsmodus bereitstellen. Der SAP Signavio Process Collaboration Hub fördert zusätzlich eine mühelose Navigation Ihres gesamten Prozess-Repositorys sowie die Darstellung wirklich signifikanter Interaktionen. In weiterer Folge unterstützt der SAP Signavio Process Collaboration Hub auch eine durchgängige Nachvollziehbarkeit und eine präzise Endscheidungsfindung. Dies wird durch einen nahtlosen Wechsel zwischen einer High-Level-Übersicht und einer granularen Detailinformationssicht begünstigt. Anhand der simplen Versionskontrolle des Hubs behalten Sie zudem den Überblick über den Stand Ihrer laufenden Aktivitäten.

Wenn wir uns kurz den Herausforderungen einer erfolgreichen Unternehmenstransformation widmen, denken wir an organisatorische Silos mit den damit verbundenen Problemen wie widersprüchliche Prioritäten und Vorhaben, verwässerte Ziele und den Widerstand der Mitarbeitenden gegen Entscheidungen, die auf unvollständigen oder unklaren Daten basieren. Der SAP Signavio Process Collaboration Hub bietet nun für jedes dieser Probleme eine Lösung, die zu einer verbesserten Effizienz sowie Effektivität in Ihrem gesamten Unternehmen beitragen. Dadurch können Sie neue Meilensteine in der operativen Exzellenz setzen und die Arbeitsweise Ihrer Teams mit klar definierten Zielen und strukturierten Verantwortlichkeiten positiv beeinflussen.

Schlussendlich kann der Hub auch personalisiert werden. Sie können Mitarbeitende bestimmten Gruppen zuordnen. Diese gruppenbasierten Einstiegspunkte haben zur Folge, dass keine Zeit mehr mit der Suche nach den für die eigentliche Arbeit relevanten Informationen verschwendet werden muss. Sie können genau steuern, wie der Hub für spezielle Benutzergruppen aussieht und in welcher Form er ausgestaltet ist. Ferner können Sie Ihren eigenen Newsfeed pflegen, indem Sie für Sie relevante Prozessmodelle, Konversationen oder Arbeitsbereiche abonnieren. Somit können Aufgaben besser strukturiert und die Zufriedenheit sowie die Produktivität Ihrer Mitarbeitenden verbessert werden.

Tiefergehende Informationen zu den Funktionen und zum Einsatz des SAP Signavio Process Collaboration Hubs finden Sie in Kapitel 7, »SAP Signavio Process Collaboration Hub«.

2.2.6 SAP Signavio Process Governance

Wenn es um die vollständige Kontrolle Ihrer Workflows geht, liefert Ihnen *SAP Signavio Process Governance* deutliche Mehrwerte. Anhand dieser Produktlösung skalieren Sie Ihre Workflows ganz einfach ohne Programmierkenntnisse, entwickeln

Prototypen für eine rasche Bereitstellung und reduzieren sowohl Geschäftsprozessvariationen als auch eine ressourcenintensive Nacharbeit.

Mit SAP Signavio Process Governance können Sie automatisierte Workflows auf der Grundlage Ihrer Geschäftsprozessmodelle schnell und einfach erstellen. Das Tool vereinfacht darüber hinaus die Verwaltung von Aufgaben und die Initiierung von Reifegrad- und Regulierungsbewertungen hinsichtlich der Prozessdokumentation und -implementierung. Sie können mit SAP Signavio Process Governance Ihre Arbeit an einem einzigen Ort verfolgen und die Verantwortlichkeiten für zugewiesene Aktivitäten bestimmen.

Ihr Nutzen durch SAP Signavio Process Governance

SAP Signavio Process Governance ist ein solider Ausgangspunkt selbst für die komplexesten Aufgaben oder Aktivitäten. Die intuitive Benutzeroberfläche erleichtert es, Prozessmodelle in Workflows umzuwandeln, sodass Sie zunächst nur die wesentlichen Merkmale des Prozesses wie Aufgaben und Entscheidungen benötigen. Sie können später weitere Details (wie benutzerdefinierte Benachrichtigungen, Zugriffskontrolle oder automatische Erinnerungen) hinzufügen.

SAP Signavio Process Governance lässt sich nahtlos in andere Lösungen der SAP Signavio Process Transformation Suite integrieren und hilft Ihnen dabei, den Prozesslebenszyklus besser zu verwalten und nachzuvollziehen. So haben Sie beispielsweise die Möglichkeit, Workflow-Daten aus SAP Signavio Process Governance direkt in das Business-Process-Transformation-Tool SAP Signavio Process Intelligence zu exportieren. Dieser Datentransfer unterstützt die interne Analyse von geschäftsbezogenen Daten anhand von leistungsstarken Process-Mining-Fähigkeiten, die in Echtzeit u. a. Aufschluss darüber geben, wie Ihre Workflows und Geschäftsprozesse optimiert werden können.

SAP Signavio Process Governance erlaubt in weiterer Folge, sich wiederholende Process-Governance-Workflows zu automatisieren, damit sich Ihre Mitarbeitenden auf die wesentlichen, wertschöpfenden Aufgaben fokussieren können. Durch das Erstellen von Formularen, Checklisten und Entscheidungspunkten, das Einrichten von E-Mail-Benachrichtigungen für Fristen und die Zusammenarbeit an gemeinsamen Aufgabenlisten können Sie unnötige Arbeit nicht nur identifizieren, sondern auch umgehen. Auf diese Weise können Sie den E-Mail-Verkehr und unnötige Meetings deutlich einschränken. Sie können somit die Dinge, die für Ihr Unternehmen wirklich von Bedeutung sind, schneller und effizienter erledigen. Damit sparen Sie Zeit und Geld, und Sie können sich darauf verlassen, dass Ihre Geschäftsprozesse standardisiert und überwacht ablaufen.

Auch unterstützt Sie SAP Signavio Process Governance dabei, mit dem digitalen Wandel und den Herausforderungen der heutigen VUCA-Welt Schritt zu halten. Das Tool bietet eine perfekte Ausgangsbasis für komplexeste Aufgaben und Aktivitäten in Ihrem Unternehmen. Dank der intuitiven Benutzeroberfläche können Sie mühelos Prozessmodelle in Workflows umwandeln, sodass Sie nur die wichtigsten Merkmale des Prozesses wie einzelne Aufgaben und Entscheidungen benötigen, um damit loszulegen. Ihre Mitarbeitende können zu einem späteren Zeitpunkt weitere Informationen und Details hinzufügen, wie beispielsweise benutzerdefinierte Benachrichtigungen, Zugriffskontrollen oder automatische Erinnerungen. Dadurch wird eine 360-Grad-Prozess-Governance mit zügigen Genehmigungen und Reifegradbeurteilungen etabliert, während gleichzeitig Tabellenkalkulationen und lange E-Mail-Ketten zur direkten Nachverfolgung von Aufgaben entfallen. Da diese Lösung völlig webbasiert ist, lassen sich die Workflows beliebig mit dem Wachstum Ihres Unternehmens skalieren.

SAP Signavio Process Governance ist sofort einsetzbar, automatisiert und standardisiert manuelle Entscheidungen anhand der integrierten Genehmigungslösung. Dadurch wird nicht nur das Risiko etwaiger Fehlentscheidungen reduziert, sondern auch die darauf aufbauenden Geschäftsprozesse können effizienter durchgeführt werden. Der automatisierte Genehmigungsprozess fördert eine prompte Reaktion auf Prozessänderungen. Demgemäß wird sichergestellt, dass sämtliche Geschäftsentscheidungen festgehalten werden, um die entsprechenden internen und externen Vorschriften und Richtlinien einzuhalten.

Mit SAP Signavio Process Governance wird zusätzlich eine verbesserte Kommunikation und Koordination verschiedenster Aufgaben unterstützt. Das Tool gibt einen klaren Hinweis darauf, wie weit ein bestimmter Geschäftsprozess fortgeschritten ist und welcher der nächste Schritt sein wird. Dies hat weniger Verzögerungen durch vernachlässigte oder vergessene Aufgaben, mehr Verantwortlichkeit bei der Entscheidungsfindung sowie mehr Flexibilität bei der konsequenten Umsetzung von Prozessoptimierungen zur Folge. Letztendlich wird auch das Onboarding neuer Teammitglieder vereinfacht, da diese auf einen Blick einsehen können, was genau zu tun ist und wo jedes Teammitglied die benötigten Ressourcen findet. Teamwork einfach gemacht – mit SAP Signavio Process Governance.

Tiefergehende Informationen zu den Funktionen und zum Einsatz von SAP Signavio Process Governance finden Sie in Kapitel 8, »SAP Signavio Process Governance«.

2.2.7 SAP Build Process Automation

SAP Build Process Automation ist das No-Code-Tool der nächsten Generation, um die Prozessautomatisierung zu fördern, Workflow-Erweiterungen zu unterstützen sowie die Prozesseffizienz durch die Automatisierung sich wiederholender Arbeiten zu steigern.

In unserer schnelllebigen VUCA-Welt steigt der Bedarf an Prozessautomatisierung stetig. *SAP Build Process Automation* kombiniert daher die Funktionen von SAP Workflow Management und SAP Intelligent Robotic Process Automation (SAP Intelligent RPA) in einer intuitiven, KI-gestützten No-Code-Lösung.

SAP Build Process Automation vereinfacht die Prozessautomatisierung mit visuellen Drag-&-Drop-Tools und vorgefertigten, branchenspezifischen Inhalten. Anhand dieser Tools können Sie mühelos Workflows erstellen sowie Aufgaben und Entscheidungen automatisieren und bei Bedarf mit eigenen Entwicklungsteams zusammenarbeiten, um alle Ihre Automatisierungsanforderungen zu erfüllen. Um Projekte anzukurbeln, können Sie aus einer schnell wachsenden Bibliothek mit mehr als 340 vorgefertigten Prozessabläufen, Formularen, Geschäftsregeln, Dashboards und Bot-Automatisierungen für spezifische Anwendungen und Branchen auswählen. Beispielsweise sind SAP-S/4HANA-Inhalte für mehr als 100 Automatisierungsszenarien in den Bereichen Finanzen, Produktion, Vertrieb, Dienstleistungen und Beschaffung sowie Supply Chain verfügbar. SAP SuccessFactors und SAP Ariba Software Development Kits (SDKs) bieten vordefinierte Aktivitäten zur einfachen Automatisierung wichtiger Aufgaben in diesen Anwendungen, ergänzt durch SDKs für beliebte Office-Lösungen für die Desktop-Automatisierung. Alle diese Inhalte sind direkt in SAP Build Process Automation verfügbar.

[»]

Ihr Nutzen durch SAP Build Process Automation

Die RPA-Funktionen von SAP Build Process Automation helfen Ihnen, sich wiederholende manuelle Aufgaben zu automatisieren, indem Sie Benutzerinteraktionen mit den einzelnen Systemen nachahmen. Sie können Datenübertragungen zwischen Legacy- und webbasierten Systemen automatisieren, denen es an ausreichenden Integrationsmöglichkeiten mangelt. Diese Funktionen helfen Ihnen, die Aufgabenverarbeitung zu beschleunigen, Ihre Systeme flexibel zu skalieren, um sich ändernden Anforderungen gerecht zu werden, und Fehlerraten zu reduzieren.

SAP Build Process Automation ermöglicht Ihnen eine schnellere Automatisierung, indem Ihnen in einem einzigen Tool einfacher Zugriff auf Workflow-Management-, Aufgaben- und Entscheidungsautomatisierungsfunktionen gewährt wird. Integrierte KI-Funktionen ermöglichen es Ihnen zudem, Ihre Prozesse intelligenter zu gestalten, indem Sie maschinelles Lernen für die Entscheidungsunterstützung, die intelligente Dokumentenverarbeitung und mehr nutzen können. Das Tool bietet eine native Integration mit SAP-Anwendungen sowie Konnektivität zu Nicht-SAP-Anwendungen, um die Automatisierung komplexer Workflows ganzheitlich zu ermöglichen, auch wenn sie mehrere Anwendungen und Geschäftsbereiche umfassen.

Mit SAP Build Process Automation können Sie Ihre Prozesse und Automatisierungen sicher in der Cloud Ihrer Wahl verwalten und gleichzeitig auf Ihre bestehende Infrastruktur zurückgreifen. Die Lösung bietet Ihnen die Möglichkeit, Prozessabläufe, Automatisierungen und Entscheidungsmodelle zu erstellen und gleichzeitig den Geschäftsbetrieb mit zentralisierten Governance-, Test- und Überwachungsfunktionen zu schützen. Um fortwährende Compliance zu gewährleisten und Prozesse auf skalierbare und zuverlässige Weise zu automatisieren, ist SAP Build Process Automation selbstverständlich so konzipiert, dass das Tool strenge Service Level Agreements (SLAs), Compliance- sowie Datenschutzbestimmungen erfüllt.

Kurzgefasst unterstützt Sie SAP Build Process Automation dabei, Automatisierungen und Workflows mithilfe von Prozessautomatisierungsfunktionen ohne Kodierungsaufwand zu erstellen. Die Lösung bietet Ihnen eine Grundlage zur schnellen Anpassung, Verbesserung und Innovation Ihrer Geschäftsprozesse. Sie können in weiterer Folge die Prozesseffizienz steigern, da durch das Tool wiederkehrende Aktivitäten automatisiert werden sowie Ihre geschäftliche Flexibilität hinsichtlich der Reaktion auf sich ändernde wirtschaftliche und branchenspezifische Bedingungen erhöhen.

Tiefergehende Informationen zu den Funktionen und zum Einsatz von SAP Build Process Automation finden Sie in Kapitel 9, »SAP Build Process Automation«.

2.3 Zusammenfassung

Dieses Kapitel dient als Einführung in das Thema Business Process Transformation. Sie haben erfahren, was die Business Process Transformation ist und was sie kann. Darüber hinaus wurden die einzelnen Business-Process-Transformation-Lösungen von SAP kurz vorgestellt.

Zusammengefasst bietet die Business Process Transformation von SAP eine breite Palette an Lösungen zur Unterstützung einer reibungs- und nahtlosen Unternehmenstransformation – vom Geschäftsprozessdesign über Benchmarking, Gap-Analysen und Prozessverbesserungen bis hin zum Prozessänderungsmanagement.

TEIL II

Das Business-Process-Transformation-Portfolio von SAP

Kapitel 3
SAP Signavio Process Insights

Mit SAP Signavio Process Insights lassen sich dynamische Prozessanalysen generieren, die bewerten, wie schnell und effizient Ihre vorhandenen Geschäftsprozesse sind. Dadurch können Sie Ihre Prozesse in weiterer Folge datengestützt verbessern, anstatt sich dabei nur auf Ihren Instinkt oder Ihr Bauchgefühl zu verlassen.

Wie in Teil I, »Einführung in Business Process Transformation«, bereits vorgestellt, stellt die SAP Signavio Process Transformation Suite die Prozessplattform der nächsten Generation im SAP-Portfolio dar und bietet ein umfassendes und ganzheitliches Angebot zur Transformation von End-to-End-Geschäftsprozessen.

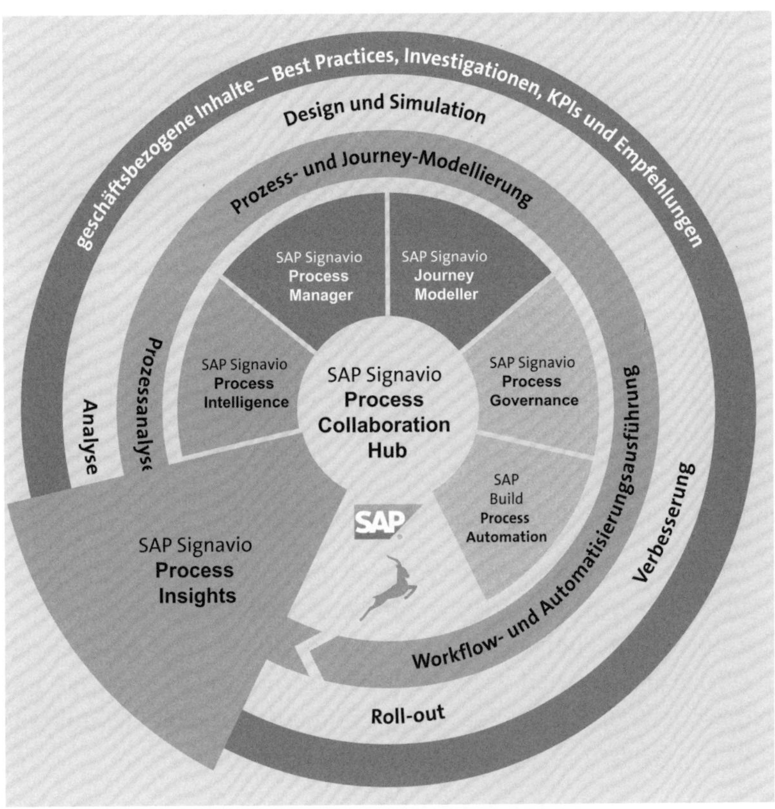

Abbildung 3.1 SAP Signavio Process Insights im Fokus

Führungskräfte müssen heute schneller handeln; deshalb benötigen sie die Mittel, um die kritischen Geschäftsprozesse besser zu verstehen und alle verfügbaren Ressourcen im gesamten Unternehmen anzupassen und abzustimmen. Die erforderlichen Geschäftsinformationen sind komplex, und die Analyse erfordert sowohl Zeit als auch Fachwissen. Genau hier unterstützt Sie SAP Signavio Process Insights dabei, messbare Ergebnisse zu erzielen und Ihre Geschäftsziele zu erreichen – schneller und effektiver als je zuvor (siehe Abbildung 3.1).

In Abschnitt 3.1 widmen wir uns zunächst den vielfältigen Funktionen von SAP Signavio Process Insights. Abschnitt 3.2 zeigt verschiedenste Potenziale der Lösung auf. In weiterer Folge illustrieren wir anhand eines Beispiels die Anwendung von SAP Signavio Process Insights in der Praxis (siehe Abschnitt 3.3).

3.1 Funktionen

SAP Signavio Process Insights ist eine innovative Prozessanalyselösung, mit der Sie innerhalb Ihrer Geschäftsprozesse schnell Verbesserungs- und Automatisierungsbereiche erkennen und dann automatisch empfohlene Maßnahmen zur Umsetzung der erforderlichen Änderungen bereitstellen können. Die Lösung ermöglicht dadurch die kontinuierliche Überwachung, Bewertung und Verbesserung Ihrer Geschäftsprozesse.

Zu den Kernfunktionen der Lösung gehören vor allem:

- schnelle Anbindung an SAP-ERP-Anwendungen mit schnellen Datenextraktionsfunktionen
- sofortiger Einblick in die Kerngeschäftsprozesse Ihrer SAP-ERP-Anwendung
- schnelle Identifizierung von Schwerpunktbereichen zur raschen und zielgerichteten Optimierung Ihrer Prozesse
- Drilldown zu möglichen Ursachen anhand Ihrer wichtigsten Kennzahlen
- Einleitung der Optimierung Ihrer Geschäftsprozesse mit empfohlenen Maßnahmen und Technologien
- Vergleich Ihrer Leistung mit der Leistung Ihrer Branchenkollegen

SAP Signavio Process Insights kann ohne Probleme mit SAP-ERP- oder -S/4HANA-Systemen verbunden werden und deckt sofort Prozessschwächen und Optimierungspotenziale auf, denn die Implementierung und das Go-live erfolgen innerhalb kürzester Zeit. Die Lösung generiert währenddessen Verbesserungsvorschläge, um Prozesse beispielsweise zu automatisieren oder zu optimieren und so die Leistung innerhalb kurzer Zeit zu steigern.

SAP Signavio Process Insights deckt 40 Prozessabläufe für sieben Geschäftsbereiche und sechs End-to-End-Prozesse ab, was mehr als 400 individuellen Metriken, 130 Leistungsindikatoren sowie 15 der wichtigsten Geschäftsziele entspricht. Mehr als 100 Korrekturempfehlungen, wie z. B. Konfigurationsänderungen oder Stammdatenkorrekturen, sind bereits integriert. Darüber hinaus liefert SAP Signavio Process Insights mehr als 300 maßgeschneiderte Innovationsempfehlungen für SAP S/4HANA und SAP-Fiori-Apps sowie SAP-Angebote für Situationsmanagement, robotische Prozessautomatisierung und maschinelles Lernen.

Tabelle 3.1 liefert einen Überblick über die zahlreichen Funktionen und Tools von SAP Signavio Process Insights.

Funktionen	Beschreibung
fokussierte Einstiegspunkte (Focused Entry Points)	Diese Funktion ermöglicht Ihnen Folgendes: ■ Wählen Sie aus vordefinierten Listen von End-to-End-Prozessen, modularen Prozessen, Geschäftsbereichen oder Werttreibern als Einstiegspunkt für Prozesseinblicke und Empfehlungen. ■ Navigieren Sie zu vordefinierten Kategorien interessanter Geschäftsinhalte.
Prozessablauf (Process Flows)	Mit dieser Funktion erhalten Sie einen Überblick über die verfügbaren Prozessabläufe und eine Visualisierung der Prozessleistung für typische Geschäftsprozesse, basierend auf Daten, die von Ihrem angeschlossenen ERP-System gesammelt wurden. Sie können Folgendes tun: ■ Wählen Sie, basierend auf den implementierten Leistungsindikatoren, aus einem vordefinierten Satz von Prozessabläufen aus. ■ Verschaffen Sie sich einen Überblick über die Hauptphasen eines Prozesses unter der Angabe der Geschäftszweige und Geschäftsobjekte, die jeder Phase zugeordnet sind. ■ Zeigen Sie den Fortschritt von Geschäftsobjektinstanzen in jeder Phase einer Prozessphase an. ■ Erhalten Sie Metriken, basierend auf einem Basissatz von Geschäftsobjektinstanzen in einem bestimmten Zeitraum, die angeben, wie viele Instanzen verschiedene Stadien erreicht haben und wie lange dieses durchschnittlich gedauert hat. ■ Erhalten Sie zusätzliche Informationen und Metriken, die mehr Kontext bieten oder identifizierte Blocker hervorheben.

Tabelle 3.1 Funktionen von SAP Signavio Process Insights

Funktionen	Beschreibung
Prozessablauf (Process Flows) (Forts.)	■ Lassen Sie sich die Vorlaufzeiten für den Übergang zwischen den Phasen des Prozesses ausrechnen. ■ Nutzen Sie Metriken für häufige Blocker oder andere Informationen, die als Kästchen innerhalb eines Prozessablaufes angezeigt werden. ■ Wählen Sie einen Link aus, um zu weiteren Informationen zu jedem Prozessablauf zu gelangen.
Standardleistungsindikatoren (Standard Performance Indicators)	Diese Funktion ermöglicht es Ihnen, Prozessleistungsmetriken, basierend auf Daten, zu erhalten, die von Ihrem verbundenen ERP-System erfasst wurden und Ihnen Folgendes ermöglichen: ■ Erhalten Sie eine Übersicht der Standardleistungsindikatoren nach Kategorie und nach den Informationen darüber, für wie viele Geschäftsobjektinstanzen oder Entitäten ein Indikator relevant ist und um welche Art von Geschäftsobjekt es sich handelt. ■ Wählen Sie einen bestimmten Leistungsindikator aus, um weitere Details anzuzeigen, darunter einen Link zu weiteren Informationen und eine Detailliste der betroffenen Geschäftsobjektinstanzen. ■ Greifen Sie auf eine Filteroption für einen einzelnen Leistungsindikator zu, mit der Sie Details aufschlüsseln können, indem Sie Filter und Filterwerte, basierend auf vordefinierten Merkmalen, für diesen spezifischen Leistungsindikator auswählen. ■ Greifen Sie auf Branchen-Benchmarking-Informationen für Standardleistungsindikatoren zu, für die externe Benchmarking-Informationen verfügbar sind, damit Sie die Leistung Ihres Unternehmens mit der Leistung von Branchenkollegen vergleichen können.
Korrekturempfehlungen (Correction Recommendations)	Diese Funktion ermöglicht Ihnen Folgendes: ■ Zeigen Sie eine Liste mit Korrekturempfehlungen an, die Schritte umreißen, die Ihr Unternehmen in Ihrem ERP-System ergreifen kann, um identifizierte Probleme bei der Prozessleistung zu lösen. ■ Wählen Sie eine bestimmte Korrekturempfehlung aus, um weitere Informationen zu erhalten. Diese Informationen umfassen eine detaillierte Liste der Geschäftsobjektinstanzen, für die die Empfehlung relevant ist, und Zugriff auf eine detailliertere Beschreibung der empfohlenen Maßnahmen, die Ihr Unternehmen in Ihrem ERP-System ergreifen kann.

Tabelle 3.1 Funktionen von SAP Signavio Process Insights (Forts.)

Funktionen	Beschreibung
Innovationsempfehlungen (Innovation Recommendations)	Diese Funktion ermöglicht Ihnen Folgendes: ▪ Zeigen Sie eine Liste mit Innovationsempfehlungen an, die Ihr Unternehmen verwenden kann, um langfristige strategische Verbesserungen mit SAP-Lösungen und -Anwendungen zu planen. Sie können aus verschiedenen Kategorien von Empfehlungen wählen. Auch können Sie sehen, auf welche End-to-End-Prozesse oder Geschäftsbereiche sich eine Empfehlung bezieht, und Empfehlungen nach End-to-End-Prozessen oder Geschäftsbereichen filtern. ▪ Wählen Sie eine bestimmte Innovationsempfehlung aus, um weitere Informationen aus anderen Informationsquellen außerhalb der Lösung anzuzeigen.
Empfehlungen in Verbindung mit Prozessleistungsindikatoren (Recommendations linked to Standard Performance Indicators)	Korrekturempfehlungen für Prozesskennzahlen ermöglichen Ihnen Folgendes: ▪ Zeigen Sie eine Liste mit Korrekturempfehlungen an, die für einen bestimmten Leistungsindikator relevant sind. ▪ Wählen Sie eine bestimmte Korrekturempfehlung aus, um detaillliertere Informationen darüber zu erhalten, wie auf die Empfehlung zu reagieren ist. Innovationsempfehlungen für Prozesskennzahlen ermöglichen Ihnen Folgendes: ▪ Zeigen Sie die verfügbaren Innovationsempfehlungen für einen bestimmten Leistungsindikator an. ▪ Wählen Sie eine bestimmte Innovationsempfehlung aus, um detailliertere Informationen dazu aus anderen Informationsquellen außerhalb der Lösung zu erhalten.
monetäre Werte (Monetary Values)	Monetäre Werte für einige Prozessleistungsindikatoren ermöglichen Ihnen Folgendes: ▪ Autorisierten Benutzern wird der kumulierte Gesamtwert von Dokumenten oder Artikeln in ihrer bevorzugten Währung angezeigt. Diese Informationen sind in den Details verfügbar, die für einen Leistungsindikator angezeigt werden, wenn diese monetären Informationen verfügbar sind. Monetäre Werte in Prozessabläufen ermöglichen Ihnen Folgendes: ▪ Berechtigte Benutzer können zwischen der Anzahl der Geschäftsobjektinstanzen und ihrem kumulierten Gesamtwert in ihrer bevorzugten Währung umschalten. Nur wenn diese monetären Informationen vorliegen, können Werte in den Prozessabläufen dargestellt werden.

Tabelle 3.1 Funktionen von SAP Signavio Process Insights (Forts.)

Funktionen	Beschreibung
monetäre Werte (Monetary Values) (Forts.)	Monetäre Werte in Filtern ermöglichen Ihnen Folgendes: ▪ Benutzer können zwischen der Anzahl der Geschäftsobjektinstanzen und ihrem kumulierten Gesamtwert in ihrer bevorzugten Währung in den angezeigten Filterwerten umschalten, wenn diese monetären Informationen verfügbar sind.

Tabelle 3.1 Funktionen von SAP Signavio Process Insights (Forts.)

3.2 Potenziale

SAP Signavio Process Insights ist eine Cloud-Lösung, die auf der *SAP Business Technology Platform* (SAP BTP) läuft und datengesteuerte Einblicke in Geschäftsprozesse und deren Nutzung, basierend auf Daten aus mehreren SAP-ERP-Systemen wie SAP ECC oder SAP S/4HANA, liefert. Die Lösung hilft Ihnen, Prozessexzellenz zu erreichen, indem sie Sie dabei unterstützt, verbesserungswürdige Prozesse zu identifizieren und es Benutzern ermöglicht, tiefer zu gehen, um die Grundursachen zu verstehen, und indem sie Empfehlungen für Verbesserungen liefert. Dies ermöglicht es Ihnen, durch Ihre Transformationsreise von Geschäftsprozessen zu navigieren, von der Erkenntnis bis hin zur Umsetzung, um Ihre Prozessqualität zu maximieren.

Durch die Angabe Ihrer Branche ermöglichen Sie es der Lösung, Ihren Benutzern branchenspezifische Innovationsempfehlungen und Inhalte bereitzustellen, damit Sie maßgeschneiderte Entscheidungen zur Verbesserung der Geschäftsprozesse Ihres Unternehmens treffen können. Die branchenspezifischen Innovationsempfehlungen sind derzeit für die in Tabelle 3.2 aufgelisteten Kategorien und Typen verfügbar. Wenn Sie keine Branche angeben, werden Ihnen allgemeine Standardempfehlungen angezeigt.

Innovationskategorie	Innovationstyp
SAP-S/4HANA-Features	SAP S/4HANA
SAP Build Process Automation	▪ Automatisierungen ▪ Workflow Management
intelligente Technologien	▪ maschinelles Lernen (ML) ▪ Situation Handling
User Experience	SAP-Fiori-Apps
andere SAP-Lösungen	Industry-Cloud-Lösungen

Tabelle 3.2 Branchenspezifische Innovationsempfehlungen von SAP Signavio Process Insights

Auf Branchenpopularität setzen

Wenn Sie Ihre Branche angeben, können Ihre Benutzer auch die Branchenpopularität einiger Innovationsempfehlungen sehen. Die Branchenpopularität hilft Ihrer Organisation zu verstehen, wie gut eine Verbesserungsempfehlung angenommen wird, basierend auf der Anzahl der Branchenkollegen, die sie verwenden.

Mit SAP Signavio Process Insights vollziehen Sie infolgedessen den Wechsel von einer auf Intuition oder Bauchgefühl basierenden Transformation zu einer datenbasierten Prozessverbesserung. Sie erstellen dynamische Berichte in Echtzeit, mit denen die Geschwindigkeit und Effizienz bestehender Geschäftsprozesse bewertet werden. Diese Berichte können für schnelle Leistungsvergleiche und Key Performance Indicator Benchmarking mit Mitbewerbern Ihrer Branche verwendet werden. Wie dies in der Praxis aussehen könnte, zeigen wir Ihnen in Abschnitt 3.3 anhand eines Anwendungsbeispiels für die Transformation des Lead-to-Cash-Prozesses.

Das Diagramm in Abbildung 3.2 zeigt die Systemlandschaft von SAP Signavio Process Insights und der beteiligten SAP-Systeme, SAP-Anwendungen und -Komponenten. SAP Signavio Process Insights verwendet das von *SAP Cloud Application Lifecycle Management* (SAP Cloud ALM) bereitgestellte Framework, um das verwaltete SAP-ERP-System mit dem Cloud-Mandanten zu verbinden. Dies bedeutet, dass der Cloud Connector nicht verwendet wird, um Ihr verwaltetes SAP-ERP-System mit Ihrer SAP-Signavio-Process-Insights-Anwendung zu verbinden.

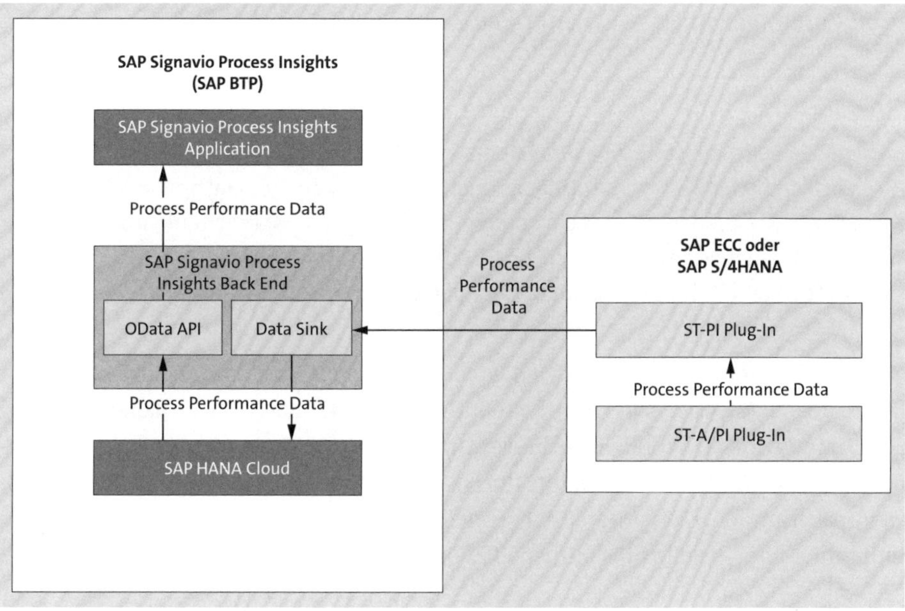

Abbildung 3.2 Systemlandschaft von SAP Signavio Process Insights (Quelle: SAP)

Datenübertragung selbst anstoßen

Das SAP-Cloud-ALM-Framework erfordert die Einrichtung einer HTTP-Verbindung zu einem externen Dienst. Mithilfe dieses Frameworks und der HTTP-Verbindung können Sie die Datenübertragung aus Ihrem verwalteten SAP-ERP-System selbst anstoßen.

Grundsätzlich werden die beiden Plug-ins ST-PI und ST-A/PI in Ihrem SAP-ECC- oder SAP-S/4HANA-System installiert. Die Performancedaten Ihrer Geschäftsprozesse werden in den *Data Sink* im Backend von SAP Signavio Process Insights geladen. Abschließend werden die Daten über eine *OData-API* an SAP Signavio Process Insights übertragen.

SAP Signavio Process Insights bietet Ihnen, basierend auf Ihren Prozessdaten, zahlreiche Möglichkeiten. Die Kernpotenziale darunter sind folgende:

- volle Transparenz durch rasche Einblicke zu schaffen
- ein klares Bild Ihrer Prozessleistung zu gewinnen
- Prozessprobleme schnell zu erkennen
- Prozessverbesserungen zügig umzusetzen
- eine umfassende Prozessoptimierung sicherzustellen
- Prozessinnovationen zu beschleunigen
- die Entscheidungsfindung zu verbessern
- die Zusammenarbeit zwischen IT und Geschäftsbereichen zu fördern

Berücksichtigen Sie Benchmark-Werte aus der Branche

Wenn Sie beispielsweise einen Key Performance Indicator (KPI) mit einer überdurchschnittlich hohen Außenstandsdauer feststellen, können Sie Benchmark-Werte aus der Branche einsehen und auf ein besseres Forderungsmanagement hinarbeiten, das auf Empfehlungen wie der Einrichtung eines automatischen Abgleichs von Zahlungseingängen und Rechnungen, Kreditmanagement oder Mahnverfahren basiert.

Dank der Integration mit *SAP Intelligent Robotic Process Automation* (SAP Intelligent RPA) und der automatischen Bot-Erstellung unterstützt das Tool Sie dabei, Engpässe zu erkennen und empfohlene Verbesserungen mit Korrekturmaßnahmen vorzunehmen. Sie können dann Ihre Abläufe durch automatisierte Überwachungsfunktionen weiter abstimmen. Dies unterstützt schnelle Zeit- und Kosteneinsparungen und bietet nachhaltige Vorteile hinsichtlich Effizienz und Prozessoptimierung.

Die automatisierte und intuitive Visualisierung von Prozessdaten vermittelt ein Echtzeitbild davon, wie Ihr Unternehmen wirklich arbeitet. In Kombination mit der Live-Überwachung der Prozessperformance können Sie Ihre betriebliche Transparenz erhöhen, um Silos zu durchbrechen und Kundenwünsche schneller denn je zu erfüllen.

SAP Signavio Process Insights schafft umgehend Transparenz über Wertschöpfungsquellen innerhalb der SAP-ERP-Anwendung oder des SAP-S/4HANA-Systems und maximiert so die Erträge in allen Geschäftsbereichen. Sie können außerdem Initiativen zur kontinuierlichen Verbesserung mit verbesserten Leistungsansichten und Prozess-Drilldowns vorantreiben, was zu einem klareren Verständnis Ihrer Geschäftsprozesse führt.

SAP Signavio Process Insights als Grundlage für spezifische Process-Mining-Initiativen

Mit SAP Signavio Process Insights können Sie Anwendungsfälle, basierend auf Ihren Live-Prozessdaten, definieren, die Sie dann mit den Process-Mining-Fähigkeiten von SAP Signavio Process Intelligence detailliert sowie auf Ihre Anforderungen zugeschnitten systemübergreifend analysieren können.

Sie können in weiterer Folge die automatisierte, fortschrittliche Extraktion von Prozessdaten und kontinuierliche Aktualisierungen nutzen, um sofortige Einblicke zu erhalten und ein klareres Verständnis der gesamten Geschäftstätigkeit zu erlangen. Mit der Funktion zur Ursachenanalyse können Sie Ihren Fokus eingrenzen und herausfinden, wo Ihre Probleme wirklich liegen. Durch die Nutzung datengestützter Empfehlungen zur Prozessverbesserung können Sie sofort mit der Verbesserung beginnen und sich auf Korrekturmaßnahmen sowie auf relevante SAP-Anwendungen konzentrieren. SAP Signavio Process Insights ermöglicht es Ihnen zudem, die Zusammenarbeit zwischen Entscheidungsträgern, Fachleuten und IT-Experten über eine intuitive, benutzerfreundliche Anwendungsoberfläche zu fördern, da Sie wesentliche Einsichten in verschiedenste Geschäftsbereiche auf einen Blick erhalten.

SAP Signavio Process Insights hilft Ihnen, Ihr Unternehmen schnell zu verstehen, zu innovieren und zu transformieren. Innerhalb weniger Stunden können Sie Ihre Prozessdaten laden, validieren, analysieren, Verbesserungsmöglichkeiten identifizieren und Abhilfemaßnahmen vorschlagen. Innerhalb kürzester Zeit stellen Sie außerdem eine schnelle Verbindung zu Ihrer SAP-ERP-Anwendung mit automatisierter, fortschrittlicher Prozessdatenextraktion her und profitieren noch am selben Tag von wertvollen Prozesserkenntnissen. Mit täglichen Updates verschaffen Sie sich ein klareres Verständnis der Geschäftsprozesse in Ihrer SAP-ERP-Anwendung – einschließlich Finanzen, Fertigung, Qualität, Wartung, Service, Forderungen oder Investitionsausgaben. Durch diese raschen Einblicke erhalten Sie volle Transparenz in Ihr Prozessgeschehen.

Abbildung 3.3 zeigt beispielhaft eine detaillierte Auflistung der Transaktionsdaten für den Performance-Indikator **Sales billing documents created**, der zum Lead-to-Cash-Prozess gehört. Wir sehen, dass wir mit einer Automatisierungsrate (**Automation Rate**) von 24 % unter dem Median unserer Branche liegen. Wir könnten nun die von SAP Signavio Process Insights empfohlenen Korrekturen und Innovationsempfehlungen heranziehen, um die Performance zu verbessern.

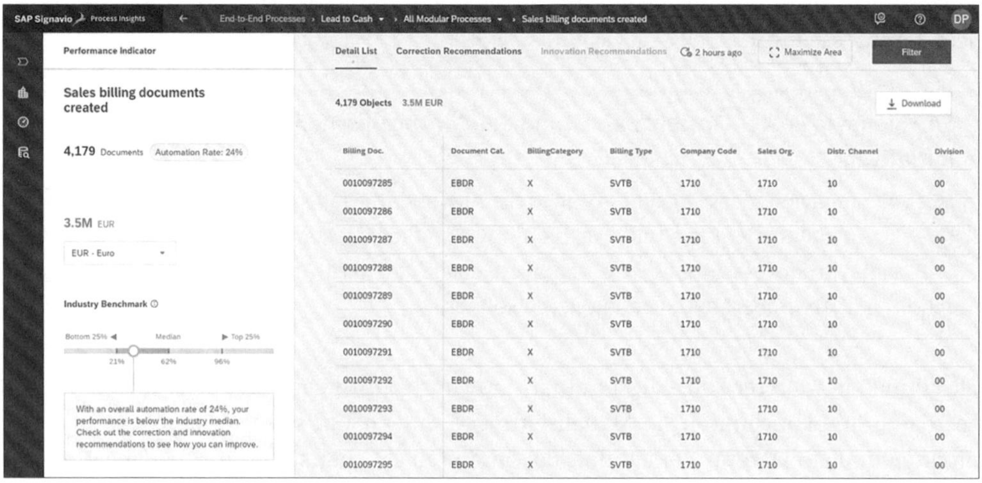

Abbildung 3.3 SAP Signavio Process Insights: Benchmarks

Mit gebrauchsfertigen *Prozessabläufen* (Process Flows) und vorkonfigurierten *Leistungsmetriken* (Performance Indicators) verkürzen Sie Ihre Time-to-Insight, um die Leistung von Prozessschritten über Geschäftsbereiche und End-to-End-Prozesse hinweg einfach zu überwachen. Sie profitieren von integrierten Metriken, die über 1.000 typische Probleme und Ineffizienzen beheben und Ihnen dabei helfen, schnell zu erkennen und zu priorisieren, was Sie zuerst verbessern sollten. Sie sind somit nun in der Lage, einerseits Probleme hinsichtlich Ihrer Geschäftsprozesse zeitnah zu erkennen. Andererseits stehen Ihnen mit SAP Signavio Process Insights zahlreiche Werkzeuge zur Verfügung, um die Integrität Ihrer Geschäftsprozesse zu schützen und zügig auf sich ändernde Geschäftsergebnisse zu reagieren, indem Sie die Auswirkungen von Prozessineffizienzen untersuchen, um datengesteuerte Verbesserungen aufzudecken. Abbildung 3.4 zeigt ein Beispiel für einen Process Flow in SAP Signavio Process Insights. Im Bereich **Process Flow Performance** sehen Sie die in diesem Prozess erstellen Dokumente. Im darunterliegenden Bereich **Most Frequent Blockers and Other Information** sehen Sie sogenannte *Blocker*, die Sie über Prozessineffizienzen informieren und weiter untersucht werden sollten. In unserem Beispiel hat SAP Process Insights im Finanzprozess **Sales billing document creation to FI-AR clearing** verschiedene Blocker gefunden (z. B. **Sales billing documents manually created** oder **Open FI-AR items already dunned**).

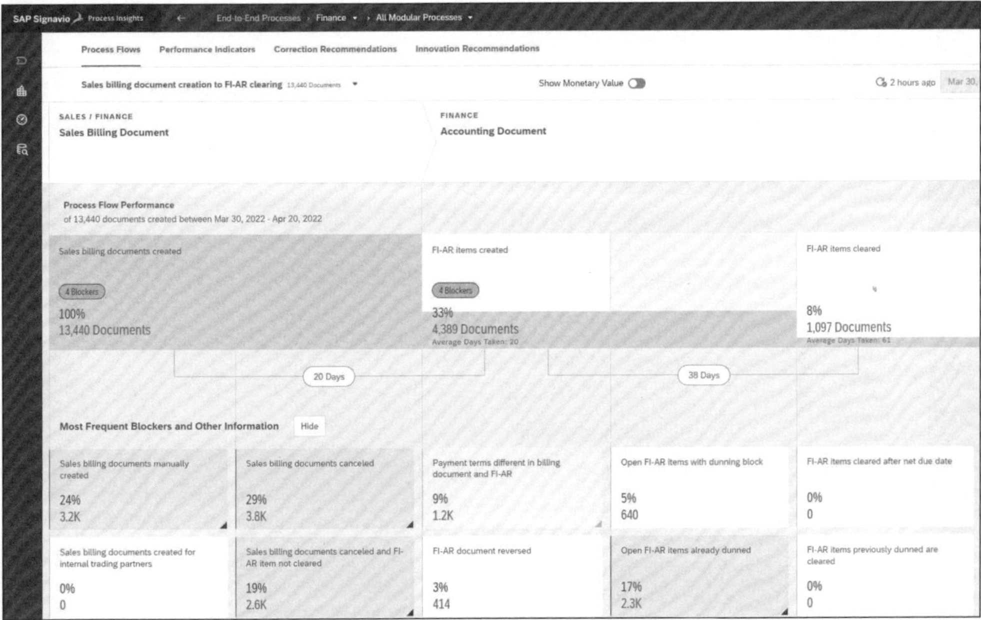

Abbildung 3.4 SAP Signavio Process Insights: Process Flows

SAP Signavio Process Insights unterstützt Sie dabei, den Fokus Ihrer Transformationsinitiative auf das Wesentliche zu richten, indem die Lösung die rasche Lokalisierung und die Eingrenzung etwaiger Prozessdefizite vereinfacht. In diesem Zusammenhang können Sie auf vereinfachte Weise herausfinden, wo Ihre Prozessschwachstellen wirklich liegen und hierbei zu jedem einzelnen Dokument wie beispielsweise einer Rechnung navigieren, um mögliche Ursachen für niedrige Leistungsindikatoren zu finden. Slice-and-Dice-Daten erlauben Ihnen einen unternehmensweiten Vergleich Ihrer Geschäftsleistung, während Sie gleichzeitig Ihre operative Geschäftsperformance und -nutzung mit Ihren Branchenkollegen messen können. Anhand von SAP Signavio Process Insights verwandeln Sie also Erkenntnisse in sofortige Ergebnisse. Sie konzentrieren sich auf unternehmenskritische Prozesse, die das Herzstück Ihres Unternehmens bilden, sowie auf die Bereiche, die Ihre Aufmerksamkeit sowie einen Einsatz am meisten erfordern. Abbildung 3.5 zeigt Ihnen, wie Sie mit einem Drilldown auf einzelne Belegtypen innerhalb eines bestimmten Buchungskreises mögliche Ursachen für niedrige Leistungsindikatoren finden.

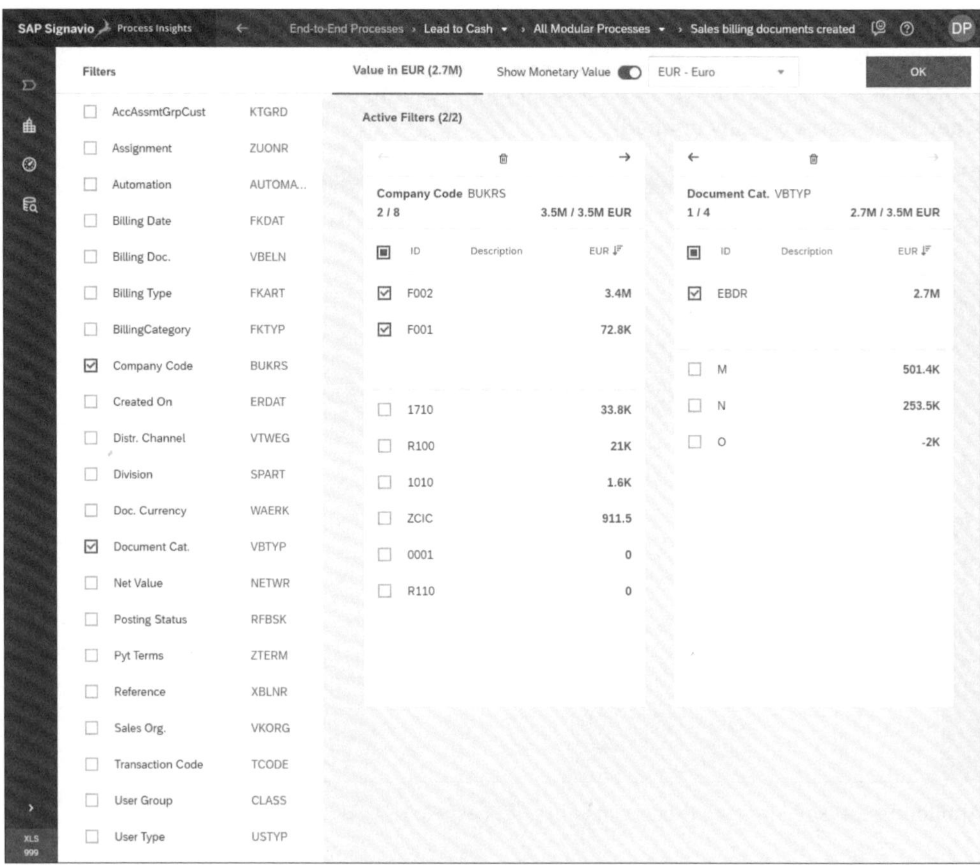

Abbildung 3.5 SAP Signavio Process Insights: Drilldown

Mit SAP Signavio Process Insights können Sie sämtliche Geschäftsprozessverbesserungen rasch umsetzen. Sie können den gesamten Ablauf der Prozessoptimierung – von der Aufdeckung von Verfeinerungspotenzialen bis hin zur Umsetzung maßgeschneiderter Verbesserungsempfehlungen verfolgen. Das Tool erlaubt es Ihnen, Next-Practice-Geschäftsprozesse und -ergebnisse zu identifizieren. Sie können die Empfehlungen zur Prozessverbesserung nutzen, um beispielsweise die Grundursache für eine schlechte Prozessleistung zu beheben. Korrekturempfehlungen wie integrierte Konfigurationsänderungen oder Stammdatenkorrekturen können Sie in weiterer Folge nutzen, um mit klar umrissenen Aktionsplänen eine schnelle Anpassung in Ihrem SAP-System vorzunehmen. Darüber hinaus holen Sie mit SAP Signavio Process Insights den größten Nutzen aus Ihren SAP-Softwareinvestitionen mit vorgeschlagenen SAP-Anwendungen für Best-Practice-Langzeit-Upgrades. Abbildung 3.6 zeigt die Registerkarte **Innovation Recommendations** mit diversen Innovationsempfehlungen für den Lead-to-Cash Prozess unter der Verwendung intelligenter Technologien wie beispielsweise Machine Learning oder SAP Intelligent Robotic Process

Automation. Darüber hinaus sehen Sie in der Spalte **Lines of Business**, welche Geschäftsbereiche involviert sind.

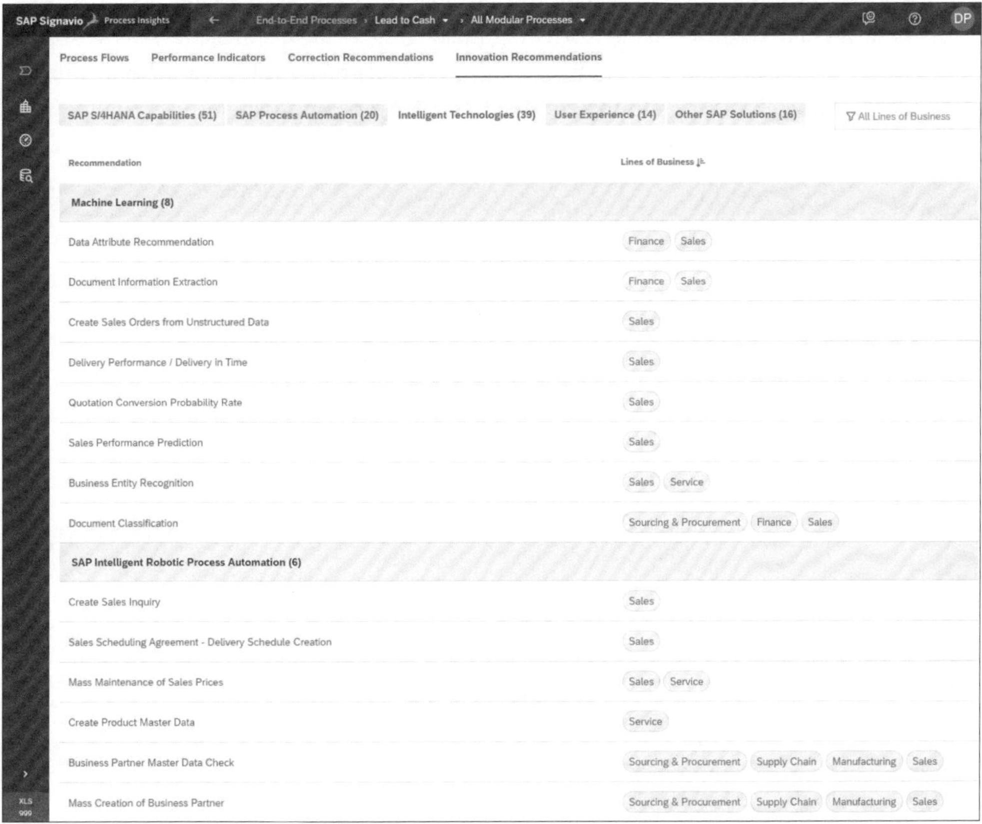

Abbildung 3.6 SAP Signavio Process Insights: Innovationsempfehlungen

Datengesteuerte Erkenntnisse helfen Ihnen, Prozessverbesserungs- und Automatisierungsmöglichkeiten schneller und in großem Maßstab zu identifizieren, während Sie die Zusammenarbeit zwischen IT und Geschäftsbereichen fördern. In diesem Kontext bauen Sie mit SAP Signavio Process Insights durch die intuitive, benutzerfreundliche Anwendung auch etwaige Barrieren zwischen Entscheidungsträgern, Geschäftsleuten und IT-Expert*innen ab. Sie können Prioritäten setzen, worauf Sie Ihre Aufmerksamkeit richten müssen, um die größten Gewinne zu sehen. Zusätzlich können Sie Zustand und Rentabilität Ihrer Unternehmensprozesse leicht beurteilen, potenzielle Probleme untersuchen und integrierte Empfehlungen erhalten, um direkt mit der Prozessverbesserung zu beginnen. Darüber hinaus hilft Ihnen SAP Signavio Process Insights dabei, Argumente für Ihre SAP-S/4HANA-Transformation zu erstellen, die Akzeptanz Ihrer Stakeholder einfacher zu erhalten und die Zusammenarbeit zwischen Geschäft und IT während Ihres gesamten Transformationsprozesses zu fördern. Abbildung 3.7 zeigt die Seite **Correction Recommendation** mit Korrekturempfehlung zum Lead-to-Cash-Prozess. SAP Signavio Process Insights ermittelt nicht nur potenzielle Ursachen und welche Wertetreiber betroffen sind, sondern auch Auswirkungsgrad und Aufwand der Korrekturumsetzung. In diesem Beispiel hat die Lösung erkannt, dass Standardautomatisierungspotenziale nicht voll ausgeschöpft werden. Mit der Korrekturempfehlung zur Automatisierung von Auslieferungen (Outbound Deliveries) könnten in Zukunft Logistikkosten reduziert werden.

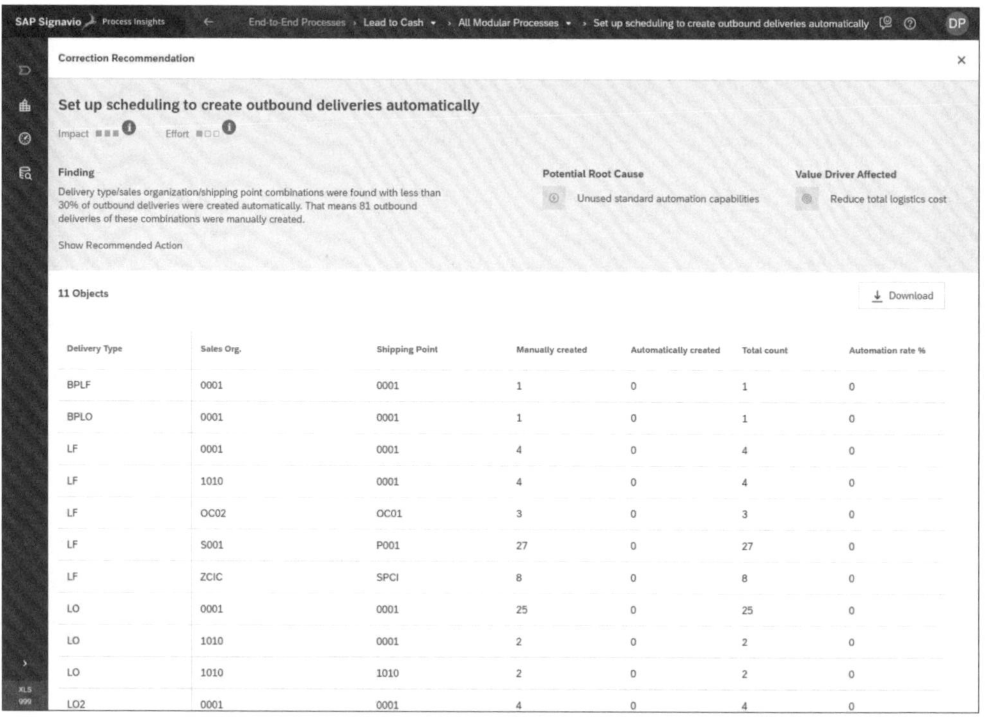

Abbildung 3.7 SAP Signavio Process Insights: Korrekturempfehlungen

3.3 Anwendungsbeispiel: Transformation des Lead-to-Cash-Prozesses

Damit Sie den Einsatz von SAP Signavio Process Insights besser nachvollziehen können, stellen wir Ihnen diesen anhand eines Anwendungsbeispiels vor. In diesem Anwendungsbeispiel befassen wir uns mit dem End-to-End-Prozess *Lead-to-Cash*. Sie sind der Process Owner von Lead-to-Cash eines börsennotierten Automobilherstellers, und Sie möchten entsprechende Prozessineffizienzen aufdecken. Darüber hinaus streben Sie an, mithilfe von SAP Signavio Process Insights die Kennzahl **Außenstandsdauer der Forderungen** (Days Sales Outstanding) zu verbessern. Diese Kennzahl gibt Auskunft darüber, wie lange der Zeitraum zwischen Rechnungsstellung (Rechnungsdatum) und Zahlungseingang auf dem Bankkonto ist. Auch bekannt unter den Begriffen **Umschlagsdauer der Forderungen** oder **Debitorenlaufzeit** findet die Kennzahl neben der Beurteilung des Forderungsmanagements ebenso im Liquiditätsmanagement Verwendung.

Wie in Abbildung 3.8 illustriert, werden im Startbild von SAP Signavio Process Insights sämtliche End-to-End-Prozesse angezeigt, auf die Sie sich konzentrieren können. Alternativ können Sie die Ansicht pro Geschäftsbereich in der linken Registerkarte unter **Lines of Business** wählen. In unserem Szenario wählen wir allerdings zunächst die Ansicht **End-to-End Processes** an, um dort den Geschäftsprozess Lead-to-Cash auszuwählen. Diesen wollen wir in weiterer Folge genauer untersuchen, verbessern und systematisch transformieren.

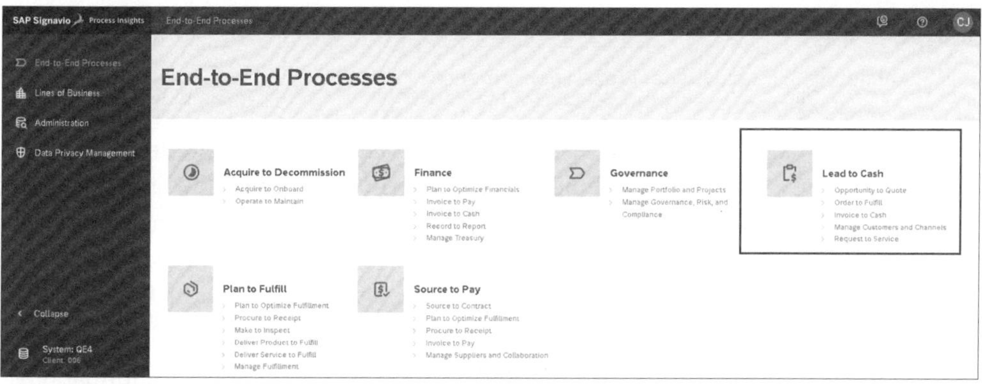

Abbildung 3.8 Analyseansicht für jeden End-to-End-Prozess

Am oberen Bildrand haben Sie verschiedene Möglichkeiten, um Ihren Lead-to-Cash-Prozess zu analysieren (siehe das Folgebild in Abbildung 3.9). Sie können entweder tiefer in den Prozessablauf eintauchen, auf verschiedenste Leistungsindikatoren eingehen und/oder maßgeschneiderte Verbesserungsempfehlungen sowie Innovationspotenziale heranziehen.

Bei der Analyse der Prozessablaufleistung in Abbildung 3.9 sehen Sie, dass Sie zwischen dem ersten und dem zweiten Prozessschritt einen beträchtlichen Verlust verzeichnen. Dies bedeutet, dass nur ein Drittel der erstellten Verkaufsfakturen innerhalb der Buchhaltung (FI-AR) erstellt wird. Es werden nicht nur wenige Dokumente übertragen, sondern wir sehen auch, dass dies mit durchschnittlich 20 Tagen viel zu lange dauert. Um dies weiter zu untersuchen, können Sie die Details aus dem Bereich **Most Frequent Blockers and Other Information** öffnen, indem Sie auf den Button **Show** klicken.

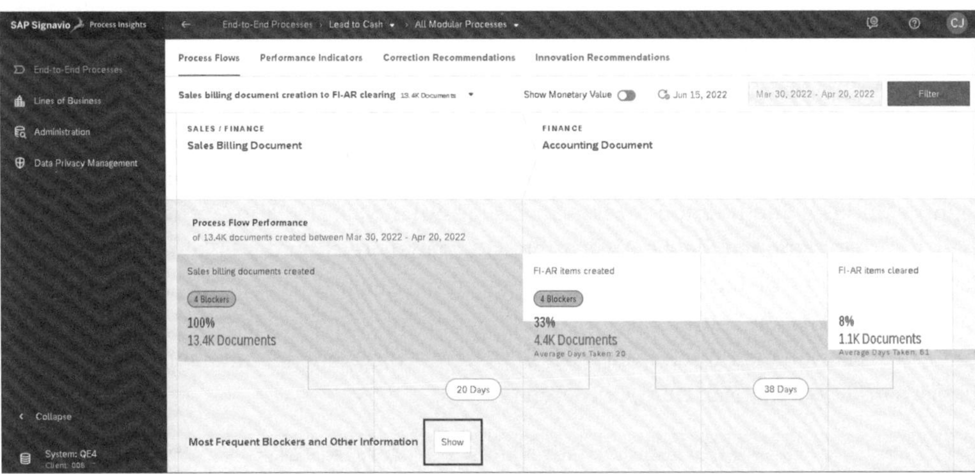

Abbildung 3.9 Analyse der Prozessperformance

Standardmäßig wird ein für den selektierten Geschäftsprozess zutreffender Prozessablauf angezeigt. Dieser hilft Ihnen, die Prozessleistung anhand von Daten aus Ihrem SAP-ERP-System zu visualisieren. Innerhalb des Prozessablaufs sehen Sie sofort die globale Prozessleistung für sämtliche Rechnungen, die im SAP-ERP-System erstellt wurden. Sie können deutlich sehen, wie viele dieser Dokumente es in die verschiedenen Prozessphasen schaffen – inklusive Durchlaufzeit.

Durch das Aufklappen des Abschnitts erhalten Sie detaillierte Kontextinformationen zu jedem einzelnen Prozessschritt. Sie sehen z. B. die jeweiligen, typischen Prozessineffizienzen. Wie aus Abbildung 3.10 ersichtlich, hat SAP Signavio Process Insights mehrere kritische Blocker in den ersten beiden Prozessschritten rot markiert. Der erste Blocker zeigt beispielsweise an, dass 24 % aller Verkaufsabrechnungsdokumente manuell erstellt werden. Dies könnte möglicherweise zu hohen Ineffizienzen im Prozess führen. Lassen Sie uns genauer analysieren, welche Dokumente genau betroffen sind. Klicken Sie dazu auf die Kachel **Sales billing documents manually created**.

Es öffnet sich die Detailliste in Abbildung 3.11. Diese zeigt Ihnen eine umfangreiche Übersicht aller manuell erstellten Verkaufsfakturen, was auch durch die entsprechende Spalte **Automation** angezeigt wird. Wenn Sie nach rechts scrollen, erhalten Sie weitere Informationen zu diesen Dokumenten. Wir sollten weiter untersuchen, warum diese Dokumente manuell erstellt werden müssen und warum die Automatisierungsfunktionen unseres SAP-Systems nicht genutzt werden. Dafür haben Sie zwei Möglichkeiten: Sie können sich einerseits diese Erkenntnis zusammen mit Ihren zuständigen Key-User- und Prozessexpert*innen genauer ansehen. Andererseits können Sie auf die kontextspezifischen Verbesserungsempfehlungen von SAP zurückgreifen.

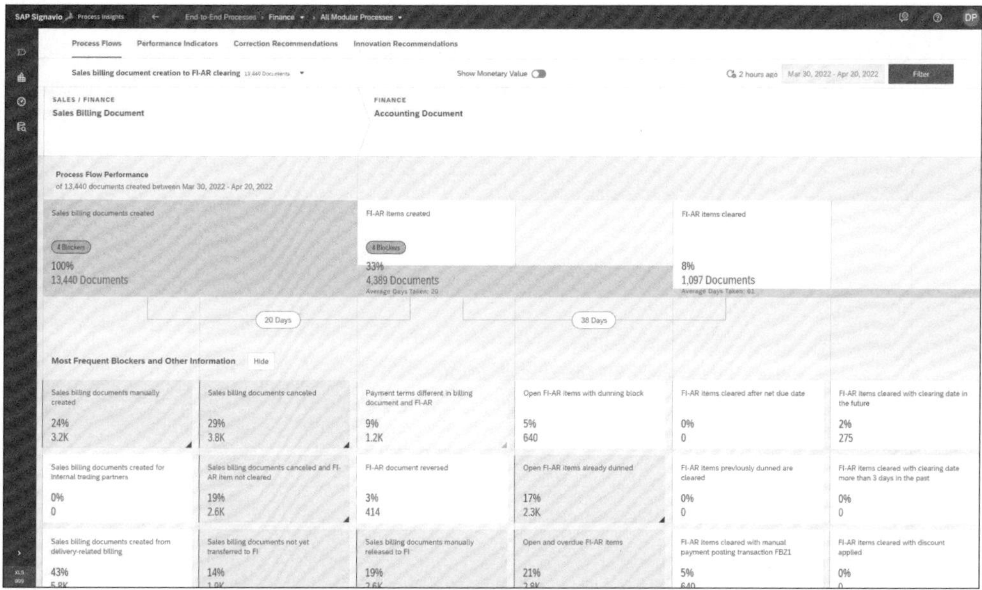

Abbildung 3.10 Analyse relevanter Prozessblockaden

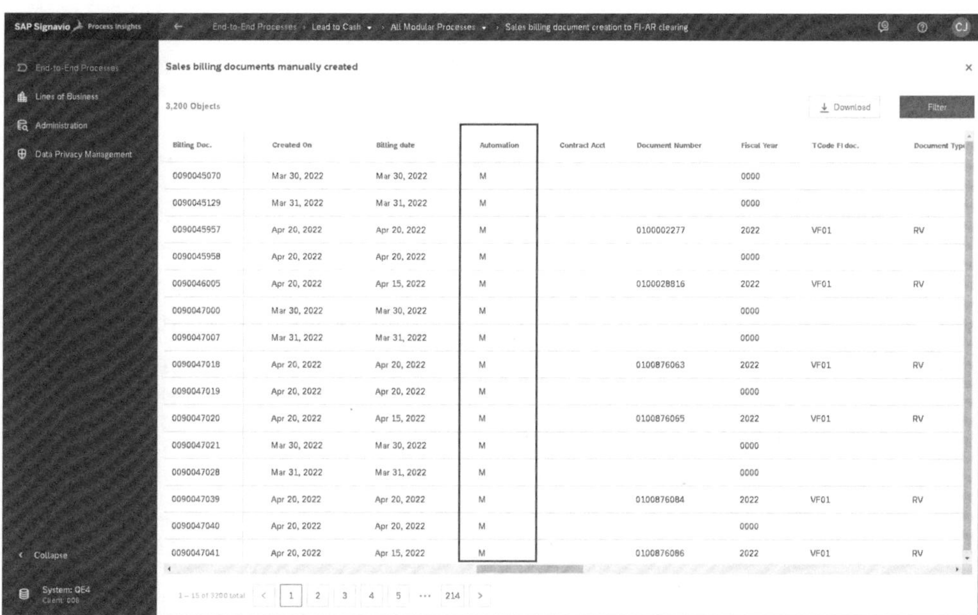

Billing Doc.	Created On	Billing date	Automation	Contract Acct	Document Number	Fiscal Year	TCode FI doc.	Document Typ
0090045070	Mar 30, 2022	Mar 30, 2022	M			0000		
0090045129	Mar 31, 2022	Mar 31, 2022	M			0000		
0090045957	Apr 20, 2022	Apr 20, 2022	M		0100002277	2022	VF01	RV
0090045958	Apr 20, 2022	Apr 20, 2022	M			0000		
0090046005	Apr 20, 2022	Apr 15, 2022	M		0100028816	2022	VF01	RV
0090047000	Mar 30, 2022	Mar 30, 2022	M			0000		
0090047007	Mar 31, 2022	Mar 31, 2022	M			0000		
0090047018	Apr 20, 2022	Apr 20, 2022	M		0100876063	2022	VF01	RV
0090047019	Apr 20, 2022	Apr 20, 2022	M			0000		
0090047020	Apr 20, 2022	Apr 15, 2022	M		0100876065	2022	VF01	RV
0090047021	Mar 30, 2022	Mar 30, 2022	M			0000		
0090047028	Mar 31, 2022	Mar 31, 2022	M			0000		
0090047039	Apr 20, 2022	Apr 20, 2022	M		0100876084	2022	VF01	RV
0090047040	Apr 20, 2022	Apr 20, 2022	M			0000		
0090047041	Apr 20, 2022	Apr 15, 2022	M		0100876086	2022	VF01	RV

Abbildung 3.11 Analyse des Automatisierungsgrades

Nun können Sie prüfen, ob es SAP-Lösungen gibt, die Ihnen helfen können, den manuellen Aufwand und die damit einhergehenden Ineffizienzen zu reduzieren. Klicken Sie dafür auf die Registerkarte **Innovation Recommendations** in Abbildung 3.12.

Diese Innovationsempfehlungen helfen Ihrem Unternehmen, langfristige und strategische Verbesserungen mit SAP-Lösungen und -Anwendungen zu planen, die Ihnen infolgedessen den Einstieg in Ihren ERP-Transformationsprozess erleichtern.

Process Flows | Performance Indicators | Correction Recommendations | Innovation Recommendations

SAP S/4HANA Capabilities (48) | SAP Process Automation (21) | Intelligent Technologies (37) | User Experience (14) | Other SAP Solutions (10)

Recommendation	Industry Popularity	Lines of Business
SAP S/4HANA Capabilities (48)		
Accounts Receivable	■■■	Finance
Advanced Variant Configuration	■■■	R&D/Engineering
Available-to-Promise	■■■	Supply Chain
Periodic Billing Processes	■■■	Service
Sales Billing	■■■	Sales
Sales Contract Management	■■■	Sales
Sales Master Data Management	■■■	Sales
Sales Order Management and Processing	■■■	Sales
Service Billing	■■■	Service
Variant Configuration	■■■	R&D/Engineering
Advanced Available-to-Promise	■■□	Supply Chain
Advanced Incentive and Commission Management	■■□	Sales
Collections Management	■■□	Finance

Abbildung 3.12 Auflistung relevanter Innovationsempfehlungen

In unserem Fall möchten wir vor allem nach Innovationsempfehlungen hinsichtlich der Verbesserung unserer Verkaufsfakturakennzahl Ausschau halten. Die Fähigkeiten von SAP S/4HANA werden nach Beliebtheit innerhalb der ausgewählten Branche geordnet – gemäß unserem Szenario wird die Automobilindustrie berücksichtigt. Die Branchenpopularität gibt den Grad der Akzeptanz einer Empfehlung an, basierend darauf, wie viele Mitbewerber Ihrer Branche sie verwenden. Da wir beim Verkaufsabrechnungsprozess Ineffizienzen identifiziert haben, schauen wir uns die beliebtesten Optionen in unserer Branche an. Wie wir in Abbildung 3.12 sehen, wird **Sales Billing** – wie wir es anhand einer Punkteskala mit drei Punkten erkennen – als hoch bewertet und klingt sehr vielversprechend. Wir prüfen nun also, wie Ihnen die SAP-S/4HANA-Funktionalität helfen kann.

Wenn wir uns die Detailseite ansehen, stellen wir fest, dass die Funktion Sales Billing aufgrund der hohen Industriepopularität für Sie relevant sein kann. Wir klicken daher auf die Zeile **Sales Billing**. Diese Komponente hilft bei der Verwaltung des gesamten Verkaufsauftragslebenszyklus. Sie erhalten eine schnellere Abrechnung mit weniger Verwaltungsaufwand, können manuelle Fehler reduzieren und erreichen somit eine höhere Kundenzufriedenheit. Ein weiterer großer Effekt ist die Reduzierung Ihrer Außenstandstage aufgrund der integrierten automatisierten Abrechnungs- und Fakturierungsfunktionen. Dies ist die Lösung, die Sie in Ihrem nächsten strategischen Meeting ansprechen können, um sie im Detail zu untersuchen. Das Fenster in Abbildung 3.13 versorgt Sie mit dem erforderlichen Hintergrundwissen. Basierend auf den Innovationsempfehlungen können Sie sich Ihren globalen Unternehmensplan erstellen bzw. diesen kontinuierlich anpassen, um langfristige strategische Verbesserungen mit SAP-Lösungen und -Anwendungen umzusetzen.

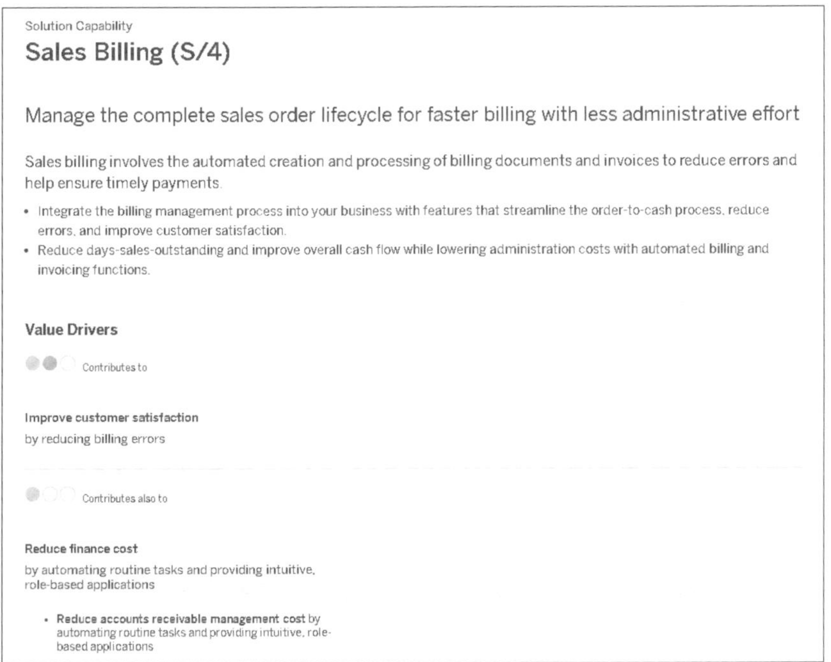

Abbildung 3.13 Analyse der vorgeschlagenen SAP-Funktion

Jetzt verstehen wir besser, wo Ihre Ineffizienzen im Lead-to-Cash-Prozess liegen und wie wir sie verbessern können. Sie fragen sich vielleicht dennoch, ob es noch mehr Ineffizienzen in Ihrem Lead-to-Cash-Prozess gibt. Um diese Prozessanalyse zu beschleunigen, können Sie auf die automatisch von SAP Signavio Process Insights generierten Korrekturempfehlungen zurückgreifen. Hierzu klicken wir in Abbildung 3.14 auf die Registerkarte **Correction Recommendations**. Korrekturempfehlungen werden aus den von Ihrem SAP-ERP-System empfangenen Daten, basierend auf Leistungsindikatoren, abgeleitet und helfen Ihnen mit sofortigen Vorschlägen für Ihr Unternehmen, identifizierte Probleme rasch zu lösen. Sie basieren auf langjährigen Erfahrungen innerhalb des SAP-Ökosystems.

In Abbildung 3.15 analysieren wir die Korrekturempfehlungen für unseren Lead-to-Cash-Prozess. Wir sehen, dass es diesbezüglich zwei konkrete Korrekturempfehlungen gibt. Das System zeigt Ihnen, welche Wertetreiber unterstützt werden, wenn Sie die vorgeschlagene Empfehlung anwenden. Zudem erhalten Sie einen Hinweis bezüglich des Nutzens und des Implementierungsaufwands. Lassen Sie uns nun tiefer in die Bedeutung dieser Empfehlungen eintauchen.

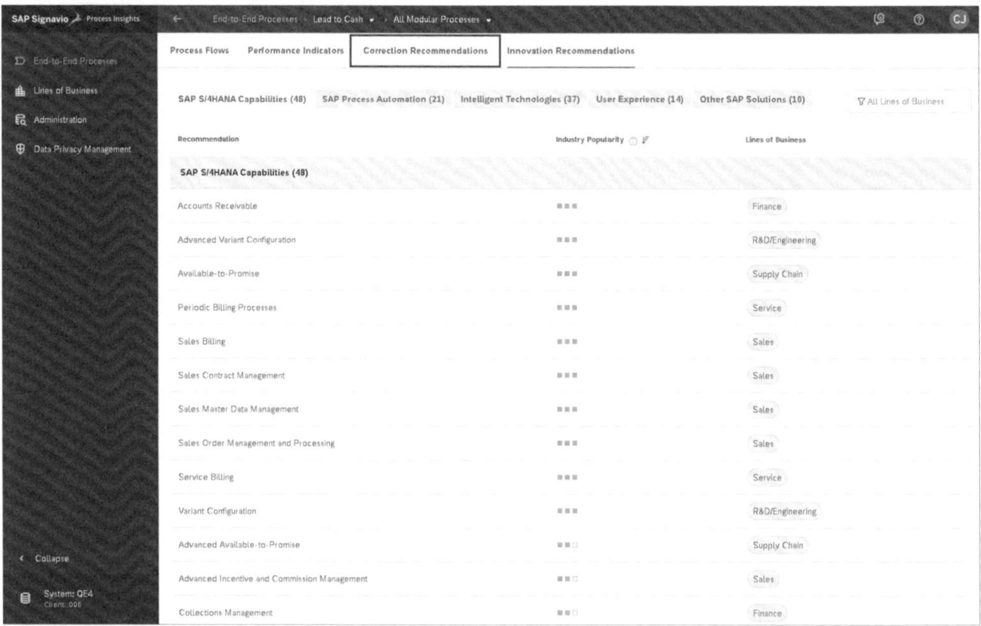

Abbildung 3.14 Korrekturempfehlungen anzeigen

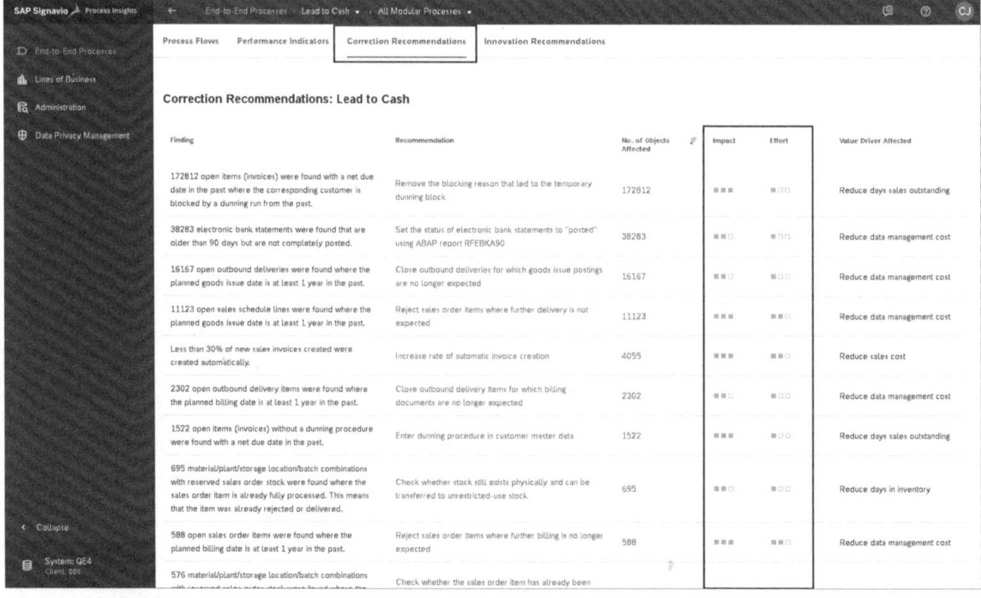

Abbildung 3.15 Analyse der Korrekturempfehlungen

In Abbildung 3.16 klicken wir zunächst auf die relevante Korrekturempfehlung. Diese bezieht sich auf die Automatisierung, hat eine positive Auswirkung auf Ihren Prozessablauf und erfordert gleichzeitig nur wenig Implementierungsaufwand. Dies klingt nach einer fantastischen Möglichkeit, um die Effizienz Ihrer Auslieferungen zu steigern.

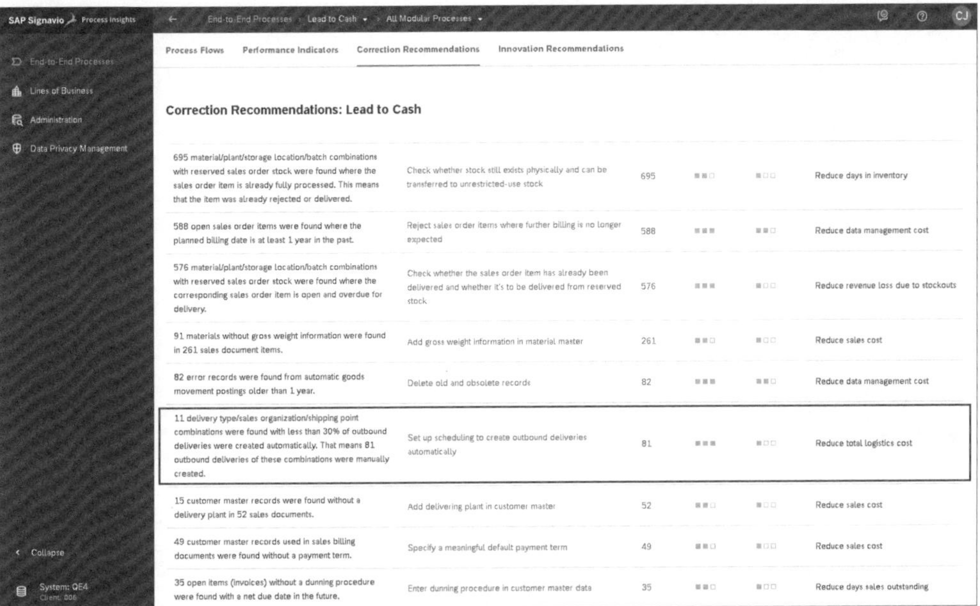

Abbildung 3.16 Fokus auf die relevante Korrekturempfehlung

Die Erkenntnis aus Abbildung 3.17 besagt korrekterweise, dass weniger als 30 % der Auslieferungen automatisch erstellt wurden. Bei näherer Betrachtung sehen wir, dass die potenzielle Ursache dafür ist, dass wir ungenutzte Standardautomatisierungsfunktionen haben. Durch die automatische Erstellung von Auslieferungen können wir die gesamten Logistikkosten reduzieren. Um zu sehen, was SAP Signavio Process Insights genau zur Umsetzung vorschlägt, klicken Sie auf den Link **Show Recommended Action**.

Die empfohlene Aktion in Abbildung 3.18 erklärt Ihnen sofort, was genau zu tun ist. So können Sie sich gezielt an Ihre Kolleg*innen wenden, um diese Verbesserung umzusetzen.

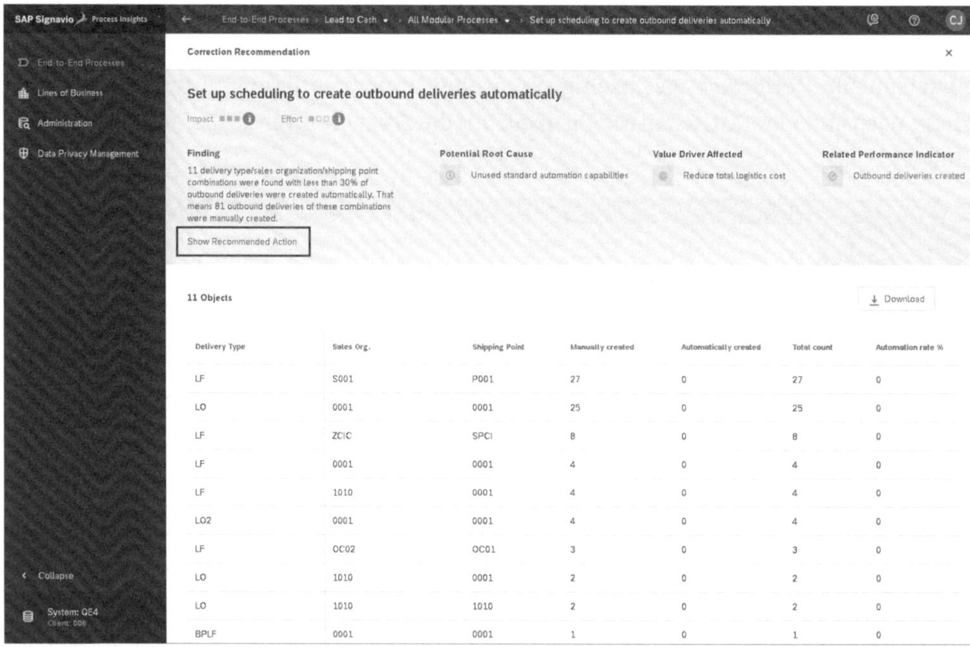

Delivery Type	Sales Org.	Shipping Point	Manually created	Automatically created	Total count	Automation rate %
LF	S001	P001	27	0	27	0
LO	0001	0001	25	0	25	0
LF	ZCIC	SPCI	8	0	8	0
LF	0001	0001	4	0	4	0
LF	1010	0001	4	0	4	0
LO2	0001	0001	4	0	4	0
LF	OC02	OC01	3	0	3	0
LO	1010	0001	2	0	2	0
LO	1010	1010	2	0	2	0
BPLF	0001	0001	1	0	1	0

Abbildung 3.17 Erkenntnis der Korrekturempfehlung

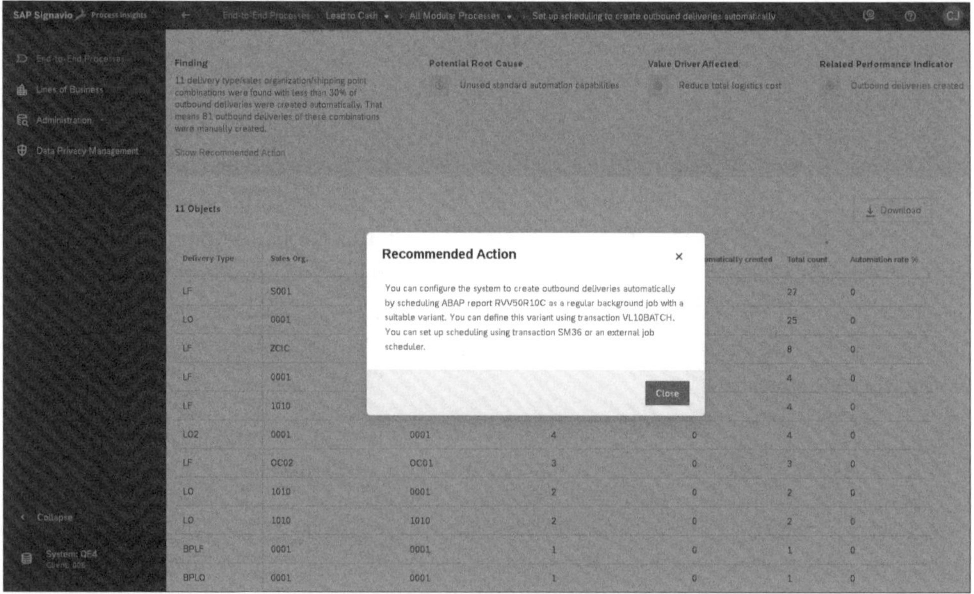

Abbildung 3.18 Umsetzungsvorschlag der Korrekturempfehlung

Korrekturempfehlungen sind ideal, um schnell und vor allem faktenbasiert handeln zu können. Darüber hinaus eignen sie sich, um Ineffizienzen in einzelnen Prozessschritten zu identifizieren. Mit SAP Signavio Process Insights erhalten Sie auf unkomplizierte Weise rasche Einblicke in Ihre Geschäftsprozesse. Die bereitgestellten Verbesserungsempfehlungen sind immens, da sie die Erfahrung aus jahrelangem SAP-Beratungswissen verfügbar machen.

Alles in allem haben Sie in diesem Anwendungsbeispiel anhand der umfangreichen Analysefunktionen von SAP Signavio Process Insights ein klares Verständnis Ihres Lead-to-Cash-Prozesses erhalten. Sie konnten mehrere Ineffizienzen im Prozess feststellen, die kurz- und langfristig angegangen werden können. Sofort einsatzbereite Innovationsempfehlungen helfen Ihnen zu verstehen, wo die nächste strategische Verbesserung Sinn ergibt und Mehrwert generiert. Basierend auf den Innovationsempfehlungen können Sie sich einen strukturierten Plan zur Umsetzung langfristiger strategischer Verbesserungen mit SAP-Lösungen und -Anwendungen erstellen. Durch die Untersuchung von Korrekturempfehlungen erhalten Sie ein besseres Verständnis Ihres Lead-to-Cash-Prozesses sowie ein gutes Verständnis dafür, an welcher Stelle Ihres End-to-End-Prozesses Ineffizienzen liegen können. Mit diesen Erkenntnissen können Sie eine gezielte, faktenbasierte Analyse starten. Aber nicht nur die Erkenntnisse sind umfassend. Sämtliche Korrekturempfehlungen liefern schnelle Lösungen, einschließlich Schritt-für-Schritt-Beschreibungen zur effektiven Umsetzung. Wie in unserem fiktiven Anwendungsbeispiel illustriert, können Sie Standardautomatisierungsmöglichkeiten nutzen, die Ihnen bisher vielleicht unbekannt waren.

Alternativ zu den End-to-End-Prozessszenarien können Sie auch je Geschäftsbereich Ihre Prozessanalyse angehen. Wie in Abbildung 3.19 ersichtlich, können Sie zwischen den Bereichen **Asset Management**, **Finance**, **Manufacturing**, **R&D/Engineering**, **Sales**, **Service**, **Sourcing & Procurement** sowie **Supply Chain** wählen.

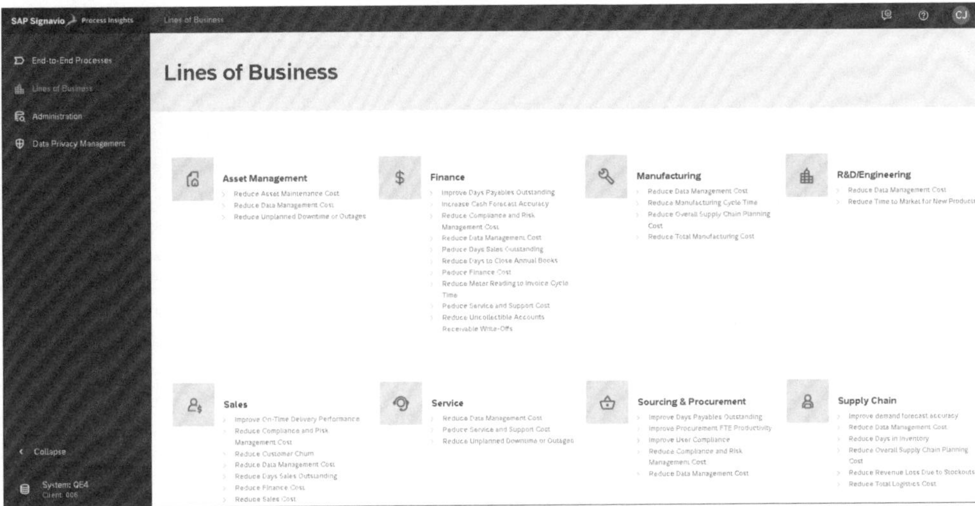

Abbildung 3.19 Analyseansicht je Geschäftsbereich

3.4 Zusammenfassung

Mit SAP Signavio Process Insights können Sie sich sofortige Mehrwerte sichern, indem Sie einen ganzheitlichen Überblick über die Performance Ihrer End-to-End-Geschäftsprozesse sowie der wichtigsten Geschäftsbereiche erhalten. SAP Signavio Process Insights unterstützt Sie anhand fortschrittlicher Analysen dabei, tief in Ihre Geschäftsprozesse einzutauchen und die richtigen Entscheidungen in Ihren Geschäftsbereichen zu treffen. Auch unterstützt es Sie dabei, einen höheren Geschäftswert zu erzielen, indem es sich auf die wirkungsvollsten Transformationsmaßnahmen konzentriert. Durch granulare, leicht zugängliche Einblicke und maßgeschneiderte Empfehlungen können Vorteile schneller erzielt werden – innerhalb kürzester Zeit nach der Implementierung. Auf diese Weise haben Sie die Möglichkeit, ein neues Maß an Optimierung im Gleichschritt mit einer verbesserten geschäftlichen Widerstandsfähigkeit zu erreichen, was zu Stabilität, Geschäftskontinuität und einer nachhaltigen Verbesserung der Kundenerfahrung führt.

Kapitel 4
SAP Signavio Process Intelligence

SAP Signavio Process Intelligence hilft Ihnen bei der systematischen Auswertung Ihrer Geschäftsprozesse. Dies bedeutet, dass Sie Informationen über sämtliche Prozesse sammeln, die analysiert und zur zukünftigen Prozessverbesserung herangezogen werden können.

Eine prozessgesteuerte Unternehmenstransformation unterstützt Organisationen aller Branchen und Größen dabei, ihren Status quo inklusive der Ist-Versionen ihrer Geschäftsprozesse mit dem Soll-Zustand ihrer Prozesse zu vergleichen. Unternehmen können dadurch ein Verständnis für alle Abweichungen in ihren Systemen gewinnen, die dort gesammelten Daten optimieren und alles zusammenführen, um die Entwicklung des Prozesses mithilfe intuitiver Dashboards und Schnittstellen darzustellen. Durch die Verknüpfung von Prozessen und Abläufen können verantwortliche Stakeholder wie etwa die Fachbereichsleitung, Process Owner oder Projektmanager*innen datengesteuerte, durchgängige Transformationsinitiativen durchführen, die auf schlüssigen Informationen basieren. Auf diese Weise erhalten Unternehmen die Informationen, die Transparenz und die quantifizierbaren Zahlen, die sie für kontinuierliches Wachstum und hervorragende Prozesse benötigen. All dies ist mit *SAP Signavio Process Intelligence* möglich (siehe Abbildung 4.1). SAP Signavio Process Intelligence ermöglicht es Ihnen, Ihre Soll-Prozesse in Echtzeit zu analysieren und zu visualisieren und vergleicht Ihre Ist-Prozesse mit Soll-Prozessvarianten, um so Verbesserungspotenzial zu identifizieren.

[!]

Voraussetzungen für den Einsatz

SAP Signavio Process Intelligence setzt den Einsatz des SAP Signavio Process Managers (siehe Kapitel 5) und des SAP Signavio Process Collaboration Hubs voraus (siehe Kapitel 7).

In Abschnitt 4.1 widmen wir uns zunächst den vielfältigen Funktionen von SAP Signavio Process Intelligence. Abschnitt 4.2 zeigt verschiedenste Potenziale der Lösung auf. In weiterer Folge illustrieren wir anhand eines Beispiels die Anwendung von SAP Signavio Process Intelligence in der Praxis (siehe Abschnitt 4.3).

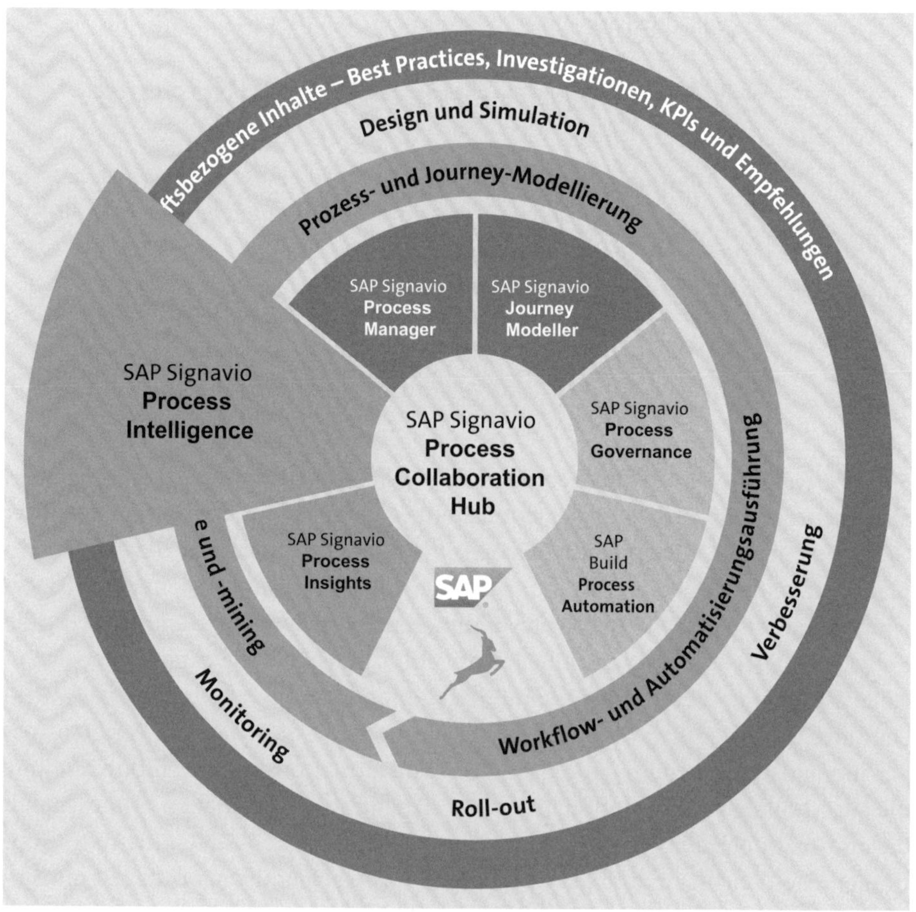

Abbildung 4.1 SAP Signavio Process Intelligence im Fokus

4.1 Funktionen

SAP Signavio Process Intelligence ist integraler Bestandteil der SAP Signavio Process Transformation Suite. Die Lösung deckt die neuesten Process-Mining-Funktionen in großem Umfang ab und unterstützt intelligentere Geschäftsentscheidungen, indem sie leistungsstarke, faktenbasierte Einblicke in potenzielle Risiken und kontinuierliche Verbesserungsmöglichkeiten bietet. So können Sie den in Ihren Prozessen und Daten verborgenen Geschäftswert identifizieren. SAP Signavio Process Intelligence ermöglicht es Ihnen, detaillierte Analysen für verschiedenste Prozessverbesserungen durchzuführen, intelligente Diagnosen zu erstellen, um Engpässe und Simulationen Ihrer Geschäftsprozesse zu testen, Prozessänderungsalternativen unter der Berücksichtigung von Best Practices zu bewerten, Geschäftsprozesse für Robotic Process Automation (RPA), Hyperautomatisierung, künstliche Intelligenz (KI) und maschinelles Lernen (ML) zu optimieren sowie präzises Kundenverhalten für verbesserte Customer Journeys abzuleiten.

Zu den Kernfunktionen von SAP Signavio Process Intelligence gehört es:

- Prozess- und Erlebnisdaten aus unterschiedlichen Quellen zu erfassen und vorzubereiten
- Einblicke in die tatsächliche Prozessausführung zu erhalten – durch Hervorheben vorhandener Ineffizienzen und Probleme und durch einfaches Überwachen der Leistung zu jeder Zeit
- schneller Einblicke zu gewinnen und Ursachen für schlecht funktionierende Prozesse oder niedrige Erlebniskennzahlen zu ermitteln
- Prozessharmonisierung und Compliance zu verbessern – durch das Visualisieren von Compliance-Verstößen
- Transparenz über die kombinierte Prozess- und Erlebnisrealität Ihrer Kunden zu erhalten, indem Prozess und Erlebnisanalysen verbunden werden
- Teams zu stärken und eine unternehmensweite Zusammenarbeit zu forcieren – dank sofort umsetzbarer Erkenntnisse

Damit Sie Ihre Prozesse in der aktuellen, wandelbaren Geschäftswelt kontinuierlich optimieren können, müssen die Process-Mining-Initiativen Ihres Unternehmens über einmalige Projekte hinausgehen. Denn die kontinuierliche Überwachung der Prozessdaten wird für erfolgreiche Unternehmen zur Norm. SAP Signavio Process Intelligence nutzt die neuesten Fortschritte im Bereich des Stream Processings, um Ereignisdaten in Echtzeit zu verarbeiten.

Stream Processing

Stream Processing ist eine Alternative zum Batch Processing. Die Daten werden nicht wie beim Batch Processing erst zwischengespeichert, sondern direkt nach ihrer Entstehung bzw. ihrem Empfang kontinuierlich quasi in Echtzeit verarbeitet und analysiert. Stream Processing kommt neben den digitalisierten Prozessen von Industrie 4.0 beispielsweise auch im Umfeld von Big Data zum Einsatz.

So fungiert die Lösung als Ihr allgegenwärtiger Finger am Puls Ihrer Geschäftsprozesslandschaft. In diesem Kontext ist die Prozessanalyse mit SAP Signavio Process Intelligence Ihr Weg zur effektiven Datenanalyse. Mit ihrer Hilfe können Sie Ihre Daten automatisch analysieren und Erkenntnisse für aktuelle und zukünftige Vorgänge gewinnen. Mit diesem Tool können Sie Daten nutzen, die bereits in Ihrer Datenbank existieren (z. B. in Ihren ERP-/CRM-Systemen), um die Business Performance für intelligente Abläufe zu optimieren. SAP Signavio Process Intelligence nutzt die Rohdaten und übersetzt sie in einen Entwurf, der deutlich macht, wie Ihr Unternehmen arbeitet.

[»]

Vielfältige Anwendungsmöglichkeiten

Mit SAP Signavio Process Intelligence haben Sie die Möglichkeit, Ihre Prozessrealität zu visualisieren: von der detaillierten Prozessanalyse für Geschäftstransformationen (einschließlich SAP-S/4HANA-Migrationen) über die Untersuchung und Interaktion mit Geschäftsdaten bis hin zur Nutzung von Process Mining für faktenbasierte Änderungen, um den versteckten Wert in Geschäftsprozessen und Daten aufzudecken.

SAP Signavio Process Intelligence hilft Ihnen nicht nur zu verstehen, wie Ihre Prozesse aussehen, sondern auch, wie sie in der Realität tatsächlich ablaufen. Eine vollständige Bewertung der Ist-Prozesse gibt Aufschluss über Ineffizienzen, Probleme, Fehlverhalten und ungenutzte Prozesse. So lassen sich beispielsweise intelligente ERP-Transformationen durchführen, Ressourcen optimieren, Geschäftskennzahlen deutlich verbessern sowie Kosten senken. Durch die Verbindung von SAP Signavio Process Intelligence mit einer kundenorientierten Sichtweise auf Produktion, Marketing, Vertrieb sowie Produkte und Dienstleistungen wird die Kundenzufriedenheit zu einem strategischen Katalysator: Durch Process Mining sind Sie in der Lage, das Verhalten Ihrer Kunden genau zu verstehen und zu analysieren. Kunden-Touchpoints lassen sich optimieren und Prozesse gezielt neu ausrichten. Das Tool reicht von der Prozesserkennung mit der Funktion Process Discovery , der Visualisierung und Analyse bis hin zur Echtzeitüberwachung Ihrer Prozesse, die auf der Basis realer Daten durchgeführt wird. Da sich auch komplexe Prozesse besser verstehen lassen, profitieren Sie von einer kontinuierlichen Verbesserung in Ihrer Organisation.

Mit der Lösung SAP Signavio Process Intelligence können Sie außerdem ortsunabhängig detaillierte *Prozessanalysen* durchführen. Indem Sie detaillierte Einblicke in die Prozessdaten erhalten, können auch Sie Ihre täglichen Abläufe optimieren und schneller intelligentere Entscheidungen treffen. Die Lösung unterstützt Sie dabei, Hauptursachen für schlecht durchgeführte Prozesse zu identifizieren, indem Sie Compliance-Verstöße erkennen und sichtbar machen, Prozessleistungen überwachen und auf kritische Fälle und Leistungsengpässe reagieren. Das Tool hilft Ihnen zusätzlich, sich ganz einfach mit den Abweichungen in Ihren Systemen vertraut zu machen, enthaltene Daten zu optimieren und alle notwendigen Informationen zusammenzufassen. Mithilfe intuitiver Dashboards und Interfaces können Sie Ihre Unternehmensgeschichte ganz einfach aufzeigen. Durch die Verknüpfung verschiedener Prozesse bzw. Betriebsabläufe können Sie zudem datengetriebene Erkenntnisse hinsichtlich der End-to-End-Prozesse anführen, um Ihre Transformationsvorhaben ganzheitlich zu unterstützen. Als Nutzer*in von SAP Signavio Process Intelligence greifen Sie stets auf transparente Informationen und quantifizierbare Zahlen zurück, um ein kontinuierliches Wachstum und optimale Prozesse in Ihrer Organisation zu etablieren. Hinsichtlich Ihrer Kundenerwartungen ermöglicht SAP Signavio Process Intelligence es Ihnen, Metriken dieser regelmäßig abzugleichen, Leistungsabweichungen zu untersuchen und bei Bedarf Korrekturen vorzunehmen. Mithilfe von Process Mining können Sie infolgedessen aktuelle Systemprozesse schnell sichtbar machen, gewonnene Ergebnisse teilen und Verbesserungsvorschläge sammeln.

Tabelle 4.1 liefert einen Überblick über die zahlreichen Funktionen und Tools von SAP Signavio Process Intelligence.

Funktionen	Beschreibung
Daten-Onboarding (Data Onboarding)	Laden Sie die Prozessdaten als Dateien in SAP Signavio Process Intelligence hoch. Wenn Sie gezippte CSV- oder XLS-Dateien verwenden, kann jede gezippte Datei nur eine Datei enthalten.
ETL-Daten-Pipeline (ETL Data Pipeline)	Verschaffen Sie sich einen Überblick über Datenquellen, Integrationen und Datenmodelle. Die Pipeline dient als Trichter für die Umwandlung von Rohdaten in Prozessdaten.
Datenextraktion (Data Extraction)	Nehmen Sie die Daten flexibel über native Konnektoren für On-Premise- und Cloud-Systeme auf, und profitieren Sie von nativer Datentransformation, Datenmodellierung und Daten-Pipeline-Management sowie von der Integration mit SAP Data Intelligence, um selbst die anspruchsvollsten Anforderungen und komplexesten IT-Landschaften zu bewältigen.
Datentransformation (Data Transformation)	Die Lösung ermöglicht es Ihnen, Ihre Daten in Ereignisprotokolle umzuwandeln. Die Protokolle werden in den Prozess geladen, der mit dem Datenmodell verknüpft ist und die Daten für Untersuchungen bereitstellt.
Data Load Management	Laden Sie Ereignisprotokolle in Prozesse innerhalb von SAP Signavio Process Intelligence hoch.

Tabelle 4.1 Funktionen von SAP Signavio Process Intelligence

Funktionen	Beschreibung
Konnektoren für verschiedene Quellsysteme	Nutzen Sie Konnektoren, um die Quellsysteme mit SAP Signavio Process Intelligence zu verbinden. Das Tool stellt Konnektoren für die folgenden Quellsysteme bereit: ▪ ServiceNow ▪ AWS Athena ▪ AWS S3 ▪ Jira ▪ SAP ERP ▪ SAP HANA ▪ OData ▪ Google BigQuery ▪ MySQL ▪ PostgreSQL ▪ SuccessFactors ▪ Snowflake ▪ Elastic ▪ Microsoft SQL Server
Legacy-Konnektoren	Nutzen Sie Legacy-Konnektoren, die die ETL-Funktion von SAP Signavio ergänzen, um eine Verbindung zu den Quellsystemen herzustellen.
CSV Event Log Upload	Laden Sie die Prozessdaten als gezippte CSV-Dateien in SAP Signavio Process Intelligence hoch.
API für den Upload von XES-Dateien	Verwalten Sie die Uploads von Daten mit der Daten-Upload-API zu SAP Signavio Process Intelligence einmalig oder regelmäßig. Die Daten müssen als XES-Dateien bereitgestellt werden.
SAP Signavio Analytics Language (SIGNAL)	Führen Sie maßgeschneiderte Analysen mit der SAP Signavio Analytics Language (SIGNAL), einer SAP-Signavio-spezifischen Abfragesprache für die Prozessanalyse, durch.
SIGNAL-Tabelle bzw. Falltabelle (SIGNAL Table bzw. Case Table)	Zeigen Sie beliebige Dimensionen oder Kennzahlen in tabellarischer Form an.
Prozessmetriken (Process Metrics)	Verwalten Sie wichtige Prozesse und Kennzahlen zentral. Metriken können aus der zentralen Bibliothek hinzugefügt oder von Benutzern von Grund auf neu erstellt werden.

Tabelle 4.1 Funktionen von SAP Signavio Process Intelligence (Forts.)

Funktionen	Beschreibung
Dashboard für Prozessmetriken	Sehen Sie Kernmetriken auf einen Blick. SAP Signavio Process Intelligence erstellt konfigurierbare Aggregationen und Visualisierungen und hilft Ihnen dabei, Schwachstellen in Ihren Prozessen zu finden.
Fall-Pattern-Identifizierung	Signavio Process Intelligence identifiziert alle existierenden Prozessvarianten und analysiert Prozessmetriken pro Variante. Dies hilft Ihnen dabei, Gruppen von Fällen zu isolieren, die ineffizient ablaufen oder nicht Compliance-konform sind.
Metrikbibliothek (Metrics Library)	Verwenden Sie Metriken in der Metrikbibliothek von SAP Signavio Process Intelligence, um Ihre wichtigsten Leistungsindikatoren zu überwachen. SAP Signavio Process Intelligence enthält eine Reihe von Standardmetriken, mit denen Sie schnell mit Ihrer Analyse beginnen können. Metriken können mit der Analysesprache von SAP Signavio (SIGNAL) angepasst werden.
Überprüfung der Prozesskonformität (Process Conformance Checking)	Zeigen Sie die Pfade von Prozessvarianten an, wobei jeweils eine Variante angezeigt wird, um Hotspot-Aktivitäten anzuzeigen oder jede Variante dem BPMN-Modell des Prozesses zuzuordnen.
Prozesserkennung (Process Discovery)	Generieren Sie eine interaktive Prozesslandkarte aus den Ereignisprotokolldaten. Standardmäßig zeigt das Widget die gängigsten Prozesspfade an.
Varianten-Explorer (Variant Explorer)	Mit diesem Widget können Sie sich die verschiedenen Prozessvarianten anzeigen lassen, die im Ereignisprotokoll vorhanden sind.
Ist- vs. Soll-Prozessvergleich	SAP Signavio Process Intelligence findet Fälle, die nicht den Soll-Prozessen entsprechen und analysiert die Geschäftsprozessdaten, die mit dem nicht konformen Verhalten in Zusammenhang stehen. Dies beinhaltet die Identifikation von nicht konformen Ist-Prozessen sowie einen detaillierten visuellen Vergleich von Prozessvarianten auf Basis der Ist-Prozessdaten.
Korrelations-Widget (Correlation Widget)	Erstellen Sie ein Streudiagramm, eine grafische Darstellung zweier numerischer Variablen, die entlang zweier Achsen aufgetragen sind, um ihre Beziehung zu identifizieren oder darzustellen.

Tabelle 4.1 Funktionen von SAP Signavio Process Intelligence (Forts.)

Funktionen	Beschreibung
Live-Einblicke (Live Insights)	Fügen Sie Prozessleistungs- oder Erfahrungsmetriken und KPIs (Key Performance Indicators) hinzu, um sie in BPMN-Diagrammen, Widgets und Journey Models überwachen zu können.
Widget-Konfiguration (Widget Configuration)	Erstellen Sie Widgets als dynamische Inhalte, die Sie Ihren Untersuchungen hinzufügen können. Sie können sie kopieren, duplizieren, löschen oder bearbeiten.
Filter	Schränken Sie den Analyserahmen flexibel und auf mehrere Ebenen ein.
Berechnungen und Formeln	Verwenden Sie Berechnungen und Formeln, um auf Prozessdaten basierende Ergebnisse zu erhalten.
geteilte Untersuchungen (Shared Investigations)	Geben Sie Untersuchungen im SAP Signavio Process Collaboration Hub für Ihre Benutzer frei.
Volumennutzung (Volume Usage)	Diese Funktion zeigt die Anzahl der Prozesse, Fälle und Ereignisse im Datenspeicher an.
Zugriffsrechteverwaltung (Access Rights Management)	Verwalten Sie Zugriffsrechte für verschiedene Benutzer und auf der Datenebene, um die Berechtigungen u. a. auf Untersuchungen einzuschränken.

Tabelle 4.1 Funktionen von SAP Signavio Process Intelligence (Forts.)

4.2 Potenziale

SAP Signavio Process Intelligence hilft Ihnen, ein besseres Verständnis Ihrer Daten zu gewinnen, um faktenbasierte Änderungen vorzunehmen. Durch den Einsatz dieser Lösung erhalten Sie eine verbesserte End-to-End-Sicht auf Ihre Prozesse – von Ereignisprotokollen bis hin zu Benutzerinteraktionen. Aus technischer Sicht können Sie Ihre Daten verwalten, neue Modelle entwickeln, Outputs in Anwendungen von Drittanbietern integrieren und Metriken für eine eingehende Analyse festlegen, um Ist-Zustände, Aktivitäten und Abläufe zu verstehen. In diesem Zusammenhang können Sie von Out-of-the-Box-Funktionen profitieren, um die Zeit bis zur Analyse mit ETL-Konnektoren und Transformationsvorlagen für die gängigsten Prozesse, einschließlich Peer-to-Peer (P2P), Order-to-Cash (O2C) und IT-Service-Management (ITSM), zu verkürzen.

Die Kernpotenziale von SAP Signavio Process Intelligence werden hier im Überblick gezeigt:

- Lieferung von Prozessergebnissen in kürzester Zeit
- automatisierte Prozessanalyse
- Identifikation von Prozessschwachstellen
- kontinuierliche Prozessverbesserung
- prozessbasiertes Reporting und Identifikation von KPIs
- Optimierung der Prozessperformance

Noch nie funktionierte die Interaktion und Analyse der wichtigsten Informationen so effizient, denn SAP Signavio Process Intelligence deckt sofort Ineffizienzen und Engpässe in den Geschäftsprozessen auf und sorgt so für reibungslose Abläufe. Prozessabläufe können untersucht werden, um KPIs zu vergleichen, Auswirkungsanalysen durchzuführen und Varianten zur Rationalisierung von Geschäftsabläufen kennenzulernen. Sie können Ihre Prozesskontrollflüsse dynamisch abbilden und miteinander verbinden, um die Einhaltung von Vorschriften, Abweichungen und Verschwendung zu verbessern. Durch die Durchführung von Ursachenanalysen ermöglicht die Lösung die Untersuchung von Verzögerungen, übersprungenen Aktivitäten und der Abfolge von Ereignissen bei gleichzeitiger drastischer Reduzierung von Zykluszeiten und Nacharbeit.

SAP Signavio Process Intelligence deckt Prozessineffizienzen auf, um Abläufe zu verbessern. Sie können darüber hinaus von *Widgets* für eine beschleunigte Leistungsanalyse und den Austausch von Ergebnissen profitieren. Diese Widgets ermöglichen eine vereinfachte Nutzung und detaillierte Extraktionen für unmittelbare Einblicke in Leistungs-KPIs, Zykluszeitanalysen und allgemeine Indikatoren für den Zustand des Unternehmens. Tabelle 4.2 liefert einen Überblick über die zahlreichen Widgets von SAP Signavio Process Intelligence.

Widget	Beschreibung
Activity List	Listet alle Aktivitäten auf, die in den geladenen Prozessdaten vorkommen.
Breakdown	Visualisiert die Aufteilung oder Verteilung Ihrer Daten in Diagrammen.
Case Table	Zeigt eine Tabelle mit von Ihnen ausgewählten Fallinformationen an.
Correlation	Liefert ein Streudiagramm.
Diagram	Zeigt ein Diagramm aus Ihrem Arbeitsbereich des SAP Signavio Process Managers an.

Tabelle 4.2 Verfügbare Widgets in SAP Signavio Process Intelligence

Widget	Beschreibung
Distribution	Zeigt die Verteilung der Prozessdauerattribute an.
Over Time	Zeigt Aktivitäten in Ihrem Prozess im Laufe der Zeit an.
Process Conformance	Ähnlich wie das Widget Variant Explorer zeigt dieses Widget die Pfade von Prozessvarianten an, jedoch mit nur einer Variante gleichzeitig.
Process Discovery	Erstellt ein Prozessmodell aus den Ereignisprotokolldaten, standardmäßig zur Visualisierung der gängigsten Prozesspfade.
Process Funnel	Zeigt den Datenverkehr durch Ihren Prozess an.
SIGNAL Table	Zeigt das Ergebnis einer SIGNAL-Abfrage als Tabelle an.
Spreadsheet	Zeigt eine Tabelle an.
Text	Unterstützt die Anzeige und Bearbeitung von Rich-Text-Inhalten in Ihrer Untersuchung.
Value	Zeigt aggregierte Falldaten an.
Variable Importance – Relate	Zeigt an, welche Attribute sich auf ein ausgewähltes Zielattribut beziehen.
Variant Explorer	Wie das Widget Process Conformance zeigt dieses Widget die Pfade von Prozessvarianten an, jedoch mit einer oder mehreren Varianten gleichzeitig.

Tabelle 4.2 Verfügbare Widgets in SAP Signavio Process Intelligence (Forts.)

Zusätzlich zu den Widgets können *Prozessleistungs- und Compliance-Metriken* erstellt und mit Process-Mining-Untersuchungen kombiniert werden, um Ihre Geschäftstätigkeiten zu beschleunigen.

SAP Signavio Process Intelligence ermöglicht es Ihnen, mehr der Informationen zu sehen, die Sie wirklich benötigen – auf einer einzigen Plattform! Durch die Verbindung und Extraktion von Daten mit erweiterten Integrationsfunktionen ist es möglich, eine Verbindung zu verschiedenen Quellsystemen herzustellen, um relevante Widgets für sofortige Informationen zu erkunden. Auf diese Weise können Sie Ihre Daten in eine Umgebung verwandeln, in der Geschäft, Prozesse und IT zusammenarbeiten, um die Effizienz und Effektivität fortwährend zu steigern.

SAP Signavio Process Intelligence bietet eine Echtzeitüberwachung Ihrer Prozesse und hilft Ihnen, die Ursachen leistungsschwacher Abläufe zu identifizieren, Compliance-Verletzungen und Engpässe zu lokalisieren und die Leistungen Ihrer Prozesse kontinuierlich zu überwachen. Mit SAP Signavio Process Intelligence nutzen Sie das volle Potenzial von Echtzeitdaten getriebenem Process Mining. Das unmittelbare Wissen über Ihre Geschäftsprozesse sorgt für eine durchgängige Prozessorientierung im gesamten Unternehmen. Es fördert eine schnelle Veränderungsfähigkeit und kundenorientiertes Denken. Anhand von SAP Signavio Process Intelligence können Sie jetzt noch schneller relevante Informationen aus Prozessdatensätzen extrahieren. Simple Prozessmodelle erwachen in dynamischen und reaktionsfähigen *Dashboards* zum Leben. Infolgedessen werden Sie hinsichtlich Ihrer Geschäftsprozesse automatisiert informiert, geleitet und gewarnt.

Diese SAP-Signavio-Lösung stellt eine Revolution für Ihre automatisierte Prozessanalyse dar. Denn in die bestehenden Geschäftsprozesse eines Unternehmens vorzudringen, war lange Zeit sehr zeitaufwendig und teuer. Hochqualifiziertes externes Personal war erforderlich, und in manchen Organisationen wurden faktenbasierte Erkenntnisse durch eine ungesunde Dosis an Intuition gestützt. Durch die automatische Anwendung fortschrittlicher Process-Mining-Algorithmen bietet SAP Signavio Process Intelligence Transparenz und Verständnis für die tatsächlichen Geschäftsabläufe Ihrer Organisation. Mit diesem Tool gewinnen Sie Erkenntnisse darüber, wie und warum Ihre End-to-End-Geschäftsprozesse momentan auf eine bestimmte Art und Weise ablaufen. In weiterer Folge können Sie Ihren operativen Betrieb besser auf Ihre Prozesse ausrichten.

Der Zeit- und Geldaufwand für große Datenanalysen kann Verbesserungsprojekte erheblich verlangsamen. Doch gerade ein fundiertes Process Mining erfordert meist große Investitionen, denn es ist nicht leicht, Prozesse in einem sich ständig ändernden regulatorischen Umfeld zu überwachen und effizient auszuführen. SAP Signavio Process Intelligence unterstützt nicht nur die Transparenz und das Verständnis über alle Geschäftsprozesse hinweg, sondern liefert auch Erkenntnisse darüber, an welchen Stellen Optimierungen notwendig sind und wie die erwünschten Geschäftsergebnisse erzielt werden können. Diese Genauigkeit der Erkenntnisse unterstützt Sie bei der Analyse und Optimierung Ihrer Geschäftsprozesse. SAP Signavio Process Intelligence sorgt somit für eine kontinuierliche Verbesserung Ihrer Prozesse und Kennzahlen.

Ein weiteres Potenzial dieser Lösung ergibt sich aus der disruptiven Process-Mining-Technologie. Denn Top-Manager und Führungskräfte stehen in einer sich ständig verändernden Geschäftslandschaft unter zunehmendem Druck und müssen in kürzerer Zeit immer bessere Ergebnisse erzielen. Gleichzeitig wird es schwieriger, das Budget für erforderliche Investitionen zu sichern und den Return on Investment (ROI) durchgehend nachzuweisen. Unter *Return of Investment* versteht man die Kapitalrentabilität, eine Kennzahl zur Messung des tatsächlichen Ertrags in Relation zum investierten Kapital. Um hier erfolgreich zu agieren, bedarf es Transparenz sowie eines Einsatzszenarios, das anstatt auf Prognosen und Schätzungen auf Fakten beruht. In diesem Zusammenhang ist SAP Signavio Process Intelligence ein entscheidender Faktor für prozessbasiertes Reporting und die Identifikation von KPIs. Anhand dieses Tools geben Sie Ihren Analysten ein definiertes Framework an die Hand, um Schwachstellen zu erkennen und Ihre KPIs festzulegen. Diese können Sie direkt in SAP Signavio Process Intelligence verfolgen und auswerten sowie im Kontext Ihrer Prozessmodelle im SAP Signavio Process Manager berücksichtigen, um datengesteuerte Prozessentscheidungen mit noch mehr Sicherheit zu treffen. Darüber hinaus können Sie in diesem Zuge Ihre Erkenntnisse mithilfe des SAP Signavio Process Collaboration Hubs mit all Ihren Kolleg*innen teilen. Dieser ganzheitliche Ansatz bedeutet, dass kollaboratives Feedback an einem Ort ausgetauscht und Ergebnisse zentral dargestellt werden können. Der ROI ist somit deutlich besser erkennbar.

Mit SAP Signavio Process Intelligence und der Funktion *Live Insights* sind Sie zudem in der Lage, Indikatoren festzulegen und so definierte Schwellenwerte in einzelnen Prozessdiagrammen zu untersuchen – und dies völlig automatisiert. In diesem Sinne können Sie Prozessleistungs- oder Erfahrungsmetriken und KPIs hinzufügen, um sie in BPMN-Diagrammen, Widgets und Journey Models überwachen zu können. Auf diese Art und Weise schärfen Sie Ihren Blick für die Identifizierung von geschäftlichen Herausforderungen (z. B. in Bezug auf schlecht funktionierende Produktionsanlagen). Sie sind dadurch in der Lage, Optimierungsinitiativen rechtzeitig zu starten, denn Live Insights bedeutet u. a., dass Sie den Problembereich gezielt einschränken, indem Sie Ihr Prozessmanagementteam zusammenbringen und dessen Blick direkt auf die betroffenen Prozesse, Systeme und Datenquellen lenken.

Als vollständig cloudbasierte Process-Mining-Lösung können Sie mit SAP Signavio Process Intelligence Geschäftsergebnisse reibungslos über die gesamte Softwarelösung hinweg liefern. Dieser Lösungsfluss macht es noch einfacher, mit Kollegen aus allen Bereichen zusammenzuarbeiten und das kollektive Wissen zu nutzen, um mehr Ideen zu generieren, Prozesse zu optimieren und den Widerstand gegen Veränderungen zu reduzieren. Diese SAP-Signavio-Lösung ist schlussendlich auch ein unverzichtbares Werkzeug für die gesamte interne Revision. Es ermöglicht besonders starke und kohärente Initiativen, beispielsweise anhand von Breakdown-, Distribution- oder Variant-Explorer-Widgets (siehe Tabelle 4.2), wenn Transparenz sowie daten- und faktenbasierte Analysen erforderlich sind. Auditoren oder Risikomanagementabteilungen können SAP Signavio Process Intelligence nutzen, um zu beurteilen, wie Prozesse unter Compliance-Gesichtspunkten ausgeführt und wo Vorgaben nicht beachtet werden. Dafür eignen sich insbesondere in SAP Signavio Process Intelligence verfügbare Compliance-Metriken. Basierend auf der Fall-Pattern-Identifizierung identifiziert SAP Signavio Process Intelligence sämtliche existierenden Prozessvarianten und analysiert zudem Prozessmetriken pro Variante (siehe Tabelle 4.1). Dies hilft Ihnen dabei, Gruppen von Fällen zu isolieren, die ineffizient ablaufen oder nicht Compliance-konform sind.

Somit nutzen Sie mit SAP Signavio Process Intelligence das volle Potenzial Ihrer Geschäftsprozesse, denn das Tool ermöglicht Ihnen die folgenden Optionen:

- bessere datenbasierte und transparente Entscheidungen für die Umsetzung Ihrer Ziele
- einen integrierten *Conformance Check* für das Anzeigen von Hotspot-Aktivitäten, basierend auf einer Prozessvariante, um Standardverfahren inklusive einer schnellen Identifikation von Ausnahmen sicherzustellen
- vollständige End-to-End-Perspektiven, Leistungsübersichten und ein besseres Verständnis dafür, was über einen bestimmten Zeitraum in Ihrem Unternehmen geschieht
- eine kontinuierliche Überwachung und Verbesserung der genauen Ist-Prozesse, um Wissen für die Ursachenanalyse zu gewinnen
- datenbasierte Fakten und eine kontinuierliche Prozessverbesserung

Daraus ergeben sich vielzählige Einsatzszenarien für SAP Signavio Process Intelligence – von der ERP-Transformation über Audit, Risk und Compliance bis hin zur Steigerung der Kundenzufriedenheit sowie der operativen Exzellenz. Anwendungsbeispiele bezüglich der Geschäftstransformation und Prozessanalyse werden in Teil III, »Wie Sie mit Business Process Transformation den Wechsel zu SAP S/4HANA erfolgreich gestalten«, ausführlich behandelt. Zunächst widmen wir uns einem einführenden Beispiel, um uns dem Potenzial von SAP Signavio Process Intelligence erstmalig bewusst zu werden.

SAP Signavio Process Intelligence hilft Ihnen, Ihre Geschäftsdaten mit mehreren Integrationsoptionen zu erfassen und vorzubereiten. Sie verschaffen sich vollständige Transparenz und ein umfassendes Verständnis Ihrer tatsächlichen Geschäftsabläufe und -prozesse, indem Sie die Prozessdaten integrieren und automatisch die fortschrittlichen Process-Mining-Algorithmen anwenden. Das Tool erlaubt es Ihnen, Online- und Offline-Daten über verschiedene Systeme und Landschaften hinweg zu verbinden und zu extrahieren – einschließlich Daten von Experience-Plattformen wie etwa Qualtrics. Rohdaten werden in vollständige Ereignisprotokolle in einer Umgebung verwandelt, in der Ihr Unternehmen, Ihre Prozesse und Ihre IT zusammenarbeiten können. Anhand umfangreicher Datenmodelle erhalten Sie einen ganzheitlichen Überblick über Ihre Geschäftsprozesse. Mit Datenmodellen in SAP Signavio Process Intelligence definieren Sie nämlich, wie die ETL-Daten-Pipeline Ihre Prozessdaten extrahiert und transformiert und wohin die Daten geladen werden. Ein Datenmodell enthält alle Einstellungen, die zum Ausführen einer ETL-Daten-Pipeline erforderlich sind:

- eine Datenquelle, die die Verbindung zum Quellsystem ermöglicht
- ein Prozess, in den die extrahierten und transformierten Daten geladen werden, oder eine Integration, die definiert, welche Daten extrahiert werden
- eine Transformationskonfiguration mit einem Geschäftsprozess und Transformationsregeln für extrahierte Daten

Mit diversen Integrationsoptionen bleiben Sie flexibel und verkürzen Ihre Time-to-Analysis mit Standardkonnektoren und Datenintegrationsfunktionen, die von SAP Data Intelligence unterstützt werden, sowie vorlagenbasierten Prozessdatentransformationen für die gängigsten Prozesse und Systeme. Abbildung 4.2 liefert Ihnen einen Einblick in ein Datenmodell im Backend von SAP Signavio Process Intelligence. Dort können Sie sämtliche Einstellungen bezüglich Datenquelle, Geschäftsprozess und Datentransformation vornehmen.

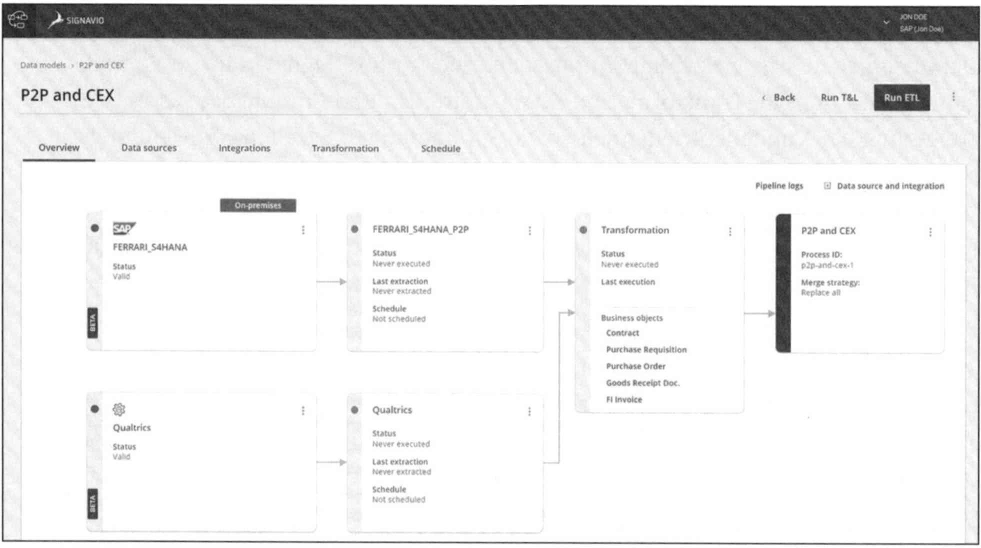

Abbildung 4.2 SAP Signavio Process Intelligence: Datenmodell

Basierend auf den Datenmodellen entdecken Sie die Prozessrealität Ihres Unternehmens. Mithilfe dieses vollständigen Einblicks in Ihre Prozessrealität identifizieren Sie auf vereinfachte Weise Probleme wie beispielsweise lange Zykluszeiten oder Engpässe sowie die Prozessvarianten, die Ihre Gesamtleistung beeinträchtigen. Sie können automatisch neue Prozessmodelle aus ausgewählten Varianten generieren und so Zeit bei der Implementierung von Änderungen und Best Practices sparen. SAP Signavio Process Intelligence unterstützt Sie dabei, Ihr Bauchgefühl mit echten Datenpunkten zu validieren. Das Tool erlaubt es Ihnen, Ihre Prozessdynamik vollständig zu verstehen, indem Sie vergleichen, wie Prozesse in Ihrem Unternehmen eingeführt werden, und Ihnen dabei helfen, Verstöße gegen die Prozesskonformität zu identifizieren. Das Ergebnis ist ein klareres Verständnis dafür, wie Ihr Unternehmen tatsächlich operiert. Mit dieser ganzheitlichen Sicht können Sie fundierte Entscheidungen treffen und umgehend mit der Standardisierung, Vereinfachung und/oder Neugestaltung Ihrer Prozesse beginnen. Abbildung 4.3 zeigt ein Beispiel für eine Process Discovery, die standardmäßig automatisch angezeigt wird, sobald Sie eine neue Untersuchung (Investigation) in SAP Signavio Process Intelligence starten.

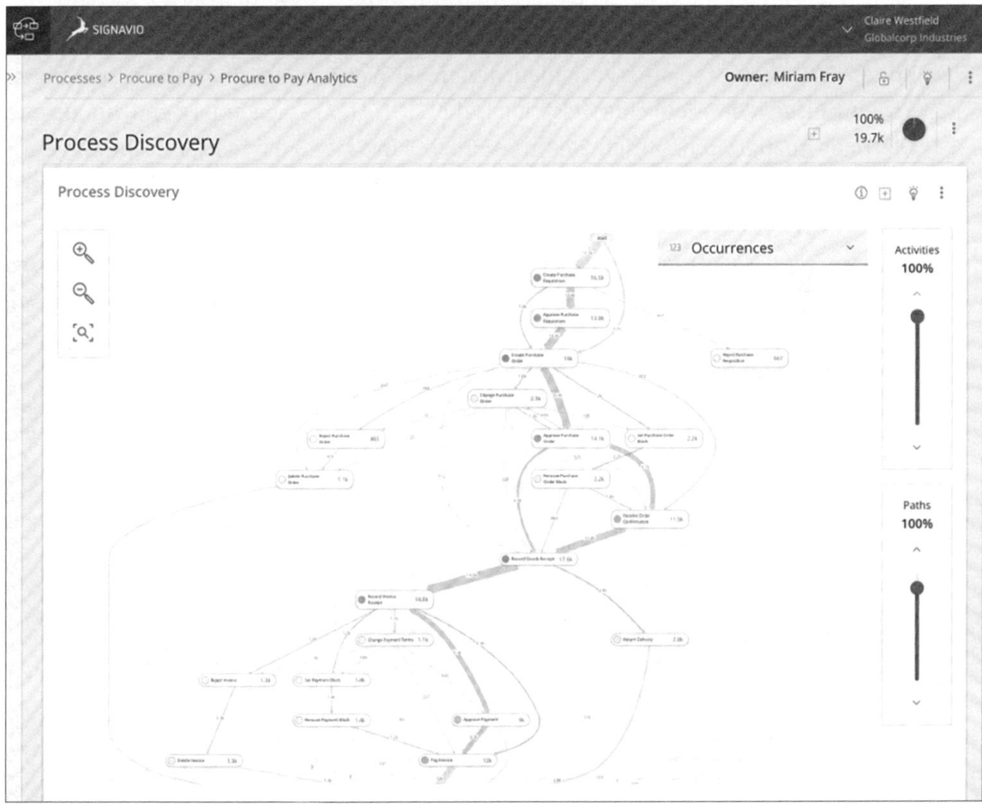

Abbildung 4.3 SAP Signavio Process Intelligence: Process Discovery

SAP Signavio Process Intelligence bietet Ihnen die Möglichkeit, Prozessanalysen zügig voranzutreiben und Ihre gesamte Wertschöpfung zu beschleunigen. Sie profitieren von standardmäßigen und maßgeschneiderten Inhalten, um Ihre Analyse schnell mit *SAP Signavio Process Intelligence Accelerators* zu starten, die für verschiedene Prozesse und Quellsysteme verfügbar sind. Accelerators sind vordefinierte bzw. vorkonfigurierte Beschleuniger, die Ihnen dabei helfen, schneller zu Ihren Ergebnissen zu gelangen. Ihre Datenintegration kann beispielsweise mithilfe von Standardtransformationsvorlagen für Prozessdaten, die für verschiedene Prozesse und Quellsysteme verfügbar sind (z. B. Procure-to-Pay, Order-to-Cash und SAP S/4HANA), deutlich beschleunigt werden. Dadurch reduzieren Sie auch den Zeit- und Arbeitsaufwand für die Vorbereitung Ihrer Daten erheblich. Sobald Sie die Daten haben, sparen Sie Zeit, indem Sie gebrauchsfertige Metriken nutzen, und sind vollständig gerüstet, um mit der Überwachung Ihrer wichtigsten Leistungsindikatoren zu beginnen. Metriken sind Maßnahmen zur quantitativen Bewertung, die üblicherweise zum Bewerten, Vergleichen und Verfolgen von Leistung oder Produktion verwendet werden. SAP Signavio Process Intelligence wird mit einer Reihe von Metriken geliefert. Der Wert oder die Werte einer Metrik werden mit einer vorkonfigurierten SIGNAL-Abfrage ermittelt. Einige Metriken liefern umgehend Ergebnisse (out of the box), und andere Metriken enthalten Variablen, denen Sie Werte zuweisen müssen. In einigen Fällen müssen Sie möglicherweise auch die SIGNAL-Abfrage anpassen. Um auf die Metriken zuzugreifen, öffnen Sie Ihren Prozess in SAP Signavio Process Intelligence und klicken in der Seitenleiste auf **Metriken**. In Abbildung 4.4 erhalten Sie einen Auszug an diversen, in SAP Signavio Process Intelligence verfügbaren Metriken.

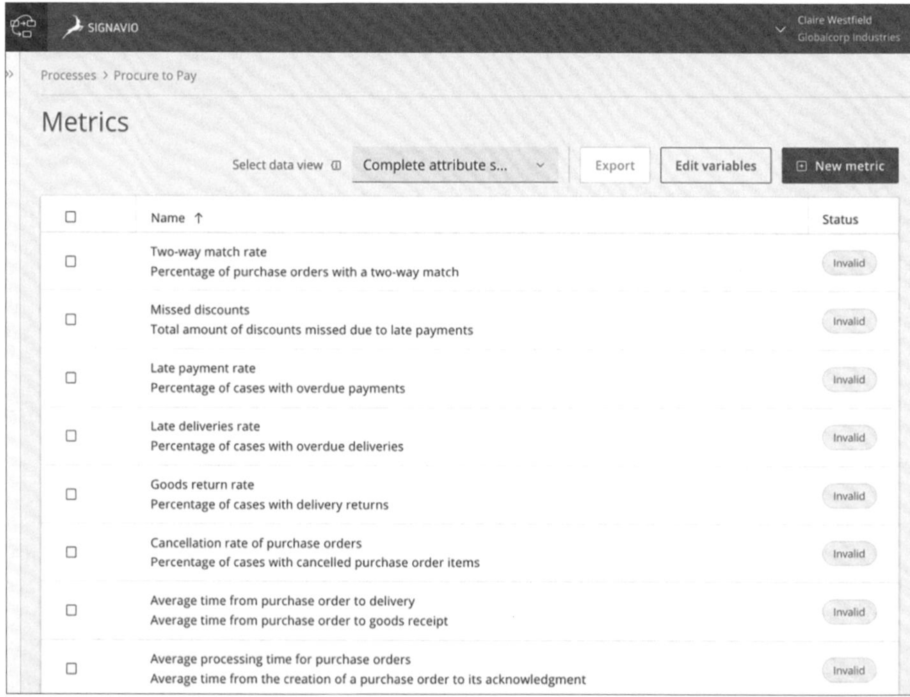

Abbildung 4.4 SAP Signavio Process Intelligence: Metriken

Nun können Sie mit SAP Signavio Process Intelligence schnellere Einblicke in Ihre Geschäftsprozesse erhalten sowie neue Chancen zur Prozessverbesserung erkennen. Dadurch sind Sie in der Lage, verbesserte Geschäftsergebnisse zu erreichen und Ihren Kunden, Mitarbeitenden und Lieferanten gegenüber noch effektivere und effizientere Kollaborationen zu bieten. SAP Signavio Process Intelligence ermöglicht es Ihnen, Ihre Leistung zu analysieren und zu überwachen, um Prozessineffizienzen aufzudecken und Chancen zu identifizieren. Dafür können Sie auf anpassbare Out-of-the-box-Metriken und -Widgets zurückgreifen.

Die Analysesprache von SAP Signavio namens *SAP Signavio Analytics Language* oder kurz *SIGNAL* hilft Ihnen, maßgeschneiderte, eingehende Analysen Ihrer Daten durchzuführen. SIGNAL ist eine Signavio-spezifische Abfragesprache für die Prozessanalyse, die auf Structured Query Language (SQL) basiert. Wie bei SQL werden auch hier Abfragen verwendet, um Ihre Daten abzurufen und Berechnungen zu den Daten durchzuführen. Allerdings ist es damit nicht möglich, Prozessdaten zu ändern oder zu löschen. Der Hauptunterschied zu SQL besteht im Datenmodell. Während Sie mit SQL normalerweise Daten aus mehreren Tabellen abfragen, fragt SIGNAL die Daten aus nur einer Tabelle ab, die verschachtelte Ereignisse enthält. Zusätzlich bietet SIGNAL eine Vielzahl von benutzerdefinierten Funktionen, um effektiver mit dieser Datenstruktur zu arbeiten. SIGNAL ist für das Process Mining optimiert, um z. B. Konformität, Durchlaufzeiten sowie Nacharbeit zu identifizieren. SIGNAL unterstützt Sie darüber hinaus mit integrierten Formeln und gebrauchsfertigen Analysen bei der Verkürzung Ihrer Time-to-Insight. Diese decken beispielsweise verborgene Korrelationen oder Anomalien in Ihren Geschäftsdaten auf. Sobald Sie wissen, was zu Problemen oder Ineffizienzen führen kann, teilen Sie Ihre Erkenntnisse mit Ihren Kolleg*innen direkt im SAP Signavio Collaboration Hub oder im Kontext Ihrer Prozessmodelle im SAP Signavio Process Manager, um datengesteuerte Prozessentscheidungen mit Zuversicht zu treffen – schneller und effizienter denn je. Prozesserkenntnisse (sogenannte Insights) können Sie durch die Verwendung der Insights-Funktion erzielen, weil Sie damit Probleme und Ineffizienzen in Ihrem Prozess auf intuitive Weise aufdecken können. Sie können persönliche Erkenntnisse manuell erfassen sowie automatisierte Insights generieren. Mitglieder Ihrer Organisation können ebenfalls auf die erfassten Erkenntnisse zugreifen. Erkenntnisse enthalten eine Beschreibung dieser und eine Momentaufnahme der Daten. Der Datenschnappschuss visualisiert die Daten zum Zeitpunkt der Erfassung. Automatisierte Erkenntnisse werden von einer integrierten Analyse-Engine generiert. Diese Engine bietet erweiterte Statistiken und kontextbezogene Daten: die Generierung von automatisierten Insights, basierend auf Algorithmen und Metriken:

- Algorithmen: Die Algorithmen erkennen beispielsweise Korrelationen oder Anomalien im Datensatz; sie sind integriert und können nicht angepasst werden.
- Metriken: Alle Metriken, die Ihrem Prozess zugeordnet sind, werden verwendet, um Erkenntnisse zu generieren.

Sie können Ihre Insights auch speichern und in Widgets umwandeln, die dann einer Untersuchung hinzugefügt werden. Wie solche Erkenntnisse in der Praxis aussehen könnten, sehen Sie in Abbildung 4.5.

Mit SAP Signavio Process Intelligence verleihen Sie zudem jedem Kundenerlebnis Bedeutung in Ihrer Prozessanalyse. Sie sind nämlich in der Lage, Prozessdaten aus Ihren operativen Systemen und Experience-Management-Lösungen zusammenführen. Sie können erfahrungsgesteuerte Process-Mining-Funktionen nutzen, um Ineffizienzen und Probleme, die sich auf Ihre Umsatz- und Gewinnzahlen auswirken, leicht erkennen. Beispiele dafür wären ausgewählte Prozessvarianten, die potenziell negative Auswirkungen auf Erfahrungsmetriken und damit zusammenhängende Dynamiken und Ursachen haben. In weiterer Folge können Sie Ihre Analyseergebnisse im Kontext Ihrer Customer Journey Models im SAP Signavio Journey Modeler teilen und so die Zusammenarbeit zwischen Ihren Prozess- und Experience-Expert*innen fördern (siehe Abbildung 4.6).

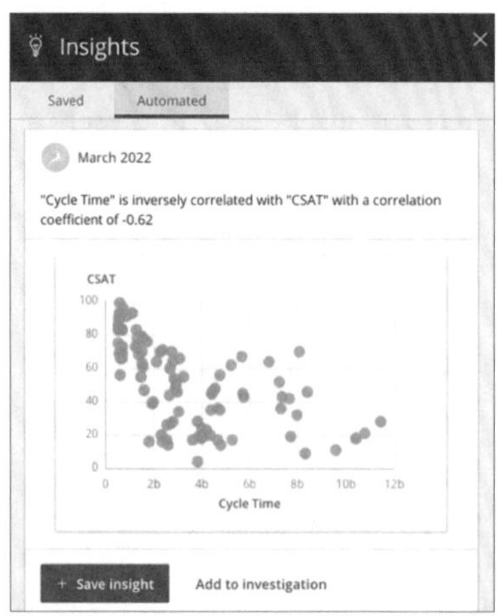

Abbildung 4.5 SAP Signavio Process Intelligence: Auto Insights

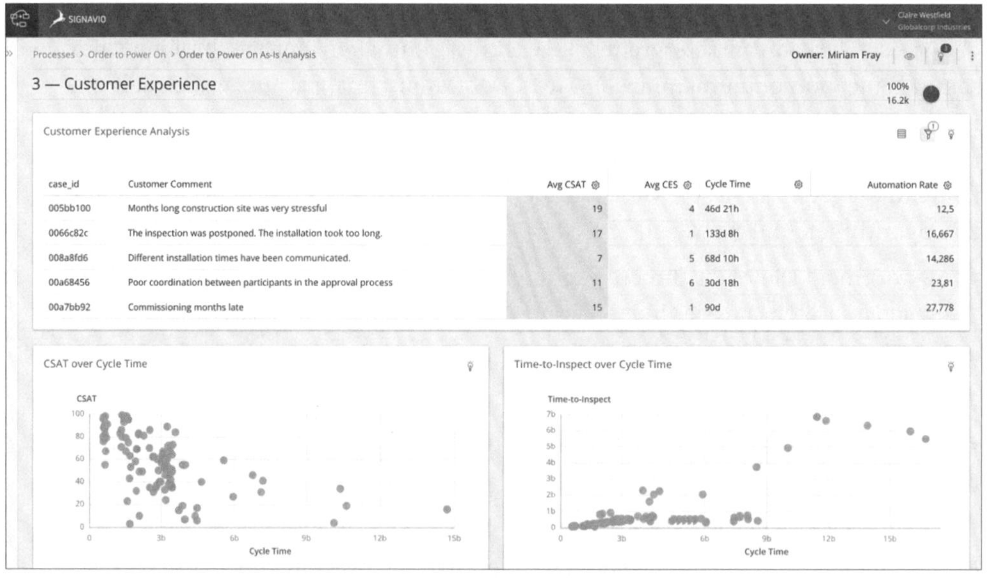

Abbildung 4.6 SAP Signavio Process Intelligence: Prozessanalyse

Da in der gesamten SAP Signavio Process Transformation Suite der Mensch im Mittelpunkt steht, stärkt und verbessert auch die SAP-Signavio-Lösung SAP Signavio Process Intelligence die Zusammenarbeit Ihrer Teams. Sie können die Lücke vom Prozessdatenmanagement zu den Erkenntnissen schließen. Zeitglich können Sie Ihren Teams die Durchführung eingehender Prozessanalysen mit einer Kombination aus Self-Service-Funktionen und Analysetools auf der Expertenebene ermöglichen. Um den täglichen Betrieb zu verbessern und intelligentere Entscheidungen schneller zu treffen, können Sie Ihre Ergebnisse mit Ihren Kolleg*innen teilen sowie allen Mitarbeitenden aussagekräftige Einblicke geben.

Dadurch schaffen Sie in Ihrem Unternehmen eine prozessorientierte, datengesteuerte und kundenorientierte Denkweise mit einer gemeinsamen Sprache für Prozessdesign und -optimierung. Das umfassende Transformations-Framework der SAP Signavio Process Transformation Suite ermöglicht es Ihnen, Ihre Prozesse in einer einzigen Umgebung zu analysieren, zu minen, zu modellieren, zu simulieren, zu optimieren sowie auszuführen. In Abbildung 4.7 sehen Sie ein Beispiel, in dem die Features von SAP Signavio Process Intelligence mit denen von weiteren Lösungen der SAP Signavio Process Transformation Suite verknüpft werden. Diese sogenannte Journey-to-Process Analytics kombiniert Insights und Metriken aus SAP Signavio Process Intelligence mit Prozessmodellen aus dem SAP Signavio Process Manager (siehe Kapitel 5) sowie mit Journey Models aus dem SAP Signavio Journey Modeler (siehe Kapitel 6) und fördert den kollaborativen Wissensaustausch über den SAP Signavio Process Collaboration Hub (siehe Kapitel 7).

Abbildung 4.7 SAP Signavio Process Intelligence: Journey-to-Process Analytics

4.3 Anwendungsbeispiel: Transformation der Kreditorenbuchhaltung

Auch die Lösung SAP Signavio Process Intelligence möchten wir Ihnen anhand eines praktischen Anwendungsbeispiels vorstellen. In unserem Beispiel gehen wir von einem Unternehmen aus, in dem der Prozess der Kreditorenbuchhaltung teuer und oft nicht compliance-konform ist. Diese beiden Probleme sind für das Unternehmen eng miteinander verbunden. Tatsächlich sind die Verarbeitungskosten hauptsächlich auf die Personalkosten (zu viele oder zu teure Buchhalter*innen) zurückzuführen, die an der Prozessausführung beteiligt sind. Andererseits ist das Problem mit der Compliance auf Zahlungsverzögerungen zurückzuführen, die in der Regel auf zu lange Wartezeiten in der Prozessabwicklung aufgrund fehlender personeller Ressourcen (zu wenige Buchhalter*innen) zurückzuführen sind. Dieses Ressourcenproblem bestätigen die operativen Mitarbeitenden unseres Beispielunternehmens.

Anfang 2020 beschließt der Chief Financial Officer (CFO), diese beiden Probleme mit einer einzigartigen Automatisierungsinitiative zu lösen. Die Kosten eines Roboters, der programmgesteuert bzw. RPA-basierend Arbeiten übernimmt, sind viel niedriger als die eines Buchhalters oder einer Buchhalterin. Es ist daher einfach, die Anzahl der Roboter zu erhöhen, um Wartezeiten zu verkürzen und Buchhalter*innen so die Möglichkeit zu geben, sich auf Aufgaben und Probleme mit höherem Mehrwert zu konzentrieren. Der Go-live dieses Projekts ist am 1. September 2020. Drei Monate nach dem Ende der Automatisierungsphase 1 (März 2021) stellt der CFO fest, dass trotz einer Verbesserung des Prozesses die ursprünglichen Ziele nicht erreicht wurden (42,7 % Automatisierung statt 50 %).

Nun möchte der CFO verstehen, wie der neue Prozess ausgeführt wird, um dadurch seine anfänglichen Ziele schneller zu erreichen.

Dabei schaut er sich zunächst den Automatisierungsgrad der Kreditorenbuchhaltung an und kommt zu den folgenden Ergebnissen:

- vor der Automatisierung 25 % automatisiert
- Ziel von Phase 1 (Stand: 31. Dezember 2020): 50 % automatisiert
- Ziel von Phase 2 (Soll: 31. Dezember 2021): 75 % automatisiert

Er legt die folgenden Hauptziele für die Prozesstransformationsinitiative fest:

- Verarbeitungskosten reduzieren
- Durchlaufzeit durch Automatisierung senken
- Prozesskonformität sicherstellen

Was ist nun der eigentliche Ansatzpunkt für die erläuterte Transformationsinitiative? Eine Transformation ist nur effektiv, wenn der/die Transformationstreiber*in den eigentlichen Ausgangspunkt und die Intention der Optimierungsinitiative kennt. In diesem Zusammenhang betrachten wir nun drei Schlüsselindikatoren hinsichtlich der Performance des Kreditorenbuchhaltungprozesses:

- **Anzahl der Rechnungen im Zeitverlauf**
  Sind die monatlichen Bearbeitungsvolumina konstant oder starken Schwankungen unterworfen?
- **Zahlungsfrist der Rechnung**
  Zwischen den Parteien vereinbarte Sonderklauseln können die Zahlungsfrist auf bis zu 60 Tage nach Rechnungsstellung verlängern. Dieser Zeitraum entspricht also der Zeit zwischen dem Ausstellungsdatum der Rechnung und dem effektiven Zahlungsdatum der Rechnung (wobei bekannt ist, dass das Ausstellungsdatum der Rechnung Tag 1 ist).
- **Bearbeitungskosten**
  Dieser Indikator ist die Summe der Bearbeitungskosten. In unserem Beispiel unterscheiden wir zwischen zwei Verarbeitungsarten: automatische Abrechnung und manuelle Abrechnung. Laut unserem SAP-System haben diese beiden Verarbeitungsarten jeweils durchschnittliche Bearbeitungskosten in Höhe von 6 EUR und 18 EUR pro abgerechneter Rechnung.

Die in Abbildung 4.8 illustrierten Kennzahlen bestätigen die Relevanz des erwähnten Umfangs. Das monatliche Volumen der Rechnungsverarbeitung beträgt etwa 35.801 Rechnungen allein für den Monat März. Darüber hinaus sind diese Zahlen jeden Monat mit einem Durchschnittswert von 35.000 konstant (siehe Balkendiagramm in Abbildung 4.8). Die gefühlten und beobachteten Performanceprobleme hängen also nicht mit einer Zunahme der zu verarbeitenden Rechnungen zusammen, sondern resultieren aus strukturellen und organisatorischen Problemen.

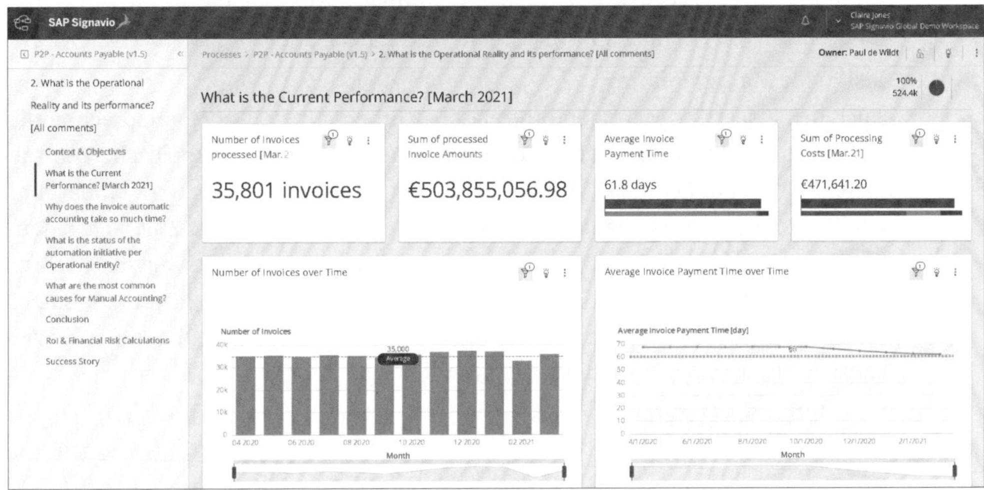

Abbildung 4.8 Ist-Performance der Kreditorenbuchhaltung

Trotz der guten Verbesserung seit Beginn der Automatisierungsinitiative stellt der CFO fest, dass die durchschnittliche Rechnungszahlungszeit mehr als 60 Tage beträgt und daher die vertraglichen Vereinbarungen mit den Lieferanten nicht eingehalten werden. Dies führt dazu, dass das Unternehmen Geldstrafen für überfällige Zahlungen und staatliche Bußgelder zahlen muss. Er erkennt auch, dass die aktuellen Verarbeitungskosten deutlich höher sind als die Ziele, die beim Start der Automatisierungsinitiative festgelegt wurden (laut unserem SAP-System 9 % höher als Ziel 1 und 44 % höher als Ziel 2).

Die Nicht-Einhaltung vertraglicher Vereinbarungen zwischen dem Unternehmen und seinen Lieferanten in Bezug auf Zahlungsfristen führt zusammenfassend zu zwei Arten von finanziellen Risiken:

- Lieferanten können dem Unternehmen Strafen für Zahlungsverzug auferlegen.
- Während einer Prüfung durch die staatlichen Finanzdienste riskiert das Unternehmen eine Geldstrafe wegen Nicht-Einhaltung staatlicher Gesetze.

Wir sehen uns dementsprechend die folgenden Schlüsselindikatoren unseres Kreditorenbuchhaltungsprozesses mit SAP Signavio Process Intelligence genauer an:

- **Rate überfälliger Zahlungen**
  Die Rate der überfälligen Zahlungen wird folgendermaßen berechnet:
  Anzahl der überfälligen Zahlungen – Anzahl der Zahlungen × 100
- **Durchschnittliche Zahlungsfrist für überfällige Zahlungen**
  Die durchschnittliche Zahlungsfrist für überfällige Zahlungen wird folgendermaßen berechnet:
  AVG (Durchschnitt) [(Zahlungsdatum der Rechnung – Ausstellungsdatum der Rechnung) – 60 Tage] [where (wobei) (Zahlungsdatum der Rechnung – Ausstellungsdatum der Rechnung) > maximale vertragliche Zahlungszeit (60 Tage)]
- **Risiko für Mahngebühren**
  Auch das Risiko für Mahngebühren lässt sich berechnen. Dabei entsprechen die Zinssätze für Mahngebühren in der Regel dem Leitzins der Europäische Zentralbank (EZB), zuzüglich 10 %. Dieser Zinssatz wird alle sechs Monate (1. Januar und 1. Juli) aktualisiert und liegt zu diesem Zeitpunkt bei 0, sodass der Zinssatz ab dem 1. Januar 2020 10 % (d. h. 0,00 + 10) betragen kann. Dies ist jedoch ein Höchstsatz. Der Mindestsatz beträgt 2,61 %, was dem Dreifachen des gesetzlichen Zinssatzes entspricht (0,87 % zwischen Berufstätigen für das 1. Quartal 2020). Strafen für riskante Zahlungen bei Zahlungsverzug werden wie folgt berechnet:
  `SUMME` [(Rechnungsbetrag × Zinssatz [10 %]) × (Zeitraum für Zahlungsverzug [Tag] – 365)

Die Ergebnisse der SAP-Signavio-Process-Intelligence-Analyse in Abbildung 4.9 zeigen erste positive Effekte unserer Automatisierungsinitiative. Allerdings sehen wir auch, dass die Ziele der Automatisierungsinitiative nicht vollständig erreicht wurden.

Navigation in SAP Signavio Process Intelligence

Mit SAP Signavio Process Intelligence haben Sie anhand von *Investigations*, sogenannten Prozessuntersuchungen, wie in unserem Anwendungsbeispiel für den Kreditorenbuchhaltungsprozess, die Möglichkeit, verschiedenste Prozessanalysen und -statistiken aufzuzeigen. Durch einfaches Scrollen gelangen Sie in die verschiedenen Teilbereiche Ihrer Investigation.

Wie Sie an der Kennzahl **Payment Overdue Rate** in Abbildung 4.9 erkennen können, werden immer noch 18,4 % der Zahlungen von Lieferantenrechnungen nicht entsprechend den vertraglichen und gesetzlichen Verpflichtungen geleistet. Dies führt zu hohen finanziellen Risiken, wie Sie an der Kennzahl **Risky Payment Overdue Penalties** erkennen können. Diese liegt bei 245.000 EUR, was zu Strafen von 2,9 Mio. EUR pro Jahr führt. Wir dürfen nicht vergessen, dass das Unternehmen bei einer Prüfung durch die staatlichen Finanzdienste zusätzlich eine Geldbuße wegen der Nicht-Einhaltung staatlicher Gesetze riskiert.

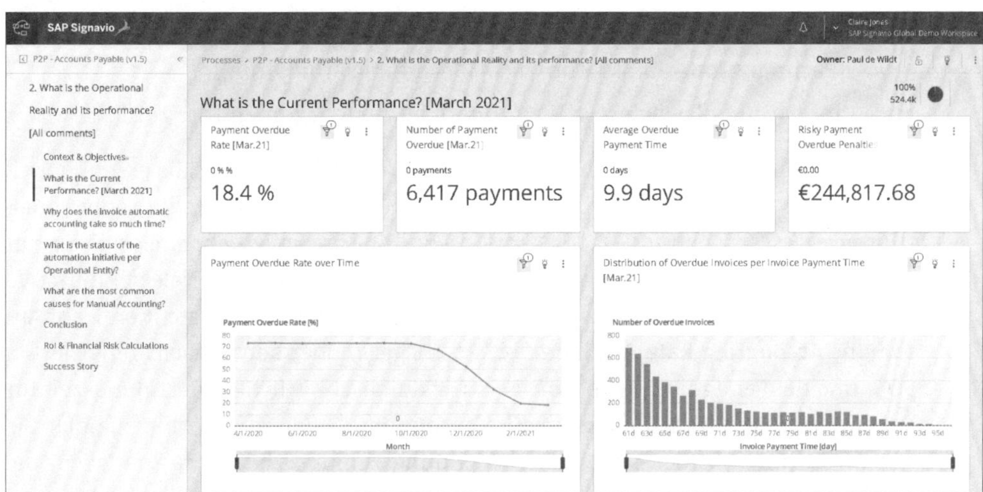

Abbildung 4.9 Überblick über potenzielle finanzielle Risiken

Das System erlaubt es auch, den Status der schon gestarteten Automatisierungsinitiative zu überprüfen. Im nächsten Schritt schaut sich der CFO also die Ergebnisse der Automatisierungsinitiative an und möchte diese mithilfe von SAP Signavio visualisieren. Hier gilt es zu prüfen, ob die Ziele der Phase 1 erreicht wurden, und herauszufinden, wo das Unternehmen mit Hinblick auf die zuvor gesteckten Ziele steht.

Um das Cash Management zu optimieren, wartet das Unternehmen bis zum Zahlungstermin (60. Tag ab Rechnungsstellung) auf eine schnelle Prüfung der Lieferantenrechnungen. Aus diesem Grund wählen wir während unserer Untersuchung als Endpunkt die Aufgabe kurz vor der Zahlung: **Account the invoice** (Rechnung abrechnen). Dies bedeutet, dass das **Invoice accounting date** (das Buchungsdatum der Rechnung) die Endzeit der Aufgabe **Account the invoice** (Rechnung abrechnen) darstellt.

Wir sehen uns im Folgenden die Schlüsselindikatoren an:

- **Automatische Abrechnungsrate**
  Die automatische Abrechnungsrate entspricht dem Anteil der abgerechneten Lieferantenrechnungen ohne die Hilfe von Buchhalter*innen (d. h. ohne Abweichungen oder mit Lösung durch Roboter) an der Gesamtzahl der abgerechneten Rechnungen im Zeitraum. Diese wird wie folgt berechnet:

  `COUNT`, also die Anzahl, (alle Fälle mit der Aufgabe **Rechnung abrechnen** und ohne die Aufgabe **Rechnung manuell übernehmen**) – `COUNT` (alle Fälle mit der Aufgabe **Rechnung abrechnen**) × 100

- **Abrechnungszeit der Rechnung**
  Dieser Indikator misst die Zeit zwischen der ersten Lieferantenrechnungsprüfung und der Buchung dieser Rechnung. Daher ist dieser Indikator hilfreich, um die automatische und manuelle Verarbeitung zu vergleichen. Die Rechnungsbuchungszeit wird folgendermaßen berechnet:

  `AVG` [Rechnungsbuchungsdatum – `MIN` (Rechnungsprüfdatum)]

  `MIN` an sich gibt den kleinsten Wert innerhalb einer Argumentliste zurück.

In Abbildung 4.10 sehen Sie, wie SAP Signavio Process Intelligence die ersten positiven Effekte der Automatisierungsinitiative bezüglich unseres Kreditorenbuchhaltungsprozesses visualisiert. Zu diesem Abschnitt gelangen wir ebenfalls wieder mit einfachem Scrollen nach unten. Es ist deutlich erkennbar, dass die Ziele der Initiative noch nicht erreicht wurden, liegt die automatische Abrechnungsrate (Kennzahl **Automatic Accounting Rate**) doch erst bei 42,7 % gegenüber den zunächst anvisierten 50 % und dem endgültigen Ziel von 75 %. Die durchschnittliche Abrechnungszeit für Rechnungen (Kennzahl **Average Invoice Accounting Time**) ist weiterhin zu hoch. Sie entspricht fast 50 % der gesetzlichen Rechnungszahlungszeit. Diese Zeit ist für die manuelle Abrechnung noch wichtiger, aber zunächst ist es die Zeit der automatischen Abrechnung, die unsere Aufmerksamkeit auf sich zieht. Diese Zeit sollte zwar einen Durchschnittswert von maximal einem Tag haben. Wie Sie in der Kachel **Invoice Accounting Time per Accounting Type** an der Säule mit der Beschriftung **Automatic** sehen, hat diese jedoch einen Durchschnittswert von mehr als drei Tagen.

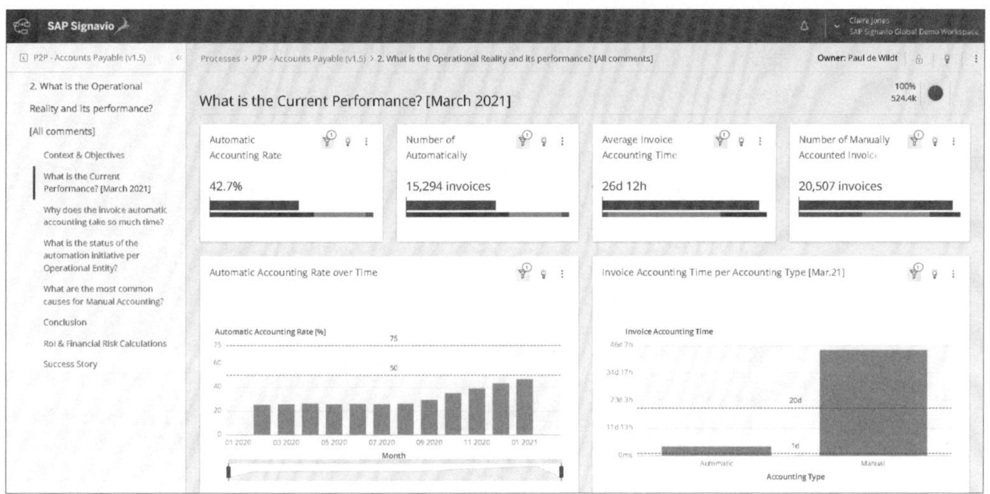

Abbildung 4.10 Status der Automatisierungsinitiative

Um herauszufinden, wie es zu diesem schwachen Ergebnis kommt und warum die Rechnungsautomatisierung so viel Zeit in Anspruch nimmt, muss sich das Unternehmen die folgenden Fragen stellen:

- Gibt es ein Problem bei der Ausführung der Roboter?
- Gibt es ein Problem in der Konfiguration der Roboter?
- Ist die Anzahl der eingesetzten Roboter zu gering?

Scrollen wir in unserer SAP-Signavio-Process-Intelligence-Untersuchung weiter nach unten, erinnert Abbildung 4.11 an die möglichen theoretischen Wege der automatischen Buchhaltung (Phase 1 der Automatisierung).

Um die betriebliche Realität der automatischen Buchhaltung zu verstehen, beschließt der CFO, einen Benchmark-Test zwischen der tatsächlichen Verarbeitung an mehr als einem Tag und der Verarbeitung an weniger als einem Tag zu erstellen. SAP Signavio Process Intelligence ermöglicht in diesem Zuge eine Visualisierung nach Ereignissen und dann nach Zykluszeit (siehe Process Discovery in Tabelle 4.2 in Abschnitt 4.2. »Potenziale«).

Wenn Sie die beiden Process Discoverys in Abbildung 4.12 miteinander vergleichen, stellen Sie fest, dass der einzige wirkliche Unterschied zwischen diesen beiden Verarbeitungsabläufen darin besteht, dass die Aufgabe **Record Goods Reception (after Inv.)** (dt. Warenannahme(n) erfassen) nicht gleichzeitig mit den Verarbeitungsabläufen ausgeführt wird.

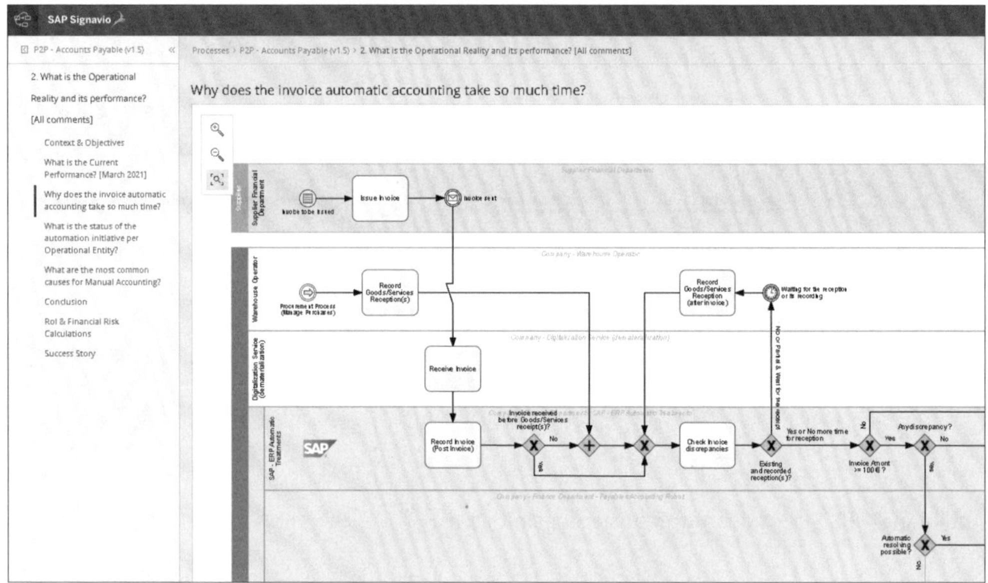

Abbildung 4.11 Mögliche Abläufe der automatischen Buchhaltung

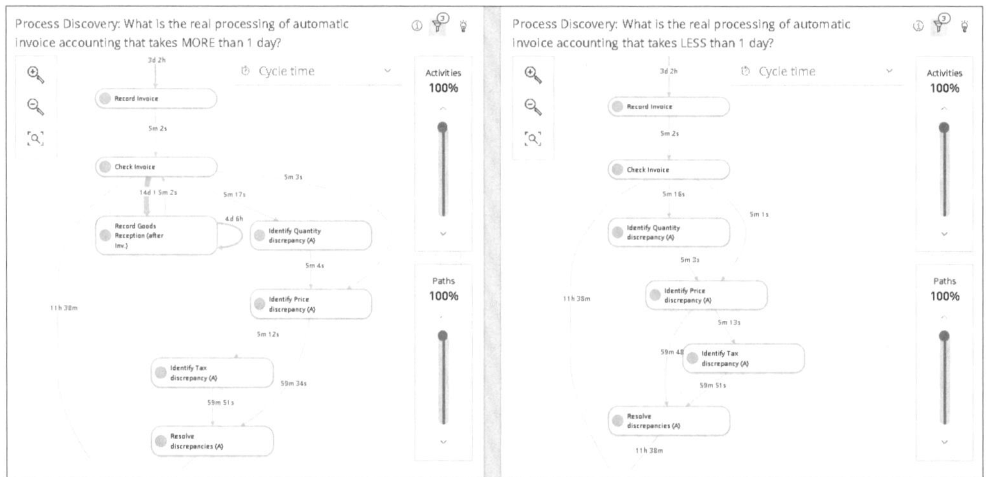

Abbildung 4.12 Unterscheidung zweier Verarbeitungsabläufe

Tatsächlich führt die automatische Buchhaltung für mehr als einen Tag immer eine Aufzeichnung des Wareneingangs nach Erhalt der Lieferantenrechnungen durch, und diese Aufzeichnung erfolgt laut unserer Process Discovery in der linken Bildhälfte im Durchschnitt erst ca. 14 Tage nach der ersten Prüfung der Lieferantenrechnung. Diese Berechnung erfolgt anhand der transaktionellen Daten aus unserem Quellsystem.

Um herauszufinden, ob dieses Problem auf Lieferverzögerungen oder auf das Verhalten der Mitarbeitenden zurückzuführen ist, muss sich der CFO diese Wareneingangsaufzeichnungen genauer anschauen.

Wenn Sie nach unten scrollen, zeigt die Verteilung dieser Aufzeichnungen über die Zeit an, dass dieses Problem auf das schlechte Verhalten von drei operativen Einheiten (05, 08 und 12) zurückzuführen ist (siehe Abbildung 4.13). Diese drei Einheiten verwenden das ERP-System abweichend und lassen alle Wareneingänge an zwei festgelegten Tagen am Ende jedes Monats erfassen.

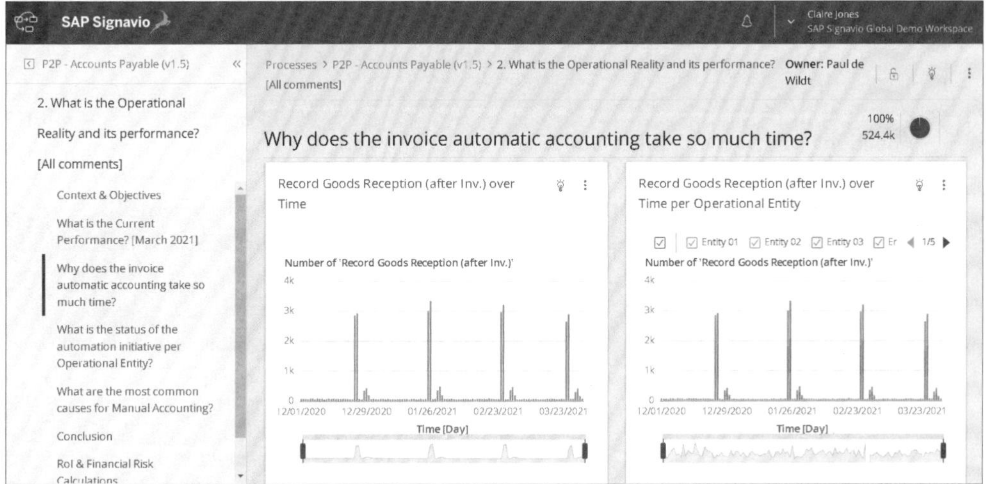

Abbildung 4.13 Verteilung der Wareneingangsaufzeichnungen

Das Verhalten dieser drei operativen Einheiten verlangsamt den Rechnungsbuchhaltungsprozess erheblich, da die Auflösung der Diskrepanzen und der Rest des Prozesses erst nach diesen Wareneingangsaufzeichnungen ausgeführt werden kann. Daher beeinflusst dieses Verhalten die Leistung jeder Abrechnungsart (automatisch und manuell).

Das schlechte Verhalten dieser drei operativen Einheiten mit der abweichenden Nutzung des ERP-Systems trägt zu mehr als 50 % der überfälligen Zahlungen bei und führt zu hohen finanziellen Risiken: 2,3 Mio. EUR an Risikostrafen pro Jahr (195.000 EUR × 12 = 2,3 Mio. EUR). Diese Informationen sehen Sie weiter unten in der Analyse von SAP Signavio Process Intelligence (siehe Abbildung 4.14).

Angesichts der vorangehenden Beobachtung interessiert sich der CFO in weiterer Folge für den Status der Automatisierungsinitiative pro operativer Einheit. Wie es in Abbildung 4.15 erkennbar ist, haben die operativen Einheiten 5 und 11 50 % niedrigere Automatisierungsraten als die anderen Einheiten. Diese geringen Automatisierungsraten wirken sich direkt auf die Zeit der Rechnungsbuchhaltung aus. Tatsächlich gehören diese beiden operativen Einheiten zu denen, die 50 % bis 85 % mehr Zeit für die Abrechnung einer Rechnung benötigen.

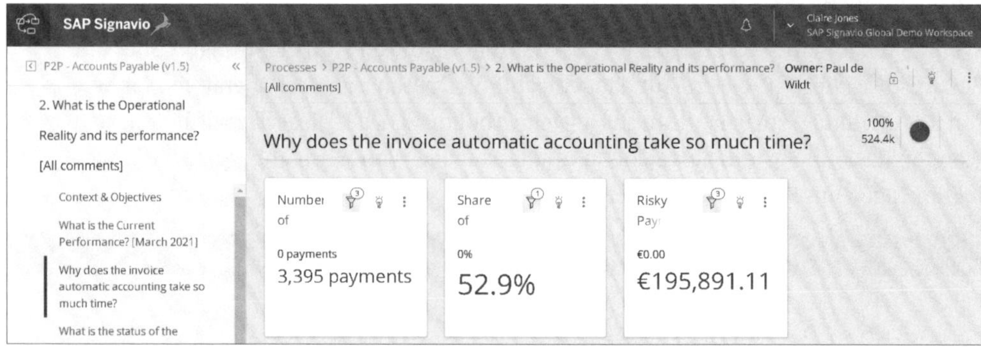

Abbildung 4.14 Auswirkungen auf überfällige Zahlungen

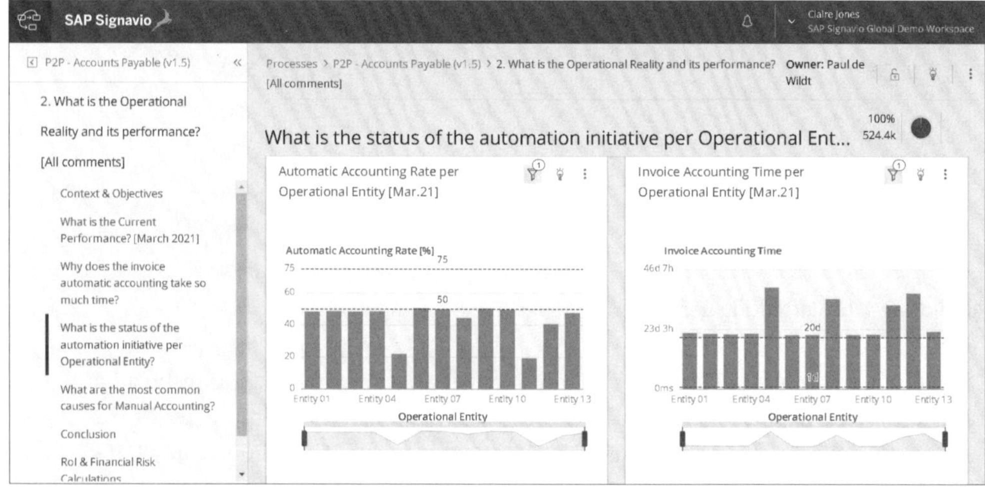

Abbildung 4.15 Status der Automatisierungsinitiative pro operativer Einheit

Um die Gründe für diese niedrigen Raten für die automatische Abrechnung schnell zu verstehen, nutzt der CFO ein Process-Discovery-Widget, das die tatsächliche Verarbeitung der operativen Einheiten 5 und 11 mit der der anderen Einheiten vergleicht (siehe Abbildung 4.16). Dazu klickt er einfach auf **Add widget** und wählt **Process Discovery** als Widget-Typ aus.

Gleichzeitig wird der Process Funnel (siehe dazu Process Funnel in Tabelle 4.2 in Abschnitt 4.2, »Potenziale«) geprüft. Es wird der Ist-Ablauf mit dem konzeptionellen Ablauf des Prozessflusses verglichen: Was ist der eigentliche Prozess, der von den operativen Einheiten 5 und 11 und ihren konzeptionellen Haltepunkten durchgeführt wird (Visualisierung in Abbildung 4.17 mit der Hauptvariante, um die Hauptbruchpunkte zwischen der Ist-Prozessausführung und deren Prozessdesign aufzuzeigen)? Die Prozessvarianten können im rechten Bildbereich über den Regler **Variants** vertieft werden. Der illustrierte Process Funnel kann ebenfalls über **Add widgets** hinzugefügt und konfiguriert werden.

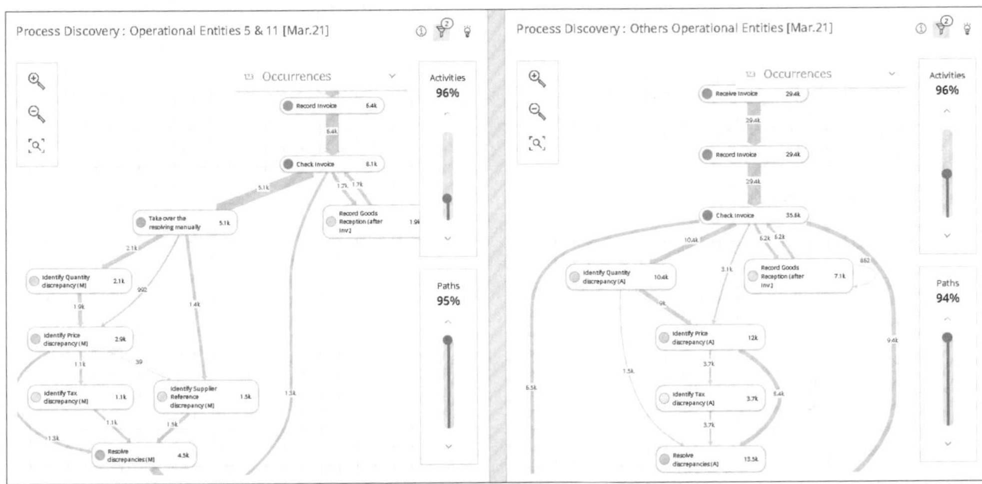

Abbildung 4.16 Process Discoverys der operativen Einheiten im Vergleich

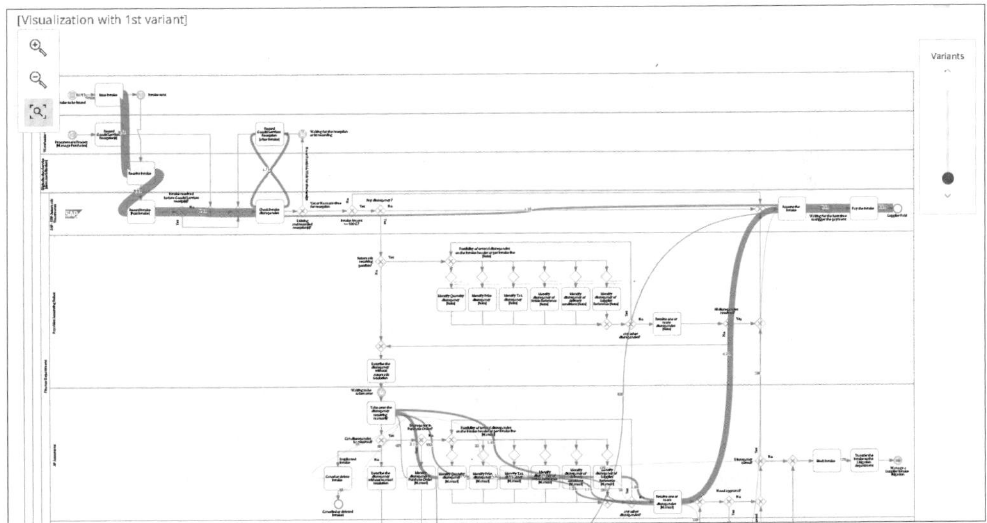

Abbildung 4.17 Process-Funnel-Analyse

Sobald die reale Verarbeitung, die von den operativen Einheiten 5 und 11 durch ein Process-Discovery-Widget ausgeführt wird, visualisiert wird, erkennt man, dass die Aufgaben nicht von den Robotern ausgeführt werden. Die automatische Abrechnung erfolgt direkt aus der Rechnungsprüfung ohne Korrektur. Dies wird durch die Visualisierung der ersten Variante des Prozessdurchsatzes bestätigt. Wir stellen eine Unterbrechung der Ausführung im Vergleich zu den Empfehlungen fest, die auf die Nicht-Ausführung der robotisierten Aufgaben zurückzuführen ist. Tatsächlich gab es bei der Automatisierungsinitiative einige Verzögerungen bei der Einführung, und daher profitieren die Betriebseinheiten 5 und 11 noch nicht von diesen Vorteilen.

Es stellt sich die Frage, welche Auswirkungen diese Verzögerung bei der Automatisierungsinitiative des Unternehmens hat. Wie hoch wäre die automatische Abrechnungsrate ohne diese Verzögerung bei der Bereitstellung? Wie hoch sind die zusätzlichen Bearbeitungskosten aufgrund dieser Bereitstellungsverzögerung?

Infolgedessen sehen wir uns die folgenden Indikatoren genauer an:

- die automatische Abrechnungsrate ohne die operativen Einheiten 5 und 11
- den Vergleich zwischen unseren aktuellen Bearbeitungskosten und den theoretischen Bearbeitungskosten, wenn es keine Einsatzverzögerung gegeben hätte

Natürlich wäre das Unternehmen weit von den endgültigen Zielen der Automatisierungsinitiative entfernt, aber es hätte ohne die Verzögerung bei der Bereitstellung immerhin 95 % der Phase-1-Ziele erreicht (47,6 % – 50 % × 100 = 95 %). Diese Verzögerung bei der Bereitstellung wirkt sich, wie in Abbildung 4.18 ersichtlich, direkt auf die Verarbeitungskosten aus. Diese Verzögerung führte im März zu zusätzlichen Bearbeitungskosten für das Unternehmen in Höhe von 18.651 EUR oder mehr als 55.000 EUR seit Dezember (18.651 EUR × 3 = 55.953 EUR). Diese Verzögerung bei der Bereitstellung sollte so schnell wie möglich behoben werden.

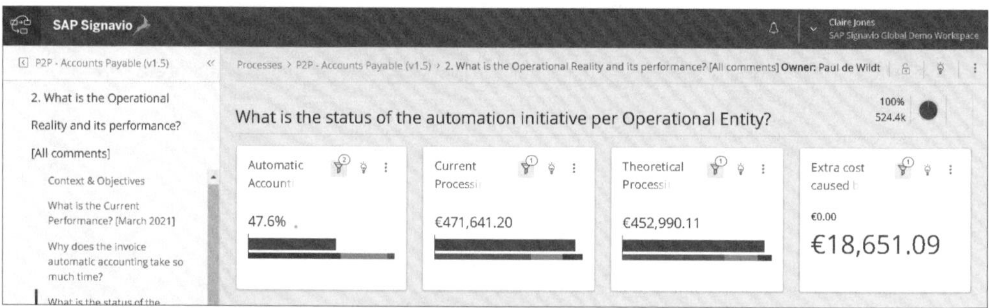

Abbildung 4.18 Analyse der Verarbeitungskosten

Um die zukünftigen Automatisierungsentwicklungen zu priorisieren, möchte der CFO herausfinden, was die häufigsten manuellen Eingriffe der Buchhalter*innen des Unternehmens sind. Abbildung 4.19 stellt verschiedene Varianten innerhalb des Prozesses dar, in denen manuelle Eingriffe vorkommen.

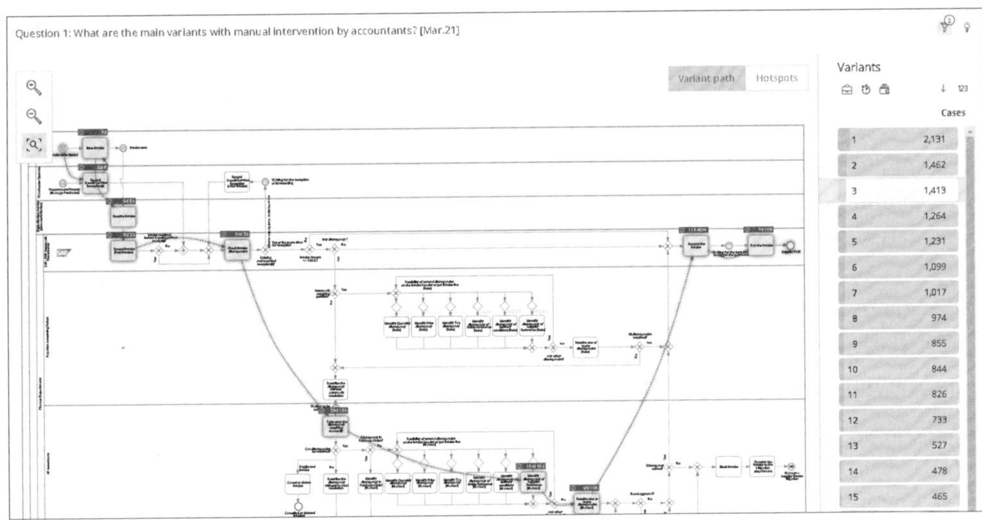

Abbildung 4.19 Hauptvarianten mit manuellem Eingriff durch die Buchhalter*innen

Bei einer von vier Rechnungen wurden manuell Änderungen in Form von Lieferantenreferenzkorrekturen vorgenommen (10,4 % + 7,1 % + 6,9 % = 24,4 %). Diese Art der Korrektur wurde in Phase 1 der ersten Automatisierungsinitiative nicht priorisiert und daher nicht automatisiert, möglicherweise weil ihr Umfang unterschätzt wurde. Heute gilt es, die Anzahl dieser Korrekturart zu reduzieren und zu automatisieren. Dieser Punkt bestätigt die Gefühle der operativen Mitarbeitenden über die Störungen dieses Prozesses.

Im nächsten Schritt möchte der CFO prüfen, ob in der ersten Phase der Automatisierung die richtigen Arten von Korrekturen priorisiert wurden und außerdem einschätzen, wie effizient die automatisierten Korrekturen überhaupt sind. Um diese Fragen zu beantworten, ordnet er zunächst die Korrekturarten pro Volumina und pro Ausführungsmodus (automatisch oder manuell). Dann konzentriert er sich auf die Arten der automatisierten Korrektur, indem die Fälle anhand von Filtern ausgeschlossen werden, in denen die Automatisierung noch nicht verfügbar oder derzeit gar unmöglich ist:

- Verarbeitung der operativen Einheiten 5 und 11; Verzögerung beim Einsatz von Phase-1-Robotern (Beispiel: Variante 8 der vorherigen Prozesskonformität)
- Genehmigung von Korrekturen; verpflichtendes Eingreifen von Buchhalter*innen (Beispiel: Variante 5, 7 und 9 der bisherigen Prozesskonformität)
- Bearbeitung mit den Korrekturarten: Lieferantenreferenz, Artikelreferenz, Lieferzustand und Bestellkorrektur; Korrekturart nicht automatisiert in Phase 1 (Beispiel: Variante 4 und 6 der bisherigen Prozesskonformität)

Die Einteilung der Korrekturarten nach der Anzahl der Korrekturen bestätigt, dass die drei in Phase 1 automatisierten Korrekturarten am häufigsten durchgeführt werden. Diese sind in Abbildung 4.20 im rechten Bildbereich ersichtlich: **Price** (Preis), **Quantity** (Quantität) und **Tax** (Steuer). Wenn wir uns die Verteilung der Korrekturarten pro Ausführungsmodus (automatisch oder manuell) in den Kuchendiagrammen in Abbildung 4.20 ansehen, könnten wir uns auf den ersten Blick über den Erfolg dieser ersten Automatisierungsphase wundern. Aber wenn wir die Fälle ausschließen, in denen die Automatisierung noch nicht verfügbar (Fälle von Mehrfachkorrekturen mit noch nicht automatisierten Korrekturtypen) oder unmöglich ist (Genehmigungsbedarf), ist der Prozentsatz der automatisch ausgeführten Korrekturen mit 87,5 % sehr hoch (unteres Kuchendiagramm).

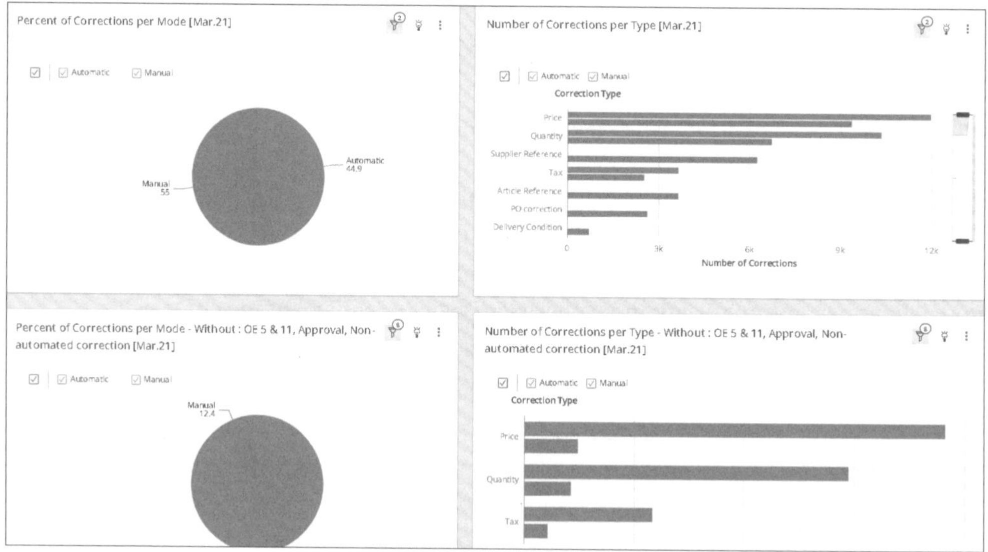

Abbildung 4.20 Verteilung der Korrekturarten pro Ausführungsmodus

Die Ergebnisse bestätigen, dass die Priorität nicht darin besteht, die bereits automatisierten Korrekturtypen noch weiter zu optimieren. Priorität hat hingegen die Automatisierung der noch nicht automatisierten Korrekturarten (vor allem die Lieferantenreferenz) und die Optimierung der Fälle von Mehrfachkorrekturen. Dies führt zu folgender Fragestellung: Was sind die häufigsten manuellen Korrekturen der Lieferantenreferenzen?

Wenn man die häufigsten manuellen Korrekturen von Lieferantenreferenzen in unserem Beispiel im Detail untersucht, erkennt man, dass viele neue Lieferantenreferenzen dieselben Labels haben und dass diese Lieferantenreferenzen nur durch die Lieferantennummern unterschieden werden (siehe Abbildung 4.21). Sie sehen z. B., dass es zwei Lieferantenreferenzen mit der Bezeichnung **ECONOCOM FRANCE** gibt, eine mit der Nummer 67301364824 und eine mit der Nummer 47414967984, wodurch die Identifikation und Auswahl der richtigen Lieferantenreferenz erschwert wird. Wenn Einkäufer*innen eine Lieferantenbestellung im Informationssystem erfassen, haben sie tatsächlich große Schwierigkeiten, die richtige Lieferantenreferenz zu identifizieren, und wählen standardmäßig die erste Referenz, die für diese Lieferantengruppe vorgeschlagen wird. Dieses Verhalten wirkt sich direkt auf die Rechnungsbuchhaltung im Rahmen der Kreditorenbuchhaltung aus. Tatsächlich ist eine Korrektur erforderlich, um die Lieferanteninformationen der Bestellung und der Lieferantenrechnung abzugleichen. Die Automatisierung dieser Korrektur ist nicht die einzige und gleichzeitig auch nicht die optimale Lösung. Eine Aktualisierung der Labels für Lieferantenreferenzen im Lieferantenverzeichnis sollte geplant werden, um diese Art von Funktionsstörung zu begrenzen. Darüber hinaus wird nach dieser Aktualisierung des Lieferantenverzeichnisses eine ergänzende Schulung für Einkäufer*innen empfohlen.

Previous Supplier Group	Previous Supplier Reference	New Supplier Group	New Supplier Reference	Number of Corrections	Percentage of this correction [%]
ECONOCOM	(65326966777) ECONOCOM	ECONOCOM	(67301364824) ECONOCOM FRANCE	236	3.7
			(47414967984) ECONOCOM FRANCE	183	2.9
EIFFAGE	(21388773772) EIFFAGE	EIFFAGE	(34391905486) EIFFAGE CONSTRUCTION	183	2.9
			(14402096267) EIFFAGE TRAVAUX PUBLICS	162	2.5
			(08388727240) EIFFAGE ENERGIE	152	2.4
			(20500704820) EIFFAGE CONSTRUCTIONS	118	1.8
			(01398762211) EIFFAGE TRAVAUX PUBLICS	108	1.7
			(48329009559) EIFFAGE ENERGIE	95	1.5
			(33340023225) EIFFAGE ENERGIE	89	1.4
	(00333916386) EIFFAGE METAL	EIFFAGE	(00333916385) EIFFAGE CONSTRUCTION METALLIQUE	163	2.5
INEO INDUSTRIES	(63409881083) INEO ACTIVITE NUCLEAIRE ET CENTRALE	INEO INDUSTRIES	(16409899077) INEO ACT. NUCLEAIRE ET CENTRALES	152	2.4
			(89916409078) INEO ACTIVITE NUCLEAIRE CENTRALES	85	1.3
			(77164098990) INEO ACTIVITE NUCLEAIRE ET CENTRALE	70	1.1
CEGELEC	(01537934028) CEGELEC SAS	CEGELEC	(79582750188) CEGELEC SDEM	103	1.6
			(68537934309) CEGELEC CEM	100	1.5
			(80537934507) CEGELEC NDT PSC	90	1.4
			(44537933913) CEGELEC NDT-PES	85	1.3
			(37537908238) CEGELEC SAS	84	1.3

Abbildung 4.21 Auflistung der häufigsten manuellen Korrekturen von Lieferantenreferenzen

Das Widget Variant Explorer in Abbildung 4.22 hilft darüber hinaus, diverse Varianten im Zuge der Lieferantenreferenzen zu visualisieren. Mit dem Variant Explorer an sich können Sie, damit einhergehend, einen oder mehrere Pfade von Prozessvarianten anzeigen. Ähnlich wie das Process-Funnel-Widget kann der Variant Explorer ebenfalls über **Add widgets** hinzugefügt und konfiguriert werden.

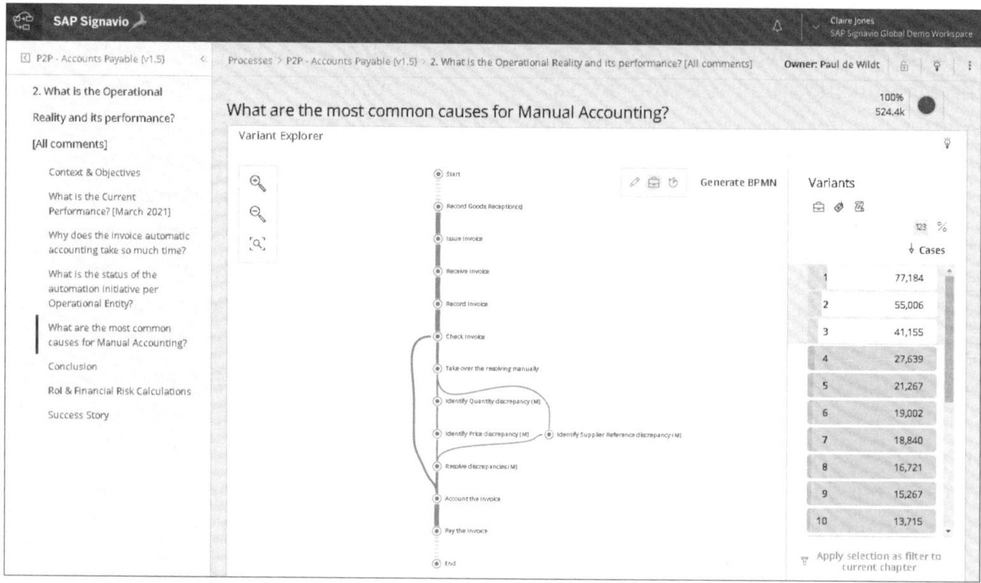

Abbildung 4.22 Variant Explorer

Abschließend finden Sie noch einmal die Hauptziele des Chief Financial Officers (CFO) in unserem Anwendungsbeispiel zur Erinnerung:

- Verarbeitungskosten reduzieren
- Durchlaufzeit durch Automatisierung senken
- Prozesskonformität sicherstellen

Um diese Ziele zu erreichen, wurde eine Initiative zur Automatisierung des Kreditorenbuchhaltungsprozesses gestartet. Die ersten Ergebnisse sind etwas geringer ausgefallen als erwartet. Die ersten Leistungsmessungen bestätigten hohe globale Verarbeitungskosten und ein Compliance-Problem im Zusammenhang mit langen Zahlungsfristen. Die Zahlungsverzögerungen sind die Folge eines Engpasses bei der Übernahme der Rechnungen aufgrund fehlender personeller Ressourcen (Buchhalter*innen). Daher ist die Automatisierungsinitiative die richtige Lösung, um die drei Hauptziele zu erreichen. Um die Automatisierungsziele unter guten Bedingungen zu erreichen, müssen die folgenden Punkte berücksichtigt werden:

- **Projektmanagement**
  Jede Verzögerung des Implementierungsprojekts führt zu zusätzlichen Bearbeitungskosten, die die Leistungszusagen (ROI) dieser Automatisierungsinitiative für das Jahr 1 untergraben.
- **Beschleunigung der Automatisierungsinitiative**
  Das Feedback der operativen Mitarbeitenden über die Störungen in der Prozessausführung wird durch diese Analyse der betrieblichen Realität bestätigt. Die Vor-

wegnahme von Phase 2 der Automatisierungsinitiative ermöglicht die beste Kapitalrendite für zukünftige Transformationsmaßnahmen.

- **Organisation**
  Effiziente Verarbeitungsverfahren und bewährte Praktiken sollten allen operativen Mitwirkenden an diesem Prozess in Erinnerung gerufen werden. So verhindert beispielsweise die Wareneingangserfassung, dass die Aufgaben der Roboter nicht blockiert werden und begünstigt somit eine zeitgerechte Bezahlung.
- **Stammdatenmanagement**
  Stammdaten wie Lieferantenreferenzen, Preis, Lieferzustand usw. müssen konsolidiert werden. Ein Roboter kann nicht erraten, was die richtigen Daten sind, wenn er im Kontext mehrere Möglichkeiten hat.

Das erläuterte Anwendungsbeispiel ist selbstverständlich nur ein Auszug von vielen unterschiedlichen Anwendungsfällen, die Sie mit SAP Signavio Process Intelligence tiefgreifend analysieren können.

4.4 Zusammenfassung

Dieses Kapitel dient als Einführung in die Lösung SAP Signavio Process Intelligence. Sie haben erfahren, was SAP Signavio Process Intelligence ist und was die Lösung leisten kann. Darüber hinaus wurden die einzelnen Funktionen und Potenziale kurz vorgestellt sowie anhand eines Anwendungsbeispiels aus praktischer Sicht beleuchtet.

Zusammenfassend haben Sie mit SAP Signavio Process Intelligence die Möglichkeit, Ihre Ist-Prozess vollständig zu visualisieren: Von der detaillierten Prozessanalyse für Geschäftstransformationen (einschließlich SAP-S/4HANA-Migrationen) über die Untersuchung und Interaktion mit Geschäftsdaten bis hin zur Nutzung von Process Mining für faktenbasierte Änderungen, um die Potenziale Ihrer Geschäftsprozesse und Daten aufzudecken. SAP Process Intelligence ist ein echter Wendepunkt für das Geschäftsprozessmanagement. Die Lösung stattet Sie mit End-to-End-Funktionen der nächsten Generation aus, mit denen Sie Ihre Geschäftsprozesse effizienter und effektiver gestalten können: von der präzisen Verbesserung des Ist-Zustands über die Ursachenanalyse bis hin zur kontinuierlichen Überwachung. Basierend auf transparenten Prozessdaten ermöglicht SAP Process Intelligence eine verbesserte Entscheidungsfindung über den Prozessablauf. Die Konformitätsprüfung kann folglich genutzt werden, um sicherzustellen, dass Standardverfahren, wie ursprünglich vorgesehen, ausgeführt werden, und ermöglicht eine schnelle Identifizierung von Ausnahmen. Dank der Ableitung vollständiger End-to-End-Perspektiven und Leistungsübersichten können Sie schlussendlich besser verstehen, was in Ihrem Unternehmen in Echtzeit passiert, um die operative Gesundheit nachhaltig zu gewährleisten.

Kapitel 5
SAP Signavio Process Manager

Der SAP Signavio Process Manager liefert Ihnen ein umfassendes Verständnis über Ihre gesamten Geschäftsprozesse: Die Lösung ermöglicht es Ihnen, diese zu dokumentieren, zu modellieren, zu vergleichen, zu simulieren und mögliche Zusammenhänge zu skizzieren.

5

In Teil I dieses Buches, »Einführung in Business Process Transformation«, haben Sie bereits erfahren, dass Sie auf den *SAP Signavio Process Manager* zurückgreifen können, um Geschäftsprozesse anzupassen oder sie, je nach Bedarf, komplett neu zu gestalten.

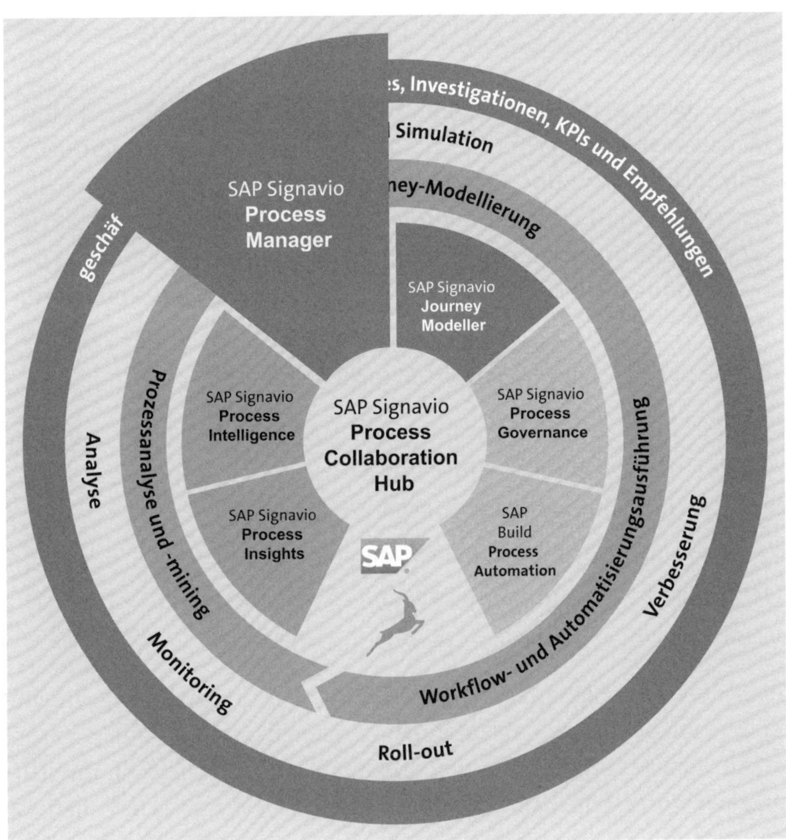

Abbildung 5.1 SAP Signavio Process Manager im Fokus

Dieses Tool hilft Ihnen dabei, schnell auf unvorhersehbare geschäftliche und regulatorische Veränderungen zu reagieren, das Prozess-Repository Ihres Unternehmens kollaborativ zu skalieren sowie Geschäftsprozesse zu simulieren, um alternative Geschäftsszenarien zu definieren. Der SAP Signavio Process Manager ist eine webbasierte Plattform und bietet dank seiner modernen und benutzerfreundlichen Oberfläche die ideale Umgebung für die kollaborative Arbeit an Prozessen.

In diesem Kapitel geben wir Ihnen einen tieferen Einblick in den SAP Signavio Process Manager und zeigen Ihnen, wie Sie die Macht Ihrer Geschäftsprozesse nutzen können, um in der neuen Normalität und darüber hinaus erfolgreich zu sein. In Abbildung 5.1 sehen Sie, wie die Lösung in der SAP Signavio Process Transformation Suite verortet wird.

In Abschnitt 5.1 widmen wir uns zunächst den vielfältigen Funktionen des SAP Signavio Process Managers. Abschnitt 5.2 zeigt die verschiedenen Potenziale der Lösung auf. In weiterer Folge illustrieren wir anhand eines Beispiels die Anwendung des SAP Signavio Process Managers in der Praxis (siehe Abschnitt 5.3).

5.1 Funktionen

Der SAP Signavio Process Manager ist eine intuitive, vollständig webbasierte Business-Process-Management-Lösung für die professionelle Prozessmodellierung. So können Sie sofort loslegen und Ihre Teammitglieder in die kollaborative Modellierung, Analyse, Simulation und Optimierung von Prozessen einbeziehen. Anhand dieses Tools bringen Sie Ihr Unternehmen auf den Weg zu operativer Exzellenz und quantifizieren sowie prognostizieren den Return of Investment Ihrer Veränderungen.

Die Kernfunktionen des SAP Signavio Process Managers sind:

- Prozesse gemeinsam zu modellieren
- Modellierungsvorschriften automatisch zu prüfen
- Prozesse besser auf die Unternehmensstrategie auszurichten
- einen Transformationsprozess umfassend zu implementieren
- die aktuelle Prozessinfrastruktur zu erfassen und zu dokumentieren
- Prozesse nachhaltiger zu gestalten

Dieses SAP-Signavio-Tool ist eine technologisch ausgereifte Prozessmanagementlösung, um für einen reibungslosen Ablauf Ihres komplexen Geschäftsalltags zu sorgen. Mit dem SAP Signavio Process Manager erhalten Sie die Möglichkeit, Ihre Unternehmensprozesse zu erstellen und zu überwachen. Jede Prozesslandschaft ist weitreichend und schließt die Bereiche Finanzen, Personalwesen, Marketing, Vertrieb und möglicherweise auch die Produktion mit ein. Der SAP Signavio Process Manager erlaubt es Ihnen, Ihre Abläufe inklusive Ihrer Customer Journeys an einem zentralen Ort zu bündeln. Dadurch werden die Prozesse innerhalb Ihrer gesamten Organisation an einem zentralen Ort zugänglich. Dies unterstützt die unternehmensweite Transparenz und ermöglicht die effiziente Prozess- und Entscheidungsmodellierung in Ihrem Unternehmen. Der SAP Signavio Process Manager hilft Ihnen dabei, Ihre Geschäftsprozesse so zu verknüpfen, dass die Customer Journey verbessert und das Kundenerlebnis gesteigert wird. Wie all diese positiven Veränderungen durch das Tool zustande kommen und mit welchen Funktionen dies geschieht, sehen Sie in Tabelle 5.3.

Der SAP Signavio Process Manager ist für Anfänger*innen sowie für Expert*innen im Prozessmanagement bestens geeignet. Nach einer kurzen Einführung in das System durch geschultes Personal kann die Mitarbeitenden sofort mit der Prozessmodellierung beginnen. Darüber hinaus sind Ihre Mitarbeitenden in der Lage, ihr Prozesswissen jederzeit anhand der eingebetteten Freigabefunktion zu teilen, zu kommentieren und gemeinsam daran zu arbeiten. Die Funktionen **Exportieren**, **Speichern** und **Drucken** von Diagrammen sind neben dem Teilen weitere Optionen der Zusammenarbeit für Modellierer*innen. So können Diagramme zwischen verschiedenen Arbeitsbereichen in SAP Signavio und zwischen SAP Signavio und anderen Modellierungssoftwares (über BPMN-2.0-konformes XML) übertragen, lokal gespeichert und per E-Mail (als PDF, SVG oder PNG) versendet oder ausgedruckt werden. Fortgeschrittene Benutzer*innen können durch das Einbetten von Diagrammen in Websites oder Microsoft-SharePoint-basierten Systemen weitere Möglichkeiten der Zusammenarbeit nutzen. Diese neue Form der Zusammenarbeit macht missverstandenen oder unklaren Prozessen ein Ende, und die unternehmensweite Prozesstransparenz wird zur Norm in Ihrer gesamten Organisation. Der SAP Signavio Process Manager ermöglicht schnelle und effiziente Prozesse, indem er die kontinuierliche Prozessoptimierung durch die *Prozesssimulation* unterstützt – inklusive mehrerer Szenarien für operative Vergleiche. Sie können diese Funktion nutzen, um Ihren Prozess nach der Modellierung Schritt für Schritt unter veränderten Faktoren zu durchlaufen und erkennen dadurch ganz genau, wie sich Prozessverbesserungen in Ihrem Unternehmen erzielen lassen. Die Lösung unterstützt mehrere Modellierungssprachen wie beispielsweise *Business Process Model and Notation 2.0* (BPMN), die *ereignisgesteuerte Prozesskette* (EPK, engl. Event-driven Process Chain, EPC), *Decision Model and Notation* (DMN) 1.1 usw. sowie standardisierte Prozessmodelle durch den Einsatz von Modellierungskonventionen. Tabelle 5.1 zeigt die gängigsten der vom SAP Signavio Process Manager unterstützten Modellierungsnotationen auf.

Modellierungsnotation	Beschreibung
Business Process Model and Notation 2.0 (BPMN 2.0)	Bei BPMN handelt es sich um einen Industriestandard für die Modellierung von Geschäftsprozessen. Der Industriestandard wird von der Object Management Group (OMG) herausgegeben und von verschiedenen Anbietern und Beratern unterstützt. Im SAP Signavio Process Manager wird BPMN 2.0 mit allen Diagrammtypen, Modellierungselementen und Attributen unterstützt. Diese Version des Standards ermöglicht die Darstellung von Aktivitäten, Kontrollflüssen, Datenflüssen, organisatorischen Abhängigkeiten und Systemabhängigkeiten.
Customer Journey Maps (CJMs)	In Customer Journey Maps wird die Kundenperspektive auf Ihre Prozesslandschaft dargestellt. Bei CJMs handelt es sich um intuitiv lesbare Diagramme, die sich auf das Kundenerlebnis und nicht auf die internen Prozesse konzentrieren. Sie helfen Ihnen dabei zu verstehen, wie Kunden Ihre Produkte und Serviceleistungen im Kontext des täglichen Lebens wahrnehmen und wie wesentliche Entscheidungen, die z. B. zu einem Kauf oder einer Abwanderung führen, motiviert sind.
Prozesslandkarten	Mithilfe von Prozesslandkarten können Sie Übersichten über Ihre Prozesslandschaft erstellen. Jedes Modellierungselement in einer Prozesslandkarte stellt einen Prozess oder eine Gruppe von Prozessen für eine bestimmte Geschäftseinheit dar. Sie können Elemente chronologisch verknüpfen und hierarchische Beziehungen zwischen Prozessen und Prozessgruppen darstellen.
Navigations-Maps	Mithilfe von Navigations-Maps erstellen Sie grafische Sichten auf Ihre Prozesse. Ähnlich wie bei Prozesslandkarten erstellen Sie übergeordnete Perspektiven für Ihre Prozesslandschaft. Im Vergleich zu Prozesslandkarten oder anderen Modellierungssprachen sind Navigations-Maps flexibler und nicht an einen strengen Standard gebunden. Als Modellierungselemente können Sie sogar eigene Bilder hochladen.
ArchiMate	Mit dem SAP Signavio Process Manager können Sie Diagramme der Unternehmensarchitektur in der ArchiMate-Notation modellieren. Dabei handelt es sich um eine offene Modellierungssprache, die zur Beschreibung, Analyse und Visualisierung von Unternehmensarchitekturen innerhalb von Geschäftsbereichen und zwischen Geschäftsbereichen verwendet wird.

Tabelle 5.1 Unterstützte Modellierungsnotationen (Quelle: SAP)

Modellierungsnotation	Beschreibung
Ereignisgesteuerte Prozesskette (EPK)	Zur Modellierung von Geschäftsprozessen werden ereignisgesteuerte Prozessketten verwendet. EPKs dienen der Erfassung und Visualisierung von Prozessen, sind aber im Gegensatz zu BPMN nicht ausführbar. EPKs konzentrieren sich in der Regel auf die unteren Ebenen der Prozesshierarchie (Prozessabläufe). Während EPKs Ende der 1990er und Anfang der 2000er Jahre in einigen europäischen Ländern populär waren, werden sie derzeit von BPMN abgelöst, da BPMN sowohl für Geschäftsanwender*innen als auch für technische Expert*innen attraktiver ist.
Decision Model and Notation (DMN)	Decision Model and Notation kann zur Beschreibung und Modellierung von Entscheidungen verwendet werden, die in einer Organisation häufig getroffen werden. DMN ist nicht für die Modellierung strategischer Entscheidungen geeignet. DMN umfasst das Entscheidungsdiagramm und die Entscheidungstabelle. Bei dem Entscheidungsdiagramm handelt es sich um die grafische Darstellung der Entscheidungsregel. Für jede Eingabe wird die entsprechende Entscheidung aus der Entscheidungstabelle ausgelesen. DMN- und BPMN-Diagramme können miteinander verknüpft werden, sodass die Prozesse getrennt von Entscheidungen betrachtet werden können. Dadurch wird der Prozess übersichtlich und die Entscheidung nachvollziehbar.
Case Management Model and Notation (CMMN)	Case Management Model and Notation ist eine Notation, die entwickelt wurde, um mehr Flexibilität in der Geschäftsprozesslandschaft zu ermöglichen. Um Ihre bestehende Prozesslandschaft zu ergänzen, können Sie CMMN nahtlos in BPMN- und DMN-Diagramme integrieren. Im SAP Signavio Process Manager können Sie beispielsweise das Standard-Framework des entsprechenden Prozesses in einem BPMN-Diagramm modellieren und anschließend einen BPMN-Teilprozess mit einem CMMN-Diagramm verknüpfen, das einen flexiblen Ablauf definiert. Auch können Sie eine Aufgabe in einem BPMN-Diagramm in einen Unterprozess ändern, der mit einem CMMN-Modell verbunden ist, um eine Reihe von flexiblen Aktionen genauer zu beschreiben.
Organigramme	Organigramme stellen die interne Struktur eines Unternehmens dar. Durch die Darstellung eines Unternehmens auf diese Weise werden die interne Hierarchie und die Beziehungen zwischen den verschiedenen Rollen innerhalb einer Organisation aufgezeigt.

Tabelle 5.1 Unterstützte Modellierungsnotationen (Quelle: SAP) (Forts.)

Modellierungsnotation	Beschreibung
Choreografie-Diagramme	Choreografie-Diagramme stellen die komplexe Zusammenarbeit zwischen den Prozessbeteiligten dar. Sie veranschaulichen, wie Informationen ausgetauscht werden und wie die Beteiligten ihre Aktivitäten koordinieren. Choreografie-Diagramme sind Bestandteil des BPMN-Standards, werden aber selten verwendet. Im Rahmen dieser Arbeit ist auch die Visualisierung von Choreografie-Diagrammen mithilfe von BPMN-Prozessdiagrammen möglich.
Konversationsdiagramme	Konversationsdiagramme veranschaulichen die Interaktionen zwischen den Prozessbeteiligten. Sie ermöglichen es, die Beziehungen zwischen den Beteiligten auf einen Blick zu erfassen. Konversationsdiagramme sind ein Bestandteil des BPMN-Standards, werden jedoch selten verwendet. Daher bieten sich BPMN-Prozessdiagramme auch für die Modellierung von Interaktionen zwischen den Prozessbeteiligten an.
Unified-Modeling-Language-Diagramme (UML)	Als Teil des UML-Standards können zur Darstellung von Aktionen, die von Systemen und Benutzern gemeinsam ausgeführt werden können, Use-Case-Diagramme verwendet werden. Ebenso können UML-Klassen-Diagramme erstellt werden, um die Eigenschaften, Methoden und Beziehungen von Systemklassen zu visualisieren. Sie werden häufig zur Beschreibung von objektorientiertem Programmiercode verwendet und sind ebenfalls Bestandteil des UML-Standards.

Tabelle 5.1 Unterstützte Modellierungsnotationen (Quelle: SAP) (Forts.)

Da BPMN 2.0 den aktuellen Industriestandard für die Modellierung von Geschäftsprozessen darstellt und im SAP Signavio Process Manager besonders gepflegt wird, listet Tabelle 5.2 die Kernelemente dieser Notation auf.

Ziel	BPMN-Element	Beschreibung
Aktivitäten modellieren	Task	Tasks sind Tätigkeiten, die einzelne Aufgabenschritte des Geschäftsprozesses darstellen.
	zugeklappter Unterprozess	Zugeklappte Unterprozesse stellen mehrere Aufgaben zusammengefasst dar.

Tabelle 5.2 Übersicht von BPMN 2.0

Ziel	BPMN-Element	Beschreibung
Ereignisse berücksichtigen	Startereignis	Startereignisse beginnen neue Prozessinstanzen.
	Zwischenereignis	Zwischenereignisse stellen Zustände bzw. Meilensteine im Prozess dar.
	Endereignis	Endereignisse stellen die Endzustände im Prozess dar.
Objekte verbinden	Assoziation	Assoziationen verbinden Datenobjekte, IT-Systeme oder Textanmerkungen mit anderen Elementen.
	Frequenzfluss	Sequenzflüsse verbinden Ereignisse, Gateways, Tasks und Subtasks.
	Nachrichtenfluss	Nachrichtenflüsse stellen Kommunikation und Interaktion zwischen Pools dar.
Artefakte illustrieren	Datenobjekt	Datenobjekte repräsentieren Dokumente oder Dateien, die zur Ausführung von Aktivitäten verwendet werden.
	IT-System	IT-Systeme repräsentieren bestimmte Systeme, die zur Ausführung von Aktivitäten verwendet werden.
Gateways aufzeigen	exklusives Gateway (XOR)	Exklusive Gateways (XOR) kommen zum Einsatz, wenn sich mehrere Bedingungen gegenseitig ausschließen und nur eine Auswahl möglich ist, z. B. »Ja« oder »Nein«
	inklusives Gateway (OR)	Inklusive Gateways (OR) werden genutzt, wenn eine oder mehrere Bedingungen möglich sind. Bei der Zusammenführung wird auf alle eingehenden Pfade gewartet.
	paralleles Gateway (AND)	Parallele Gateways (AND) aktivieren alle ausgehenden Pfade gleichzeitig. Bei der Zusammenführung wird auf alle Pfade gewartet.
	ereignisbasiertes Gateway	Ereignisbasierte Gateways werden genutzt, wenn der nachfolgende Prozessverlauf von einem Ereignis abhängt. Der Prozess wird mit dem zuerst auftretenden Ereignis fortgesetzt.

Tabelle 5.2 Übersicht von BPMN 2.0 (Forts.)

Ziel	BPMN-Element	Beschreibung
Rollen darstellen	Swimlane	Verantwortungsbereiche sind mit Pools und Lanes darstellbar. Jeder Pool repräsentiert eine Organisation, Lanes bilden zuständige Arbeitsgruppen oder Mitarbeitende ab, und das Endergebnis ist eine Swimlane-Darstellung der involvierten Rollen.

Tabelle 5.2 Übersicht von BPMN 2.0 (Forts.)

Dank des cloudbasiertem Prozessmanagements bedarf es keines Wartungs- und Administrationsaufwands und Speicherplatzes Ihrerseits. Somit ermöglicht der SAP Signavio Process Manager eine schnelle Prozessoptimierung und Umsetzung von Änderungen, kontinuierliches Überwachen und Handeln bei einzelnen Fällen sowie eine ganzheitliche Untersuchung des gesamten Prozesszustands Ihrer Organisation. Diese SAP-Signavio-Lösung fördert schließlich auch die Prozess- und Entscheidungsmodellierung für alle Mitarbeitenden im Unternehmen. Für den Einsatz der Lösung benötigen Sie keine Vorkenntnisse.

Tabelle 5.3 liefert einen Überblick über die zahlreichen Application Features des SAP Signavio Process Managers.

Feature	Beschreibung
Prozessmodellierung	Modellieren und dokumentieren Sie Ihre Geschäftsprozesse: ▪ Modellierungsnotationen: BPMN 2.0, CJMs, Prozesslandkarten, Navigations-Maps, ArchiMate, EPK, DMN, CMMN, Organigramme, Choreografie-Diagramme, Konversationsdiagramme, UML-Diagramme ▪ grafische Modellierung per Drag & Drop ▪ Vorschlagswesen für die Modellierung ▪ Diagrammimport (SGX, XPDL, BPMN 2.0 XML, ARIS AML) ▪ Diagrammexport (SGX, BPMN 2.0 XML, PNG, SVG, PDF) ▪ Syntaxprüfung für BPMN 2.0 und EPK

Tabelle 5.3 Funktionen des SAP Signavio Process Managers (Quelle: SAP)

Feature	Beschreibung
zentrales Diagramm-Repository	Das zentrale Diagramm-Repository ermöglicht es Ihnen, die Prozessmodelle an einem Ort zu verwalten: ■ Ordnerstrukturen ■ Prozesshierarchien (Subprozessstrukturen) ■ privater Modellierungsbereich (**Meine Dokumente**) ■ Papierkorbfunktion ■ zentrales Objekt-Repository mit Autovervollständigung ■ Versionsverwaltung ■ grafischer Versionsvergleich bzw. Modellvergleich ■ Volltextsuche über Modelle (inklusive Elementattribute und Kommentare) ■ Möglichkeit, externe Dokumentation zu verlinken
zentrales Objektverwaltungs-Repository (Glossar, Dictionary)	Das zentrale Objektverwaltungs-Repository ermöglicht es Ihnen, einzelne Modellierungselemente wiederzuverwenden: ■ Verwaltung bestimmter Modellierungselemente ■ einheitliche Terminologie und Elemente in Ihrer organisationsspezifischen Modellierungsumgebung ■ vorgegebene Glossarkategorien
benutzerdefinierte Glossarkategorien	Benutzerdefinierte Glossarkategorien ermöglichen es Ihnen, Glossarkategorien zu erstellen, die Ihren spezifischen Geschäftsanforderungen entsprechen: ■ Definition von Attributen für Glossareinträge ■ Hinzufügen eigener Glossarkategorien zu bereits vorhandenen Glossarkategorien
QuickModel	Erstellen Sie BPMN-2.0-Prozessmodelle schnell und einfach mit der QuickModel-Funktion: ■ tabellarische Erfassung von BPMN-2.0-Prozessmodellen ■ intuitive Bedienung ■ Überarbeitung existierender Diagramme mit QuickModel
Modellierungskonventionen	Führen Sie Modellierungsprüfungen durch, und passen Sie die Prozessmodelle an: ■ Konfiguration des Modellierungssprachumfangs (BPMN-Teilmengen) ■ Definition eigener/zusätzlicher Attribute (Metamodellanpassung) ■ Prozessstruktur (inklusive Syntax- und Semantikcheck) ■ Layoutkonventionen

Tabelle 5.3 Funktionen des SAP Signavio Process Managers (Quelle: SAP) (Forts.)

Feature	Beschreibung
Customer Journey Maps	Customer Journey Maps ermöglichen es Ihnen, die Kundenperspektive auf die Produkte und Dienstleistungen Ihrer Organisation abzubilden: ■ Definition von Customer Journey Maps, die die Kundenperspektive auf die Produkte und Dienstleistungen Ihrer Organisation abbilden ■ Integration von Customer Journey Maps in die Geschäftsprozesslandschaft ■ Kollaborative Modellierung von Customer Journey Maps
Mehrsprachigkeit	Modellieren Sie Prozesse in mehreren Sprachen: ■ Hinterlegen von mehreren Sprachen in einem Modell ■ mehrsprachiges Prozessportal im SAP Signavio Process Collaboration Hub
Dokumentenverwaltung	Laden Sie Dateien hoch, und verwalten Sie diese: ■ Upload von Screenshots, Arbeitsanweisungen usw. direkt in das Diagramm-Repository ■ einheitliche Rechteverwaltung analog zu den Diagrammen ■ Direkte Anzeige von ausgewählten Dateitypen (z. B. PNG-Grafiken) im SAP Signavio Process Collaboration Hub ■ Verlinkung von Dokumenten in Diagrammen ■ gemeinsam genutzter Speicher für alle Modellierungsnutzer
Zugriffsrechteverwaltung und Sicherheitseinstellungen	Verwalten Sie Zugriffsrechte für verschiedene Benutzergruppen, und personalisieren Sie Sicherheitseinstellungen: ■ Verwalten von Nutzer*innen und Nutzergruppen ■ Feingranulare Rechtedefinition (Ordner-/Modellebene) ■ Einschränkung von Funktionen für Nutzergruppen möglich ■ Rechtedefinition für das Glossar ■ Definition von Passwortrichtlinien ■ Einschränkung auf IP-Bereiche, zusätzliche Authentifizierung per Zertifikat konfigurierbar
konfigurierbare Modellierungskonventionen	Überprüfen Sie die Prozessmodelle, und passen Sie Modellierungskonventionen an: ■ Definition eigener Regelwerke ■ Auswahl, Priorisierung und Parametrisierung von Regeln ■ Benennungskonventionen (deutsch, englisch) ■ automatische Überprüfung beim Speichern von Diagrammen ■ Reporting für die Batch-Validierung von Diagrammen

Tabelle 5.3 Funktionen des SAP Signavio Process Managers (Quelle: SAP) (Forts.)

Feature	Beschreibung
Attributvisualisierung	Visualisieren Sie Attribute mit Symbolen und Farben: ▪ Visualisierung von Attributwerten mit verschiedenen Icons und Farben ▪ Definition eigener Regeln
konfigurierbares Prozesshandbuch	Passen Sie die Prozessdokumentation mit Vorlagen an: ▪ Definition eigener Prozesshandbuch-Templates per Drag & Drop ▪ Flexible Gestaltung des Prozesshandbuches (Inhalt und Layout)
Prozesskostenanalyse	Analysieren Sie Prozessmodelle für Kosten- und Ressourcenprüfungen sowie Verbesserungen: ▪ Hinterlegung von Zeit- und Kostenattributen an Modellen ▪ Plausibilitätscheck für Attributhinterlegungen ▪ Auswertung als Kostenrechnung sowie Ressourcenbedarfsrechnung in Excel ▪ Berechnung auch unter der Berücksichtigung von Subprozessen
Prozessberichte	Erstellen, speichern und teilen Sie Berichte in verschiedenen Formaten: ▪ Prozesshandbuchfunktion (PDF, Word) ▪ Excel-Reports (Verantwortungszuordnung nach RACI, Verantwortlichkeitsübergaben, Dokumentenverwendung, IT-Systemzuordnung, Prozesssteckbrief mit Elementdetails, Prozessmodellmetriken)
BPMN-Simulation	Nutzen Sie die Schritt-für-Schritt Prozesssimulation: ▪ animierte Visualisierung von Prozessdurchläufen ▪ schrittweise Nachvollziehbarkeit des Prozessflusses Verwenden Sie auch die vollständige Prozesssimulation: ▪ Step-through-Simulation mit Kosten- und Zeitattributen ▪ automatische Simulation (ein Vorgang vs. mehrere Vorgänge) ▪ Definition von Verteilungskurven/Ankunftsraten ▪ Ressourcenmodellierung inklusive Verfügbarkeit ▪ Replay-Modus mit interaktiver Visualisierung ▪ Drilldown-Funktion für Simulationsergebnisdetails ▪ Vergleich verschiedener Simulationsszenarien

Tabelle 5.3 Funktionen des SAP Signavio Process Managers (Quelle: SAP) (Forts.)

Feature	Beschreibung
Risikomanagement	Verwalten Sie Risiken und Kontrollen in der Prozesslandschaft: ■ Visualisierung von kontrollierten und nicht kontrollierten Risiken in Prozessdiagrammen ■ Erstellung von Risikomanagementreports ■ Definition von individuellen Datenstrukturen für Risiken und Kontrollen ■ zentrales Glossar zur Verwaltung von Risiken und Kontrollen ■ Planung von regelmäßigen Risikomanagement-Reviews mit SAP Signavio Process Governance
Freigabe-Workflows (Approval Workflows)	Legen Sie Genehmigungsworkflows für Prozessmodelle fest, und verwalten Sie sie zusammen mit SAP Signavio Process Governance: ■ frei definierbare Workflows zur Freigabe von Prozessdiagrammen ■ Einbinden verschiedener Stakeholder ■ automatische Veröffentlichung von Diagrammen bei Freigaben im Workflow möglich ■ Monitoring aktueller und durchgeführter Freigaben
intelligente Ordner (Smart Folders)	Intelligente Ordner ermöglichen es Ihnen, Suchergebnisse aus Suchanfragen zu speichern: ■ Definition von dynamischen Ordnern über Suchanfragen ■ Bei jedem Öffnen des Smart Folders wird die Suchanfrage neu ausgewertet. ■ Verwendung von Reportfunktion direkt im Smart Folder
Entscheidungsmodellierung in Decision Model and Notation (DMN)	Modellieren Sie Geschäftsentscheidungen in DMN: ■ Modellierung von Entscheidungen mit DMN ■ grafische Modellierung per Drag & Drop ■ Vorschlagswesen für die Modellierung ■ Definition der Struktur von Entscheidungen ■ übersichtliche Darstellung der Entscheidungslogik in Tabellenform ■ Definition von Eingabe- und Ausgabewerten für Entscheidungen ■ automatische Überprüfung auf Konsistenz Generieren Sie Testfälle: ■ Generierung von Drools-Testfällen – als Erweiterung zum Export von Regeln

Tabelle 5.3 Funktionen des SAP Signavio Process Managers (Quelle: SAP) (Forts.)

Feature	Beschreibung
Entscheidungs-modellierung in Decision Model and Notation (DMN) (Forts.)	■ Testfälle basieren auf Input-Wertebereichen und Entscheidungstabellen ■ ermöglicht das automatische Testen von modellierten und exportierten Entscheidungsdiagrammen Verifizieren Sie Entscheidungen: ■ automatische Verifikation auf Vollständigkeit und Eindeutigkeit ■ Überprüfung einzelner Entscheidungstabellen ■ Konsistenzcheck in komplexen Strukturen zwischen verknüpften Entscheidungsknoten und -diagrammen Simulieren Sie Entscheidungen: ■ interaktive Simulation von Entscheidungen, basierend auf passenden Eingaben ■ Berechnung von Ergebnismengen für teilweise spezifizierte Eingabemenge ■ grafische Anzeige von zutreffenden Regeln innerhalb von Entscheidungstabellen ■ Simulation von Unterentscheidungen Testen Sie Entscheidungen: ■ Definition von erwarteten Ausgaben für bestimmte Eingaben ■ Ausführen mehrerer Testfälle für ein Diagramm Exportieren Sie die Entscheidungslogik in Drittsysteme, oder führen Sie Entscheidungsmodelle direkt im Tool aus: ■ Export von Entscheidungen in der Drools Rules Language (DRL) ■ Exportierte Entscheidungen können in Drools direkt ausgeführt werden.
Enterprise Architecture	Ermöglicht es Ihnen, Enterprise-Architecture-Diagramme zu modellieren: ■ Modellierung von Enterprise-Architecture-Diagrammen mit ArchiMate 3.0 ■ direkte Verknüpfung zwischen Prozessen und Enterprise-Architecture-Diagrammen ■ weitere Sprachen aktivierbar: UML-Klassendiagramme, UML-Use-Case-Diagramme

Tabelle 5.3 Funktionen des SAP Signavio Process Managers (Quelle: SAP) (Forts.)

Feature	Beschreibung
HTTP-REST-API	Greifen Sie von Anwendungen außerhalb von SAP Signavio auf APIs der Signavio Business Transformation Suite zu: ▪ Zugriff auf das gesamte Signavio-Repository per HTTP-GET/PUT/POST/DELETE ▪ Zugriff auf Modelle per XML, JSON, SVG, PNG ▪ einfach verständliches JSON-Format ▪ volle Integration in das Rechtemanagement ▪ Realisierung zahlreicher Integrationsszenarien
Signavio Connector für den SAP Solution Manager	Ermöglicht die Verbindung zum SAP Solution Manager: ▪ Importieren aus dem Solution Manager ▪ Exportieren in den Solution Manager ▪ Veränderungen synchronisieren
Mashup-API	Ermöglicht es Ihnen, eigene Daten in Prozessdiagrammen als Mashup zu visualisieren: ▪ einfache JavaScript-API für zahlreiche typische Visualisierungsszenarien ▪ Zugriff auf Modelldaten per JSON ▪ kompatibel mit allen gängigen Webbrowsern ▪ Realisierung zahlreicher webbasierter Integrationsszenarien
ITIL-/ISO-9000-Bibliothek	Ermöglicht eine standardisierte Qualitätsmanagementausrichtung: ▪ Sammlung von Best-Practice-Prozessen ▪ Basierend auf internationalen Standards stellt die ITIL-Prozessbibliothek eine große Anzahl an BPMN-2.0-Diagrammen zur Verfügung ▪ für die spezifischen IT-Service-Management-Anforderungen eines Unternehmens anpassbar

Tabelle 5.3 Funktionen des SAP Signavio Process Managers (Quelle: SAP) (Forts.)

5.2 Potenziale

Der SAP Signavio Process Manager bietet zahlreiche Vorteile und Möglichkeiten für Ihr Unternehmen. Die Lösung ermöglicht es Ihnen, detaillierte Einblicke in all Ihre Geschäftsbereiche zu erhalten, die Produktivität zu steigern und dadurch Kosten zu senken, Prozesse besser mit der Gesamtstrategie zu verbinden, einen strategischen Geschäftsplan in großem Umfang umzusetzen und schnell auf regulatorische Änderungen zu reagieren. All diese nützlichen Fähigkeiten machen Ihr Unternehmen noch wettbewerbsfähiger.

Die Kernpotenziale des SAP Signavio Process Managers werden hier im Überblick gezeigt:

- beschleunigte Prozessoptimierung
- rasche Umsetzung von Änderungen
- Prozessmodellierung für alle ohne Vorkenntnisse
- kontinuierliche Prozessüberwachung
- Prozesssimulation für mehr Effizienz
- Auswirkungen von Prozessänderungen verstehen
- optimale Abstimmung zwischen Geschäftsbereichen und IT

Die Lösung bietet eine effektive Möglichkeit zur Verbesserung Ihrer betrieblichen Aktivitäten durch eine vereinfachte Modellerstellung. Geschäftsprozesse können leicht erstellt, neue Aktivitäten hinzugefügt, bearbeitet und dann vor der Veröffentlichung des Prozessmodells überprüft werden. Sie behalten die volle Kontrolle und verbessern den Prozess-Output mit ganzheitlichen Bearbeitungsfunktionen, unabhängig davon, wie viele Tausende Prozesse Sie haben.

Gemeinsamer Input und Feedback erhöhen den Standard der Arbeitsweise Ihrer Organisation. Ihre Mitarbeitenden können ihr Fachwissen weitergeben und erhalten die Unterstützung, die sie benötigen, zeitnah. Wie das genau aussieht? Die beteiligten Personen können Kommentare zu Aufgabenmeldungen hinzufügen und in Echtzeit auf Kolleg*innen aus anderen Abteilungen und Standorten reagieren. Sie können außerdem um Feedback bitten und Gespräche führen, die zu schnelleren und besseren Ergebnissen führen. Auf diese Weise können Sie Silos abschaffen und Ihre Leistung fortwährend steigern.

Um sich auf alternative Geschäftsszenarien vorzubereiten, können Sie Ihre Prozesse mit dem SAP Signavio Process Manager simulieren. Dabei wird eine Was-wäre-wenn-Umgebung geschaffen, um den potenziellen Return of Investment von Veränderungen zu quantifizieren und vorherzusagen. Sie können sich mit den Aufgaben beschäftigen, die für Sie am wichtigsten sind, indem Sie die Prozesssimulation durch das Einstellen und Überwachen von Fallszenarien in Gang setzen. Auf diese einfache Weise können Sie verborgene Möglichkeiten aufdecken und die besten Alternativen für komplexe Projekte finden.

Der SAP Signavio Process Manager unterstützt Sie bei der Umsetzung Ihrer Business Transformation. Das Ergebnis: Jede*r in Ihrer Organisation ist auf dem neuesten Stand und informiert, nicht nur über das »Was« seiner oder ihrer Arbeit, sondern auch über das »Warum« und »Wie«. Die mit dem SAP Signavio Process Manager modellierten Prozessmodelle sind eine wirksame Methode, um Ihre Geschäftsprozesse visuell darzustellen und verdeutlichen, wie Ihre Organisation zusammenarbeitet. Sind diese Modelle jedoch mit weiteren Faktoren verbunden, entfalten sie erst ihr wahres Potenzial. Als Teil des Signavio-Lösungsportfolios lassen sich mit dem SAP Signavio Process Manager Ihre Prozessmodelle aus verschiedenen Blickwinkeln betrachten: im Rahmen der Customer Journey, des Risiko- und Entscheidungsmanagements, der Ressourcenplanung, der IT-Implementierung und vielen weiteren Aspekten. Der SAP Signavio Process Manager umfasst infolgedessen die Grundlage, um Ihre Prozesse zum Leben zu erwecken. Das Tool hilft Ihnen auch, den Blick auf Ihre Prozesslandschaft zu weiten. Es fördert Sie dabei, Ihr Prozessmanagement nicht länger als Projekt, sondern als dynamische Initiative zu betrachten. Statt simpler Dokumentation erhalten Sie mit dem SAP Signavio Process Manager wertvolle Einblicke, mit denen Sie Ihren Geschäftsalltag auch unter veränderten Bedingungen zielgerichtet planen und gewinnbringend steuern können. In diesem Kontext fördert das Tool auch ein einfacheres Management des operativen Tagesgeschäfts, unabhängig von Fachbereich oder Standort.

Mit SAP Signavio Process Intelligence können Sie zusätzlich ein operatives *Process Mining Cockpit* aufbauen. Dieses Process Mining Cockpit verbindet Ihre Prozessdaten mit Ihren Prozessmodellen aus dem SAP Signavio Process Manager und verwandelt somit statische Prozessmodelle in dynamische und reaktionsfähige Dashboards. In diesem Zuge haben Sie ebenfalls die Möglichkeit, Indikatoren zu platzieren und spezifische Schwellenwerte zu definieren. Sie können auf einfache Weise entscheiden, welche Abläufe und Aktivitäten Sie innerhalb dieser Prozesse näher überwachen oder besser verstehen möchten. So werden Sie frühzeitig und ganzheitlich hinsichtlich Ihres Prozessmanagements informiert, angeleitet und vor etwaigen Prozessengpässen gewarnt.

Sämtliche Geschäftsprozesse Ihres gesamten Unternehmens können mit dem SAP Signavio Process Manager gemeinsam modelliert werden. Sie profitieren von einfacherer und umfassender Prozessmodellierung für Prozessfachleute sowie für Geschäftsanwender*innen, die keine BPMN-Kenntnisse haben.

SAP Signavio und BPMN

SAP Signavio setzt sich seit Jahren für BPMN ein, war und ist am Standardisierungsprozess beteiligt und fördert BPMN in Industrie und Wissenschaft.

Modellieren Sie Prozesse mithilfe von Drag-&-Drop-Funktionen für Elemente, für die automatische Positionierung von Elementen und für die Wiederverwendung von Elementen aus einem zentralen Repository. Sie können Prozessmodelle und Modellrevisionen vergleichen, potenzielle Prozessänderungen aufspüren und Ihre Prozessexzellenz nachhaltig verbessern. Darüber hinaus können Sie eine Vereinfachung von Prozessmodellen für verschiedene Rollen durch die Verwendung von Overlays ermöglichen sowie relevante Attribute ein- und ausblenden. Diese Attribut-Overlays sind Attributvisualisierungen, die von Modellierer*innen hinzugefügt werden, wenn sie ein Diagramm im SAP Signavio Process Manager anlegen. Welche Overlays für eine Benutzergruppe sichtbar sind, wird ebenfalls im SAP Signavio Process Manager festgelegt. Wenn ein Diagramm Attribut-Overlays enthält, werden die Anzahl der verfügbaren Overlays und die Anzahl der sichtbaren Overlay-Kategorien angezeigt. Auch fördert der SAP Signavio Process Manager zusammen mit dem SAP Signavio Process Collaboration Hub (siehe Kapitel 7, »SAP Signavio Process Collaboration Hub«) eine kollaborative Prozessmodellierung. Unter kollaborativer Prozessmodellierung versteht man eine kollektive Aktivität, bei der Teammitglieder gemeinsam Geschäftsprozesse diskutieren, entwerfen und dokumentieren. Geben Sie Feedback und Kommentare zu ganzen Geschäftsprozessen oder bestimmten (Teil)aufgaben ab, und teilen Sie die Prozessdiagramme sofort, um Feedback im gesamten Unternehmen zu sammeln. Abbildung 5.2 zeigt ein Beispiel, wie einzelne Prozessschritte direkt im grafischen Editor kommentiert werden können.

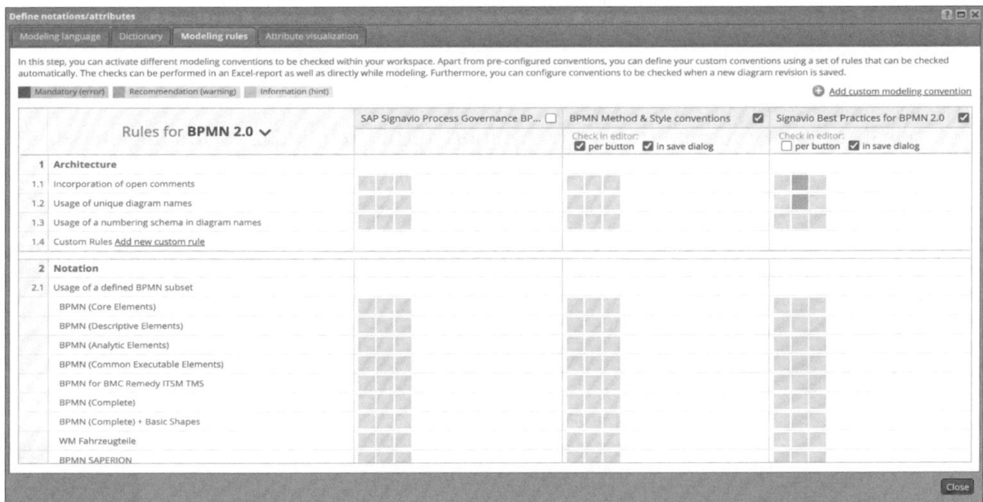

Abbildung 5.2 SAP Signavio Process Manager: kollaborative Prozessmodellierung

Zusätzlich profitieren Sie von hochgradig konfigurierbaren Modellierungsnotationen (siehe Tabelle 5.1) – basierend auf Ihren spezifischen Geschäftsanforderungen. Mit den konfigurierbaren Modellierungskonventionen des SAP Signavio Process Managers ist es somit möglich, eigene Regeln zu definieren und bei der Modellierung prüfen zu lassen, ob diese Regeln tatsächlich beachtet wurden.

Eigene Modellierungskonventionen berücksichtigen

Der SAP Signavio Process Manager mit seinem integrierten Process Editor bietet nicht nur eine professionelle Plattform für die Standardmodellierung, sondern auch die

Möglichkeit, Modellierungskonventionen individuell an das jeweilige Unternehmen anzupassen.

Sie können High-Level-Perspektiven auf Prozesshierarchien in Ihrer Organisation mit Wertschöpfungsketten erstellen und die Einhaltung von Modellierungskonventionen sicherstellen. Sie erhalten eine übersichtliche Liste aller Modellierungssyntaxvorschläge und -fehler, die dazu beitragen, die Qualität und Benutzerfreundlichkeit Ihrer Prozessmodelle zu verbessern. Sie können Modellierungsvorschriften mit Warnungen, Hinweisen und Fehlern in Echtzeit validieren, um die Qualität und Verständlichkeit von Modellen zu verbessern. Darüber hinaus können Ihre Prozessverantwortlichen Prozesse, basierend auf Best Practices und Modellierungsstandards, entwerfen. Eigene Modellierungskonventionen werden von der Administratorin bzw. vom Administrator des Arbeitsbereichs einmalig definiert und bei jedem Speichervorgang automatisch überprüft. Abbildung 5.3 macht ersichtlich, wie eine derartige Konfiguration in der Praxis aussehen kann. In diesem Schritt können Sie verschiedene Modellierungskonventionen aktivieren, die in Ihrem Arbeitsbereich überprüft werden sollen. Abgesehen von vorkonfigurierten Konventionen können Sie Ihre benutzerdefinierten Konventionen mithilfe eines Satzes von Regeln definieren, z. B. bezüglich der Architektur oder Notation, die automatisiert überprüft werden können.

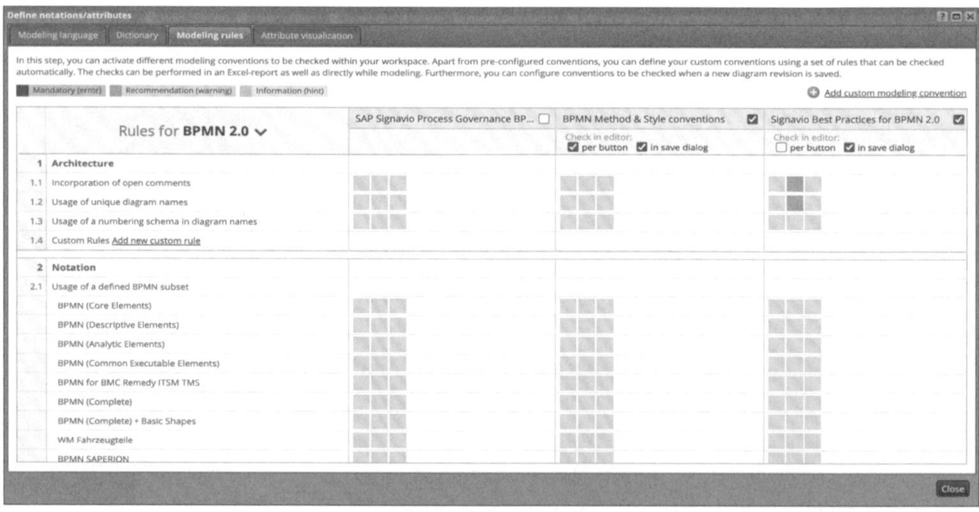

Abbildung 5.3 SAP Signavio Process Manager: konfigurierbare Modellierungskonventionen

Der SAP Signavio Process Manager ermöglicht Ihnen mit der Funktion *QuickModel* außerdem die Erstellung und Editierung von BPMN-Diagrammen. Dadurch können Sie Geschäftsprozesse dezentral aufnehmen und beispielsweise auch zuständige Rollen zuordnen. QuickModel ist besonders praktisch für Mitarbeitende ohne BPMN-Wissen oder wenn Sie unkompliziert Prozesse schnell modellieren möchten. Sämtliche Prozessschritte werden tabellarisch erfasst, und die Bedienung ist intuitiv und einfach – ähnlich zu Microsoft Excel. Die Funktion QuickModel bietet die volle Integration mit dem vorhandenen Prozess-Repository, fördert eine automatische Generierung von BPMN-Diagrammen und erlaubt die Überarbeitung bereits existierender Prozessdiagramme. So erhalten Sie in kürzester Zeit Prozessabläufe, die den Modellierungsnotationsstandards folgen. Abbildung 5.4 illustriert die Benutzeroberfläche von QuickModel. Im oberen linken Bildbereich geben Sie den Namen des zu modellierenden Geschäftsprozesses, die Organisation (Ihr Unternehmen) sowie das Start- und Endereignis Ihres Prozesses an. Im oberen rechten Bildbereich können Sie eine relevante Prozessbeschreibung hinzufügen. Im mittleren Bildbereich listen Sie die einzelnen Prozessaktivitäten inklusive Zuständigkeiten sowie involvierte IT-Schnittstellen und Dokumente in tabellarischer Form auf. Das Ergebnis sehen Sie am unteren Bildrand: ein automatisch generiertes Prozessmodell zur weiteren Verwendung.

Abbildung 5.4 SAP Signavio Process Manager: QuickModel

Tabelle 5.4 gewährt einen Überblick über die Hauptattribute für Aufgaben innerhalb der QuickModel-Funktion.

Hauptattribut	Beschreibung
Was?	Name der Aufgabe
Wer?	Teilnehmer oder Rolle, der bzw. die der Aufgabe zugeordnet ist; für jede Rolle wird im Diagramm eine eigene Lane angelegt.
Wie?	Beschreibung der Aufgabe
IT-Systeme	IT-System, das bei der Ausführung der Aufgabe verwendet wird
Eingabedokumente	erforderliches Datenartefakt
Ausgabedokumente	angelegtes oder geändertes Datenartefakt
Ausführungskosten	Kosten, die für die Ausführung der Aufgabe erforderlich sind
Kostenstelle	Abteilung, der die Aufgabenkosten zugeteilt werden
Ausführungszeit	Zeit, die zur Ausführung der Aufgabe benötigt wird

Tabelle 5.4 Hauptattribute für Aufgaben

Mit dem SAP Signavio Process Manager analysieren Sie Ihre Prozesshierarchie offline und in Formaten, die Ihre Prozessanalyst*innen bereits kennen. Eine Vielzahl von Berichten zu Prozess-Governance, Lizenz- und IT-Systemnutzung, RACI-Übersichten und vielem mehr bieten Ihnen umfangreiche Einblicke hinsichtlich Ihrer Geschäftsprozesse. Ein *Risiko- und Kontrollbericht* bietet Ihnen einen Überblick über etwaige Risiken und damit verbundene Kontrollen, die in ausgewählten Prozessmodellen identifiziert wurden. Der SAP Signavio Process Manager bietet Ihnen Einblicke in relevante Prozessrisiken und unterstützt Sie bei der Identifikation von Kontrollmaßnahmen und Prozessanforderungen.

Anhand des SAP Signavio Process Managers vergleichen Sie Simulationsszenarien, um die Auswirkungen potenzieller Änderungen und weiterer Verbesserungen auf Ihre Prozessergebnisse besser zu verstehen. Das Tool unterstützt Sie zudem dabei zu entscheiden, welche Prozessänderungen Sie implementieren möchten. Darüber hinaus können Sie mit dem SAP Signavio Process Manager Zykluszeiten, Ressourcen und Kosten berechnen, um detaillierte Informationen über die erwartete Prozessleistung und Engpässe in Simulationsszenarien zu erhalten. Die Spezifikation von Prozesssimulationsparametern wie Kosten, Dauer, Häufigkeit und Ressourcen zur Definition von Simulationsszenarien ermöglicht es Ihnen letztendlich, Ihre komplette Geschäftstransformation zu optimieren.

Um einen Überblick über die Benutzeraktivitäten im Arbeitsbereich des SAP Signavio Process Managers zu erhalten, können Sie auf den sogenannten *Governance-Report* zurückgreifen. Damit können Sie aggregierte Metriken anzeigen (z. B. die Anzahl der nicht veröffentlichten Diagramme). Anhand dieser Metriken können Sie Rückschlüsse auf den Erfolg Ihrer Prozessmodellierungsinitiative ziehen. Abbildung 5.5 macht ersichtlich, dass jede Kachel eine andere Nutzungsmetrik anzeigt. Mit einem Klick darauf wird ein neuer Browser-Tab geöffnet und zeigt die Ergebnisliste eines erweiterten Suchfilters an, der der ausgewählten Nutzungsmetrik entspricht, um entsprechende Detailinformationen anzuzeigen.

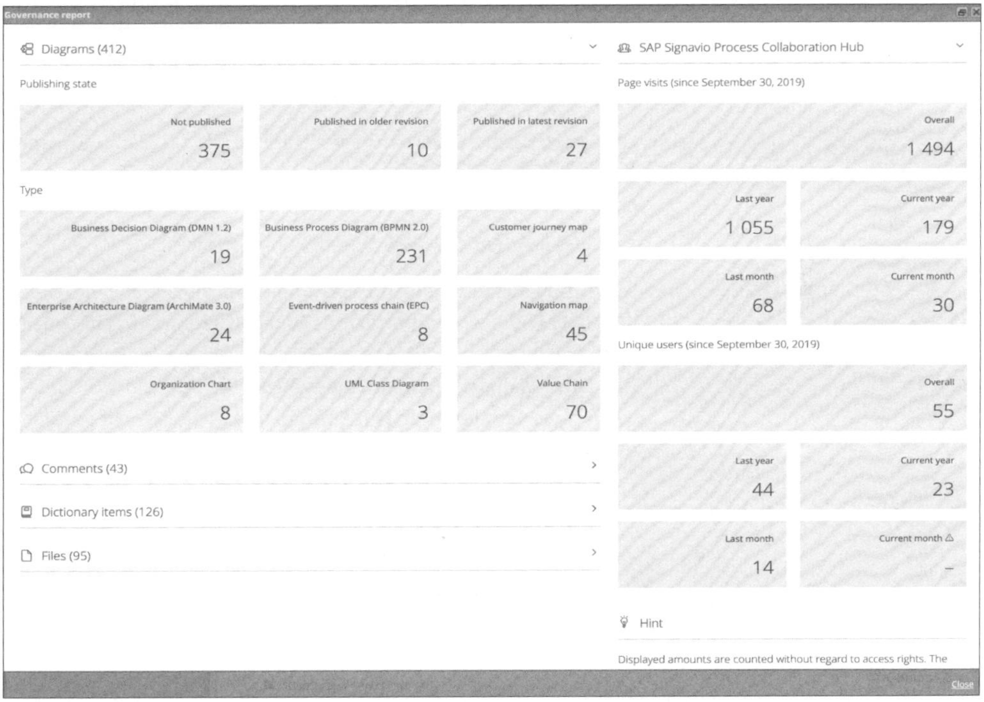

Abbildung 5.5 SAP Signavio Process Manager: Governance-Report

Tabelle 5.5 listet sämtliche verfügbare Nutzungsmetriken des Governance-Reports auf.

Daten	Beschreibung
Diagramme	Die Gesamtzahl der Diagramme in Ihrem Arbeitsbereich wird in Klammern angezeigt. Die Anzahl der Diagramme, gruppiert nach Veröffentlichungsstatus und Typ (z. B. Prozesslandkarte, Organigramm), wird auf jeder entsprechenden Kachel angezeigt.

Tabelle 5.5 Nutzungsmetriken des Governance-Reports

Daten	Beschreibung
Kommentare	Die Gesamtzahl der vorhandenen Kommentare wird in Klammern angezeigt. Die Anzahl der Kommentare, gruppiert nach Kommentierungsstatus, wird auf der jeweiligen Kachel angezeigt.
Glossareinträge	Die Gesamtzahl der vorhandenen Glossareinträge wird in Klammern angezeigt. Die Anzahl der Glossareinträge, gruppiert nach Veröffentlichungsstatus und Glossarkategorietyp (z. B. Ereignisse und Anforderungen), wird auf der jeweiligen Kachel angezeigt.
Dateien	Die Gesamtzahl der vorhandenen Dateien wird in Klammern angezeigt. Die Anzahl der Dateien, gruppiert nach Veröffentlichungsstatus und Typ (z. B. PDF und JPG), wird auf jeder entsprechenden Kachel angezeigt.
SAP Signavio Process Collaboration Hub	Die Anzahl der Seitenaufrufe steht für einen einzelnen Benutzer, der ein beliebiges veröffentlichtes Objekt (Diagramm, Datei oder Glossarelement) im SAP Signavio Process Collaboration Hub öffnet. Jedes Mal, wenn jemand eines dieser Elemente in SAP Signavio Process Collaboration Hub öffnet, wird es als Ansicht gezählt und im Report angezeigt.

Tabelle 5.5 Nutzungsmetriken des Governance-Reports (Forts.)

5.3 Anwendungsbeispiel: Simulation des Purchase-to-Pay-Prozesses nach der Unternehmensakquise

Auch in diesem Kapitel möchten wir Ihnen die Lösung anhand eines praktischen Beispiels vorstellen. In diesem Anwendungsbeispiel modellieren wir mit dem SAP Signavio Process Manager ein Prozessmodell anhand der Funktion QuickModel. In weiterer Folge simulieren wir das Prozessmodell mit bestimmten Parametern, um potenziell auftretende Engpässe verstehen zu können.

In unserem Szenario sind wir als Process Owner für den Einkaufsprozess *Purchase-to-Pay* (P2P) tätig. Unser P2P-Prozess läuft aktuell einwandfrei. Nun akquiriert unser Unternehmen ein neues Unternehmen. Nach der Akquise muss das Shared Service Center der Muttergesellschaft die Kaufanfragen der Tochtergesellschaft abwickeln. Infolgedessen simulieren wir das erhöhte Aufkommen der Kaufanfragen, um potenzielle Engpässe zu verstehen. In diesem Zusammenhang erhalten wir auch einen Anwendungsfall, wie unser P2P-Prozess anhand von innovativen Technologien verbessert werden kann.

Wir modellieren dafür zunächst mit dem SAP Signavio Process Manger einen P2P-Prozess, wie in Abbildung 5.6 illustriert. Das Modell erstellen wir anhand der Quick-Model-Funktion. Wie genau wir dabei vorgehen, wird im Laufe des Anwendungsbeispiels erläutert.

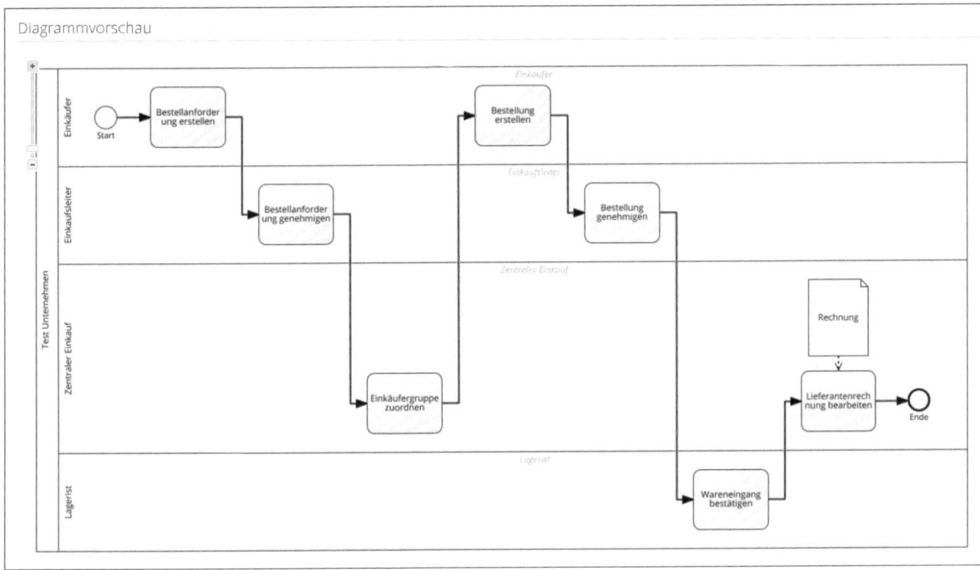

Abbildung 5.6 Prozessmodellvorschau für den P2P-Prozess

Nachdem wir uns im SAP Signavio Process Manager eingeloggt haben, können wir über die Registerkarte **Neu** die Option **Prozesssteckbrief (QuickModel)** auswählen (siehe Abbildung 5.7).

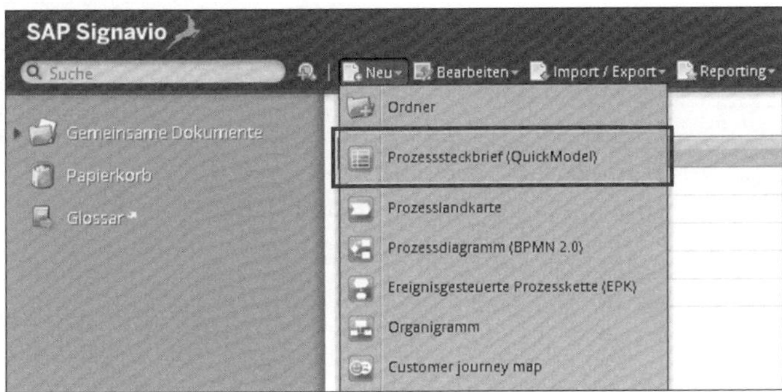

Abbildung 5.7 QuickModel-Funktion öffnen

Durch Anklicken wird die QuickModel-Funktion geöffnet. In Abbildung 5.8 sehen Sie das Einstiegsbild der Funktion. Hier können Sie ein neues Prozessmodell erstellen, indem Sie die wesentlichen Parameter wie Beschreibung, Start- und Endereignis sowie die einzelnen Aktivitäten Ihres Geschäftsprozesses angeben.

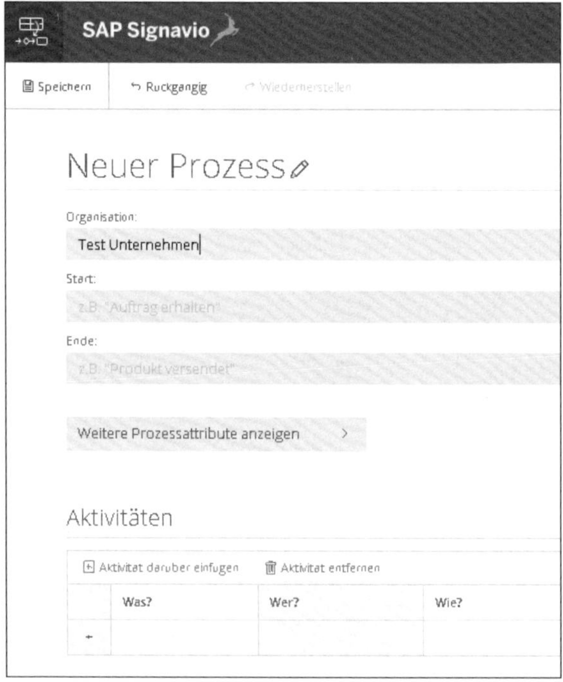

Abbildung 5.8 Neues Prozessmodell im QuickModel-Modus anlegen

Zunächst benennen wir in Abbildung 5.9 den Namen des Prozessmodells in »P2P-Prozess« um. Als Starereignis geben wir »Start« und als Endereignis »Ende« ein.

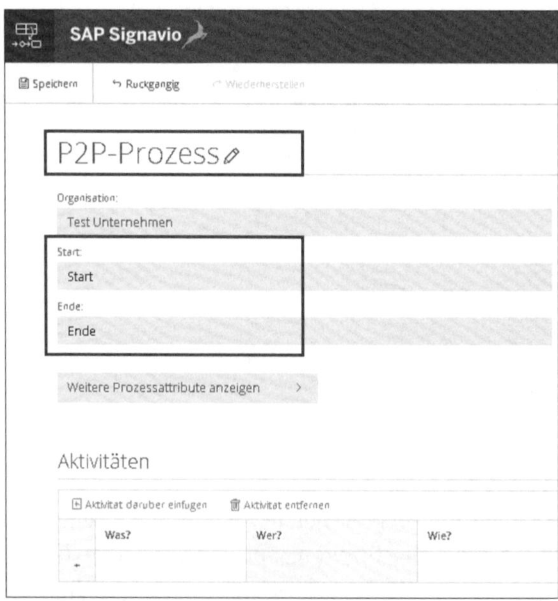

Abbildung 5.9 Prozessmodell umbenennen

Jetzt geht es darum, die einzelnen Aktivitäten des Prozesses in das Modell einzutragen. Dies geht ganz einfach über die tabellarische Ansicht im Bereich **Aktivitäten** (siehe Abbildung 5.10), indem Sie die Aktivitäten in der Spalte **Was?** eintragen. Über den Plus-Button können Sie neue Zeilen hinzufügen oder die Enter-Taste drücken, nachdem Sie den Text eingegeben haben, um automatisch in die nächste Zeile zu wechseln. Wenn Sie zum zweiten Mal die Enter-Taste drücken, können Sie die Prozessaktivitäten direkt darunter bearbeiten und eingeben.

Sie fügen nun die folgenden Aktivitäten ein:

- Bestellanforderung erstellen
- Bestellanforderung genehmigen
- Einkäufergruppe zuordnen
- Bestellung erstellen
- Bestellung genehmigen
- Wareneingang bestätigen
- Lieferantenrechnung bearbeiten

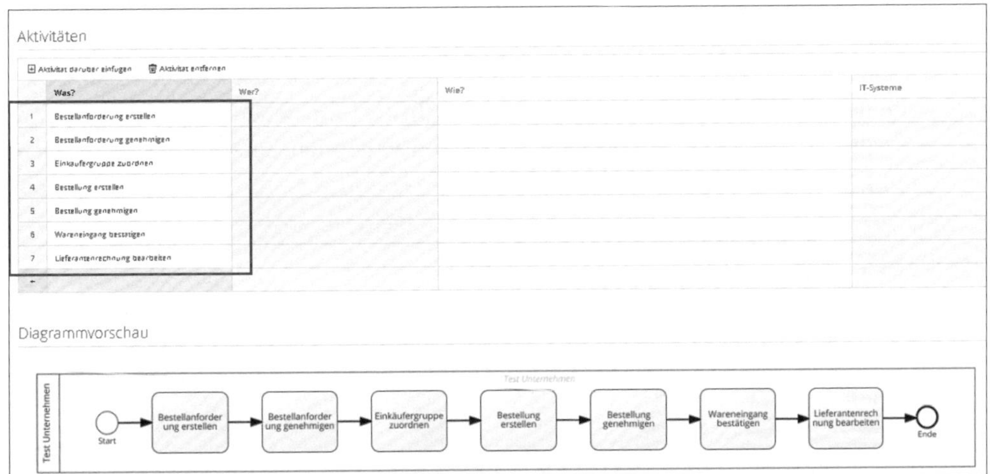

Abbildung 5.10 Prozessaktivitäten hinzufügen

Die Zuständigkeiten für die jeweiligen Prozessaktivitäten können Sie über die Spalte **Wer?** auf ähnliche Weise hinterlegen, indem Sie die Rolle eingeben, die für den Teilprozess verantwortlich ist. Die Rollennamen sind frei wählbar. Wie aus Abbildung 5.11 ersichtlich, teilen Sie speziell für Ihren P2P-Prozess die folgenden Verantwortlichkeiten zu:

- Einkäufer
- Einkaufsleiter

- zentraler Einkauf
- Lagerist

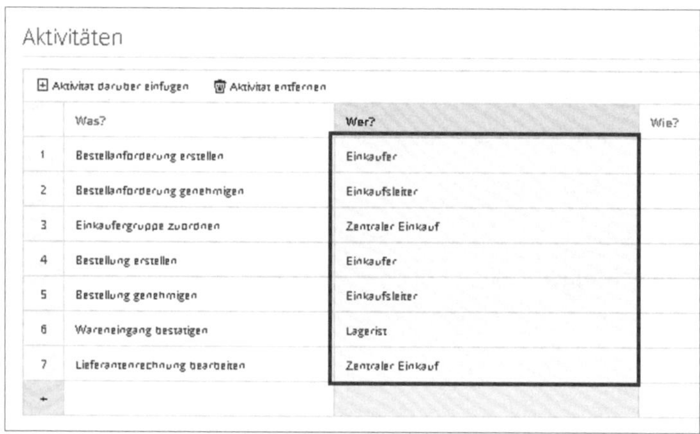

Aktivitäten

Aktivität darüber einfügen   Aktivität entfernen

	Was?	Wer?	Wie?
1	Bestellanforderung erstellen	Einkäufer	
2	Bestellanforderung genehmigen	Einkaufsleiter	
3	Einkäufergruppe zuordnen	Zentraler Einkauf	
4	Bestellung erstellen	Einkäufer	
5	Bestellung genehmigen	Einkaufsleiter	
6	Wareneingang bestätigen	Lagerist	
7	Lieferantenrechnung bearbeiten	Zentraler Einkauf	
+			

Abbildung 5.11 Rollen hinzufügen

Als Nächstes ergänzen Sie im zuvor hinzugefügten Prozessschritt **Lieferantenrechnung bearbeiten** in der Spalte **Eingabe-Dokumente** den Eintrag »Rechnung« (siehe Abbildung 5.12). Unter **Eingabe-Dokumente** werden erforderliche Datenartefakte verstanden, die für die Ausführung des Prozessschrittes von Bedeutung sind. Um in unserem Fall die Lieferantenrechnung bearbeiten zu können, benötigen wir eine Rechnung als sogenanntes Eingabedokument.

Aktivitäten

Aktivität darüber einfügen   Aktivität entfernen

	Was?	Wer?	Wie?	IT-Systeme	Eingabe-Dokumente	Ausgabe-Dokumente
1	Bestellanforderung erstellen	Einkäufer				
2	Bestellanforderung genehmigen	Einkaufsleiter				
3	Einkäufergruppe zuordnen	Zentraler Einkauf				
4	Bestellung erstellen	Einkäufer				
5	Bestellung genehmigen	Einkaufsleiter				
6	Wareneingang bestätigen	Lagerist				
7	Lieferantenrechnung bearbeiten	Zentraler Einkauf			Rechnung	
+						

Abbildung 5.12 Eingabedokumente hinzufügen

Basierend auf den Rolleninformationen, die wir in der Spalte **Wer?** neben der Prozessaktivität hinzugefügt haben, wird, wie in Abbildung 5.13 zu sehen, im Bereich **Dia-**

grammvorschau ein Swimlane-Diagramm hinzugefügt, das den von uns eingetragenen Prozess visualisiert.

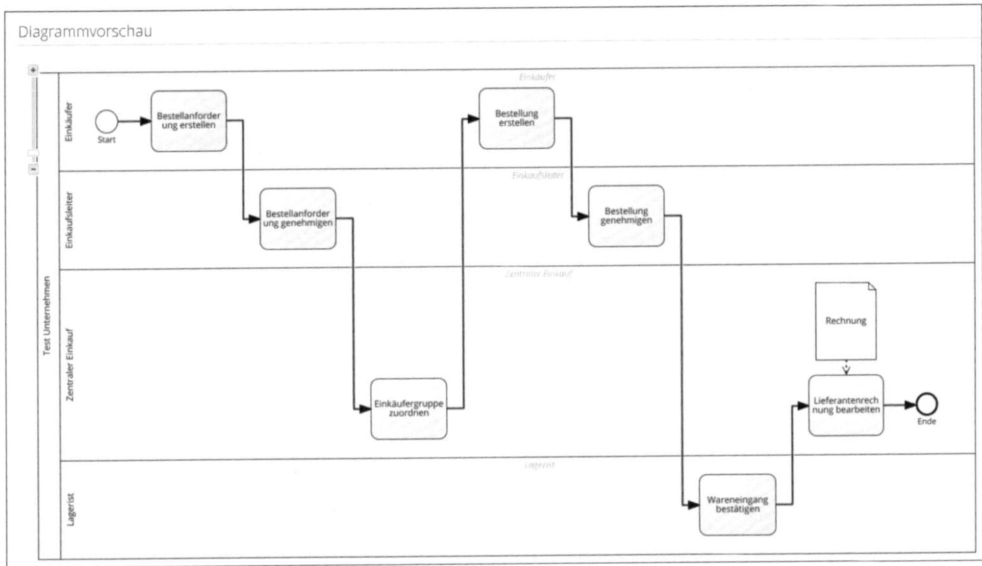

Abbildung 5.13 Diagrammvorschau für den erstellten Prozess

Da wir mit dem Ergebnis zufrieden sind, sichern wir unsere Arbeit ab, indem wir auf den Button **Speichern** klicken (siehe Abbildung 5.14).

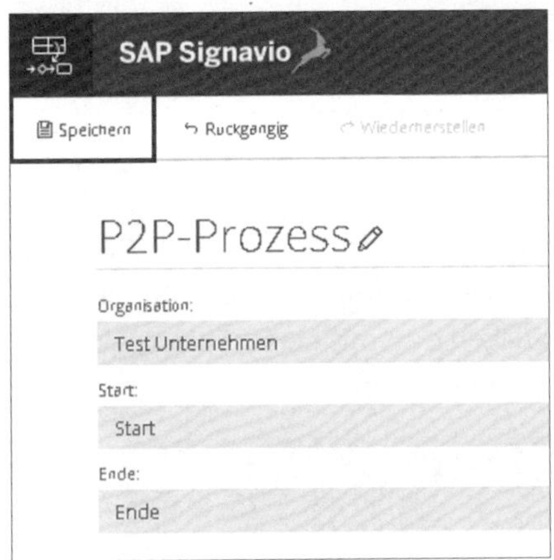

Abbildung 5.14 Neu erstelltes Prozessmodell speichern

Nun haben Sie die Möglichkeit, das neu erstellte Prozessmodell in den Prozessdokumenten einzusehen. Dafür klicken Sie auf das Symbol in der Menüleiste, um das Navigationsmenü anzusteuern (siehe Abbildung 5.15). Es öffnet sich ein Dropdown-Menü. Hier wählen Sie das Menüelement **Process Manager** aus.

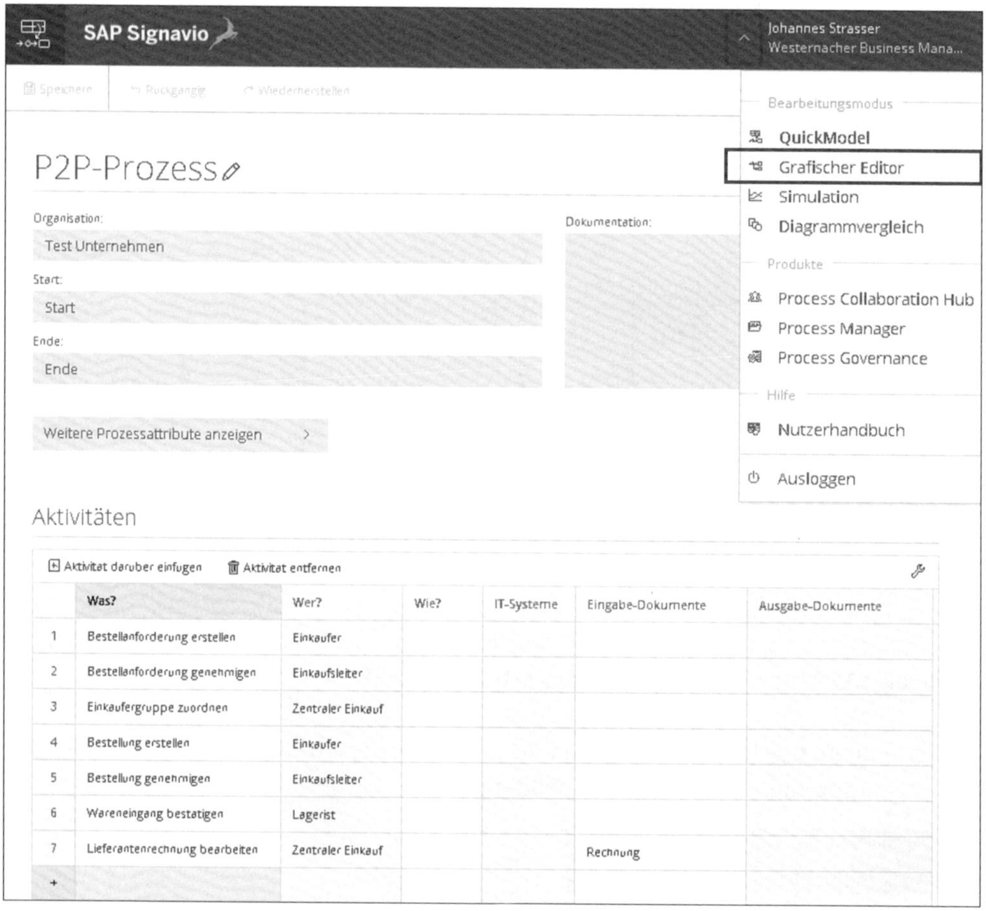

SAP Signavio

Johannes Strasser
Westernacher Business Mana...

Speichern | Rückgängig | Wiederherstellen

Bearbeitungsmodus

QuickModel
Grafischer Editor
Simulation
Diagrammvergleich

Produkte

Process Collaboration Hub
Process Manager
Process Governance

Hilfe

Nutzerhandbuch

Ausloggen

P2P-Prozess

Organisation:
Test Unternehmen

Start:
Start

Ende:
Ende

Dokumentation:

Weitere Prozessattribute anzeigen >

Aktivitäten

Aktivität darüber einfügen | Aktivität entfernen

	Was?	Wer?	Wie?	IT-Systeme	Eingabe-Dokumente	Ausgabe-Dokumente
1	Bestellanforderung erstellen	Einkäufer				
2	Bestellanforderung genehmigen	Einkaufsleiter				
3	Einkäufergruppe zuordnen	Zentraler Einkauf				
4	Bestellung erstellen	Einkäufer				
5	Bestellung genehmigen	Einkaufsleiter				
6	Wareneingang bestätigen	Lagerist				
7	Lieferantenrechnung bearbeiten	Zentraler Einkauf			Rechnung	
+						

Abbildung 5.15 Navigationsmenü öffnen

Sie gelangen zurück zum Einstiegsbild des SAP Signavio Process Managers. Wie Sie in Abbildung 5.16 sehen, erscheint dort nun ein neues Icon für das Prozessmodell, das wir gerade erstellt und gespeichert haben. Wir klicken nun mit einem Doppelklick auf das Icon, um das neue P2P-Prozessmodell weiterzubearbeiten.

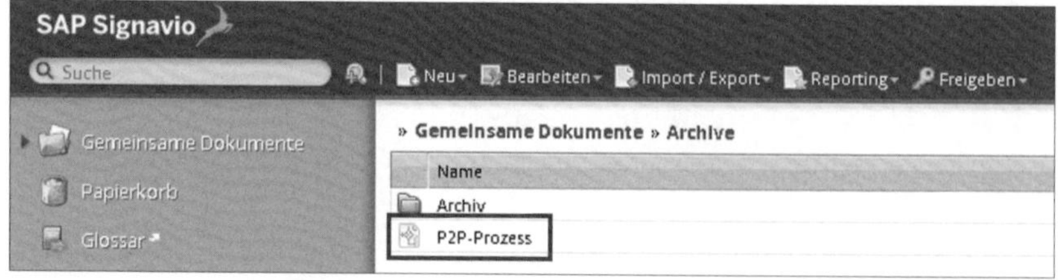

Abbildung 5.16 Einstiegsbild des SAP Signavio Process Managers

Sie werden zur Benutzeroberfläche des grafischen Editors des SAP Signavio Process Managers weitergeleitet, indem Sie den Prozess nach Bedarf modellieren oder ändern können (siehe Abbildung 5.17). Auf der linken Seite des Editors werden in einer Leiste verschiedene BPMN-Elemente zur Verfeinerung des Prozessmodells angezeigt, wie z. B. **Task** oder **Zugeklappter Unterprozess**. Diese Elemente können wir im grafischen Editor einfach per Drag & Drop verwenden und unsere eigenen Prozesse erstellen oder vorhandene Prozesse bearbeiten.

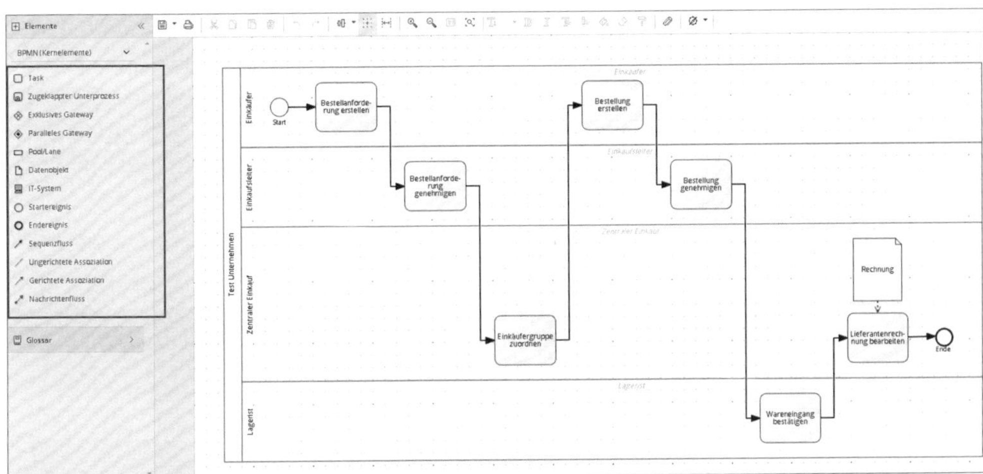

Abbildung 5.17 Grafischer Editor im SAP Signavio Process Manager

[«]

> **Grafischer Editor**
>
> Der grafische Editor ist eine Drag-&-Drop-Umgebung zum Erstellen oder Ändern von Prozessabläufen. Es stellt eine weitere Möglichkeit dar, um Geschäftsprozesse zu modellieren.

Für unser Anwendungsbeispiel werden wir den Prozess, den wir vorhin mit der Quick-Model-Funktion erstellt haben, nicht weiter ändern, sondern so weiterverwenden, wie er ist. Wir interessieren uns umso mehr dafür, unser Prozessmodell zu simulieren, um gegebenenfalls Anpassungen vornehmen zu können, durch die Engpässe in Zukunft vermieden werden können. Dazu klicken Sie auf das Navigationsmenü oben rechts im Bild und wählen den Menüpunkt **Simulation** aus (siehe Abbildung 5.18).

Wie Sie in Abbildung 5.19 sehen, gelangen Sie direkt zum Einstiegsbild der Prozesssimulation. Um den gesamten Prozess in der Benutzeroberfläche anzuzeigen, müssen Sie einige Male auf das Symbol zum Verkleinern klicken, das sich neben dem Prozessdiagramm in der oberen Hälfte des Bildes befindet, bis Sie den vollständigen Prozess in der Ansicht sehen.

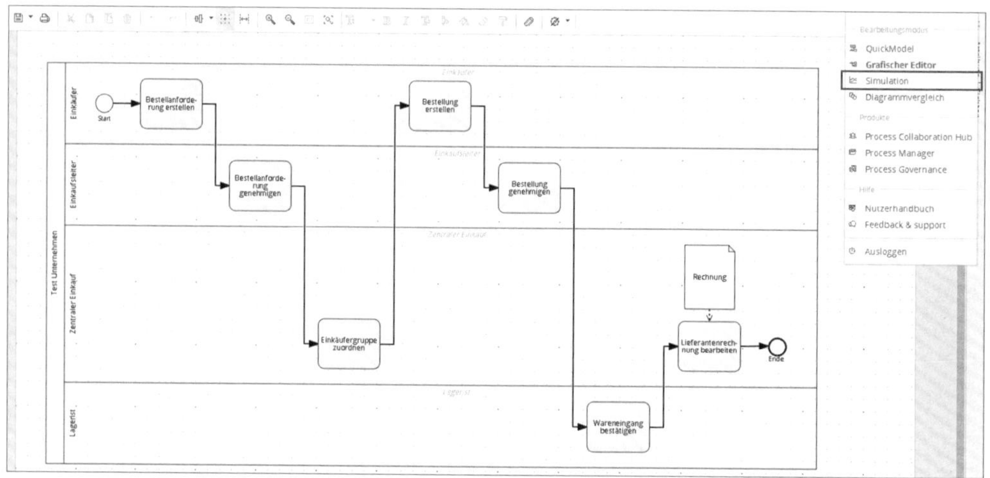

Abbildung 5.18 Prozesssimulation öffnen

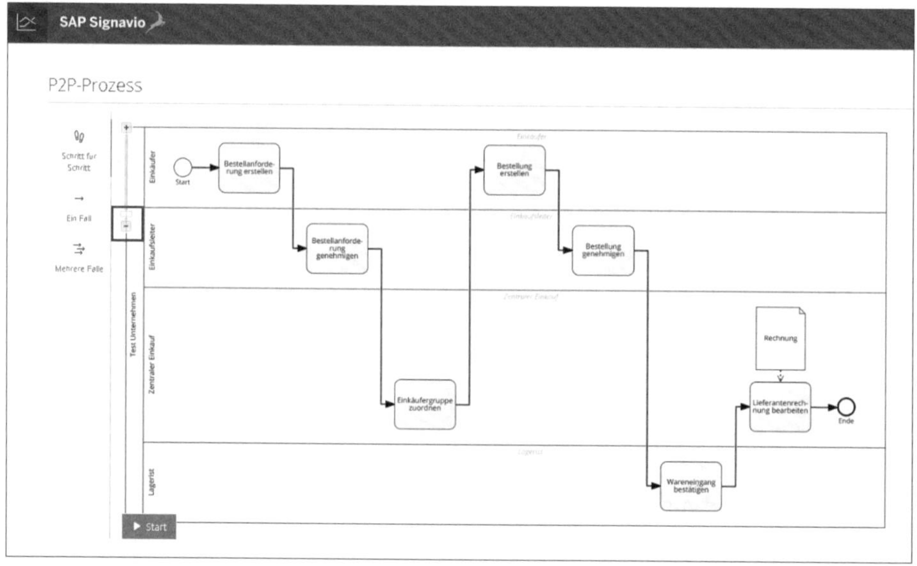

Abbildung 5.19 Einstiegsbild zur Prozesssimulation

Im unteren Bildbereich können Sie das zu simulierende Szenario festlegen. Zunächst klicken Sie auf den Button **Kosten**, den Sie in Abbildung 5.20 sehen. Hier können Sie die Ausführungskosten für jede Aufgabe im Szenario konfigurieren. Die Kosten pro Ausführung legen Sie zu Beispielzwecken pauschal auf 10 EUR pro Aktivität fest.

Im nächsten Schritt klicken Sie auf den Button **Dauer** und legen, basierend auf Erfahrungswerten, pauschal 15 Minuten als Ausführungszeit pro Aktivität fest (siehe Abbildung 5.21).

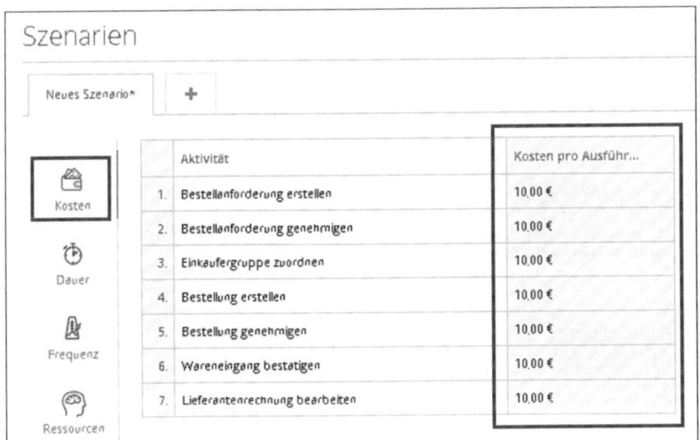

Abbildung 5.20 Kosten pro Ausführung einpflegen

Abbildung 5.21 Ausführungszeit pro Aktivität einpflegen

Sie sichern Ihr Simulationsszenario, indem Sie auf den Button **Szenario speichern** klicken (siehe Abbildung 5.22).

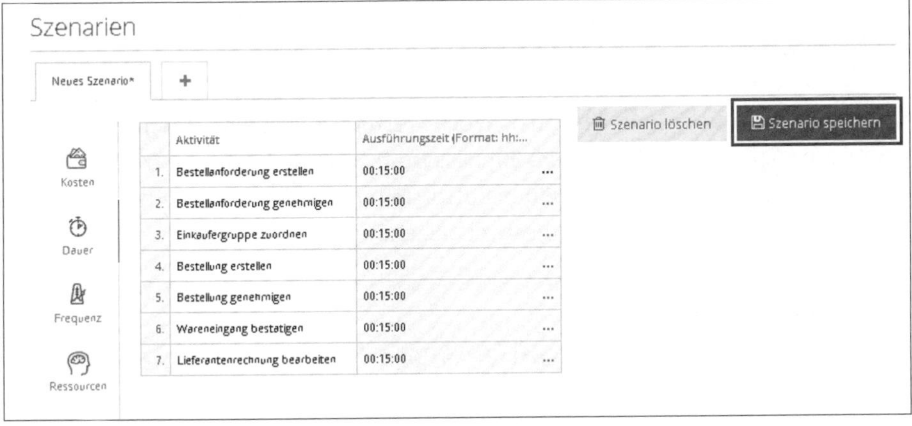

Abbildung 5.22 Simulationsszenario speichern

Nun definieren Sie den Namen unseres Simulationsszenarios. Sie geben den Namen »IST« ein und klicken auf **Speichern** (siehe Abbildung 5.23).

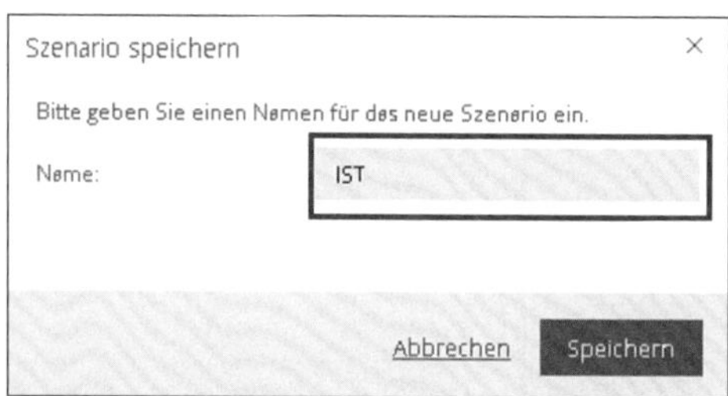

Abbildung 5.23 Simulationsszenario benennen

Im Bereich **Frequenz** können Sie noch die Aktivitätsfrequenz bestimmen (siehe Abbildung 5.24). Im Moment beträgt die Höhe der Kaufanfragen 20 pro Woche (Montag bis Freitag). Vorerst belassen wir die Frequenz dabei und simulieren den Ablauf mit diesem Wert.

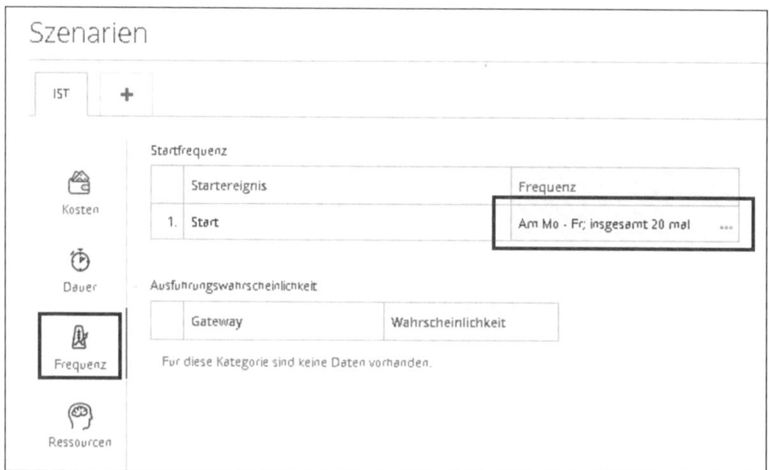

Abbildung 5.24 Aktivitätsfrequenz erstellen

Jetzt wollen Sie alle in einer gesamten Woche erstellten Bestellanforderungen simulieren, um zu prüfen, ob der Prozess Engpässe aufweist oder nicht. Hierzu klicken Sie, wie in Abbildung 5.25 zu sehen, auf den Button **Mehrere Fälle** links im Bild und in weiterer Folge auf den Button **Start** unseres Ist-Szenarios.

Mehrere Fälle simulieren

Ein einzelner Simulationsfall umfasst die Ausführung eines gesamten Zyklus von Anfang bis Ende für eine einzige Bestellanforderung. Um alle Bestellanforderungen zu simulieren, müssen Sie den Bereich **Mehrere Fälle** auswählen.

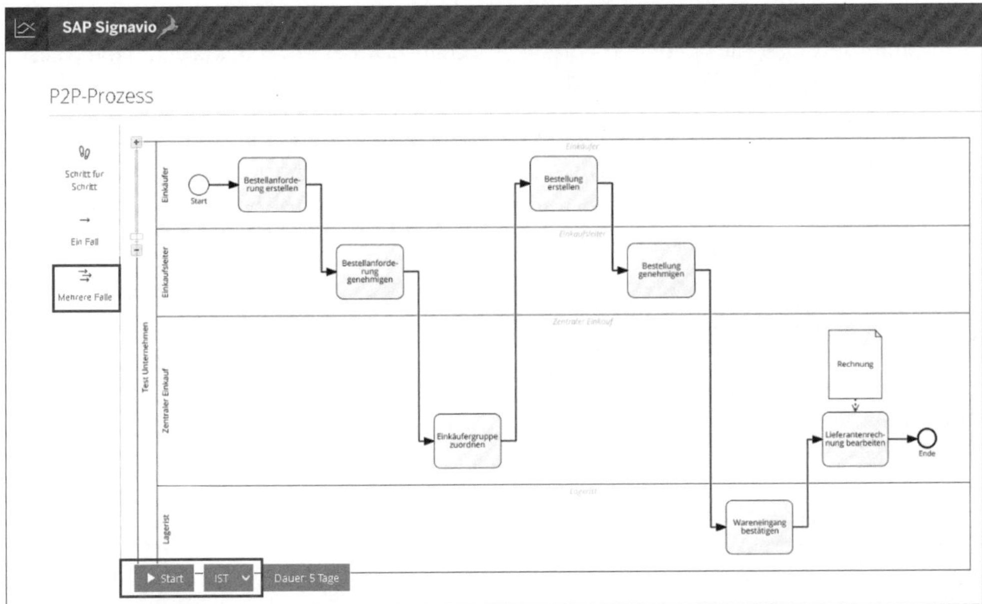

Abbildung 5.25 Prozesssimulation starten

Gemäß der Einblicke aus Abbildung 5.26 ist ersichtlich, dass sowohl die Eingänge zu Beginn als auch die Ausgänge zu Prozessende je 20 betragen. Dies zeigt an, dass es keine Engpässe gibt und der Prozess reibungslos verläuft. Außerdem wird vom System mit dem Eintrag --- unter **Flaschenhals** rechts im Bild angezeigt, dass es keine Bedenken gibt.

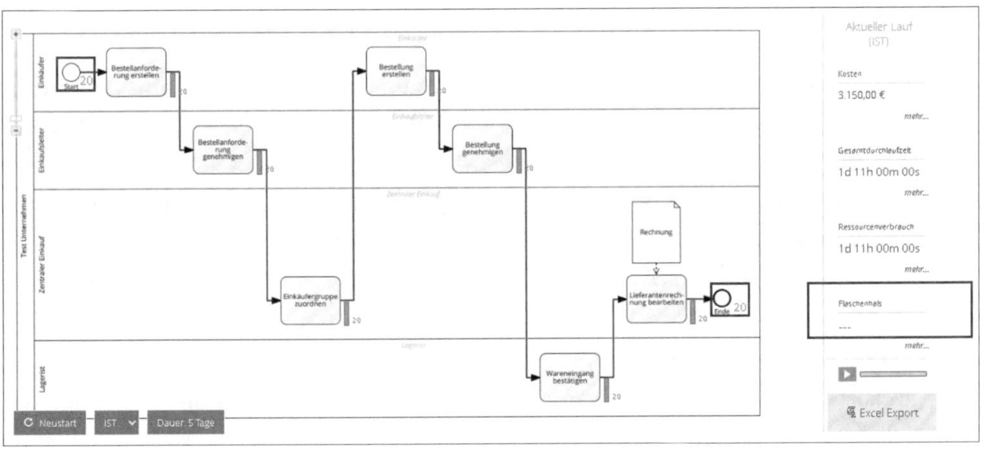

Abbildung 5.26 Ergebnis der Ist-Prozesssimulation

Aufgrund der Akquisition muss nun aber unsere Muttergesellschaft auch die Bestellanforderungen der neuen Tochtergesellschaft bearbeiten. Wir werden daher dieses Szenario mit weiteren zu bearbeitenden Aufträgen simulieren.

In Abbildung 5.27 klicken wir in diesem Zuge unter **Szenarien** in der unteren Hälfte des Bildes neben **IST** auf den Plus-Button. Dem neuen Szenario geben wir den Namen »SOLL« und wählen als Vorlage unseren Prozess **IST** aus. Im Anschluss speichern wir das neue Simulationsszenario.

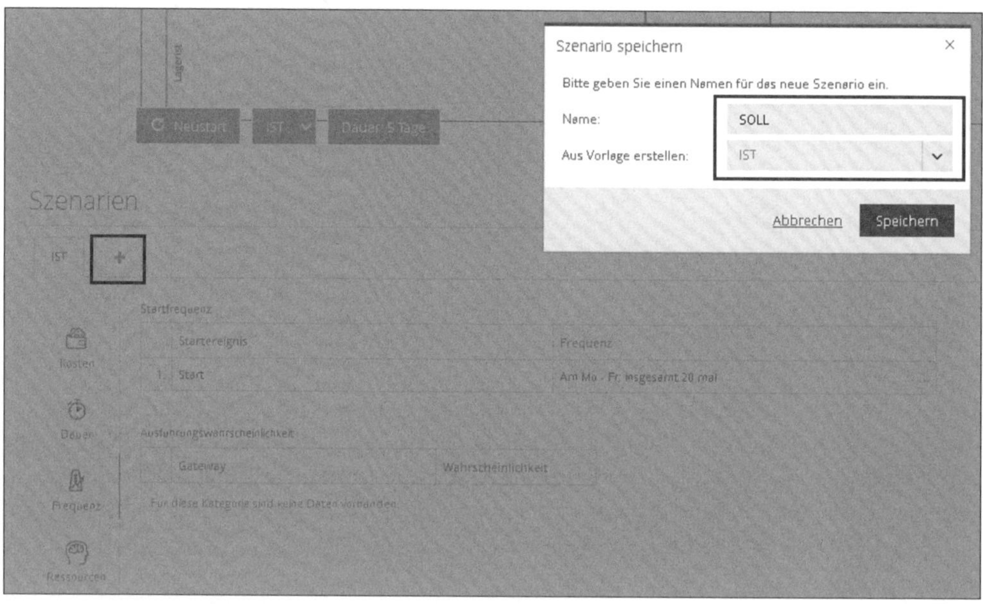

Abbildung 5.27 Soll-Simulationsszenario erstellen

Jetzt geht es darum, die Aktivitätsfrequenz in unserem Soll-Simulationsszenario zu erhöhen. Dafür ändern wir den Wert in der Spalte **Frequenz** von 4 pro Tag auf 20 pro Tag. Abbildung 5.28 veranschaulicht diesen Vorgang.

Nachdem Sie das neue Szenario mit der aktualisierten Frequenz gespeichert haben, können Sie es im Simulationslauf auswählen. Dafür wählen Sie in Abbildung 5.29 das Simulationsszenario **SOLL** aus dem Dropdown-Menü aus und starten es entsprechend.

Sie stellen fest, dass der Prozess beim Schritt **Bestellung erstellen** einen Engpass aufweist. Der Engpass wird im Prozessdiagramm durch blaue Punktstapel angezeigt. Wir können auch den Eintrag **Einkäufer** unter den Flaschenhälsen auf der rechten Seite der Metriken sehen. Außerdem sehen wir, dass nur 58 Bestellanforderungen den gesamten Zyklus abschließen. Die Zählung wird am Endschritt angezeigt.

Abbildung 5.28 Aktivitätsfrequenz aktualisieren

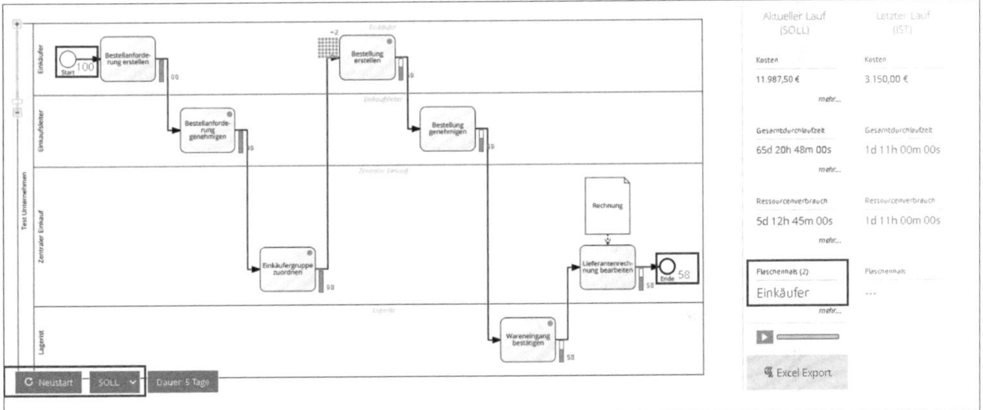

Abbildung 5.29 Ergebnis der Soll-Prozesssimulation

Wir versuchen nun, die Ressourcen für den zentralen Einkauf und den Einkäufer zu erhöhen, da die Anfragen zugenommen haben und mehr Last in diesen Bereichen widerspiegelt.

In diesem Kontext ändern Sie die Ressourcen für den zentralen Einkauf und den Einkäufer auf zwei Ressourcen pro Rolle und speichern diesen Vorgang (siehe Abbildung 5.30).

In Abbildung 5.31 werden die erhöhten Ressourcen bezüglich der Rollen **Einkäufer** und **Zentraler Einkauf** angezeigt.

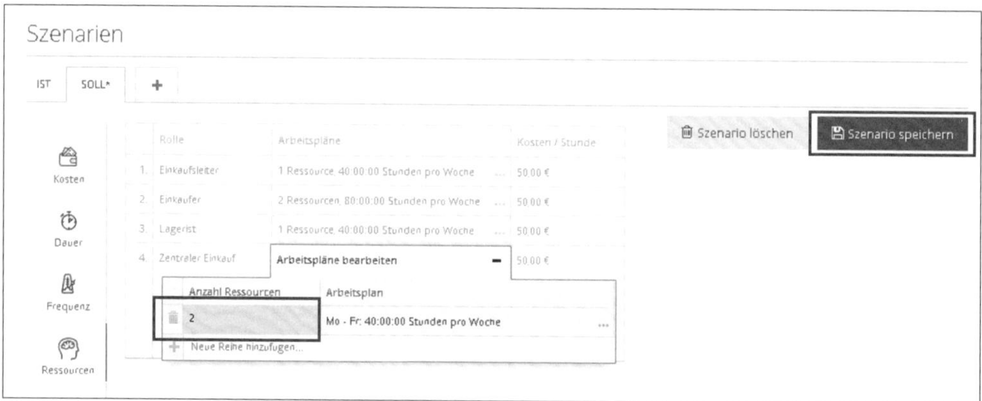

Abbildung 5.30 Ressourcen pro Rolle ändern

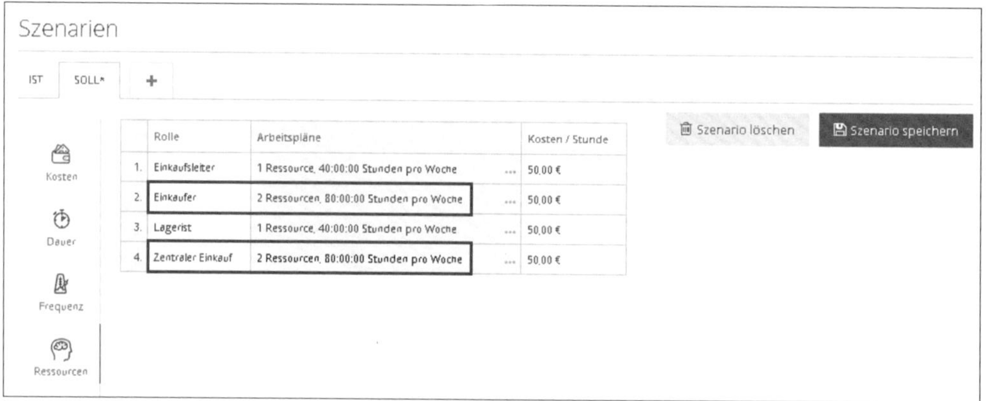

Abbildung 5.31 Aktualisierte Ressourcen pro Rolle

Nun können wir in Abbildung 5.32 unser aktualisiertes Soll-Simulationsszenario erneut starten. Auch nachdem wir nun weitere Ressourcen hinzugefügt haben, ist der Engpass nicht behoben, sondern er entsteht lediglich in einem anderen Prozessschritt. Wir bemerken, dass der Prozess einen Engpass beim Schritt **Bestellung genehmigen** mit blauen Punktstapeln aufweist. Dies wird auch unter **Flaschenhals** im Bereich **Metriken** rechts im Bild angezeigt.

[»]

Simulationsergebnismetriken

Nachdem Sie die Simulation für mehrere Fälle ausgeführt haben, sind die Ergebnismetriken für den aktuellen Lauf der Simulation im rechten Bildbereich verfügbar. Neben den Flaschenhälsen stehen auch die Metriken **Kosten**, **Gesamtdurchlaufzeit** und **Ressourcenverbrauch** zur Verfügung. Mit einem Klick auf die entsprechende Kachel für die Kennzahlsimulation greifen Sie auf Detailinformationen der Metrik.

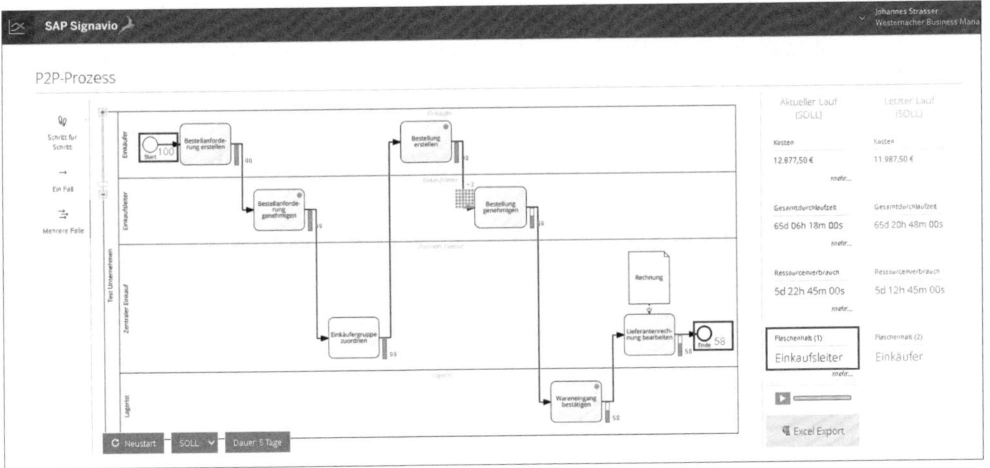

Abbildung 5.32 Ergebnis der aktualisierten Soll-Prozesssimulation

Daraus können wir schließen, dass uns unter den neuen Bedingungen ein Mitarbeiter oder eine Mitarbeiterin in der Rolle **Einkaufsleiter** fehlt. Hinsichtlich unserer SOLL-Simulation sind rechts im Bild darüber hinaus die Gesamtkosten, die abgeschlossenen Fälle und die Gesamtzykluszeit aufgeführt. Von insgesamt 100 Fällen wurden nur 58 Fälle abgeschlossen.

In diesem Anwendungsbeispiel haben wir den P2P-Prozess entworfen und Kosten, Aufwand und Zeit für die Simulation manuell hinzugefügt. Allerdings ist es wichtig zu verstehen, wie die realen, operationellen Prozessdaten innerhalb des Unternehmens aussehen und wie diese an das Prozessmodell gekoppelt werden können. Dieses Anwendungsbeispiel bietet also Spielraum für deutlich mehr. Es lohnt sich beispielsweise, das Prozessmodell noch einmal zu überprüfen und zu versuchen, Engpässe mit innovativen Technologien zu beheben. Hierzu können Sie in weiterer Folge SAP Signavio Process Intelligence heranziehen (siehe Kapitel 4, »SAP Signavio Process Intelligence«).

5.4 Zusammenfassung

Der SAP Signavio Process Manager ist eine cloudbasierte Softwarelösung, die Ihr Unternehmen bei der Dokumentation, Modellierung und Simulation Ihrer Geschäftsprozesse unterstützt. Sie können auf den SAP Signavio Process Manager zurückgreifen, um Ihre Geschäftsprozesse anzupassen oder um diese völlig neu zu gestalten. Dieses Tool hilft Ihnen, schnell auf unvorhersehbare geschäftliche und gesetzliche Änderungen zu reagieren, das Prozess-Repository Ihres Unternehmens langfristig zu skalieren und Geschäftsprozesse zu simulieren, um alternative Geschäftsszenarien zu definieren.

Sie können mit diesem Tool einen besseren Einblick in Ineffizienzen gewinnen und Ihre Leistung in großem Umfang steigern. Den Kunden in den Mittelpunkt zu stellen, ist einer der größten Vorteile des SAP Signavio Process Managers – die Fähigkeit, die Kundenerfahrung durch die Verbindung von Geschäftsprozessen zu einer verbesserten Customer Journey zu steigern. Die Unterstützung der unternehmensweiten Prozesstransparenz sowie die Möglichkeit, eine Prozess- und Entscheidungsmodellierung für alle Bereiche zu ermöglichen, erhöhen definitiv die kontinuierliche Prozessexzellenz durchgängig. Nicht konforme Prozesse können identifiziert und dann bedarfsorientiert korrigiert werden. Das Tool erleichtert außerdem die Bearbeitung und Zusammenarbeit, da Prozessmodelle schnell ausgetauscht werden können. Sie können Ihre geschäftlichen und technischen Anforderungen aufeinander abstimmen und die Prozesse und Entscheidungen über eine einzige Plattform verwalten. Goodbye Prozesschaos!

Kapitel 6
SAP Signavio Journey Modeler

Der SAP Signavio Journey Modeler ermöglicht es Ihnen, eine Außensicht zu gewinnen, wie Stakeholder einzelne Bereiche Ihres Unternehmens tatsächlich erleben. Das Tool fokussiert sich auf die Modellierung sogenannter Journeys, aggregiert relevante Informationen und stellt Ihnen Modelle bereit, die zur Verbesserung verschiedenster Unternehmensabläufe verwendet werden können.

Wenn wir an die wichtigsten Faktoren in der heutigen digitalisierten Welt denken, denken wir meist an Agilität und Transformation.

Agilität ist eine Selbstverständlichkeit, Transformation eine überlebenswichtige Geschäftsnotwendigkeit, und beides reicht nicht aus, um einen nachhaltigen Wettbewerbsvorteil zu erzielen, wenn man nicht besonderen Wert auf das Erlebnis der Kunden legt. Unternehmen von morgen verlagern daher ihre Aufmerksamkeit von einem produkt- und effizienzorientierten Ansatz auf die Kundenorientierung, um sich in einer überfüllten und schnelllebigen digitalen Landschaft zu behaupten. Der SAP Signavio Journey Modeler gibt Ihnen die Werkzeuge an die Hand, mit denen Sie die Art und Weise, wie Ihre Kunden mit Ihren Geschäftsaktivitäten interagieren, verstehen, verbessern und umgestalten können, um so eine dauerhafte Customer Excellence (CEX) zu schaffen (siehe Abbildung 6.1), aber der SAP Signavio Journey Modeler bietet noch viel mehr als die kontinuierliche Verbesserung der Kundenerfahrung. Tauchen wir nun tiefer in die Thematik ein.

In Abschnitt 6.1 widmen wir uns zunächst den vielfältigen Funktionen des SAP Signavio Journey Modelers. Abschnitt 6.2 zeigt verschiedenste Potenziale der Lösung auf. In weiterer Folge illustrieren wir anhand eines Beispiels die Anwendung des SAP Signavio Journey Modelers in der Praxis (siehe Abschnitt 6.3).

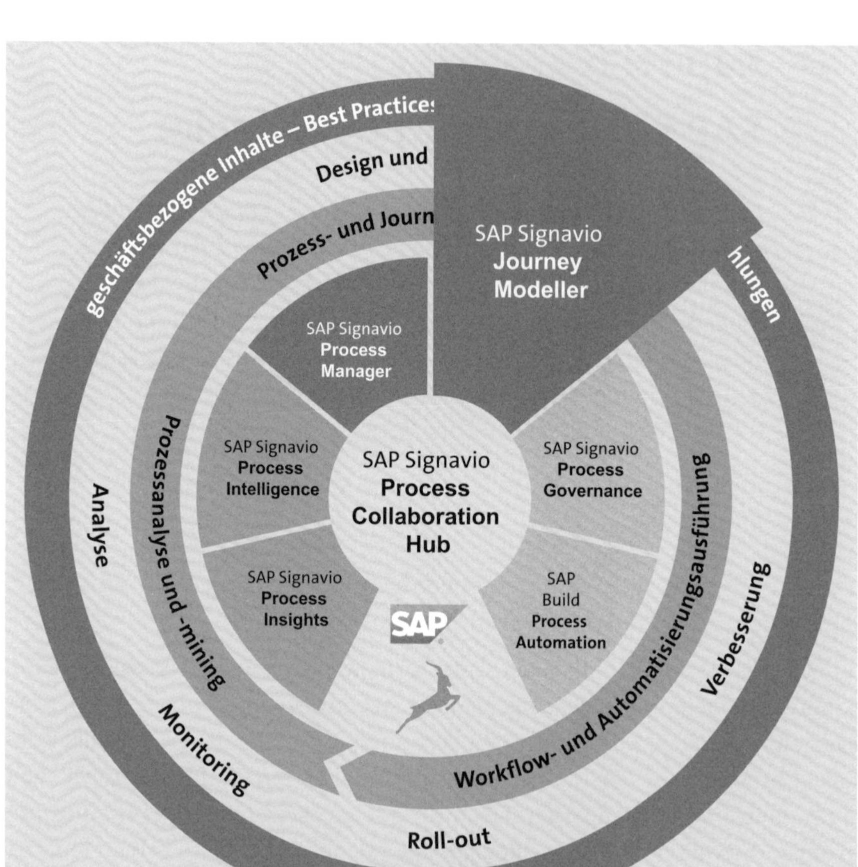

Abbildung 6.1 Der SAP Signavio Journey Modeler im Fokus

6.1 Funktionen

Die Kernfunktionen des SAP Signavio Journey Modelers werden hier im Überblick gezeigt.

- eine zentrale Echtzeitsicht auf die Customer Journey zu erhalten
- Prozessabläufe und die Zusammenarbeit für transparente Arbeitsumgebungen zu vereinfachen
- Interaktionspunkte von Kunden und Beschäftigten für bessere Ergebnisse aufeinander abzustimmen
- Experience-Daten und Process-Mining-Analysen für detaillierte Transformationssichten zu nutzen

- Erkenntnisse über den SAP Signavio Process Collaboration Hub als zentrale Prozessquelle auszutauschen
- Weiterempfehlungsrate (Net Promoter Score), Kundenzufriedenheit und den Customer-Experience-Index für höhere Key Performance Indicators und Werttreiber zu steigern

Der SAP Signavio Journey Modeler ist eine weitere hilfreiche Lösung zur Prozesstransformation, die in der ganzheitlichen Suite von SAP Signavio enthalten ist. Mit diesem Tool können Sie Ihre Kundenerfahrungen operationalisieren, indem Sie Ihre Geschäftsprozesse mit der Art und Weise verknüpfen, wie Ihre Kunden sie tatsächlich erleben, und in weiterer Folge Ihre Organisationssysteme, Messgrößen und Rollen derartig anpassen, um die bestmögliche Kundenerfahrung zu unterstützen.

Der SAP Signavio Journey Modeler bietet Ihnen die Möglichkeit, drei wichtige Dinge zu tun: schnell und einfach Journey-Modelle zu entwerfen, diese Journey-Modelle effektiv innerhalb der SAP Signavio Business Transformation Suite zu verwalten und vor allem ihre Journey-Modelle mit Ihren Geschäftsprozessen zu verbinden.

Die Journey-Modelle ermöglichen Ihnen einen Blick auf Ihr Unternehmen – aus der Perspektive der Kunden, Mitarbeitenden, Lieferanten oder anderen Parteien, die mit Ihrem Unternehmen zu tun haben. Sie unterscheiden sich von klassischen Geschäftsprozessen, die mit BPMN abgebildet werden. Während Geschäftsprozesse Geschäftsabläufe anhand von Ablaufdiagrammen von der Innenperspektive nach außen modellieren, sollen die Journey-Modelle die Erlebnisse Ihrer Kunden aus der Außenperspektive darstellen. Mithilfe des SAP Signavio Journey Modelers können Sie operative Exzellenz von innen nach außen und die Praktiken der Kundenerfahrung von außen nach innen zusammenführen und so eine solide Verbindung zwischen Journeys, Prozessen und Daten schaffen, um Ihre Kunden weitreichend zu begeistern. Um dies zu ermöglichen, können alle bereits im SAP Signavio Process Manager modellierten Geschäftsprozesse mit den im SAP Signavio Journey Modeler erstellten Journey-Modellen verknüpft werden. So kann etwa die Verknüpfung des Prozessmodells mit dem SAP Signavio Journey Modeler auf einer bestimmten Prozessschritt- oder Aufgabenebene vollzogen werden. Außerdem können verknüpfte Prozesse direkt im SAP Signavio Process Collaboration Hub geöffnet werden.

Vor allem im Zuge des SAP Signavio Journey Modelers wird immer wieder der Begriff *Customer Journey* verwendet. Unter einer Customer Journey wird wortwörtlich die Reise des Kunden oder der Kundin vom Erstkontakt mit dem Unternehmen bis hin zum Kauf eines Produkts bzw. bis zur Inanspruchnahme einer Leistung verstanden. Die Customer Journey kann mit dem SAP Signavio Journey Modeler in einer grafischen bzw. tabellarischen Struktur erfasst werden, in der die einzelnen Phasen der Journeys und die Berührungspunkte (sogenannte *Touchpoints*) zwischen Kunden und Unternehmen detailliert aufgelistet und beschrieben werden. Unter Touchpoints versteht man Punkte der direkten Interaktion mit Ihrem Unternehmen. Zudem können Sie die Kundenstimmung für jede Phase des Journeys anhand von Smiley-ähnlichen Symbolen visualisieren, Prozesslandkarten verknüpfen und Datenvisualisierungen als Widgets hinzufügen. Solche Widgets können direkt aus SAP Signavio Process Intelligence eingebettet werden. Durch die Integration operativer und externer Daten mit den Customer Journeys können Sie Verbesserungsmöglichkeiten entdecken und sicherstellen, dass Sie Customer Excellence erreichen. Bei der Customer Excellence geht es um die Kombination der Innen- und Außenperspektive: Welche der Geschäftsprozesse haben Berührungspunkte mit dem Kunden, und – was noch wichtiger ist – wie nehmen die Kunden diese Berührungspunkte wahr? Solche Erkenntnisse führen zu verschiedenen Potenzialen für Ihr Unternehmen.

Tabelle 6.1 liefert Ihnen zunächst einen Überblick über die zahlreichen Application Features des SAP Signavio Journey Modelers.

Feature	Beschreibung
Standard-Journey-Modellierung	Erstellen Sie Journey-Modelle in einer tabellarischen Struktur. Verwenden Sie Phasen, um alle Phasen einer Journey in einem Zeitachsenansatz darzustellen. Fügen Sie Abschnitte hinzu, um Kundenmeinungen oder IT-Systeme einzubeziehen. Die Anzahl dieser Abschnitte ist dabei unbegrenzt. Fügen Sie jedem Abschnitt für eine Phase mehrere Spalten hinzu. Das kleinste Element, das Sie bearbeiten können, ist die Karte, die in einer Tabellenzelle enthalten ist. Was Sie einer Karte hinzufügen können, hängt vom Abschnittstyp ab.
Verknüpfung von BPMN-Prozessen mit Journeys	Verknüpfen Sie einen oder mehrere Prozesse mit einem Journey-Modell. Sie können komplette Prozesse verknüpfen oder einzelne Prozesselemente auswählen.
Anbindung externer BI-Tools	Fügen Sie anhand von Link-Adressen oder Codeschnipseln externe Widgets hinzu, um beispielsweise Daten zu visualisieren. Derzeit werden Tableau und Google Data Studio unterstützt.
Verknüpfung von Widgets aus Prozessanalysen	Fügen Sie Widgets aus SAP Signavio Process Intelligence hinzu, um die Untersuchungsergebnisse zu veranschaulichen.
automatische Erkennung von IT-Systemen und Organisationseinheiten auf Basis verknüpfter Prozesse	In einem Abschnitt im System werden automatisch IT-Systeme angezeigt, die in den verknüpften Prozessmodellen erkannt wurden. Im ersten Element werden alle IT-Systeme aufgelistet, die in einem verknüpften Prozess erkannt werden. Wenn eine Spalte einen verknüpften Prozess enthält, werden die IT-Systeme in diesem Prozess mit einer durchgezogenen Linie gekennzeichnet.

Tabelle 6.1 Funktionen des SAP Signavio Journey Modelers

6.2 Potenziale

Mit dem SAP Signavio Journey Modeler haben Sie eine direkte Möglichkeit, um neue Kundenerfahrungen zu operationalisieren. Der SAP Signavio Modeler ermöglicht es Ihnen, Kundenerfahrungen bei der Interaktion mit bestimmten Geschäftsprozessen in quantifizierbare und verwaltbare Informationen zu übersetzen, sodass Sie sich schnell an veränderte Kundenerwartungen anpassen und die Kunden dauerhaft begeistern können. Dies führt auch zu einer intelligenteren Entscheidungsfindung darüber, welche Kunden wann und wie bedient werden sollen.

Zu den Kernpotenzialen des SAP Signavio Journey Modelers gehören:

- perfekte Customer Journeys zu gestalten
- das Kundenerlebnis zu visualisieren
- die Customer Journey besser zu verstehen
- Daten mit Erlebnissen zu verbinden
- Journeys, Prozesse und Daten auf einer Plattform darzustellen
- die Customer Experience zu steigern
- die Kundenbindung und -loyalität zu verbessern

Die Lösung unterstützt Sie bei der Entwicklung einer zentralen Echtzeitansicht der Kundenerfahrung durch die Verknüpfung von Journeys mit Geschäftsprozessen, zugehörigen IT-Anwendungen, Integrationspunkten und Datenflüssen. Sie können Ihre gesamte Organisation auf kritische Kundenergebnisse ausrichten, indem Sie Journey-Analysen und Stimmungsanalysen nutzen. Darüber hinaus können Sie die Interdependenzen zwischen der Kundenstimmung, den Momenten der Wahrheit und den zugrundeliegenden Prozessabläufen besser verstehen.

[«]

Paradigmenwechsel bei der Kundenerfahrung

Die Kundenerfahrung ist heute wichtiger denn je. Standen früher der Vertrieb von Produkten und Dienstleistungen sowie die Produktivität im Fokus, gibt es einen Paradigmenwechsel in den Unternehmen: Millionen Menschen sehen auf einen Blick, wie ein Produkt oder ein Kundenservice bewertet wird. Eine schlechte Bewertung, ein minderwertiges Produkt oder ein unfreundlicher Service kann sich in der heutigen Zeit kaum noch jemand leisten. Dementsprechend liegt der zeitgemäße Fokus besonders auf dem Kundenerlebnis und den positiven Erfahrungen entlang der Customer Journey.

Eine weitere interessante Möglichkeit liegt hinter der bereits bestehenden Prozesslandschaft. Mithilfe der Process-Mining-Funktionen von SAP Signavio Process Intelligence können Sie kritische Kundeninteraktionspunkte identifizieren. Kundendaten und Process-Mining-Analysen helfen dabei, die Ursachen für Frustration oder

Zufriedenheit Ihrer Kunden zu verstehen und dann die Geschäftsprozesse anzupassen oder neu zu gestalten, um die Kundenzufriedenheit, -bindung und -loyalität effektiv und langfristig zu steigern.

Sie können außerdem Silos zwischen Kundenerlebnis- und Prozessteams aufbrechen und sich auf gemeinsame Ziele und Definitionen der Journey-Modellierung einlassen. Auf diese Weise können Sie Ihre operative Komplexität minimieren und Variationen in den Prozessabläufen verwalten, um ein konsistentes Kundenerlebnis im gesamten Unternehmen zu schaffen. Entsprechende Erkenntnisse können über den SAP Signavio Process Collaboration Hub im gesamten Unternehmen geteilt und gesammelt werden, um Ihr Kundenerlebnis weiter zu verbessern.

Mit dem SAP Signavio Journey Modeler verknüpfen Sie Geschäftsprozesse und Erfahrungen. Dies ist der erste Schritt in Richtung Customer Excellence. Die eigene Customer Excellence Edition bietet Ihnen ein vollständiges 360-Grad-Outside-in- und Inside-out-Denken. Sie hilft Ihnen dabei, die Art und Weise, wie Ihre Kunden mit Ihrem Unternehmen interagieren, besser zu verstehen, zu verbessern und zu transformieren sowie Erfahrungen und Process Mining in operationelle Realität umzusetzen. Im Zuge dessen können Sie Ihre Journey-Modelle nutzen, indem Sie Widgets einbetten, Process-Mining-Analysen extrahieren und Prozesse mit der Kundenstimmung verbinden, um ein tieferes Verständnis der Funktionsweise Ihres Unternehmens zu erhalten. In Abbildung 6.2 sehen Sie beispielhaft eine erstellte Customer Journey für den E-Commerce-Bereich eines Unternehmens. Wenn Sie auf das Kommentarsymbol (zwei Sprechblasen) klicken, öffnet sich ein Kommentarbereich, in dem Sie und Ihre Kolleg*innen Kommentare zur Journey hinzufügen können.

Abbildung 6.2 Kollaborative Journey-Modellierung

Das Tool hilft Ihnen außerdem, Ihre Customer Journey besser zu verstehen: Anhand der Journey-Modelle, zusammen mit den modellierten Geschäftsprozessen, visualisieren Sie sämtliche Erfahrungen Ihrer Kunden, Mitarbeitenden und/oder Lieferanten end-to-end. Mit den erweiterten Anpassungsmöglichkeiten können Sie Ihre Journey-Modelle verfeinern und anpassen.

Journey-Modelle werden in einer Tabellenstruktur erstellt. Tabelle 6.2 zeigt die für die Tabellenstruktur relevanten Elemente auf.

Element	Beschreibung
Phasen (Stages)	Die obere Zeile des tabellarischen Journey-Modells stellt die Phasen einer Journey dar. Phasen repräsentieren immer die erste Zeile Ihres Journey-Modells. Für jede Journey sind Phasen erforderlich. Die verschiedenen Phasen stellen dabei Punkte auf der Zeitachse dar. Jede Phase kann mehrere Spalten enthalten, die allgemein als Schritte (Steps) bezeichnet werden. Sie können die Phasen nicht aus Ihrem Modell entfernen, und Sie können nicht mehr als eine Zeile mit Phasen haben. Die Zeile mit den Phasen ist fixiert. Sie bleibt also auch dann sichtbar, wenn Sie bei längeren Journey-Modellen nach unten scrollen.
Abschnitte	Die Zeilen der Tabelle bilden die verschiedenen Abschnitte der Journey ab. Die horizontalen Abschnitte unterhalb der Phasen fügen für jeden Schritt einer Journey verschiedene Arten von Informationen in Schichten hinzu. Verwenden Sie die oberen Zeilen, um die User Story zu erzählen, die mittleren Zeilen, um Touchpoints oder Kanäle abzubilden, und die unteren Zeilen, um die Perspektive des Unternehmens und die zugehörigen Prozesse darzustellen. Beispiel: Sie verwenden den Abschnitt Stimmung (Customer Sentiment), um sich ändernde Kundenstimmungen zu modellieren, oder den Abschnitt IT-Systeme (IT Systems), um zu zeigen, welche Systeme für einen bestimmten Schritt relevant sind. Sie können jede Art von Abschnitt beliebig oft hinzufügen – neben einem anderen Abschnitt oder am Ende der Journey.
Spalten	Eine Spalte erstreckt sich über alle Abschnitte. Eine Phase kann mehrere Spalten enthalten.
Zellen	Das kleinste Element, das Sie bearbeiten können, ist die Karte, die in einer Tabellenzelle enthalten ist. Was Sie zu einer Karte hinzufügen können, hängt von der Art des Abschnitts ab.

Tabelle 6.2 Elemente der Tabellenstruktur

Es gibt mehr als zehn Abschnittstypen pro Journey, die verschiedene Aspekte der Journey visualisieren und so zu einem vollständigen Gesamtbild auf die Customer Journey beitragen. Diese Abschnittstypen akzeptieren jeweils unterschiedliche Datenformate, sodass Sie z. B. Texte mit Bildern oder Diagrammen kombinieren können, um den Kaufprozess der Kunden multimedial darstellen zu können (siehe Abbildung 6.3). Tabelle 6.3 listet die gängigsten, im SAP Signavio Journey Modeler verfügbaren Abschnittstypen auf.

Abschnittstyp	Beschreibung
Phasen (Stages)	▪ Erstellen Sie eine unbegrenzte Anzahl von Phasen innerhalb der Customer Journey. ▪ Jede Phase kann einen oder mehrere Schritte enthalten. ▪ Per Drag & Drop wird ein einfaches Neuordnen und Bearbeiten möglich.
Bilder (Images)	▪ Durchsuchen Sie die Bildbibliothek nach Dateinamen, und erhalten Sie eine Bildvorschau. ▪ Bilder werden in den Formaten PNG, JPNG, GIF, BMP und SVG unterstützt. ▪ Bilder bis zu 10 MB werden unterstützt. ▪ Nutzen Sie den Bulk-Upload und den Drag-&-Drop-Upload.
Text	▪ Verwenden Sie Textabschnitte, um Schmerzpunkte, Geschäftsziele, Kundengedanken, Momente der Wahrheit usw. zu definieren ▪ Die Textfunktion unterstützt grundlegende Formatierungen: fett, kursiv, Aufzählungszeichen.
Touchpoints	▪ Verwenden Sie die vordefinierte Icon-Bibliothek für jeden Touchpoint. ▪ Verknüpfen Sie einen beliebigen einzelnen Glossareintrag als Touchpoint.
Stimmung (Sentiments)	▪ Eine Fünf-Punkte-Skala zeigt die Kundenstimmung während der gesamten Customer Journey. ▪ Symbole und Farben passen sich automatisch an die Punktzahl an. ▪ Per Drag & Drop ist die Stimmung leicht anpassbar.
Verknüpfte Prozesse (Linked Processes)	▪ Verknüpfen Sie vorab im SAP Signavio Process Manager modellierte Prozesse. ▪ Verknüpfen Sie den gesamten Prozess, oder füllen Sie diesen Abschnitt automatisch mit Informationen in verknüpften Prozessen aus. ▪ Sehen Sie sich den verknüpften Prozess im Seitenbereich an, und öffnen Sie ihn direkt im SAP Signavio Process Collaboration Hub.

Tabelle 6.3 Abschnittstypen im SAP Signavio Journey Modeler

Abschnittstyp	Beschreibung
IT-Systeme und Organisationseinheiten (IT Systems und Organizational Units)	■ Füllen Sie diesen Abschnitt automatisch mit Informationen aus Ihren verknüpften Prozessen aus. ■ Sehen Sie, wie verschiedene IT-Systeme und Organisationen während der Journey beteiligt sind. ■ Fügen Sie bei Bedarf weitere IT-Systeme oder Organisationseinheiten manuell hinzu.
Externe Widgets (External Widgets)	■ Betten Sie Widgets von Drittanbietern direkt in einen Schritt ein. ■ unterstützt Google Data Studio und Tableau
SAP Signavio Process Intelligence Widgets	■ Betten Sie Widgets direkt aus SAP Signavio Process Intelligence ein. ■ Zeigen Sie interaktive Widgets im Seitenbereich an, und greifen Sie direkt auf Ihre Untersuchung zu.
Verknüpfte Journey-Modelle (Linked Journeys)	■ Verlinken Sie direkt mit anderen Journey-Modellen als Sub-Journey oder als Referenz. ■ Wechseln Sie einfach zwischen verbundenen Journeys.

Tabelle 6.3 Abschnittstypen im SAP Signavio Journey Modeler (Forts.)

In Abbildung 6.3 werden die Abschnitte **Stages**, **Storyboard**, **Steps**, **Customer sentiment** und **Process** illustriert.

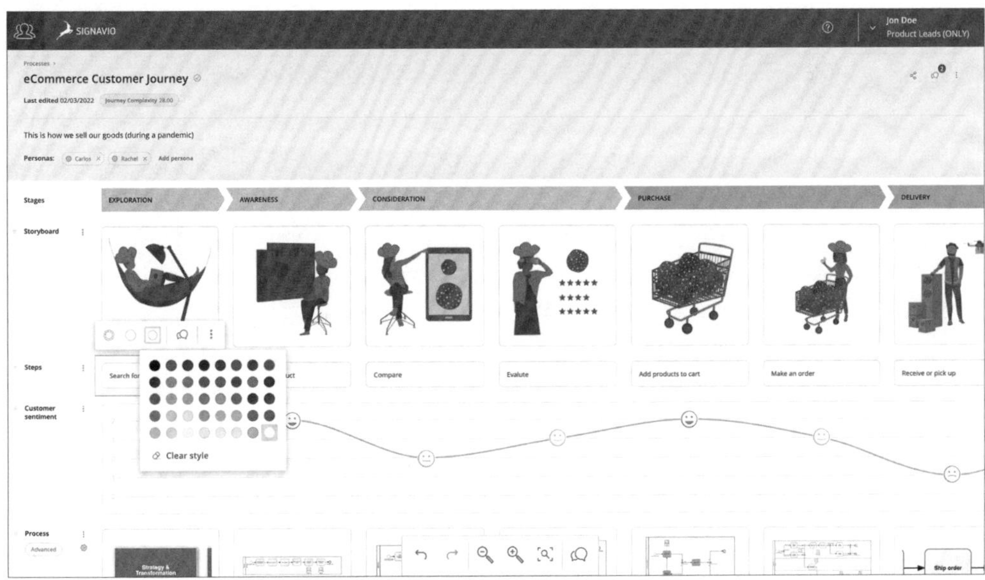

Abbildung 6.3 Tabellarische Journey-Modellierung

All diese Customer Journeys basieren auf Standards und erfordern kein Expertenwissen. Mithilfe der tabellarischen Journeys folgen Sie nicht nur dem Industriestandard, sondern sichern sich auch den Zugriff auf sämtliche Geschäftsprozesse im Zusammenhang mit einer spezifischen Customer Journey. Dadurch können Sie u. a. Engpässe, Doppelarbeit und alle unnötigen Schritte, die sich negativ auf Ihre Kundenbeziehungen auswirken, identifizieren. Mit dem SAP Signavio Journey Modeler erstellen Sie höchst transparente Umgebungen, sodass alle Mitarbeitenden Verbesserungspotenziale identifizieren, Abläufe vereinfachen und Innovationen einzelner Geschäftsbereiche vorschlagen können.

Darüber hinaus profitieren Sie von einem echten Suite-Ansatz, indem Sie Betriebs- oder Kundenerfahrungsdaten aus der SAP-Signavio-Process-Intelligence-Lösung verknüpfen. Hierbei ist erwähnenswert, dass Sie nicht unbedingt an SAP-Signavio-Lösungen gebunden sind. Sie können den SAP Signavio Journey Modeler auch mit externen Systemen wie Tableau und Google Data Studio verbinden, um die mit jeder Customer Journey verbundenen Daten anzuzeigen. In Abbildung 6.4 sehen Sie eine Customer Journey für den E-Commerce. Die tabellarische Struktur der Journey-Modellierung berücksichtigt die in Tabelle 6.3 eingeführten Bereichstypenstufen (**Stages**), externe Widgets (**External widgets**), das Kundensentiment (**Customer sentiment**) sowie verknüpfte Prozessmodelle (**Process**). Anhand des Beispiels **Customer sentiment** erkennen wir, dass die Kundenstimmung bei der Stufe **Delivery** negativ ist und dementsprechend Raum für Optimierung bietet. Wir können uns in weiterer Folge die Daten aus relevanten Metriken sowie die verlinkten Prozesse genauer ansehen, um die Hintergründe des negativen Kundenerlebnisses besser zu verstehen.

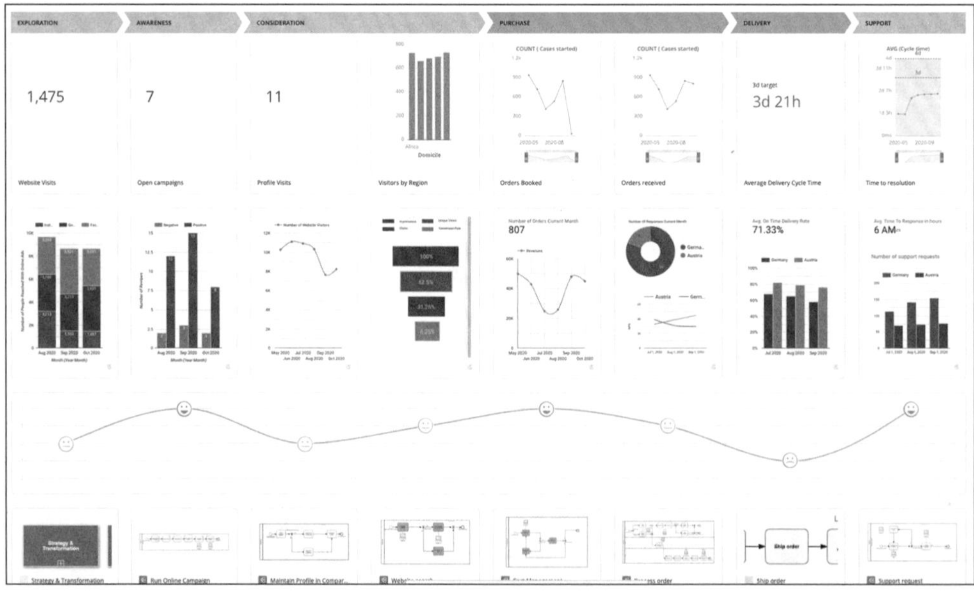

Abbildung 6.4 Datengetriebene Journey-Modellierung

Die Perspektive einer Person, die mit Ihrem Unternehmen interagiert, wird in einem Journey-Modell ausgedrückt. Der Journey Complexity Score bietet Ihnen einen zusätzlichen Datenpunkt zur Auswertung Ihrer Journey-Modelle. Mit dem Journey Complexity Score erhalten Sie einen Eindruck davon, wie schwierig es ist, die Journey abzuschließen. In der Regel wird das Kundenerlebnis verbessert, indem die Komplexität der Journeys verringert und die zugrundeliegenden Prozesse effizienter gestaltet werden. Die Journey Complexity Scores können Ihnen dabei helfen, diesen Fortschritt zu messen. Mit dem SAP Signavio Journey Modeler können Sie automatisch einen *Journey Complexity Score*, basierend auf IT-Systemen, Gateways und Übergaben für die Prozesskomplexität sowie Etappen, Berührungspunkten, Organisationseinheiten und verknüpften Journey-Modellen berechnen. Der Complexity Score für Journey-Modelle gibt Aufschluss darüber, wie viele Abteilungen und Personen in Ihrem Unternehmen an der Journey beteiligt sind und miteinander interagieren, bis die Journey abgeschlossen ist. Ein Complexity Score wird auch für Prozesse bereitgestellt. Diese Bewertung zeigt, wie effizient ein Prozess ist und wie viele Abteilungen und Personen an einem bestimmten Prozess beteiligt sind. Sie können den Journey Complexity Score direkt innerhalb einer Journey visualisieren und bleiben in Echtzeit über die Journey- und Prozesskomplexität informiert. Sobald Sie neue Prozesse und Journeys verknüpfen, wird die Komplexitätsbewertung automatisch aktualisiert (siehe Abbildung 6.5).

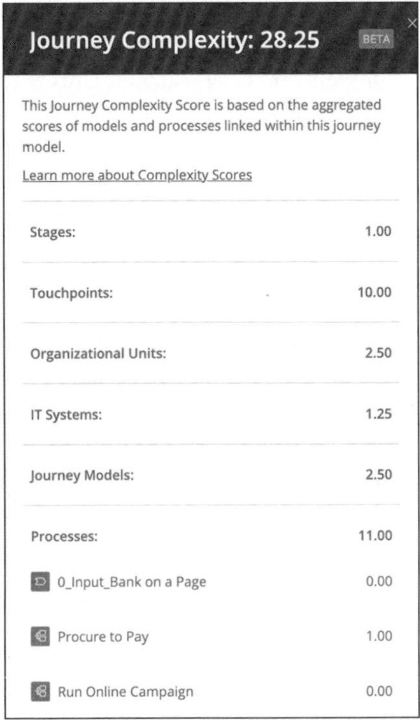

Abbildung 6.5 Journey Complexity Score

Der Complexity Score wird neben den Metadaten des Journey-Modells im rechten Bildbereich angezeigt; der Prozess-Complexity-Score wird im Detailbereich für alle verknüpften Prozesse angezeigt.

Complexity Score ermitteln

Der Complexity Score für ein Journey-Modell aggregiert die Complexity Scores aller verknüpften Prozesse und Journey-Modelle. Dabei werden auch Eigenschaften wie die Anzahl der Phasen, die Anzahl der Kontaktpunkte sowie die hinzugefügten Organisationseinheiten und IT-Systeme berücksichtigt. Der Complexity Score für einen Prozess berücksichtigt, wie viele Entscheidungen, Übergaben und parallele Verfahren enthalten sind. Dabei wird auch die Anzahl der beteiligten IT-Systeme, der notwendigen Dokumente und der verknüpften Prozesse berücksichtigt. Ein komplexerer Prozess hat einen höheren Score für die Prozesskomplexität. Die Verknüpfung komplexerer Prozesse mit einem Journey-Modell erhöht infolgedessen die Komplexität der gesamten Journey. Die für Journey-Abschnitte angezeigten Zahlen sind schlussendlich aggregierte Bewertungen, aber nicht die Anzahl der spezifischen Elemente im Journey-Modell.

Das große Potenzial des SAP Signavio Journey Modelers besteht zudem darin, dass Sie Customer Journeys, Geschäftsprozesse und Daten zusammen mit dem SAP Signavio Process Collaboration Hub auf einer einzigen Plattform effizient verwalten können. Mit dem SAP Signavio Process Collaboration Hub werden Inhalte erstellt, erfasst und von jedem Nutzer bzw. von jeder Nutzerin jederzeit und über Journey-Untersuchungen und Kunden- oder Transformationsinitiativen hinweg geteilt. Wie bereits kurz angeschnitten, können Sie die Leistungsfähigkeit von Process Mining nutzen, indem Sie Process Mining von SAP Signavio Process Intelligence mit den Customer Journeys verbinden, um diese tiefgreifend zu analysieren. Dabei können Sie Ihre Betriebs-, Transaktions- und Outside-in-Daten als Teil Ihrer Transformationsinitiativen in Betracht ziehen. Der SAP Signavio Journey Modeler erlaubt es Ihnen schlussendlich, sämtliche Berührungspunkte mit Transaktions- und Leistungsdaten zu verknüpfen und infolgedessen die Entwicklung in Echtzeit zu überwachen. Dies hilft Ihnen wiederum zu sehen, wo Ihr Betrieb wie mit Kunden interagiert, und bietet Ihnen so eine ganzheitliche Sicht zur Verbesserung Ihres Kundenerlebnisses. Abbildung 6.6 illustriert mit der Customer Journey verknüpfte Prozessmodelle, IT-Systeme (**IT Systems**) sowie Organisationseinheiten (**Organizational Units**). Am Beispiel der verknüpften IT-Systeme erkennen wir anhand einer durchgezogenen Linie, welche IT-Systeme in welchem Prozessschritt verwendet werden. Nähere Details zu den verknüpften Inhalten finden Sie in Tabelle 6.1.

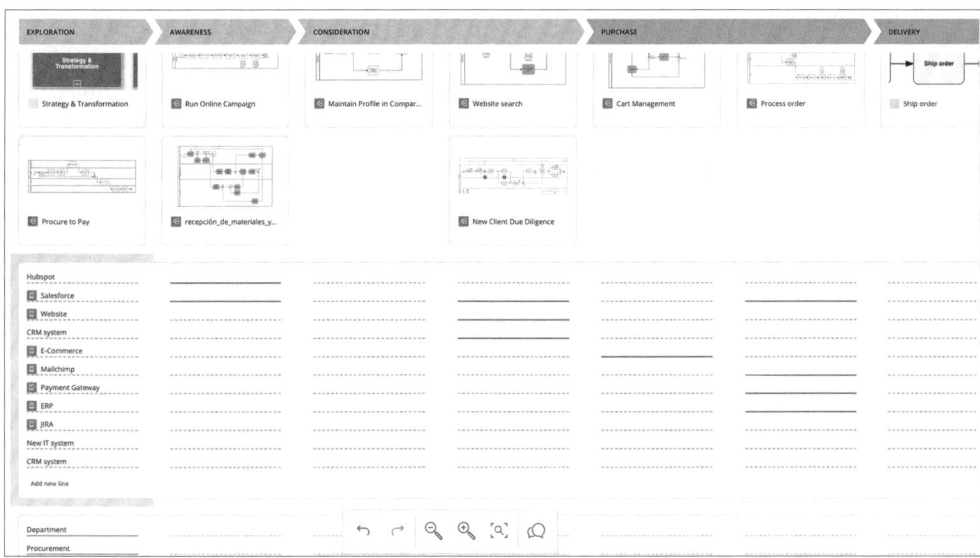

Abbildung 6.6 Verknüpfte IT-Systeme

6.3 Anwendungsbeispiel: Arbeit mit einer Customer Journey Map

Wie Sie es bereits aus den vorangehenden Kapiteln kennen, möchten wir Ihnen auch den SAP Signavio Journey Modeler anhand eines Anwendungsbeispiels vorstellen. Dieses Beispiel basiert auf einer Customer Journey Map, die mit dem SAP Signavio Process Manager (siehe Kapitel 5, »SAP Signavio Process Manager«) modelliert werden kann.

[«]

Was ist eine Customer Journey Map?

Eine *Customer Journey Map* zeigt einen Geschäftsprozess aus der Perspektive eines Kunden. Dieser umfasst oft nur wenige Schritte, bei denen das Hauptinteresse des Kunden auf dem Ergebnis des Prozesses liegt und nicht auf dem Aufwand, der in die Aktivitäten gesteckt wird, um zum Endergebnis zu gelangen. Ein Kunde kann eine Person außerhalb der Organisation sein (z. B. ein Endkunde), aber auch jemand innerhalb der Organisation (z. B. Mitarbeitende). Infolgedessen versteht man unter einer Customer Journey Map eine visuelle Abbildung aller Kontaktpunkte während der gesamten Customer Journey mit Ihrem Unternehmen – von der Entdeckung über den Kauf bis hin zur Bindung.

In Abbildung 6.7 sehen Sie eine Customer Journey Map für einen Order-to-Cash-Prozess, wie dieser im System dargestellt werden kann. Dort sehen wir Linda, die als Einkäuferin von Waren in Ihrem Unternehmen tätig ist. Ihr Ziel ist es, die besten Rohmaterialien in kurzer Zeit und zu wettbewerbsfähigen Konditionen von Bestands- sowie von Neulieferanten zu beschaffen. Sie recherchiert und bittet um ein Angebot von unserem Beispielunternehmen, in dem Alan als Vertriebsmitarbeiter angestellt ist. Er erstellt ein Angebot für Linda. Sein Ziel ist dabei, dass die Bestellung schnell und qualitätskonform innerhalb des Unternehmens abgewickelt wird, um Linda zufriedenzustellen.

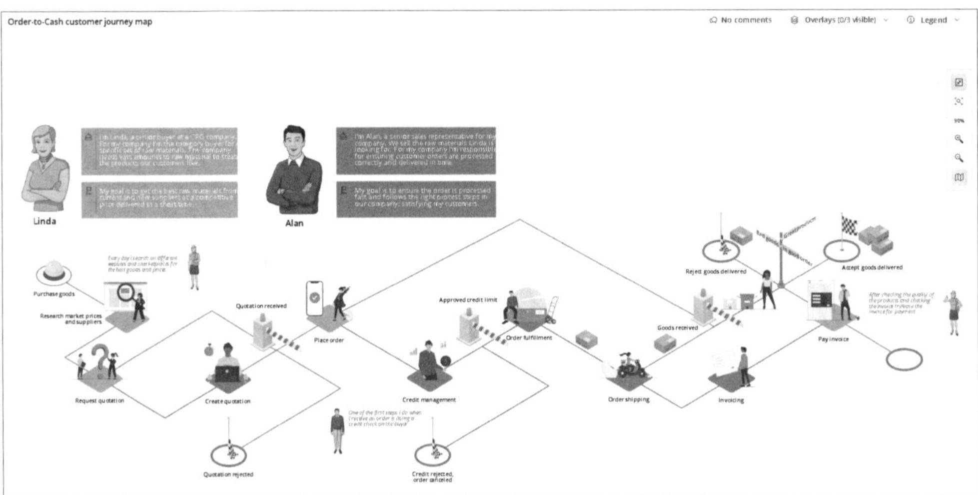

Abbildung 6.7 Eine beispielhafte Customer Journey Map

Es gibt kein vorgegebenes Format für die Entwicklung von Customer Journey Maps. Die meisten Customer Journey Maps enthalten jedoch die in Tabelle 6.4 aufgelisteten Elemente.

Element	Beschreibung
Persona (oder Akteur)	ein der Journey Map zugrundeliegende Kunde oder Benutzer
Szenario	die gewünschte Aktion oder das Ziel, das die Persona zu erreichen versucht
Aktionen	die Schritte, die die Persona und andere Personas während der Journey durchlaufen
Motivationen	Gedanken oder Emotionen, warum die Persona etwas Bestimmtes getan hat
Momente der Wahrheit	Die Momente der Wahrheit, in denen sich die Persona eine positive oder negative Meinung bildet

Tabelle 6.4 Elemente für Journey Maps

Element	Beschreibung
Chancen	Verbesserungspotenziale der Journey. Chancen machen die Journey Map umsetzbar.
Übergabepunkte/ Verantwortung	Der Moment/Punkt, an dem Interaktionen von einem Team oder einer Person zu einem/einer anderen übergehen. Dies unterstreicht die Verantwortlichkeit.
Metriken	Wie der Erfolg bewertet wird, sodass Teams beurteilen können, ob sich Veränderungen positiv auf das Erlebnis ausgewirkt haben.

Tabelle 6.4 Elemente für Journey Maps (Forts.)

Linda, die Kundin, recherchiert eine Ware und fordert bei einem Unternehmen, das die Ware verkauft, ein Angebot von Alan, dem Verkäufer ein. Sobald das Angebot von Alan abgegeben wurde, gibt es einen sogenannten *Moment of Truth* (Moment der Wahrheit): Wird Linda das Angebot annehmen oder nicht? Dieser Moment wird in Abbildung 6.7 durch die Schranke mit der Beschriftung **Quotation received** dargestellt. Wird das Angebot angenommen, wird die Bestellung aufgeben; andernfalls endet der Vorgang. Sobald die Bestellung aufgegeben worden ist, kann Linda nur auf das Eintreffen der Ware warten, während sich die Verkaufsorganisation nun in Bewegung setzen muss: Zunächst muss die Kreditwürdigkeit der Kundin geprüft werden, und im Anschluss wird die Ware so schnell wie möglich und in gutem Zustand geliefert, um Lindas Erwartungen zu erfüllen.

Diesbezüglich sind einige interne Prozessschritte abzuschließen. Wir können beispielsweise in Abbildung 6.8 in Schritt vier auf **Kreditverwaltung** (**Credit management**) klicken, um den Seitenbereich zu öffnen und den Link zum Kreditverwaltungsprozess anzuzeigen. Dies macht ersichtlich, welche Prozesse mit einem bestimmten Schritt in der Customer Journey Map verknüpft sind. Die Leistung des Prozesses und das Ergebnis wirken sich auf die Customer Journey und damit auf Lindas Erfahrung aus. Wenn beispielsweise der Credit-Management-Prozess ein negatives Ergebnis liefert, wird die Bestellung storniert, was Linda sicherlich nicht zu einer glücklichen Kundin macht. Dies ist ein wichtiger Teil der Journey, sowohl für Linda als auch für das verkaufende Unternehmen. Der Kreditverwaltungsprozess sollte daher gut funktionieren. Prozessperformanceindikatoren hierzu können wir aus den verknüpften SAP-Signavio-Process-Intelligence-Widgets in Abbildung 6.9 entnehmen.

Sobald die internen Prozesse abgeschlossen sind, wird die Ware versendet und trifft bei Linda ein. Dies ist ein weiterer Moment der Wahrheit für Linda und entscheidend dafür, ob sie eine wiederkehrende Kundin wird. Ist sie mit der Ware und dem gesamten Kaufprozess zufrieden, stehen die Chancen gut, dass sie erneut beim Unternehmen bestellt. Ist sie mit dem Prozess oder den Waren unzufrieden, wandert sie zur Konkurrenz ab.

In diesem Anwendungsbeispiel möchten wir uns nun in die Lage des Unternehmens versetzen, das Linda als Kundin gewinnen und halten möchte. Mit dem SAP Signavio Process Manager können wir uns den End-to-End-Prozess von Lead-to-Cash und den dazugehörenden Teilprozess Kreditmanagement näher ansehen und einen Einblick in deren Abläufe gewähren. Ein entscheidender Stakeholder dieser Prozesse ist Linda – unsere Kundin. Um zu verstehen, wie Linda den Lead-to-Cash-Prozess erlebt und eine entsprechende Outside-in-Sicht für unsere Organisation zu schaffen, wird nun mit dem SAP Signavio Journey Modeler auf der Basis von den in Tabelle 6.2 aufgelisteten Elementen ein Customer Journey Model erstellt (siehe Abbildung 6.8).

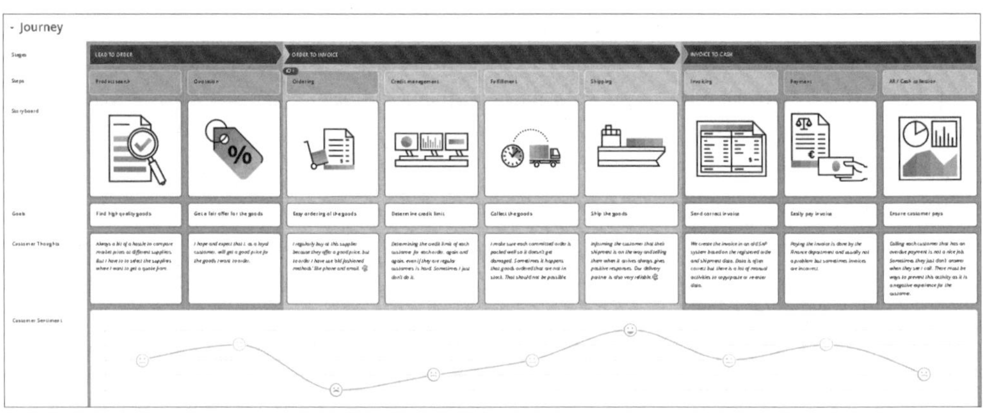

Abbildung 6.8 Customer Journey Model

Dieses Customer Journey Model stellt die aktuelle Situation dar und umfasst zwei Personas: die Kundin (Linda) und den Vertriebsmitarbeiter (Alan). Es zeigt die wichtigsten Phasen/Stufen und die wichtigsten Schritte auf, die abgeschlossen werden müssen. Wenn wir nach unten scrollen, sehen wir andere Elemente des Modells wie etwa Ziele, Kundengedanken, Kundenstimmung (die tatsächliche Erfahrung!), Berührungspunkte, Momente der Wahrheit, assoziierte Prozesse (diese Prozesse werden durch die Verknüpfung zum SAP Signavio Process Manager zur Verfügung gestellt), Leistungsinformationen sowie Prozessintelligenz (diese Informationen werden durch die Verknüpfung zu SAP Signavio Process Intelligence zur Verfügung gestellt), Stakeholder und Systeme. Das Customer Journey Model ist vollständig je nach Bedarf konfigurierbar. Beispielsweise kann jede Art von Abschnitt beliebig oft hinzugefügt werden – neben einem anderen Abschnitt oder am Ende der Journey. Gängige Abschnittstypen sind in Tabelle 6.3 aufgelistet.

Da unser Unternehmen auch ein aktives Prozessmanagement und Prozessleistungsberichte eingeführt hat, zeigt das Customer Journey Model auch alle mit dem Journey-Schritt verknüpften Prozesse und die Leistung des jeweiligen Prozesses über die verschiedenen Widgets. Eine Illustration dafür sehen Sie im unteren Bildbereich in Abbildung 6.9. Auf einer einzigen Seite können Sie also erkennen, aus welchen Schritten die Customer Journey besteht, welche Prozesse diese Journey unterstützen und welche Auswirkungen diese Prozesse auf das eigentliche Kundenerlebnis haben.

Wie liest man das Customer Journey Model genauer? Zunächst sehen wir uns einige der Spalten in Abbildung 6.8 genauer an, indem wir weiter nach unten scrollen. In diesem Zuge betrachten wir die einzelnen Prozessschritte der Customer Journey genauer.

In der ersten Spalte **Product search** wird der Prozessschritt der Produktsuche visualisiert. Die Kundin recherchiert über die zu kaufenden Waren. Die Kundin hat einige Ziele und Gedanken zum Prozess. Das Gesamterlebnis wird durch das Diagramm in der Zeile **Customer Sentiment** ausgedrückt. Wie Sie sehen, befindet sich das Gefühl der Kundin in diesem Prozessschritt eher auf einem mittelmäßigen Niveau, was durch den neutral aussehenden Smiley ausgedrückt wird. Um den Schritt abzuschließen, wird eine Website verwendet, um Informationen zu sammeln. Der damit verbundene interne Prozess heißt **Warenkauf**. Prozessdetails hierzu können wir dem verknüpften Prozess **Buying goods (Lead to Order)** unter **Linked Processes** in Abbildung 6.9 entnehmen. Das Unternehmen verfügt nicht über relevante Leistungsinformationen, sodass der Platz für Process-Intelligence-Widgets leer ist (siehe ebenfalls Abbildung 6.10). Am Ende sehen wir die Liste der Stakeholder und der eingesetzten IT-Systeme (siehe Abbildung 6.11).

Im zweiten Prozessschritt (Spalte **Quotation** in Abbildung 6.8) bittet die Kundin um ein Angebot für die Ware, die sie bestellen möchte. Das Angebot selbst ist ein Moment of Truth, denn es entscheidet, ob die Kundin die Ware bestellt oder nicht. Das Angebot muss vom Vertriebsmitarbeitenden erstellt werden, wie es aus der beigefügten Prozessauftragsverwaltung ersichtlich ist. Scrollen Sie im Bild weiter nach unten, und klicken Sie, wie in Abbildung 6.9 gezeigt, auf den verknüpften Prozess **Order Management**. Es öffnet sich der Seitenbereich mit näheren Prozessdetails. Optional kann der komplette Prozess mit dem SAP Signavio Process Manager geöffnet werden, um sämtliche Aufgaben des Vertriebsmitarbeitenden anzuzeigen. In diesem Beispiel bleiben wir jedoch beim Customer Journey Model.

Wenn das Angebot nicht den Erwartungen der Kundin entspricht, wird der Auftrag nicht erteilt. Daher muss sichergestellt werden, dass das Kundenerlebnis, wie in Abbildung 6.8 anhand eines glücklichen Smiley-Symbols dargestellt, positiv bleibt. Ansonsten wäre an diesem Punkt die Customer Journey zu Ende.

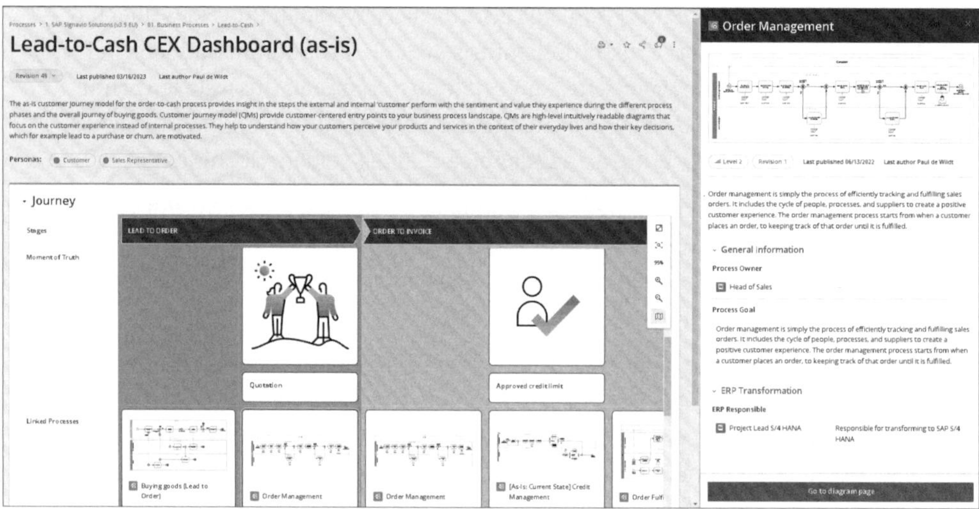

Abbildung 6.9 Prozessmodellverknüpfung in der Customer Journey

Ist die Kundin jedoch zufrieden und nimmt das Angebot an, ist die nächste Phase die Warenbestellung (siehe die Spalte **Ordering** in Abbildung 6.8). Anhand des unzufrieden aussehenden Smileys in der Spalte **Customer Sentiment** in Abbildung 6.8 können wir ablesen, dass dies bei uns ein Schritt ist, bei dem die Kundenstimmung niedrig ist. Es bietet sich an, die Bestellaktivität für die Kundin zu verbessern. Für diesen und die nächsten Schritte stehen einige verknüpfte Prozessperformanceindikatoren aus SAP Signavio Process Intelligence in Abbildung 6.10 zur Verfügung. Diese sind im unteren Bildbereich unter dem Abschnitt **Process Intelligence Widgets** ersichtlich.

Das Kreditmanagement (Spalte **Credit management**) ist gemäß Abbildung 6.8 der nächste Prozessschritt im Prozess, und obwohl dies ein interner Schritt in unser Customer Journey ist, ist der Wert in der Spalte **Customer Sentiment** auch hier niedrig. Der Vertriebsmitarbeitende hat einige skeptische Gedanken über diesen Prozess, was zu den Schlussfolgerungen aus der Prozessanalyse in Abbildung 6.10 beiträgt.

Abbildung 6.10 illustriert allgemein die sogenannten Moments of Truth sowie die verknüpften Prozessmodelle und Process-Intelligence-Widgets je Prozessschritt. Beispielsweise können wir die einzelnen Prozessmodelle oder Widgets anklicken, um entsprechende Detailinformationen zu erhalten. Um zu diesem Bild zu gelangen, scrollen wir einfach im vorangehenden Bild etwas weiter nach unten.

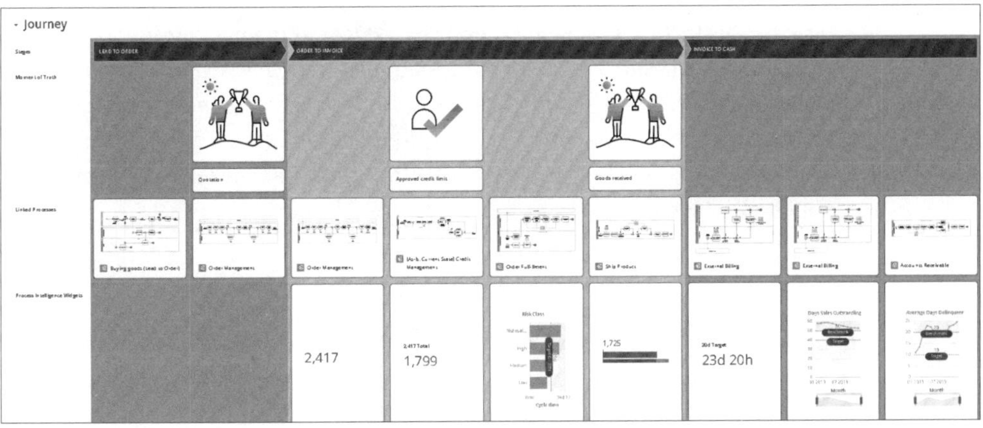

Abbildung 6.10 Auszug von Customer-Journey-Model-Elementen

Die anderen Spalten in Abbildung 6.8 stellen verschiedene weitere Schritte des End-to-End-Prozesses Lead-to-Cash mit den dazugehörigen detaillierten Teilprozessen und verknüpften Leistungsinformationen dar. Dies gibt einen klaren Überblick darüber, welche Aktivitäten zum Kundenerlebnis beitragen und wie diese wahrgenommen werden.

Abschließend bieten die Elemente in Abbildung 6.11 eine Übersicht über die betroffenen Stakeholder sowie über die eingesetzten IT-Systeme der jeweiligen Prozessschritte. Um in dieses Bild zu gelangen, scrollen Sie einfach im vorangehenden Bild weiter nach unten. Unsere Journey enthält verknüpfte Prozesse, und wir haben u. a. die Bereiche **Organizational Units** sowie **IT Systems** hinzufügt. Somit werden alle in den verknüpften Prozessmodellen erkannten Organisationseinheiten und IT-Systeme automatisch in diesem Abschnitt angezeigt. Im ersten Element werden alle Organisationseinheiten bzw. IT-Systeme aufgeführt, die in einem verknüpften Prozess erkannt werden. Anhand des Beispiels der IT-Systeme sind in unserem Fall Salesforce, SAP FICO, SAP SD, SAP FSCM, SAP MM sowie ein Digital Payment System in die Prozesse involviert. Wenn eine Spalte einen verknüpften Prozess enthält, werden Organisationseinheiten bzw. IT-Systeme in diesem Prozess durch eine durchgezogene Linie gekennzeichnet. Die automatisch erkannten Organisationseinheiten bzw. IT-Systeme können weder entfernt noch weiterbearbeitet werden.

Hinzufügen von IT-Systemen

Neben dem automatischen Erkennen von IT-Systemen durch verknüpfte Prozesse können die IT-Systeme auch manuell in Ihre Journey hinzugefügt werden. Dazu fügen Sie im System eine neue Zeile hinzu und geben die Bezeichnung des gewünschten IT-Systems ein. Das IT-System wird in der ersten Spalte aufgeführt, und alle Spalten werden mit einer gestrichelten Linie versehen. Sie aktivieren manuell hinzugefügte IT-Systeme für eine einzelne Spalte, indem Sie auf die gestrichelte Linie klicken. Aktivierte Systeme sind durch eine durchgezogene Linie gekennzeichnet. Wenn Sie ein manuell hinzugefügtes IT-System aus der ersten Spalte löschen, wird es aus dem Journey-Modell entfernt. Dieselbe Logik gilt auch für das manuelle Hinzufügen von Organisationseinheiten.

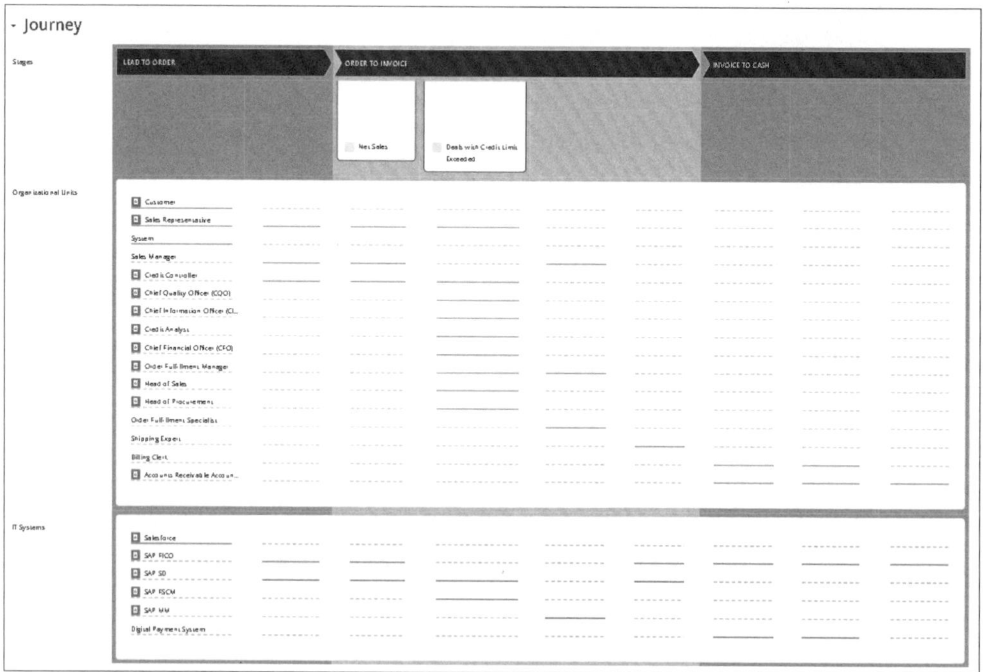

Abbildung 6.11 Involvierte Organisationseinheiten und IT-Systeme in der Customer Journey

6.4 Zusammenfassung

Der SAP Signavio Journey Modeler ist ein hilfreiches Tool, das Sie bei der Erreichung von Customer Excellence unterstützt. Sie können den SAP Signavio Journey Modeler nutzen, um die Kundenzufriedenheit durch die Entwicklung von Customer Journey Models für Touchpoint-Verbesserungen, die Ausrichtung von Geschäftsprozessen auf Kundenerfahrungen sowie den Austausch von kundenzentrierten Journeys für Feedback und potenzielle Verbesserungen der Erfahrungen zu erreichen.

Der SAP Signavio Journey Modeler ist eine Softwarelösung, mit der Sie visualisieren können, wie Ihre Kunden, Vertreter*innen oder Mitarbeitenden Ihr Unternehmen tatsächlich erleben. Diese Lösung verbindet kundenorientierte Anforderungen mit einer operativen Exzellenz im großen Maßstab und stellt eine solide Verbindung zwischen Journeys, Prozessen und Daten her. Diese Lösung unterstützt die Operationalisierung von Kundenerlebnissen, indem sie Geschäftsprozesse derartig verknüpft, wie Kunden sie wirklich erleben. Sie können den SAP Signavio Journey Modeler einsetzen, um Ihre organisatorischen Systeme, Metriken und Rollen in einer Form anzupassen, dass Sie die bestmöglichen Interaktionen bieten. Sie können in diesem Kontext Daten aus dem Prozess-Mining auswerten, um einen Wettbewerbsvorteil für Customer Experience zu erzielen. Die Lösung fördert eine komplette Outside-in- und Inside-out-Perspektive und unterstützt Sie dabei, die Kundeninteraktion mit Ihrem Unternehmen besser zu verstehen, zu verbessern und zu transformieren, indem sie Erfahrungen und Prozessanalysen in die betriebliche Realität umsetzt. Dies beinhaltet die Generierung von mehr Erkenntnissen darüber, wie man Kunden das geben kann, was sie wirklich wollen. Grundlage dafür sind stets die eingebundenen Kundenerlebnisse in die Customer Journey. Der SAP Signavio Journey Modeler entfaltet sein volles Potenzial durch die Verknüpfung mit der SAP Signavio Business Transformation Suite, insbesondere dem SAP Signavio Process Manager, SAP Signavio Process Intelligence und dem SAP Signavio Process Collaboration Hub. Letzteres ist besonders für Unternehmen interessant, die auf der Suche nach einer zentralen Kollaborationsplattform für das gesamte Prozessmanagement sind.

Kapitel 7
SAP Signavio Process Collaboration Hub

*Der SAP Signavio Process Collaboration Hub ist das Herzstück der SAP Signavio Transformation Suite und dient sämtlichen Benutzer*innen als zentraler Einstiegspunkt in Ihre Prozesslandschaft. Das Tool erleichtert die ganzheitliche Zusammenarbeit aller Beteiligten – nicht nur während des Prozessdesigns, sondern auch während der Prozessausführung sowie der kontinuierlichen Prozessverbesserung.*

In Abschnitt 1.3, »Das intelligente Unternehmen von morgen«, haben wir festgehalten, dass sich komplexe Situationen meist in Kollaboration und unter der Berücksichtigung verschiedenster Ansichtsweisen und Ideen am besten lösen lassen. Über den SAP Signavio Process Collaboration Hub (kurz Hub genannt) können nun allen Mitarbeitenden Prozessmodelle und weiterführende Informationen zur Verfügung gestellt werden (siehe Abbildung 7.1). Wenn es um kollaboratives Prozessmanagement geht, ist der SAP Signavio Process Collaboration Hub quasi das Herzstück. Dieser zentrale Knotenpunkt ermöglicht eine effektive Kommunikation innerhalb Ihres Unternehmens und über Unternehmensgrenzen hinweg und sichert gleichzeitig kollektives Wissen und gemeinsame Arbeitsanstrengungen. Dieses Tool unterstützt einen echten Wandel für Unternehmen aller Branchen und Regionen. Benutzer*innen können Kommentare und Freigabefunktionen nutzen und so eine kollaborative und transparente Arbeitsumgebung der nächsten Generation fördern, indem sie eine einzige Quelle der Prozesswahrheit für das gesamte Unternehmen nutzen. Der Hub treibt die Digital- und Cloud-Strategie Ihres Unternehmens durch End-to-End-Transparenz weiter voran, einschließlich SAP-S/4HANA-Migrationen. Darauf werfen wir einen genaueren Blick.

In Abschnitt 7.1 widmen wir uns zunächst den vielfältigen Funktionen des SAP Signavio Process Collaboration Hubs. Abschnitt 7.2 zeigt verschiedenste Potenziale der Lösung auf. In weiterer Folge illustrieren wir anhand eines Beispiels die Anwendung des SAP Signavio Process Collaboration Hubs in der Praxis (siehe Abschnitt 7.3).

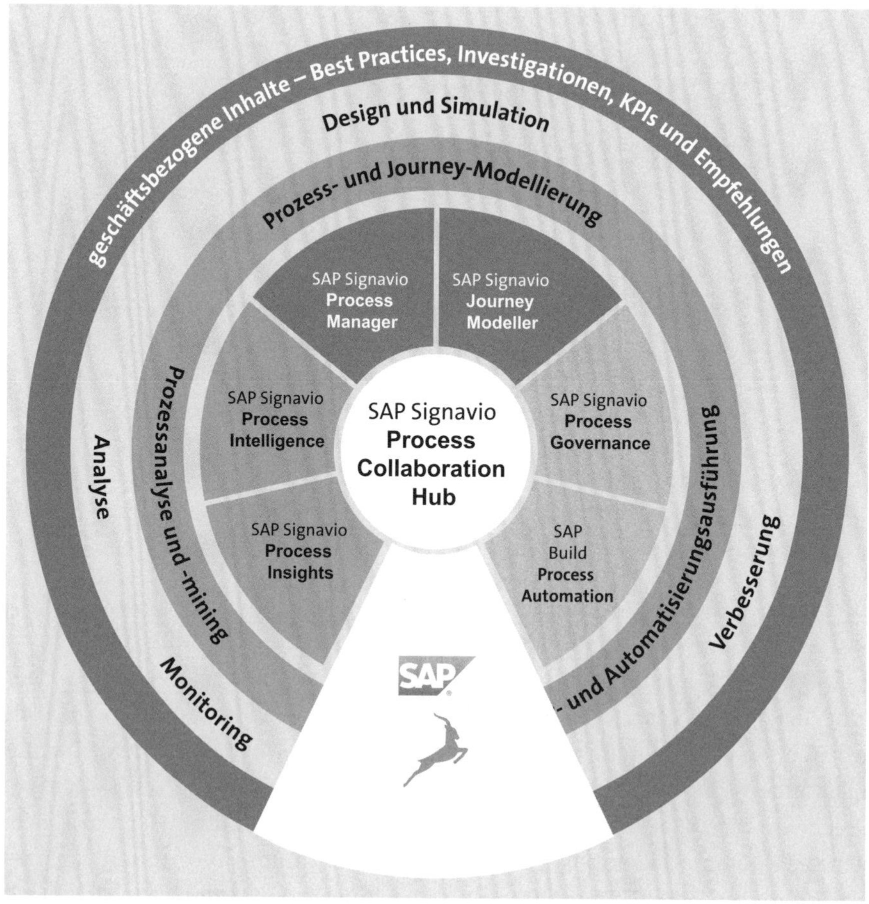

Abbildung 7.1 SAP Signavio Process Collaboration Hub im Fokus

7.1 Funktionen

Der SAP Signavio Process Collaboration Hub bietet eine ganzheitliche Plattform, um das Wissen der Masse zu nutzen und Prozesse kontinuierlich zu innovieren und zu optimieren. Der SAP Signavio Process Collaboration Hub verändert dementsprechend die Art und Weise, wie Mitarbeitende in Ihrem Unternehmen zusammenarbeiten. Das bedeutet beispielsweise, dass der SAP Signavio Process Collaboration Hub als Single Source of Truth Ihrer Prozesse fungiert, die Ihnen Live-Einsichten liefert und Ihren Mitarbeitern einen unternehmensweiten und transparenten Anlaufpunkt bietet, an dem sie ihre Arbeit und ihr Fachwissen in Bezug auf die Geschäftsprozesse bündeln können.

Zu den Kernfunktionen des SAP Signavio Process Collaboration Hubs gehören:

- aktuelle Informationen zu Änderungen von relevanten Inhalten, angefordertem Feedback und Erwähnungen erhalten
- gemeinsame Projekte verstehen, nachverfolgen und steuern
- Prozessinhalte aus der gesamten SAP Signavio Process Transformation Suite verwalten
- Präsentationen optimieren und Stakeholder über Aktualisierungen leicht verständlich informieren
- einen umfassenden Überblick über die Prozesslandschaft erhalten, einschließlich Dokumentation, Analyse und Kennzahlen
- Initiativen unternehmensweit mithilfe eines einheitlichen Informationsstands fördern

Mit dem SAP Signavio Process Collaboration Hub können Sie über Änderungen an Ihren Prozessmodellen in Echtzeit auf dem Laufenden bleiben und alle Prozessinhalte übersichtlich und einfach darstellen. Dies ermöglicht es Ihnen, gemeinsame Projekte zu verstehen, zu verfolgen und zu verwalten und Prozessinhalte über die gesamte SAP Signavio Business Transformation Suite zu organisieren, einschließlich SAP Signavio Process Intelligence, dem SAP Signavio Process Manager, dem SAP Signavio Journey Modeler und SAP Signavio Process Governance. Der Hub treibt Initiativen im gesamten Unternehmen voran, indem er sicherstellt, dass all Ihre Beteiligten auf demselben Informationsstand stehen, Präsentationen rationalisiert und allen Mitarbeitern leicht verständliche Updates zur Verfügung stellt.

Der SAP Signavio Process Collaboration Hub kann auch personalisiert werden. Sie können Personen bestimmter Gruppen zuordnen. Diese gruppenbasierten Einstiegspunkte bedeuten, dass keine Zeit mehr mit der Suche nach den für die eigentliche Arbeit relevanten Informationen verschwendet werden muss. Sie können genau steuern, wie der Hub für bestimmte Benutzergruppen aussieht und wie er ausgestaltet ist. Außerdem können Sie Ihren eigenen Newsfeed kuratieren, indem Sie die Prozessmodelle, Konversationen oder Arbeitsbereiche abonnieren, die für Sie am wichtigsten sind. Durch die Anpassung der Ansicht des Hubs können Sie Ihre Aufgaben besser strukturieren und die Zufriedenheit und Produktivität Ihrer Benutzer verbessern. Der Zugriff auf die Funktionen des SAP Signavio Process Collaboration Hubs wird mithilfe von Zielgruppen, Sichtbarkeit und Lizenzen verwaltet. Tabelle 7.1 liefert einen Überblick über die zahlreichen Application Features des SAP Signavio Process Collaboration Hubs.

Feature	Beschreibung
Lesezugriff	Zeigen Sie unveröffentlichte Inhalte mit Lesezugriff im SAP Signavio Process Collaboration Hub an: ▪ Navigation über Prozesshierarchien ▪ Anzeige von Prozessdetails ▪ Volltextsuche ▪ Bookmark-Fähigkeit
Kommentierungszugriff	Ermöglicht Ihnen das Kommentieren von Prozessinhalten: ▪ zum Kommentieren einladen ▪ intuitive Kommentierungssicht ▪ Status für Kommentare (z. B. neu, eingearbeitet, ignoriert)
Benachrichtigungen	Lassen Sie sich über neue Kommentare und Überarbeitungen von Artikeln benachrichtigen, die Sie erstellt, bearbeitet oder als Favorit gespeichert haben. Modellierer*innen werden über alle Revisionen benachrichtigt, Benutzer*innen des SAP Signavio Process Collaboration Hubs werden nur über Aktionen an der veröffentlichten Revision benachrichtigt. Sie werden über die folgenden Änderungen benachrichtigt: ▪ Jemand fügt einen Kommentar zu einem Ihrer Diagramme hinzu. ▪ Jemand klärt einen Ihrer Kommentare. ▪ Jemand öffnet einen Ihrer Kommentare erneut. ▪ Jemand erwähnt Sie in einem Kommentar. ▪ Jemand antwortet auf einen Ihrer Kommentare.
Launchpad	Von Administrator*innen eingerichtet, profitieren Benutzer von einem personalisierten Einstiegspunkt, der auf die Bedürfnisse ihrer Benutzergruppe zugeschnitten ist. Auf diese Weise können sich die Benutzer des SAP Signavio Process Collaboration Hubs auf die Elemente konzentrieren, die für ihre Aufgaben und jeweiligen Rollen am wichtigsten sind. Die Launchpad-Elemente werden in der Randleiste im linken Bildbereich angezeigt. Zu den wesentlichen Elementen des Launchpads zählen: ▪ *Start*: Hier sehen Sie die Inhalte, die Sie zuletzt angezeigt haben, und die Inhalte, die Sie als Favoriten gespeichert haben. ▪ *Nachrichtenfeed*: Im Nachrichtenfeed sehen Sie, welche neuen Inhalte in Ihrem Arbeitsbereich veröffentlicht wurden. ▪ *Favoriten*: Hier finden Sie gespeicherte Elemente wie etwa Diagramme, Glossareinträge, Glossarkategorien, Dateien und Ordner, die Sie als Favorit markiert haben.

Tabelle 7.1 Funktionen des SAP Signavio Process Collaboration Hubs

Feature	Beschreibung
Launchpad (Forts.)	■ *Verlauf*: In diesem Bereich finden Sie Inhalte, die Sie kürzlich geöffnet haben. ■ *Aufgaben*: Sie können Ihre Inbox in SAP Signavio Process Governance mit dem SAP Signavio Process Collaboration Hub öffnen, indem Sie auf Aufgaben klicken. ■ *Prozesse*: Hier sehen Sie alle in Ihrem Arbeitsbereich veröffentlichten Diagramme. Der Zugriff hängt von den Einstellungen für Ihren Arbeitsbereich ab. ■ *Investigationen*: Hier werden Ihre SAP-Signavio-Process-Intelligence-Investigationen angezeigt. ■ *Glossar*: Hier können Sie Glossareinträge für Ihren Arbeitsbereich anzeigen, bearbeiten und anlegen.
Benutzermenü	Sie können auf das Benutzermenü zugreifen, indem Sie auf Ihren Benutzernamen klicken. Im Benutzermenü stehen Ihnen die folgenden Optionen zur Verfügung: ■ Ansicht: Sie können zwischen den Ansichten **Vorschau** und **Veröffentlicht** wechseln. ■ Produkte: Sie können auf andere SAP-Signavio-Produkte zugreifen. ■ Arbeitsbereiche: Falls Sie Mitglied verschiedener Arbeitsbereiche sind, können Sie hier zwischen den Arbeitsbereichen wechseln. ■ Zielgruppen: Hier wird Ihre aktuelle Zielgruppe angezeigt. Wenn Sie Mitglied mehrerer Zielgruppen sind, können Sie zwischen den Zielgruppen wechseln. ■ Inhaltssprachen: Sie können auswählen, in welcher Sprache der Inhalt angezeigt werden soll. Die Verfügbarkeit einer Sprache für ein Element hängt von den Einstellungen für das Element ab. ■ Abmeldung: In diesem Bereich melden Sie sich ab.
Aktionen	In der oberen rechten Bildecke des SAP Signavio Process Collaboration Hubs finden Sie alle für eine Seite verfügbaren Aktionen. Je nachdem, was im Moment geöffnet ist, können Sie Folgendes tun: ■ ein Element ausdrucken ■ ein Element als Favoriten speichern ■ einen Diagramm-Link in die Zwischenablage kopieren ■ den Kommentarbereich öffnen

Tabelle 7.1 Funktionen des SAP Signavio Process Collaboration Hubs (Forts.)

Feature	Beschreibung
Anlegen	Wenn Sie auf **Anlegen** klicken, werden Ihnen alle verfügbaren Inhaltstypen angezeigt. Wenn Sie auf einen Inhaltstyp klicken, wird der Editor in einer neuen Registerkarte im Browser geöffnet. Haben Sie keinen Schreibzugriff auf den Ordner, den Sie gerade anzeigen, werden Sie vor dem Öffnen des Editors in einem Dialog zur Auswahl eines Speicherortes aufgefordert. Falls verfügbar, können Sie über die **Anlegen**-Buttons auch zu SAP Signavio Process Governance oder SAP Signavio Process Intelligence wechseln.
Suchen	Mit der Suchfunktion im SAP Signavio Process Collaboration Hub können Sie nach allen Inhalten aus der SAP Signavio Business Transformation Suite suchen. Um die Suchergebnisse zu verfeinern, können Sie Suchfilter hinzufügen. Suchfilter sind für Diagramme, Glossareinträge, Dateien und Ordner verfügbar.
Ansichten	Modellierer können zwischen zwei Ansichten wechseln: **Vorschau** und **Veröffentlichen**. Unter **Veröffentlichen** werden nur die veröffentlichten Versionen von Elementen angezeigt. In der **Vorschau** zeigen Beschriftungen in der Diagrammtabelle und im Kopf der Diagrammseite den aktuellen Status eines Diagramms an. Für Modellierer wird der SAP Signavio Process Collaboration Hub standardmäßig in der Vorschau geöffnet. Über das Benutzermenü kann zwischen den Ansichten gewechselt werden.
Veröffentlichungs-mechanismus	Ermöglicht Ihnen das Veröffentlichen von Prozessinhalten: ■ Veröffentlichung von Diagrammen (Integration mit Versionsverwaltung) ■ Batch-Veröffentlichung ■ Visualisierung veröffentlichter Diagramme
Diagramme	Wenn Sie auf den Button **Prozesse** klicken, können Sie alle veröffentlichten Diagramme in Ihrem Arbeitsbereich anzeigen. Wenn Sie auf ein Diagrammelement klicken, werden die entsprechenden Elementattribute im Detailbereich angezeigt. Wenn ein Diagramm mit anderen Diagrammen verknüpft ist, können Sie die verknüpften Diagramme ebenfalls im SAP Signavio Process Collaboration Hub anzeigen.
Verwalten von Ordnern und Diagrammen	Folgende Optionen sind verfügbar: ■ Diagramme veröffentlichen und Veröffentlichungen zurückziehen ■ Ordner und Diagramme umbenennen, verschieben und löschen

Tabelle 7.1 Funktionen des SAP Signavio Process Collaboration Hubs (Forts.)

Feature	Beschreibung
Einbettfunktion	Ermöglicht Ihnen das Einbetten von Prozessinhalten in Webseiten: ■ Einbetten von Diagrammen in Wikis und Blogs via generierter HTML-Snippets ■ Einbetten von PNG-Diagrammen
Rollenbasiertes Publishing	Ermöglicht Ihnen eine Konfiguration unterschiedlicher Leseberechtigungen: ■ Anbindung an das unternehmensinterne Active Directory (Single Sign-On (SSO) für SAP-Signavio-Collaboration-Hub-Nutzer) ■ für Modellierungsnutzer ebenfalls mögliches SSO
Einbettung in SharePoint	Ermöglicht Ihnen das Einbetten von Prozessinhalten in SharePoint: ■ Integration der Lesesicht innerhalb der SharePoint-Oberfläche ■ Anpassbarkeit des User Interface gemäß der SharePoint-Umgebung ■ Signavio WebPart für SharePoint
SSO über SharePoint	Ermöglicht Ihnen das Einloggen via SharePoint: ■ sicherer Zugriff auf den Collaboration Hub aus SharePoint ■ rollenbasiertes Publishing auf der Basis von Active Directory bzw. SharePoint-Rollen
SSO über SAML	Ermöglicht Ihnen die Authentifizierung über den Security Assertion Markup Language (SAML) Identity Provider: ■ rollenspezifische Veröffentlichung von Diagrammen, basierend auf SAML User Identities ■ unterstützte Anbieter: SAP ID Service, Google SSO, OKTA, Microsoft AD FS

Tabelle 7.1 Funktionen des SAP Signavio Process Collaboration Hubs (Forts.)

Wir verschaffen uns nun einen tieferen Einblick in einige Funktionen der umfangreichen Menüleiste des Launchpads am linken Bildrand des SAP Signavio Collaboration Hubs. Unter dem Menüpunkt **Newsfeed** in Abbildung 7.2 sehen wir sämtliche Neuigkeiten, beispielsweise hinsichtlich der Prozessmodellveränderungen sowie -veröffentlichungen. Dadurch sind wir stets auf dem aktuellen Stand hinsichtlich unser Geschäftsprozesse.

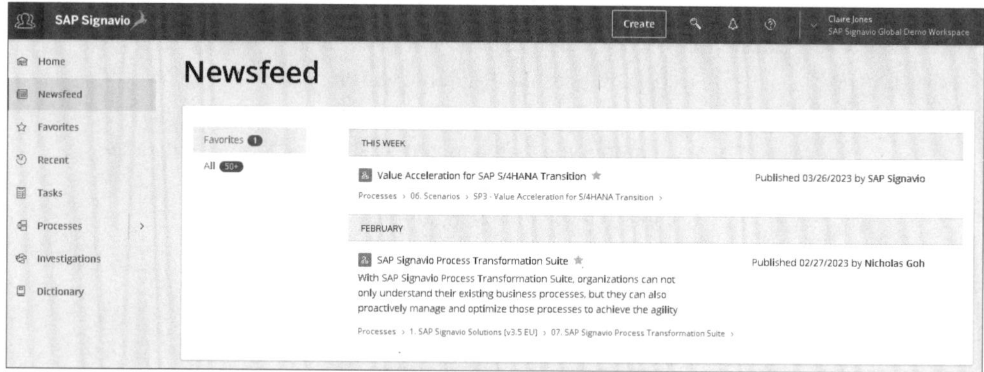

Abbildung 7.2 SAP Signavio Collaboration Hub: Neuigkeiten

Unter **Favorites** in Abbildung 7.3 behalten wir unsere favorisierten Prozessmodelle im Auge. Dies ermöglicht einen noch schnelleren Einstieg in für uns wichtige Geschäftsprozesse.

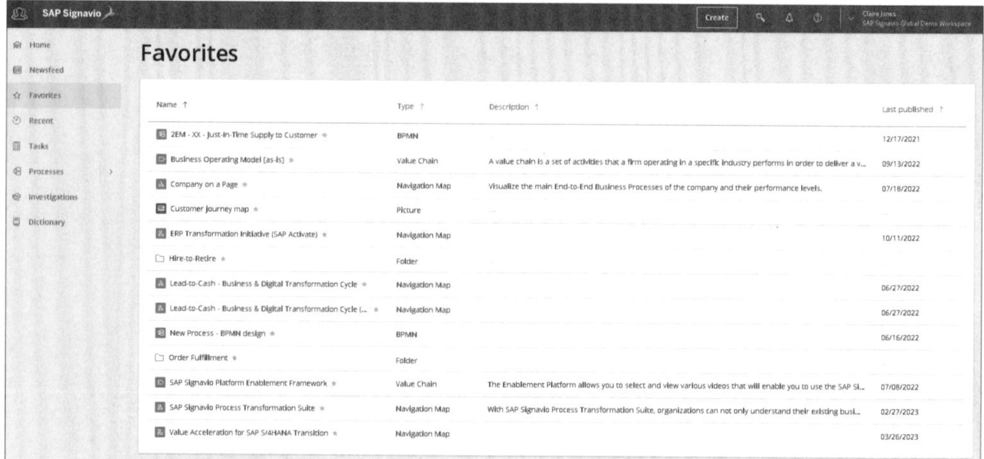

Abbildung 7.3 SAP Signavio Collaboration Hub: Favoriten

In Abbildung 7.4 navigieren wir weiter zum Menüpunkt **Recent** bzw. **Verlauf** (wenn das System auf die deutsche Sprache eingestellt ist). Folglich können wir die letzten Aktivitäten wie z. B. zuletzt bearbeitete bzw. veröffentlichte Prozessmodelle einsehen.

Unter **Tasks** bzw. **Aufgaben** in Abbildung 7.5 erhalten wir eine Übersicht über diverse uns zugeteilte Aufgaben. An dieser Stelle wird auch eine Verknüpfung zu SAP Signavio Process Governance hergestellt (siehe Kapitel 8, »SAP Signavio Process Governance«).

SAP Signavio
Create
Claire Jones
SAP Signavio Global Demo Workspace
Home
Newsfeed
Favorites
Recent
Tasks
Processes
Investigations
Dictionary
Recent
Name
Type
Description
Viewed
Company on a Page
Navigation Map
Visualize the main End-to-End Business Processes of the company and their performance levels.
2 minutes ago
[As-Is] Fashion retailer sourcing process
BPMN
Company: global fashion retailer Situation: the business has been continuously in the press, being ac...
5 minutes ago
Sustainability
Navigation Map
5 minutes ago
Enterprise Transformations
Navigation Map
6 minutes ago
Process Excellence
Navigation Map
7 minutes ago
Lead-to-Cash - Business & Digital Transformation Cyc...
Navigation Map
7 minutes ago
Source to Pay
Value Chain
The generic process "Source to Pay" (S2P) includes all activities associated with managing the compre...
12 hours ago
End-to-End Processes
Value Chain
A Process represents a structured set of sub processes, process steps or activities designed to accom...
12 hours ago
Plan to Optimize Fulfillment (generic)
Value Chain
The Business Value Flow Diagram is a structured collection of value generating Business Activities tha...
12 hours ago
SAP Signavio Process Explorer
Value Chain
SAP Signavio Process Explorer provides access to accumulated process knowledge in a central location...
13 hours ago
L2C CM - Transformation Business Objectives
Navigation Map
This diagram lists the context, key issues, key goals, and key measurement indicators for the transfor...
21 hours ago
Home
Navigation Map
21 hours ago
Lead-to-Cash CEX Dashboard (as-is)
Journey
Yesterday
Request to Resolution (generic)
Value Chain
The Business Value Flow Diagram is a structured collection of value generating Business Activities tha...
Yesterday
Lead to Cash
Value Chain
The generic process "Lead to Cash" covers all activities related to marketing and selling products and ...
Yesterday
Order to Fulfill (generic)
Value Chain
The Business Value Flow Diagram is a structured collection of value generating Business Activities tha...
Yesterday

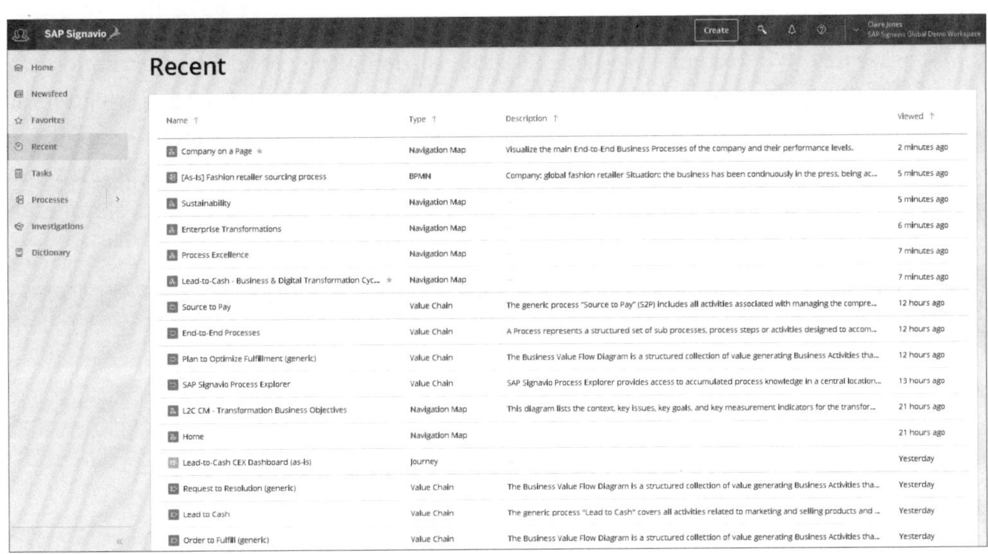

Abbildung 7.4 SAP Signavio Collaboration Hub: letzte Aktivitäten

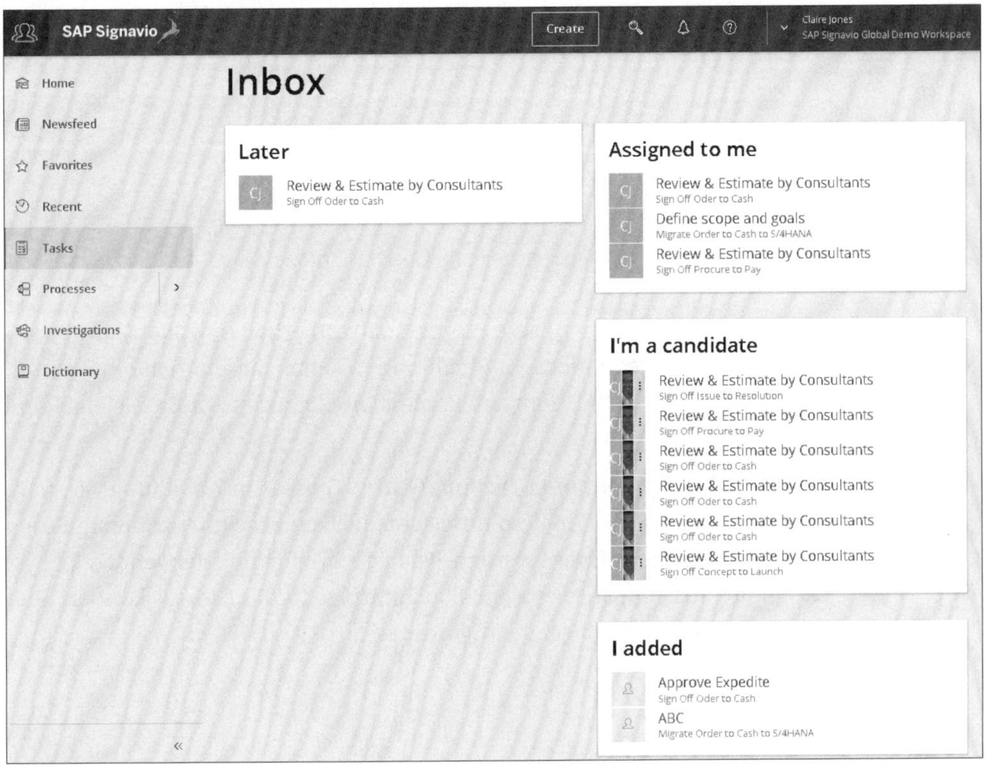

SAP Signavio
Create
Claire Jones
SAP Signavio Global Demo Workspace
Home
Newsfeed
Favorites
Recent
Tasks
Processes
Investigations
Dictionary
Inbox
Later
Review & Estimate by Consultants
Sign Off Oder to Cash
Assigned to me
Review & Estimate by Consultants
Sign Off Oder to Cash
Define scope and goals
Migrate Order to Cash to S/4HANA
Review & Estimate by Consultants
Sign Off Procure to Pay
I'm a candidate
Review & Estimate by Consultants
Sign Off Issue to Resolution
Review & Estimate by Consultants
Sign Off Procure to Pay
Review & Estimate by Consultants
Sign Off Oder to Cash
Review & Estimate by Consultants
Sign Off Oder to Cash
Review & Estimate by Consultants
Sign Off Oder to Cash
Review & Estimate by Consultants
Sign Off Concept to Launch
I added
Approve Expedite
Sign Off Oder to Cash
ABC
Migrate Order to Cash to S/4HANA

Abbildung 7.5 SAP Signavio Collaboration Hub: Aufgabenansicht

Der Menüpunkt **Processes** in Abbildung 7.6 widmet sich gänzlich unseren Geschäftsprozessen. Wir können sämtliche Prozess- sowie Journey-Modelle direkt innerhalb des SAP Signavio Collaboration Hubs anzeigen lassen. Damit verbunden erhalten wir auch verschiedenste Prozessinformationen wie z. B. bezüglich Qualitäts- und Risikomanagement, Scope und Zielen oder Anzahl der Revisionen. Wir können die Prozesse kommentieren und über das SAP-Signavio-Modellierungstool editieren, simulieren sowie mit Stakeholdern teilen.

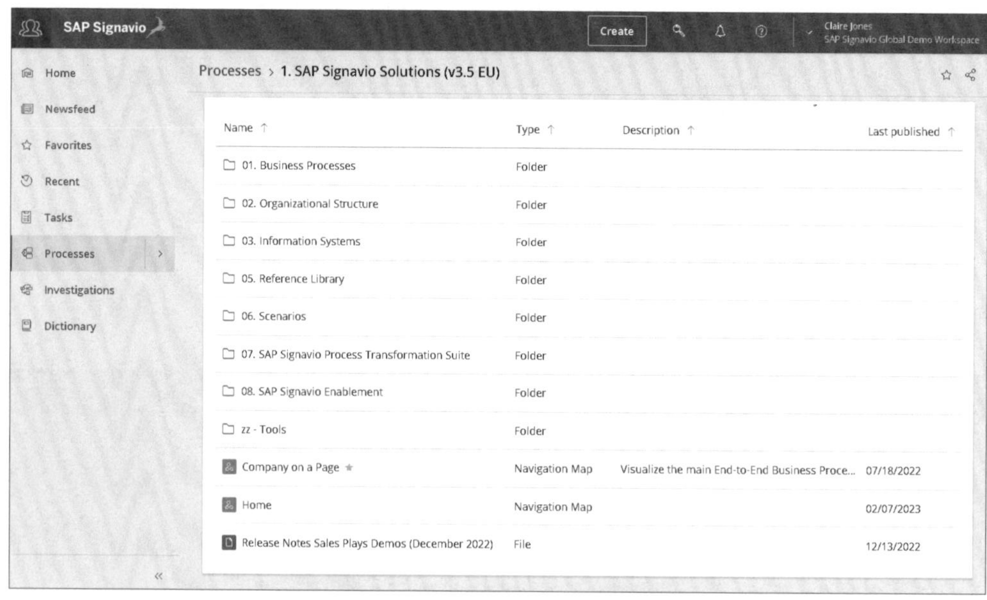

Abbildung 7.6 SAP Signavio Collaboration Hub: Geschäftsprozesse

Wenn wir einen Überblick über unsere Prozessanalysen erhalten wollen, klicken wir auf die Registerkarte **Investigations**. In Abbildung 7.7 sehen Sie allerhand Prozessuntersuchungen, die direkt zu SAP Signavio Process Intelligence verlinken (siehe Kapitel 4).

Letztendlich liefert der Menüpunkt **Dictionary** bzw. **Glossar** in Abbildung 7.8 spannende Einblicke in das Glossar, in dem unterschiedlichste Begrifflichkeiten in Bezug auf die Geschäftsprozesse definiert werden. Beispiele hierfür sind verwendete IT-Systeme, Dokumente, Risiken, Ziele sowie Rollen. Einträge in das Glossar können über den SAP Signavio Process Manager getätigt werden.

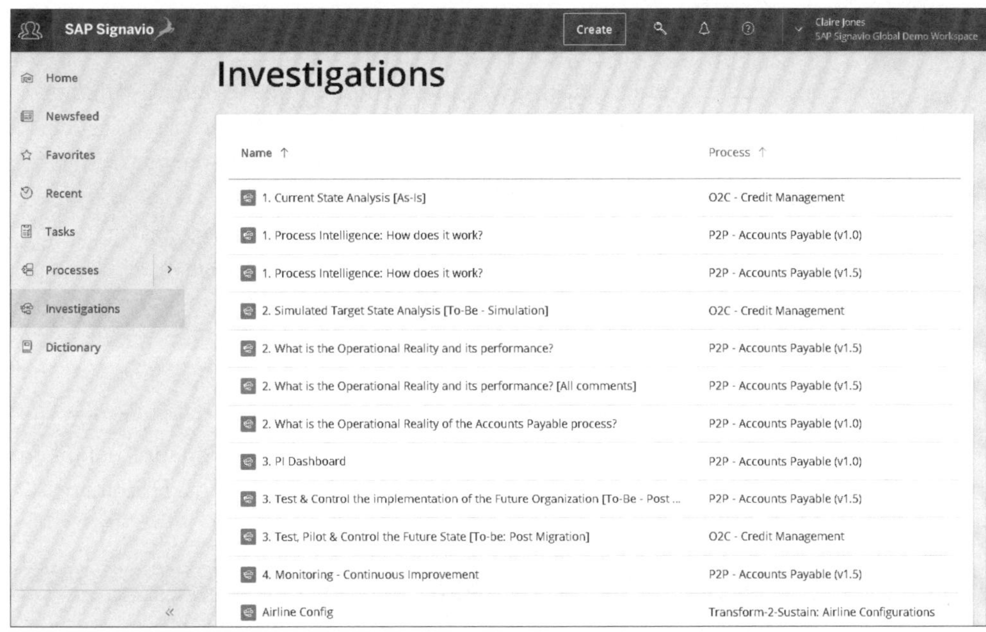

Abbildung 7.7 SAP Signavio Collaboration Hub: Prozessanalysen

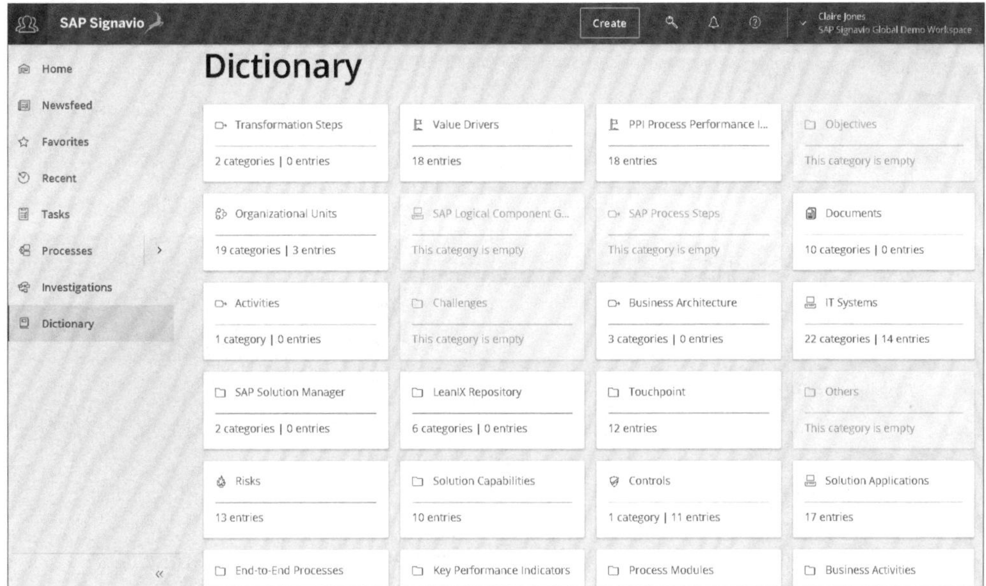

Abbildung 7.8 SAP Signavio Collaboration Hub: Glossar

Das Glossar

Das Glossar ist das zentrale Objektverwaltungs-Repository in SAP Signavio. Ein Glossareintrag repräsentiert ein Objekt, das für einen oder mehrere Ihrer Prozesse relevant ist. Mit dem Glossar können Sie bestimmte Modellierungselemente verwalten und wiederverwenden. Das Glossar hilft Ihnen auch dabei, sicherzustellen, dass alle Modellierer die gleichen Begriffe und die gleichen Elemente in Ihrer organisationsspezifischen Modellierungsumgebung verwenden. Das Glossar ist eine entscheidende Komponente, um in Ihren Diagrammen eine konsistente und gut strukturierte Verwaltung von Geschäftsobjekten zu erzielen.

Wie wir bereits zu Beginn erwähnt haben, stellt der SAP Signavio Collaboration Hub den zentralen Einstiegspunkt in die SAP-Signavio-Welt dar. Dementsprechend können wir, wie es in Abbildung 7.9 zu sehen ist, von dort aus auch auf die einzelnen SAP-Signavio-Lösungen zugreifen.

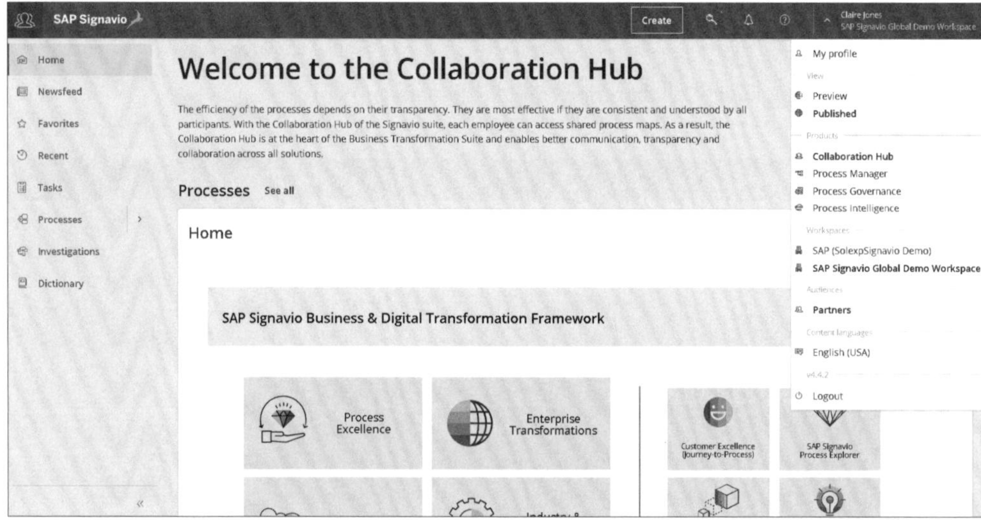

Abbildung 7.9 SAP-Signavio-Lösungen aufrufen

7.2 Potenziale

Zu den Kernpotenzialen des SAP Signavio Collaboration Hubs gehören:

- Teams zu stärken und die Zusammenarbeit zu verbessern
- zentrale Prozessdatenquelle herauszufinden
- durch Rundumsicht zusammenzuarbeiten
- mit Leichtigkeit komplexe Prozesse zu präsentieren

- Änderungen und Feedback im Blick zu behalten
- Silos abzubauen
- Wissensaustausch und Engagement zu fördern

Primär ermöglicht der SAP Signavio Collaboration Hub eine mühelose Zusammenarbeit, um die Anwender*innen über die neuesten Ergebnisse Ihrer Geschäftsprozessaktivitäten zu informieren und so alle Beteiligten auf dem Laufenden zu halten. Das Tool verfügt über moderne und besonders benutzerfreundliche Funktionen für die ganzheitliche Zusammenarbeit hinsichtlich Ihrer Geschäftsprozesse. Die intuitive Benutzeroberfläche erleichtert die Anwendung für Mitarbeitende aller Wissensstufen. Da sie individuell über relevante Updates und Konversationen informiert werden, können Führungskräfte die Lücke zwischen Verantwortung und Aktion schließen. Durch den beschleunigten Informationsaustausch haben Sie demzufolge die Möglichkeit, mehr Ideen zu generieren, Prozesse zu optimieren und die Hemmschwelle für Veränderungen zu senken.

Mitarbeitende im Fokus

Der Schlüssel zum nachhaltigen Erfolg liegt bei Ihren Mitarbeitenden. Mit dem SAP Signavio Process Collaboration Hub können Sie auf einheitliche Weise zusammenarbeiten, indem Sie eine einzige Quelle der Prozesswahrheit für alle Teams schaffen, Geschäftssilos aufbrechen und ein besseres Verständnis für Ihre KPIs, Aufgaben und Projekte schaffen.

Darüber hinaus schafft der SAP Signavio Collaboration Hub eine Single Source of Truth Ihrer Prozesse und gewährleistet somit ein gemeinsames Verständnis im gesamten Unternehmen. Alles, was Sie und Ihre Mitarbeitenden brauchen, befindet sich an einem zentralen Ort. Daten, Prozessmodelle und Analysen aus SAP Signavio Process Intelligence, dem SAP Signavio Process Manager und SAP Signavio Process Governance können direkt über den Hub abgerufen werden. Die Suchfunktion über die gesamte SAP Signavio Business Transformation Suite stellt sicher, dass Sie alle für Ihre Rollen relevanten Prozessinformationen finden und sehen können, woran Ihre Kolleg*innen gerade arbeiten. Sie können benutzerspezifische Ergebnisse in der gesamten Suite filtern, um umfangreiche Datenprotokolle mit einem einfachen Klick zu bereinigen. Die einfache Versionskontrolle des Hubs bedeutet, dass Sie den Überblick über den Stand der laufenden Arbeiten behalten und das Endergebnis Ihrer Bemühungen leicht erkennen können. Abbildung 7.10 zeigt beispielsweise ein Purchase-to-Pay-Prozessmodell (P2P) im SAP Signavio Process Collaboration Hub inklusive aller Revisionen. Die zuständige Person kann die neueste Revision des Modells direkt über die Lösung veröffentlichen, sodass die überarbeitete Version für die gesamte Zielgruppe ersichtlich ist.

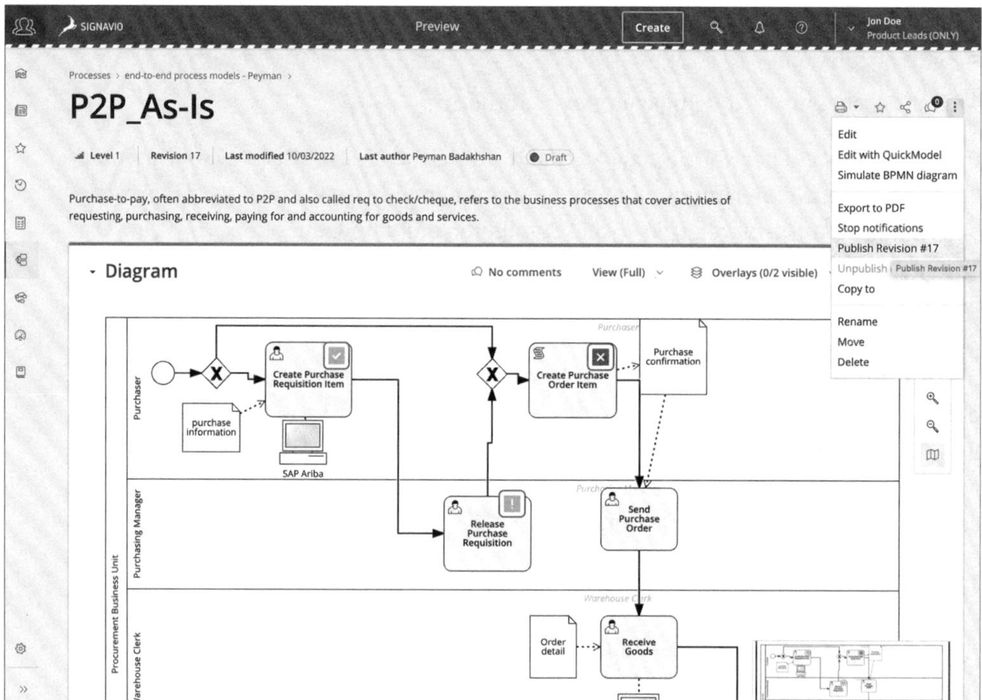

Abbildung 7.10 SAP Signavio Collaboration Hub: Prozessmodelle veröffentlichen

Der SAP Signavio Process Collaboration Hub erlaubt es Ihnen zudem, sämtliche Prozesse Ihres Unternehmens effektiv und vor allem mit Leichtigkeit über den intuitiven Präsentationsmodus zugänglich zu machen. Prozessspezialisten und Geschäftsanwender können zusammenarbeiten und so die Akzeptanz neuer Prozesse in Ihrer Organisation steigern. Einfache Schritt-für-Schritt-Anleitungen selbst komplexer Geschäftsprozesse ermöglichen es Ihren Mitarbeitern, Prozessexzellenz zu verstehen und zu verbessern. Mit diesem Tool erhalten Sie nicht nur eine Gesamtansicht Ihrer Prozesslandschaft, sondern können auch mühelos durch Ihr komplettes Prozess-Repository navigieren. Detaillierte Vollbildpräsentationen stellen Sie im integrierten Übersichtsmodus statt. Außerdem können Sie die wichtigsten Prozessinteraktionen aufzeigen sowie reibungslos zwischen einer allgemeinen Übersicht und detaillierten Inhaltsinformationen wechseln. Abbildung 7.11 illustriert etwa einen ganzheitlichen Überblick über sämtliche Geschäftsprozesse innerhalb eines Unternehmens, von Order-to-Fulfill bis hin zu Operate-to-Maintain, vom Fachbereich Sales bis hin zum Asset Management. Dabei werden Widgets aus SAP-Signavio-Process-Intelligence-Analysen verknüpft, um infolgedessen die wesentlichen Performanceindikatoren je Geschäftsprozess auf einem Blick im Auge zu behalten. Dies ermöglicht eine noch effizientere sowie zielgerichtetere Steuerung Ihrer Geschäftsprozesse.

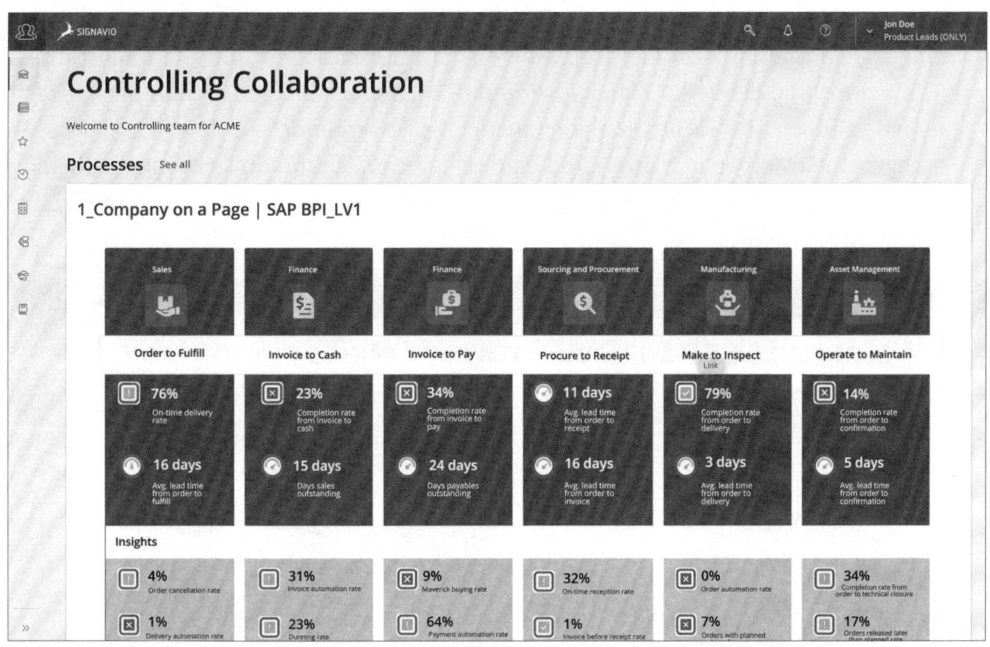

Abbildung 7.11 SAP Signavio Collaboration Hub: Company on a Page (Beispiel)

Der SAP Signavio Collaboration Hub legt besonderen Wert darauf, sowohl die Effizienz als auch die Effektivität Ihres Unternehmens zu steigern. Jeder in Ihrer Organisation ist auf dem neuesten Stand und über das Was, Warum und Wie der zutreffenden Arbeit informiert. Wie in Teil I, »Einführung in Business Process Transformation«, angeschnitten, gehören organisatorische Silos mit den damit verbundenen Problemen wie widersprüchliche Prioritäten und Ziele, verwässertem Aufwand und dem Widerstand der Mitarbeitenden gegen Entscheidungen, die auf unvollständigen oder unklaren Daten basieren, zu den Herausforderungen einer erfolgreichen Unternehmenstransformation. Der SAP Signavio Collaboration Hub bietet für jedes dieser Probleme eine entsprechende Lösung, die zu einer verbesserten Produktivität im gesamten Unternehmen führt. Auf diese Weise können Sie neue Meilensteine in der operativen Exzellenz setzen und die Arbeitsweise von Teams mit klar definierten Zielen und strukturierten Verantwortlichkeiten verbessern.

Der SAP Signavio Process Collaboration Hub stellt Ihnen eine 360-Grad-Sicht auf Ihre Prozesslandschaft zur Verfügung – von der Dokumentation über die Analyse bis hin zu Kennzahlen. Sie können Diagramme veröffentlichen, um Ihre Organisation über wichtige Prozesse zu informieren und so die Abstimmung zwischen den Prozessverantwortlichen und dem Rest des Unternehmens zu verbessern. Mit den Navigations-Maps, die Sie erstellen und teilen können, werden allen Beteiligten wichtige prozessbezogene Informationen und Kennzahlen leicht verständlich dargestellt. Durch das

Erstellen und Freigeben dieser Navigations-Maps können Sie Mitarbeitende dementsprechend durch wichtige prozessbezogene Informationen und Metriken führen. Kurzum: Mit dem SAP Signavio Process Collaboration Hub können Sie Prozessexpert*innen und Fachleuten von einem einzigen Standort aus Zugriff auf alle SAP-Signavio-Lösungen gewähren und dadurch eine volle Rundumsicht hinsichtlich Ihrer Geschäftsprozesse sicherstellen. Das Einstiegsbild wie in Abbildung 7.12 ist dabei frei konfigurierbar.

Abbildung 7.12 SAP Signavio Collaboration Hub: Einstiegsbild (Beispiel)

Mit dem SAP Signavio Process Collaboration Hub können Sie die für bestimmte Zielgruppen relevanten Inhalte kuratieren und anpassen. Dadurch vereinfachen Sie die Nutzung des Tools und verbessern in weiterer Folge auch die Zusammenarbeit Ihrer Teams. Beispielsweise können sich die Erfassungsdiagramme hinsichtlich Ihrer Finanz- und Personalabteilungen differenzieren. Sie können sowohl die Gruppen als auch die ihnen zur Verfügung stehenden Inhalte definieren. Darüber hinaus können Sie Zielgruppen konfigurieren, die sich auf die einzelnen Gruppen im SAP Signavio Process Collaboration Hub beziehen. Dazu können Sie unter Einstellungen in der Seitenleiste das Erscheinungsbild des SAP Signavio Process Collaboration Hubs konfigurieren. Sie können Ihr eigenes Logo hinzufügen, das Farbschema des SAP Signavio Process Collaboration Hubs anpassen, personalisierte Launchpads für verschiedene Zielgruppen einrichten und Attributgruppen sowie die Attributsichtbarkeit für jede Zielgruppe verwalten. Um zusätzliche Zielgruppen hinzufügen zu können, müssen Sie zunächst Benutzergruppen zu Ihrem Arbeitsbereich hinzufügen. Über **Einstellungen** können Sie die Benutzerverwaltung des SAP Signavio Process Managers aufrufen, denn die Zugriffsrechte auf Inhalte werden direkt im SAP Signavio Process Manager festgelegt. Um diese Funktion nutzen zu können, benötigen Sie ein Administratorkonto. Mit einer zielgruppenspezifischen Startseite können Sie in weiterer Folge spezifische Metriken und Eintragsdiagramme anpassen, die für die Arbeit der Benutzer*innen relevant sind. Kurzgefasst sind Sie in voller Kontrolle bezüglich der Art und Weise, wie spezifische Zielgruppen Ihres Unternehmens relevante Inhalte durchsuchen sollen (siehe Abbildung 7.13).

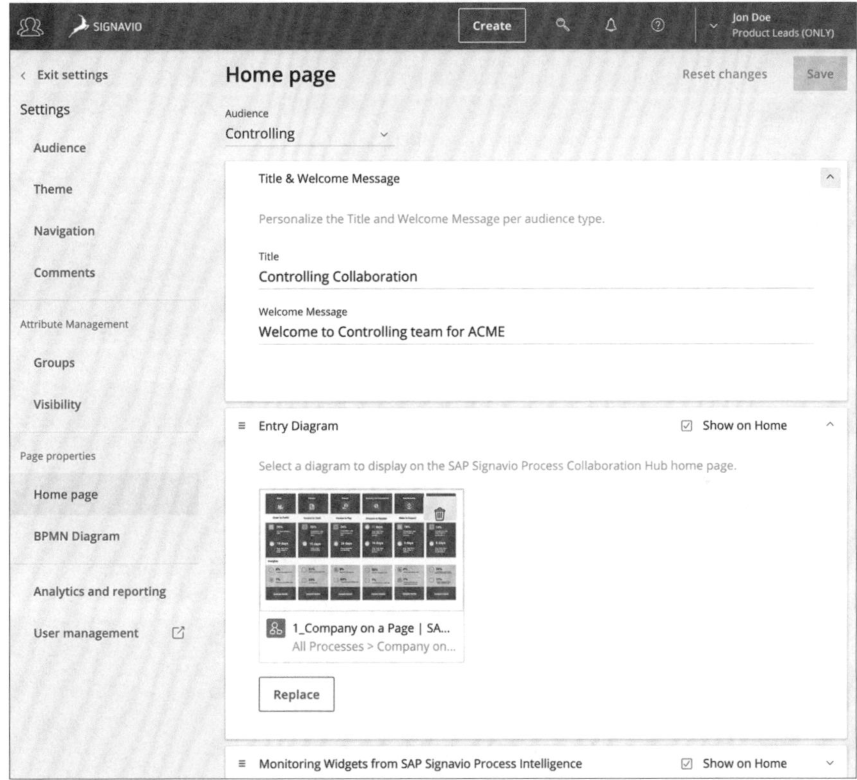

Abbildung 7.13 SAP Signavio Collaboration Hub: Konfiguration der Zielgruppe

Mithilfe des SAP Signavio Process Collaboration Hubs behalten Sie Änderungen an Inhalten, Feedback und Erwähnungen hinsichtlich Ihrer Geschäftsprozesse im Blick. So können Sie z. B. prozessbezogene Inhalte anzeigen, die kürzlich in Ihrer Organisation geändert wurden. Sobald Sie in einem Kommentar erwähnt wurden, oder Inhalte, denen Sie folgen, aktualisiert wurden, erhalten Sie Benachrichtigungen direkt im SAP Signavio Process Collaboration Hub. Sie erhalten zusätzliche E-Mail-Benachrichtigungen, wenn Sie eingeladen wurden, Feedback zu einem Diagramm zu geben. So geht Teamarbeit (siehe Abbildung 7.14)!

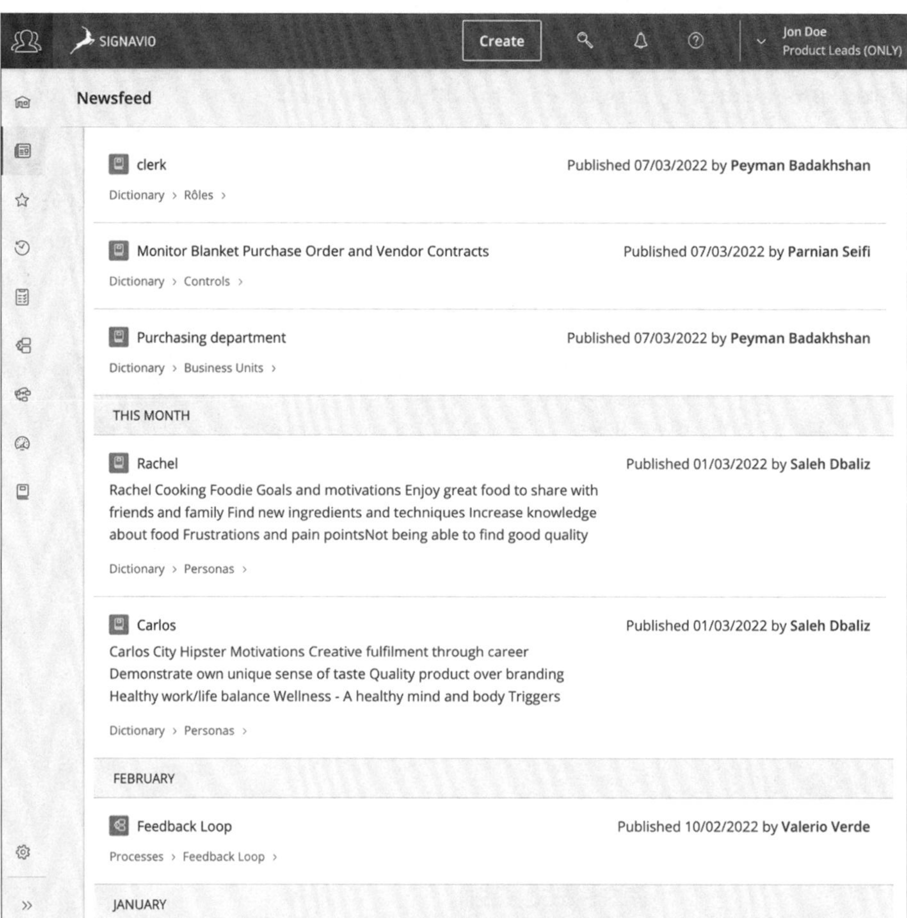

Abbildung 7.14 SAP Signavio Collaboration Hub: Nachrichtenfeed

7.3 Anwendungsbeispiel: Verschiedene Funktionen zum Erreichen von Prozessexzellenz

Auch den Einsatz des SAP Signavio Collaboration Hubs möchten wir Ihnen anhand eines praktischen Anwendungsbeispiels vorstellen. Dieses Beispiel ist sehr breitgefächert aufgebaut, um möglichst viele Eindrücke von der Lösung zu erhalten. Ziel ist es, dass Sie die vielfältigen Möglichkeiten des SAP Signavio Process Collaboration Hubs industrieunabhängig und rollenübergreifend in Aktion erleben. Dabei gehen wir davon aus, dass wir bereits erste Geschäftsprozesse anhand des SAP Signavio Process Managers (siehe Kapitel 5) modelliert und mit SAP Signavio Process Intelligence (siehe Kapitel 4) analysiert haben.

In Abbildung 7.15 sehen Sie das Einstiegsbild des SAP Signavio Collaboration Hubs. Von hier aus haben Sie die Möglichkeit, über den Button **Create** neue Prozessdokumente zu erstellen.

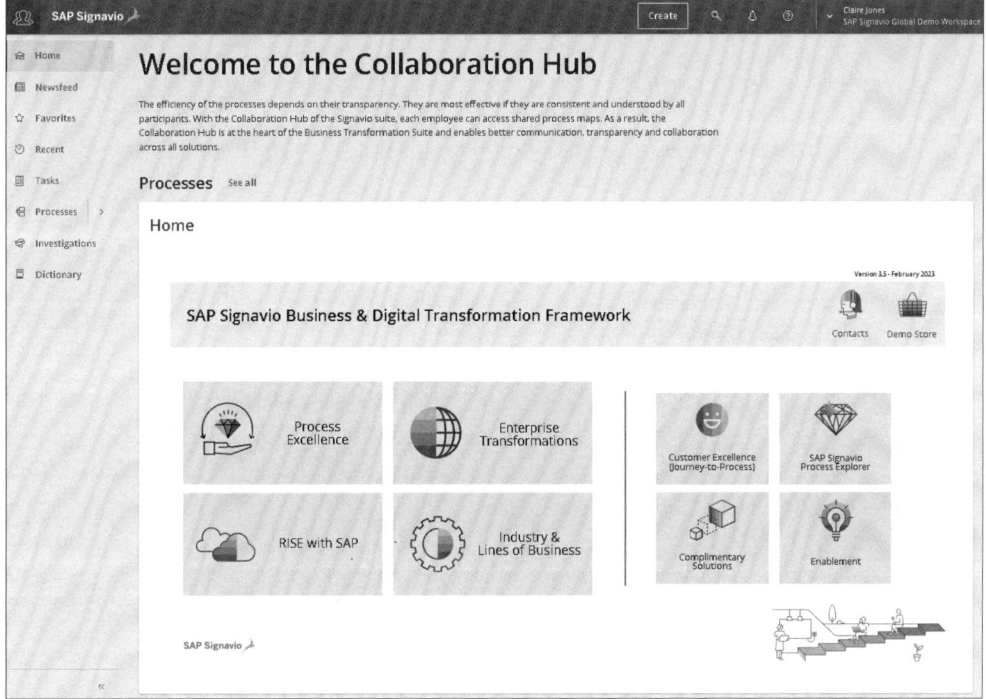

Abbildung 7.15 Einstiegsmaske des SAP Signavio Collaboration Hubs

Es öffnet sich ein Fenster, in dem wir aus diversen Dokumenttypen wählen können (siehe Abbildung 7.16). Zur Auswahl steht etwa ein BPMN-Prozessmodell (Button **BPMN**), eine Wertschöpfungskette (Button **Value Chain**) oder eine ereignisgesteuerte Prozesskette (Button **Event-driven process chain (EPC)**).

In unserem Beispiel möchten wir keine weiteren Prozessdokumente erstellen und schließen infolgedessen die Registerkarte. Vielmehr möchten wir uns auf die Benutzung und die vielfältigen Funktionen des SAP Signavio Collaboration Hubs fokussieren. Wir sind zunächst daran interessiert, Prozessexzellenz in unserem Unternehmen sicherzustellen. Dafür klicken wir im Einstiegsbild in Abbildung 7.17 auf die Registerkarte **Process Excellence**. Wie wir bereits erfahren haben, lässt sich dieses Einstiegsbild völlig personalisieren.

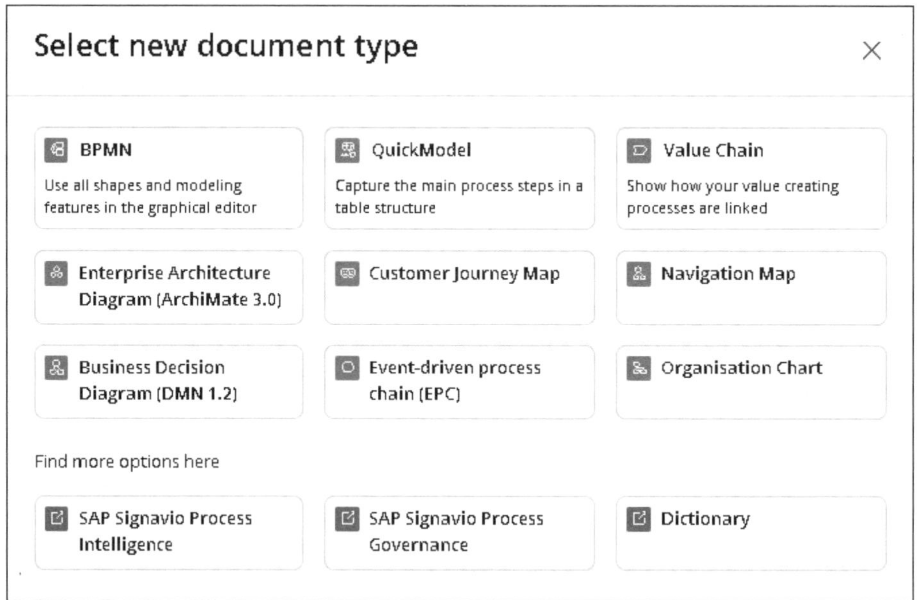

Abbildung 7.16 Neue Dokumente erstellen

Abbildung 7.17 Fokus auf Prozessexzellenz

Aus dem SAP Signavio Collaboration Hub können wir sämtliche Geschäftsprozesses des Unternehmens einsehen, die über die Plattform veröffentlicht worden sind. Wir nehmen an dieser Stelle an, dass wir für den End-to-End-Prozess Lead-to-Cash verantwortlich sind und diesen transformieren möchten. Hierzu öffnen Sie zunächst den entsprechenden Prozess, indem Sie auf die Kachel **Lead-to-Cash** klicken (siehe Abbildung 7.18).

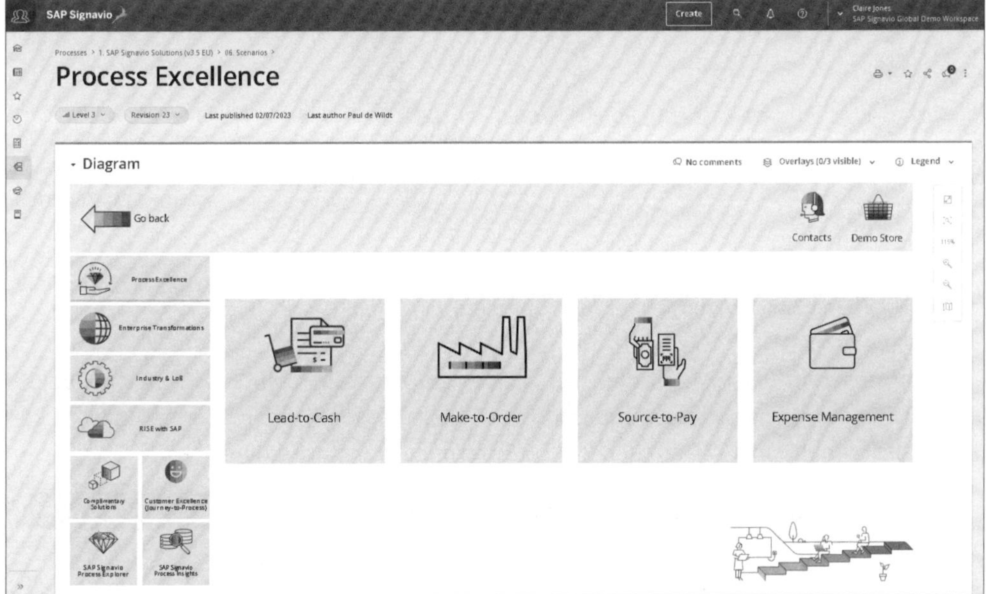

Abbildung 7.18 Gewünschten Geschäftsprozess auswählen

Die Benutzeroberfläche in Abbildung 7.19 ist so konfiguriert, dass die Prozesstransformation von unserem Lead-to-Cash-Prozess in SAP-Activate-Projektphasen gegliedert ist. Klicken wir beispielsweise auf die zweite Projektphase **Prepare**, erhalten wir sämtliche prozessrelevanten Informationen auf der rechten Bildseite. Dazu zählen etwa verlinkte Prozessmodelle und -analysen sowie Customer-Journey-Modelle. Von hier aus können wir auf einfache Art und Weise einen Überblick über unser Transformationsprojekt erhalten sowie unseren Lead-to-Cash-Prozess ganzheitlich steuern.

Was ist SAP Activate?

SAP Activate bietet Ihrem Unternehmen einen transparenten Prozess mit strukturierten und lösungsspezifischen Verfahren. In ihm entscheiden Sie, wie Sie neue, differenzierende Funktionen in Ihrer Organisation einführen und erweitern. In Teil III dieses Buches, »Wie Sie mit Business Process Transformation den Wechsel zu SAP S/4HANA erfolgreich gestalten«, gehen wir näher auf die einzelnen SAP-Activate-Projektphasen ein und zeigen, wie SAP Signavio diese aktiv unterstützt.

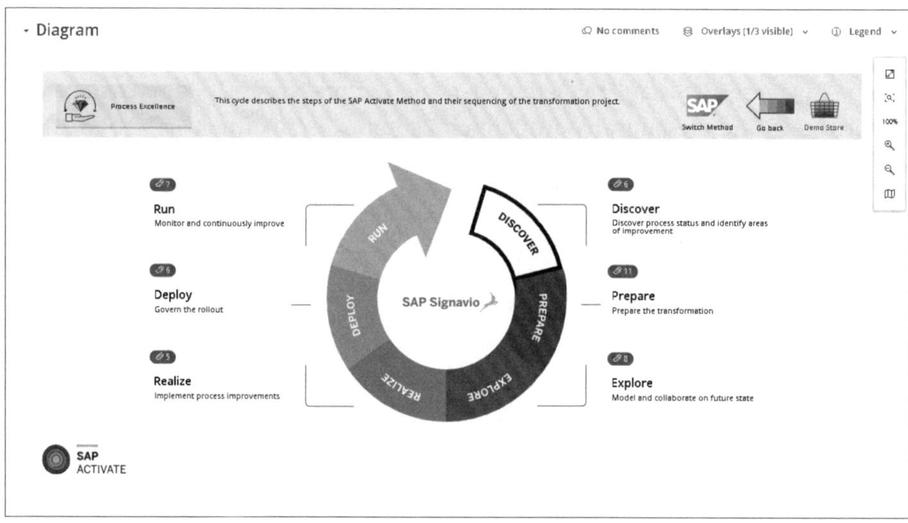

Abbildung 7.19 Überblick über verknüpfte Prozessdateien

In unserem Beispiel nehmen wir zudem an, dass wir Ansprechpartner*in für Geschäftstransformationen innerhalb des Unternehmens sind. In diesem Zuge klicken Sie in Abbildung 7.20 auf den Button **Enterprise Transformations**.

Abbildung 7.20 Fokus auf Geschäftstransformation

Nun möchten wir unser Unternehmen fit für die Zukunft machen und sämtliche Geschäftstätigkeiten so nachhaltig wie möglich gestalten. Dazu klicken Sie auf den Button **Sustainability** (siehe Abbildung 7.21).

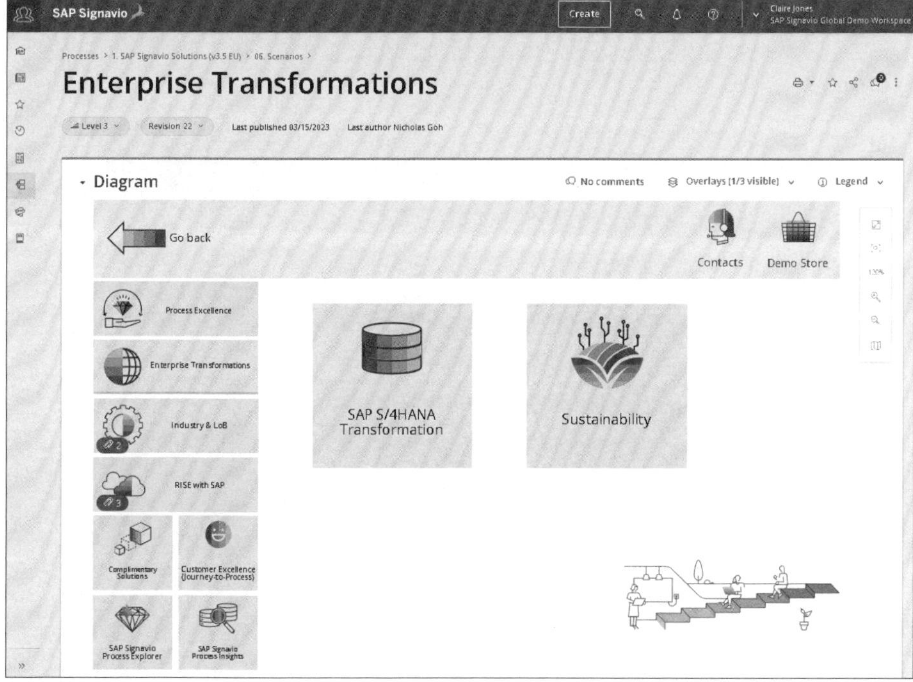

Abbildung 7.21 Gewünschtes Szenario auswählen

> **Ihre Migration auf SAP S/4HANA im Blick behalten**
>
> Sie haben mit dem SAP Signavio Collaboration Hub auch die Möglichkeit, Ihre komplette SAP-S/4HANA-Transformation zu steuern. Wie Sie dabei vorgehen können, lesen Sie u. a. in Kapitel 12, »Der Einsatz des Business Process Transformation Managements beim Wechsel zu SAP S/4HANA«.

Als Nächstes selektieren wir einen konkreten Anwendungsfall, dem wir uns näher widmen (siehe Abbildung 7.22). Wir entscheiden uns für die Transformation hin zu einem nachhaltigen Einkaufsprozess und klicken dafür auf den Button **The Universal Process Action Case**. Ziel ist es, die aktuelle Situation anhand der Ist-Daten und des Soll-Zustands inklusive der Soll-Prozessanalyse einzusehen, um innerhalb des Einkaufsprozesses nachhaltiger zu operieren.

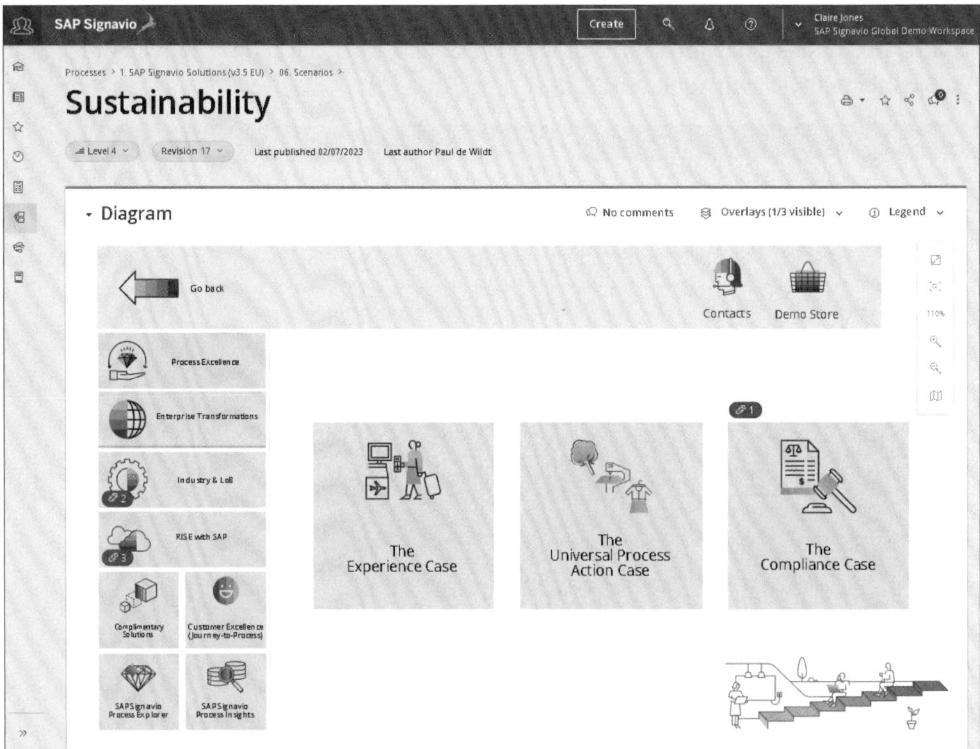

Abbildung 7.22 Gewünschten Anwendungsfall auswählen

Wir gelangen zu der Benutzeroberfläche in Abbildung 7.23. Hier werden sämtliche aus Nachhaltigkeitssicht relevanten Aktionen des Ist-Einkaufsprozesses unseres Unternehmens widergespiegelt. Wir können in diesem Zusammenhang auch eine mit SAP Signavio Process Intelligence verknüpfte Soll-Prozessuntersuchung direkt aufrufen und/oder einzelne Aktivitäten nach Rollen sowie Verantwortlichkeiten filtern bzw. einsehen. Um die Soll-Prozessanalyse zur Durchsicht zu öffnen, können wir unter **Navigation** auf den Hyperlink klicken. Um einzelne Prozessaktivitäten nach Rollen bzw. Verantwortlichkeiten zu filtern, können Sie im Bereich **Activities** die jeweiligen Filter setzen.

Wie das veröffentlichte Ist-Prozessmodell dazu im SAP Signavio Process Collaboration Hub aussieht, sehen Sie in Abbildung 7.24. Zu diesem Prozessmodell gelangen Sie durch einfaches Scrollen innerhalb der vorangehenden Benutzeroberfläche.

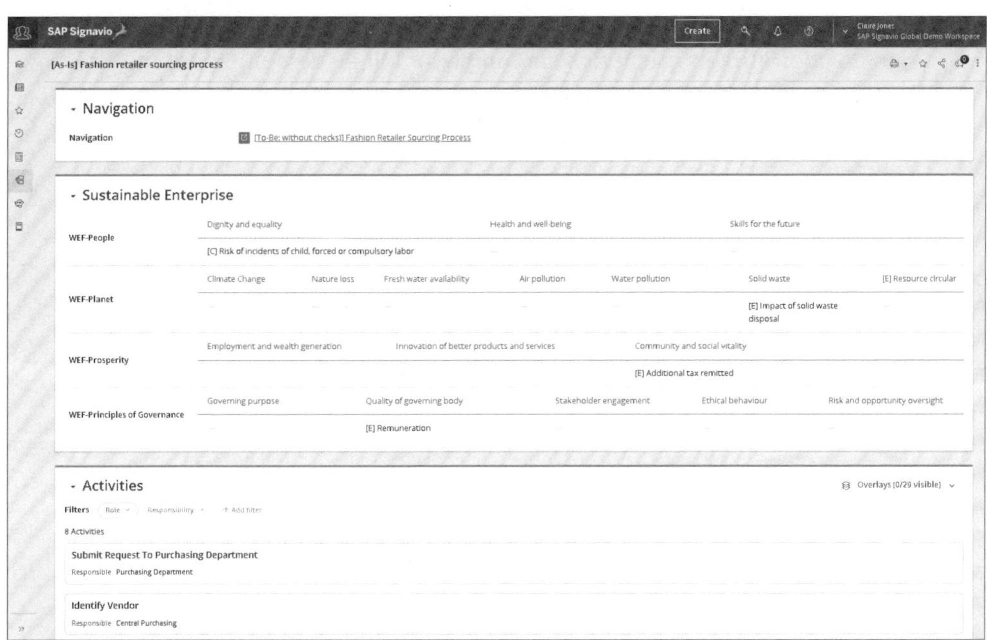

Abbildung 7.23 Einsichten in verlinkte Prozessdateien

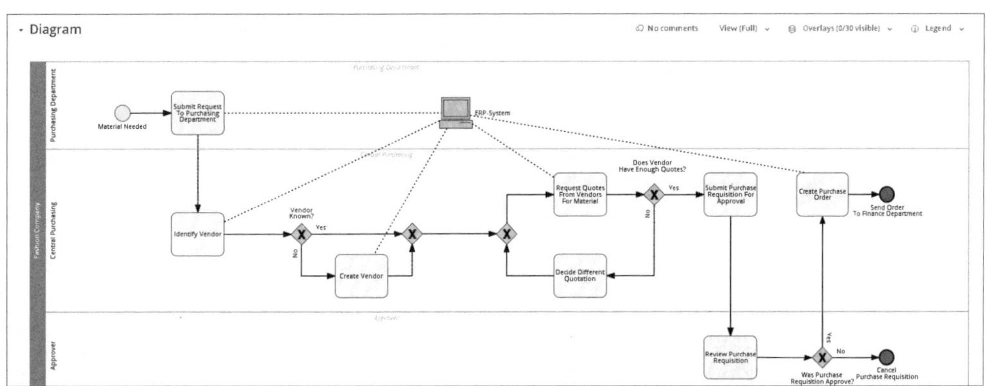

Abbildung 7.24 Veröffentlichtes Ist-Prozessmodell im SAP Signavio Process Collaboration Hub

Wenn Sie, wie beschrieben, auf den Hyperlink zur SAP Signavio Process Intelligence Investigation klicken, öffnet sich die komplette Soll-Prozessuntersuchung, wie in Abbildung 7.25 dargestellt. Infolgedessen können Sie Einsichten über den Soll-Zustand des Einkaufsprozesses direkt aus dem SAP Signavio Process Collaboration Hub entnehmen.

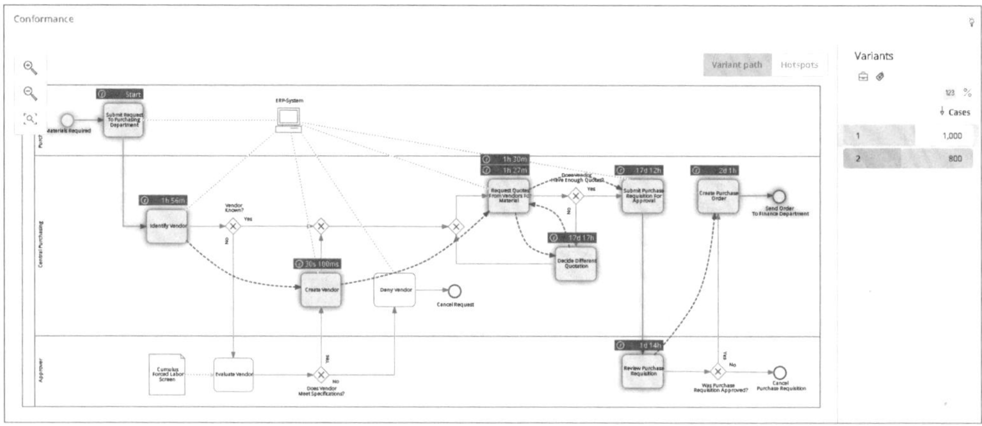

Abbildung 7.25 Veröffentlichte Soll-Prozessuntersuchung im SAP Signavio Process Collaboration Hub

Abbildung 7.26 illustriert ein weiteres Beispiel des SAP Signavio Collaboration Hubs: Company on a Page. Ziel dieses Beispiels ist es, die wesentlichen Geschäftsprozesse sowie die Prozessperformance des Unternehmens kompakt zu visualisieren. Die Oberfläche ist nach Geschäftsprozessbereich, Rolle und verwendetem IT-System strukturiert. Zusätzlich werden Widgets aus SAP Signavio Process Intelligence integriert (siehe Kapitel 4). Das Resultat: Ein fundierter Überblick über die wesentlichsten Unternehmenskennzahlen für jeden End-to-End-Prozess. Wir sehen auf einem Blick, wie es um die Performance unserer Geschäftstätigkeiten steht. Als Finanzvorstand sind wir beispielsweise an der globalen Profitabilität unseres Unternehmens interessiert. Die dazugehörige Metrik wird in Orange dargestellt. Wenn wir darauf klicken, erhalten wir auf der rechten Bildseite grobe Informationen hinsichtlich der Kennzahl. Wir können die Performance kommentieren und gegebenenfalls Prozessverantwortliche direkt über den SAP Signavio Collaboration Hub involvieren. Ergänzend können wir die gesamte Prozessanalyse für weitere Details aufrufen.

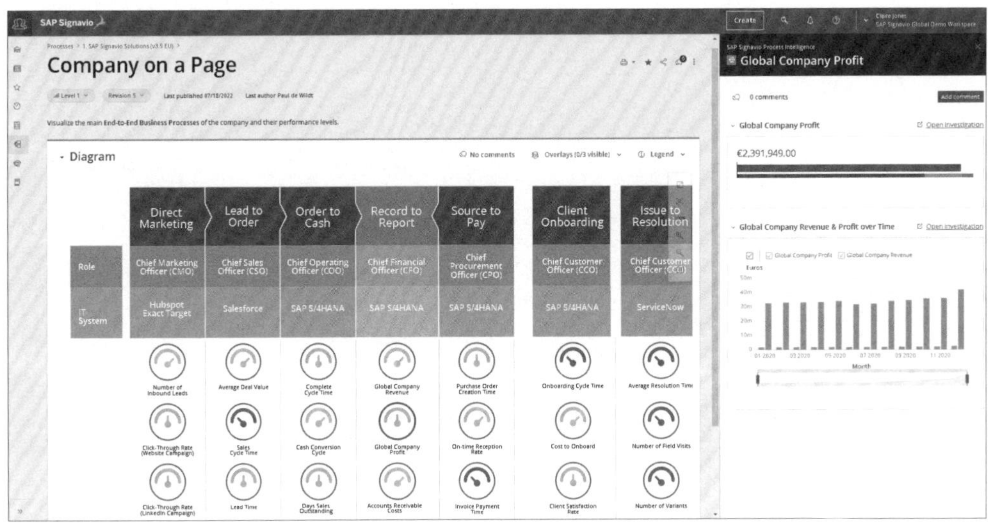

Abbildung 7.26 Das Unternehmen auf einem Blick

7.4 Zusammenfassung

Mit dem SAP Signavio Process Collaboration Hub können sämtliche Stakeholder Ihres Unternehmens auf individuelle Weise zusammenarbeiten, indem Sie eine zentrale Informationsquelle für alle Teams schaffen, Geschäftssilos aufbrechen und ein besseres Verständnis für KPIs, Aufgaben und Projekte entwickeln.

Der SAP Signavio Collaboration Hub ist ein entscheidender Wendepunkt im Bereich des kollaborativen Prozessmanagements. Die durch den Hub geschaffene Single Source of Truth für Prozesse im gesamten Unternehmen bietet eine durchgängige Transparenz und Nachvollziehbarkeit, um die digitale Strategie Ihres Unternehmens auf die nächste Stufe zu heben. Das Tool ermöglicht es Ihnen, veröffentlichte Inhalte und Prozessmodelle zu lesen und zu kommentieren und neue Modelle vor der Veröffentlichung in der Vorschau anzuzeigen. In diesem Zusammenhang vermeidet es umständliche E-Mail-Ketten oder das Durchsuchen von Ordnern nach der neuesten Version von Dokumenten. Darüber hinaus können Sie Zuständigkeiten, Rollen, Prozesshierarchien und Prozessschritte auf einen Blick sehen und über die integrierte Suchfunktion alle relevanten Prozessinformationen finden. Der Hub ermöglicht die nahtlose Erstellung, Nutzung und Zusammenarbeit von Inhalten in der gesamten SAP Signavio Process Transformation Suite, einschließlich SAP Signavio Process Intelligence, dem SAP Signavio Process Manager, dem SAP Signavio Journey Modeler und SAP Signavio Process Governance.

Kapitel 8
SAP Signavio Process Governance

SAP Signavio Process Governance ist ein Workflow-Tool, das es Ihnen erlaubt, die Lebenszyklen Ihrer Geschäftsprozesse zu verwalten sowie Prozesskonformität und -führung in Ihrem gesamten Unternehmen aufrechtzuerhalten. Mithilfe dieser Produktlösung senken Sie die Kosten für Ihre Workflow-Verwaltung und können diese gegebenenfalls ändern, um gesetzliche Anforderungen zu erfüllen.

SAP Signavio Process Governance unterstützt die Prozesskonsistenz und -effizienz Ihres gesamten Unternehmens (siehe Abbildung 8.1).

Es handelt sich um eine einfach zu bedienende und zugängliche Workflow Engine, die das nutzt, was die Produktivität Ihres Unternehmens vorantreibt: weniger manuelle Aufgaben, weniger Rollen, geringere Kosten sowie höhere Qualität und Geschwindigkeit. Geschäftsprozessmodelle können in standardisierten Workflows zur Prozesssteuerung umgewandelt werden, die dann im gesamten Unternehmen eingeführt werden können. Unternehmen können Prototypen und vollständige Workflows für die schnelle Einführung ihrer Prozessmodelle erstellen und Aufgabenmanagementfunktionen integrieren, um zu erfassen, zu verbinden, zu steuern und zu kommunizieren, wie die Arbeit erledigt wird. Das Erstellen von Workflows bedarf keiner Programmierkenntnisse. Sie profitieren von geteilten Aufgabenlisten, der nahtlosen Integration mit anderen Cloud-Systemen und der Erstellung von Formularen für eine zielgerichtete Aufgabenzuteilung.

In Abschnitt 8.1 widmen wir uns zunächst den vielfältigen Funktionen von SAP Signavio Process Governance. Abschnitt 8.2 zeigt verschiedenste Potenziale der Lösung auf. In weiterer Folge illustrieren wir anhand eines Beispiels die Anwendung von SAP Signavio Process Governance in der Praxis (siehe Abschnitt 8.3).

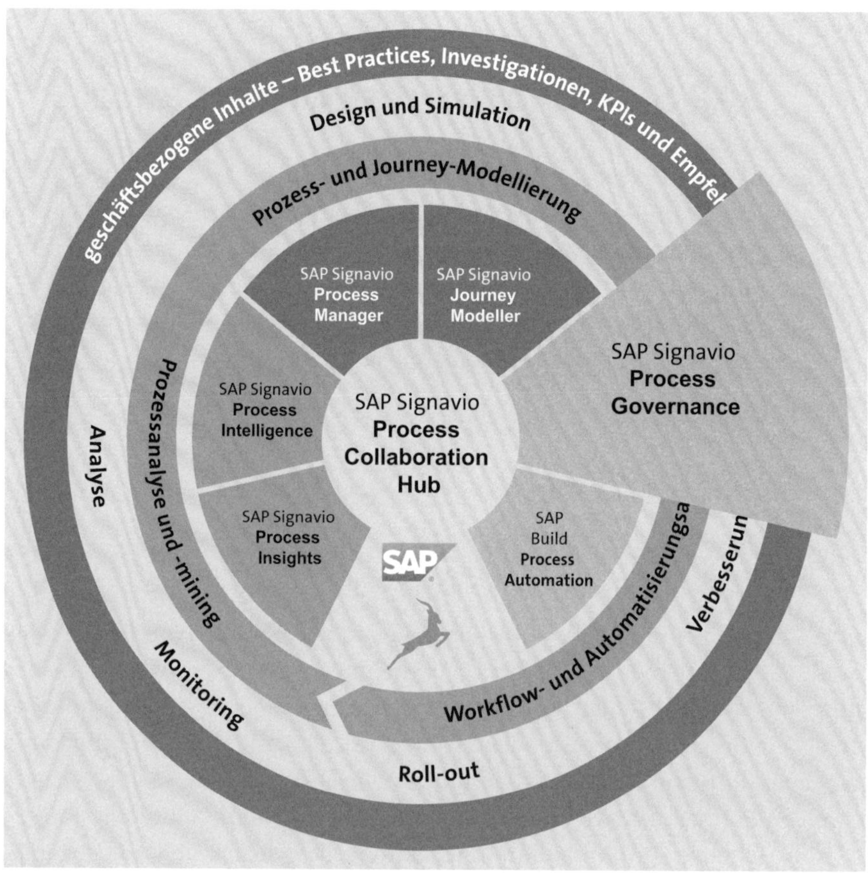

Abbildung 8.1 SAP Signavio Process Governance im Fokus

8.1 Funktionen

SAP Signavio Process Governance ist eine webbasierte Plattform zur Modellierung und Ausführung von Workflows. Trotz seiner Verwandtschaft mit klassischen Business-Process-Management-Systemen (BPMS) vereinfacht SAP Signavio Process Governance die Workflow-Automatisierung stark. Sie werden SAP Signavio Process Governance nützlich finden, um Routinearbeiten zu beschreiben und gemeinsam zu bearbeiten. Das Tool unterstützt Sie dabei, Aufgaben und Übergaben zu koordinieren, Freigaben zu erteilen, Dokumente zu leiten sowie komplexe Geschäftsprozesse handzuhaben. SAP Signavio Process Governance bietet sofort einsetzbare Workflow-Funktionen der nächsten Generation für die Prozessmodellierung und beschleunigte Genehmigung. In diesem Kontext versteht man unter dem Begriff *Workflow* eine wiederholbare Abfolge von Tätigkeiten, die zu einer größeren Aufgabe gehören. Mit SAP Signavio Process Governance können Sie beispielsweise automatisierte Workflows auf der Grundlage Ihrer Geschäftsprozessmodelle schnell und einfach erstellen. Die Verwaltung von Aufgaben und die Initiierung von Reifegrad- und Regulierungsbewertungen in Teams für die Prozessdokumentation und -implementierung werden mithilfe dieses Tools einfacher. Darüber hinaus können Sie verschiedenste Geschäftsoperationen an einem einzigen Ort verfolgen und die Verantwortlichkeit für zugewiesene Aktivitäten gewährleisten. Das bedeutet, dass Sie Zeit und Geld sparen und sich darauf verlassen können, dass Ihre Geschäftsprozesse immer auf dieselbe Weise ablaufen.

Zu den Kernfunktionen von SAP Signavio Process Governance gehören:

- mit Genehmigungen eine umfassende Process Governance durchzusetzen
- Workflows intuitiv zu konfigurieren und für eine gemeinschaftliche Optimierung auszulösen
- Ihre Workflows flexibel zu erweitern, wenn Ihr Unternehmen wächst, ganz ohne Programmieraufwand
- die Bewertung des Reifegrads von Prozessen für Prozessverantwortliche einzuplanen und die Compliance zu gewährleisten
- einfache und zeitsparende Drag-&-Drop-Formulareditoren zu verwenden und so die Nutzerfreundlichkeit zu erhöhen
- Schwankungen bei der Arbeitsausführung zu verringern sowie konsistente und hochwertige Ergebnisse sicherzustellen

Mit SAP Signavio Process Governance einzelne Prozessfälle steuern

Innerhalb einer Organisation werden Prozesse verwendet, um Tätigkeiten zu verwalten sowie die Aufgaben und Aktionen anzugeben, die abgeschlossen werden müssen, um ein bestimmtes Ziel zu erreichen. Beispiel: Bei der Einstellung neuer Mitarbeitender müssen die Aufgaben **Bewerbungsgespräch planen, Bewerbungsgespräche mit Kandidaten führen** und **Stellenangebot senden** ausgeführt werden. Nachdem Sie ein Prozessmodell veröffentlicht haben, können Sie in weiterer Folge viele Einzelfälle starten. SAP Signavio Process Governance verfolgt nun, welche Aufgaben und Aktionen Sie für jeden einzelnen Fall ausführen müssen. Mit Fällen können Sie für Kolleg*innen relevante Informationen zusammentragen, die den erforderlichen Kontext zur Ausführung von Aufgaben liefern. Weiterführende Informationen zu den Fällen finden Sie in Tabelle 8.1.

SAP Signavio Process Governance lässt sich nahtlos in andere Lösungen von SAP Signavio zur Geschäftsprozesstransformation integrieren und unterstützt Sie dabei, Ihren Prozesslebenszyklus effektiver zu verwalten. Sie können Workflow-Daten aus SAP Signavio Process Governance direkt in SAP Signavio Process Intelligence und Live Insights exportieren. Diese Übertragung ermöglicht die interne Untersuchung von Unternehmensdaten mithilfe von leistungsstarken Process-Intelligence-Analysen, die in Echtzeit Aufschluss darüber geben, wie Ihre Workflows und Geschäftsprozesse verbessert werden können. Tabelle 8.1 liefert einen Überblick über die zahlreichen Application Features von SAP Signavio Process Governance.

Feature	Beschreibung
Aufgaben	Eine Aufgabe ist eine Arbeit, die von einer Person erledigt werden muss. Mitarbeitende können Aufgaben innerhalb einzelner Fälle ausführen. Fälle enthalten normalerweise mehrere Aufgaben, in der Regel die im Prozess definierten Aufgaben. Sie können auch Ad-hoc-Aufgaben zu einem Fall hinzufügen. In SAP Signavio Process Governance weisen Sie eine Aufgabe einem bestimmten Benutzer zu, legen ein Fälligkeitsdatum fest und fügen Unteraufgaben hinzu.
Fälle	Ein Fall ist ein gemeinsamer Arbeitsbereich, in dem ein bestimmtes Ziel erreicht werden soll (z. B. die Einstellung von Personal oder die Unterzeichnung eines Vertrags). Fälle sind in der Regel größer als eine einzelne Aufgabe für eine Person, aber kleiner als ein ganzes Projekt. In einem Fall wird das Ziel in spezifische Aktionselemente (oder Aufgaben) unterteilt, sodass Sie mit anderen Personen daran arbeiten können. Ein Fall umfasst eine Reihe von Aufgaben, Diskussionen und Dokumenten und ermöglicht es den Beteiligten, alle relevanten Kontextinformationen für die Aufgaben auszutauschen.
Prozesse	Wiederkehrende Arbeiten können mithilfe von Prozessen beschrieben werden. Stellen Sie sich einen Prozess als eine Art Rezept für die Durchführung von Routinetätigkeiten vor. Stellen Sie sich z. B. einen Prozess für die Personalbeschaffung vor. Jedes Mal, wenn dieser Prozess gestartet wird, müssen drei Aufgaben ausgeführt werden: Lebenslauf prüfen, Vorstellungsgespräch planen und Vorstellungsgespräch durchführen. Jedes Mal, wenn eine Person den Prozess startet, wird in SAP Signavio Process Governance ein neuer Fall angelegt. Erstellen und bearbeiten Sie ausführbare Prozesse mit dem Prozesseditor. Einen ausführbaren Prozess kann man sich als eine Art Software vorstellen. Prozesse erleichtern die Automatisierung. Die Automatisierung von Prozessen mit SAP Signavio Process Governance ermöglicht es Fachanwender*innen, ohne technische Kenntnisse und ohne Zugang zu einer IT-Entwicklungsabteilung sinnvolle Prozesse zu erstellen.
Bezeichnungen (Labels)	Um einen besseren Überblick über alle Prozesse in Ihrer Organisation zu erhalten, können Sie Bezeichnungen verwenden, um die Prozesse zu kategorisieren, z. B. nach Abteilung oder Status.

Tabelle 8.1 Funktionen von SAP Signavio Process Governance

Feature	Beschreibung
Posteingang	Lassen Sie sich Ihre Aufgaben in Ihrem persönlichen Posteingang anzeigen. Dort finden Sie die Aufgaben, die Ihnen zugewiesen wurden oder für die Sie verantwortlich sind. Der Posteingang enthält auch Aufgaben, die Sie ad hoc erstellt haben, bzw. alle zu diesen Aufgaben erstellten Unteraufgaben.
Kollaboration (Collaboration Space)	Die eingeladenen Benutzer erhalten eine E-Mail mit einem Link zur Anmeldeseite, auf der sie einen SAP-Signavio-Process-Governance-Benutzer anlegen können, der Mitglied der Organisation wird. Dies ermöglicht die gemeinsame Arbeit an einem Auftrag.
Zugriffsrechte	Mit den Zugriffsrechten in SAP Signavio Process Governance können Sie einschränken, wer auf einen Prozess zugreifen, Fälle bearbeiten oder bestimmte Aufgaben innerhalb eines Prozesses ausführen darf. Standardmäßig sind alle Prozesse und Aufgaben öffentlich, sodass alle Benutzer in Ihrer Organisation darauf zugreifen können. Durch die Konfiguration der Zugriffsrechte können Sie den Zugriff auf bestimmte Benutzer oder Gruppen einschränken.
Analytics (Reporting)	Erstellen und teilen Sie Berichte mit aggregierten Übersichten. Jeder Report wird bei Bedarf gestartet und fasst die Fälle eines Prozesses in tabellarischer und grafischer Form in der Webbenutzeroberfläche zusammen. Sie können Ihre Falldaten auch exportieren, um sie in SAP Signavio Process Intelligence zu analysieren.
Suche	Die Suchfunktion berücksichtigt Einträge im Namensfeld von Kategorien, Prozessbeschreibungen und Kommentaren. Um Aufgaben, Fälle, Prozesse, Berichte oder Kommentare zu finden, verwenden Sie die Suchfunktion in SAP Signavio Process Governance.
Aktionstypen	Es stehen die folgenden Aktionstypen zur Verfügung: ▪ Benutzeraufgabe: Zeigt an, dass eine Person eine Aufgabe ausführt. ▪ Mehrbenutzeraufgabe: Gibt an, dass eine Gruppe von Benutzern dieselbe Benutzeraufgabe ausführt. ▪ »E-Mail senden«-Aktion: Sendet eine E-Mail an einen bestimmten Benutzer. ▪ Skriptaufgabe: Ermöglicht es Entwickler*innen, JavaScript-Code bei der Prozessausführung hinzuzufügen. ▪ Unterprozess: Wenn Sie eine allgemeine Übersicht über den Hauptprozess erstellen, können Sie Unterprozesse als separate Workflows modellieren und verknüpfen diese Unterprozesse mit dem Hauptprozess, der auch als »übergeordneter Prozess« bezeichnet wird.

Tabelle 8.1 Funktionen von SAP Signavio Process Governance (Forts.)

Feature	Beschreibung
Aktionstypen (Forts.)	▪ »Dokument anlegen«-Aktion: Datei anlegen, die Fallinformation enthält. ▪ Dokumentvorlage: Dem Benutzer wird eine Aufgabe zugewiesen, bei der er aufgefordert wird, die erforderlichen Informationen in ein benutzerdefiniertes Aufgabenformular einzugeben. Die Informationen aus dem Aufgabenformular werden auf das hochgeladene Modell angewendet. ▪ »Variablen zuordnen«-Aktion: Kopiert den Wert einer Variablen in eine andere Variable. ▪ »Box – Datei hochladen«-Aktion: Speichert eine oder mehrere Dateien in einem von Ihnen ausgewählten Box-Account. ▪ »Google Drive – Datei hochladen«-Aktion: Sendet eine oder mehrere Dateien zu einem Konto Ihrer Wahl. ▪ »Google Drive – Hinzufügen von Zeilen zu Tabellen«-Aktion: Fügt eine Zeile zu einem Google-Sheets-Tabellenblatt hinzu. ▪ »Google Drive – Kalenderereignis hinzufügen«-Aktion: Fügt einen Termin zu einem Google-Kalender hinzu. ▪ DMN-Aufgaben: Ermöglicht es Ihnen, die Entscheidungslogik aus einem DMN-Diagramm in SAP Signavio Process Governance auszuführen. ▪ »Modellzustand setzen«-Aktion: Aktualisiert automatisch den Diagrammzustand im SAP Signavio Process Manager und im SAP Signavio Process Collaboration Hub, um z. B. das Diagramm als genehmigt oder in Bearbeitung zu kennzeichnen. Dementsprechend benötigen Sie für diese Aktion Zugriff auf den SAP Signavio Process Manager.
Formulare	Sie können Formulare verwenden, um Informationen während der Ausführung eines Prozesses in SAP Signavio Process Governance einzugeben. Formulare können sowohl Bestandteil von Formular-Triggern als auch Bestandteil von Benutzeraufgaben sein.
Trigger	Beschreiben Sie mit Triggern die Art und Weise, wie Ihre Prozesse beginnen. Bei manuellen Triggern starten die Prozesse manuell, wenn Sie einen Prozess auswählen und einen neuen Fall starten. Verwenden Sie Formularauslöser, um einen Prozess mithilfe eines Formulars mit öffentlichen oder privaten Formularauslösern zu starten, oder lösen Sie einen neuen Fall mit einem E-Mail-Auslöser aus.

Tabelle 8.1 Funktionen von SAP Signavio Process Governance (Forts.)

Feature	Beschreibung
Kontrollfluss	Um festzulegen, in welcher Reihenfolge Aktionen in einem Prozess ausgeführt werden, verwenden Sie Transitionen, Gateways und Ereignisse. Transitionen legen fest, dass die Workflow Engine das Zielelement erst nach Abschluss des Ausgangselements ausführt. In BPMN heißt eine Transition Sequenzfluss und wird als Pfeil vom Ausgangselement zum Zielelement dargestellt. Exklusive Gateways erlauben die Auswahl zwischen verschiedenen Ausführungspfaden. Mit parallelen Gateways werden die Aufgaben modelliert, die parallel oder in beliebiger Reihenfolge ausgeführt werden können. Ereignisse können Prozessstart-, Prozessendereignisse und Zwischenereignisse des Prozesses sein.
Benutzermenü	Das Benutzermenü besteht aus mehreren Bereichen. Im ersten Bereich können Sie auf Ihre persönlichen Einstellungen für SAP Signavio Process Governance zugreifen, indem Sie auf **Mein Profil** klicken. Wenn Sie über Administratorrechte verfügen, finden Sie in diesem Bereich Organisationseinstellungen sowie Services und Konnektoren. Wenn Sie Zugriff auf weitere Produkte der SAP Signavio Business Transformation Suite haben, finden Sie diese im Bereich **Produkte**. Das aktuell ausgewählte Produkt ist markiert. Ein Klick auf den Produktnamen öffnet das ausgewählte Produkt in einem neuen Browserfenster. Der Bereich **Organisationen** listet alle Organisationen auf, denen Sie angehören. Wenn Sie auf eine Organisation klicken, wird diese in demselben Browserfenster geöffnet. Sie werden nicht aus der aktuell ausgewählten Organisation ausgeloggt. Im Bereich **Hilfe** finden Sie Links zum Benutzerhandbuch und zu einer Sammlung von Beispiel-Workflows. In diesem Bereich können Sie uns auch Feedback geben. Klicken Sie auf **Logout**, um sich von SAP Signavio Process Governance abzumelden.
Glossarintegration	Für die Arbeit mit SAP Signavio Process Governance können Sie das Glossar des SAP Signavio Process Managers integrieren. Dadurch können Sie Daten aus Glossareinträgen extrahieren und in Ihren Workflows verwenden. Um diese Funktion nutzen zu können, muss Ihre Organisation in SAP Signavio Process Governance mit einem Arbeitsbereich im SAP Signavio Process Manager verknüpft sein.
Benachrichtigungen	Sie erhalten Benachrichtigungen über Aufgaben- oder Fallaktualisierungen. SAP Signavio Process Governance versendet eine Reihe von E-Mail-Benachrichtigungen, um Prozessbeteiligte über die von Ihnen behandelten Fälle zu informieren und um Verzögerungen bei der Aufgabenübergabe zu vermeiden, wenn eine Aufgabe von jemandem zugewiesen wird. Die Benachrichtigungen sind fallbezogen, aufgabenbezogen, kommentarbezogen, benutzerbezogen oder kontobezogen.

Tabelle 8.1 Funktionen von SAP Signavio Process Governance (Forts.)

Feature	Beschreibung
Konnektoren	Stellen Sie eine Verbindung zu anderen SAP-Signavio-Produkten oder Angeboten von Drittanbietern her: ▪ E-Mail-Konnektor: Senden Sie eine E-Mail an den angegebenen Benutzer. Geben Sie Absendername, Empfänger und Antwort, Betreff, Anhänge und Nachrichtentext nach Ihren Wünschen an. ▪ Google-Konnektor: Verwenden Sie einen Google-Konnektor, um Dateien hochzuladen, Dateien zu drucken, Kalenderereignisse zu verwalten und vieles mehr. ▪ SAP-Signavio-Process-Manager-Konnektor: Die Integration des SAP Signavio Process Managers mit SAP Signavio Process Governance ermöglicht es Benutzern des SAP Signavio Process Managers, Genehmigungs-Workflows für ihre Prozessmodelle mit SAP Signavio Process Governance auszuführen. ▪ Salesforce-Konnektor: SAP Signavio Process Governance ist mit Salesforce-Workflows integrierbar. Sie können Dateien so konfigurieren, dass Änderungen in Salesforce automatisch Prozesse in SAP Signavio Process Governance auslösen. ▪ Benutzerdefinierte Konnektoren: Integrieren Sie dynamisch strukturierte Daten aus anderen IT-Systemen in Ihre Arbeitsabläufe. Das Workflow-System holt Daten aus einem Drittsystem über einen Konnektor, den Sie selbst implementieren und hosten.

Tabelle 8.1 Funktionen von SAP Signavio Process Governance (Forts.)

8.2 Potenziale

SAP Signavio Process Governance sorgt für einen besseren Arbeitsfluss, wenn es um das Prozessmanagement geht. Das Tool gibt Ihnen die Möglichkeit, sich wiederholende Process-Governance-Workflows zu automatisieren, damit sich Ihre Mitarbeitenden auf wertschöpfende Aufgaben konzentrieren können. Durch das Erstellen von Formularen, Checklisten und Entscheidungspunkten, das Einrichten von E-Mail-Benachrichtigungen für Fristen und die Zusammenarbeit an gemeinsamen Aufgabenlisten können Sie unnötige Arbeit identifizieren und vermeiden. Auf diese Weise können Sie den E-Mail-Verkehr und zeitintensive Meetings einschränken. Sie können somit die Schritte, die für Ihren Unternehmenserfolg wirklich wichtig sind, schneller und effizienter erledigen.

Die Kernpotenziale von SAP Signavio Process Governance möchten wir Ihnen hier im Überblick zeigen:

- rasch konfigurierbare Workflows ohne Expertenwissen
- einfache Verwaltung von Prozessfreigabezyklen

- Reifegradbewertungen
- prozessintegriertes Risiko und Kontrollmanagement
- Prozessstandardisierung anhand von Workflows
- automatisiertes Verfolgen von Aufgaben
- weniger Verzögerungen (durch automatische Auslöser und Aktionen)
- Kontrolle an den Stellen, an denen sie gebraucht wird
- klare Kommunikation von Übergaben
- Nachverfolgbarkeit – wer hat was getan
- Klarheit – wer muss was tun?
- Sparen von Ressourcen

Benötigen Sie Prozessmodellierungskenntnisse, um das Tool zu verwenden?

Falls Sie sich fragen, ob Sie Prozessmodellierungskenntnisse benötigen, um das Tool zu verwenden, können wir Sie beruhigen. Nein, SAP Signavio Process Governance ist äußerst benutzerfreundlich und kann von allen verwendet werden, die Routineaufgaben beschreiben und gemeinsam durchführen müssen – unabhängig davon, ob sie mit der Prozessmodellierung vertraut sind oder nicht. Auch wenn Sie noch keine Prozessmodellierungserfahrung haben, werden Sie schnell mit der Lösung vertraut sein.

SAP Signavio Process Governance hilft Ihnen auch dabei, mit dem stetigen Wandel Schritt zu halten. Das Tool ist der perfekte Ausgangspunkt für komplexeste Aufgaben und Aktivitäten. Die intuitive Benutzeroberfläche macht es Ihnen einfach, Prozessmodelle in Workflows umzuwandeln, sodass Sie nur die wesentlichen Merkmale Ihrer Geschäftsprozesse wie Aufgaben und Entscheidungen benötigen, um damit zu beginnen. Sie können zu einem späteren Zeitpunkt weitere Details hinzufügen (z. B. benutzerdefinierte Benachrichtigungen, Zugriffskontrolle oder automatische Erinnerungen) – und die Workflows lassen sich mit dem Wachstum Ihres Unternehmens skalieren. Demgemäß wird eine 360-Grad-Prozess-Governance mit Genehmigungen und Reifegradbeurteilungen etabliert, während gleichzeitig Tabellenkalkulationen durch die direkte Verfolgung von Aufgaben entfallen. Sämtliche Workflows können Sie einfach, schnell und ohne Expertenwissen erstellen. Abbildung 8.2 illustriert, wie mit SAP Signavio Process Governance konfigurierbarbare Workflows erstellt werden können. Wir befinden uns dafür auf der Registerkarte **Processes** der Registerkarte **Actions**.

SAP Signavio Process Governance automatisiert und standardisiert manuelle Entscheidungen, da es eine automatisierte Genehmigungslösung bietet. Dadurch wird nicht nur das Risiko einer Fehlentscheidung reduziert, sondern auch die darauf aufbauenden Prozesse können effizienter durchgeführt werden. Der automatisierte

Genehmigungsprozess umfasst eine schnelle Reaktion auf Änderungen. Dies stellt sicher, dass Geschäftsentscheidungen festgehalten werden, was wiederum besonders wichtig ist, um die Einhaltung von internen als auch externen Vorschriften und Richtlinien zu gewährleisten.

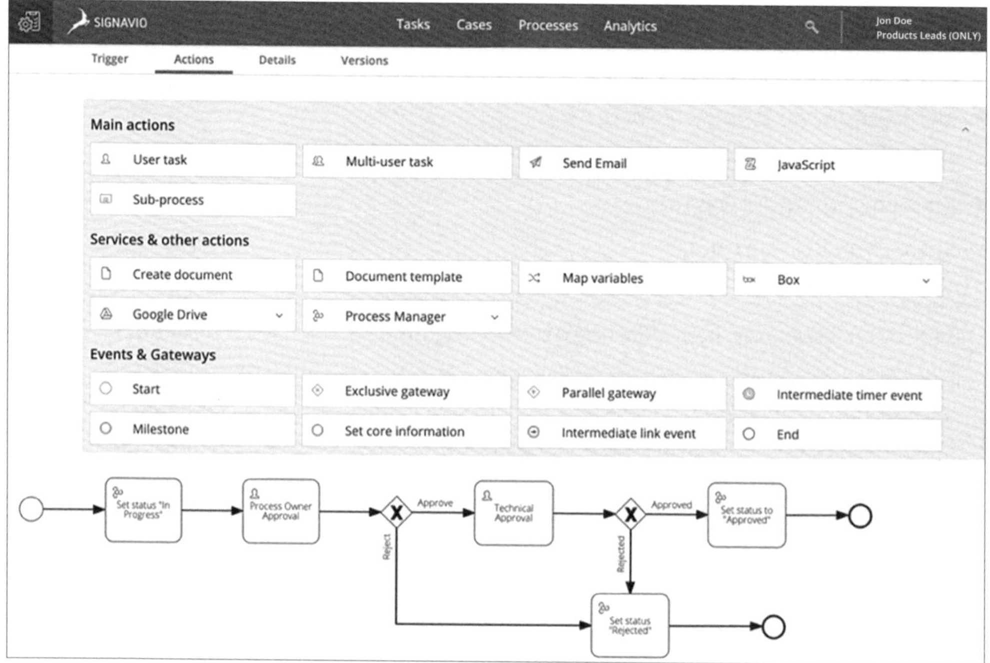

Abbildung 8.2 Konfigurierbare Workflows erstellen

SAP Signavio Process Governance unterstützt eine bessere Kommunikation und Koordination verschiedenster Unternehmensaufgaben. Die Lösung gibt Ihnen einen klaren Hinweis darauf, wie weit ein bestimmter Prozess fortgeschritten ist und was der nächste Schritt sein wird. Dies führt zu weniger Verzögerungen durch vernachlässigte oder vergessene Aufgaben, zu mehr Verantwortlichkeit bei der Entscheidungsfindung und zu mehr Flexibilität bei der konsequenten Umsetzung von Prozessoptimierungen. Darüber hinaus wird das Onboarding neuer Teammitglieder deutlich einfacher, da Sie auf einen Blick sehen können, was genau zu tun ist und wo Sie sämtliche relevante Ressourcen finden.

[»]

Der Mehrwert von SAP Signavio Process Governance

SAP Signavio Process Governance unterstützt Sie dabei, vollständige Transparenz und Kontrolle über Ihre Workflows zu erlangen, Prototypen für eine schnelle Bereitstellung zu entwickeln und Workflows ohne Kodierung zu skalieren sowie Geschäftsprozessvariationen und Nacharbeit zu reduzieren.

SAP Signavio Process Governance hilft Ihnen bei der Automatisierung Ihrer Prozessgenehmigungen und Veröffentlichungsprozesse. Sie können Prozessverantwortliche, Risikoverantwortliche und Qualitätsmanager*innen und ihre jeweiligen Aufgaben einrichten, indem Sie *Prozessattribute* auswählen. Attribute beschreiben zusätzliche Informationen und Eigenschaften eines Prozesses. Anschließend können Sie diese Benutzer über Attribute für Prozessgenehmigungen, Risiko- und Kontrollbewertungen sowie Reifegradbewertungen zuordnen und benachrichtigen. Die Prozesskonformität wird mit diesem Tool auf einfache Weise erhöht, indem Sie Prozessgenehmigungen und Reifegradbewertungen direkt aus der SAP-Signavio-Process-Manager-Lösung entnehmen. Sobald eine Genehmigung erteilt worden ist, können Sie Prozesse automatisch veröffentlichen. Zeitgleich werden sämtliche Genehmigungen dokumentiert. Außerdem können Sie die Ihnen zugeteilten Aufgaben mit dem SAP Signavio Process Collaboration Hub durch Klicken auf **Tasks** öffnen. Wie in Abbildung 8.3 dargestellt, werden Ihre Aufgaben in Ihrer persönlichen Inbox angezeigt. Sie finden Aufgaben aus SAP Signavio Process Governance, die Ihnen zugewiesen wurden, bzw. Aufgaben, für die Sie Kandidat sind. Der Posteingang enthält auch Aufgaben, die Sie ad hoc erstellt haben, oder alle erstellten Unteraufgaben, die damit zusammenhängen. Mit all diesen Möglichkeiten können Sie Ihre Prozessfreigabezyklen effektiv verwalten.

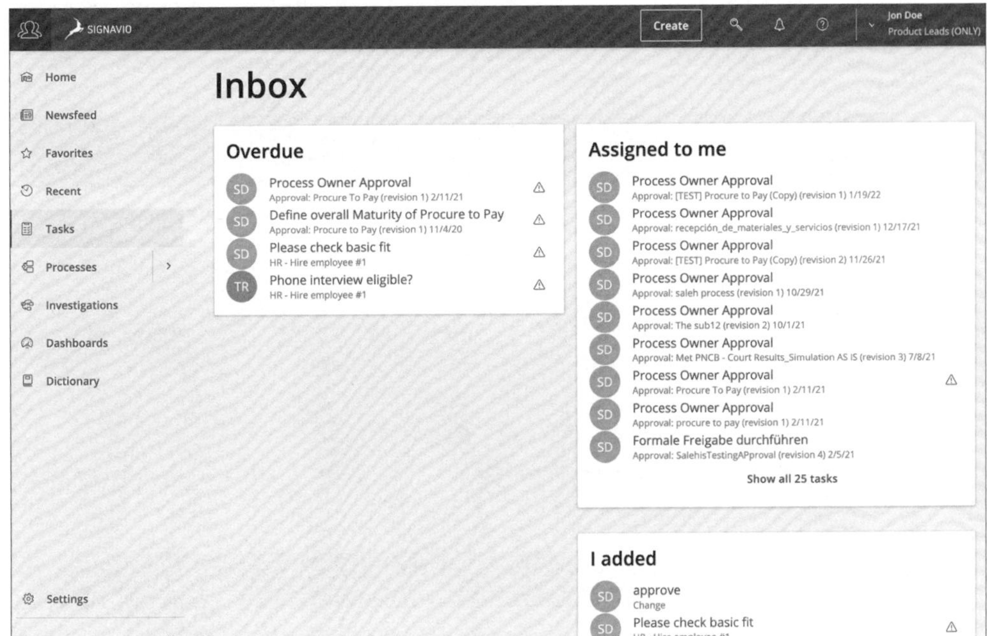

Abbildung 8.3 Posteingang für persönliche Aufgaben innerhalb des SAP Signavio Process Collaboration Hubs

Ebenso unterstützt Sie SAP Signavio Process Governance dabei, die Bewertung Ihrer Geschäftsprozessreife auf mehreren Ebenen durchzusetzen. Mit den über die Standard-BPMN-Notation konfigurierbaren Workflows können Sie Ihre Aufgaben verlässlich verfolgen – ganz ohne Tabellenkalkulationsprogramme. In Verbindung mit SAP Signavio Process Intelligence können Sie die Daten in diesem Zuge umfangreich analysieren und direkt Maßnahmen ableiten. Mit SAP Signavio Process Governance automatisieren und standardisieren Sie manuelle Entscheidungen anhand von Workflows. Dadurch reduzieren Sie das Risiko falscher Entscheidungen und fördern so einen noch effizienteren Betrieb. Zudem erlaubt es Ihnen dieses Tool, Ihre Workflows und spezifischen Aufgaben mit häufig verwendeter cloudbasierter Software wie beispielsweise Salesforce oder Google Drive sowie Ihre eigenen IT-Systeme zu integrieren. SAP Signavio Process Governance bietet Ihnen die Möglichkeit, Freigabe-Workflows zentral zu verwalten. Während des Genehmigungs-Workflows können demnach der Revision eines Diagramms verschiedene Zustände zugewiesen werden. Wie in Abbildung 8.4 ersichtlich, zeigt ein Symbol neben dem Diagramm dessen Zustand an. Sie können entweder die von SAP Signavio definierten Diagrammzustände (**Approved**, **Rejected**, **Published**, **in progress**) verwenden oder Ihre eigene Liste mit Diagrammzuständen erstellen. Die Option **Publish in Hub** legt fest, dass eine Revision automatisch im SAP Signavio Process Collaboration Hub veröffentlicht wird, wenn dieser Status der Revision zugewiesen wird. Die Option **Reset expiration** legt fest, dass das Ablaufdatum der Genehmigung ab der Zuweisung dieses Status neu berechnet wird.

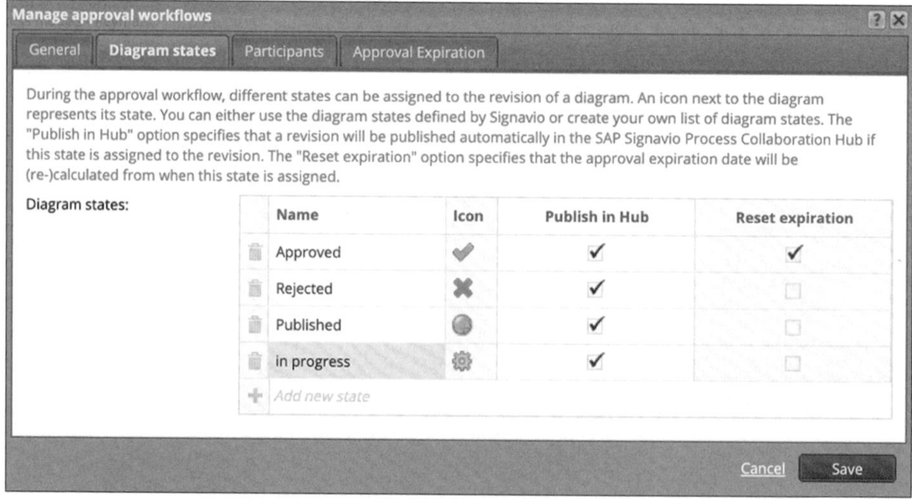

Abbildung 8.4 Konfiguration von Diagrammzuständen

Ferner erlaubt SAP Signavio Process Governance es Ihnen, ein prozessintegriertes Risiko- und Kontrollmanagement einzurichten. In diesem Zusammenhang können Sie

Risiken und Kontrollen zentral an einem Ort anhand des Dictionarys in SAP Signavio Process Governance verwalten. Infolgedessen können Sie Risiken und Kontrollen einfacher in strukturierten Ordnern Ihrer Wahl organisieren. Prozessverantwortliche Ihrer Organisation können überprüfen, wo jedes Risiko- oder Kontrollelement innerhalb Ihrer Geschäftsprozesses verwendet wird. Darüber hinaus können alle von Ihnen erstellten Elemente mit beliebigen Prozessen oder Aufgaben verknüpft werden. Für eine verbesserte Zusammenarbeit können Sie alle Risiko- und Kontrollelemente innerhalb des SAP Signavio Process Collaboration Hubs anzeigen und verwenden (siehe Abbildung 8.5).

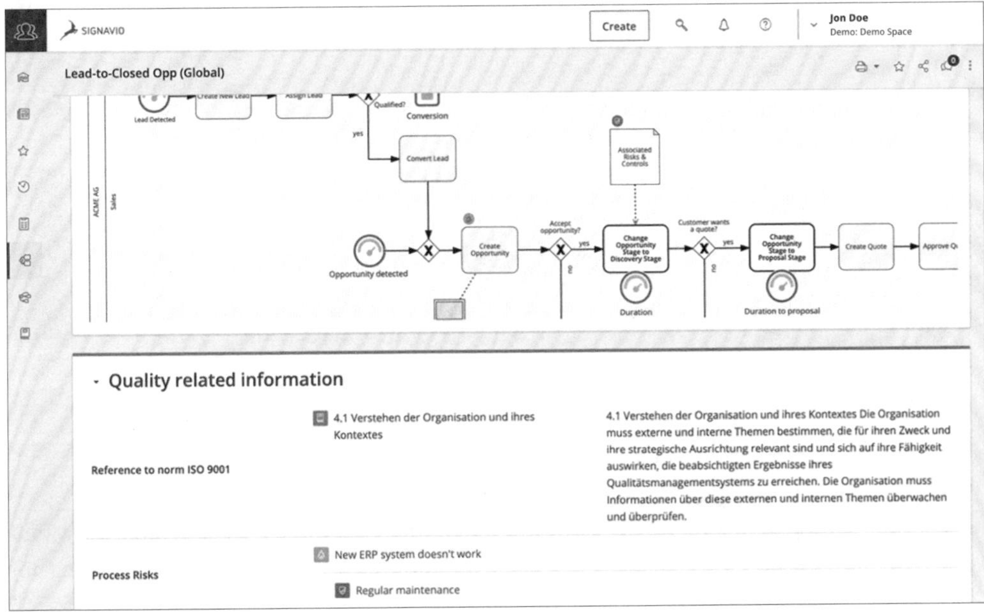

Abbildung 8.5 Risikokontrolle

8.3 Anwendungsbeispiel: Workflow für Freigabeprozess einrichten

Die Anwendung von SAP Signavio Process Governance möchten wir Ihnen im Folgenden anhand eines praktischen Beispiels vorstellen. In unserem Beispiel geht es für unser Fertigungsunternehmen ACME Inc. um ein Transformationsprojekt hinsichtlich SAP S/4HANA. Bei diesem Projekt möchte unser Unternehmen SAP Signavio Process Governance heranziehen, um damit Genehmigungs-Workflows in die Prozessmodelle zu integrieren. Ziel ist es, dass SAP Signavio Process Governance die Prozess-Compliance stärkt und die Kosten der Workflow-Administration senkt, wodurch der Bedarf an starkem E-Mail-Verkehr und manuellen Eingriffen entfällt. Darüber hinaus soll das Tool bei der Risikokontrolle sowie bei der Abstimmung zwischen Fachbereichen und IT sowohl intern als auch extern helfen. In Abbildung 8.6 sehen Sie einen Workflow für die Freigabe eines Geschäftsprozessdesigns für Order-to-Cash. Dieser kann verwendet werden, um entsprechende Stakeholder zu informieren sowie die Genehmigung für den erstellten Soll-Prozess einzuholen. Den Workflow an sich haben wir direkt über die Navigation im SAP Signavio Process Collaboration Hub mit einem Klick auf den entsprechenden Link geöffnet.

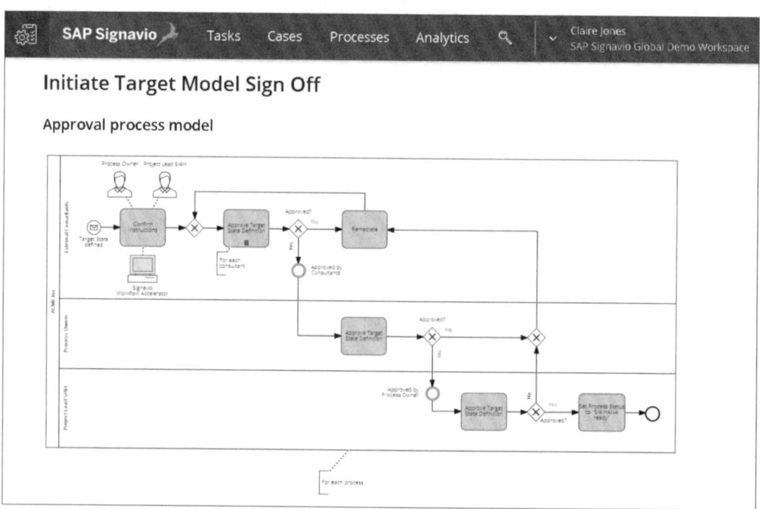

Abbildung 8.6 Beispiel für eine Prozessdesignfreigabe

Dazu scrollen wir im Bild etwas weiter nach unten und wählen im Dropdown-Menü den freizugebenden Soll-Prozess aus (siehe Abbildung 8.7). In unserem Fall ist es der Order-to-Cash Prozess.

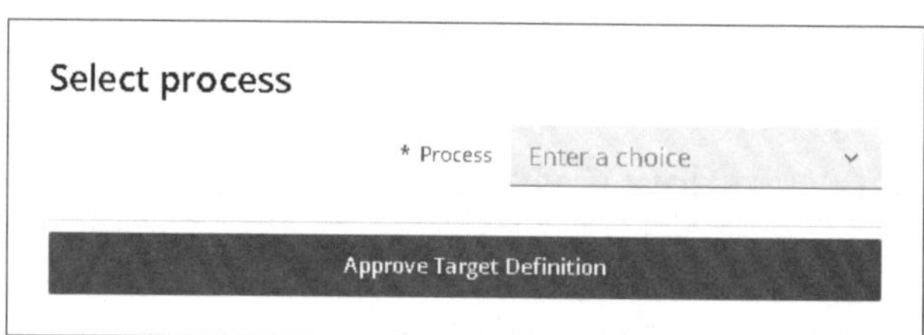

Abbildung 8.7 Freizugebenden Soll-Prozess auswählen

Nachdem wir den Soll-Prozess Order-to-Cash selektiert haben, ergänzen wir, wie es in Abbildung 8.8 zu sehen ist, einige Grundinformationen wie etwa das Budget (Feld **Budget**), die Prozessziele (Feld **Goals**) und die Prozessverantwortlichen (Bereich **To be Approved by**). Für Letztere können ERP-Verantwortliche, Consultants und Process Owner miteinbezogen werden. Die illustrierte Ansicht erscheint übrigens automatisch, sobald wir den Prozess ausgewählt haben.

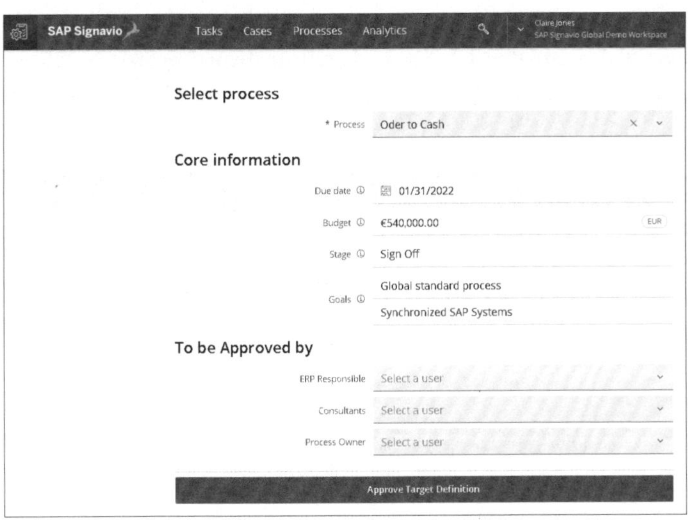

Abbildung 8.8 Kerninformationen für den freizugebenden Soll-Prozess

Wie in Abbildung 8.9 erkennbar, können wir in weiterer Folge noch einige Detailinformationen wie beispielsweise das Fälligkeitsdatum für den freizugebenden Soll-Prozess festlegen sowie das Prozessmodell zur Einsicht hinterlegen. Als Fälligkeitsdatum (Bereich **Define ERP Implementation Project**, Feld **Estimated Due Date**) geben wir laut Projektmanagementangaben den 28. März 2024 ein. Schlussendlich kann der Soll-Prozess freigegeben (Button **Approve**) oder abgelehnt (Button **Reject**) werden.

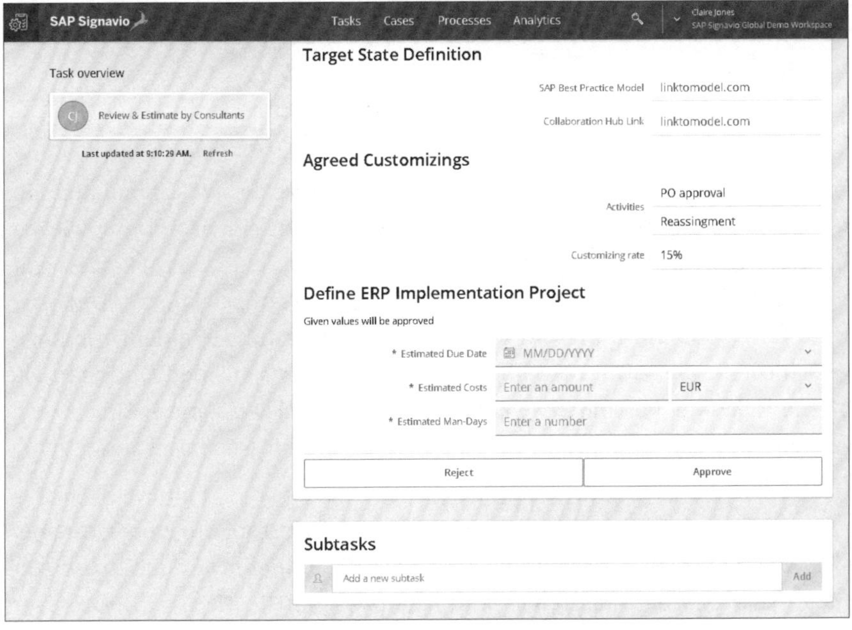

Abbildung 8.9 Detailinformationen für den freizugebenen Soll-Prozess

In unserem Beispiel ist Claire für die Freigabe des Order-to-Cash-Soll-Prozessmodells zuständig. Als Fälligkeitsdatum hinsichtlich der Prozessfreigabe wurde, wie beschrieben, der 28. März 2024 definiert (Button **Task due date**). Dies ist in Abbildung 8.10 ersichtlich.

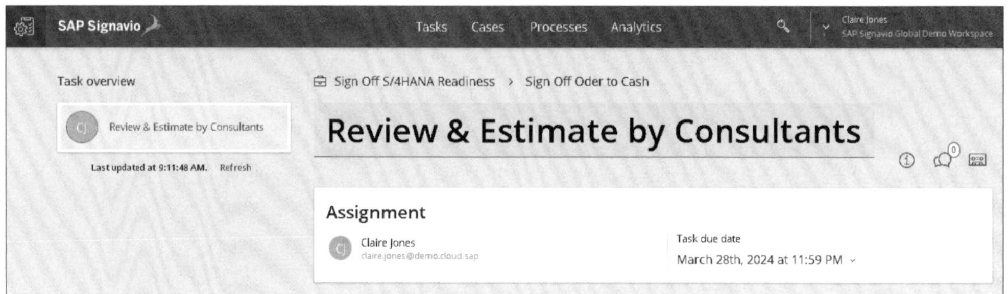

Abbildung 8.10 Prozessdesignfreigabe im Überblick

Claire kann auf der Registerkarte **Tasks** sämtliche ihr zugeteilten Aufgaben einsehen und aufrufen (siehe Abbildung 8.11).

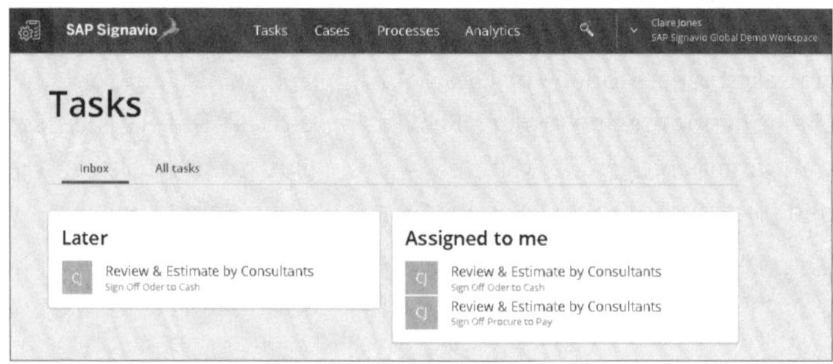

Abbildung 8.11 Aufgaben im Überblick

Auf der Registerkarte **Cases** in Abbildung 8.12 erhält Claire des Weiteren einen Einblick in verschiedene Prozessfälle. Diese können, wie gewünscht, nach Typ sowie Status gefiltert werden. Um nach Typ zu filtern, können wir im Feld **Cases of Process** mithilfe einer Dropdown-Auswahl diverse Fälle von Prozessen selektieren. Um nach Status zu filtern, können wir im Feld **Case Status** ebenfalls anhand einer Dropdown-Hilfe verschiedene Fallstatus auswählen. Dabei können wir aus den Optionen **alle Fälle**, **offene Fälle** oder **geschlossene Fälle** wählen. Dieser Filter kann beispielsweise auch verwendet werden, um separate Reports für abgeschlossene und ausstehende Aktivitäten anzulegen.

Wie in Abbildung 8.13 dargestellt, erhalten wir auf der Registerkarte **Processes** einen Überblick über diverse Prozesse, für die wir neue Fälle initiieren können. Diese können wir je nach Geschäftsabteilung (z. B. Finanzwesen, HR, IT usw.), Prozessverantwortlichen sowie Trigger (z. B. E-Mail, Formular, manuell usw.) filtern. Darüber hinaus haben wir die Möglichkeit, neue Prozesse zu erstellen. Um diese Funktion zu testen, klicken wir auf **Create new process**.

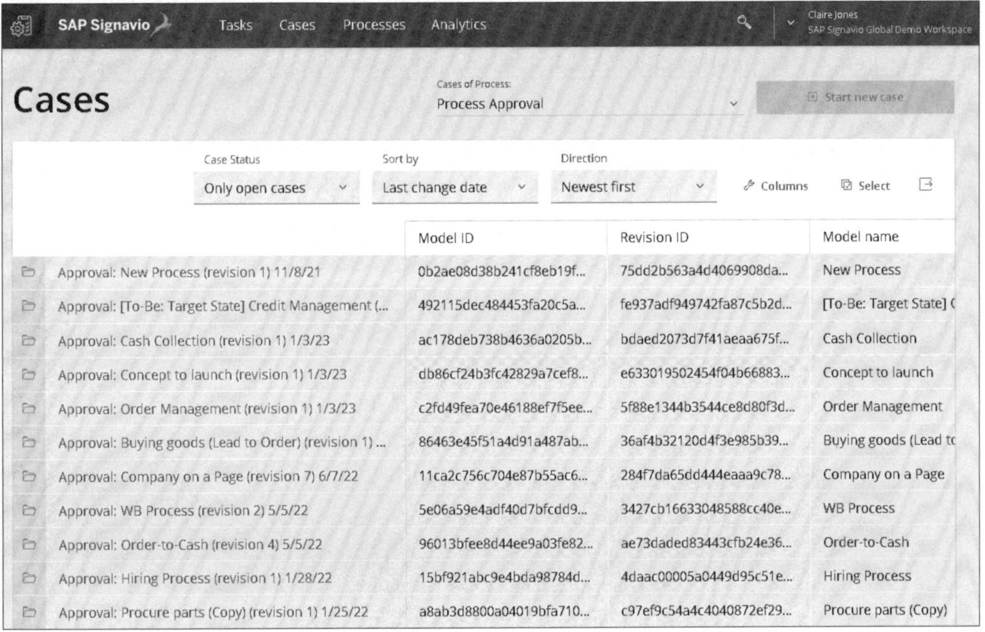

Abbildung 8.12 Prozessfälle im Überblick

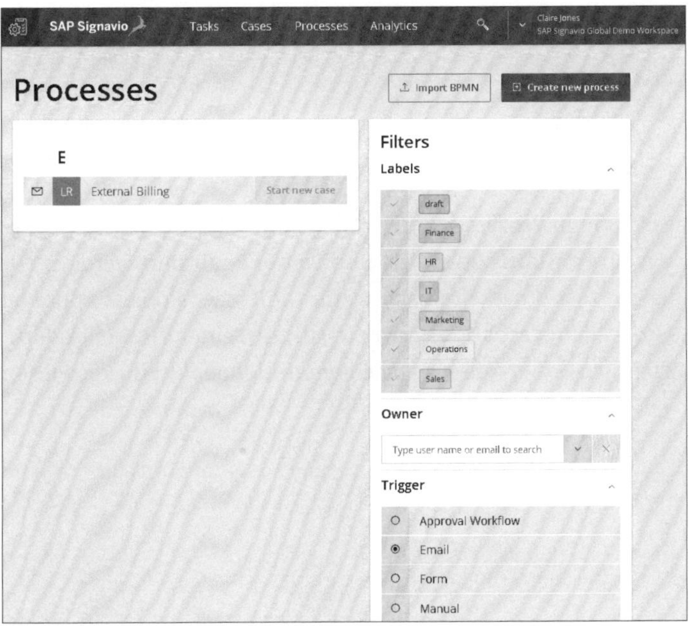

Abbildung 8.13 Prozesse im Überblick

Zunächst legen wir den Namen des Prozesses fest und weisen passende Labels zu. Unser Testprozess ist für unsere Finanzabteilung relevant; daher verwenden wir das Label **Finance**. Im Wesentlichen können wir nun anhand von Drag-&-Drop-Funktionen auf einfache Weise aus verschiedenen Aktionstypen einen Prozess erstellen (siehe Abbildung 8.14). Zudem können wir Prozesstrigger, -details und -versionen definieren.

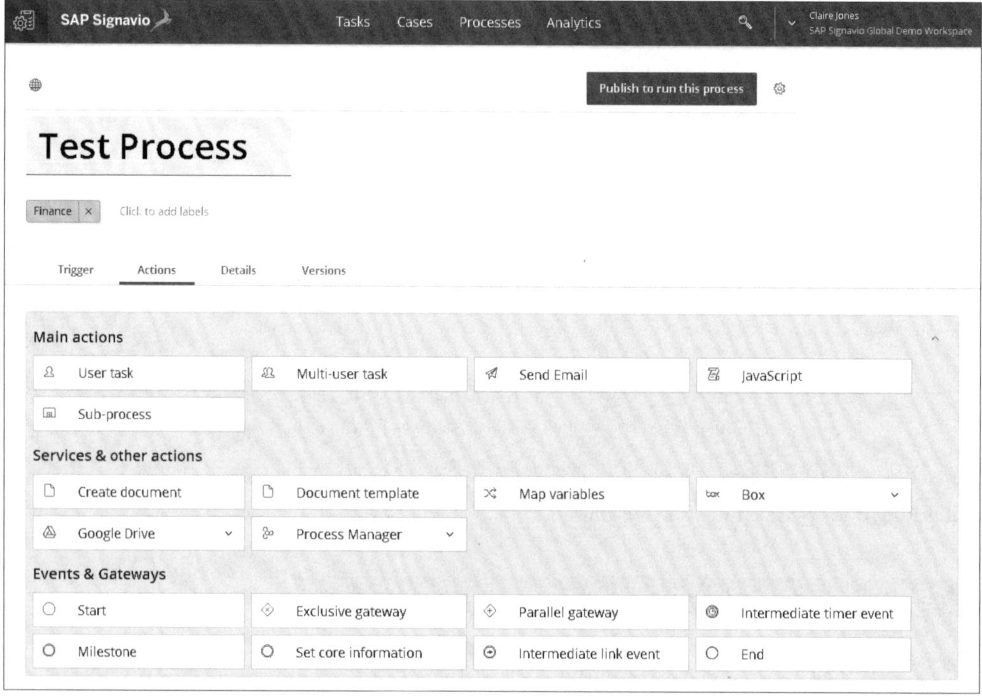

Abbildung 8.14 Prozesse erstellen

Schließlich können die einzelnen Prozesse, wie in Abbildung 8.15 zu sehen, in der Registerkarte **Analytics** je nach Fallstatus gruppiert und weiter analysiert werden. Wir interessieren uns für den Prozess Prozessfreigabe. Dafür wählen wir **Process Approval** in der Dropdown-Liste im Feld **Process** aus. Dies verschafft uns einen Überblick darüber, wie viele Falle hinsichtlich der Prozessfreigabe genehmigt oder zurückgewiesen wurden.

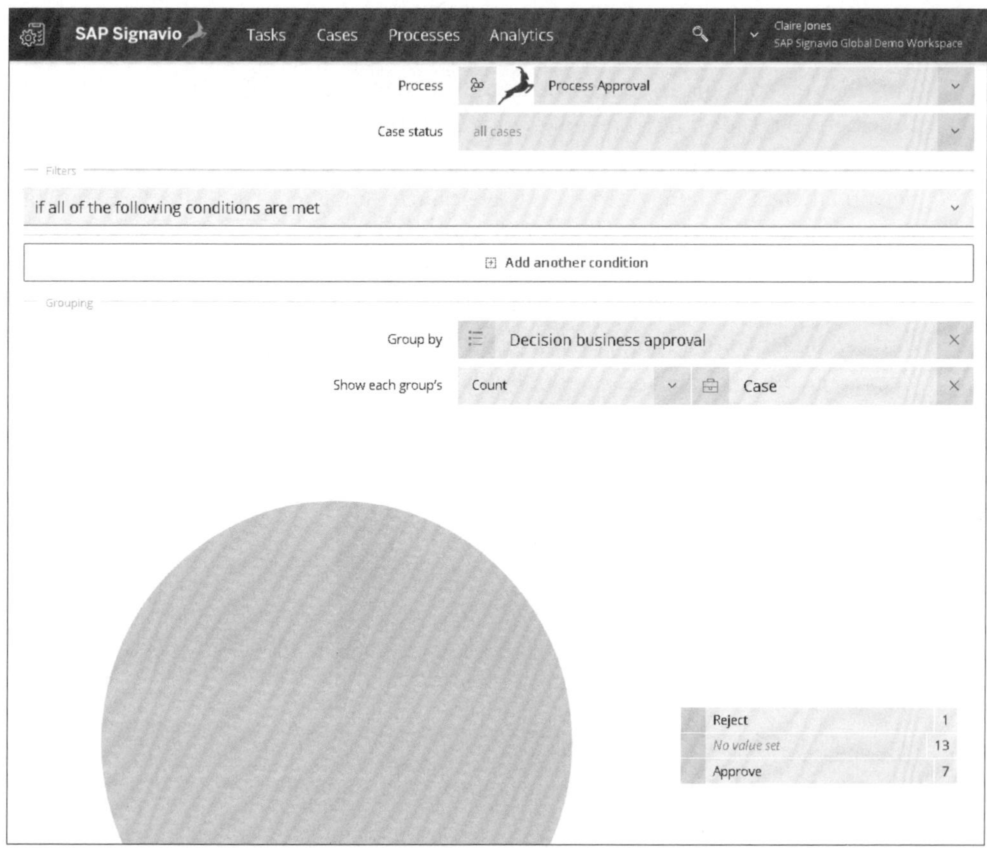

Abbildung 8.15 Prozesse analysieren

8.4 Zusammenfassung

Um den Erfolg Ihrer Geschäftstransformation zu sichern, können Sie auf SAP Signavio Process Governance zurückgreifen. SAP Signavio Process Governance hilft Ihnen nämlich dabei, vollständige Transparenz und Kontrolle über die Arbeitsabläufe Ihres Unternehmens zu erlangen, Prototypen für eine schnelle Bereitstellung und Skalierung von Arbeitsabläufen ohne Codierung zu entwickeln sowie Geschäftsprozessvariationen und Nacharbeit zu reduzieren.

SAP Signavio Process Governance wandelt Ihre Geschäftsprozessmodelle in standardisierte Workflows um, die im gesamten Unternehmen eingeführt werden können. Sie können Aufgaben koordinieren, den Überblick über die Arbeit behalten und eine einheitliche Verantwortlichkeit und kollaborative Prozesssteuerung gewährleisten. Das Tool sorgt für verlässliche, qualitativ hochwertigere Prozessergebnisse, indem es die Schwankungen in der Arbeitsausführung verringert, den internen und externen

Stakeholdern durch schnelleres Abschließen von Aufgaben einen besseren Service bietet, und durch die Nachverfolgung von Entscheidungspunkten und erledigten Aufgaben einen angemessenen und leicht zugänglichen Prüfpfad für die tatsächliche Arbeit erstellt. Die einfach zu bedienende und zugängliche Workflow Engine ermöglicht eine 360-Grad-Prozess-Governance mit Genehmigungen, Reifegradbewertungen und mehr. SAP Signavio Process Governance ermöglicht eine schnelle Bereitstellung von Workflow-Modellen – bei intuitiver User Experience. Die Lösung ist einfach und völlig ohne Programmieraufwand zu konfigurieren und zu skalieren. Das integrierte Berichtswesen hilft Ihnen zusätzlich bei der Rationalisierung von Abläufen und vereinfacht die Analyse von kritischen Mandaten – ein echter Wegbereiter in seinem Bereich.

Kapitel 9
SAP Build Process Automation

SAP Build Process Automation ermöglicht es Ihnen, praktische Automatisierungen und Workflows mithilfe von Prozessautomatisierungsfunktionen ohne Programmieraufwand zu erstellen. Die Lösung unterstützt Sie infolgedessen dabei, sich ändernden Geschäftsanforderungen noch agiler gerecht zu werden.

Volatile Wirtschaftsbedingungen verändern kontinuierlich Ihre Geschäftsanforderungen.

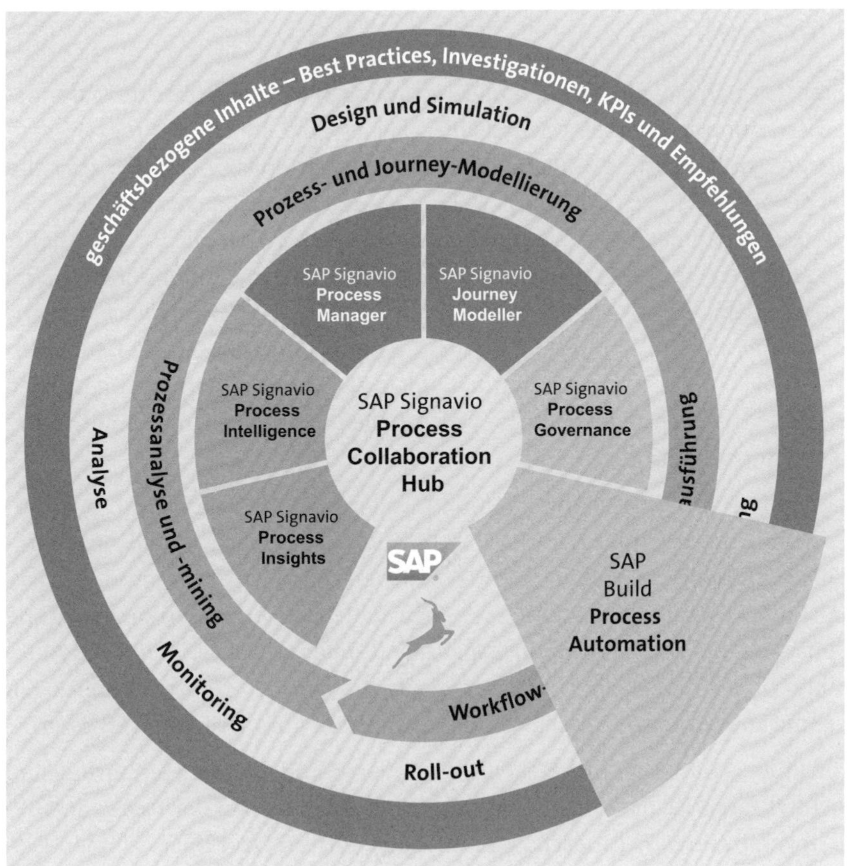

Abbildung 9.1 SAP Build Process Automation im Fokus

Um Resilienz zu entwickeln und zukünftiges Wachstum zu unterstützen, muss sich Ihr Unternehmen weiterentwickeln, indem es Prozesse und Praktiken verbessert und transformiert, um den aktuellen Anforderungen besser gerecht zu werden. Bei begrenzten Entwicklerressourcen und immer komplexeren IT-Landschaften kann dies jedoch schwierig sein. *SAP Build Process Automation* kann Ihnen helfen, innovativ zu bleiben und gleichzeitig das Beste aus Ihren IT-Investitionen herauszuholen (siehe Abbildung 9.1). SAP Build Process Automation gehört der Produktfamilie von SAP Build an, ist jedoch in das SAP-Signavio-Portfolio funktionell integriert und bietet beispielsweise eine Ergänzung zu SAP Signavio Process Governance. Daher wird auch SAP Build Process Automation in diesem Buch behandelt.

In Abschnitt 9.1 widmen wir uns zunächst den vielfältigen Funktionen von SAP Build Process Automation. Abschnitt 9.2 zeigt verschiedenste Potenziale der Lösung auf. In weiterer Folge illustrieren wir anhand eines Beispiels die Anwendung von SAP Build Process Automation in der Praxis (siehe Abschnitt 9.3).

9.1 Funktionen

Viele Ihrer Geschäftsanwenderinnen und Technologen verfügen über umfassendes Prozesswissen und technischen Scharfsinn, aber es fehlt ihnen an Programmierkenntnissen. Mit der Lösung SAP Build Process Automation können Ihre Expert*innen zu sogenannten *Citizen Developers* werden, also zu Endanwender*innen, die sich als Entwickler*innen betätigen. Sie sind Transformationstreiber, die Ihre Geschäftsprozesse anpassen, verbessern und erneuern können. Durch die Kombination von Funktionen aus den Services *SAP Workflow Management* und *SAP Intelligent Robotic Process Automation* (SAP Intelligent RPA) mit einem intuitiven Citizen-Developer-Erlebnis ermöglicht das Tool den Mitarbeitenden, die Automatisierung von Arbeitsabläufen und Prozessen zu verwalten – mit visuellen Funktionen, die keinerlei Programmierkenntnisse erfordern.

Die Lösung bietet eine native Integration in weitere SAP-Anwendungen, vorgefertigte Prozessinhalte, darunter z. B. RPA-Bots, und durch künstliche Intelligenz unterstützte Prozessintelligenz. Aufbauend auf bewährten Lösungen der Enterprise-Klasse kann SAP Build Process Automation Ihnen dabei helfen, die Prozessautomatisierung zu vereinfachen und Ihre Innovationskapazität zu steigern. SAP Build Process Automation hilft Ihnen, die Anzahl der Personen zu erhöhen, die Prozesserweiterungen erstellen und ändern können, um Ihre SAP-Lösungen kontinuierlich zu verbessern.

SAP Build Process Automation bietet eine intuitive No-Code-Benutzererfahrung und ermöglicht es Ihren Fachkräften, Prozessautomatisierungen auf der Basis von SAP-Anwendungen in Ihrer IT-Landschaft zu erstellen. Citizen Developers können Prozesse mithilfe von Formularen, Geschäftsregeln und Automatisierungen erstellen.

Sie können auch Aktionen und erweiterte Workflows einbetten, die von der IT-Abteilung bereitgestellt werden – alles in einer einheitlichen Umgebung versteht sich. Ihre Fachexpert*innen können vorgefertigte Funktionen und vorentwickelte Inhalte verwenden, vorhandene Prozesse und Szenarien wiederverwenden und Prozesse ändern, um sich ändernden Geschäftsanforderungen gerecht zu werden. In Kombination mit Best Practices von SAP, Partnern und der SAP-Community kann die Lösung dazu beitragen, den Aufbau und die Änderung von Geschäftsprozessen zu beschleunigen und zu vereinfachen.

[«]

SAP Build

SAP Build Process Automation zählt neben *SAP Build Apps* und *SAP Build Work Zone* zu den Kernkomponenten von SAP Build. Dadurch ermöglicht SAP Build es Fachanwender*innen, auf einfache Weise Unternehmensanwendungen zu entwickeln und zu erweitern, manuelle Prozesse zu automatisieren und ansprechende Unternehmenswebsites zu erstellen.

SAP-Build-Anwender*innen können wiederverwendbare Artefakte, z. B. UX-Komponenten, Workflows, Automatisierungen, Datenmodelle und Geschäftslogik im Team und projektübergreifend austauschen. Für den Zugriff auf Geschäftsdaten aus anderen Systemen können Entwickler*innen APIs als vereinfachte Serviceschnittstellen, sogenannte *Action Projects*, kapseln und in der SAP-Build-Bibliothek verfügbar machen. Diese Action Projects spiegeln einzelne Operationen oder Methoden einer API wider, verbergen jedoch die Komplexität vor den Benutzern. Ein Beispiel für ein einfaches Action Project wäre eine simple REST-API, die die Liste von To-dos zurückgibt. Mithilfe von Action Projects können Anwender*innen sie somit ohne technischen Hintergrund nutzen, ohne sich mit der zugrundeliegenden Komplexität von APIs beschäftigen zu müssen, wobei die Einhaltung der IT-Sicherheitsanforderungen stets gewährleistet ist. Ebenso können Citizen Developers über SAP-Build-Lösungen auf Artefakte wie etwa Datenmodelle zugreifen, die in der integrierten Entwicklungsumgebung (Integrated Development Environment, IDE) SAP Business Application Studio erstellt werden. All das vereinfacht die Entwicklung von modularen und ausgereiften Anwendungen unter der Nutzung der Fähigkeiten, Fachkenntnisse und Ressourcen Ihrer Fusion Teams. Unter *Fusion Teams* versteht man multidisziplinäre Teams aus Entwickler*innen, Führungskräften und Endanwender*innen, die ihre spezifischen Fachbereiche sowie ihre Fachexpertise einsetzen, um Lösungen zu entwickeln, die auf gemeinsame Ziele ausgerichtet sind.

Neben Action Projects können Sie auch *Geschäftsprozessprojekte* (Business Process Projects) erstellen. Stellen Sie sich ein Business Process Project als Möglichkeit vor, Aufgaben und Prozesse für ein Geschäftsszenario zu gruppieren. Es könnte aus mehreren Schritten bestehen, die als Fähigkeiten (Skills) aufgenommen werden können.

Zum Beispiel könnte der Geschäftsprozess *Automatisierungen*, *Genehmigungsformulare*, *Bedingungen*, *Geschäftsregeln* und *Prozesssichtbarkeits-Dashboards* beinhalten. In diesem Zuge kapseln die soeben vorgestellten Action Projects externe APIs, die für Ihre Geschäftsszenarien erforderlich sind. Diese APIs werden in der Regel vom IT-Team erstellt und Citizen Developers zur Nutzung als Teil der Geschäftsprozessprojekte bereitgestellt. Wenn ein neues Geschäftsprozessprojekt erstellt wird, können Sie in diesem Zusammenhang einen Prozess erstellen und damit beginnen, die Abfolge von Aktivitäten oder Fähigkeiten zusammenzustellen, die zum Automatisieren des Geschäftsszenarios erforderlich sind.

Zu den Kernfunktionen von SAP Build Process Automation gehört es:

- Prozesse zu digitalisieren
- interaktive Formulare zu erstellen
- Automatisierungen zu erstellen und auszuführen
- Entscheidungen zu managen
- durchgängige Prozesstransparenz zu erzielen
- vordefinierte Inhalte zu entdecken und zu verwalten

SAP Build Process Automation bietet eine Automatisierung von Aufgaben und Prozessen mithilfe von Bots für eine robotergesteuerte Prozessautomatisierung (Robotic Process Automation, RPA), Workflows, Formulare, integrierte künstliche Intelligenz (KI), Geschäftsregeln und Entscheidungen. Die Lösung unterstützt die folgenden Fähigkeiten:

- **Prozesse zu digitalisieren**
  Erstellen Sie oder passen Sie End-to-End-Prozesse mit einer intuitiven Benutzeroberfläche an.
- **Interaktive Formulare zu erstellen**
  Erstellen Sie formularbasierte Workflows mit Drag-&-Drop-Funktionalität und verbundenen Datenquellen.
- **Automatisierungen zu erstellen und auszuführen**
  Managen Sie Prozessautomatisierungen, um die Effizienz in Ihrem Unternehmen zu maximieren.
- **Entscheidungen zu verwalten**
  Entwickeln und verwalten Sie Entscheidungslogik mithilfe von Entscheidungstabellen.
- **Durchgängige Prozesstransparenz zu erzielen**
  Unterstützen Sie ereignisgesteuerte Echtzeittransparenz in umfassenden Prozessinstanzen anhand von Prozesssichtbarkeits-Dashboards.

- **Vordefinierte Inhalte zu entdecken und zu verwalten**
  Treffen Sie noch smartere Entscheidungen, indem Sie Prozessengpässe und -probleme proaktiv identifizieren.

All diese Fähigkeiten von SAP Build Process Automation werden besonders mit den in Tabelle 9.1 aufgelisteten Application Features realisiert.

Feature	Beschreibung
No-Code-Prozess-Builder (Process Builder)	Mit einfachen Drag-&-Drop-Funktionen können Sie Ihre Workflows digitalisieren, indem Sie Formulare anlegen, die Entscheidungslogik verwalten sowie Prozessabläufe erstellen, anpassen und organisieren.
Robotergesteuerte Prozessautomatisierung (Robotic Process Automation, RPA)	Automatisieren Sie wiederkehrende manuelle Aufgaben mit No-Code- und Low-Code-Funktionen oder dem integrierten Recorder für Automatisierungen. Gängige Beispiele für Aufgaben, die sich für Automatisierungen eignen: ■ Manuelle Aufgaben: mühsame, zeitaufwendige und fehleranfällige Routineaufgaben wie Kopier- und Einfügevorgänge, Aufgaben hinsichtlich der Datenextraktion, Datenerfassung, Datenerstellung, Konsolidierung und Bearbeitung von Daten aus mehreren Datenquellen. ■ Umfangreiche Aufgaben: wiederkehrende Schritte, die nacheinander durchgeführt werden müssen, z. B. im Rahmen von Datenmigrationen. ■ Systemübergreifende Aufgaben: Aufgaben, die den Zugriff auf mehrere Anwendungen erforderlich machen, die keine geeigneten APIs bieten, wie z. B. Webanwendungen, alte Unternehmenslösungen und SaaS-Angebote (Software-as-a-Service-Angebote).
Bots	Ermöglicht die Entwicklung von beaufsichtigten Bots für Aufgaben, die aktiv von Personen initiiert werden müssen, sowie die Entwicklung von unbeaufsichtigten Bots für Aufgaben, die ohne das Eingreifen von Menschen durchgeführt werden können.

Tabelle 9.1 Funktionen von SAP Build Process Automation

Feature	Beschreibung
Integrierte künstliche Intelligenz (KI)	Ermöglicht den Zugriff auf integrierte KI-Funktionen für eine intelligente Dokumentverarbeitung ohne Einbeziehung von Data Scientists. Gängige Beispiele dafür sind: ▪ Datenextraktion: Extrahieren Sie Daten aus einer großen Anzahl digitaler Dokumente oder eingescannter Bilder, und übertragen Sie diese zur Verarbeitung an Ihre Unternehmenssysteme. ▪ Strukturierte Dokumente: Extrahieren Sie Daten aus strukturierten Datenquellen, wie z. B. Microsoft-Excel-Dateien. ▪ Unstrukturierte Dokumente: Extrahieren Sie Daten aus unstrukturierten Datenquellen, wie PDF, PNG, TIFF, JPEG usw. ▪ Datenanreicherung: Reichern Sie extrahierte Daten, basierend auf Ihren eigenen Stammdaten, an, und verknüpfen Sie eingehende dokumentenbasierte Extraktionen mit einer eindeutigen ID, die Ihr System weiterverarbeiten kann.

Tabelle 9.1 Funktionen von SAP Build Process Automation (Forts.)

Um eine Unternehmenstransformation von der Analyse von Prozessen bis hin zur Prozessautomatisierung zu beschleunigen, können außerdem über 135 maßgeschneiderte Empfehlungen zur Prozessoptimierung von SAP Signavio Process Intelligence direkt in SAP Build Process Automation genutzt werden (siehe Kapitel 4). Darüber hinaus kann SAP Signavio Process Intelligence automatisierte Aktionen über APIs auslösen, um Prozessautomatisierungen mit Workflows und Bots auszuführen. Des Weiteren bildet SAP Build Process Automation eine Ergänzung zu SAP Signavio Process Governance (siehe Kapitel 8), sodass Anwender*innen Genehmigungen für Änderungen von Prozessmodellen im SAP Signavio Process Manager verwalten können (siehe Kapitel 5). Dank dieser Integration bietet SAP ein umfangreiches Paket an Funktionen für die betriebliche Transformation und Automatisierung (siehe Abbildung 9.2).

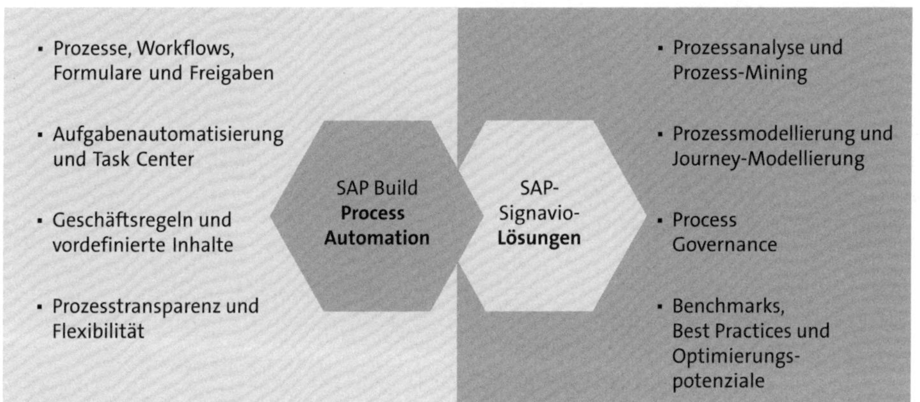

Abbildung 9.2 Integration von SAP Build Process Automation in SAP-Signavio-Lösungen

9

Hinsichtlich der Benutzeroberfläche bietet SAP Build Process Automation vier wesentliche Registerkarten, die in Tabelle 9.2 kurz beschrieben werden.

Registerkarte	Beschreibung
Lobby	Die Registerkarte **Lobby** ist Ausgangspunkt für alle SAP-Build-Produkte. Die Lobby bietet Standardfunktionen wie Lifecycle Management und Monitoring. Erstellte Artefakte wie UX-Komponenten, Workflows, Datenmodelle und Geschäftslogik können über Produkte und Projekte hinweg gemeinsam genutzt werden, was die Wiederverwendung von Komponenten und die Erstellung von End-to-End-Lösungen ermöglicht. Alle Produkte bieten eine große Auswahl an vorgefertigten Vorlagen und Modulen, die per Drag & Drop in und aus der Entwicklungsumgebung gezogen werden können. Auf die Lobby kann über das SAP BTP Cockpit zugegriffen werden.
Store	Die Registerkarte ermöglicht es Ihnen, einsatzbereite Templates bzw. Vorlagen für eine schnelle Umsetzung heranzuziehen. Sie können aus verschiedenen Projekttypen, Produkten, Fachbereichen und/oder Industrien wählen.
Monitor	Die Registerkarte bietet Informationen zu Ihren Prozessen, einschließlich der gestarteten Prozesse und deren Status.
Settings	Die Registerkarte zeigt grundsätzliche Einstellungen Ihrer SAP-Build-Process-Automation-Lösung.

Tabelle 9.2 Wichtige Registerkarten in SAP Build Process Automation

Beispielhaft wurde in Abbildung 9.3 die Registerkarte **Store** ausgewählt. Hier können wir vordefinierte Inhalte zur weiteren Verwendung nutzen und dabei nach Projektnamen suchen, Suchergebnisse beliebig sortieren oder z. B. nach Projekttyp filtern.

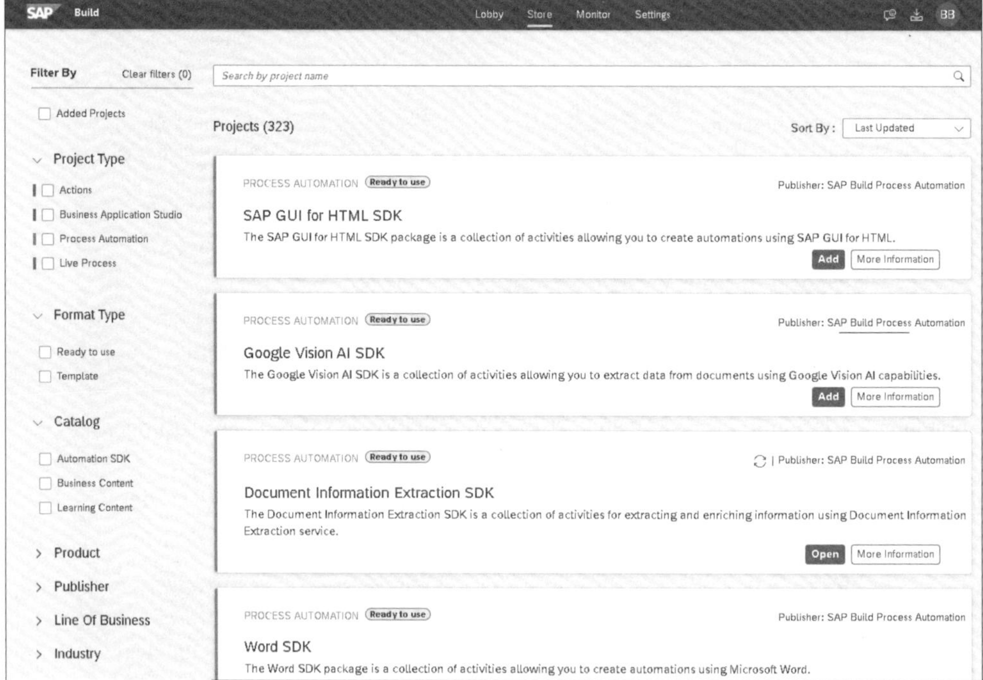

Abbildung 9.3 Registerkarte »Store« in SAP Build Process Automation

9.2 Potenziale

Zu den Kernpotenzialen von SAP Build Process Automation gehört es:

- eine rasche Anpassung, Verbesserung und Innnovation von Prozessen vorzunehmen
- Prozesse mit minimaler Unterstützung der IT zu automatisieren
- die aktive Zusammenarbeit zwischen Business und IT zu fördern
- Wissensaustausch innerhalb der Organisation zu fördern
- den Prozessautomatisierungsgrad zu erhöhen
- die Prozesseffizienz zu steigern
- die geschäftliche Flexibilität zu erhöhen

SAP Build Process Automation stützt sich auf Integrations- und Automatisierungsinhalte der SAP BTP und bietet eine native Integration mit Lösungen im SAP-Anwendungs-Stack. Sie können auch von Inhalten profitieren, die vom breiten Ökosystem von SAP-Partnern und Mitgliedern der SAP-Community für Lösungen von SAP und Drittanbietern entwickelt wurden. Die Prozessautomatisierungslösung bietet in einer Bibliothek vorgefertigte Funktionen, Vorlagen und Inhalte, die speziell für die

Arbeit mit SAP-Lösungen entwickelt wurden. In Abbildung 9.4 sehen Sie beispielsweise eine Vorlage für einen Freigabeprozess im Sales-Order-Bereich. Zu diesem Template gelangen wir über die in Abschnitt 9.1 eingeführte Registerkarte **Store**.

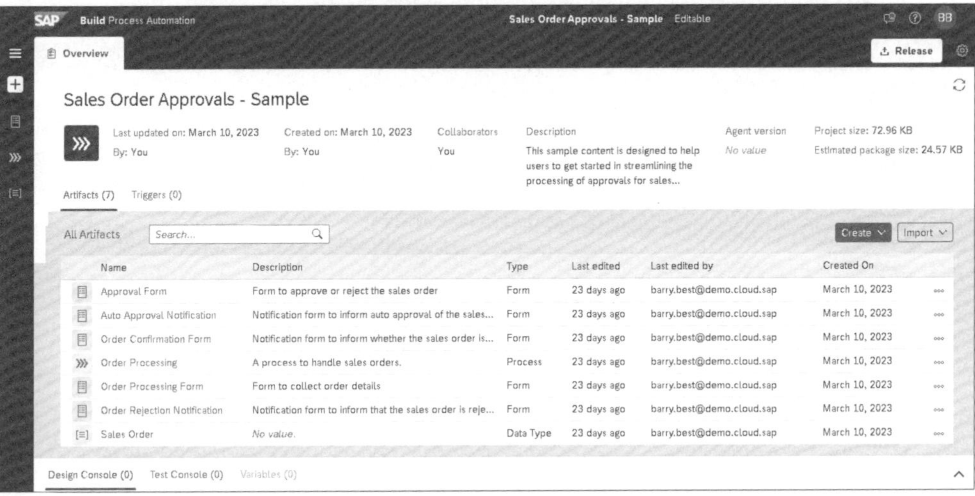

Abbildung 9.4 Vorlage für einen Sales-Order-Freigabeprozess

Mit wenigen Klicks können Citizen Developers eine Reihe von Funktionen kombinieren und wiederverwenden, darunter Bots, Workflow-Komponenten, Prozessschritte und Aktionen. Features wie *Process Builder* und *Form Builder* bieten Drag-&-Drop-Funktionalität, die den Aufwand vereinfacht, der erforderlich ist, um neue automatisierte Prozesse zu erstellen oder bestehende Prozesse in SAP-Anwendungen zu überarbeiten. Mit SAP Build Process Automation kann Ihr Unternehmen auf der SAP-Expertise aufbauen, um neue Effizienzen und Geschäftswerte ohne die Komplexität traditioneller Prozessautomatisierung zu erzielen.

Workflow-Management-Funktionen helfen Citizen Developers, Workflows zu digitalisieren sowie strukturierte Prozesse zu orchestrieren oder zu erweitern, die auf die jeweiligen Geschäftsanforderungen zugeschnitten sind. Darüber hinaus werden Geschäftsregeln herangezogen, um die Entscheidungslogik zu automatisieren und flexibel anzupassen. Die Workflow-Management-Funktionen erhöhen auch die Prozessflexibilität, indem sie Branchenexpert*innen dabei unterstützen, Prozessvarianten, Entscheidungslogik und Prozesstransparenz-Dashboards mit einem Low-Code- oder No-Code-Ansatz zu konfigurieren und zu verwalten. Benutzer*innen können aus einer Vielzahl von Inhaltspaketen auswählen. Auf diese Inhaltspakete kann von der Lobby aus und weiter über den Store zugegriffen werden (siehe Abbildung 9.5), um Ihre Projekte zu unterstützen. Diese Pakete umfassen Prozessvarianten, Workflows, Geschäftsregeln, Dashboards und Benutzeroberflächen. Die Lösung unterstützt Erweiterungen von Standardprozessen aus SAP S/4HANA, SAP-Ariba-Lösungen und verschiedenen SAP-Anwendungen – einschließlich der SAP-ERP-Anwendung – sowie allgemeine Nutzungsmuster für geschäftsbereichsübergreifende Workflows. Ein einheitliches Launchpad und Task Center fungiert als zentraler Einstiegspunkt für zugewiesene Workflow-Elemente und Genehmigungen.

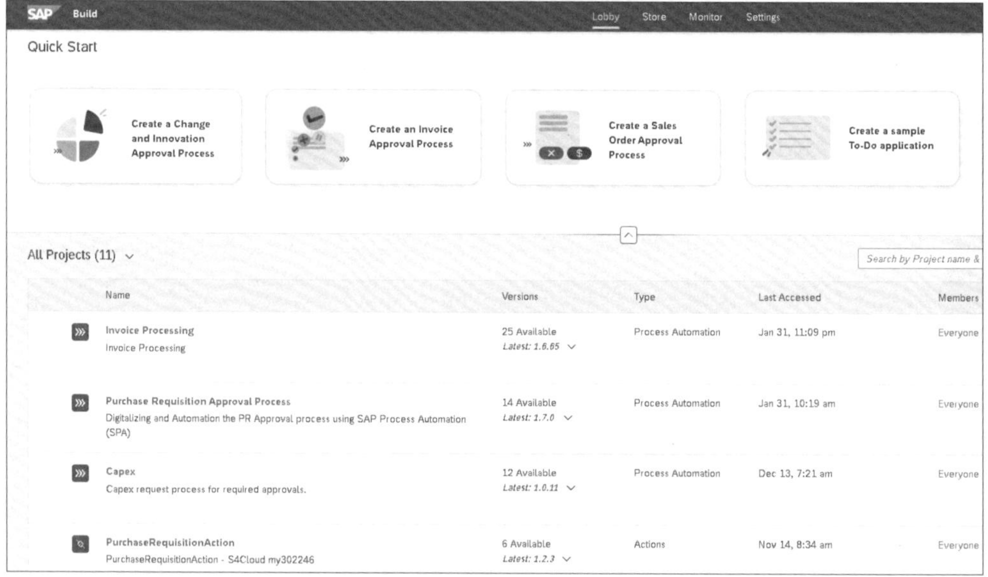

Abbildung 9.5 Vordefinierte Inhalte zur Prozessautomatisierung

SAP Build Process Automation umfasst auch eingebettete *RPA-Funktionen*, die Citizen Developern dabei helfen, Prozessabläufe durch Aufgabenautomatisierung mithilfe von RPA-Bots zu verbessern. Die RPA-Funktionen helfen Fachkräften, sich wiederholende manuelle Aufgaben zu automatisieren, indem sie Benutzerinteraktionen mit jedem System nachahmen. Benutzer können Datenübertragungen zwischen Legacy- und webbasierten Systemen automatisieren, denen es an ausreichenden Integrationsmöglichkeiten mangelt. Diese Funktionen helfen Ihnen, die Aufgabenverarbeitung zu beschleunigen, Ihre Systeme flexibel zu skalieren, um sich ändernden Anforderungen gerecht zu werden sowie Fehlerraten zu reduzieren. Benutzer können im Store aus einer breiten Palette vorgefertigter Best-Practice-Bots – sowohl unbeaufsichtigt als auch beaufsichtigt – für verschiedene Geschäftsbereiche wählen. Einsatzbereite Bots helfen Ihnen, schnelle Ergebnisse aus RPA-Funktionen zu erzielen.

SAP Build Process Automation bietet außerdem einheitliche, unternehmenstaugliche *KI-Funktionen*, die Citizen Developers bei der Erstellung intelligenter Geschäftsprozesse unterstützen. Mit dieser Lösung können Sie maschinelle Lernfunktionen nutzen, um intelligente Aktionen und Empfehlungen, basierend auf der Korrelation von Workflow-Daten und der Wichtigkeit von Attributen, zu erstellen. Geschäftsanwender erhalten datenbasierte Empfehlungen mit Konfidenzniveaus, einschließlich Informationen zu den Einflussfaktoren, die ihnen helfen, die beste Entscheidung für das Unternehmen zu treffen. Durch den Wegfall paralleler Überprüfungen trägt diese Funktion zur Optimierung Ihrer Prozesse bei. Citizen Developers können auch die Erklärbarkeit des maschinellen Lernens konfigurieren und trainieren, um sicherzustellen, dass das System die besten Empfehlungen für jede Entscheidung des Endbenutzers liefert. Sie können die Lösung auch so konfigurieren, dass das Szenario, basierend auf abgeschlossenen Workflows, regelmäßig neu trainiert wird, was dazu beiträgt, Empfehlungen mit hoher Zuverlässigkeit zu erstellen. SAP Build Process Automation unterstützt auch die Dokumentextraktion mithilfe von Bot-Automatisierungen. Sie können Geschäftsdokumente klassifizieren und an den richtigen Prozess weiterleiten, Daten aus verschiedenen Quellen extrahieren und entsprechende Datensätze erstellen. Zusammen helfen Ihnen diese Funktionen dabei, geschäftliche Probleme zu lösen, indem Branchenerfahrung mit intuitiver Technologie kombiniert wird.

Wie in Abschnitt 9.1 bereits eingeführt, sind SAP Build Process Automation und SAP Build wichtige Bestandteile der SAP BTP. Die SAP BTP bietet Low-Code- und No-Code-Entwicklungstools, mit denen sämtliche Entwickler*innen schnell Automatisierungen und Unternehmensanwendungen erstellen können, um den sich ändernden Geschäftsanforderungen gerecht zu werden. Infolgedessen nutzt auch SAP Build Process Automation diese Fähigkeiten. Von einem einzigen Einstiegspunkt aus können Citizen Developers und erfahrene Entwickler auf die Tools zugreifen, die ihren Anforderungen am besten entsprechen. Beispielsweise können Citizen Developers ihr Wissen über Geschäftsprozesse nutzen, um einfachere Automatisierungen mit SAP Build Process Automation zu erstellen. Abbildung 9.6 illustriert ein Ablaufmodell eines automatisierten Rechnungsfreigabeprozesses, den wir über die Lobby auf der Registerkarte **Invoice Approval Process** geöffnet haben.

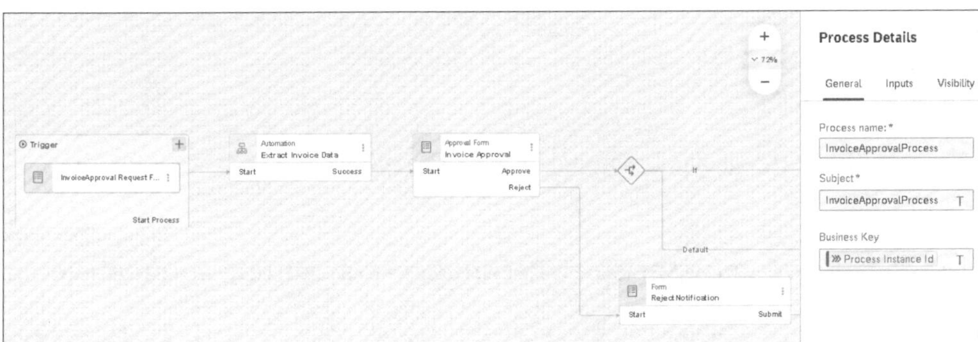

Abbildung 9.6 Ablauf eines automatisierten Freigabeprozesses

Wenn die Automatisierungsanforderungen komplexer werden, können diese Aspekte problemlos an professionelle Entwickler*innen innerhalb Ihrer Organisation übergeben werden. Professionelle Entwickler*innen können die Low-Code-Entwicklungsfunktionen von SAP Business Application Studio nutzen, einer modernen cloudbasierten Entwicklungsumgebung, die auf die effiziente Entwicklung von Geschäftsanwendungen zugeschnitten ist. Sie können in diesem Kontext auf erweiterte Workflow-Funktionen zugreifen, um komplexere Prozessabläufe, Formulare oder Dashboards zur Prozesstransparenz zu erstellen (siehe Abbildung 9.7). Mit SAP Build Process Automation können professionelle Entwickler*innen diese komplexen Funktionen wiederum für Citizen Developers verfügbar machen. Die integrierte, personaoptimierte Sammlung von Entwicklertools ermöglicht es, einen eventuellen Rückstand bei der Prozessentwicklung durch die Beschleunigung von Projekten abzubauen. Da die Tools alle Teile desselben Entwicklungs-Frameworks sind, tragen sie dazu bei, Silos zwischen Citizen Developers und professionellen Entwickler*innen aufzubrechen.

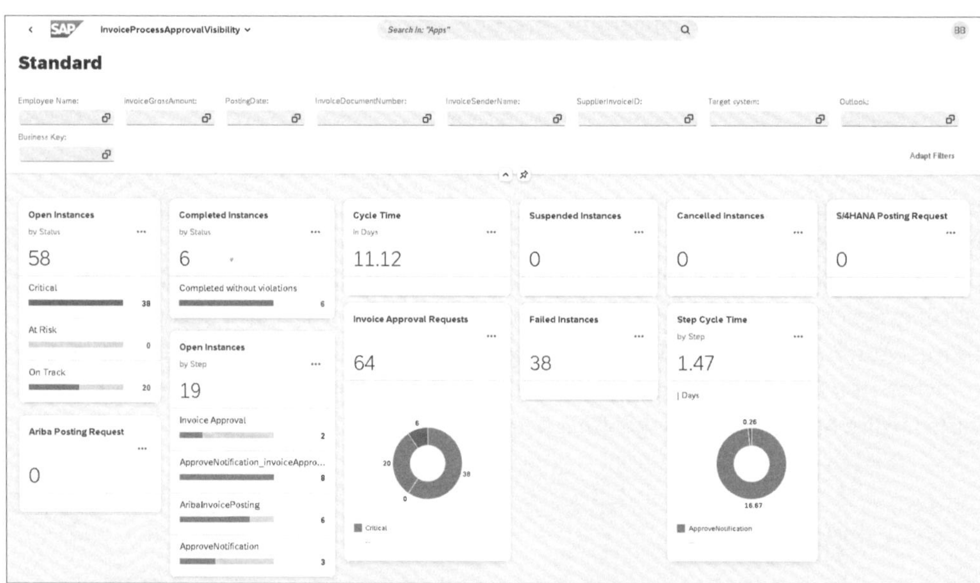

Abbildung 9.7 Standard-Dashboard für Citizen Developers

9.3 Anwendungsbeispiel: Rechnungsverarbeitung automatisieren

In diesem Abschnitt stellen wir anhand eines praktischen Beispiels den Einsatz von SAP Build Process Automation vor. In unserem Anwendungsbeispiel widmen wir uns der Rechnungsverarbeitung. Die Rechnungsverarbeitung ist eine Funktion der Kreditorenbuchhaltung, die den Rechnungslebenszyklus abwickelt. Dieser besteht in der Regel aus Rechnungseingang, Rechnungsgenehmigung oder -ablehnung sowie Rechnungszahlung. Die Kreditorenbuchhaltung erhält viele E-Mails mit beigefügten Rechnungen von Lieferanten. Im manuellen Prozess müssen die zuständigen Mitarbeitenden jede E-Mail scannen, den Anhang öffnen und die Rechnung im Zielsystem buchen. Außerdem können vor der Buchung in das Zielsystem mehrere Überprüfungen sowie Genehmigungen erforderlich sein. Der gesamte Prozess kann aufgrund vieler sich wiederholender Aktivitäten, mangelnder Transparenz, unstrukturierter Informationserfassung und einer sehr manuellen Verarbeitung von Daten sehr umständlich sein. Doch dieser komplette Prozess kann mit SAP Build Process Automation automatisiert und digitalisiert werden, um so die Produktivität des Teams zu verbessern.

Dieses Anwendungsbeispiel zeigt einen leicht verständlichen Rechnungsbearbeitungsprozess, der mit SAP Build Process Automation erstellt wurde. Der Prozess beginnt mit einem einfachen Anfrageformular, in dem unser Mitarbeiter Barry Best diverse Optionen hat, um den Speicherort des Rechnungsdokuments (Speicherort des lokalen Ordners) auszuwählen. Abhängig vom Speicherort des Dokuments extrahiert SAP Build Process Automation das Rechnungs-PDF mit dem Service *Document Information Extraction* und sendet die Rechnung dann zur Genehmigung an die für die Freigabe verantwortliche Person weiter. Nachdem die Anfrage vollständig genehmigt worden ist, löst SAP Build Process Automation die automatische Buchung der Rechnung in SAP S/4HANA Cloud aus. Am Ende des Vorgangs erhält Barry Best eine Bestätigung mit der Buchungsbeleg-ID. Alle im gesamten Ablauf verwendeten Formulare wurden mit dem integrierten Process Builder von SAP Build Process Automation erstellt.

Um unser Szenario auch bildlich darzustellen, wählen wir im Einstiegsbild in Abbildung 9.8 zunächst den Button **Process Trigger**, um ein Formular zur Rechnungsfreigabe auszufüllen bzw. an die für die Genehmigung zuständige Person zu versenden.

Um den Freigabeprozess zu starten, ergänzen wir die im Bild in Abbildung 9.9 relevanten Informationen wie z. B. den Namen des/der Mitarbeiter*in, das Datum und einen kurzen Kommentar zum Sachverhalt. Auch geben wir den Pfad zur freizugebenen Rechnung sowie das Zielsystem an. In unserem Fall ist das Zielsystem SAP S/4HANA Cloud, in das die Rechnung schließlich gebucht werden soll. Sobald alle Infos ausgefüllt sind, können wir das Formular über den Button **Submit** absenden.

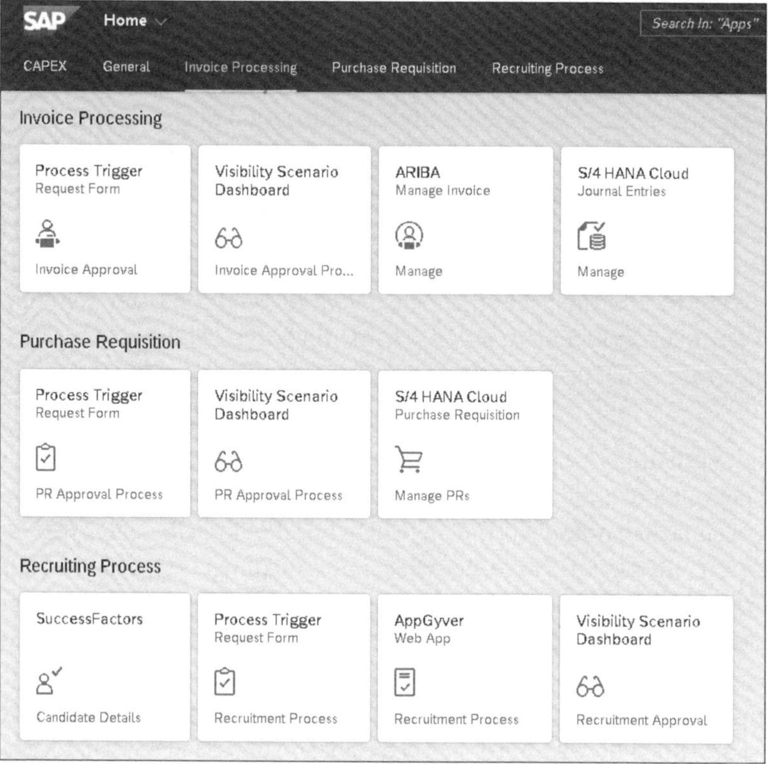

Abbildung 9.8 Einstiegsbild: Prozess-Trigger

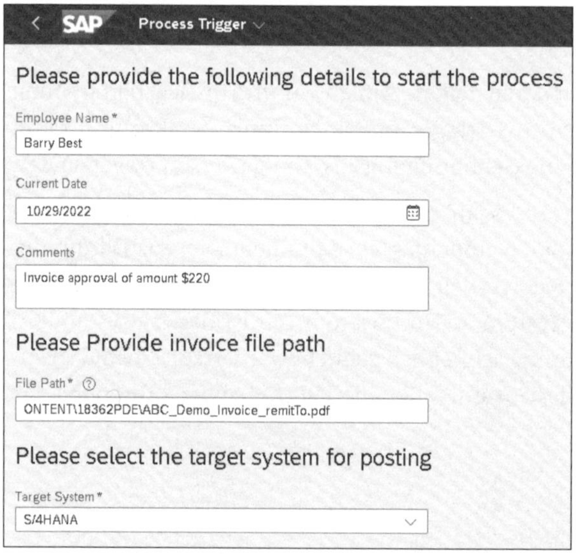

< SAP Process Trigger

Please provide the following details to start the process

Employee Name *
Barry Best

Current Date
10/29/2022

Comments
Invoice approval of amount $220

Please Provide invoice file path

File Path *
ONTENT\18362PDE\ABC_Demo_Invoice_remitTo.pdf

Please select the target system for posting

Target System *
S/4HANA

Abbildung 9.9 Antragsformular zur Rechnungsfreigabe

Bei erfolgreicher Übermittlung des Formulars an die für die Freigabe verantwortliche Person wird die Meldung »Your Form is submitted successfully« angezeigt (siehe Abbildung 9.10).

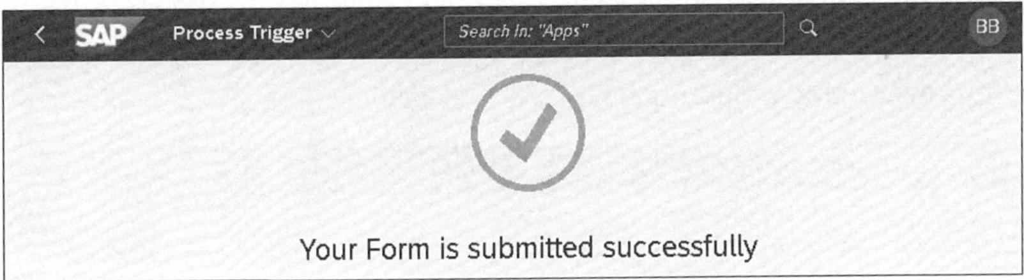

Abbildung 9.10 Erfolgreich abgesendetes Antragsformular

Nun wechseln wir wieder zurück in das Einstiegsbild, indem wir einfach auf den Zurück-Pfeil oben links in der Taskleiste klicken. Hier bemerken wir nun einen Nachrichteneingang (siehe Abbildung 9.11). Mit einem Klick auf den Button **My Inbox** gelangen wir zu unserem Posteingang.

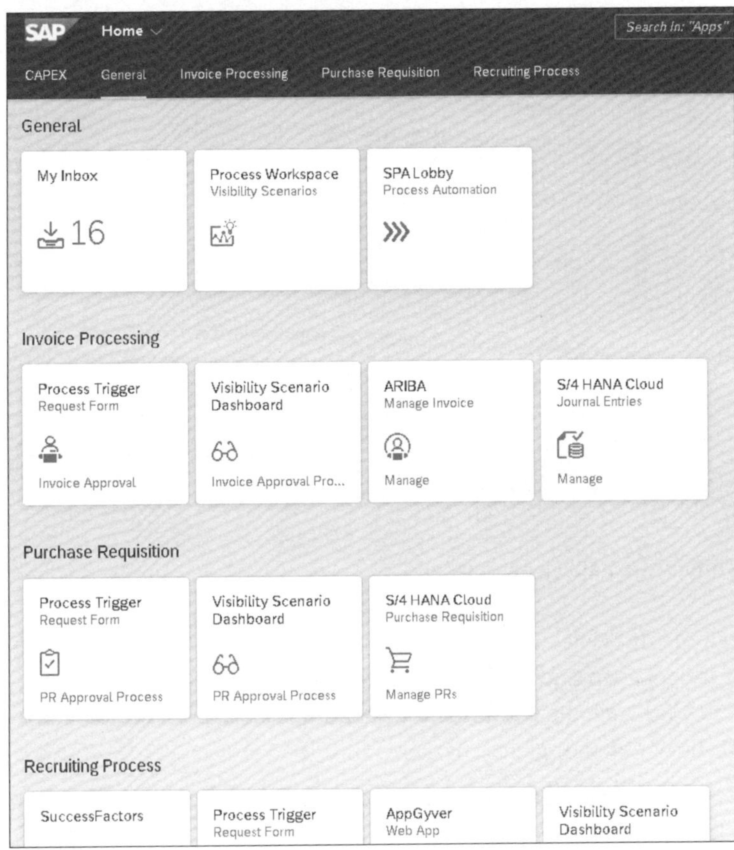

Abbildung 9.11 Einstiegsbild: Posteingang

In unserem Beispielszenario sind wir Antragsteller*in und freigabeverantwortliche Person gleichzeitig. Dementsprechend erhalten wir eine Benachrichtigung mit der Bitte um Freigabe der Rechnung. Dieser kommen wir nach, indem wir links auf die entsprechende Aufgabe klicken und im Feld **Approver Comment** unsere Freigabe erteilen. Wir geben »Approved.« ein und bestätigen unsere Eingabe mit einem Klick auf den Button **Approve** (siehe Abbildung 9.12).

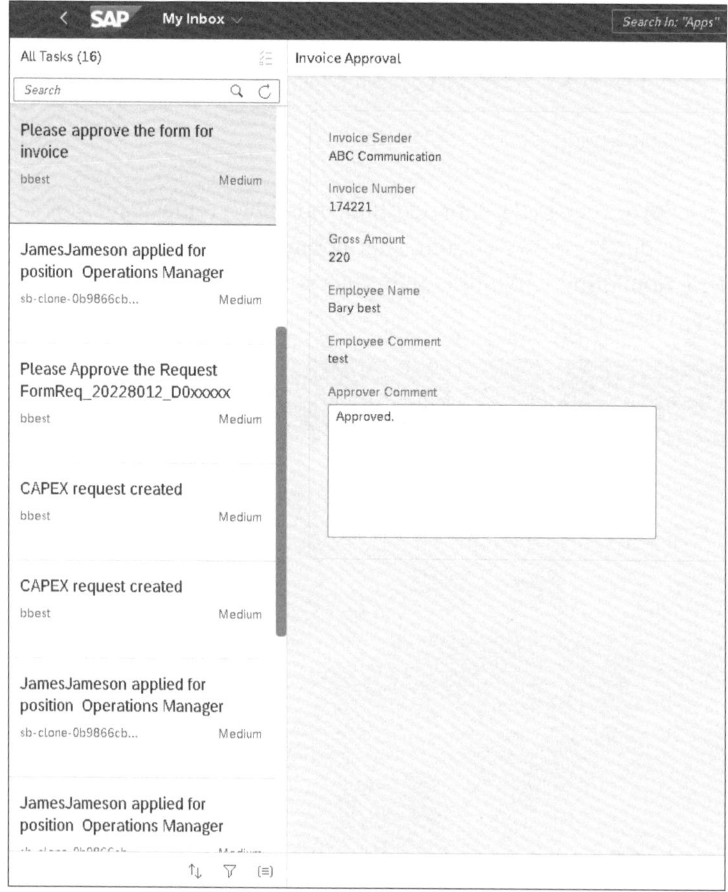

Abbildung 9.12 Rechnungsfreigabe genehmigen

Im Anschluss erhalten wir, wie es in Abbildung 9.13 zu sehen ist, eine Bestätigung, dass die Rechnung freigegeben und bereits in das Zielsystem SAP S/4HANA Cloud gebucht wurde. Hierzu wird auch die Nummer des Buchungsbelegs bereitgestellt (**Posting Document ID**), die wir uns für gleich merken.

Wir verlassen den Posteingang, indem wir einfach auf den Zurück-Pfeil oben links in der Taskleiste klicken, und wechseln direkt in das Zielsystem SAP S/4HANA Cloud, um die erfolgreiche Buchung der Rechnung zu überprüfen (siehe Abbildung 9.14).

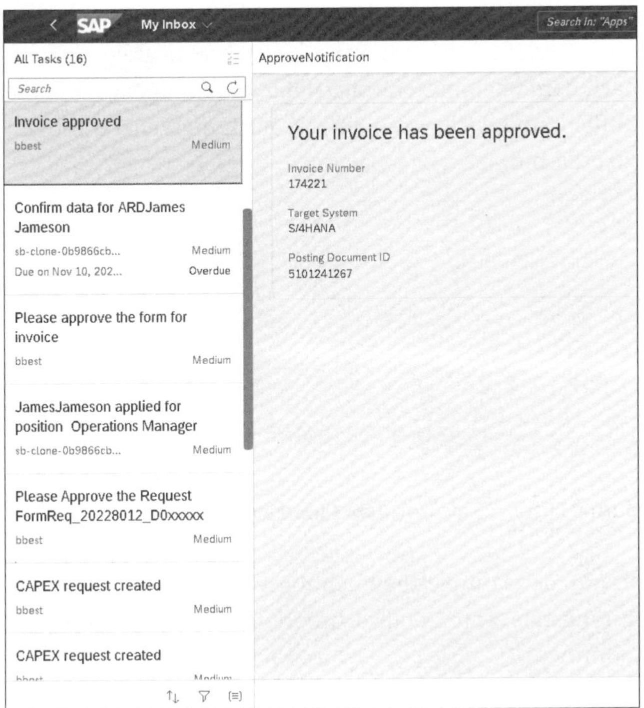

Abbildung 9.13 Genehmigte Rechnungsfreigabe

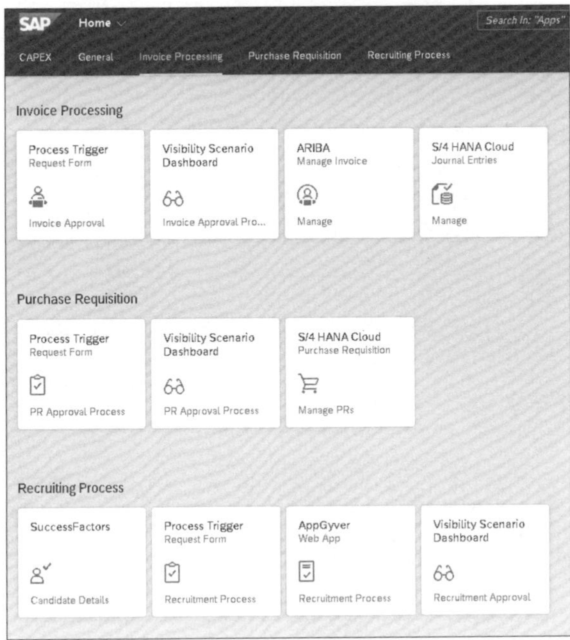

Abbildung 9.14 Einstiegsbild: Zielsystem

Wir gelangen in den Bereich der Journal Entries. In den Journal Entries suchen wir anhand der Buchungsnummer, die uns in der Bestätigung der Rechnungsfreigabe kommuniziert wurde, gezielt nach dem Buchungseintrag (siehe Abbildung 9.15). Die Buchung ist im System ersichtlich, und wir klicken auf die Buchungszeile, um mehr Details über die Buchung zu erfahren.

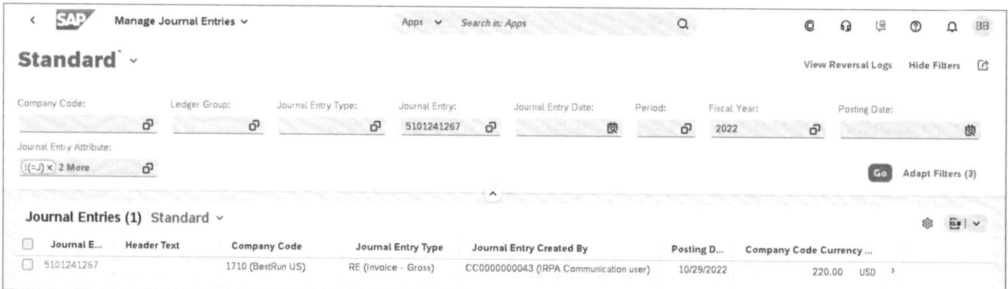

Abbildung 9.15 Nach dem Journal Entry in SAP S/4HANA Cloud suchen

In Abbildung 9.16 sehen wir nun den kompletten Buchungseintrag, inklusive Betrag und Buchungsdatum. Rechnungsrelevante Details wurden direkt aus der uns beigefügten PDF-Rechnung entnommen.

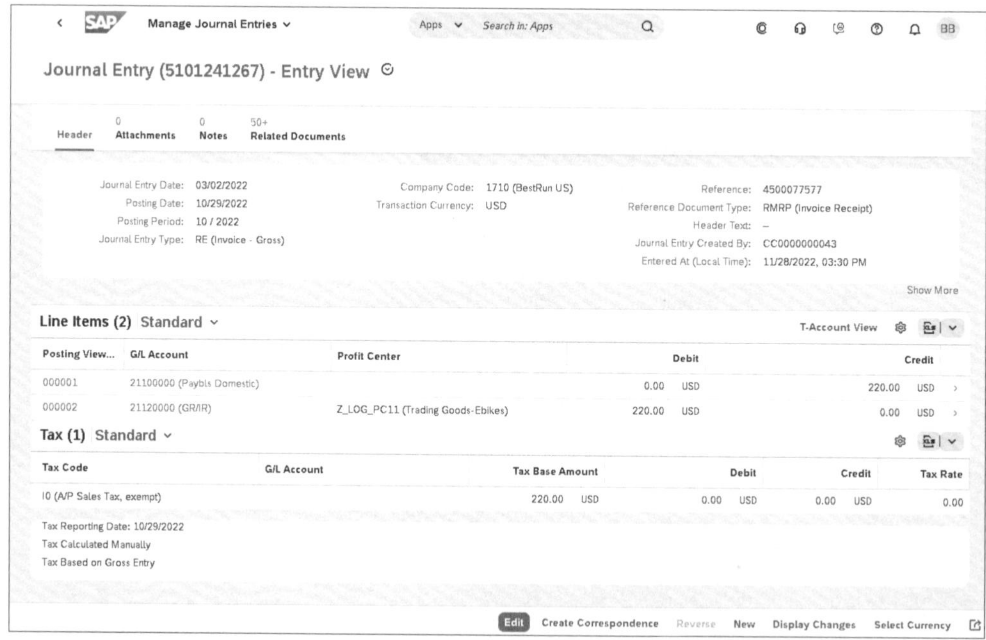

Abbildung 9.16 Anzeige des Journal Entrys in SAP S/4HANA Cloud

Dieses Beispiel zeigt, wie schnell wir mithilfe von SAP Build Process Automation eine Rechnung buchen können. Sobald die Rechnung freigegeben worden ist, wurde sie automatisch in das Zielsystem eingebucht. Dadurch sparen sich Mitarbeitende wertvolle Zeit, um sich auf andere Tätigkeiten zu konzentrieren.

Um einen Überblick über sämtliche Rechnungsfreigabeprozesse zu erhalten, klicken Sie im Einstiegsbild in Abbildung 9.17 auf die Kachel **Visibility Scenario Dashboard**.

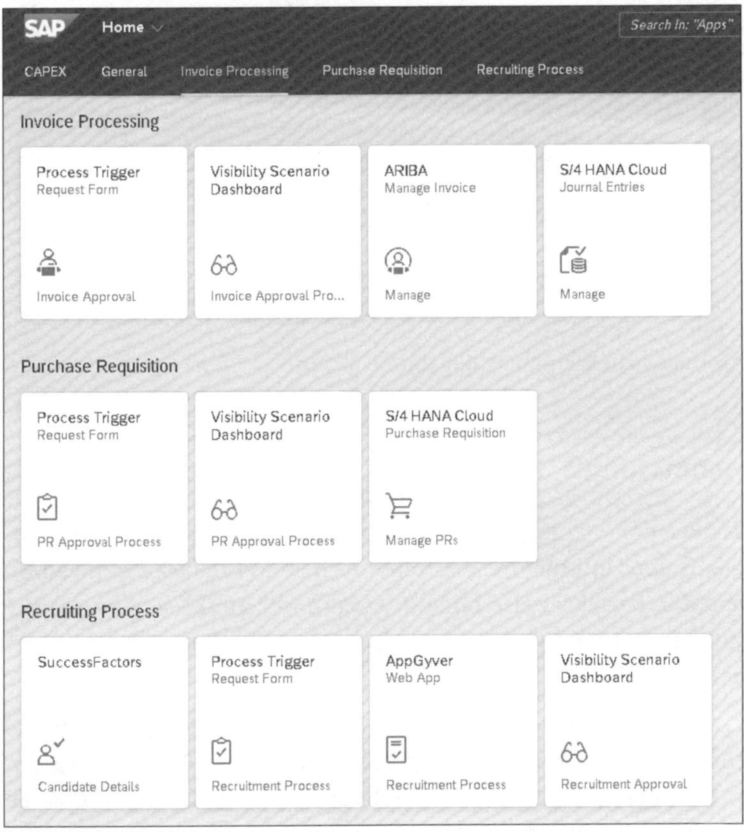

Abbildung 9.17 Einstiegsbild: Dashboard

Das Dashboard in Abbildung 9.18 zeigt uns die wichtigsten Informationen bezüglich der Rechnungsfreigabe auf einem Blick. Dazu gehören Details zu den Durchlaufzeiten, die Anzahl der Freigabeanfragen sowie offene oder geschlossene Instanzen.

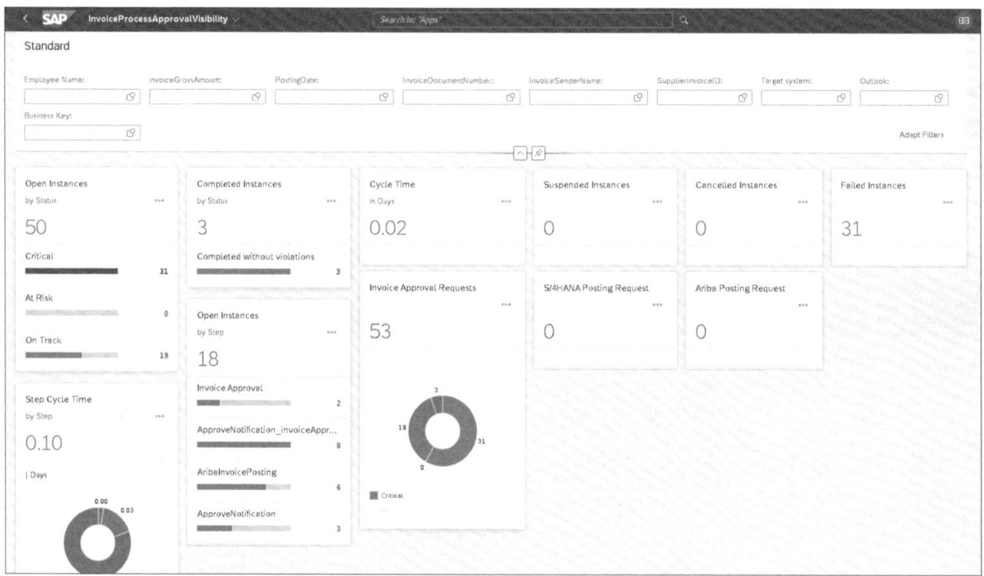

Abbildung 9.18 Dashboard zur Rechnungsfreigabe

9.4 Zusammenfassung

SAP Build Process Automation unterstützt Sie dabei, die Bereitstellung einer Prozessautomatisierung in Ihrem Unternehmen zu vereinfachen und zu beschleunigen. So können Ihre Fachkräfte beispielsweise ohne Programmierkenntnisse Prozessautomatisierungen auf SAP-Anwendungen aufbauen, ohne von der Unterstützung der IT abhängig sein zu müssen.

SAP Build Process Automation bietet Funktionen für das Workflow Management und die Aufgabenautomatisierung in einem einzigen No-Code Process Builder. Vorgefertigte Funktionen, Vorlagen, vorentwickelte Inhalte und Bots aus einem umfangreichen SAP-Partner-Ökosystem und der SAP-Community bieten raschen Nutzen.

Die Lösung wird in der Cloud-Umgebung der SAP BTP ausgeführt und lässt sich nativ in andere SAP-Anwendungen integrieren, ohne dass eine zusätzliche Integrationsebene erforderlich ist. SAP Build Process Automation kann auch dazu beitragen, den ROI (Return on Investment) Ihrer SAP-Anwendungen zu verbessern, indem das Tool sowohl die Nutzung dieser Geschäftssysteme als auch den Prozessautomatisierungsgrad erhöht, ohne neue Komplexitätsebenen hinzuzufügen.

TEIL III

Wie Sie mit Business Process Transformation den Wechsel zu SAP S/4HANA erfolgreich gestalten

Kapitel 10

Der Wechsel zu SAP S/4HANA als Einstieg in das Business Process Transformation Management

In diesem Kapitel erhalten Sie einen Überblick über die Grundprinzipien von SAP S/4HANA, mögliche Wechselszenarien, Chancen und Herausforderungen und warum der Wechsel der ideale Zeitpunkt für einen Einstieg in das Business Process Transformation Management ist.

Geschäftsprozesse sind das Herzstück Ihres Unternehmens. Damit Sie diese jederzeit verbessern können, ist das Business Process Transformation Management eine Voraussetzung. Es erlaubt Ihnen, Ihre Unternehmensstrategie in die notwendigen Anpassungen Ihrer Prozesse zu übersetzen, die wiederum in IT-Systemen wie beispielweise einem ERP-System umgesetzt werden. Dies erfolgt kontinuierlich im Zusammenspiel mit dem Application Lifecycle Management. Mitarbeitende der jeweiligen Fachbereiche und der IT erhalten außerdem eine gemeinsame Sicht auf die Geschäftsabläufe in Ihrem Unternehmen. Abbildung 10.1 verdeutlicht dieses Zusammenspiel.

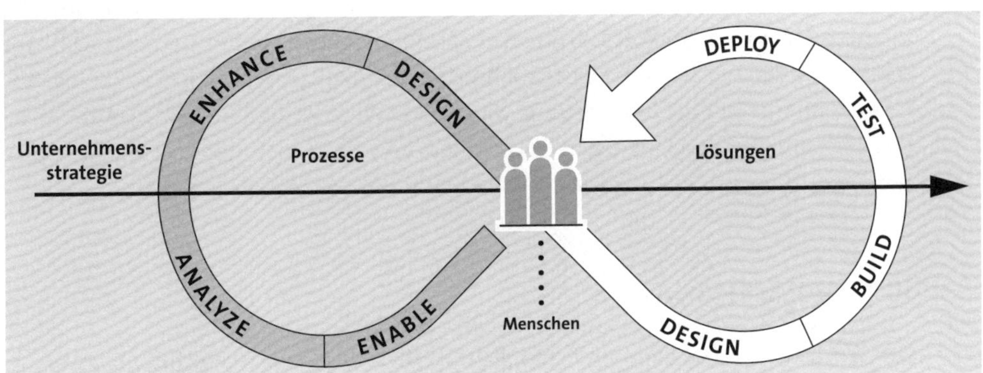

Abbildung 10.1 Zusammenspiel von Unternehmensstrategie, Prozessen und Systemen

Das *Business Process Transformation Management* ermöglicht es nicht nur, Geschäftsprozesse jederzeit zu verbessern, sondern es ist auch eine Voraussetzung für einen erfolgreichen Umstieg von SAP ERP auf SAP S/4HANA. Falls Sie SAP ERP bereits im Einsatz haben, können Sie durch den Wechsel zu SAP S/4HANA Ihre existierenden Prozesse grundlegend neu gestalten. Die Umgestaltung existierender Prozesse erzeugt den eigentlichen Nutzen des Wechsels auf SAP S/4HANA – für das Unternehmen und jeden einzelnen Mitarbeitenden. Das Business Process Transformation Management unterstützt Sie bei der Analyse Ihrer Ist-Prozesse, der Definition der Zielprozesse und bei der Durchführung des Change Managements. Es dient aber nicht nur der wertschöpfenden Migration auf SAP S/4HANA, sondern auch der kontinuierlichen Prozessverbesserung. Diese wird aufgrund neuer Anforderungen aus den Fachbereichen oder der Notwendigkeit zur Verbesserung bereits existierender Prozessabläufe erforderlich. Anpassungen können dabei nicht nur auf Basis der neuen SAP-S/4HANA-Funktionen erfolgen, sondern auch unter der Nutzung der *SAP Business Technology Platform* (SAP BTP) sowie des weiteren SAP-Portfolios.

Für SAP-Neukunden, die sich für SAP S/4HANA als ERP-Lösung entscheiden, unterstützt das Business Process Transformation Management ebenfalls alle Projektphasen. Bei einer Neuimplementierung liegt der Schwerpunkt jedoch weniger auf der Analyse der Ist-Prozesse als auf einem standardnahen Design auf der Basis der SAP-Standardprozesse. Nach einem erfolgreichen Go-live stellt die Prozessanalyse sicher, dass die implementierten Prozesse zu effizienten Geschäftsabläufen führen. Die Implementierung mit dem Aufbau eines Business Process Transformation Managements zu kombinieren, ist daher auch in diesem Fall ideal.

In diesem Kapitel erhalten Sie zunächst einen Überblick über die für das Thema Business Process Transformation Management wesentlichen Unterschiede von SAP S/4HANA im Vergleich zu SAP ERP, über die möglichen Wechseloptionen und die Chancen, die sich beim Wechsel zu SAP S/4HANA ergeben (siehe Abschnitt 10.1). Abschnitt 10.2 widmet sich der Begriffsdefinition und dem grundsätzlichen Nutzen. Abschließend erfolgt eine Betrachtung, warum der Wechsel zu SAP S/4HANA der richtige Zeitpunkt für den Einstieg in das Business Process Transformation Management ist.

10.1 SAP S/4HANA

Der Wechsel zu SAP S/4HANA ermöglicht es nicht nur, sondern erfordert es sogar, Prozesse anzupassen. Abschnitt 10.1.1 gibt einen Überblick über die Entwicklungsparadigmen in SAP S/4HANA und die daraus resultierenden Prozessanpassungen. Abschnitt 10.1.2 beschreibt die Hauptmerkmale der unterschiedlichen Transformationsszenarien auf SAP S/4HANA und schafft die Basis für die Beschreibung der Chancen und Herausforderungen bei der Transformation, die in Abschnitt 10.1.3 beschrieben werden.

10.1.1 Die Grundprinzipien von SAP S/4HANA

Im Jahr 2011 hat SAP die In-Memory-Datenbankplattform *SAP HANA* auf den Markt gebracht. SAP HANA basiert auf dem Prinzip, Daten im Hauptarbeitsspeicher zu halten und damit Analysen mit einer Geschwindigkeit durchzuführen, die mit klassischen festplattenbasierten Datenbanken nicht möglich war.

Die Fähigkeiten von SAP HANA ermöglichten es auch, komplexe ERP-Prozesse zu beschleunigen. Dies wurde 2012 im sogenannten *Sidecar-Ansatz* umgesetzt, bei dem SAP ERP nach wie vor auf einer Nicht-SAP-HANA-Datenbank betrieben wird. Bei diesem Ansatz wurden die Daten in die SAP-HANA-Datenbank repliziert, und Lesezugriffe wurden über eine sekundäre Datenbankverbindung durch die SAP-HANA-Datenbank beantwortet. Dadurch konnten die Antwortzeiten von Lesezugriffen signifikant verbessert und damit Transaktionen beschleunigt werden. Konnten Profitabilitätsanalysen vorher nur mit restriktiven Selektionskriterien vorgenommen und die Materialbedarfsplanung in einer Jobverarbeitung über Nacht durchgeführt werden, war es nun möglich, ohne Einschränkungen im Dialogmodus zu arbeiten. Die Geschwindigkeitsvorteile bildeten somit die Grundlage, Prozesse zu überdenken.

Um eine redundante Datenhaltung sowie eine Datenreplikation zu vermeiden und die Antwortzeiten nicht nur ausgewählter Transaktionen zu verbessern, wurde SAP HANA im August 2013 für das Enhancement Package 7 von SAP ERP freigegeben. Damit konnten eine Vielzahl von Transaktionen sowie kundeneigene Entwicklungen beschleunigt werden.

Die Optimierung der Prozesse allein durch die Beschleunigung der Antwortzeiten der Transaktionen war jedoch nur begrenzt möglich. Eine Voraussetzung für eine grundlegende Neugestaltung der Prozesse war es, die über Jahre gewachsenen Tabellenstrukturen zu hinterfragen. SAP HANA bot die Möglichkeit, nicht mehr notwendige Summen- und Indextabellen zu eliminieren. SAP startete das Redesign im Bereich des Rechnungswesens und stellte im März 2015 das ERP-Add-on *SAP S/4HANA Finance 1503* zur Verfügung. Durch die Reduzierung der Tabellen und die gleichzeitige Zusammenfassung von Tabellen aus den klassischen Komponenten FI und CO konnte der Abstimmungsaufwand reduziert werden. Die Neugestaltung der Prozesse beruhte somit nicht mehr auf schnelleren Antwortzeiten, sondern auch auf überarbeiteten Tabellenstrukturen und dem Wegfall von Transaktionen.

Die ERP-Entwicklungsstrategie hatte dennoch grundsätzlich einen nicht disruptiven Charakter. Ein über viele Jahre geschaffenes Datenbankdesign zu überarbeiten, redundant existierende Transaktionen zu eliminieren, grundlegende Entwicklungsparadigmen neu zu definieren und diese Veränderungen in Form von weiteren Addons an die Kunden auszuliefern, wäre in einer zu hohen Komplexität für SAP und seine Kunden gleichermaßen gemündet.

Um einen Investitionsschutz für Bestandskunden auf der einen Seite zu gewährleisten und auf der anderen Seite eine grundlegende Neugestaltung von Prozessen durchzuführen, wurde die Entscheidung getroffen, ein eigenständiges, neues SAP-ERP-Produkt zu entwickeln: *SAP S/4HANA*.

Für die Entwicklung von SAP S/4HANA wurden die folgenden fünf grundlegenden Entwicklungsprinzipien definiert:

1. **Bereitstellung in der Cloud und on-premise**
   Der Betrieb der Lösung wird sowohl in der Public Cloud, in der Private Cloud als auch on-premise angeboten.
2. **Principle of One**
   Ein Geschäftsvorfall wird durch eine Transaktion unterstützt.
3. **SAP HANA als Datenbank**
   SAP HANA wird als einzige Datenbank unterstützt.
4. **Rollenbasiertes, prozessorientiertes Design**
   Neuentwicklungen finden rollenbasiert und nicht funktional (transaktional) in Form von SAP-Fiori-Anwendungen statt.
5. **Upgrade-ähnliche Transformationsszenarien**
   Möglichkeit des Wechsels für Bestandskunden nicht ausschließlich in Form einer Neuimplementierung

Durch das Prinzip SAP HANA als Datenbank war es erst möglich, das Datenbankdesign unter der Berücksichtigung von SAP HANA als einzige unterstützte Datenbank für SAP S/4HANA zu vereinfachen. Dadurch war es nicht nur möglich, wie bereits beschrieben, Transaktionen zu beschleunigen, sondern auch komplexe Auswertungen, die in der Vergangenheit in ein Datawarehouse wie SAP BW ausgelagert wurden, wieder direkt im SAP-ERP-System durchzuführen. Für transaktionale Tätigkeiten wie die Bearbeitung eines Kundenauftrags und analytische Aufgaben wie die Umsatzanalyse müssen die Anwender nicht mehr zwischen zwei Systemen wechseln. Arbeitsweisen und die zugrundeliegenden Prozesse können so grundlegend neu durchdacht werden. Das Arbeiten in einem System ermöglicht auch das Prinzip *Insights-to-Action*. Benutzern werden in ihrem spezifischen Rollenkontext, z. B. als Verantwortliche für die Materialbedarfsplanung, die wichtigsten Kennzahlen in SAP Fiori angezeigt – ohne dass sie erst Transaktionen mit zum Teil komplexen Selektionsvarianten in SAP ERP oder Queries in SAP BW starten müssen. Trends und Ausnahmen werden unmittelbar visualisiert. Im nächsten Schritt können die Benutzer nicht nur die Kennzahl analysieren, sondern sich über eine Transaktion oder App z. B. das Material oder den Bedarfsverursacher anzeigen lassen.

In SAP ERP wurde das modulspezifische Berichtswesen durch unterschiedliche Werkzeuge wie z. B. den Report Writer, den Report Painter oder den SAP ALV (Allgemeine List Viewer) unterstützt. Alle diese Lösungen hatten gemeinsam, dass nach der Angabe zum Teil komplexer Datenselektionskriterien der Benutzer in aller Regel die Daten tabellarisch analysieren musste, was wiederum häufig dazu führte, das Daten in Office-Applikationen exportiert wurden. Der Zeitaufwand für Selektion, Analyse und Export der Daten reduziert sich signifikant durch SAP-S/4HANA-Kunden im Bereich des Berichtswesens, was die Chance bietet, Prozesse, aber auch Systemlandschaften signifikant zu vereinfachen. In aller Regel stehen diese Auswertungsmöglichkeiten noch zur Verfügung, lassen sich jedoch durch die bereits erwähnten SAP-Fiori-basierten Analysemöglichkeiten harmonisieren und vereinfachen.

Beschleunigte Antwortzeiten von SAP ERP bzw. von SAP-GUI-basierten Transaktionen und SAP-Fiori-Apps ermöglichten es, Prozesse – insbesondere im Bereich des Berichtswesens – neu zu durchdenken. Ein noch viel größerer Nutzen konnte jedoch durch die Ablösung der transaktionalen SAP-GUI-Benutzeroberfläche durch rollenbasierte SAP-Fiori-Anwendungen erzielt werden. Die Kombination aus einer webbasierten Benutzeroberfläche, die von Benutzer*innen oder Administrator*innen angepasst und auch auf mobilen Endgeräten genutzt werden kann, bot die Möglichkeit, Prozesse nicht evolutionär, sondern revolutionär neu zu gestalten. SAP ERP basierte auf einem transaktionalen Benutzerdesign. Für viele Mitarbeitende stellte die Bedienung einer Vielzahl von zum Teil komplexen Transaktionen eine große Herausforderung dar. Die Unternehmen reduzierten daher die Anzahl der Transaktionen, indem sie neue Transaktionen in Form von kundeneigenen Entwicklungen anlegten und in diesen mehrere Transaktionen zusammenfassten, um die Bedienbarkeit für die Benutzer zu erhöhen. Aufgrund der Tatsache, dass SAP ERP und damit auch SAP-Transaktionen unterschiedlich komplexe Geschäftsprozesse in einer Vielzahl von Branchen unterstützt, ist das Design der Transaktionen häufig sehr komplex. Eine Vielzahl von Feldern, unterteilt in Registerkarten, machte die Bedienung der Transaktionen zeitaufwendig und fehleranfällig. Häufig wurden daher SAP-Standardtransaktionen kopiert und nicht relevante Felder mit hohem Entwicklungsaufwand ausgeblendet. SAP GUI bot keine Möglichkeit zur Personalisierung.

SAP Fiori

Die Nutzung von *SAP Fiori* ist ein Kernprinzip bei der Entwicklung bzw. Weiterentwicklung von SAP S/4HANA. Kunden erhalten in der *SAP Fiori Apps Reference Library* maßgeschneiderte Empfehlungen, welche SAP-Fiori-Applikationen für die Nutzung ihrer aktuellen SAP-GUI-Transaktionen relevant sind (siehe *http://s-prs.de/v917401*).

Weitergehende Informationen zu SAP Fiori bieten diese Informationsquellen:

- Vergleich des Sales-Order-Fulfillment-Prozesses in SAP ERP und SAP S/4HANA: *http://s-prs.de/v917402*

- Vergleich des End-to-End-Inventory-Management-Prozesses in SAP ERP und SAP S/4HANA: *http://s-prs.de/v917403*
- Empfehlungen für den Wechsel vom SAP GUI zu SAP Fiori: *http://s-prs.de/v917404*
- eine Übersicht des Insight-to-Action-Ansatzes: *http://s-prs.de/v917405*

Basierend auf den genannten Prinzipien erschien im November 2015 das erste On-Premise-Release *SAP S/4HANA 1511* und im August 2019 die erste Public Cloud Edition SAP S/4HANA 1908. In den darauffolgenden Jahren gab es jährliche On-Premise-Releases und zunächst quartalsweise Cloud-Edition-Releases.

SAP S/4HANA unterstützt auch eine Kombination der beiden Betriebsmodelle in Form einer *Two-Tier-Architektur*. Bei dieser Architektur kommt SAP S/4HANA auf der Konzernebene und in den Tochter- und Auslandsgesellschaften, wie z. B. in den Vertriebsniederlassungen, SAP S/4HANA Public Cloud zum Einsatz. Es können auch mehrere SAP-S/4HANA-Instanzen kombiniert und in Form eines zentralen Finanzwesens oder Beschaffungswesens genutzt werden.

Im Januar 2021 hat SAP dann das Angebot *RISE with SAP* auf den Markt gebracht. Es beinhaltet SAP S/4HANA sowohl in Form einer Public-Cloud-Variante als auch in einer Private-Cloud-Variante. Im März 2023 stellte SAP zudem das Angebot *GROW with SAP* vor, dass sich an Neukunden im Mittelstandssegment richtet. Das Angebot beinhaltet neben der SAP S/4HANA Public Cloud und Aktivierungsservices auch die SAP Business Technology Platform. Dieses Angebot erlaubt die Erweiterung von Standardprozessen mithilfe der der Low-Code-/No-Code-Lösungen von *SAP Build*.

[»]

Releasestrategie von SAP S/4HANA

Informationen zur Releasestrategie von SAP finden Sie u. a. in dem Dokument *SAP S/4HANA Maintenance Strategy* (siehe *http://s-prs.de/v917406*) oder in der *Product Availablity Matrix* (siehe *https://userapps.support.sap.com/sap/support/pam*).

Grundlage für die Entwicklung von SAP S/4HANA ist das Enhancement Package 7 von SAP ERP 6.0. Dies war notwendig, um Bestandskunden einen Wechsel zu SAP S/4HANA ohne die Notwendigkeit einer Neuimplementierung zu ermöglichen und somit einen Investitionsschutz zu gewährleisten.

Veränderungen von SAP ERP bei der Entwicklung von SAP S/4HANA wurden in Form sogenannter Vereinfachungselemente (Simplification Items) dokumentiert und in einer Vereinfachungsliste für die einzelne Komponenten und Industrien zusammengefasst. Die Vereinfachungselemente beschreiben Funktionen, die nicht mehr in SAP S/4HANA zur Verfügung stehen. Bei den Kunden zur Verfügung gestellten Alternativen gibt es die folgenden Status:

- Alternative ist vorhanden
- Alternative ist geplant – Bestandteil der Roadmap
- Alternative ist geplant – noch nicht Bestandteil der Roadmap
- Alternative ist nicht geplant

Zusätzlich zu den Vereinfachungselementen, die beim Wechsel zu SAP S/4HANA sofort berücksichtigt werden müssen, definierte SAP mit dem ersten SAP-S/4HANA-Release im November 2015 einen sogenannten *Kompatibilitätsumfang* (Compatibility Scope). Dieser beschreibt Funktionen, die von den Kunden in einer Übergangsphase bis Ende 2025 noch genutzt werden können, die jedoch ebenfalls nicht mehr langfristig Bestandteil der SAP-S/4HANA-Zielarchitektur sind. Eine stufenweise Anpassung ist für Kunden möglich, sofern sie die Zielprozesse beim initialen Wechsel nicht vollständig implementieren. Bis Ende 2023 plant SAP, Lösungen auf der Basis von SAP S/4HANA für den Kompatibilitätsumfang bereitzustellen.

Vereinfachungselemente und Kompatibilitätsumfang

Weitere Informationen zu den folgenden Themen finden Sie z. B. im SAP Help Portal unter *https://help.sap.com/docs/SAP_S4HANA_ON-PREMISE*.

Mehr Informationen zu den Vereinfachungselementen und dem Kompatibilitätsumfang finden Sie außerdem in den SAP-Hinweisen und in verschiedenen Blog-Einträgen:

- Erläuterung der Vereinfachungselementkategorien: *https://launchpad.support.sap.com/#/notes/2931193*
- Kompatibilitätsumfangsmatrix für SAP S/4HANA: *https://launchpad.support.sap.com/#/notes/2269324*
- die wichtigsten Fragen und Antworten zum Komptabilitätsumfang: *http://s-prs.de/v917407*
- Übersicht zum Komptabilitätsumfang: *http://s-prs.de/v917408*

Eine Analyse dazu, welche Vereinfachungselemente und welcher Kompatibilitätsumfang für Sie relevant sind, bietet der *SAP Readiness Check for SAP S/4HANA*. Weitergehende Informationen finden Sie in der Dokumentation: *https://help.sap.com/docs/SAP_READINESS_CHECK*.

Der mit Abstand wichtigste Treiber für die Neugestaltung von Prozessen bei der Umstellung auf SAP S/4HANA ist neben der Notwendigkeit, Prozesse neu zu gestalten, die Vielzahl an Innovationen. Während in den ersten Jahren der Schwerpunkt der Entwicklungstätigkeiten auf der Vereinfachung lag, nimmt die Anzahl der neuen Funktionen kontinuierlich zu.

[»]

Innovationen von SAP S/4HANA

Weitere Informationen zu den aktuellen Innovationen von SAP S/4HANA finden Sie in den folgenden Blog-Beiträgen:

- *http://s-prs.de/v917409*
- *http://s-prs.de/v917410*
- *http://s-prs.de/v917411*

10.1.2 Der Wechsel zu SAP S/4HANA

Der Wechsel zu SAP S/4HANA kann auf drei verschiedene Arten erfolgen:

- Neuimplementierung
- System Conversion
- Selective Data Transition, einer Mischform der beiden ersten Optionen

Für Neukunden oder Kunden, die mit dem Wechsel zu SAP S/4HANA auch in die Public Cloud wechseln wollen, ist die Neuimplementierung die einzige Option. Für Bestandskunden, die den Wechsel zu SAP S/4HANA nicht mit einer Veränderung des Betriebsmodells hin zur Public Cloud kombinieren wollen, stellt sich die Frage, welche Wechseloption für sie die richtige ist. Tabelle 10.1 gibt einen Überblick über die Wechselpfade.

Wechselpfad	Beschreibung
Neuimplementierung	■ Neuinstallation eines SAP-S/4HANA-On-Premise-Systems oder Entscheidung für eines der beiden Betriebsmodelle SAP S/4HANA Private oder Public Cloud ■ Implementierung auf der Basis von SAP Best Practices ■ Übertragung von Stammdaten und offenen Posten
System Conversion	■ Wechsel zu SAP S/4HANA, On-Premise-Version, oder SAP S/4HANA, Private Cloud ■ Konvertierung des bestehenden SAP-ERP-Systems, bei dem die Konfigurationen, Erweiterungen, Berechtigungen, Schnittstellen, Stamm- und Bewegungsdaten erhalten bleiben

Tabelle 10.1 Wechselpfade zu SAP S/4HANA

Wechselpfad	Beschreibung
Selective Data Transition	■ Konvertierung eines existierenden SAP-ERP-Systems ohne Stamm- und Bewegungsdaten analog der System Conversion oder Implementierung eines neuen SAP-S/4HANA-Systems oder der Nutzung einer Private Cloud, Transfer von Konfiguration und Erweiterungen auf der Basis von Transporten ■ selektive Migration von Stamm- und Bewegungsdaten, inklusive einer zeitlichen Historie

Tabelle 10.1 Wechselpfade zu SAP S/4HANA (Forts.)

SAP unterstützt seine Kunden bei dem Wechsel zu SAP S/4HANA mit unterschiedlichen Werkzeugen, die je nach Wechselszenario zum Einsatz kommen. Tabelle 10.2 gibt einen Überblick über die Werkzeuge und die grundsätzliche Vorgehensweise.

Wechselpfad	Werkzeug
Neuimplementierung	■ Data Migration Cockpit
System Conversion	■ SAP Readiness Check for SAP S/4HANA Conversion ■ ABAP Test Cockpit (ATC) ■ Software Update Manager mit der Database Migration Option (DMO)
Selective Data Transition	■ SAP Business Transformation Center

Tabelle 10.2 Werkzeuge für den Wechsel zu SAP S/4HANA

Wenn Sie bereits ein oder mehrere SAP-ERP-Systeme betreiben, stellt sich im Gegensatz zu Neukunden, wie bereits geschildert, die Frage, welches der Wechselszenarien für Sie das richtige ist. Eine erste, grundlegende Bewertung der Optionen kann durch die Beantwortung der folgenden Fragestellungen erfolgen:

- Unterstützen die aktuellen Geschäftsprozesse die langfristige Unternehmensstrategie? Ist eine grundlegende Neugestaltung der Geschäftsprozesse erforderlich, um die Unternehmensstrategie abzubilden, ist eine Neuimplementierung zu favorisieren.
- Sind Unternehmen in der Lage, ihre Geschäftsprozesse durch den SAP-Standard-Prozess-Content abzubilden? Ist das Unternehmen in der Lage, SAP-Standard zu adaptieren, ist eine Neuimplementierung zu favorisieren. Die Nutzung von SAP-Standard ermöglicht es, Kosten zu reduzieren, da u. a. die Bevorratung von Know-how für Erweiterungen entfällt, und den Nutzen aus dem SAP-S/4HANA-Invest-

ment zu maximieren, da die Verringerung von Testaufwänden häufigere Release-Upgrades ermöglicht.

- Handelt es sich beim Wechsel zu SAP S/4HANA um ein IT-Projekt oder um eine Business-Initiative? Ist der Wechsel zu SAP S/4HANA ein Vorhaben, dass durch die IT maßgeblich vorangetrieben wird, ist eine System Conversion in Betracht zu ziehen. Um im Zuge des Wechsels auf SAP S/4HANA etablierte Prozesse zu analysieren und diese neu zu gestalten, ist eine Neuimplementierung zu favorisieren.
- Ist der Wechsel zu SAP S/4HANA in einem Schritt möglich? Ermöglicht das SAP-ERP-Ausgangsrelease einen Wechsel in einem Schritt, ist eine System Conversion zu favorisieren.
- Besteht die Notwendigkeit alle Daten zu behalten? Werden alle Stamm- und vor allem Bewegungsdaten benötigt, ist eine System Conversion zu bevorzugen. Ist möglicherweise eine Datenbereinigung sogar erforderlich, und können Unternehmen beim Wechsel zu Beginn mit offenen Posten und Stammdaten starten, ist hingegen eine Neuimplementierung zu favorisieren.
- Ist eine Landschaftskonsolidierung und Prozessharmonisierung im Zuge des Wechsels auf SAP S/4HANA erforderlich? Sind beim Wechsel zu SAP S/4HANA die beiden Aspekte zu berücksichtigen, ist eine Neuimplementierung zu favorisieren.
- Wie groß ist die Anzahl der Schnittstellen (an SAP- und Nicht-SAP-Systeme)? Bei einer sehr großen Anzahl von Schnittstellen ist eine System Conversion zu favorisieren.
- Ist das Unternehmen in der Lage, eine mehrjährige Transformationsplanung umzusetzen? Eine System Conversion ohne ein umfassendes Prozessdesign führt zu einem stark eingeschränkten Mehrwert. Um den Nutzen zu maximieren, ist daher eine mehrjährige nachgelagerte Transformation notwendig.

Die Beantwortung der Fragen kann bereits zu einem Ergebnis führen, welcher Wechselpfad zu bevorzugen ist. Für eine ausführlichere Bewertung, ob eine Neuimplementierung oder eine System Conversion zu wählen ist, sowie für eine Analyse, ob sich das Selective-Data-Transition-Szenario als Alternative zu einer System Conversion oder zu einer Neuimplementierung eignet, sollten Sie dennoch eine detaillierte Betrachtung durchführen. Bei dieser werden zusätzlich zu der bereits durchgeführten grundlegenden Bewertung der Wechselpfade verschiedene Zielarchitekturen definiert, die Ausgangssituation analysiert und die daraus resultierenden möglichen Wechselpfade verglichen. Für die Entscheidungsfindung sollten Sie auch Nutzen, Kosten sowie die benötigten Personalressourcen berücksichtigen.

Im Hinblick auf die Zielarchitektur sind zunächst zwei Fragestellungen zu betrachten, die auch für Neukunden von Relevanz sind:

- Welches Betriebsmodell ist das richtige?
- Was ist die richtige Anzahl von SAP-S/4HANA-Instanzen?

Im Hinblick auf das Betriebsmodell sollten sich sowohl Kunden, die bereits ein SAP-ERP-System betreiben, als auch Neukunden zunächst die Frage stellen, ob sie die Transformation auf SAP S/4HANA mit dem Wechsel in ein Public-Cloud-Betriebsmodell kombinieren möchten. Voraussetzung für diesen Wechsel ist, dass der verfügbare prozessuale Umfang der SAP-S/4HANA-Public-Cloud-Edition die Anforderungen der Kunden grundsätzlich unterstützt.

SAP unterstützt Kunden bei der Analyse durch das Digital Discovery Assessment (DDA). Innerhalb des DDA definieren Kunden den erforderlichen Prozessumfang auf der Basis von Scope Items, die neben einer textuellen Beschreibung den unterstützten Geschäftsprozess in Form eines BPMN-Diagramms beinhalten. Anpassungen der Standardprozesse werden durch ein Erweiterungskonzept unterstützt. Bei der Entscheidungsfindung für die SAP S/4HANA Public Cloud ist es nicht nur sinnvoll, wie bei der Private Cloud oder einem On-Premise-System, einem Fit-to-Standard-Ansatz zu folgen, sondern vielmehr eine notwendige Voraussetzung für den Erfolg des Projektvorhabens. Dies bedeutet, dass der Standardprozessumfang maßgeblich für das Prozessdesign ist – und nicht zunächst eine Betrachtung kundenspezifischer Anforderungen in Form eines Fit-to-Gap Ansatzes erfolgt.

SAP S/4HANA Public Cloud

Unter dem folgenden Link finden Sie eine Präsentation, die Ihnen einen Überblick über das Digital Discovery Assessment gibt: *http://s-prs.de/v917412*. Die unterschiedlichen Erweiterungskonzepte der SAP S/4HANA Public Cloud sind in einem Blog-Eintrag beschrieben, den Sie unter dem folgenden Link aufrufen können: *http://s-prs.de/v917413*

Neben der Frage nach dem Betriebsmodell sollten Sie zur Vorbereitung der Bewertung und Entscheidung des Wechselpfads analysieren, welches die richtige Anzahl an SAP-S/4HANA-Instanzen für Ihr Unternehmen ist. Dies ist insbesondere notwendig, wenn aktuell mehrere SAP-ERP-Systeme betrieben werden. Folgende Instanzstrategien sind denkbar:

- Single Instance: ein zentrales, unternehmensweites System
- divisionale Aufteilung/Ansatz: pro Division oder Geschäftsmodell ein System mit einer losen (nicht systemunterstützten) Koppelung oder einem partiellen Template
- regionale Aufteilung/Ansatz: pro Region ein System mit einer losen Koppelung, einem partiellen Template oder einem gemeinsamen Entwicklungs-Template
- funktionale Aufteilung/Ansatz: Aufbau von Systemen pro Funktion wie z. B. Sales, Finance

Entscheidungskriterien hinsichtlich der Frage, welche Instanzstrategie die richtige ist, sind u. a.:

- Prozessharmonisierung und Synergien
- Transparenz über Prozesse und Daten
- Kosten für den Betrieb der Systemlandschaft
- Komplexität der Schnittstellen
- die Fähigkeit, Prozessanpassungen schnell durchzuführen

Eine beispielhafte Bewertung der prozessbezogenen Kriterien sehen Sie in Tabelle 10.3.

Instanzstrategie	Prozessharmonisierung und Synergien	Transparenz über Prozesse und Daten	Fähigkeit, Prozessanpassungen schnell durchzuführen
Single Instance	sehr hoch	sehr hoch	gering
divisionale Aufteilung	hoch	mittel	mittelhoch
regionale Aufteilung	mittel	gering	mittel
funktionale Aufteilung	hoch	mittel	mittelhoch

Tabelle 10.3 Bewertung der Instanzstrategien auf der Basis prozessbezogener Kriterien

Die Wahl des Betriebsmodells und der Instanzstrategie sind die Grundlage für die SAP-S/4HANA-Zielarchitektur. Mögliche Zielarchitekturen beinhalten neben der SAP S/4HANA Public Cloud, der SAP S/4HANA Private Cloud oder der On-Premise-Variante von SAP S/4HANA auch drei weitere Optionen:

- SAP S/4HANA Central Finance, in dem Finanzprozesse zentralisiert betrieben werden, im Zusammenspiel mit der Integration von SAP ERP, SAP S/4HANA sowie Nicht-SAP-Systemen.
- SAP S/4HANA Central Procurement, bei dem analog zu SAP S/4HANA Central Finance Beschaffungsprozesse zentralisiert werden.
- Two-Tier-ERP-Ansatz, bei dem SAP-S/4HANA-Private-Cloud- und SAP-S/4HANA-Public-Cloud-Systeme nebeneinander betrieben werden.

Auch wenn die Kerngeschäftsprozesse eines Unternehmens durch SAP S/4HANA unterstützt werden, ist der Wechsel zu SAP S/4HANA bei vielen Kunden mit einer umfangreicheren Cloud- bzw. Systemtransformation der existierenden SAP-Landschaft verbunden. Dementsprechend beinhalten die Zielarchitekturen häufig weitere Lösungen aus dem SAP-Produktportfolio.

Bei der Analyse der Ausgangslage werden bereits bestehende SAP-ERP-Systeme sowohl aus prozessualer Sicht als auch technischer Sicht analysiert. Typische Fragestellungen sind dabei:

- Welche Vereinfachungselemente sind relevant?
- Welchen Kompatibilitätsumfang gilt es zu berücksichtigen?
- Wie groß ist der Anteil der kundeneigenen Entwicklungen, werden diese noch genutzt und falls ja, wie umfangreich und wie groß ist der Anpassungsaufwand?
- Welche Erweiterungen wurden außerhalb von SAP ERP vorgenommen, um Schwachstellen in der Bedienbarkeit und bezüglich der Antwortzeiten zu eliminieren?
- Wie ist die Prozessperformance des SAP-ERP-Systems in Bezug auf die End-to-End-Prozesse und die Einzelkennzahlen?
- Wie viele Dokumentenarten und Prozessvarianten gibt es, wie häufig werden diese genutzt, und sind sie überhaupt sinnvoll?
- Wie gut ist die Qualität der Stammdaten?

Haben Sie mögliche Zielarchitekturen unter der Berücksichtigung der Betriebsmodelle und der SAP-S/4HANA-Instanzstrategie definiert und die Ausgangslage analysiert, können Sie unternehmensspezifische Wechseloptionen definieren. Diese sind anhand definierter Entscheidungskriterien zu bewerten. In der Praxis ist dabei häufig eine Gewichtung der Entscheidungskriterien erforderlich.

[«]

Weitere Informationen zu den Wechseloptionen

Wenn Sie weitere Informationen zu den Wechseloptionen in SAP S/4HANA, zu Projekterfolgsfaktoren und zu Werkzeugen, die Kunden beim Wechsel unterstützen, benötigen, gibt Ihnen der praktische Guide »Mapping Your Journey to SAP S/4HANA« dazu einen umfassenden Überblick: *http://s-prs.de/v917414*

10.1.3 Die Chancen und Herausforderungen beim Wechsel zu SAP S/4HANA

Der Wechsel zu SAP S/4HANA ist für jedes Unternehmen ein komplexes Projektvorhaben. Unternehmensspezifische Chancen und Herausforderungen beim Wechsel zu SAP S/4HANA resultieren u. a. aus der Zielarchitektur, der Ausgangslage und dem Wechselpfad, für den sich das Unternehmen entscheidet. Eine Vielzahl von Fragen ist in diesen drei sowie auch in weiteren Dimensionen zu beantworten. In diesem Kapitel sowie auch in Kapitel 12, »Der Einsatz des Business Process Transformation Managements beim Wechsel zu SAP S/4HANA«, betrachten wir Chancen und Herausforderungen, die aus der Notwendigkeit resultieren, Geschäftsprozesse anzupassen. Dies ist grundsätzlich aus zwei Gründen erforderlich:

- Es gibt aufgrund der SAP-S/4HANA-Designprinzipien Unterschiede zwischen SAP ERP und SAP S/4HANA, die in Form von Vereinfachungselementen und des Kompatibilitätsumfangs beschrieben werden und in zwingend notwendigen Anpassungen münden.
- Durch Verbesserungen sollen Mehrwerte erzielt werden, d. h. Anpassungen, die zwar nicht in jedem Fall durchgeführt werden müssen, ohne die aber der Nutzen stark eingeschränkt ist und die Möglichkeiten von SAP S/4HANA bietet, nicht ausgeschöpft werden. Daher sind diese Anpassungen zwar optional im engeren Sinn, aber eigentlich auch nicht, da ein Transformationsprojekt ohne Mehrwert keine sinnvolle Investition für Unternehmen darstellt.

Herausforderungen, die sich nicht aus den Anpassungen der Geschäftsprozesse ergeben, werden in diesem und in den folgenden Kapiteln nicht oder nur in geringerem Umfang diskutiert, da das Business Process Transformation Management hier keine wesentlichen Antworten liefert. Beispielhaft seien der Wechsel des Betriebsmodells oder die Reduzierung der technischen Downtime, d. h. des Zeitfensters, in dem SAP ERP nicht zur Verfügung steht, genannt. Diese Aspekte werden in diesem Buch nicht oder nur am Rande behandelt. Der Schwerpunkt liegt auf den Chancen und Herausforderungen, die sich aus der Anpassung der Geschäftsprozesse ergeben. Im Folgenden betrachten wir diese in Form von drei Fragestellungen:

- Wie können Sie sicherstellen, dass der Wechsel zu SAP S/4HANA Mehrwert für Ihr Unternehmen schafft?
- Wie kann der Wechsel zu SAP S/4HANA so schnell wie möglich durchgeführt werden?
- Wie stellt Ihr Unternehmen sicher, dass der Wechsel zu SAP S/4HANA durchführbar ist?

Unternehmen müssen in der Lage sein, auf diese zentralen Fragestellungen Antworten zu finden, damit Sie den Wechsel erfolgreich gestalten können.

Damit der Wechsel zu SAP S/4HANA für Kunden, die bereits SAP ERP betreiben, zu Mehrwerten führt, muss ein Unternehmen seine Geschäftsprozesse verbessern können. Die folgenden fünf Schritte zeigen, wie Unternehmen dabei vorgehen können:

1. Prozesstransparenz
2. Bewertung der Analyseergebnisse
3. Definition notwendiger Prozessanpassungen zur Realisierung identifizierter Mehrwertpotenziale

4. Implementierung der Prozessanpassungen
5. Überprüfung, inwieweit die Anpassungen zu einer Prozessverbesserung geführt haben

Der Startpunkt für jede Prozessverbesserung ist die Schaffung von Transparenz darüber, wie Prozesse in Ihrem Unternehmen heute durchgeführt werden. Die meisten Kunden erfüllen diese Voraussetzung nicht oder nur in geringem Maße. Stellen Sie sich die folgenden Fragen, um sich Transparenz über Ihre Prozesse zu verschaffen: Gibt es Prozesse, die aufgrund der Systemkonfiguration gar nicht oder nicht effizient ablaufen? Zeigt die Prozessperformance beim Vergleich unterschiedlicher Unternehmenseinheiten Auffälligkeiten, d. h., werden beispielsweise Prozesse schneller, mit weniger Fehlern in einem Bereich des Unternehmens im Vergleich zu einem anderen Bereich durchgeführt? Ergeben sich weitere Erkenntnisse durch eine kontinuierliche Betrachtung von Prozesskennzahlen in Form von Trends? Gibt es eine Vielzahl unterschiedlicher Prozessvarianten, von denen einige weniger oder vielleicht gar nicht genutzt werden oder wiederum andere die kürzesten Durchlaufzeiten aufweisen?

Basierend auf der gewonnen Prozesstransparenz, ist es notwendig, diese mit den Prozessverantwortlichen zu bewerten. Wie lassen sich die Ergebnisse erklären, welches sind die Ursachen für bestimmte Sachverhalte, und welche Prozessverbesserungen sind realisierbar? Zur Bewertung von Mehrwertpotenzialen sind häufig Vergleiche mit anderen Unternehmen in Ergänzung zu unternehmensinternen Vergleichen sinnvoll. Bei diesem Schritt ist es notwendig, die gelebte Prozessrealität zu hinterfragen, da Veränderungen von einzelnen Prozessbeteiligten häufig kritisch betrachtet werden. Im Zuge des Wechsels zu SAP S/4HANA ist es ebenfalls erforderlich, Fachexpert*innen mit detaillierten Kenntnissen zur SAP-S/4HANA-Prozessinnovation zu beteiligen. Das Ergebnis dieses Schrittes ist eine Bewertung der im ersten Schritt erzielten Prozesstransparenz sowie eine Quantifizierung des Nutzens. Hierbei ist es sinnvoll, Nutzen und Aufwand gleichermaßen zu betrachten und auch eine Roadmap zu erstellen, die definiert, zu welchem Zeitpunkt (vor, während oder nach dem Wechsel zu SAP S/4HANA) Anpassungen umgesetzt werden sollen.

Bei der Auswertung der Ergebnisse der Prozessanalyse wurde bereits grundsätzlich betrachtet, mit welchen SAP-S/4HANA-Innovationen und mit welchem Anpassungsaufwand welcher Nutzen erzielt werden kann. Im nächsten Schritt, der Definition der Prozessanpassungen, wird, darauf aufbauend, detailliert beschrieben, welche systemseitigen Anpassungen zu welchen Anpassungen existierender Prozesse führen, welche Prozesse unter Umständen obsolet und welche gänzlich neuen Prozesse überhaupt möglich werden. Dieser Schritt liefert die Grundlage für den nächsten Schritt, die Implementierung sowie die Schulung und das Enablement der von den Änderungen betroffenen Prozessbeteiligten. Ist dieser nächste Schritt abgeschlossen, und die

Prozessänderungen sind im produktiven Einsatz, ist es sinnvoll, den Erfolg der Maßnahmen durch eine erneute Prozessanalyse zu überprüfen. Neue Erkenntnisse führen zu der Notwendigkeit, diese erneut zu bewerten und gegebenenfalls weitere Anpassungen zu definieren und diese umzusetzen. Dies ist ein kontinuierlicher Prozess mit inkrementellen Verbesserungsschritten. Die Abstimmung mit allen Beteiligten über den Fortschritt der Analysen und Anpassungen und eine offene Kommunikation sind Voraussetzung für die Realisierung von Mehrwertpotenzialen.

Betrachten wir nun neben der Dimension Mehrwert die zweite Dimension Zeit. Wie kann der Wechsel zu SAP S/4HANA so schnell wie möglich durchgeführt werden? Grundsätzlich handelt es sich bei SAP-S/4HANA-Projekten, wie eingangs beschrieben, um komplexe und damit auch zeitintensive Vorhaben. Die Komplexität und damit der Zeitbedarf können sich zusätzlich erhöhen, wenn das Ziel verfolgt wird, Prozesse über das Mindestmaß hinaus anzupassen, um einen Nutzen für das Unternehmen zu erzielen: Eine größere Anzahl an Prozessanpassungen führt zu einem höheren Aufwand für Prozessdesign, Implementierung, Schulung und Roll-out. Durch den Einsatz des Business Process Transformation Managements können jedoch zwei wesentliche Faktoren beschleunigt werden:

- *Time-to-Insight* beschreibt die Zeit, die benötigt wird, um existierende Prozesse zu analysieren sowie Mehrwertpotenziale zu quantifizieren.
- *Time-to-Adapt* beschreibt den Aufwand zur Anpassung existierender Prozesse oder zur teilweisen oder vollständigen Neuimplementierung von Prozessen.

Mehrwerte für ein Unternehmen zu realisieren, insbesondere dann, wenn es bereits SAP ERP im Einsatz hat, bedeutet, wie bereits ausführlich erläutert, durch Prozesstransparenz die Grundlage hierfür zu schaffen. Dabei ist der Faktor Time-to-Insight relevant. Um Zeit, aber auch Aufwand zu reduzieren, ist es notwendig, dass neben manuellen Prozessanalyen auf der Basis von Befragungen oder Workshops auch datenbasierte Analysen zum Einsatz kommen. Diese Analysen können mit weniger Aufwand wesentlich schneller und auch hochautomatisiert durchgeführt werden. Sie ergänzen somit die manuellen Prozessanalysen und liefern gleichzeitig Input für diese. Standardisierte datenbasierte Analysen haben einen weiteren Vorteil; sie ermöglichen den Vergleich der Prozessperformance des eigenen Unternehmens mit anderen Unternehmen, sowohl innerhalb der eigenen Industrie als auch industrieübergreifend.

Neben der Beschleunigung des Einflussfaktors Time-to-Insight ist auch der zweite Faktor relevant: Time-to-Adapt. Für SAP-Kunden, die bereits SAP ERP im Einsatz haben, ist ein wesentlicher Aspekt hierbei die Reduzierung des Zeitaufwands, um die für eine Prozessoptimierung notwendigen Maßnahmen zu identifizieren. Welche Korrekturmaßnahmen lassen sich auf Basis der Prozessanalysen bereits automatisiert aus den Daten ableiten, die gegebenenfalls im Vorfeld des Wechsels bereits umgesetzt werden können? Welche Innovationen in SAP S/4HANA sollten vor dem Hintergrund der Erkenntnisse aus den Prozessanalysen näher betrachtet werden?

Sowohl für Neukunden als auch für Bestandskunden, die sich für eine Neuimplementierung entscheiden, bedeutetet Time-to-Adapt eine möglichst standardnahe Implementierung unter der Berücksichtigung der *Best Practices* von SAP und einem Fit-to-Standard-Ansatz.

Ist auf der Basis einer Prozessanalyse, der abgeleiteten Korrekturmaßnahmen, der Überprüfung von SAP-S/4HANA-Innovationen und der SAP Best Practices ein Zielprozess definiert worden, ist die Transparenz über diesen für alle Prozessbeteiligten von entscheidender Bedeutung für die Umsetzungsgeschwindigkeit. Eine zentraler Ablageort für Prozesse (*Process Repository*), auf den alle Mitarbeitende zugreifen und Kommentare zum Prozess bzw. zu einzelnen Prozessschritten hinterlegen können, senkt das Risiko, dass zu einem späteren Zeitpunkt Anpassungen bei der Realisierung notwendig werden. Diese würden zu Projektverzögerungen führen. Um dies zu vermeiden, muss nicht nur die Kollaboration aller Stakeholder ermöglicht, sondern auch die formale Prozessfreigabe und der Änderungsprozess im Rahmen der Etablierung einer Projekt-Governance geregelt werden.

Wird Business Process Transformation unterstützend für die Analyse und das Design der Geschäftsprozesse eingesetzt, erfolgt die Umsetzung mit den Werkzeugen des *Application Lifecycle Managements* (ALM). Eine integrierte Toolkette, in der das Prozessdesign nach einer erfolgten Freigabe automatisiert in das ALM übergeben wird – inklusive Anforderungen, die bei der Umsetzung berücksichtigt werden müssen –, stellt ebenfalls sicher, dass die Umsetzung so schnell wie möglich erfolgt. Die Umsetzung erfolgt auf Basis der mit den Prozessbeteiligten und Prozessverantwortlichen freigegebenen Prozesse. Der Test der Lösung sowie das Training und das Enablement erfolgen ebenfalls prozessorientiert. Dies minimiert das Risiko erheblich, dass im Projekt nur funktionale Einzeltests erfolgen, End-to-End-Geschäftsprozesse jedoch nicht getestet werden und nach erfolgtem Go-live in der produktiven Nutzung unerwartete Fehler auftreten bzw. die Endanwender*innen nicht in der Lage sind die neuen Funktionen zu bedienen.

Abschließend betrachten wir die Dimension der Machbarkeit; hierzu dient uns als Leitgedanke diese Fragestellung: Wie stellt ein Unternehmen sicher, dass der Wechsel zu SAP S/4HANA machbar ist? Die Machbarkeit berücksichtigt die Antworten auf die beiden vorherigen Fragen (»Wie können Unternehmen sicherstellen, dass der Wechsel zu SAP S/4HANA Mehrwerte für Ihr Unternehmen schafft« und »Wie kann der Wechsel zu SAP S/4HANA so schnell wie möglich durchgeführt werden«) und betrachtet die folgenden sechs Bereiche:

1. Ansatz und Planung der Transformation
2. Ziele der Transformation

3. Management Buy-in
4. Verfügbarkeit von entscheidungsbefugten Mitarbeitenden
5. Zusammenarbeit aller Mitarbeitenden
6. Change Management und Enablement

Wie bereits in Abschnitt 10.1.2, »Der Wechsel zu SAP S/4HANA«, beschrieben, ist das Wechselszenario vor dem individuellen Hintergrund des jeweiligen Unternehmens zu wählen und sollte die Ziele, die Zielarchitekturen sowie die Ausgangslage berücksichtigen. Das Ergebnis muss natürlich auch umsetzbar sein, d. h., dass die notwendigen Prozessanpassungen in der Zeit-, Personal- und finanziellen Planung berücksichtigt werden und sich im Projektplan widerspiegeln. Die Auswahl des für das Unternehmen richtigen Transformationsansatzes, aber auch die Projektplanung wird maßgeblich durch den Einsatz des Business Process Transformation Managements unterstützt. Die Analyse und Beschreibung der Ist-Prozesse (auch *Current State* genannt), der Zielprozesse (analog *Future State* genannt) und die Beschreibung der notwendigen Anpassungen liefern die Grundlage für die Projektplanung.

Die Ziele der Transformation sind als Grundlage für die Transformationsplanung und die Bewertung des Wechselpfads durch Unternehmen als einer der wichtigsten Parameter zu definieren. Sie beeinflussen die Definition möglicher Zielarchitekturen. Darüber hinaus dienen sie bei der Analyse der Ausgangslage der Fokussierung auf die Zielebereiche. Notwendige Prozessanpassungen, die aufgrund klar formulierter Ziele abgeleitet werden, erzeugen ein Gefühl der Sinnhaftigkeit der Veränderung und sind auch eine Voraussetzung für den nächsten Aspekt.

Um die Machbarkeit des Projektvorhabens sicherzustellen, ist ein sogenanntes *Management Buy-in* notwendig. Von einem Management Buy-in spricht man, wenn das Management des Unternehmens das Projekt als solches, die Ziele, aber auch die notwendigen Veränderungen nicht nur akzeptiert, sondern aktiv unterstützt. Projektverantwortliche, denen es gelingt, den Mehrwert der geplanten Veränderungen aufzuzeigen und diesen auch zu quantifizieren, haben es deutlich einfacher, die Unterstützung des Managements zu erhalten. Wenn die Unternehmensleitung hinter dem Projekt und seinen Zielen steht, ist es auch wesentlich einfacher, die Verfügbarkeit der Mitarbeitenden und deren Entscheidungskompetenz sicherzustellen, da dem Projekt die notwendige Priorität gegenüber konkurrierenden Projekten im Unternehmen eingeräumt wird. Die Zusammenarbeit aller Mitarbeitenden in den verschiedenen Fachabteilungen mit den IT-Ansprechpartnern ist, wie bereits bei den Dimensionen Mehrwert und Zeit beschrieben, erfolgskritisch. Transparenz und Kollaboration werden durch einen gemeinsamen Blick auf die Prozesse erst möglich.

Die letzten Aspekte der Dimension Machbarkeit sind das *Change Management* und das *Enablement*. Damit der Wechsel zu SAP S/4HANA Mehrwert erzielt, müssen Sie bereit sein, Anpassungen an Ihren bestehenden Prozessen vorzunehmen. Diese können in Form der Nutzung neuer SAP-S/4HANA-Innovationen, einer Reduzierung von Eigenentwicklungen, einer Harmonisierung oder Automatisierung der Prozesse mithilfe der SAP BTP oder durch eine Kombination dieser Aktionen erfolgen. Für das planvolle Management der Veränderungsprozesse vom dem Ausgangszustand bis hin zu einem neuen Zielzustand, für das Change Management sowie für das Enablement der Mitarbeitenden, d. h. die notwendigen Trainingsmaßnahmen, sind wiederum unternehmensweite definierte Prozesse Voraussetzung.

Business Process Transformation liefert Antworten auf die zentralen Fragestellungen und unterstützt Kunden dabei, Chancen zu realisieren und Herausforderungen zu meistern. Genauso wie beim Wechsel zu SAP S/4HANA gibt es auch bei der Etablierung des Business Process Transformation Managements Chancen und Herausforderungen. Im nächsten Abschnitt betrachten wir sowohl diese als auch die Erfolgsfaktoren und Dimensionen des Business Process Transformation Managements.

10.2 Business Process Transformation Management

Das Business Process Transformation Management (BPTM) ist ein ganzheitlicher Ansatz zur Verbesserung von Geschäftsprozessen mit dem Ziel, die Effizienz, Effektivität und Flexibilität von Organisationen zu steigern. Die Transformation von Geschäftsprozessen kann eine grundlegende Neugestaltung von Prozessen und Systemen erfordern, um sicherzustellen, dass sie den sich verändernden Anforderungen und Bedürfnissen von Kunden, Mitarbeitenden und Stakeholdern gerecht werden. Das Business Process Transformation Management beinhaltet hierbei die Identifikation, Analyse und Optimierung von Geschäftsprozessen sowie die Implementierung von Technologien, um die Effektivität und Effizienz der Prozesse zu steigern. Eine erfolgreiche Umsetzung erfordert eine sorgfältige Planung und Umsetzung von verschiedenen Faktoren, um sicherzustellen, dass die Ziele der Transformation erreicht werden. Dabei spielen verschiedene Erfolgsfaktoren und Dimensionen eine wichtige Rolle, wie beispielsweise:

1. Strategie und Führung
2. Prozessverantwortung und -organisation
3. Prozesssteuerung
4. Kommunikation und Veränderungen
5. einheitliche Informationsquelle
6. Fertigkeiten und Methoden
7. Werkzeuge und Technologien

10.2.1 Erfolgsfaktoren und Dimensionen einer Business Process Transformation

In diesem Abschnitt setzen wir uns eingehend mit diesen verschiedenen Faktoren auseinander und erläutern ihre Bedeutung für eine erfolgreiche Business Process Transformation. Es ist jedoch wichtig zu betonen, dass nicht alle Faktoren gleichermaßen für jedes Unternehmen wichtig sind und dass ihre Umsetzung je nach individueller Situation und Bedarf erfolgen sollte. Diese Themen können je nach Kontext und Organisation unterschiedlich gewichtet werden. Es ist daher wichtig, die spezifischen Herausforderungen und Ziele der Organisation zu berücksichtigen und eine maßgeschneiderte Business-Process-Transformation-Strategie zu entwickeln.

Strategie und Führung

Eine erfolgreiche Business Process Transformation erfordert eine klare Ausrichtung auf die Geschäftsstrategie des Unternehmens. Die Verbindung zwischen Business Process Transformation Management und Geschäftsstrategie ist von entscheidender Bedeutung, um sicherzustellen, dass alle Aktivitäten auf das gleiche Ziel ausgerichtet sind. Eine klare Vision und Strategie sind daher ebenfalls unerlässlich. Die klare Vision gibt den unterschiedlichen Verantwortlichen ein gemeinsames Verständnis dafür, welche Ziele das Unternehmen erreichen möchte und wie die BPM-Transformation dazu beitragen kann. Ebenso helfen sie dabei, den Fokus auf das Wesentliche zu legen und sicherzustellen, dass alle Beteiligten in die gleiche Richtung arbeiten. Die Strategie legt dann den Fahrplan für die Umsetzung der Vision fest.

Die erfolgreiche Umsetzung einer Business-Process-Transformation-Strategie erfordert nicht nur eine klare Ausrichtung auf die Geschäftsstrategie und eine klare Vision und Strategie, sondern auch ein effektives Change Management. Es ist von entscheidender Bedeutung, dass alle beteiligten Personen und Abteilungen über die Ziele, den Umfang und die Auswirkungen der Transformation informiert und aktiv in den Veränderungsprozess einbezogen werden. Ein solides Change-Management-Programm hilft, Widerstände gegen Veränderungen zu minimieren und unterstützt die reibungslose Einführung neuer Prozesse. Ein effektives Change-Management-Programm im Rahmen der Business-Process-Transformation sollte grundsätzlich Themen wie die Zieldefinition und Stakeholder-Identifikation, eine transparente Kommunikation, Schulung und Unterstützung sowie das Widerstandsmanagement umfassen. Dieses Programm sollte nicht als einmalige Maßnahme, sondern als fortlaufender Prozess betrachtet werden, der die Transformation begleitet und unterstützt.

Ein weiterer wichtiger Erfolgsfaktor für das Business Process Transformation Management ist die Schaffung einer Kultur der kontinuierlichen Verbesserung. Durch die Integration der kontinuierlichen Verbesserung in den täglichen Betrieb ist die

Organisation in der Lage, Verbesserungen der Geschäftsprozesse kontinuierlich vorzunehmen und auch die Leistungsfähigkeit zu erhöhen. Neben einem Umfeld, das kontinuierliche Verbesserung fördert, ist auch das Engagement der Führungskräfte entscheidend. Führungskräfte müssen das Engagement für das Business Process Transformation Management vorleben und Verantwortung für die Transformation übernehmen. Dadurch wird ein Umfeld geschaffen, in dem die Mitarbeitenden motiviert und inspiriert werden, Verbesserungen vorzunehmen und ihre Leistung zu optimieren.

Darüber hinaus ist das Engagement des Managements ein weiterer wichtiger Erfolgsfaktor für eine erfolgreiche BPM-Transformation. Die Die Unternehmensführung muss die Prozesstransformation unterstützen und fördern, um sicherzustellen, dass sie die notwendige Aufmerksamkeit und Ressourcen erhält. Durch das Vorleben des Engagements für das Business Process Transformation Management schafft sie eine Kultur der kontinuierlichen Verbesserung und fördert die Akzeptanz der beteiligten Personen und Abteilungen. Ohne das Engagement des Managements wird es schwierig sein, das Business Process Transformation Management erfolgreich umzusetzen.

Zusätzlich zu den bisher genannten Themen ist ein weiterer Faktor für den Erfolg der Transformation die Einbindung der Mitarbeitenden in den Prozess. Sie wissen oft am besten, welche Prozesse verbessert werden müssen und wie dies am besten zu erreichen ist; daher ist ihre Beteiligung unerlässlich. Das BPM-Team und die beteiligten Mitarbeitenden müssen auch über die notwendigen Kenntnisse, die Fähigkeiten und die Erfahrungen verfügen, um die Ziele des Programms zu erreichen. Gezielte Schulungen und Fortbildungen der Mitarbeitenden können dazu beitragen, ihre Fähigkeiten und Kompetenzen im Bereich des Business Process Transformation Managements zu stärken.

Neben der Einbindung der Mitarbeitenden ist auch eine kontinuierliche Messung und Bewertung der Ergebnisse und Fortschritte des Programms des Business Process Transformation Managements von großer Bedeutung. Durch eine regelmäßige Bewertung kann sichergestellt werden, dass das Programm auf dem richtigen Weg ist und Korrekturen bei Bedarf vorgenommen werden können. Auch ist es wichtig sicherzustellen, dass ausreichende Ressourcen für den Erfolg des Programms vorhanden sind. Das Business Process Transformation Management erfordert oft Investitionen in Technologie, Schulungen und Personal. Eine angemessene Ressourcenallokation kann dazu beitragen, die Erfolgschancen zu maximieren.

Ein weiterer wichtiger Erfolgsfaktor für das Business Process Transformation Management ist das *Risikomanagement*. Das Business Process Transformation Management kann mit Risiken verbunden sein, einschließlich Widerstand gegen Veränderungen, Prozessunterbrechungen oder Datenverlust. Es ist wichtig, Risiken zu identifizieren und Pläne zur Minimierung oder Vermeidung zu entwickeln. Hier kann auch das Change Management eine wichtige Rolle spielen, indem es sicherstellt, dass alle beteiligten Personen und Abteilungen über die Risiken informiert sind und Strategien zur Risikominimierung umsetzen.

Prozessverantwortung und -organisation

Prozessverantwortung und -organisation beziehen sich auf die Struktur und das Management von Geschäftsprozessen innerhalb eines Unternehmens. Die Prozessverantwortung bezeichnet dabei die Zuordnung von spezifischen Rollen und Aufgaben in Bezug auf einen bestimmten Geschäftsprozess zu individuellen Verantwortlichen. Die Prozessverantwortung ist dafür verantwortlich, dass dieser Prozess funktioniert, und ihn zu managen und zu optimieren. Die Prozessorganisation befasst sich hingegen mit der Art und Weise, wie diese Prozesse strukturiert und koordiniert werden, um Effizienz und Effektivität zu maximieren. Beide Elemente spielen eine Schlüsselrolle bei der Schaffung eines effizienten und effektiven Geschäftsprozessmanagementsystems. Eine detaillierte Erläuterung der Prozessverantwortung und -organisation finden Sie in Abschnitt 11.1, »Prozessorganisation und Prozessrollen«.

Eine erfolgreiche Umsetzung von Process Ownership und Organisation im Unternehmen erfordert das Zusammenspiel mehrerer Faktoren. Eine wichtige Komponente hierbei ist die Schaffung einer *Process Management Organization*, die die erforderlichen Strukturen und Ressourcen bereitstellt, um Geschäftsprozesse im Unternehmen zu managen und zu verbessern. Klare Verantwortlichkeiten und Zuständigkeiten, eine gute Zusammenarbeit zwischen verschiedenen Abteilungen sowie eine Kultur der kontinuierlichen Verbesserung sind dabei entscheidende Erfolgsfaktoren.

Darüber hinaus sind ein prozessorientiertes Mindset und die Implementierung prozessorientierter Strukturen erforderlich, um sicherzustellen, dass Prozesse im Unternehmen auch als wichtiger Faktor für den Geschäftserfolg betrachtet werden. Eine gezielte Förderung von prozessorientiertem Denken durch Schulungen und Trainings sowie die Schaffung von Strukturen, die die prozessorientierte Denkweise unterstützen, sind hierbei wichtige Erfolgsfaktoren.

Um das Prozessmanagement effektiv und effizient durchzuführen, sind klare Rollen und Verantwortlichkeiten, wie z. B. der Prozess Owner, der Manager des Business Process Transformation Managements oder der Prozessanalyst, unabdingbar. Die Definition dieser ist für die Durchführung und Überwachung von Prozessen und die Identifizierung von Stellen im Unternehmen, die Process Owner sein sollen, sowie die Sicherstellung, dass alle Beteiligten über ihre Rollen und Verantwortlichkeiten informiert und geschult sind, entscheidende Erfolgsfaktoren.

Neben der Definition von klaren Rollen und Verantwortlichkeiten müssen Process Owner auch in der Lage sein, Verantwortung für ihre Prozesse zu übernehmen und befähigt werden, diese zu verbessern. Das Schaffen von Anreizen für Process Owner, um Verantwortung zu übernehmen, die Bereitstellung von Ressourcen, um Process Owner bei der Durchführung ihrer Aufgaben zu unterstützen, sowie die Schaffung von Freiräumen, in denen Process Owner Entscheidungen treffen und Veränderungen umsetzen können, sind hierbei wichtige Faktoren für den Erfolg.

Ein weiterer wichtiger Faktor für eine erfolgreiche Umsetzung im Unternehmen ist die Schaffung eines *Process Transformation Office*. Eine zentrale Einheit, die sich auf die kontinuierliche Verbesserung von Geschäftsprozessen im Unternehmen konzentriert, kann dazu beitragen, ein Prozessmanagement als wichtigen Faktor für den Geschäftserfolg im Unternehmen zu verankern. Die Schaffung einer Organisationseinheit, die sich ausschließlich auf das Prozessmanagement konzentriert, die Unterstützung des Process Transformation Office durch die Geschäftsleitung, die Bereitstellung von Ressourcen, um die Ziele des Process Transformation Office zu erreichen sowie die Förderung einer Kultur der kontinuierlichen Verbesserung im Unternehmen tragen entscheidend zum Erfolg bei (für mehr Details, siehe Abschnitt 11.1, »Prozessorganisation und Prozessrollen«).

Prozesssteuerung

Governance ist eine zentrale Dimension, die im Rahmen der Business Process Transformation beachtet werden sollte, und umfasst die Festlegung von Richtlinien und Standards für das Prozessmanagement sowie die Definition von Metriken und Key Performance Indicators (KPIs) zur Messung der Prozesse und Prozessverbesserungen. Diese Metriken sollten in der Lage sein, die Geschäftsziele zu quantifizieren und die Verbesserungen der Prozesse zu messen. Eine regelmäßige Überwachung dieser Metriken ist unerlässlich, um sicherzustellen, dass Prozessperformanceziele erreicht werden und dass Maßnahmen zur Verbesserung der Prozesse ergriffen werden, wenn die Ziele nicht erreicht werden.

Die Etablierung von Gremien und Entscheidungsprozessen ist ebenfalls ein wichtiger Bestandteil der Prozesstransformation. Diese Gremien müssen sicherstellen, dass die Prozesse unter der Berücksichtigung der Unternehmensstrategie, der Compliance-Vorgaben und der Kundenbedürfnisse entwickelt und implementiert werden. Auch sollten sie in der Lage sein, Entscheidungen in Bezug auf die Priorisierung von Verbesserungsprojekten, Ressourcenallokation und Risikomanagement zu treffen.

Schließlich ist auch die Schaffung von Prozessstandards ein wichtiger Faktor einer erfolgreichen Business Process Transformation. Diese Standards müssen klar definiert und dokumentiert sein, um sicherzustellen, dass alle Mitarbeitenden das gleiche Verständnis von den Prozessen haben und das Prozessabweichungen minimiert werden. Die Schaffung von Prozessstandards erleichtert auch die Implementierung von Best Practices und die Wiederverwendung von Lösungen in anderen Geschäftsbereichen.

Kommunikation und Veränderung

Das Change Management ist ein weiterer wichtiger Aspekt des Business Process Transformation Managements. Unternehmen müssen in der Lage sein, Veränderungen erfolgreich zu managen und die Auswirkungen auf Geschäftsprozesse zu analysieren und die Geschäftsprozesse dahingehend anzupassen. Eine transparente Kommunikation, Schulung und eine Process Management Community kann dazu beitragen, Veränderungen erfolgreich umzusetzen und die Geschäftsprozesse zu verbessern.

Die transparente Kommunikation von Änderungen an Geschäftsprozessen ist unerlässlich, um sicherzustellen, dass alle Beteiligten über Änderungen informiert sind und sie effektiv umsetzen können. Hierbei kann eine klare und gezielte Kommunikation dazu beitragen, die Akzeptanz von Änderungen zu verbessern und die Leistung von Geschäftsprozessen zu optimieren.

Die Schulung und Weiterbildung von Mitarbeitenden ist ein wichtiger Bestandteil der erfolgreichen Umsetzung von Geschäftsprozessveränderungen. Mitarbeitende müssen über die notwendigen Fähigkeiten und Kenntnisse verfügen, um effektiv mit neuen Prozessen arbeiten zu können. Durch eine kontinuierliche Schulung und Weiterbildung können Mitarbeitende dazu befähigt werden, kontinuierliche Verbesserungen an den Geschäftsprozessen vorzunehmen.

Eine Process Management Community kann dazu beitragen, eine Kultur der Zusammenarbeit und kontinuierlichen Verbesserung zu schaffen. Durch den Austausch von Wissen und Erfahrungen können Best Practices identifiziert und Probleme schneller gelöst werden. Eine starke Gemeinschaft kann auch dazu beitragen, Veränderungen erfolgreich umzusetzen und die Leistung von Geschäftsprozessen zu verbessern.

Einheitliche Informationsquelle/Single Source of Truth

Die *Single Source of Truth* (SSOT) ist ein Konzept, das in verschiedenen Branchen und Disziplinen weit verbreitet ist und dazu beiträgt, eine einheitliche und konsistente Informationsquelle zu schaffen. Im Rahmen des Prozessmanagements bezieht sich die SSOT auf die Schaffung einer ganzheitlichen Informationsquelle, in der alle Prozesse inklusive aller zusätzlichen Informationen enthalten sind.

Eine einheitliche Prozessarchitektur ist eine wesentliche Komponente der SSOT. Eine konsistente Ablagestruktur erleichtert es den Unternehmen, Prozesse zu verwalten, zu aktualisieren und zu dokumentieren. Durch die Schaffung einer einheitlichen Struktur können Unternehmen auch sicherstellen, dass Prozessdokumentationen leicht zugänglich sind und einfach gefunden werden können, was zu einer höheren Effizienz führt. Außerdem trägt dies auch zur Schaffung einer gemeinsamen Sprache und eines gemeinsamen Verständnisses der Prozesse bei.

Durch die Standardisierung von Prozessen können Unternehmen Synergien zwischen verschiedenen Abteilungen und Teams schaffen, indem sie gemeinsame Ziele und Prozesse identifizieren und fördern. Eine SSOT reduziert auch Risiken, indem sie sicherstellt, dass Prozesse in allen Abteilungen und Teams auf dieselbe Weise durchgeführt werden. Dadurch werden Fehler und Unstimmigkeiten reduziert und die Wahrscheinlichkeit von Fehlern bei der Ausführung von Prozessen minimiert. In Branchen, in denen die Einhaltung von Vorschriften und Best Practices eine hohe Priorität hat, wie z. B. im Finanz- oder Gesundheitssektor, ist eine einheitliche SSOT besonders wichtig.

Fertigkeiten und Methoden

Es ist wichtig, die Fähigkeiten und Kenntnisse zu definieren, die für die verschiedenen Rollen in der Prozesstransformation erforderlich sind, und sicherzustellen, dass das Personal entsprechend geschult wird. Dazu gehören Kenntnisse über Geschäftsprozesse, Projektmanagement, Change Management und Datenanalyse.

Die Schulung der Mitarbeitenden in Methoden und Werkzeugen des Prozessmanagements ist entscheidend für den Erfolg der Transformation. Gerade hier ist es wichtig, die Einstiegsschwelle so niedrig wie möglich zu halten, um die Akzeptanz bei allen Mitarbeitenden zu gewährleisten. Je nach Rolle unterscheiden sich die benötigten Fähigkeiten. Für eine erfolgreiche Prozesstransformation ist es jedoch entscheidend, dass die benötigten Fähigkeiten je Rolle definiert und transparent sind und dass die Mitarbeitenden die Möglichkeit und den Freiraum haben, diese Fähigkeiten zu erlernen. Hierzu sollten regelmäßige Schulungen und Q&A-Sessions angeboten werden, damit die Mitarbeitenden immer auf dem neuesten Stand sind, Fragestellungen frühzeitig geklärt werden und Themen standardisiert werden können.

Über die Schulung der Fähigkeiten hinaus ist es wichtig, Standards und Best Practices für die Prozesstransformation zu etablieren. Dies umfasst die Festlegung von Richtlinien und Verfahren, die die Dokumentation, Analyse, Verbesserung und Überwachung von Geschäftsprozessen standardisieren und sicherstellen, dass die Prozesse den Unternehmenszielen entsprechen.

Werkzeuge und Technologie

Um die Business Process Transformation effektiv zu unterstützen, ist die Auswahl und Implementierung des richtigen Tools von entscheidender Bedeutung. Hierbei ist zu betonen, dass gerade die Planung der Toolunterstützung bei den Prozessen der Business Process Transformation von entscheidender Rolle ist. Das Tool sollte die Anforderungen des Unternehmens erfüllen und die ganzheitliche Prozessoptimierung von Design, Implementierung über die Messung der Performance bis hin zur Analyse und Verbesserung erleichtern. Die Integration der Prozessmanagementwerkzeuge in die bestehende IT-Infrastruktur ist ebenfalls ein wichtiger Aspekt. Die Werkzeuge sollten in der Lage sein, Daten aus verschiedenen Systemen zu sammeln, um eine umfassende Sicht auf den Prozess zu gewährleisten. Ebenso sind Skalierbarkeit und Flexibilität weitere wichtige Aspekte, da die Anforderungen an die Prozessmanagementwerkzeuge im Laufe der Zeit zunehmen können. Daher sollten die Werkzeuge in der Lage sein, mit den sich ändernden Anforderungen des Unternehmens zu wachsen.

10.2.2 Die Chancen und Herausforderungen des Business Process Transformation Managements

Das Business Process Transformation Management bietet eine Reihe von Chancen, die Unternehmen nutzen können, um ihre Geschäftsprozesse zu verbessern und ihre Wettbewerbsfähigkeit zu steigern. Gleichzeitig birgt das Business Process Transformation Management aber auch Risiken, die bei der Umsetzung berücksichtigt werden müssen, um unvorhergesehene Folgen zu vermeiden. Im Folgenden werden wir uns mit den Chancen und Risiken des Business Process Transformation Managements auseinandersetzen und darauf eingehen, wie Unternehmen Chancen bestmöglich nutzen, und Risiken minimieren.

Eine effektive Umsetzung des Business Process Transformation Managements bietet Unternehmen eine Reihe von Chancen, die sich positiv auf die Effizienz, Effektivität und Flexibilität ihrer Geschäftsprozesse auswirken können. Im Folgenden werden einige der wichtigsten Chancen des Business Process Transformation Managements beschrieben:

- **Verbesserung der Geschäftsprozesse**
  Das Business Process Transformation Management bietet Unternehmen die Möglichkeit, ihre Geschäftsprozesse zu optimieren und zu verbessern, indem sie überflüssige Schritte eliminieren, Engpässe beseitigen und ineffiziente Prozesse rationalisieren. Dadurch können Unternehmen ihre Arbeitsabläufe straffen, Zeit und Ressourcen sparen und ihre Produktivität steigern.
- **Erhöhung der Kundenzufriedenheit**
  Das Business Process Transformation Management kann Unternehmen helfen, ihre Geschäftsprozesse so auszurichten, dass sie besser auf die Bedürfnisse ihrer Kunden abgestimmt sind. Durch die Identifikation von Schwachstellen in den Prozessen und die Implementierung von Lösungen, die diese Schwachstellen beheben, können Unternehmen die Kundenbindung und die Kundenzufriedenheit steigern.
- **Steigerung der Mitarbeiterzufriedenheit**
  Das Business Process Transformation Management kann auch dazu beitragen, dass sich Mitarbeitende produktiver und effektiver fühlen, indem Hindernisse und Frustfaktoren in den Arbeitsabläufen beseitigt werden. Eine bessere Zusam-

menarbeit, ein einfacherer Zugang zu Informationen und eine schnellere Reaktionszeit können zudem die Zufriedenheit und die Motivation der Mitarbeitenden steigern.

- **Verbesserung des Unternehmensimages**
  Durch die Implementierung des Business Process Transformation Managements können Unternehmen ihr Image verbessern und als innovative, effiziente und kundenorientierte Organisationen wahrgenommen werden. Dies kann dazu beitragen, das Vertrauen von Kunden, Geschäftspartnern und Investoren zu stärken und das Ansehen des Unternehmens zu verbessern.

Obwohl das Business Process Transformation Management eine Vielzahl von Chancen bietet, birgt es auch Risiken, die bei der Umsetzung berücksichtigt werden müssen. Im Folgenden werden einige der wichtigsten Risiken des Business Process Transformation Managements beschrieben:

- **Hohe Kosten**
  Die Implementierung des Business Process Transformation Managements kann mit hohen Kosten verbunden sein, da sie oft Veränderungen in der IT-Infrastruktur, eine Prozessoptimierung und die Schulung der Mitarbeitenden erfordert. Die Finanzierung dieser Veränderungen kann eine Herausforderung darstellen und die Rentabilität des Projekts beeinträchtigen.
- **Widerstand der Mitarbeitenden**
  Die Umsetzung des Business Process Transformation Managements erfordert oft eine Veränderung der Arbeitsprozesse und -abläufe, was bei den Mitarbeitenden auf Widerstand stoßen kann. Wenn die Mitarbeitenden nicht ausreichend in den Prozess einbezogen werden oder nicht genügend Schulungen erhalten, um die Veränderungen zu verstehen und umzusetzen, kann dies zu einem Mangel an Motivation und zu geringerer Effektivität führen.
- **Technologische Herausforderungen**
  Das Business Process Transformation Management erfordert oft eine erhebliche Überarbeitung der IT-Infrastruktur, um die neuen Prozesse und Systeme zu unterstützen. Wenn die Implementierung nicht sorgfältig geplant wird oder die technischen Anforderungen nicht ausreichend berücksichtigt werden, können technische Probleme und Fehler auftreten, die die Umsetzung behindern oder die Sicherheit der Systeme gefährden.
- **Schlechte Implementierung**
  Eine schlechte Umsetzung des Business Process Transformation Managements kann dazu führen, dass die beabsichtigten Vorteile nicht realisiert werden und stattdessen unvorhergesehene negative Auswirkungen auftreten. Eine fehlgeschlagene Umsetzung kann nicht nur zu hohen Kosten und Frustrationen führen, sondern auch das Vertrauen von Kunden, Geschäftspartnern und Investoren beeinträchtigen.

Es ist wichtig, dass Unternehmen bei der Umsetzung des Business Process Transformation Managements diese Risiken berücksichtigen und sich auf eine sorgfältige Planung und Umsetzung konzentrieren, um sicherzustellen, dass sie die Vorteile des Business Process Transformation Managements nutzen können, ohne unnötige Risiken einzugehen.

10.3 Der Wechsel zu SAP S/4HANA als Einstieg in das Business Process Transformation Management

Nachdem wir uns einen umfassenden Überblick über das Business Process Transformation Management verschafft haben, wollen wir nun auf das Zusammenspiel mit SAP S/4HANA eingehen und erläutern, warum der Wechsel zu SAP S/4HANA ein optimaler Zeitpunkt für Unternehmen ist, um das Business Process Transformation Management zu etablieren.

Wie in den vorangegangenen Abschnitten ausführlich beschrieben, müssen sich nicht nur Neukunden, sondern auch Bestandskunden beim Umstieg aus den folgenden Gründen intensiv mit den in SAP ERP umgesetzten Geschäftsprozessen auseinandersetzen:

- Die Designprinzipien von SAP S/4HANA erfordern eine Neugestaltung der Geschäftsprozesse vor dem Hintergrund der Vereinfachungselemente und des Kompatibilitätsumfangs.
- Der Umstieg auf SAP S/4HANA bietet nur den entsprechenden Mehrwert für Unternehmen, wenn Geschäftsprozesse analysiert und unter Berücksichtigung der SAP-S/4HANA-Funktionen optimiert werden.
- Die beschriebenen Zielarchitekturen, die z. B. das Betriebsmodell und die Instanzstrategie betreffen, machen eine Anpassung von Geschäftsprozessen erforderlich.

Das Business Process Transformation Management unterstützt Kunden jedoch nicht nur bei der Umgestaltung Ihrer Geschäftsprozesse, sondern auch bei der Beantwortung der in Abschnitt 10.1.3, »Die Chancen und Herausforderungen beim Wechsel zu SAP S/4HANA«, beschriebenen Fragestellungen:

- Wie können Sie sicherstellen, dass der Wechsel zu SAP S/4HANA Mehrwert für Ihr Unternehmen schafft?
- Wie kann der Wechsel zu SAP S/4HANA so schnell wie möglich durchgeführt werden?
- Wie stellt Ihr Unternehmen sicher, dass der Wechsel zu SAP S/4HANA durchführbar ist?

Das Business Process Transformation Management ermöglicht es, Chancen zu realisieren und Herausforderungen zu minimieren.

Auch bei der zeitlichen Betrachtung des Ablaufs eines Transformationsprojekts wird deutlich, dass das Business Process Transformation Management Aktivitäten in allen Phasen unterstützt. Im Folgenden sind Beispiele für die einzelnen Phasen aufgeführt:

- **Vorbereitung**
  Ermittlung des Wechselpfads, Bestimmung des Potenzials der Transformation
- **Durchführung**
  Prozessdesign, Übergabe des Prozessdesigns an das Application Lifecycle Management
- **Hypercare**
  Überprüfung, inwieweit Prozesse bzw. Prozessanpassungen zu effizienten Arbeitsabläufen führen, frühzeitiges proaktives Erkennen von Schwachstellen
- **Roll-out**
  Erstellung notwendiger lokaler Prozessvarianten

SAP schreibt den Einsatz des Business Process Transformation Managements nicht verpflichtend vor. Wer jedoch den Wechsel zu SAP S/4HANA nicht als Einstieg in das Thema Business Process Transformation Management nutzt, verpasst eine Chance. Erfolgreiche SAP-S/4HANA-Transformationsprojekte sind Business-Initiativen und keine IT-Projekte. Damit sie gelingen, sollte das Business Process Transformation Management integraler Bestandteil jeder SAP-S/4HANA-Transformation sein, in welchem Umfang hängt vom Projektvorhaben ab. Der Zeitpunkt ist in jedem Fall ideal, da der Nutzen für das Projekt und jede am Prozess beteiligte Person sofort spürbar ist und somit auch die Motivation als Chance und nicht als zusätzliche Anforderung verstanden wird.

In Kapitel 12, »Der Einsatz des Business Process Transformation Managements beim Wechsel zu SAP S/4HANA«, wird detailliert beschrieben, wie SAP Signavio die Umgestaltung der Prozesse, die Beantwortung der Fragen im Kontext der Chancen und Herausforderungen sowie innerhalb der Projektphasen unterstützt.

Nach dem Wechsel zu SAP S/4HANA erfordern neue Geschäftsprozessanforderungen auch unter der Berücksichtigung neuer Produktfunktionen die Anpassung von Geschäftsprozessen. Auch um eine kontinuierliche Prozessverbesserung nach der Transformation zu gewährleisten, ist eine Business Process Transformation erforderlich. Kapitel 13, »Der Einsatz des Business Process Transformation Managements über das SAP-S/4HANA-Projekt hinaus«, beschreibt denkbare Ausbaustufen des Business Process Transformation Managements nach dem Wechsel zu SAP S/4HANA.

10.4 Zusammenfassung

Zusammenfassend lässt sich festhalten, dass die Einführung von SAP S/4HANA eine einmalige Chance zur Etablierung des Business Process Transformation Managements darstellt. Durch den Wechsel zu SAP S/4HANA wird nicht nur eine neue Technologie implementiert, sondern auch ein Wandel in den zugrundeliegenden Geschäftsprozessen vollzogen. Eine erfolgreiche Transformation erfordert eine ganzheitliche Betrachtung der Erfolgsfaktoren und Dimensionen des Business Process Transformation Managements, wie z. B. die Identifikation von Geschäftsprozessen und deren Ausrichtung auf die Geschäftsziele, die Zusammenarbeit und Einbindung aller Beteiligten sowie die Definition der für das Prozessmanagement benötigten Fähigkeiten und Kenntnisse. Zudem müssen Chancen und Risiken im Rahmen des Transformationsprozesses sorgfältig abgewogen werden.

Die Implementierung von SAP S/4HANA ermöglicht die Optimierung von Geschäftsprozessen und schafft damit die Voraussetzungen für eine erfolgreiche Transformation. Umgekehrt erfordert eine erfolgreiche Transformation auch eine zielgerichtete Gestaltung von Geschäftsprozessen, die optimal auf die Anforderungen der neuen Technologie abgestimmt sind.

Insgesamt bietet der Wechsel zu SAP S/4HANA eine hervorragende Gelegenheit für Unternehmen, ihre Geschäftsprozesse zu optimieren und zu transformieren. Eine sorgfältige Planung und Umsetzung sind jedoch unerlässlich, um die Chancen zu nutzen und die Herausforderungen erfolgreich zu bewältigen. Mit der richtigen Herangehensweise können Unternehmen ihre Geschäftsprozesse optimieren und wettbewerbsfähiger werden, um so langfristig erfolgreich am Markt zu bestehen.

In diesem Kapitel haben wir uns mit den Grundprinzipien von SAP S/4HANA beschäftigt und die Möglichkeiten untersucht, die sich durch die Integration des Business Process Transformation Managements in die SAP-S/4HANA-Implementierung ergeben. Auch haben wir die Erfolgsfaktoren und Dimensionen des Business Process Transformation Managements sowie die damit verbundenen Chancen und Risiken betrachtet. Dabei haben wir herausgearbeitet, dass ein ganzheitlicher Ansatz, der die richtigen Fähigkeiten, Methoden und Werkezeuge berücksichtigt, entscheidend für eine erfolgreiche Transformation ist.

Insbesondere haben wir untersucht, wie SAP S/4HANA als Einstieg in das Business Process Transformation Management dienen kann. Dabei haben wir gezeigt, wie die Implementierung von SAP S/4HANA als Ausgangspunkt für eine umfassende Überarbeitung der Geschäftsprozesse genutzt werden kann, um Prozesse zu optimieren, Kosten zu senken und die betriebliche Effizienz zu verbessern.

Die Einführung von SAP S/4HANA bietet eine hervorragende Gelegenheit, um die Effizienz und Produktivität des Unternehmens zu steigern. Durch eine ganzheitliche Betrachtung des Business Process Transformation Managements und der damit verbundenen Erfolgsfaktoren und Dimensionen kann der Wechsel zu SAP S/4HANA als Katalysator für eine erfolgreiche Geschäftstransformation dienen.

Kapitel 11
Die Grundlagen für ein Business Process Transformation Management

In diesem Kapitel beschäftigen wir uns mit den grundlegenden Konzepten des Business Process Transformation Managements. Wir geben Ihnen einen Überblick über die wichtigsten Aspekte und zeigen auf, warum diese für eine erfolgreiche Transformation unerlässlich sind.

Das Business Process Transformation Management (BPTM) ist ein wichtiger Bestandteil der Unternehmensführung, da es darauf abzielt, Geschäftsprozesse effizienter, kostengünstiger und kundenorientierter zu gestalten. Durch die Überwachung und Optimierung von Prozessen können Unternehmen ihre Geschäftsergebnisse verbessern, die Kundenzufriedenheit erhöhen und den Herausforderungen des Marktes erfolgreich begegnen. In diesem Kapitel befassen wir uns mit den Grundlagen des Business Process Transformation Managements und zeigen auf, warum es so wichtig ist. In Abschnitt 11.1 stellen wir Ihnen zunächst die Bedeutung von Prozessorganisation und Prozessrollen dar. Anschließend werden die Themen Prozessarchitektur (siehe Abschnitt 11.2) und Variantenmanagement skizziert (siehe Abschnitt 11.3). In Abschnitt 11.4 und Abschnitt 11.5 möchten wir Ihnen die Zusammenhänge des Prozessmanagements mit dem Application Lifecycle Management und dem Enterprise Architecture Management näher bringen.

Das Verständnis dieser Themen ist entscheidend für eine erfolgreiche Business Process Transformation. Sie bildet die Grundlage für eine nachhaltig erfolgreiche Prozessgestaltung und ist wichtig für die Gestaltung von Prozessen, die den geschäftlichen Anforderungen und Bedürfnissen entsprechen. In diesem Kapitel beschäftigen wir uns daher näher mit den einzelnen Themen und heben deren Bedeutung für das Prozessmanagement hervor.

11.1 Prozessorganisation und Prozessrollen

Die Einrichtung einer Prozessorganisation beinhaltet die Unterscheidung und Definition von drei verschiedenen Kategorien von Rollen: ausführende, steuernde und beratende Prozessrollen. Jede dieser Kategorien spielt eine entscheidende Rolle, um das reibungslose und effiziente Funktionieren der Organisation zu gewährleisten (siehe Abbildung 11.1).

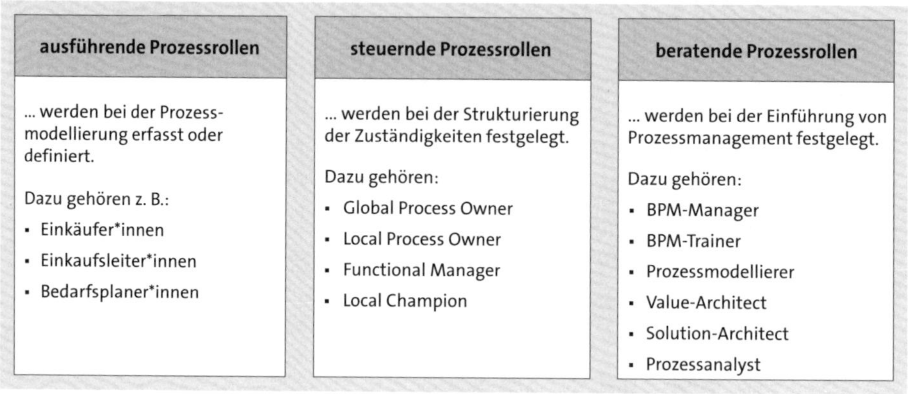

ausführende Prozessrollen

... werden bei der Prozessmodellierung erfasst oder definiert.

Dazu gehören z. B.:

- Einkäufer*innen
- Einkaufsleiter*innen
- Bedarfsplaner*innen

steuernde Prozessrollen

... werden bei der Strukturierung der Zuständigkeiten festgelegt.

Dazu gehören:

- Global Process Owner
- Local Process Owner
- Functional Manager
- Local Champion

beratende Prozessrollen

... werden bei der Einführung von Prozessmanagement festgelegt.

Dazu gehören:

- BPM-Manager
- BPM-Trainer
- Prozessmodellierer
- Value-Architect
- Solution-Architect
- Prozessanalyst

Abbildung 11.1 Rollentypen in der Prozessorganisation

Wir beginnen mit den ausführenden Prozessrollen. Diese Rollen sind unmittelbar mit der Durchführung bestimmter Aufgaben und Verantwortlichkeiten verbunden und werden bei der Prozessmodellierung zugeordnet bzw. definiert. Sie umfassen spezifische Kompetenzen und Aufgabenbereiche, die für den erfolgreichen Betrieb der Organisation erforderlich sind. Ein Einkäufer oder eine Einkäuferin ist z. B. eine solche Rolle. In dieser Position verhandelt die Person mit Lieferanten über Preise und führt Bestellungen aus. Ebenso ist der Einkaufsleiter oder die Einkaufsleiterin eine ausführende Rolle, indem er alle Bestellungen mit einem Warenwert von 1.000 EUR oder mehr genehmigen muss. Eine weitere wichtige ausführende Prozessrolle in diesem Kontext ist die des Bedarfsplaners bzw. der Bedarfsplanerin, der oder die für die Planung im Vorfeld der Bestellungen zuständig ist. Der Bedarfsplaner trägt zur Optimierung des Einkaufsprozesses bei und sorgt für eine angemessene Versorgung der Organisation mit den benötigten Ressourcen.

Die steuernden Prozessrollen sind für die Koordination und Steuerung der Prozesse innerhalb der Organisation verantwortlich. Sie sind diejenigen, die Zuständigkeiten strukturieren und dafür sorgen, dass die Prozesse effektiv und effizient ablaufen. In der Regel gliedern sich diese Rollen in Global Process Owner (GPO), Local Process Owner (LPO), Functional Manager und Local Champion. Der GPO hat die Gesamtverantwortung für einen bestimmten Prozess auf globaler Ebene, während der LPO für die Durchführung des Prozesses auf lokaler Ebene zuständig ist. Der Functional Manager hat hingegen die Aufsicht über eine bestimmte Funktion oder Abteilung innerhalb der Organisation. Die Local Champions sind spezialisierte Fachexpert*innen in ihrem jeweiligen Bereich und verfügen sowohl über umfangreiches Fachwissen als auch über fundierte Kenntnisse zum Thema Prozessmanagementmethoden. Sie nutzen diese Kenntnisse, um Prozessoptimierungen vorzuschlagen und umzusetzen und arbeiten eng mit dem Local Process Owner zusammen. Es ist wichtig, dass in diesen Rollen das Zusammenspiel von Prozessverantwortung und Linienverantwortung klar geregelt ist, um Konflikte zu vermeiden und eine effiziente Durchführung der Prozesse zu gewährleisten.

Es ist entscheidend für das effektive und effiziente Management von Geschäftsprozessen auf globaler und lokaler Ebene, dass GPO und LPO zusammenarbeiten. Der GPO ist in der Regel für die Gestaltung, Implementierung und Optimierung eines bestimmten Geschäftsprozesses auf der globalen Ebene verantwortlich. Die Rolle entwickelt und pflegt die Prozessstandards und Best Practices und sorgt dafür, dass diese auf globaler Ebene umgesetzt und eingehalten werden. Der LPO ist hingegen für die Umsetzung und Optimierung dieser Prozesse auf lokaler Ebene zuständig. Er passt die von den GPOs vorgegebenen globalen Prozessstandards an die lokalen Gegebenheiten und Bedürfnisse an und überwacht die Einhaltung dieser Prozesse innerhalb seiner lokalen Organisationseinheit. Die effektive Zusammenarbeit zwischen den GPOs und LPOs beruht auf einer klaren Kommunikation, einer Abstimmung und dem gegenseitigen Verständnis für die jeweilige Rolle und Verantwortung. Die GPOs müssen sicherstellen, dass die LPOs die globalen Prozessstandards und Best Practices verstehen und nachvollziehen können, wie sie auf lokale Gegebenheiten angewendet werden. Gleichzeitig müssen die LPOs den GPOs regelmäßig Feedback über die Umsetzung und Leistung der Prozesse auf lokaler Ebene geben und auf eventuelle Probleme oder Verbesserungsmöglichkeiten hinweisen. Darüber hinaus können GPOs und LPOs zusammenarbeiten, um kontinuierliche Verbesserungen und Prozessinnovationen zu fördern. Durch die gemeinsame Analyse von Prozessleistungsmessungen und die Diskussion von Best Practices können sie Möglichkeiten zur Prozessoptimierung identifizieren und umsetzen. Insgesamt führt die enge Zusammenarbeit zwischen den GPOs und LPOs zu effizienteren und effektiveren Geschäftsprozessen und trägt dazu bei, die Ziele und Strategien der Organisation zu erreichen.

Auch die Zusammenarbeit zwischen dem Functional Manager, dem Local Champion und dem LPO ist entscheidend für das effektive Prozessmanagement in einer Organisation. Jede Rolle hat spezifische Aufgaben und Verantwortlichkeiten, die – wenn sie effektiv koordiniert sind – zur Optimierung der Geschäftsprozesse beitragen. Der Functional Manager ist in erster Linie für die strategische Ausrichtung und Leistung seiner jeweiligen Funktion oder Abteilung verantwortlich. Er setzt Ziele, entwickelt Strategien und stellt sicher, dass die Ressourcen effektiv genutzt werden. Die Local Champions, die sowohl Fachkenntnisse als auch Kenntnisse im Prozessmanagement haben, fungieren als Bindeglied zwischen dem Functional Manager und dem LPO. Sie unterstützen den Functional Manager, indem sie Prozessverbesserungen innerhalb seiner Fachfunktion vorschlagen und umsetzen. Gleichzeitig helfen sie dem LPO, indem sie ihn über spezifische Aspekte und Anforderungen seines Funktionsbereichs informieren, die für die Optimierung der Prozesse berücksichtigt werden müssen. Der LPO ist für die Koordination und die Optimierung der Prozesse auf lokaler Ebene verantwortlich. Er arbeitet eng mit den jeweiligen Local Champions zusammen, um zu verstehen, wie die Prozesse in der spezifischen Funktion oder Abteilung durchgeführt werden und wie sie funktionsübergreifend verbessert werden können. Er kann auch den Functional Manager beraten, indem er Einblicke in den Prozessfluss und Vorschläge zur Verbesserung der Prozesseffizienz bietet.

Insgesamt müssen der Functional Manager, der Local Champion und der LPO eng zusammenarbeiten, um die Prozesse in ihrer jeweiligen Funktion oder Abteilung, aber auch funktionsübergreifend zu optimieren. Hierbei haben der sowohl der Functional Manager als auch der Local Champion eher die Optimierung innerhalb ihrer Funktion im Blick, während der LPO die Prozesse funktionsübergreifend optimieren möchte. Sie müssen offen und transparent kommunizieren, regelmäßige Meetings abhalten, um den Fortschritt und eventuelle Probleme zu besprechen, und zusammenarbeiten, um Lösungen zu finden und Verbesserungen umzusetzen. Eine effektive Zusammenarbeit zwischen diesen Rollen kann dazu beitragen, die Prozessleistung und Effizienz zu verbessern, die Kundenzufriedenheit zu erhöhen und den Geschäftserfolg zu steigern.

In Tabelle 11.1 haben wir die steuernden Rollen und ihre jeweilige Beschreibung noch einmal zusammengefasst.

Rolle	Rollenbeschreibung
Global Process Owner (GPO)	Ein GPO ist eine Person, die für die Überwachung, Überprüfung und Optimierung eines Geschäftsprozesses verantwortlich ist, der über mehrere Einheiten, Geschäftsbereiche oder Länder hinweg durchgeführt wird. Hierbei definiert er in der Regel einen Template-Prozess, der wiederum vom Local Process Owner an die jeweilige Situation angepasst wird.
Local Process Owner (LPO)	Ein LPO ist eine Person, die für die Überwachung, Überprüfung und Optimierung eines Geschäftsprozesses in einer bestimmten Einheit, einem Geschäftsbereich oder einem Land verantwortlich ist.

Tabelle 11.1 Übersicht über die steuernden Prozessrollen

Rolle	Rollenbeschreibung
Functional Manager	Ein Functional Manager ist eine Person, die für die Leitung einer bestimmten Funktion oder Abteilung innerhalb eines Unternehmens verantwortlich ist. Die Funktion oder Abteilung kann beispielsweise IT, Finanzen, Personalwesen oder Marketing sein. Ein Functional Manager arbeitet eng mit einem LPO zusammen, um sicherzustellen, dass die Prozesse innerhalb und außerhalb seiner Abteilung effektiv und effizient ausgeführt werden und gut ineinandergreifen.
Local Champion	Ein Local Champion ist Fachexpert*in in seinem oder ihrem jeweiligen Funktionsbereich, beispielsweise Einkauf oder Finanzwesen, der gleichzeitig über fundierte Kenntnisse in den Prozessmanagementmethoden verfügt. Er arbeitet eng mit dem LPO zusammen, um Prozesse zu optimieren, die sich über seinen Bereich erstrecken. Der Local Champion dient als Bindeglied zwischen Prozessmanagement und Fachbereich und nutzt seine Expertise, um Prozesse zu verbessern und eine effiziente Prozessdurchführung zu gewährleisten.

Tabelle 11.1 Übersicht über die steuernden Prozessrollen (Forts.)

Neben den ausführenden und steuernden Prozessrollen sind die beratenden Rollen im Wesentlichen dazu da, den Prozessmanagementansatz der Organisation zu stärken und zu verbessern. Sie werden normalerweise bei der Einführung von Prozessmanagement in der Organisation definiert und können sich in verschiedene spezialisierte Rollen aufteilen, wie Head of Process Transformation Office, BPM-Manager, BPM-Trainer, Prozessmodellierer, Value Architect, Solution Architect und Prozessanalyst. Sie sind normalerweise im *Process Transformation Office* (PTO) organisiert und tragen zur Verbesserung der Prozesseffizienz und -effektivität bei, indem sie Schulungen anbieten, Modelle erstellen, Lösungen vorschlagen und Analysen durchführen. Der BPM-Manager ist z. B. dafür verantwortlich, die gesamte BPM-Initiative der Organisation zu leiten, während der BPM-Trainer die Mitarbeitenden in den Prozessmanagementmethoden schult. Der Prozessmodellierer ist dafür verantwortlich, die Prozesse der Organisation zu modellieren, während die Value und Solution Architects Lösungen vorschlagen, um den Wert der Prozesse zu maximieren. Die Prozessanalysten untersuchen hingegen die Prozesse, um Schwachstellen zu identifizieren und Verbesserungsvorschläge zu unterbreiten.

In Tabelle 11.2 sehen Sie die beratenden Prozessrollen noch einmal im Überblick.

Rolle	Rollenbeschreibung
Head of PTO	Die Heads of Process Transformation Office sind Führungsexpert*innen im Bereich Prozessmanagement und tragen die Verantwortung für die strategische Ausrichtung und Umsetzung der Prozessverbesserung in der Organisation. Sie leiten ein Team von Berater*innen, darunter BPM-Manager, -Trainer, Prozessmodellierer, Architects und Analysten. Ihre Aufgaben umfassen die Förderung der Prozesseffizienz, die Überwachung von Verbesserungsinitiativen und die Sicherstellung einer effektiven Zusammenarbeit zwischen den beratenden Prozessrollen. Ihr Hauptziel ist es, die Prozessleistung zu maximieren und einen Mehrwert für die Organisation zu schaffen.
BPM-Manager	BPM-Manager in einem Process Transformation Office sind dafür verantwortlich, unternehmensweit Standards und Methoden für das Prozessmanagement zu definieren, zu implementieren und zu überwachen. Dies beinhaltet die Entwicklung von Methoden und Werkzeugen zur Verbesserung der Effizienz und Effektivität von Geschäftsprozessen.
BPM-Trainer	BPM-Trainer innerhalb eines Process Transformation Office haben die Aufgabe, die Mitarbeitenden des Unternehmens in den Bereichen Prozessmanagement und Geschäftsprozesse zu schulen und zu sensibilisieren.
Prozessmodellierer	Prozessmodellierer im Process Transformation Office haben die Aufgabe, Geschäftsprozesse zu modellieren. Sie arbeiten eng mit den Process Ownern und anderen Stakeholdern im Unternehmen zusammen, um die Geschäftsprozesse zu identifizieren, zu beschreiben und zu modellieren. Dazu gehört auch die Anwendung von Methoden wie der Prozessanalyse und -optimierung, um Schwachstellen in den Prozessen zu identifizieren und Maßnahmen zu deren Verbesserung zu ergreifen.
Value Architect	Process Value Architects sind Personen, die für die Gestaltung und Implementierung von Prozessen innerhalb eines Unternehmens verantwortlich sind, um den Mehrwert für das Unternehmen und seine Kunden zu maximieren. Dabei arbeiten sie eng mit den Process Ownern zusammen, die die inhaltliche Prozessverantwortung tragen, während Value Architects die Methoden und Werkzeuge mitbringen, um Potenziale zu identifizieren und Prozesse nachhaltig zu optimieren.

Tabelle 11.2 Übersicht über beratende Prozessrollen

Rolle	Rollenbeschreibung
Solution Architect	Solution Architects sind Personen, die für die Gestaltung und Implementierung technischer Lösungen für Geschäftsprozesse verantwortlich sind. Solution Architects arbeiten eng mit den Process Owners und den Value Architects zusammen, um sicherzustellen, dass die technischen Lösungen für Geschäftsprozesse den Geschäftszielen und -anforderungen entsprechen.
Prozessanalyst	Prozessanalysts sind Personen, die in Organisationen eingesetzt werden, um Geschäftsprozesse zu untersuchen, zu optimieren und zu dokumentieren. Sie identifizieren Schwachstellen, suchen nach Möglichkeiten zur Effizienzsteigerung und implementieren Veränderungen, um die Geschäftsleistung zu verbessern.

Tabelle 11.2 Übersicht über beratende Prozessrollen (Forts.)

Die Einrichtung einer Community innerhalb einer Organisation, in der sich die GPOs austauschen können, ist ein wesentlicher Aspekt eines Process Transformation Office. In dieser Gemeinschaft können die GPOs ihre Erfahrungen, Herausforderungen und Best Practices teilen, was zu einer verbesserten Prozessleistung beiträgt. Innerhalb dieser Community werden in der Regel globale Expert*innen unter den GPOs ernannt, die eine besonders aktive Rolle spielen. Diese Expert*innen bringen eine Fülle von Erfahrungen und Kenntnissen mit, die sie zur Verfügung stellen, um die Prozesse zu verbessern und die Zusammenarbeit zwischen den verschiedenen Prozessrollen zu fördern. Sie agieren als Vordenker, als Innovatoren und als Vermittler zwischen den verschiedenen Ebenen des Prozessmanagements.

Diese globalen Expert*innen sind auch das Sprachrohr zu den LPOs. Ihre Rolle besteht darin sicherzustellen, dass die LPOs die Richtlinien und Verfahren, die auf globaler Ebene festgelegt wurden, verstehen und befolgen. Sie dienen als Bindeglied zwischen den GPOs und LPOs, erleichtern die Kommunikation und sorgen für einen stetigen Informationsfluss. Sie tragen dazu bei, dass die LPOs ihre Prozesse effektiv verwalten und verbessern können. Dieser Austausch und diese Zusammenarbeit sind besonders wichtig, um das Prozessmanagement in der Organisation zu stärken. Durch den Austausch von Wissen und Erfahrungen können die GPOs und LPOs gemeinsam Lösungen für Herausforderungen finden und Best Practices identifizieren, die auf die gesamte Organisation angewendet werden können. Die Einbeziehung der globalen Expert*innen in diese Gemeinschaft hilft dabei, die Prozesseffizienz zu verbessern, indem sie neue Ideen und innovative Ansätze einbringen.

Die Organisation einer solchen Gemeinschaft erfordert jedoch auch eine effektive Führung und Koordination. Hier kommt der Head of Process Transformation Office ins Spiel. Diese Rolle ist dafür verantwortlich, die Gemeinschaft zu leiten, den Austausch zu fördern und sicherzustellen, dass die globalen Expert*innen ihre Rolle effektiv ausfüllen können. Sie überwacht die Aktivitäten in der Gemeinschaft, stellt Ressourcen zur Verfügung und sorgt dafür, dass die Kommunikation reibungslos und effektiv abläuft.

Die Rolle einer Gemeinschaft, bestehend aus Global Process Ownern und globalen Expert*innen, im Kontext der Prozessorganisation, kann nicht genug betont werden. Durch den Aufbau solcher Strukturen wird die Möglichkeit zur Verbesserung des Wissensaustausches und der Erfahrungsweitergabe enorm gestärkt. Darüber hinaus fördert sie die Zusammenarbeit zwischen unterschiedlichen Prozessrollen und unterstützt aktiv die Optimierung der Prozessleistung. Das volle Potenzial dieser Gemeinschaft entfaltet sich unter einer effektiven Führung – eine Rolle, die idealerweise vom Head of Process Transformation Office übernommen wird. Ein mögliches Zusammenspiel ist in Abbildung 11.2 zu sehen.

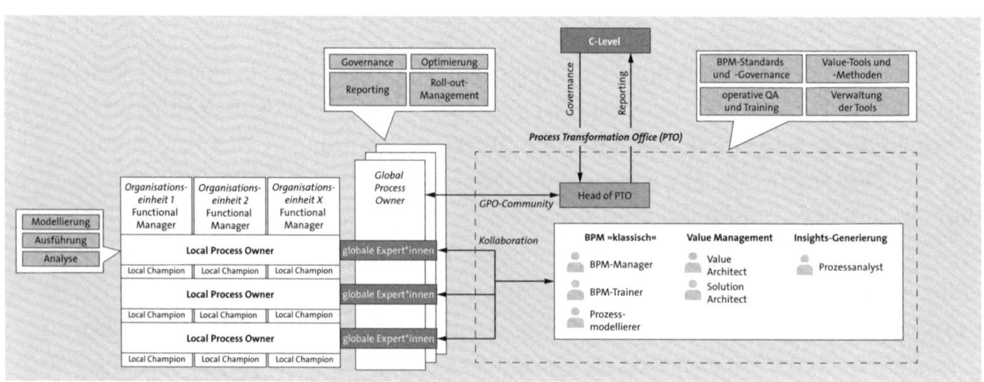

Abbildung 11.2 Beispielhafte Kollaboration zwischen den einzelnen Rollen

Zusammenfassend lässt sich sagen, dass die Rollen in einer Prozessorganisation dazu dienen, die Prozesse effizient und effektiv zu gestalten und durchzuführen. Die ausführenden Rollen sind dabei für die Durchführung bestimmter Aufgaben, die steuernden Rollen für die Koordination und Steuerung der Prozesse und die beratenden Rollen für die Verbesserung und Stärkung des Prozessmanagementansatzes zuständig. Durch die klare Definition und Zuweisung dieser Rollen kann die Organisation sicherstellen, dass ihre Prozesse reibungslos ablaufen und so ihr volles Potenzial ausschöpfen.

Neben dem Zusammenspiel der einzelnen Rollen gibt es drei wesentliche Gestaltungsalternativen für ein Process Transformation Office (siehe Abbildung 11.3):

- zentralisiertes Process Transformation Office
- hybrides Process Transformation Office
- dezentralisiertes Process Transformation Office

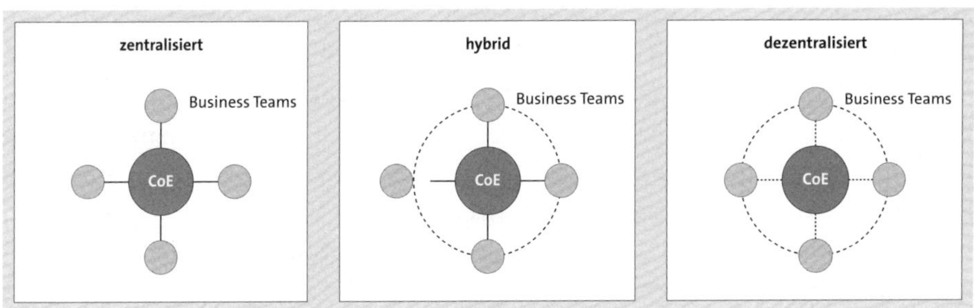

Abbildung 11.3 Möglichkeiten bei der Gestaltung des Betriebsmodells

Die Wahl des richtigen Betriebsmodells für ein Unternehmen ist hierbei entscheidend. Im Folgenden beschreiben wir die einzelnen Gestaltungsalternativen und diskutieren die Vor- und Nachteile der Möglichkeiten.

Ein *zentralisiertes Center of Excellence* ist eine Einrichtung oder Abteilung innerhalb eines Unternehmens, die sich auf ein bestimmtes Thema oder eine bestimmte Funktion spezialisiert hat und als zentraler Ansprechpartner für dieses Thema oder diese Funktion dient. Ein zentralisiertes CoE kann verschiedene Rollen in einer Prozessmanagementorganisation übernehmen. In der Regel dient es als zentrale Anlaufstelle für alle Business-Teams für Fragen und Anliegen im Bereich des Prozessmanagements und bietet Unterstützung und Beratung für die verschiedenen Unternehmensbereiche. Es kann auch als Think Tank fungieren und neue Ideen, Methoden und Konzepte entwickeln, um die Prozesse im Unternehmen zu verbessern. Ein weiterer wichtiger Aspekt des CoE ist die Verbreitung von Best Practices und Know-how im Bereich des Prozessmanagements sowie die Ausübung einer Governance-Funktion. Zu diesem Zweck kann es Schulungen und Weiterbildungen anbieten, um das Wissen und die Fähigkeiten der Mitarbeitenden im Prozessmanagement zu verbessern. Darüber hinaus kann ein CoE auch als Knotenpunkt fungieren und die Zusammenarbeit und den Austausch von Erfahrungen und Ideen innerhalb des Unternehmens fördern. Durch die Zentralisierung von Kompetenzen, Ressourcen und zentralen Ansprechpartnern im Prozessmanagement kann das zentralisierte CoE auf der einen Seite dazu beitragen, Synergien zu nutzen und die Effizienz im Unternehmen zu steigern. Auf der anderen Seite kann ein zentrales Modell allerdings auch dazu führen, dass aufgrund der Vielzahl von Anfragen aus den Business-Teams, einzelne Anfragen nicht schnell bearbeitet werden können, wodurch die Anpassungen zur Prozessoptimierung erst später vorgenommen werden können. Darüber hinaus kann ein solches Modell dazu führen, dass die Methoden und Konzepte im Unternehmen weniger auf die Bedürfnisse und Anforderungen der einzelnen Business-Teams ausgerichtet werden und somit weniger flexibel und anpassungsfähig sind. Auch kann es zu längeren Entscheidungswegen und einer geringeren Eigenverantwortung der einzelnen Business-Teams kommen.

Im Gegensatz zu einem zentralisierten Modell werden in einem *dezentralisierten Modell* die Verantwortung und die Kompetenzen für das Prozessmanagement auf die einzelnen Bereiche oder Abteilungen innerhalb des Unternehmens, die jeweiligen Business-Teams, verteilt. Dies kann z. B. bedeuten, dass jedes Team eigene Ideen, Methoden und Konzepte dazu entwickelt, wie es z. B. Prozessanalysen durchführt, um Schwachstellen und Verbesserungspotenziale zu identifizieren. Auch die Verbreitung der eigenen Best Practices und des Know-hows im Bereich des Prozessmanagements kann auf der Ebene der einzelnen Teams erfolgen. Ein dezentralisiertes Prozessmanagementmodell bietet die Möglichkeit, die Rahmenbedingungen und Vorgehensweisen direkt an den Bedürfnissen und Anforderungen der einzelnen Business-Teams auszurichten und somit eine hohe Flexibilität und Anpassungsfähigkeit zu erzielen. Darüber hinaus kann ein dezentralisiertes Modell zu einer höheren Eigenverantwortung und Motivation der Mitarbeitenden beitragen, da diese direkt für die Gestaltung und Verbesserung ihrer Methoden und Konzepte verantwortlich sind. Allerdings kann es in einem dezentralisierten Modell auch zu Redundanzen und Ineffizienzen kommen, wenn z. B. ähnliche Methoden und Konzepte in verschiedenen Business-Teams unterschiedlich gestaltet werden. Deshalb ist es auch im dezentralisierten Modell wichtig, ein gewisses Maß an Koordination und Kommunikation zwischen den einzelnen Abteilungen sicherzustellen. Dies geschieht in der Regel in einer Art virtuellem CoE, der sich aus einem oder mehreren Vertretern der jeweiligen Business-Teams zusammensetzt. Dennoch gibt es in der Regel auch bei einem dezentralisierten CoE ein zentrales Team, das die Infrastruktur, wie beispielsweise ein Prozessmodellierungs- oder -analysetool, verwaltet.

Im Gegensatz zum zentralisierten und dezentralisierten Modell kombiniert das *hybride Modell* Elemente beider Ansätze, wobei in der Regel das CoE die Methoden und Konzepte vorgibt, die Adaption allerdings auf mehrere Stellen innerhalb des Unternehmens, die sogenannten *Single Point of Contacts* (SPOCs), verteilt ist. Als SPOC wird innerhalb eines Business-Teams eine zentrale Anlaufstelle für das Thema Prozessmanagement bezeichnet, die wiederum Teil des CoE ist und somit als Evangelist innerhalb des jeweiligen Business-Teams fungieren kann. In diesem Modell könnte das Center of Excellence z. B. Schulungen und Weiterbildungen anbieten, um die Kompetenzen der Mitarbeitenden im Prozessmanagement zu verbessern, aber auch als Think Tank fungieren und neue Ideen und Konzepte entwickeln. Auf diese Weise könnten Synergien genutzt und Ressourcen effektiv eingesetzt werden. Insgesamt bietet ein hybrides Modell die Möglichkeit, die Vorteile von zentralisierten und dezentralisierten Modellen zu kombinieren und somit eine flexible und anpassungsfähige Struktur für das Prozessmanagement im Unternehmen zu schaffen, das zu einer verbesserten Reichweite und erhöhten Skalierbarkeit führt sowie den Anforderungen der einzelnen Business-Teams gerecht wird.

11.2 Prozessarchitektur

Die *Prozessarchitektur* ist eine systematische Strukturierung und Darstellung aller Prozesse, die für ein Unternehmen von Bedeutung sind. Sie umfasst sämtliche Geschäftsprozesse, die zur Erreichung der Unternehmensziele erforderlich sind. Dabei werden die Prozesse in eine hierarchische Ordnung gebracht und in ihrer Beziehung zueinander festgehalten. Die Prozessarchitektur stellt sicher, dass alle relevanten Aktivitäten und Abläufe erfasst werden, unabhängig von den Abteilungen oder Funktionen, die für deren Ausführung verantwortlich sind. Sie bietet eine ganzheitliche Sicht auf die Prozesse des Unternehmens und ermöglicht eine effektive Steuerung, Optimierung und Kontrolle der Prozesslandschaft.

Um langfristig erfolgreich zu sein, ist daher ein ganzheitliches Prozessverständnis für Unternehmen von großer Bedeutung. Immer höhere Kundenanforderungen und ein stetig wachsender globaler Wettbewerb führen zu einem dauerhaften Druck auf die betrieblichen Abläufe und folglich auf die zugrundeliegenden Prozesse. Hierbei ist es von großer Bedeutung, dass Unternehmensprozesse ganzheitlich betrachtet optimiert werden, anstatt Optimierungen innerhalb einzelner Silos voranzutreiben. Aus diesem Grund sprechen wir von unterschiedlichen Sichten auf Unternehmensprozesse: die *funktionale* und die *prozessorientierte Sicht* (siehe Abbildung 11.4).

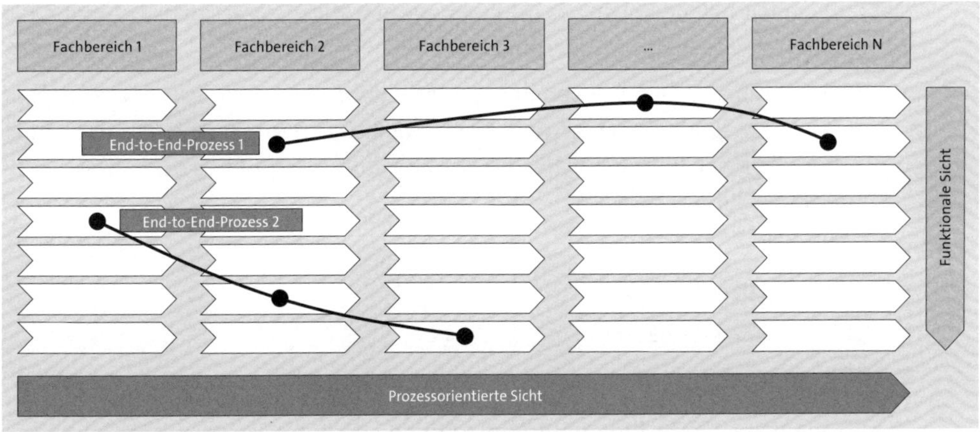

Abbildung 11.4 Funktionale vs. prozessorientierte Sicht

Die funktionale Sicht beschreibt hierbei typischerweise die Teilprozesse innerhalb eines Fachbereichs, wie z. B. Finanzen, Vertrieb oder Einkauf, und fokussiert dabei auf die Erfüllung bestimmter funktionaler Aufgaben. Dementsprechend wird sowohl die Steuerung als auch die Optimierung der Teilprozesse innerhalb der einzelnen Fachbereiche vorangetrieben.

Die prozessorientierte Sicht konzentriert sich auf eine übergreifende durchgängige Wertschöpfungskette, die Teilprozesse aus verschiedenen Fachbereichen zu einem ganzheitlichen Bild verbindet, die sogenannten *End-to-End-Prozesse*. Beispiele hierfür sind die Prozesse *Order-to-Cash* oder *Purchase-to-Pay*. Im Gegensatz zu der Steuerung und Optimierung von funktionalen Teilprozessen innerhalb einzelner Fachbereiche werden End-to-End-Prozesse innerhalb der prozessorientierten Sicht entlang der Wertschöpfungskette gesteuert und optimiert.

Die Einführung von End-to-End-Prozessen bedeutet ein effizientes Gleichgewicht zwischen funktionalem Fachwissen und prozessualer Integration, nicht jedoch die Ersetzung funktionaler Strukturen und Prozesse. End-to-End-Prozesse einzuführen und zu etablieren und dann im weiteren Vorgehen auch mitzudenken ist jedoch einfacher gesagt als getan. Ohne eine einheitliche Taxonomie, d. h. eine Prozessarchitektur sowie eine etablierte Governance-Struktur sind die einzelnen Teilprozesse lediglich ein Durcheinander an Prozessen. Dies führt u. a. zu den folgenden Problemen: Mitarbeitende z. B. im Einkauf finden die für sie relevanten Prozesse nicht, Prozesse werden gegebenenfalls mehrfach durch verschiedene Bereiche oder abhängig vom End-to-End-Prozess definiert.

Die meisten Unternehmen verwenden eine vier- bis sechsstufige Prozesshierarchie, die in der Regel zentral vom BPM-Governance-Team oder vom CoE verwaltet wird. Der Einfachheit halber stellen wir Ihnen eine vierstufige Prozessarchitektur vor, die Sie an Ihre individuellen Anforderungen anpassen können.

Wie in Abbildung 11.5 beschrieben und dargestellt, haben wir die Prozessarchitektur in eine funktionale und eine prozessorientierte Sicht unterteilt. Jede dieser Sichten umfasst vier Ebenen, die zusammen ein umfassendes Verständnis der Prozessarchitektur ermöglichen:

- Landkarte
- End-to-End bzw. Funktion
- Value Step bzw. Kategorie
- Prozess

Wir beginnen mit der rechten Seite der Pyramide – der funktionalen Sicht. Diese Sicht spiegelt das Operation Model eines Unternehmens wider und ist daher in den meisten Fällen in die einzelnen Fachbereiche und Funktionen eines Unternehmens, wie z. B. Finanzen, Vertrieb oder Einkauf, gegliedert.

Da es in den meisten Fällen eine Vielzahl von Teilprozessen gibt, die den jeweiligen Fachbereichen und Funktionen zugeordnet werden können, empfehlen wir die Einführung mindestens einer weiteren Strukturierungsebene, der sogenannten *Kategorie*. Diese Strukturierungsebene unterteilt die Prozesse innerhalb einer Funktion in unterschiedliche Kategorien, im Beispiel der Funktion Einkauf in die Kategorien Planung und Beschaffung, Einkauf und Lieferantenmanagement.

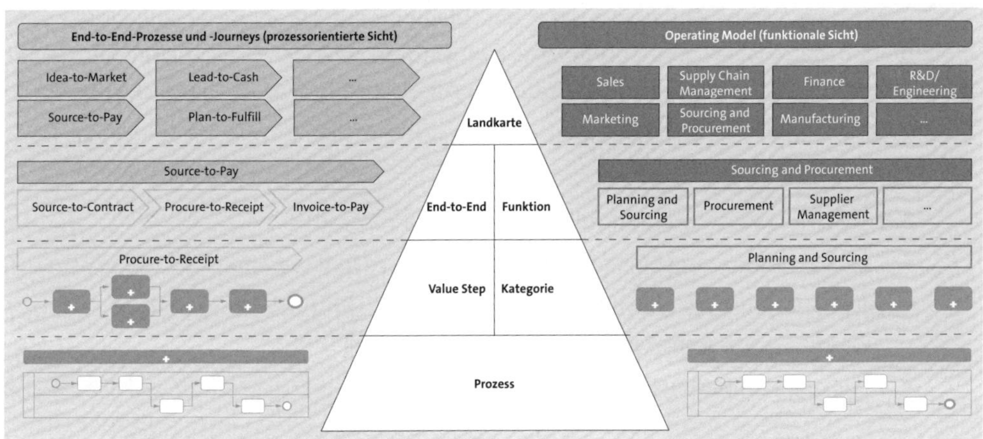

Abbildung 11.5 Prozessarchitektur

Hier wiederum liegen die einzelnen Teilprozesse, wie z. B. Lieferantenauswahl, Lieferanten-Onboarding und die Lieferantenbewertung, die alle in die Kategorie Lieferantenmanagement fallen.

Wichtig ist es hierbei, dass die Zuordnung der Teilprozesse zu den Kategorien bzw. auf höherer Ebene zu den Funktionen eineindeutig ist und nicht ein Teilprozess mehreren Funktionen bzw. Kategorien zugeordnet werden kann. Dementsprechend achten Sie bei der Definition der Funktionen und Kategorien darauf, dass diese trennscharf geschnitten sind.

Zusammengefasst strukturiert sich die funktionale Sicht der Prozessarchitektur wie folgt:

- *Level 1*: Zusammenfassung aller Fachbereiche bzw. Funktionen
- *Level 2*: Detailierung einer Funktion in verschiedene Kategorien
- *Level 3*: Auflistung/Zuordnung aller Teilprozesse zu einer Kategorie
- *Level 4*: modellierter Teilprozess

Diese funktionale Strukturierung ermöglicht insbesondere für die ausführenden Prozessrollen eine einfache Navigation zu den jeweiligen relevanten Teilprozessen.

Auf der linken Seite der Pyramide – der prozessorientierten Sicht – befinden sich die jeweiligen End-to-End-Prozesse eines Unternehmens. Aus Gründen der Konsistenz empfehlen wir auch hier eine vierstufige Struktur. Dementsprechend starten wir hier auf der obersten Ebene mit der Auflistung aller End-to-End-Prozesse eines Unternehmens. Ähnlich der Kategorie auf der rechten Seite der Pyramide empfehlen wir auch auf der linken Seite der Pyramide die Einführung mindestens einer weiteren Strukturierungsebene, die den End-to-End-Prozess in logische Abschnitte unterteilt und damit den Umfang und die Komplexität des End-to-End-Prozesses deutlich reduziert.

Auf der nächsten Ebene wird dann anschließend ein sogenannter *Value Step* definiert, in dem die jeweiligen Teilprozesse aus unterschiedlichen Fachbereichen/Funktionen miteinander verbunden und in eine logische Reihenfolge gebracht werden.

Zusammengefasst lässt sich die prozessorientierte Sicht der Prozessarchitektur wie folgt strukturieren:

- *Level 1*: Zusammenfassung aller End-to-End-Prozesse
- *Level 2*: Detailierung eines End-to-End-Prozesses in Bausteine
- *Level 3*: logischer Zusammenhang/Ablauf aller Teilprozesse innerhalb eines Bausteins über Fachbereichsgrenzen hinweg
- *Level 4*: modellierter Teilprozess

Diese prozessorientierte Strukturierung schafft insbesondere für Process Owner, aber auch im Rahmen von ganzheitliche Prozessoptimierungsprojekten ein hohes Level an Transparenz, wie End-to-End-Prozesse über Fachbereiche hinweg strukturiert sind. So ist es möglich, Wechselwirkungen zu reduzieren (eine Optimierung eines Teilprozesses in Fachbereich A kann zu einer Verschlechterung eines Teilprozesses in Fachbereich B führen, da dieser vom Output des Teilprozesses aus Fachbereich B abhängig ist) und die Effizienz der Prozesse zu erhöhen.

Viele weitere, in der Praxis verbreitete Prozessarchitekturen basieren auf einer Art Prozesssegmentierung. Aufgrund der Tatsache, dass eine solche Strukturierung schnell sehr komplex werden kann, raten wir von einer Strukturierung der Prozesse anhand von Prozesssegmentierung ab, empfehlen jedoch, eine solche Segmentierung in jedem Fall auf der Teilprozessebene bzw. auf der Kategorie- oder Value-Step-Ebene durchzuführen. Eine Prozesssegmentierung hat den Zweck, Prozesse in verschiedene Kategorien einzuteilen, basierend auf ihrem Grad an Standardisierung oder Differenzierung. Dadurch ermöglicht sie eine gezielte Gestaltung und Ausrichtung der Prozesse. Die Segmentierung hilft dabei, effiziente Standardprozesse zu identifizieren und standardisierbare Aufgaben zu optimieren, während differenzierende Prozesse flexibler und an individuelle Anforderungen anpassbar gestaltet werden können. Dies unterstützt die gezielte Ressourcenallokation und ermöglicht eine effektive Prozessoptimierung und -steuerung im Einklang mit den Unternehmenszielen.

Eine mögliche Segmentierung der Prozesse kann, wie in Abbildung 11.6 dargestellt, in die folgenden vier Kategorien erfolgen:

- **Hauptunterscheidungsmerkmale**
  Schlüsselprozesse, die speziell für ein Unternehmen entwickelt werden, um sich von der Konkurrenz abzuheben und ein einzigartiges Wertversprechen (Unique Value Proposition, UVP) zu liefern

- **Differenzierende Prozesse**
  Prozesse, die einen verbesserten Industriestandard mit unternehmens-, geschäftsbereichs- oder regionalspezifischen Merkmalen nutzen, um die Konkurrenz in Bezug auf Geschwindigkeit, Qualität o. Ä. zu übertreffen
- **Harmonisierter Kern**
  Prozesse, die nur geringfügig vom Industriestandard abweichen, ohne dass eine umfangreiche Anpassung erforderlich ist, da diese Prozesse keine direkten Unterscheidungsmerkmale für die Endverbraucher*innen darstellen, z. B. SCM-Prozesse
- **Standard**
  Standardprozesse in Backoffice-Prozessen (konzernweit), die auf exakte Wiederholung, Korrektheit, Automatisierung und maximale Effizienz ausgerichtet sind, wie z. B. in Finance, Compliance, Reporting

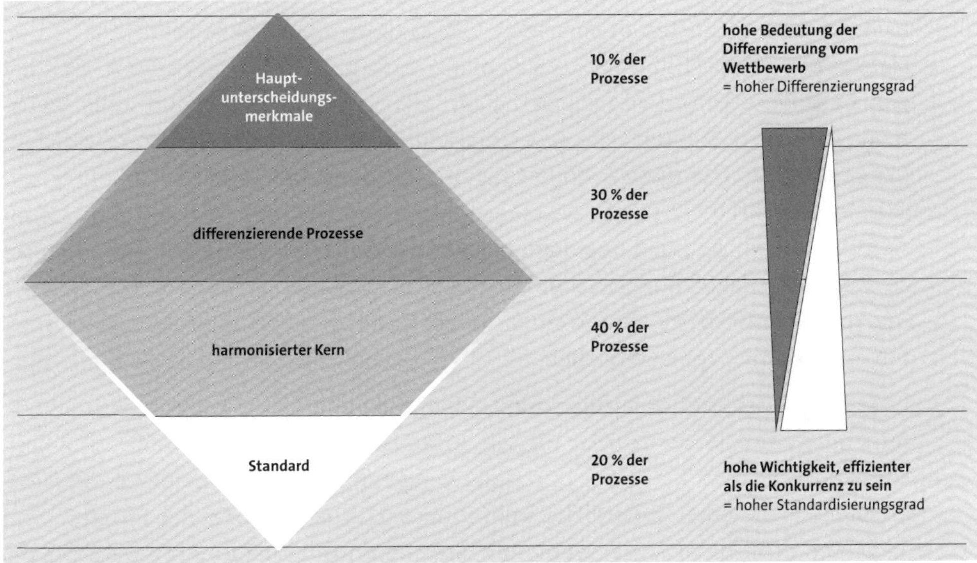

Abbildung 11.6 Prozesssegmentierung

11.3 Variantenmanagement

Im Prozessmanagement spricht man oft über *Standardprozesse*, auch Template-Prozesse genannt, und von den dazugehörigen *Prozessvarianten*. Standardprozesse bilden hierbei die Grundlage für die Durchführung von Geschäftsprozessen und bieten eine standardisierte Vorgehensweise, um Geschäftsabläufe effizienter und konsistenter zu gestalten. Die Varianten ermöglichen es hingegen, diese Standardprozesse an spezifische Anforderungen anzupassen. Dies kann beispielsweise erforderlich sein, wenn ein Unternehmen in verschiedenen Regionen tätig ist oder bestimmte Kundenanforderungen erfüllen muss.

Die Bedeutung von Prozessvarianten im Kontext des Prozessmanagements liegt in ihrer Fähigkeit, Unternehmen Flexibilität und Anpassungsfähigkeit zu bieten. Durch die Verwendung von Prozessvarianten können Unternehmen ihre Prozesse effizienter gestalten und ihre Kunden besser bedienen, indem sie auf deren spezifische Bedürfnisse eingehen. Darüber hinaus kann der Einsatz von Prozessvarianten dazu beitragen, dass Unternehmen ihre Prozesse besser überwachen, kontrollieren und optimieren können.

Ein Beispiel für eine Prozessvariante, die sich z. B. aufgrund der geografischen Lage unterscheidet, könnte in einem Logistikunternehmen zu finden sein. Dieses Unternehmen könnte einen Standardlieferprozess haben, der in allen Regionen weltweit gleich ist. Aber aufgrund der unterschiedlichen geografischen Gegebenheiten und rechtlichen Vorschriften in verschiedenen Ländern kann es erforderlich sein, den Lieferprozess in bestimmten Regionen anzupassen. Zum Beispiel könnte eine Region besondere Anforderungen an die Verpackung und den Transport stellen, während eine andere Region besondere Vorschriften für den Umgang mit gefährlichen Materialien hat. Um diese Anforderungen zu erfüllen, kann das Logistikunternehmen Prozessvarianten für die jeweiligen Regionen entwickeln, die den besonderen Anforderungen in diesen Regionen gerecht werden. Dieses Beispiel zeigt, wie Prozessvarianten dazu beitragen können, dass Unternehmen ihre Prozesse effizienter und rechtskonform gestalten können, indem sie auf die geografischen Besonderheiten und Anforderungen eingehen.

Um die Prozessharmonisierung vorantreiben zu können, ist es wichtig, dass das Unternehmen eine klare Struktur für seine Prozesse und Prozessvarianten etabliert. Unterstützt werden kann dies durch die Verwendung einer einheitlichen Prozessarchitektur, die eine einheitliche Definition und Überwachung der Prozesse und Varianten ermöglicht sowie eines standardisierten Governance-Prozesses, der die initiale Anlage von Varianten steuert und bei sich ändernden Standardprozessen die Rückführung von Varianten in den Standard ermöglicht.

Die Auswahl der richtigen Prozessvarianten ist ein wichtiger Aspekt des Prozessmanagements, um die Geschäftsabläufe effektiv und effizient gestalten zu können. Nachfolgend sind einige Schritte aufgeführt, die bei der Auswahl der richtigen Prozessvarianten helfen können:

- **Anforderungen ermitteln**
  Zunächst sollte das Unternehmen seine Anforderungen und Ziele in Bezug auf die Geschäftsabläufe identifizieren. Dies kann durch eine Überprüfung der Geschäftsanforderungen und -prozesse erfolgen.

- **Standardprozesse überprüfen**
  Anschließend sollte das Unternehmen seine Standardprozesse daraufhin überprüfen, ob sie die Anforderungen erfüllen oder angepasst werden müssen.
- **Abweichungen identifizieren**
  Nach der Überprüfung der Standardprozesse sollte das Unternehmen Abweichungen identifizieren, die eine Anpassung der Prozesse erfordern. Dies kann beispielsweise durch eine regionale Gesetzgebung, durch Kundenanforderungen oder durch spezifische Geschäftsanforderungen bedingt sein.
- **Prozessvarianten bewerten**
  Basierend auf den identifizierten Abweichungen sollte das Unternehmen verschiedene Prozessvarianten evaluieren, um die Prozessvariante zu finden, die die Anforderungen am besten erfüllt. Hierbei sollten Aspekte wie Effizienz, Kosten und Compliance berücksichtigt werden.
- **Implementieren und überwachen**
  Nach der Auswahl der geeigneten Prozessvariante sollte das Unternehmen diese implementieren und kontinuierlich überwachen, um sicherzustellen, dass sie weiterhin effektiv ist und Anforderungen erfüllt.
- **Roll-out von Standardprozessänderungen**
  Im Laufe der Zeit können sich Standardprozesse ebenfalls ändern. Hierbei ist es wichtig, diese Änderungen auf die Prozessvarianten anzuwenden, falls dies relevant ist.

Zusammenfassend kann man sagen, dass Prozessvarianten im Kontext des Prozessmanagements ein wichtiger Bestandteil sind, um Prozesse an die spezifischen Anforderungen von Kunden und Unternehmen anzupassen und das Prozessmanagement effizienter und flexibler zu gestalten. Bei der Auswahl der richtigen Prozessvarianten ist eine systematische Herangehensweise wichtig, bei der die Anforderungen identifiziert, Standardprozesse überprüft, Abweichungen identifiziert, Prozessvarianten evaluiert und schließlich implementiert und überwacht werden.

11.4 Zusammenspiel mit dem Application Lifecycle Management

Um die Effizienz und Qualität von Geschäftsprozessen langfristig zu verbessern und zum Erfolg des Unternehmens beizutragen, ist das Management von Prozessen unerlässlich. Eine wesentliche Komponente zum Erfolg stellt die Gewährleistung der technischen Implementierung zuvor definierter Prozesse dar.

Hierzu ist es entscheidend, dass es einen definierten und im Unternehmen etablierten Prozess für die Implementierung von Prozessen gibt, der einen Rahmen für Zusammenspiel der unterschiedlichen Rollen und Verantwortlichen im Unternehmen schafft und idealerweise systemgestützt steuert. Wird dieser Prozess bei Ihnen im Unternehmen gelebt, können Sie auf der einen Seite eine effektivere und effizientere Implementierung sowie auf der anderen Seite eine besser zugeschnittene Softwareanwendung zur Unterstützung Ihrer Geschäftsprozesse erzielen. Ebenso können Sie sicherstellen, dass alle Prozesse, die bei der Entwicklung und dem Betrieb von Softwareanwendungen verwendet werden, gut koordiniert sind. Dies kann dazu beitragen, die Qualität der Softwareanwendungen zu verbessern, die Entwicklungszeit zu verkürzen und die Kosten zu senken.

Entscheidend für den Erfolg ist der Zeitpunkt nach dem Design neuer Prozess(-versionen) und der Abstimmung zwischen den verschiedenen Fachverantwortlichen. Viele Prozessinnovationen werden bereits vor der Umsetzung wieder verworfen, wenn nach der Definition des Prozesses kein definierter Ablauf zur Übergabe an die IT existiert.

Für die weitere Beschreibung in diesem Kapitel möchten wir kurz auf den generellen Zweck und die Themengebiete im *Application Lifecycle Management* (ALM) eingehen. Unter dem ALM versteht man einen Ansatz, der den gesamten Lebenszyklus von Softwareanwendungen von der Konzeption bis zum kontinuierlichen Betrieb abbildet. Das ALM umfasst dabei die Planung, Überwachung und Steuerung von Aktivitäten und Ressourcen, die für die Entwicklung, das Testen und den Betrieb von Softwareanwendungen erforderlich sind. Für die Verknüpfung mit dem Prozessmanagement fokussieren wir uns in diesem Teil auf die Entwicklungsphasen des ALM.

Um das Potenzial des Zusammenspiels und die konkrete Verbindung beider Welten zu erläutern, wird im Folgenden ein konkretes Szenario eines Beispielunternehmens erläutert.

Im Rahmen der kontinuierlichen Prozessverbesserung wurde der Prozess zur Bestellung von direkten Materialien im Unternehmen analysiert. Bei der Analyse des Prozesses ist aufgefallen, dass die Zeit von der Anfrage nach dem Material bis zum Eingang des Materials in einigen Ländern erheblich länger dauert als in anderen Ländern. Der aktuell definierte Prozess sieht vor, dass die Bestellung durch den Einkäufer oder die Einkäuferin angelegt, dann von der Einkaufsleitung freigegeben und anschließend an den Lieferanten gesendet wird. Ist die Ware im Lager eingetroffen, wird der Wareneingang durch den Lageristen bestätigt. Anschließend wird die Lieferantenrechnung durch die Buchhaltung eingebucht. Das Prozessmodell zum beschriebenen Prozess finden Sie in Abbildung 11.7.

Die Prozessanalyst*innen gehen der Ursache der verzögerten Durchlaufzeiten auf den Grund und sehen in der datengetriebenen Prozessanalyse, dass in den meisten Fällen der Blocker bei der Freigabe der Bestellung liegt. Nach Interviews mit unterschiedlichen leitenden Personen im Einkauf stellt sich heraus, dass einige von ihnen bei der großen Menge an Bestellungen mit der Genehmigung nicht nachkommen.

Diese Erkenntnis nehmen die Analyst*innen zum Anlass, den Genehmigungsprozess im Unternehmen zu überdenken und einigen sich darauf, Bestellungen einheitlich nur noch ab einem Einkaufswert über 1.000 EUR genehmigen zu lassen.

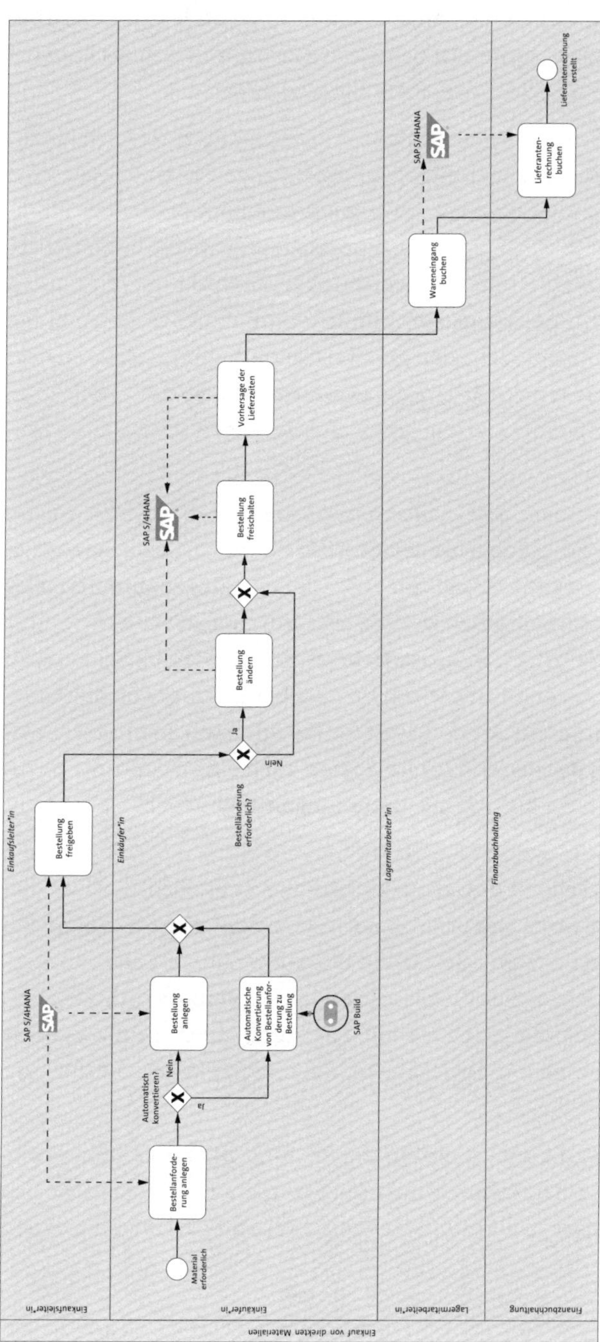

Abbildung 11.7 Ist-Prozessmodell zur Bestellung von direkten Materialien

Das global gültige Prozessmodell für den Bestellprozess direkter Materialien wird entsprechend angepasst und um die Entscheidung ergänzt, dass Bestellungen nur dann genehmigt werden müssen, wenn ihr Einkaufswert über 1.000 EUR liegt. Da es sich bei der Prozessanpassung um eine technische Änderung handelt und der Prozess auch noch nicht freigegeben worden ist, wird diese Prozessversion als Entwurf gespeichert und ist noch nicht für alle Prozessbeteiligten sichtbar.

Um im nächsten Schritt den Prozess zu genehmigen und auf bedingte technische Änderungen hin zu prüfen, wird der Genehmigungsprozess angestoßen. Dieser wird über die Komponente *SAP Signavio Process Governance* in einem speziellen Workflow gesteuert. Wie in Kapitel 8, »SAP Signavio Process Governance«, beschrieben, können Sie mit dieser Komponente unterschiedliche Workflows definieren und an die Bedürfnisse Ihres Unternehmens anpassen. In unserem aktuellen Beispiel betrachten wir einen Genehmigungsprozess, der aus zwei Genehmigungsschritten (formal und funktional), den Schritten zur Übergabe des Prozesses an das Application Lifecycle Management zur Implementierung sowie den Schritten nach der technischen Implementierung besteht.

Die formale Freigabe des Prozesses erfolgt in unserem Beispiel durch den BPM-Manager des CoE. Anschließend wird die global für den Prozess verantwortliche Person gebeten, den Prozess inhaltlich zu prüfen und ihn anschließend zu genehmigen oder abzulehnen. Sobald der Prozess freigegeben worden ist, kann geprüft werden, was für die Umsetzung im Unternehmen notwendig ist. Dabei ist zunächst entscheidend, ob es sich um rein organisatorische Änderungen am Prozess handelt, ober ob die Änderungen am Prozess auch die unterstützenden Systeme beeinflussen. In unserem Beispiel erfordert die Umsetzung der neuen Prozessversion auch eine Änderung im zugrundeliegenden SAP-System, da bestimmte Bestellungen nicht mehr genehmigt werden müssen.

Um die Änderung nun entsprechend umsetzen zu können, ist es wichtig, diese den entscheidenden Systemverantwortlichen transparent darzustellen. In SAP Signavio Process Governance kann nun der zuvor gestartete Workflow dafür genutzt werden, die zu implementierende Änderung des Prozesses den jeweils verantwortlichen Personen zuzuweisen. Diese definieren anschließend, basierend auf den Prozessänderungen, die technisch notwendigen Anforderungen, um diesen Prozess optimal unterstützen zu können.

Die technischen Anforderungen können nun in die Planung zur Implementierung einfließen und anschließend entsprechend umgesetzt werden. Um Transparenz zu gewährleisten, ist es wichtig, dass nicht nur die technischen Anforderungen von den

Prozessänderungen abgeleitet werden, sondern dass auch die Objekte, die Auskunft über den Status der Implementierung geben, mit dem Prozess verbunden werden. Nur so kann gewährleistet werden, dass nach der technischen Implementierung neuer Prozesse oder Prozessversionen die Schulung und Veröffentlichung dieser Prozesse erfolgen kann.

Sobald die technischen Änderungen umgesetzt sind und die neue Prozessversion getestet werden konnte, wird die Implementierung als abgeschlossen gekennzeichnet. Diese Information ist neben den IT-Verantwortlichen auch für die Prozessverantwortlichen relevant, da nun die weiteren Schritte zum Ausrollen des Prozesses durchgeführt werden können. Je nach Integration zwischen SAP Signavio und dem jeweiligen ALM-Tool kann diese Übergabe des Implementierungsstatus automatisiert als Aufgabe der Process-Governance-Komponente erfolgen oder muss manuell durch einen Nutzer übergeben werden.

Nachdem die fertige Implementierung in SAP Signavio hinterlegt worden ist, erhält die für den implementierten Prozess verantwortliche Person die Mitteilung, dass der Prozess von technischer Seite aus umgesetzt wurde und im täglichen Betrieb ausgeführt werden kann. Bevor dies jedoch geschieht, muss der Prozess entsprechend für die Prozessbeteiligten transparent gemacht werden. Hierzu entscheidet der Prozessverantwortliche, ob spezielle Schulungen oder andere Informationen für die neue Prozessversion erstellt und durchgeführt werden müssen. Sobald die Prozessbeteiligten entsprechend geschult wurden, kann der Prozessverantwortliche die Umsetzung des Prozesses in den täglichen Betrieb veranlassen. Damit wird der Prozess in SAP Signavio veröffentlicht, damit er allen Prozessbeteiligten im Unternehmen zur Verfügung steht und entsprechend transparent für die Ausführung und zukünftige Analyse ist.

Zusammenfassend ist es wichtig, dass mit der Genehmigung einer neuen Prozessversion die Übergabe an die entsprechenden Verantwortlichen zur Implementierung des Prozesses gelingt und nach der technischen Implementierung des Prozesses der Weg wieder zurück zu der für den Prozess verantwortlichen Person gefunden wird. SAP Signavio bietet Ihnen hierzu die Möglichkeit, mit SAP Signavio Process Governance einen Prozess für die Zusammenarbeit zu definieren und diesen Prozess zu steuern und zu überwachen. Abbildung 11.8 fasst den beschriebenen Prozess mit den Schritten aus dem Prozessmanagement und dem Application Lifecycle Management zusammen.

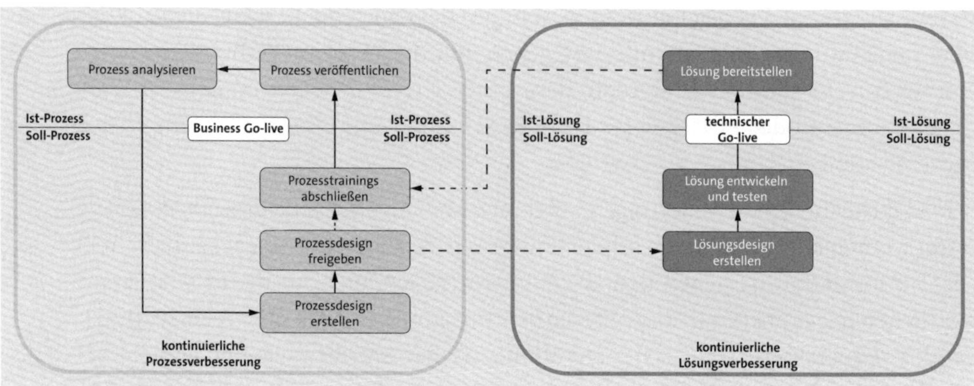

Abbildung 11.8 Zusammenspiel von BPM und ALM

11.5 Zusammenspiel mit dem Enterprise Architecture Management

In der heutigen Geschäftswelt spielt das Management von Prozessen eine entscheidende Rolle bei der Optimierung von Geschäftsabläufen und der Erreichung von Geschäftszielen. Es geht jedoch nicht nur um das reine Management von Prozessen, sondern auch um die Überwachung und die Gestaltung des Gesamtunternehmens. Hier kommt das *Enterprise Architecture Management* (EAM) ins Spiel.

Das Enterprise Architecture Management befasst sich mit der Überwachung und Gestaltung der Gesamtarchitektur eines Unternehmens, einschließlich der vom Unternehmen benötigten Fähigkeiten, IT-Systeme, Daten und der Infrastruktur. Es hilft dabei, die Geschäftsziele eines Unternehmens zu erreichen, indem es die Übereinstimmung zwischen den Geschäftsprozessen und der IT-Unterstützung sicherstellt. Durch das Zusammenspiel von Prozessmanagement und Enterprise Architecture Management kann ein Unternehmen eine ganzheitliche Sicht auf seine Geschäftstätigkeit gewinnen und die Optimierung seiner Geschäftsabläufe auf allen Ebenen vorantreiben.

In diesem Abschnitt beschäftigen wir uns mit dem Zusammenspiel von Prozessmanagement und Enterprise Architecture Management und zeigen auf, wie beide Disziplinen miteinander verknüpft sind und sich gegenseitig unterstützen können, um eine erfolgreiche Unternehmenssteuerung zu erreichen. Dazu gehen wir zunächst auf die verschiedenen Artefakte für die für die Verbindung relevanten Arten ein, über die eine Verbindung der beiden Disziplinen erreicht werden kann. Anschließend stellen wir dann die unterschiedlichen Szenarien vor, in denen von der Kombination profitiert werden kann.

Im Rahmen des Enterprise Architecture Managements spielen Fähigkeiten bei der Planung und Übersicht der Unternehmensarchitektur eine zentrale Rolle. Diese Fähigkeiten stellen dabei die Geschäftskompetenzen eines Unternehmens dar, die es benötigt, um seine Geschäftsziele zu erreichen. Diese können aus verschiedenen Unternehmensbereichen, wie beispielsweise Produktion, Finanzen oder Marketing stammen. Auf dieser Grundlage können dann Entscheidungen über die Ausrichtung des Unternehmens und notwendiger Änderungen getroffen sowie die Applikationsplanung, basierend auf der Priorisierung der unterstützen Fähigkeiten, durchgeführt werden.

Bei der Umsetzung der Fähigkeiten im Rahmen des Enterprise Architecture Managements spielt die Auswahl und Integration von IT-Systemen und -Tools, bezeichnet als Applikationen, eine kritische Rolle. Es ist von entscheidender Bedeutung, dass die ausgewählten Applikationen nicht nur die Geschäftsanforderungen erfüllen, sondern auch eine effiziente Unterstützung der Geschäftsfähigkeiten und -kompetenzen des Unternehmens bietet. Hierbei müssen neben Faktoren wie Skalierbarkeit, Integrationsfähigkeit und Kosten vor allem auch die Unterstützung und Anpassbarkeit an die Unternehmensprozesse berücksichtigt werden. Durch eine sorgfältige Abstimmung von Fähigkeiten und Applikationen kann eine optimale Unterstützung des Unternehmens erreicht werden.

Im Verlauf dieses Buches haben wir die Bedeutung von Prozessen bereits mehrfach unterstrichen und eine umfassende Übersicht über die verschiedenen Prozessmanagementdisziplinen gegeben, von der Prozessanalyse über das Prozessdesign bis hin zur Anwendung von Prozessdefinitionen bei der Systemeinführung. Prozesse repräsentieren den Ablauf von Aktivitäten, die erforderlich sind, um ein bestimmtes Ziel zu erreichen. Durch eine Abstimmung und Verknüpfung dieser Prozesse mit den Fähigkeiten aus dem Enterprise Architecture Management kann die Abstraktion von Zielen und erforderlichen Fähigkeiten eines Prozesses erleichtert werden. Darüber hinaus kann es helfen, präzisere Einschätzungen über Fähigkeiten zu treffen, da verknüpfte Prozesse und ihre Leistung besser analysiert werden können.

In einer weiteren Integrationsstufe können Prozesse und einzelne Prozessschritte auf Applikationen aus dem Enterprise Architecture Management verweisen. Diese Verknüpfung ermöglicht eine transparente Sicht auf die Geschäftstätigkeiten und erleichtert das Erkennen von Systembrüchen. Außerdem kann durch Überwachung und Analyse eine kontinuierliche Optimierung von Geschäftsprozessen und eine Verbesserung der Geschäftskompetenzen erreicht werden. Ebenso kann bei einem Systemausfall schnell beurteilt werden, ob es alternative Möglichkeiten gibt, um einen Prozess auszuführen.

Durch die Verknüpfung von Prozessmanagement und Enterprise Architecture Management ergeben sich vielfältige Vorteile:

- **Verbesserung der Prozesse im Einklang mit der bestehenden und zukünftigen IT-Architektur**
  Durch die Verknüpfung von Prozessen und Enterprise Architecture Management kann eine Übereinstimmung von Geschäftsprozessen mit der bestehenden und zukünftigen IT-Architektur sichergestellt werden. Verbesserungen von Prozessen können so direkt in die IT-Architektur integriert werden, um eine optimale Unterstützung zu gewährleisten. Dies ermöglicht eine effiziente und zielgerichtete Gestaltung von Geschäftsprozessen und IT-Architekturplanung.
- **Beschleunigte Ursachenanalyse durch Transparenz bei Geschäftsprozessen und IT-Landschaft**
  Durch die Verknüpfung von Prozessen und Enterprise Architecture Management kann ein transparenter Überblick über die Geschäftsprozesse und die IT-Landschaft gewährleistet werden. Die Ursachenanalyse von Systemfehlern oder Störungen kann beschleunigt werden, da die Verknüpfung von Prozessen und IT-Systemen direkt ersichtlich ist. So können Probleme im Geschäftsablauf oder in der IT-Landschaft schnell erkannt und effizient behoben werden.
- **Holistisches Business Continuity Management durch die Verbindung von Prozessen und IT-Architektur**
  Durch die Verknüpfung von Prozessen und Enterprise Architecture Management kann ein ganzheitliches Business Continuity Management realisiert werden. Die Überwachung von Geschäftsprozessen und IT-Systemen ermöglicht eine frühzeitige Erkennung und Reaktion auf Störungen oder Ausfälle. So kann eine kontinuierliche Verfügbarkeit von Geschäftsprozessen und IT-Systemen sichergestellt werden, um Geschäftskontinuität zu gewährleisten.
- **IT-Portfolio- und Roadmap-Planung sowie Investitionsentscheidungen auf der Grundlage von Erkenntnissen über Geschäftsprozesse**
  Durch die Verknüpfung von Prozessen und Enterprise Architecture Management kann ein umfassender Überblick über die zugrundeliegenden Prozesse gewonnen werden. Diese Erkenntnisse können genutzt werden, um eine Portfolio- und Roadmap-Planung effizient und zielgerichtet durchzuführen. Auch Investitionsentscheidungen können auf der Grundlage von Geschäftsprozessen und deren Performance getroffen werden, um eine optimale Unterstützung des Geschäfts zu gewährleisten.

Betrachten wir nun, wie Prozessmanagement und Enterprise Architecture Management miteinander verknüpft werden können, indem SAP Signavio eingesetzt wird. Um die Informationen aus dem Enterprise Architecture Management zu integrieren, nutzen wir in SAP Signavio das Glossar. Dieses ermöglicht es, prozessübergreifende

Informationen bereitzustellen und auf diese Glossarelemente aus Prozessen zu verweisen. Hierzu verwenden wir ein Glossar für die Fähigkeiten und eines für die Applikationen aus dem Enterprise Architecture-Management-Tool. SAP Signavio kann diese Informationen durch eine Schnittstelle empfangen, sodass ein entsprechendes EAM-Tool, das diese Informationen bereitstellt, die Übertragung durchführen kann. Sobald die Daten im SAP-Signavio-Glossar vorliegen, können sie in den Prozessen verknüpft werden. Es wird empfohlen, die Verknüpfung von Fähigkeiten standardmäßig auf der Prozessebene über ein Prozessattribut vorzunehmen, während die Verknüpfung von Anwendungen auf der Prozessschrittebene erfolgt. Auf diese Weise kann sichergestellt werden, dass eine feinere Zuordnung von Prozessschritten zu den Anwendungen erfolgt und aufeinander folgende Prozessschritte mit unterschiedlichen Anwendungen abgebildet werden können.

SAP Signavio bietet auch die Möglichkeit, die Informationen der definierten Prozesse über eine Schnittstelle wieder auszulesen. Insbesondere bei EAM-Tools mit eigenen Prozessobjekten ist es ratsam, die Prozessdefinitionen und die Verknüpfung mit Fähigkeiten und Anwendungen in das EAM-Tool zu übertragen. Dadurch wird sichergestellt, dass die Verknüpfung in beiden Tools den verschiedenen Anwender*innen zur Verfügung steht und sie diese optimal in den beschriebenen Anwendungsfällen nutzen können.

In diesem Kapitel haben wir die Bedeutung von Prozessmanagement und Enterprise Architecture Management untersucht und die Vorteile einer Verknüpfung beider Disziplinen dargestellt. Die Verknüpfung ermöglicht es, Geschäftsprozesse transparent zu überwachen und zu optimieren und darüber hinaus sicherzustellen, dass die Geschäftstätigkeiten kontinuierlich durchgeführt werden können. Durch die Verknüpfung lassen sich unterschiedliche Szenarien, wie beispielsweise die datengetriebene Portfolio- und Roadmap-Planung, realisieren. Es ist jedoch wichtig zu betonen, dass die Verknüpfung von Prozessmanagement und Enterprise Architecture Management ein laufender Prozess ist und eine ständige Überwachung und Anpassung erfordert. Durch eine regelmäßige Überprüfung der Verknüpfung und Anpassung der Prozesse und Architektur kann sichergestellt werden, dass das Unternehmen stets auf dem neuesten Stand ist und den sich ändernden Geschäftsanforderungen an das Geschäft gerecht wird.

Abschließend lässt sich sagen, dass die Verknüpfung von Prozessmanagement und Enterprise Architecture Management ein wertvolles Instrument für die Unternehmensführung darstellt, um die Geschäftsprozesse zu optimieren, Geschäftstätigkeiten zu sichern und das Geschäft in Übereinstimmung mit den Zielen und Anforderungen zu führen.

11.6 Zusammenfassung

In diesem Kapitel haben wir uns intensiv mit den Grundlagen des Themas Business Process Transformation Management auseinandergesetzt und wichtige Aspekte wie Prozessorganisationen, Prozessrollen, Prozessarchitekturen, Variantenmanagement und die Verknüpfung des Prozessmanagements mit dem ALM und dem EAM beleuchtet. Zusammenfassend lässt sich sagen, dass eine erfolgreiche Transformation eine frühzeitige Auseinandersetzung mit den in diesem Kapitel beschriebenen Grundlagen erfordert, die das Fundament für die langfristige Transformation bilden. Ziel ist es, eine effiziente und flexible Prozessarchitektur aufzubauen, die sich den sich verändernden Anforderungen des Unternehmens anpassen kann und die Grundlage für unterschiedliche Transformationsszenarien, wie eine SAP-S/4HANA-Einführung, bildet. Mit den in diesem Kapitel vermittelten Konzepten sind Sie auf diesem Weg bestens vorbereitet.

Kapitel 12

Der Einsatz des Business Process Transformation Managements beim Wechsel zu SAP S/4HANA

Wenn Sie eine Transformation auf SAP S/4HANA in Erwägung ziehen oder bereits damit begonnen haben, möchten Sie sicherstellen, dass Ihnen diese Investition einen geschäftlichen Mehrwert bietet. Dies können Sie nur dann erreichen, wenn Sie im Zuge der Transformation auch Ihre Geschäftsprozesse optimieren. In diesem Kapitel zeigen wir Ihnen, wie dies gelingt.

In Kapitel 10, »Der Wechsel zu SAP S/4HANA als Einstieg in das Business Process Transformation Management«, haben wir die grundlegenden Designprinzipien von SAP S/4HANA, mögliche Wechselpfade und die Chancen und Herausforderungen beim Wechsel nach SAP S/4HANA beschrieben. Wir haben erläutert, warum das Business Process Transformation Management ein integraler Bestandteil eines Wechsels zu SAP S/4HANA sein sollte und der Wechsel der ideale Einstiegzeitpunkt für Kunden ist, die das Business Process Transformation Management nicht oder noch nicht umfassend in Ihrem Unternehmen etabliert haben. In Kapitel 11, »Die Grundlagen für ein Business Process Transformation Management«, haben wir theoretische Grundlagen des Business Process Transformation Managements beschrieben. In diesem Kapitel beschreiben wir, welche Komponenten wann und wie beim Wechsel zu SAP S/4HANA eingesetzt werden, indem wir Fragestellungen, Herausforderungen, Maßnahmen und Ergebnisse sowie Einsatzszenarien von SAP Signavio beschreiben. Wir orientieren uns dabei an der Methode von SAP Signavio zur End-to-End-Business-Process-Transformation, die wir in Abschnitt 12.1 zunächst vorstellen. Nachdem wir detailliert aufgezeigt haben, wie Sie SAP Signavio in den einzelnen Phasen (siehe Abschnitt 12.2 bis Abschnitt 12.6) und Tätigkeiten eines Wechsels unterstützt, stellen wir in Abschnitt 12.7 Kundenfallbeispiele vor.

12.1 Methode zur End-to-End Business Process Transformation

SAP S/4HANA erfordert eine Neugestaltung von Geschäftsprozessen. Dies ist zum einen aufgrund der grundlegenden Designprinzipien von SAP S/4HANA notwendig, zum anderen können nur so Mehrwerte für Unternehmen beim Wechsel auf SAP S/4HANA realisiert werden. Daher ist es wichtig, sich nicht ausschließlich auf notwendige Systemanpassungen zu fokussieren, sondern unter der Berücksichtigung der Unternehmensstrategie Prozesse zu identifizieren, bei denen sich durch eine Neugestaltung Mehrwerte erzielen lassen. Kunden, die erfolgreich auf SAP S/4HANA transformieren, berücksichtigen daher, wie bereits zu Beginn von Kapitel 10, »Der Wechsel zu SAP S/4HANA als Einstieg in das Business Process Transformation Management«, beschrieben, die Dimensionen Unternehmensstrategie, Prozesse, Systeme und Menschen gleichermaßen.

Die Unternehmensstrategie beschreibt die langfristige Ausrichtung eines Unternehmens mit dem obersten Ziel, den wirtschaftlichen Erfolg sicherzustellen. Sie sollte daher auch als Grundlage für die Bewertung dessen dienen, welche Geschäftsprozesse beim Wechsel auf SAP S/4HANA neu gestaltet werden sollen. Auch bildet sie die Grundlage für die Definition einer Enterprise-Architektur. In Abschnitt 11.2, »Prozessarchitektur«, haben wir die Bedeutung des Enterprise Architecture Managements bereits ausführlich erläutert. Es hilft Unternehmen, ihre Unternehmensziele zu erreichen, indem es die Übereinstimmung zwischen den Geschäftsprozessen und der IT-Unterstützung sicherstellt. Abgeleitet aus der Unternehmensstrategie lassen sich individuelle Geschäftsziele definieren, die wiederum festlegen, welche Capabilitys Bestandteil der Enterprise-Architecture sein müssen und welche Prozesse für das Unternehmen von besonderer Bedeutung sind. Das TOGAF (The Open Group Architecture Framework) unterstützt Kunden bei Entwurf, Planung, Implementierung und Wartung von Unternehmensarchitekturen. Innerhalb des Frameworks werden Capabilitys einer dieser drei Klassifizierungen zugeordnet: Strategie, Core oder Supporting. Notwendige Anpassungen vorhandener Capabilitys oder Prozesse bzw. die Neuimplementierung werden vom Application Lifecycle Management orchestriert.

[»]

The Open Group Architecture Framework (TOGAF)

TOGAF stellt mit der Architecture Development Method (ADM) ein Framework bereit, das das Vorgehen bei der Entwicklung einer Unternehmensarchitektur beschreibt. Bei TOGAF werden drei Domänen modelliert: Geschäftsarchitektur, Informationssystemarchitektur (bestehend aus Anwendungsarchitektur und Datenarchitektur) und Technologiearchitektur. Die Geschäftsarchitektur betrachtet u. a. die für ein Unternehmen benötigten Business Capabilitys. Weitergehende Informationen finden Sie unter der folgenden URL: *http://s-prs.de/v917415*

Abbildung 12.1 zeigt, dass die Unternehmensstrategie die Grundlage sowohl für das Business Process Transformation Management als auch für das Enterprise Architecture Management ist. Es wird außerdem deutlich, wie die Integration in das Application Lifecycle Management die Implementierung beschleunigt. Produktseitig wird das Business Process Transformation Management durch die SAP-Signavio-Lösungen, das Enterprise Architecture Management durch die Software von LeanIX und das Application Lifecycle Management durch den SAP Solution Manager oder SAP Cloud ALM unterstützt.

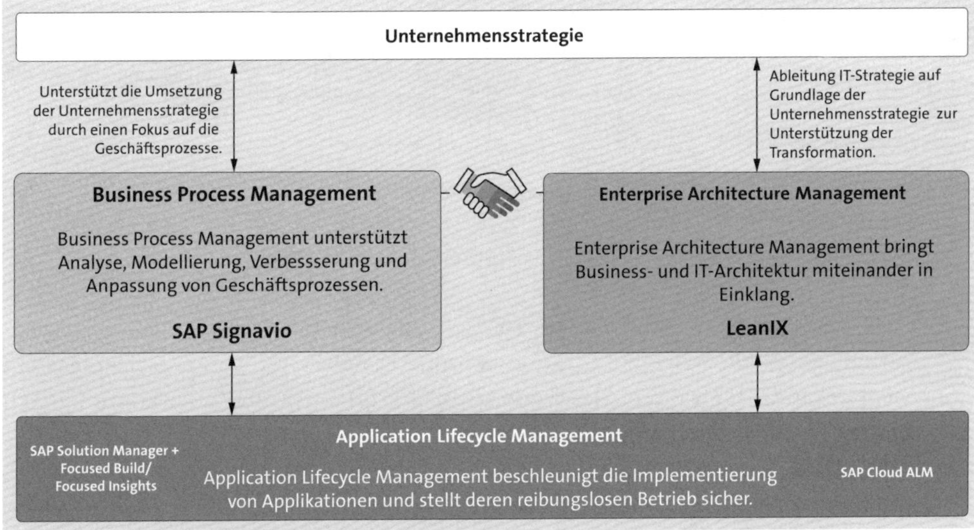

Abbildung 12.1 Zusammenspiel von Business Process Transformation Management, Enterprise Architecture Management und Application Lifecycle Management

Ausgehend von der Unternehmensstrategie und den Geschäftsmodellen, die ein Unternehmen unterstützen will, werden im Rahmen des Enterprise Architecture Managements nicht nur die Capabilitys, sondern auch die Applikationen und im Rahmen des Business Process Transformation Managements die Value Streams und Customer Journeys beschrieben. Diese beiden werden wiederum in einem Prozessdesign unter Berücksichtigung der in der Enterprise-Architektur beschriebenen Applikationen ausgearbeitet. Im Lösungsdesign wird detailliert spezifiziert, wie das Prozessdesign umgesetzt wird. Nach erfolgter Implementierung wird eine Prozessanalyse durchgeführt, auf deren Grundlage ein Prozessredesign erfolgt bzw. weitere Applikationen berücksichtigt werden müssen. Abbildung 12.2 zeigt, wie das Zusammenspiel Unternehmen in die Lage versetzt, ihre Strategie umzusetzen.

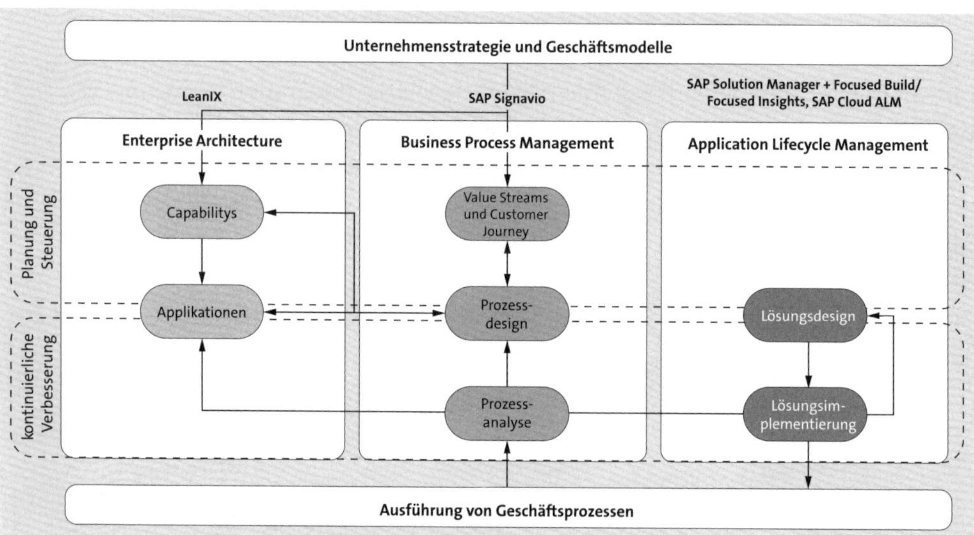

Abbildung 12.2 Von der Unternehmensstrategie zur Umsetzung

Das Zusammenspiel von Business Process Transformation Management und Application Lifecycle Management ist von besonderer Relevanz, da nur so sichergestellt werden kann, dass während des Wechsels zu SAP S/4HANA, aber auch kontinuierlich danach, Prozessanpassungen in Systemanpassungen übersetzt werden können. Ohne den Einsatz des Business Process Transformation Managements in enger Verbindung mit dem Application Lifecycle Management fehlen Unternehmen die Werkzeuge für die Analyse, das Design und die Anpassung von Geschäftsprozessen. In der Praxis führt dies in der Regel dazu, dass Unternehmen häufig nur technische Release-Upgrades im unbedingt notwendigen Umfang durchführen, bei denen kaum Anpassungen und damit Mehrwerte für das Unternehmen realisiert werden. Da der Nutzen des Business Process Transformation Managements weit über die eigentliche Transformation hinausgeht, gehen wir in Kapitel 13, »Der Einsatz des Business Process Transformation Managements über das SAP-S/4HANA-Projekt hinaus«, auf wesentliche Aspekte der Phase der kontinuierlichen Verbesserung ein.

Die Methode von SAP Signavio zur End-to-End-Business-Process-Transformation umfasst sowohl Tätigkeiten im Business Process Transformation Management als auch im Application Lifecycle Management. Sie umfasst acht Phasen mit den folgenden Hauptzielen:

- *Analyze Process*: Analyse von Geschäftsprozessen
- *Enhance Process*: Erweiterung von (bestehenden) Geschäftsprozessen
- *Process Design*: Erstellung eines Prozessdesigns
- *Solution Design*: Umsetzung des Prozessdesigns in eine Lösungsbeschreibung

- *Build Solution*: Konfiguration und Implementierung auf Basis des Lösungsdesigns
- *Test Solution*: Testen der überarbeitenden Prozesse
- *Deploy Solution*: Überführung der Anpassungen in den Betrieb
- *Enable Process*: Schulung und Enablement der Endanwender*innen

Abbildung 12.3 zeigt diese Phasen in einem sogenannten *Infinity Loop*, d. h., dass nach einem Deployment ein Enablement der Mitarbeitenden folgt. Sobald die Prozessanpassungen genutzt werden, erfolgt eine erneute Prozessanalyse. Die Anpassung von Prozessen ist ein kontinuierlicher Prozess. Neben den Dimensionen Prozess und Lösung zeigt die Abbildung auch die Phasen der Architekturplanung: die Strategieanalyse, die Architekturplanung und die Erstellung einer Roadmap.

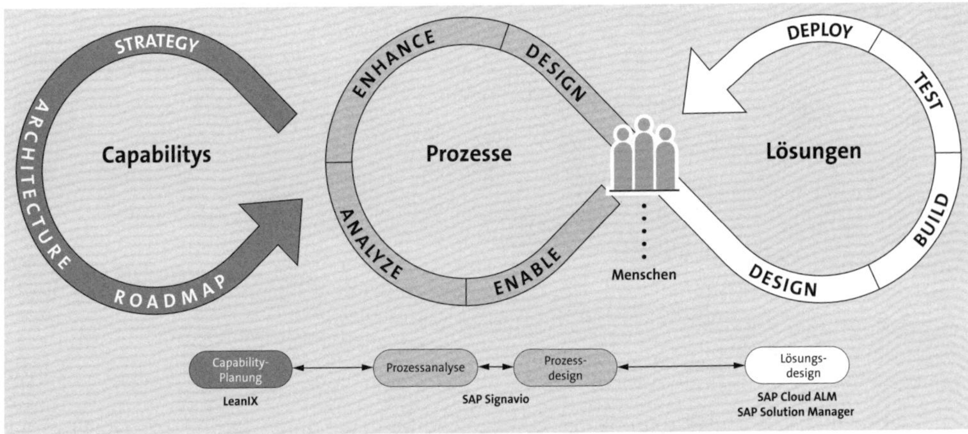

Abbildung 12.3 SAP-Signavio-Business-Process-Transformation-Methode

In Teil II dieses Buches, »Das Business-Process-Transformation-Portfolio von SAP«, haben wir die einzelnen Lösungen der SAP Signavio Suite ausführlich beschrieben. Diese unterstützen die einzelnen Aktivitäten der SAP-Signavio-Methode zur End-to-End Business Process Transformation. Abbildung 12.4 zeigt, welche Phasen durch welche Lösungskomponenten unterstützt werden.

Wir betrachten nun die Methodik im Kontext der Umstellung auf SAP S/4HANA. Ausgangspunkt für das Business Process Transformation Management sind Prozesse, die mit SAP ERP, einem Nicht-SAP-ERP-System, einer Kombination aus beidem oder in vielen Fällen sogar mit mehreren Systemen ausgeführt werden. Kunden, die ihre Geschäftsprozesse verbessern wollen, wissen in der Regel nicht, wo die Schwachstellen und damit die Verbesserungspotenziale liegen. Daher ist es erforderlich, zunächst die Prozesse zu analysieren, um zu verstehen, wie sie verbessert werden können. Auf Basis der gewonnenen Erkenntnisse können die gegenwärtig ausgeführten Prozesse angepasst werden, um sofort einen Mehrwert zu erzielen, oder die Erkenntnisse werden bei der Gestaltung neuer Prozesse berücksichtigt. Grundlage für die Gestaltung der neuen Prozesse bildet der *SAP-Standardprozess-Content*. Wenn Kunden ihre Geschäftsprozesse überdenken, können sie damit Erweiterungen wieder in den Standard zurückführen und Prozesse verbessern oder eine Neuimplementierung beschleunigen. Nach dem Abschluss des Prozessdesigns erfolgt die Übergabe an das Application Lifecycle Management, worin das technische Prozessdesign und die Implementierung der Lösung erfolgen. Wenn die Implementierung abgeschlossen ist, ist das Unternehmen in der Lage, den Prozess in der neuen Lösung auszuführen. Die Mitarbeitenden werden geschult, die Prozessänderungen werden durchgeführt, und eine erneute Prozessanalyse wird vorgenommen, um zu verstehen, ob vorgenommene Anpassungen den Prozess verbessert haben. Abbildung 12.5 zeigt die SAP-Signavio-Process-Transformation-Methode beim Wechsel zu SAP S/4HANA.

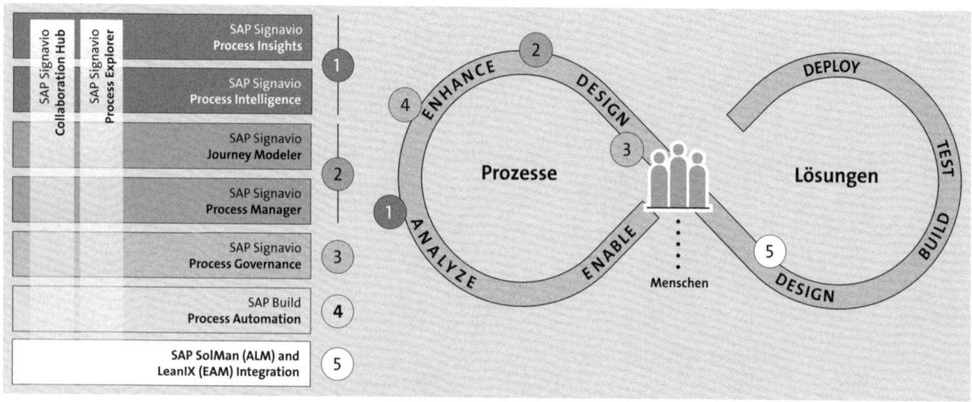

Abbildung 12.4 Unterstützung der SAP-Signavio-Methode durch die SAP Signavio Process Transformation Suite

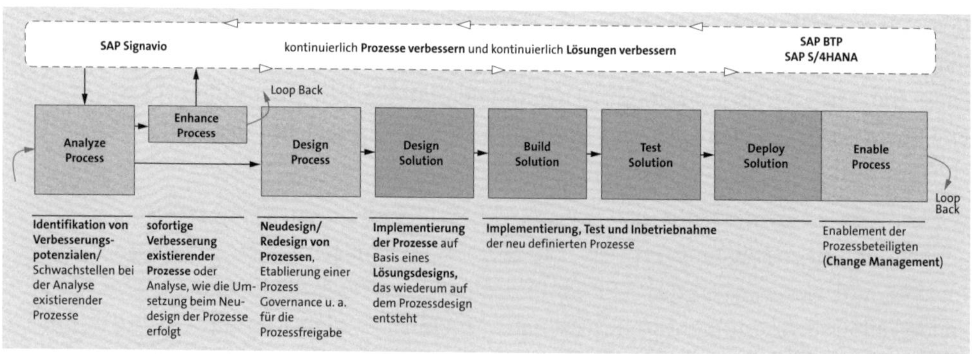

Abbildung 12.5 SAP-Signavio-Process-Transformation-Methode beim Wechsel zu SAP S/4HANA

Wenn Sie sich im Rahmen des Wechsels zu SAP S/4HANA bereits mit der Methodik *SAP Activate* vertraut gemacht haben, stellen Sie sich sicherlich die Frage, wie die End-to-End-Business-Process-Transformation-Methode von SAP Signavio und SAP Activate zusammenpassen.

SAP Activate unterstützt Kunden bei der Implementierung von SAP-Lösungen sowie bei der Anpassung und der Erweiterung bestehender Lösungen. In Form einer Roadmap, die den Kunden über den SAP Roadmap Viewer zur Verfügung gestellt wird, werden alle notwendigen Aktivitäten beschrieben. Diese werden zeitlich in den Phasen Discover, Prepare, Explore, Realize, Deploy und Run dargestellt und inhaltlich in Arbeitsgruppen wie z. B. Application Design and Configuration, Integration und Extensibility gruppiert. Diese Arbeitsgruppen umfassen alle Arten von Aktivitäten und nicht nur solche im Kontext der Prozesstransformation. Die Methode von SAP Signavio zur Process Transformation beschreibt hingegen alle Aktivitäten, die im Zusammenhang mit der Analyse, dem Design und der kontinuierlichen Verbesserung von Geschäftsprozessen stehen. Die Aktivitäten gliedern sich – wie bereits beschrieben – in die Phasen Analyse, Enhance, Process Design, Solution Design, Build, Test, Deploy und Enablement. Die Aktivitäten unterstützen die einzelnen Phasen und Aufgaben von SAP Activate, beschleunigen diese durch datengetriebene Analysen und digitalisieren die Ergebnisse. Damit schaffen sie auch die Grundlage für eine kontinuierliche Prozessverbesserung.

Eine weitere Frage, die sich vor dem Hintergrund einer bereits getroffenen oder noch zu treffenden Entscheidung bezüglich des Wechselpfad stellt, ist, ob die SAP-Signavio-End-to-End-Business-Process-Transformation-Methode für alle Wechselpfade relevant ist. In Abschnitt 10.1.2, »Der Wechsel zu SAP S/4HANA«, haben wir die drei Wechselpfade erläutert und darauf hingewiesen, dass die Entscheidung, welcher Wechselpfad der richtige ist, u. a. davon abhängt, wie viele Prozesse umgestaltet werden müssen:

- **Lösungsorientierte Transformation**
  Bei einer lösungsorientierten Transformation werden die meisten Ihrer Prozesse wiederverwendet und Prozesse oft nur dort neu gestaltet, wenn dies aufgrund von Vereinfachungen und des Kompatibilitätsumfangs erforderlich ist. Die Umsetzung erfolgt in Form einer System Conversion.
- **Selektive Transformation**
  Bei einer selektiven Transformation ist die Anzahl der Prozesse, die Sie überdenken, deutlich höher, da Sie von Anfang an viel mehr Möglichkeiten in SAP S/4HANA nutzen wollen, um Ihre Prozesse zu verbessern, Sie wollen Erweiterungen oder nicht mehr benötigte und genutzte Prozessvarianten eliminieren, und Sie harmonisieren Prozesse – möglicherweise, weil Sie Ihre bestehenden SAP-ERP-Systeme beim Wechsel zu SAP S/4HANA konsolidieren wollen. Die Umsetzung erfolgt in Form einer Selective Data Transition.

- **Prozessorientierte Transformation**
  Bei einer prozessorientierten Transformation überdenken Sie die meisten Ihrer Prozesse und verwenden nur einige wenige Prozesse wieder – möglicherweise sogar gar keine, wenn Sie ein neuer SAP-Kunde sind. Die Umsetzung erfolgt in Form einer Neuimplementierung.

Die genaue Anzahl der Prozesse, die neu konzipiert werden, im Verhältnis zu den Prozessen, die zunächst wiederverwendet werden, ist von Transformationsprojekt zu Transformationsprojekt unterschiedlich und eines der wichtigsten Ergebnisse der Analysephase. Abbildung 12.6 zeigt daher auch nur beispielhaft, wie sich das Verhältnis in den unterschiedlichen Transformationspfaden darstellt.

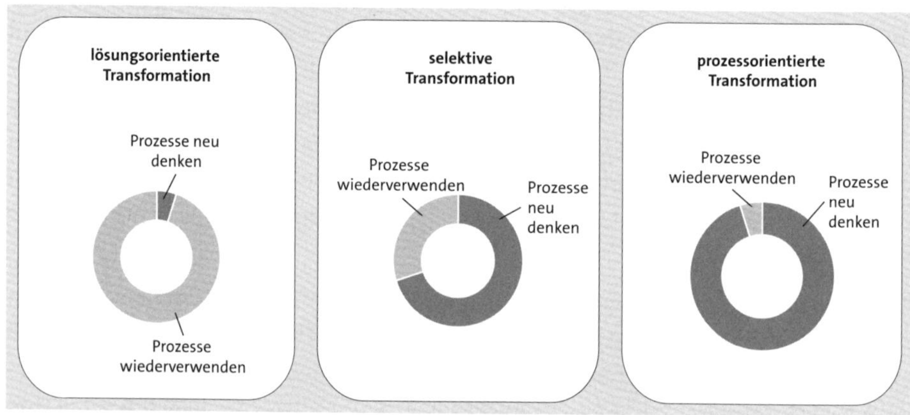

Abbildung 12.6 Verhältnis neuer und wiederverwendeter Prozesse

Unabhängig vom gewählten Migrationspfad und dem Umfang des initialen Prozessredesigns ist SAP Signavio für eine erfolgreiche Transformation notwendig, auch weil die Prozessanpassung mit der Migration auf SAP S/4HANA nicht abgeschlossen ist (siehe Abbildung 12.7). Im ersten Schritt ist das Verhältnis von wiederverwendeten und neu zu gestaltenden Prozessen sehr unterschiedlich. Im Laufe der Zeit werden in der Phase der kontinuierlichen Verbesserung immer mehr Prozesse auch unter der Berücksichtigung neuer Anforderungen und Produktinnovationen angepasst.

Bei Kunden, die sich für eine lösungsorientierte Transformation entschieden haben, liegt der Fokus auf Anpassungen aufgrund von Simplification Items und dem Kompatibilitätsumfang sowie selektiv weiteren Anpassungen mit sehr hohem Mehrwert. Abbildung 12.8 verdeutlicht dies, indem sie den Einsatz von SAP Signavio bei einer lösungsorientierten Transformation im Vergleich zu einer prozessorientierten Transformation darstellt. Wie bereits beschrieben, wird die selektive Transformation entweder als Neuimplementierung oder als System Conversion durchgeführt. Dies bedeutet, dass sie entweder als prozess- oder lösungsorientiert Transformation umgesetzt wird.

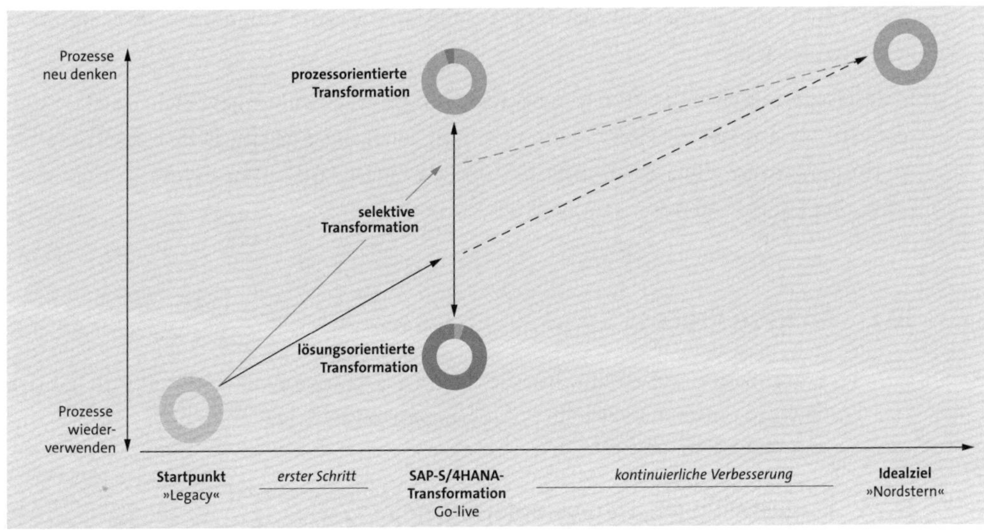

Abbildung 12.7 Kontinuierliches Prozessredesign

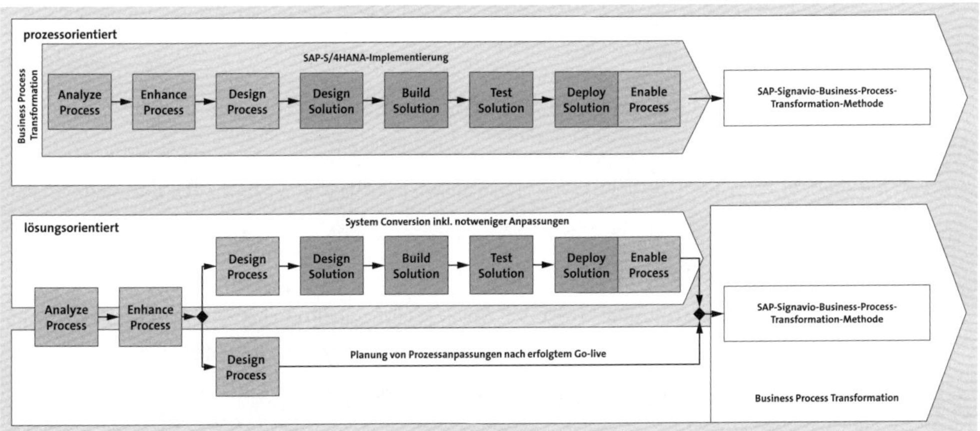

Abbildung 12.8 SAP-Signavio-Process-Transformation-Methode für die lösungs- und die prozessorientierte Transformation

Die End-to-End-Business-Process-Transformation-Methode von SAP Signavio unterstützt Kunden in allen Phasen ihres SAP-S/4HANA-Transformationsprojekts. In der Praxis ist es notwendig, im Vorfeld des Projekts Tätigkeiten der Analysephase, der Erweiterungsphase und der Designphase durchzuführen, um u. a. eine Entscheidung für den richtigen Transformationspfad zu treffen. Die Umsetzung erfolgt durch eine Vorstudie, in der neben der Prozessdimension weitere für das Transformationsprojekt relevante Aspekte, wie z. B. Anpassungen von kundeneigenen Entwicklungen und Schnittstellen, beleuchtet werden. Da der Wechsel auf SAP S/4HANA, wie bereits beschrieben, der ideale Zeitpunkt für den Einstieg in das Thema Business Process

Transformation Management ist, bietet eine Vorstudie die Möglichkeit, SAP Signavio kennenzulernen.

In den folgenden Abschnitten beschreiben wir die Fragestellungen, Ziele und Herausforderungen und wie SAP Signavio mit den in Teil II, »Das Business-Process-Transformation-Portfolio von SAP«, vorgestellten Lösungen Antworten liefert. Der Schwerpunkt liegt dabei auf der methodischen Vorgehensweise.

12.2 Analyze Process

Der erste Schritt der End-to-End-Business-Process-Transformation-Methode hat das Ziel, Transparenz über die aktuelle Prozessperformance herzustellen.

12.2.1 Fragestellungen, Herausforderungen und Ziele

In Abschnitt 10.1.3, »Die Chancen und Herausforderungen beim Wechsel zu SAP S/4HANA«, haben wir ausführlich die folgenden drei Fragestellungen diskutiert:

- Wie können Sie sicherstellen, dass der Wechsel zu SAP S/4HANA Mehrwert für Ihr Unternehmen schafft?
- Wie kann der Wechsel zu SAP S/4HANA so schnell wie möglich durchgeführt werden?
- Wie stellt Ihr Unternehmen sicher, dass der Wechsel auf SAP S/4HANA durchführbar ist?

Um Antworten auf diese Fragen zu finden und die richtigen Prozesse beim Wechsel auf SAP S/4HANA umzugestalten, ist *Prozesstransparenz* die wichtigste Voraussetzung. Diese schafft die Grundlage verschiedenste Fragen zu beantworten:

- Wie ist die Performance ausgewählter End-to-End-Prozesse?
- Gibt es Unterschiede in der Prozessperformance zwischen verschiedenen organisatorischen Einheiten oder aufgrund unterschiedlicher Prozessvarianten?
- Welche Prozessvarianten werden wie häufig verwendet?
- Wie ist die Prozessperformance in meinem Unternehmen im Vergleich zu Wettbewerbern in meiner Industrie?
- Welche Prozesse verschaffen meinem Unternehmen einen Wettbewerbsvorteil?
- Welcher finanzielle Mehrwert lässt sich durch die Anpassung der Prozesse realisieren?
- Welche Prozessanpassungen sind sinnvoll, um die identifizierten Schwachstellen zu beseitigen?

Die Beantwortung dieser und weiterer Fragen im Zusammenhang mit der Prozessperformance zielt darauf ab, dass sich beim Wechsel auf SAP S/4HANA Mehrwerte durch das Redesign der aktuell in SAP ERP abgebildeten Geschäftsprozesse erzielt werden können. Dabei sind zwei Arten von Anpassungen zu unterscheiden: Anpassungen, die vor dem Wechsel auf SAP S/4HANA in SAP ERP umgesetzt werden, und Anpassungen, die erst beim Wechsel auf SAP S/4HANA umgesetzt werden. Die Vorgehensweisen zur Umsetzung von Anpassungen in SAP ERP werden in Abschnitt 12.3, »Enhance Process«, und in Abschnitt 12.4, »Process Design and Solution Design«, beschrieben.

Eine Anpassung der Prozesse in SAP ERP ist für SAP-Neukunden, die derzeit ERP-Lösungen von Wettbewerbern einsetzen, nicht möglich. In der anschließenden Designphase bilden die SAP-Best-Practices bzw. der Standard-Content die Grundlage für Fit-to-Standard-Workshops. Die Analyse der Prozesse in den aktuell genutzten IT-Lösungen mithilfe von SAP Signavio Process Intelligence ist zwar grundsätzlich denkbar, in der Praxis aber sehr selten der Fall, da Aufwand und Nutzen in keinem sinnvollen Verhältnis zueinanderstehen. Die Analyseergebnisse sind aufgrund der Tatsache, dass sich die Lösungen von SAP ERP grundlegend von den Wettbewerbslösungen unterscheiden, ohnehin ohne großen Mehrwert. Wir gehen daher im weiteren Verlauf nicht auf dieses Szenario ein.

SAP-Bestandskunden, die ein SAP-ERP-System betreiben und sich für einen Wechsel zur SAP S/4HANA, Public Cloud, entschieden haben, führen, ebenso wie SAP-Neukunden, eine Neuimplementierung durch. Hier kann eine Analyse der Ist-Prozesse sinnvoll sei. Motivation und gleichzeitig Voraussetzung für den Wechsel in die Public Cloud ist die Standardisierung der Prozesse. Grundlage sind die in SAP S/4HANA, Public Cloud, verfügbaren Prozesse. Eine Analyse von SAP ERP in diesem Szenario verfolgt daher nicht das Ziel, während oder nach dem Wechsel auf SAP S/4HANA Anpassungen in SAP ERP durchzuführen. Eine Analyse des existierenden ERP-Systems kann dennoch aus den folgenden Gründen sinnvoll sein:

- um Prozessverbesserungspotenziale zu identifizieren und darauf aufbauend abzuleiten, welche Mehrwerte sich unter der Berücksichtigung dieser Erkenntnisse durch eine Neuimplementierung realisieren lassen
- um Prozessvarianten zu analysieren, da im Zuge der Neuimplementierung eine Harmonisierung der Geschäftsprozesse mit dem Ziel erfolgt, die Komplexität zu reduzieren.
- um Transparenz über die Ist-Prozesse – ergänzend zum Digital Discovery Assessment – und Sicherheit zu schaffen, dass der Funktionsumfang von SAP S/4HANA, Public Cloud, ausreichend ist

Aus dem Blickwinkel von SAP-Bestandskunden, die auf SAP S/4HANA konvertieren oder eine Neuimplementierung anstreben, ist die Prozesstransparenz die Grundlage für die folgenden Ziele:

- Generierung von Mehrwerten bei der Neugestaltung von Geschäftsprozessen
- Maximierung des Nutzens von SAP S/4HANA
- Komplexitätsminimierung durch die Reduzierung von Prozessvarianten und Belegarten
- Schaffung der Grundlage für die Modellierung von Prozessen und die Erstellung eines Process Repositorys
- Vergleich mit bereits modellierten Prozessen

Das zuerst genannte Ziel lässt sich als eine mehrwertorientiere Analyse beschreiben, bei der im Vorfeld zu definieren ist, welche Prozessbereiche analysiert werden sollen. Für die weiteren Ziele ist dies nicht notwendig.

Kunden haben in aller Regel keine oder keine umfassende Transparenz über Ihre Prozesse, d. h., dass Sie nicht in der Lage sind, wichtige Fragen unternehmensweit zu beantworten. Vor dem Hintergrund, dass die vorhandenen IT-Ressourcen ohnehin ausgelastet sind und jetzt noch das SAP-S/4HANA-Projekt dazukommt, ist Transparenz eine Herausforderung, da auch neben einer Ressourcenknappheit die zur Verfügung stehende Zeit für Analysen begrenzt ist. Dies bedeutet, dass die Unternehmen vor einigen Herausforderungen stehen:

- Unkenntnis über Prozessperformance, da keine Auswertungsmöglichkeiten vorhanden sind.
- Gegebenenfalls vorhandene Daten zur Prozessperformance sind veraltet.
- Keine Möglichkeit, die Prozessperformance mit Wettbewerbern (Cross-Company) oder unternehmensintern (Intra-Company) zu vergleichen.
- Keine Übersicht, welche Prozessvarianten existieren, wie häufig diese genutzt werden und welche am effizientesten und fehlerfrei sind.
- Keine Organisation, die sich mit den Thema Prozessmanagement beschäftigt und daher auch keine dedizierten Ressourcen mit entsprechendem Know-how.

12.2.2 Vorgehensweise

Wie im vorangehenden Abschnitt beschrieben, verfolgt die Analyse von Geschäftsprozessen verschiedene Ziele. Diese lassen sich in zwei Arten gruppieren:

- **Mehrwertorientierte Ziele**
  Spezifische Prozesstransparenz zu schaffen, um bei der Neugestaltung von Geschäftsprozessen (*mehrwertorientiere Analyse*) Mehrwerte zu generieren.

- **Nutzenmaximierende und komplexitätsreduzierende Ziele**
  Grundlegende Prozesstransparenz zu schaffen, um den Nutzen von SAP S/4HANA zu maximieren und die Komplexität zu reduzieren (*nutzenmaximierende und komplexitätsreduzierende Analyse*).

In der Praxis geschieht beides gleichzeitig, da sich die Ziele ergänzen.

Für die erste Art von Zielen ist es zunächst erforderlich zu definieren, welche Prozesse analysiert werden sollen, und zu bestimmen, ob Verbesserungspotenzial besteht. Prozesse können dabei komplette End-to-End-Prozesse, modulare Teilprozesse bis hin zu einen Teilprozessschritten sein. Wie in Abschnitt 12.1 beschrieben, bildet die Unternehmensstrategie die Grundlage für die Identifikation der zu analysierenden Prozesse. Basierend auf den Unternehmenszielen und den damit verbundenen Werttreibern werden die zu analysierenden Geschäftsprozesse und die relevanten Prozesskennzahlen identifiziert.

Ergänzend zur Definition eines Prozessanalyseumfangs auf Basis der Unternehmensstrategie kann der SAP Value Lifecycle Manager eingesetzt werden. Bestandteil des SAP Value Lifecycle Managers ist das Werkzeug *Move the Needle*. Es ermöglicht dem Kunden, sein Unternehmen anhand von vordefinierten Kennzahlen, die auf öffentlich zugänglichen standardisierten Finanzkennzahlen basieren, mit Wettbewerbern zu vergleichen. Das Ergebnis ist eine Berechnung des vollständigen Mehrwertpotenzials. Bei dieser Betrachtung spielen die von SAP S/4HANA unterstützte Business Capabilitys und Prozesse keine Rolle. Es wird ebenfalls nicht berücksichtigt, welche Mehrwerte Kunden durch den Einsatz von SAP S/4HANA realisieren können. Die nächste Form der Top-down-Mehrwertberechnung setzt hier an. Der SAP Value Lifecycle Manager ermöglicht mit einem weiteren Werkzeug die Erstellung eines Business Case. Hierbei wird eine SAP-interne Benchmarking-Datenbank genutzt, um durch einen Vergleich von Datenpunkten anderer Unternehmen die bereits gewonnenen Erkenntnisse zu verfeinern. Hierbei werden ebenfalls Wertetreiber analysiert, die bei der Anlage des Business Case durch die Auswahl von Produkten, Business Capabilitys oder Prozessen bestimmt werden. Um die manuelle Eingabe der Performance der Wertetreiber zu validieren, besteht die Möglichkeit, systembezogene Daten in den Business Case zu importieren. Diese werden durch den Report **SAP Process Discovery** oder in Zukunft durch den Report **SAP Signavio Process Insights, Discovery Edition** erzeugt (aktuelle Planung). Beide Lösungen analysieren die wichtigsten industrieübergreifenden Kennzahlen. SAP Signavio Process Insights erweitert den Analyse-Content signifikant und bietet darüber hinaus die Möglichkeit, die bereits ermittelten Kennzahlen flexibel auszuwerten. In Kapitel 14, »Der Einstieg in das Business Process Transformation Management«, geben wir Ihnen einen Überblick über beide Lösungen und erläutern, wie diese Ihnen den Einstieg in das Thema Business Process Transformation Management ermöglichen.

Abbildung 12.9 zeigt das Zusammenspiel einer Top-down-Berechnung auf der Basis von Key Performance Indicators (KPIs), die auf externen Benchmarks basieren, und von Process Performance Indicators (PPI), die durch eine Analyse des SAP-ERP-Systems bereitgestellt werden.

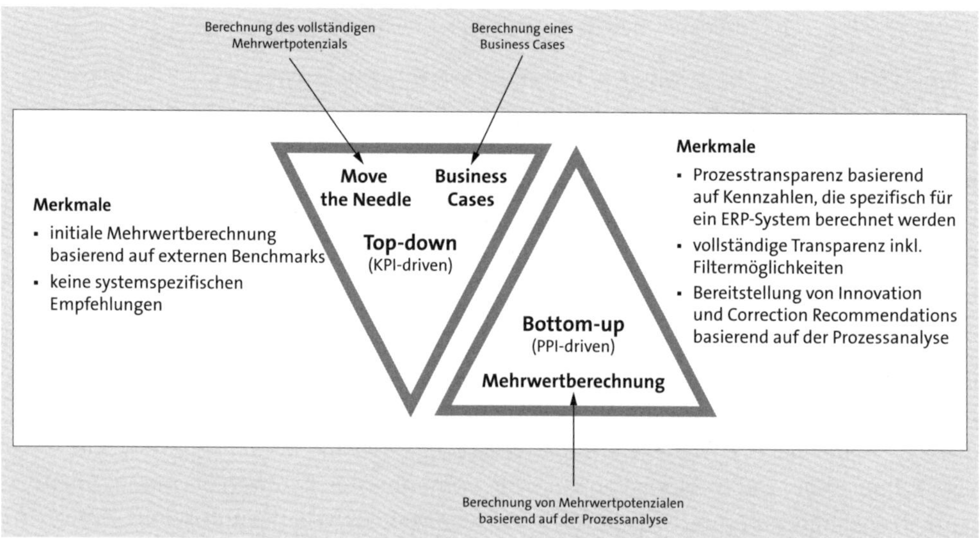

Abbildung 12.9 Top-down- und Bottom-up-Mehrwertberechnungen

[»]

SAP Value Lifecycle Manager

Der SAP Value Lifecycle Manager steht allen Kunden mit einem Support-Vertrag zur Verfügung. Weitere Informationen zu diesem Produkt finden Sie hier:

- Informationen für den Einstieg in den SAP Value Lifecycle Manager finden Sie unter diesem Link: *http://s-prs.de/v917416*
- Die Learning Journey für das Werkzeug Move the Needle finden Sie unter diesem Link: *http://s-prs.de/v917417*
- Die Learning Journey für einen Business Case finden Sie unter diesem Link: *http://s-prs.de/v917418*
- Die Learning Journey für Integration Process Discovery und den Business Case finden Sie unter diesem Link: *http://s-prs.de/v917419*

Die Analyse der Mehrwertpotenziale findet häufig bereits vor dem Projektstart statt, da die Investitionskosten eine Ermittlung von Mehrwertpotenzialen erforderlich machen. In Form einer SAP-S/4HANA-Vorstudie werden hier neben einer Nutzenbetrachtung auch die Entscheidung für einen Wechselpfad getroffen und weitere Analysen, wie z. B. der in Kapitel 10, »Der Wechsel zu SAP S/4HANA als Einstieg in das

Business Process Transformation Management«, beschriebene Readiness Check durchgeführt. Ebenso erfolgt bereits eine erste Analyse der notwendigen Prozesserweiterungen oder Prozessredesigns. Die SAP-S/4HANA-Vorstudie umfasst somit Tätigkeiten der Analyse-, Enhance- und Designphase.

Durch den Einsatz des SAP Value Lifecycle Managers konnten bereits Mehrwertpotenziale identifiziert werden. Dennoch besteht die Notwendigkeit, diese detaillierter zu betrachten, notwendige Anpassungen und, darauf basierend, den Implementierungsaufwand zu ermitteln. SAP Signavio Process Insights und SAP Signavio Process Intelligence unterstützen diese Analyse. Beide Lösungen schaffen auch die Basis für eine SAP-S/4HANA-nutzenmaximierende und -komplexitätsreduzierende Anpassung.

SAP Signavio Process Insights unterstützt die Analyse von SAP-ERP-Systemen auf der Basis von vordefiniertem Analyse-Content. Dieser steht nach der Aktivierung in Form von Prozessflüssen, Prozesskennzahlen sowie Corrections und Recommendations zur Verfügung. Für die mehrwertorientierte Analyse bietet SAP Signavio Process Insights einen an Werttreibern orientierten Einstieg. Neben der Analyse der Anzahl der Objekte für Prozessflüsse und Prozesskennzahlen wird auch die Berechnung des finanziellen Mehrwerts unterstützt. Für die nutzenmaximierende und komplexitätsreduzierende Analyse ist ein Einstieg über die Fachbereiche möglich. Umfangreiche Filtermöglichkeiten erlauben eine detaillierte Betrachtung und damit auch Validierung.

Wenn der Analyse-Content hinsichtlich der zu analysierenden Prozesse nicht ausreicht oder um weitere Informationen ergänzt werden muss, steht mit SAP Signavio Process Intelligence eine Process-Mining-Lösung zur Verfügung. Sie unterstützt die flexible Analyse von Geschäftsprozessen. Um diese zu beschleunigen und gleichzeitig den Analyse-Content von SAP Signavio Process Insights flexibler auszuwerten und bei Bedarf zu erweitern, kann dieser in SAP Signavio Process Intelligence integriert werden. Dieser Ansatz hat einen revolutionären Charakter, da er es ermöglicht, Process Mining mit geringerem Initialisierungsaufwand und von Anfang an mit wesentlich umfangreicherem Content zu betreiben.

Plug and Gain

SAP Signavio unterstützt die Analyse von Prozessen in SAP ERP und SAP S/4HANA mit zwei Lösungen: SAP Signavio Process Insights und SAP Signavio Process Intelligence. SAP Signavio Process Insights ermöglicht es, auf Basis von vordefiniertem Analyse-Content nahezu ohne Aufwand Prozesstransparenz zu schaffen. Eine flexible Erweiterung der Prozessanalyse um weitere Prozessschritte, eine Anpassung der Analyseoberfläche oder ein Abgleich mit bestehenden Prozessmodellen ist jedoch nicht möglich. Mit dem Ansatz *Plug and Gain* wird es möglich, SAP Signavio Process Intelligence für eine flexiblere Analyse zu nutzen, indem auf Basis des Process-Insights-Analyse-Contents Event-Logs erzeugt werden, die dann in SAP Signavio Process Intelligence analysiert werden. Plug and Gain erhöht somit nicht nur den Nutzen von SAP Signavio Process Insights, sondern ermöglicht es Kunden auch, ein Process Mining mit einem drastisch reduzierten Zeitaufwand durchzuführen.

Die datenunterstützten Analysen ermöglichen eine schnelle und objektive Prozessanalyse. Sie liefern die Grundlage für eine Diskussion mit den Ansprechpartnern auf Fachbereichs- und IT-Seite, in der die gewonnenen Erkenntnisse in Workshops besprochen und validiert werden: Wie lassen sich die Ergebnisse erklären? Welche Erweiterungen und Anpassungen sind notwendig, um die identifizierten Schwachstellen zu beseitigen? Wie groß ist der Mehrwert, und wie aufwendig sind die Anpassungen? Die Antworten auf diese und weitere Fragen bilden die Grundlagen für eine Kosten-Nutzen-Betrachtung, eine Priorisierung und Einordnung, ob die Anpassungen in der Enhance- oder in der Designphase durchgeführt werden.

Die folgenden Ergebnisse werden in der Analyze-Phase erzielt:

- Berechnung des gesamten Mehrwertpotenzials mithilfe der Werkzeuge Move the Needle und des Business Case des SAP Value Lifecycle Managers durch einen Top-down-Ansatz der Mehrwertberechnung
- Verfeinerung der Top-down-Sicht auf Basis der Process Performance Indicators durch eine Bottom-up-Analyse auf Basis der KPIs des Reports **SAP Process Discovery**
- Identifikation der Prozesse mit dem größten Potenzial zur Performanceverbesserung
- Durchführung einer Analyse von Prozessflüssen und weiteren Kennzahlen von SAP Signavio Process Insights
- Nutzung des Plug-and-Gain-Ansatzes zur Visualisierung des Analyse-Contents aus SAP Signavio Process Insights in SAP Signavio Process Intelligence sowie Erweiterung des Standard-Process-Insights-Contents
- Analyse weiterer Geschäftsprozesse, die nicht durch den Content aus SAP Signavio Process Insights abgedeckt sind, mit SAP Signavio Process Intelligence
- Erstellung einer Übersicht, welche Prozesse das größte Potenzial bieten, mit Hinblick auf zwei Faktoren:
  - Welche Prozesse schaffen im Hinblick auf die Unternehmensstrategie und die Top-down-Outside-in-Betrachtung auf Basis von Move the Needle bzw. der Business-Case-Betrachtung den meisten Mehrwert?
  - Welche Prozesse ermöglichen die Reduzierung von Komplexität durch die Reduktion von Prozessvarianten, Belegarten und Stammdaten?

- Ergänzung der Übersicht der identifizierten Mehrwertpotenziale um eine erste grobe Aufwandsschätzung, Erstellung einer Kosten-Nutzen-Betrachtung und Klassifizierung, ob die Anpassungen in der Enhance- oder in der Design-Phase umgesetzt werden

12.3 Enhance Process

Der zweite Schritt der End-to-End-Business-Process-Transformation-Methode hat das Ziel zu definieren, wie die identifizierten Mehrwertpotenziale durch eine Erweiterung von bestehenden Prozessen realisiert werden können.

12.3.1 Fragestellungen, Herausforderungen und Ziele

In der Analyze-Phase wurden die bestehenden Geschäftsprozesse untersucht, Schwachstellen identifiziert und Verbesserungspotenziale aufgezeigt. Wie in Abschnitt 12.2.2, »Vorgehensweise«, beschrieben, sind dabei zwei Arten von Anpassungen zu unterscheiden:

- Anpassungen, die bereits im laufenden Betrieb in SAP ERP erfolgen können, da sie mit geringem Umsetzungsaufwand verbunden sind, als unkritisch eingestuft werden und keine SAP-S/4HANA-Innovationen erfordern
- Anpassungen, die erst im Zuge des Prozessdesigns erfolgen, da sie zu umfangreich sind oder SAP-S/4HANA-Innovationen erforderlich machen

In der Enhance-Phase wird zunächst der Implementierungsaufwand für die Anpassungen abgeschätzt, die in SAP ERP umgesetzt werden können. Unter der Berücksichtigung des in der Analyse erzielbaren Nutzens werden die Anpassungen priorisiert und eine Roadmap dazu erstellt, wann diese umgesetzt werden. Dazu müssen die folgenden Faktoren geklärt werden:

- **Aufwand**
  Mit welchem Aufwand können die identifizierten Schwachstellen behoben werden? Dies beinhaltet sowohl den technischen Anpassungsaufwand als auch notwendige funktionale Nachtests und die Klärung, wer auf IT- und Fachbereichsseite bei den Änderungen involviert sein muss. Im Ergebnis lässt sich somit auch die Machbarkeit der Anpassungen bestimmen und ob Erweiterungen (Enhance) der SAP-ERP-Prozesse im laufenden Betrieb und nicht erst während der Umstellung auf SAP S/4HANA möglich sind. Die detailliertere Betrachtung der Analyseergebnisse und des erforderlichen Aufwands kann im Ergebnis auch dazu führen, dass in der Analysephase identifizierte Verbesserungspotenziale keinen oder nicht mehr den gleichen Nutzen bringen und daher nicht mehr weiterverfolgt werden.

- **Verantwortlichkeit**
  Sind die notwendigen Tätigkeiten für die technische Umsetzung identifiziert, kann geklärt werden, wer für einzelne Teilanpassungen oder insgesamt verantwortlich ist.
- **Zeit**
  Sind Arbeitspakete und Verantwortlichkeiten definiert, kann die Frage abschließend geklärt werden, wie hoch der zeitliche Aufwand aller an der Anpassung Beteiligten ist.
- **Aufwand-Nutzen-Verhältnis**
  Wurden Aufwand und Nutzen bereits in der Analysephase ermittelt, wird die initial durchgeführte Priorisierung unter der Berücksichtigung der gewonnenen Erkenntnisse aktualisiert.
- **Clustering**
  In Vorbereitung der Erstellung einer Roadmap wird evaluiert, welche Anpassungen sinnvollerweise gemeinsam durchgeführt werden, um z. B. Testaufwände zu reduzieren.
- **Roadmap**
  Abschließend wird eine Roadmap erstellt, die beschreibt, in welcher zeitlichen Reihenfolge, die Anpassungen, unter der Berücksichtigung der personellen Verfügbarkeit, durchgeführt werden.

Nach einer Budgetfreigabe kann die Umsetzung beginnen. Durch diese werden die folgenden Ziele realisiert:

- **Mehrwerte schnell realisieren**
  Prozesstransparenz ermöglicht es, gezielt Verbesserungspotenziale zu realisieren und somit auch den Nutzen von Prozessveränderungen zu demonstrieren.
- **Komplexitätsreduzierung**
  Die Bereinigung nicht mehr oder nicht häufig genutzter Belegarten und Prozessvarianten führt zu einer Reduzierung der Komplexität. Bei der Umstellung auf SAP S/4HANA können dadurch auch Testaufwände reduziert und der Fokus auf die häufig genutzten Prozessvarianten gelegt werden.
- **Zusammenspiel**
  Wie bereits beschrieben, sind Anzahl, Umfang und Mehrwert der Prozessveränderungen häufig sehr gering; der Schwerpunkt liegt auf dem Betrieb der Systeme. Erweiterungen in begrenztem Umfang sind eine ideale Vorbereitung für das notwendige Zusammenspiel aller Beteiligten in der IT und in den einzelnen Fachbereichen während des Wechsels auf SAP S/4HANA.

Obwohl der Gesamtaufwand in der Regel gering ist und ein Nutzenpotenzial realisiert werden kann, können in dieser Phase auch einige Herausforderungen auftreten:

- **Bereitschaft zur Veränderung**
  In der Vergangenheit lag der Schwerpunkt auf dem Betrieb der Systeme (Keep the Lights on) und nicht auf kontinuierlichen Prozessanpassungen (Innovation). Wenn nun zum ersten Mal seit langer Zeit Anpassungen auf Basis datengetriebener Prozesstransparenz vorgenommen werden sollen, kann dies zu Widerständen bei den Beteiligten führen.
- **Know-how**
  Obwohl Anpassungen in der Regel unkompliziert sind, ist das notwendige technische Know-how z. B. für eine Konfigurationsanpassung aufgrund von Mitarbeiterfluktuation und der Tatsache, dass Anzahl und Umfang der Anpassungen in den letzten Jahren gering waren, nicht mehr unbedingt vorhanden.
- **Ressourcenverfügbarkeit**
  Nicht nur das Know-how, sondern auch die Ressourcenverfügbarkeit kann eine Herausforderung darstellen, da parallel der laufende Betrieb mit einer sehr oft dünnen Personaldecke unterstützt werden muss und darüber hinaus weitere vorbereitende Tätigkeiten des SAP-S/4HANA-Projekts zu unterstützen sind. Die Aktivitäten der Enhance-Phase können noch andauern, wenn die Konzeption bereits begonnen hat.

12.3.2 Vorgehensweise

Die Prozessanpassungen in der Enhance-Phase basieren auf den Ergebnissen der Analysephase. In dieser Phase wurde der Nutzen der Prozessanpassungen analysiert, der Umsetzungsaufwand jedoch nur sehr grob abgeschätzt, um zu entscheiden, ob die Prozessanpassungen bereits in SAP ERP umgesetzt werden können – oder ob sie Teil eines umfassenderen Prozessredesigns sind. In einem ersten Schritt wird daher der notwendige Anpassungsaufwand ermittelt. Die folgenden Ergebnisse werden mit Hinblick auf den Umsetzungsaufwand analysiert:

- **Correction Recommendations**
  SAP Signavio Process Insights liefert in Form von Correction Recommendations bereits konkrete Hinweise dazu, welche Anpassungen in SAP ERP erfolgen können. Diese werden auf Basis ausgewählter Performanceindikatoren erstellt. Notwendige Schritte zur Anpassung werden beschrieben sowie der Umsetzungsaufwand auf der Basis von Erfahrungswerten in die Kategorien **gering**, **mittel** und **hoch** klassifiziert. Auf dieser Basis kann eine Validierung erfolgen.
- **Innovation Recommendations**
  Neben den Correction Recommendations stellt SAP Signavio Process Insights auf der Ebene der Prozessflüsse auch Innovation Recommendations bereit. Diese beinhalten auch Empfehlungen, mit welchen Bots durch SAP Build Process Automa-

tion oder SAP-Fiori-Apps Prozesse verbessert werden können. Eine individuelle Bewertung des Implementierungsaufwands ist erforderlich.

- **Prozessflüsse und Perfomance Indicators**
  Bei Verbesserungspotenzialen, die auf der Basis von Prozessflüssen oder einzelnen Performanceindikatoren identifiziert wurden, muss zunächst ermittelt werden, welche Anpassungen notwendig sind. Die für eine Prozessverbesserung identifizierten Blocker in den Prozessflüssen sowie die einzelnen Performanceindikatoren sollten unter der Verwendung der Filteroptionen, sofern in der Analysephase noch nicht geschehen, analysiert werden. Ergänzend zur Analyse in SAP Signavio Process Insights kann auch eine Analyse auf Basis des Plug-and-Gain-Ansatzes in SAP Signavio Process Intelligence erfolgen. Neben der datengetriebenen systemgestützten Analyse sollte auch immer zusätzlich der Dialog mit den Endanwender*innen gesucht werden, um geplante Anpassungsmaßnahmen zu validieren.

Sind die notwendigen Anpassungen und Aufwände auf Basis der Correction Recommendations, der Innovation Recommendations und der Prozessflussanalyse sowie der Performanceindikatoren definiert, können die Verantwortlichkeiten und der Zeitbedarf geklärt werden.

Vor der Erstellung einer Roadmap werden die einzelnen betrachten Aktivitäten gruppiert, und das Verhältnis von Nutzen und Aufwand erneut bewertet. Nach einer endgültigen Entscheidung, welche Anpassungen umgesetzt werden sollen, erfolgt gegebenenfalls eine Budgetfreigabe. Die nun folgende Umsetzung der Anpassungen kann in der Praxis parallel zu der nun folgenden Designphase erfolgen.

Folgende Ergebnisse werden in der Enhance-Phase erzielt:

- Definition der notwendigen Anpassungsaktivitäten sowie des benötigen Aufwands
- Klärung der für die Umsetzung benötigten Ressourcen
- Zeitplanung für die Realisierung
- Aktualisierung der Nutzen-Aufwand-Betrachtung sowie eine Bewertung, welche Anpassungen durchgeführt werden sollen, inklusiver einer Priorisierung
- Gruppierung der Anpassungsaktivitäten
- Erstellung einer Roadmap

12.4 Process Design and Solution Design

Ein wesentlicher Schritt auf dem Weg zur erfolgreichen SAP-S/4HANA-Transformation ist die Phase des Process Designs und Solution Designs. In dieser Phase der End-to-End-Business-Process-Transformation-Methode werden die Grundlagen für die Umgestaltung der Geschäftsprozesse gelegt und die zukünftige Lösungsentwicklung geplant. Dabei stellen sich zahlreiche Fragestellungen und Herausforderungen, die sorgfältig analysiert und adressiert werden müssen, um einen erfolgreichen Wechsel zu gewährleisten.

12.4.1 Fragestellungen, Herausforderungen und Ziele

Beim Design der neuen Geschäftsprozesse bzw. der Lösung müssen sich Kunden mit verschiedenen Fragestellungen auseinandersetzen und einige Herausforderungen meistern. Einer der ersten Aspekte, mit dem sich Unternehmen befassen müssen, ist die Identifizierung der Geschäftsprozesse, die in das neue System integriert werden sollen. Dabei sind sowohl bestehende als auch zukünftigen Geschäftsprozesse zu berücksichtigen. Die Unternehmen müssen auch entscheiden, welche Prozesse in diesem Rahmen optimiert werden sollen und welche Prozesse so beibehalten werden können, sodass die Analyseergebnisse aus Abschnitt 12.2, »Analyze Process«, Einfluss nehmen können.

Ein weiterer wichtiger Aspekt ist die Gestaltung der Geschäftsprozesse im Hinblick auf die Unternehmensstrategie. Hier geht es darum, die Geschäftsprozesse so zu gestalten, dass sie zur Erreichung der Unternehmensziele beitragen. Dazu müssen die Geschäftsprozesse so gestaltet werden, dass sie effizient sind und eine schnelle Umsetzung ermöglichen.

Der Aufbau einer Prozessarchitektur ist ein wichtiger Schritt, um die Prozesse in einem Unternehmen zu verstehen, zu optimieren und zu steuern und sollte zentraler Bestandteil der Design-Process-and-Solution-Phasen sein. Die folgenden Schritte können dabei helfen:

1. **Identifikation der Geschäftsprozesse und Aufbau der Prozessarchitektur**
   Identifizieren Sie alle Geschäftsprozesse in Ihrem Unternehmen, von der Produktentwicklung bis zur Lieferung, und gießen Sie diese in eine Struktur.
2. **Priorisierung der Prozesse**
   Priorisieren Sie die Prozesse nach ihrer Bedeutung für das Unternehmen und ihrem Wertschöpfungspotenzial.
3. **Prozessdesign**
   Entwerfen Sie einen optimierten Prozess, der die Schwachstellen beseitigt und die Effizienz steigert.

Im folgenden Abschnitt erklären wir die drei Schritte im Detail.

12.4.2 Vorgehensweise

Im Rahmen der SAP-S/4HANA-Transformation ist es von entscheidender Bedeutung, eine solide Prozessarchitektur aufzubauen, die als Grundlage für die Neugestaltung der Geschäftsprozesse dient. Dieser Abschnitt widmet sich der strukturierten Planung und Gestaltung der Prozessarchitektur sowie der Priorisierung und Segmentierung der zu transformierenden Prozesse. Zudem wird erläutert, wie ein abschließendes modulares Prozessdesign entwickelt wird, um die Effizienz und Flexibilität des Unternehmens zu maximieren.

Aufbau der Prozessarchitektur

Die Identifikation der Geschäftsprozesse ist der erste und wichtige Schritt bei der Entwicklung einer Prozessarchitektur. Dabei ist es wichtig, alle Geschäftsprozesse zu identifizieren, die im Unternehmen existieren. Hierzu können verschiedene Methoden, wie z. B. Interviews mit den Mitarbeitenden, oder eine Datenanalyse genutzt werden.

Die Geschäftsstrategie und die Geschäftsmodelle des Unternehmens sollten bei der Identifikation der Geschäftsprozesse ebenfalls berücksichtigt werden. Die Geschäftsstrategie und die Geschäftsmodelle des Unternehmens legen fest, welche Aktivitäten und Prozesse erforderlich sind, um die strategischen Ziele des Unternehmens zu erreichen. Durch die Analyse der Geschäftsstrategie und Geschäftsmodelle können Unternehmen ihre wichtigsten Geschäftsprozesse ableiten. Neben den Prozessen, die für die Umsetzung der Geschäftsstrategie bzw. der Geschäftsmodelle relevant sind, sollten bei der Identifikation der Geschäftsprozesse auch die Aktivitäten und Aufgaben berücksichtigt werden, die nicht zwangsläufig für die Umsetzung der Geschäftsstrategie bzw. der Geschäftsmodelle notwendig sind. Dabei ist es hilfreich, sich an den verschiedenen Abteilungen und Funktionen des Unternehmens zu orientieren, um sicherzustellen, dass alle relevanten Prozesse identifiziert werden.

Zunächst sollten die End-to-End-Prozesse identifiziert bzw. aus den Geschäftsmodellen abgeleitet werden, die das Unternehmen in dessen Kernbereichen unterstützen, z. B. Make-to-Order oder Engineer-to-Order. Ein End-to-End-Prozess besteht aus einer Reihe von Schritten, die notwendig sind, um ein bestimmtes Ergebnis zu erzielen. Diese Schritte können jedoch in kleinere, modulare Teilprozesse unterteilt werden, die unabhängig voneinander ausgeführt werden können und das Gesamtergebnis des End-to-End-Prozesses beeinflussen. Beispiele hierfür sind Erstellung von Produktionsaufträgen, Produktionsplanung oder Debitorenbuchhaltung. Im Folgenden beschreiben wir genauer, wie modulare Teilprozesse aus einem End-to-End Prozess abgeleitet werden können:

- **Schritt 1: Identifizieren Sie das Gesamtergebnis des End-to-End-Prozesses**
  Bevor Sie die modularen Teilprozesse identifizieren können, müssen Sie das Gesamtergebnis des End-to-End-Prozesses verstehen. Was ist das Ziel des Prozesses? Welches Ergebnis wird erwartet? Sobald Sie das Gesamtergebnis identifiziert haben, können Sie mit der Identifizierung der einzelnen Schritte fortfahren, die zur Erzielung dieses Ergebnisses erforderlich sind.
- **Schritt 2: Identifizieren Sie die Schritte, die notwendig sind, um das Gesamtergebnis zu erzielen**
  Identifizieren Sie nun die Schritte, die notwendig sind, um das Gesamtergebnis zu erzielen. Schreiben Sie jeden dieser Schritte auf, und notieren Sie, was bei jedem Schritt geschieht.
- **Schritt 3: Gruppieren Sie ähnliche Schritte**
  Sobald Sie die einzelnen Schritte des End-to-End-Prozesses identifiziert haben, gruppieren Sie ähnliche Schritte. Diese Schritte sollten eng miteinander verbunden sein und eine ähnliche Funktion erfüllen. Gruppieren Sie diese Schritte zu modularen Teilprozessen.
- **Schritt 4: Identifizieren Sie die Abhängigkeiten zwischen den modularen Teilprozessen**
  Nachdem Sie die modularen Teilprozesse identifiziert haben, identifizieren Sie die Abhängigkeiten zwischen ihnen. Welche modulare Teilprozesse müssen abgeschlossen sein, bevor andere Teilprozesse beginnen können? Welche Teilprozesse hängen voneinander ab?

Anschließend können sowohl alle identifizierten End-to-End-Prozesse als auch alle modularen Teilprozesse in die in Abschnitt 11.2, »Prozessarchitektur«, beschriebene Prozessarchitektur einsortiert werden (siehe Abbildung 11.4).

Bei der Entwicklung einer Prozessarchitektur ist es wichtig, alle relevanten Prozesse zu berücksichtigen und zu identifizieren, unabhängig davon, ob sie Teil des End-to-End-Prozesses sind oder nicht. Ein Beispiel für einen Teilprozess, der normalerweise nicht Teil eines End-to-End-Prozesses ist, ist die Durchführung der Inventur. Die Durchführung der Inventur kann ein Teilprozess sein, der nicht direkt mit dem Kunden oder Lieferanten interagiert, aber dennoch eine wichtige Rolle bei der Aufrechterhaltung der Geschäftstätigkeit spielt. Wenn dieser Prozess nicht effektiv und effizient durchgeführt wird, kann dies Auswirkungen auf die Bestandsverwaltung, den Verkauf und die Kundenzufriedenheit haben. Daher sollten alle relevanten modulare Teilprozesse identifiziert und in die Prozessarchitektur aufgenommen werden.

Die Einbeziehung von Referenzinhalten oder Referenzarchitekturen, wie z. B. des SAP Signavio Process Explorers (siehe Abbildung 12.10) oder Inhalten von Partnern, in die Entwicklung einer Prozessarchitektur kann sehr hilfreich sein, da sie es dem Unternehmen ermöglicht, bewährte Verfahren und Best Practices von anderen Unternehmen zu nutzen. Referenzinhalte oder Referenzarchitekturen sind typischerweise bereits etablierte Modelle oder Frameworks, die bewährte Praktiken und Standards in bestimmten Branchen oder Funktionsbereichen darstellen. Sie bieten eine strukturierte Methode zur Identifizierung, Analyse und Verbesserung von Prozessen, die in anderen Unternehmen bereits erfolgreich implementiert wurden.

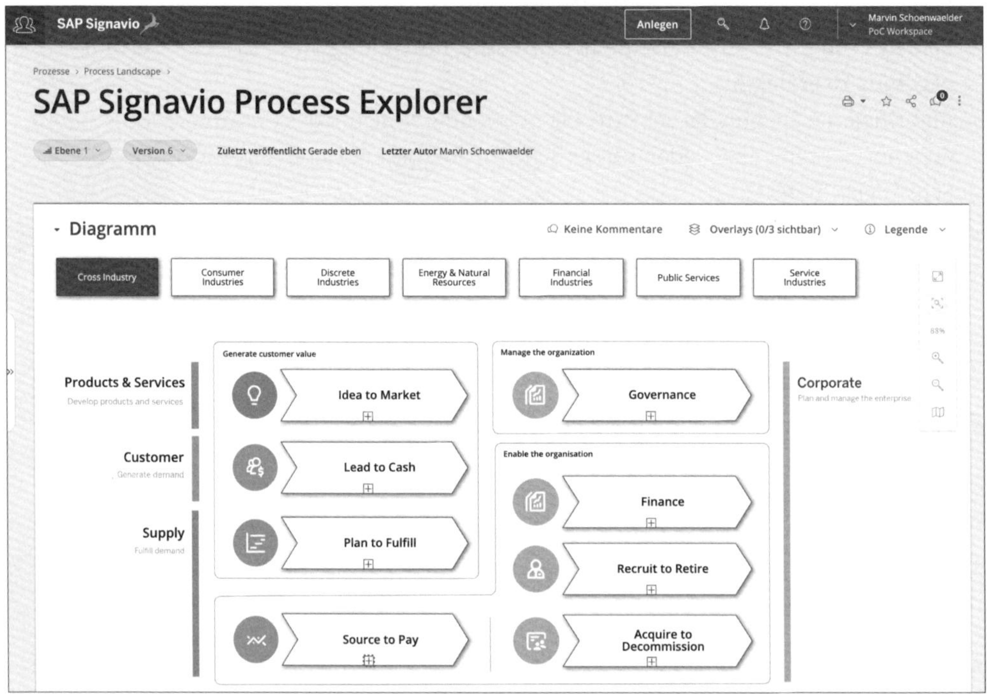

Abbildung 12.10 SAP Signavio Process Explorer

Um Referenzinhalte oder Referenzarchitekturen in die Prozessarchitektur eines Unternehmens einzubeziehen, sollten diese Modelle und Frameworks zunächst sorgfältig untersucht und analysiert werden. Hierbei ist es wichtig, die spezifischen Anforderungen und Bedürfnisse des Unternehmens zu berücksichtigen, um sicherzustellen, dass die ausgewählten Modelle und Frameworks die relevanten Aspekte abdecken. Das Unternehmen sollte dann die ausgewählten Referenzinhalte oder -architekturen anpassen und auf ihre spezifischen Geschäftsprozesse anwenden. Dies kann bedeuten, dass bestimmte Teile der Referenzinhalte oder -architekturen modifiziert oder ergänzt werden müssen, um den Anforderungen des Unternehmens gerecht zu werden. Es ist jedoch wichtig, darauf zu achten, dass die Prozessarchitektur des Unternehmens nicht zu stark auf Referenzinhalte oder Referenzarchitekturen angewiesen ist.

Das Ziel ist es, eine umfassende und strukturierte Übersicht über die Geschäftsprozesse im Unternehmen zu erstellen, die als Ausgangspunkt für die weitere Entwicklung der Prozessarchitektur dient. Mit dieser Übersicht können Unternehmen ihre

Prozesse besser verstehen, Schwachstellen erkennen und Verbesserungspotenziale identifizieren.

Wenn ein Kunde bereits eine Prozessarchitektur hat, muss diese verstanden und überprüft werden, ob sie noch aktuell und relevant für das aktuelle Projekt ist. In der Regel wird eine bestehende Prozessarchitektur als Ausgangspunkt für ein neues Projekt genommen, um Redundanzen und mögliche Inkonsistenzen zu vermeiden. Es ist jedoch möglich, dass die vorhandene Prozessarchitektur überholt oder unvollständig ist. In diesem Fall sollte die Prozessarchitektur überarbeitet und aktualisiert werden, bevor sie als Ausgangspunkt für das neue Projekt verwendet wird. Hierzu sollten die in der Prozessarchitektur enthaltenen Prozesse kritisch hinterfragt, aktualisiert und angepasst werden, um sicherzustellen, dass sie den Anforderungen des neuen Projekts entsprechen. Es ist auch wichtig, dass die betroffenen Mitarbeitenden des Kunden in die Überarbeitung der Prozessarchitektur einbezogen werden. Eine offene Kommunikation und Zusammenarbeit zwischen Projektteam und Kunden ist hierbei unerlässlich, um sicherzustellen, dass das Ergebnis der Überarbeitung der Prozessarchitektur den Anforderungen des Kunden entspricht.

[«]

Abbildung einer Prozessarchitektur in SAP Signavio

In SAP Signavio können Prozessarchitekturen über Navigation Maps und Value-Chain-Diagramme dargestellt werden.

Navigation Maps sind visuelle Darstellungen, die eine Übersicht über die verschiedenen Prozesse und ihre Beziehungen zueinander bieten. Diese Karten können als Navigationshilfen für Mitarbeitende dienen und helfen dabei, die Prozesse innerhalb der Organisation zu finden, zuverstehen und zu optimieren. *Value-Chain-Diagramme* sind eine weitere Möglichkeit, um die Prozessarchitektur zu visualisieren. Hier werden die verschiedenen Prozesse in Form von Wertschöpfungsketten dargestellt, um zu zeigen, wie sie zur Erreichung der Unternehmensziele beitragen. Diese Diagramme helfen dabei, die Prozesse besser zu verstehen und zu identifizieren, welche Prozesse besonders wichtig sind und optimiert werden sollten. Um die Prozesse innerhalb der Prozessarchitektur besser zu organisieren, können sie durch *Ordner* voneinander abgegrenzt werden. Auf diese Weise können die verschiedenen Prozesse kategorisiert und gruppiert werden, um ihre Verwaltung zu vereinfachen und den Überblick zu behalten.

Eine gut strukturierte Prozessarchitektur ist ein wichtiger Bestandteil eines erfolgreichen Unternehmens. Durch den Einsatz von Werkzeugen wie Navigation Maps und Value-Chain-Diagrammen sowie der Organisation der Prozesse in Ordnern können Unternehmen ihre Prozesse besser verstehen und optimieren.

Neben der reinen Darstellung der Prozessarchitektur sind userspezifische Einstiegsseiten über Prozesslandkarten ebenfalls relevant. Dies bedeutet, dass jede Benutzergruppe beim Einloggen in SAP Signavio eine individuelle Seite sieht, die auf ihre Bedürfnisse und Aufgaben zugeschnitten ist. So können z. B. Mitarbeitende aus

Deutschland eine Seite sehen, auf der die für sie relevanten Prozesse aufgelistet sind, während Mitarbeitende aus den USA eine auf sie zugeschnittene Seite sehen.

Eine weitere wichtige Funktion der SAP-Signavio-Lösungen ist die Möglichkeit, den Process Ownern bestimmte Prozesslandkarten zuzuweisen. So kann der Process Owner des Prozesses Make-to-Order eine spezielle Seite sehen, auf der nur Informationen zu diesem Prozess aufgeführt sind, während der Process Owner des Prozesses Purchase-to-Pay eine eigene Seite hat, auf der nur Informationen zu diesem Prozess aufgeführt sind.

Dieses Feature wird über User-Gruppen und Audiences verwaltet. Eine User-Gruppe kann erstellt werden, um alle Mitarbeitenden aus einem bestimmten Land oder mit einer bestimmten Rolle zusammenzufassen. Eine Audience kann erstellt werden, um eine bestimmte Gruppe von Benutzern zu identifizieren, die definiert, welche spezifische Einstiegsseite einem Benutzer angezeigt werden soll.

Durch die Verwendung von benutzerspezifischen Einstiegsseiten und Prozesslandkarten in SAP Signavio wird die Effizienz gesteigert und der Arbeitsaufwand reduziert. Mitarbeitende müssen sich nicht mehr durch irrelevante Informationen wühlen, sondern erhalten nur die für ihre Arbeit relevanten Informationen. Dies führt zu einer höheren Produktivität und zu einem effizienteren Arbeitsablauf.

Prozesse priorisieren und segmentieren

Bei der Priorisierung der Prozesse sollten Unternehmen die Bedeutung der einzelnen Prozesse für das Unternehmen und ihr Wertschöpfungspotenzial bewerten. Es gibt unterschiedliche Kriterien, nach denen eine Priorisierung vorgenommen werden kann. Ein wichtiger Faktor bei der Priorisierung von Prozessen ist deren strategische Bedeutung für das Unternehmen. Wie bereits erwähnt, sollten Unternehmen immer ihre Geschäftsstrategie mitdenken und die Prozesse priorisieren, die am besten zur Umsetzung dieser Strategie beitragen. Wenn ein Unternehmen beispielsweise die Strategie verfolgt, seine Kunden schnell und effektiv zu bedienen, sollten die Prozesse priorisiert werden, die direkt mit der Kundenzufriedenheit zusammenhängen. Ein weiteres Kriterium kann das Wertschöpfungspotenzial des Prozesses sein. Unternehmen sollten die Prozesse bewerten, die den größten Beitrag zu Umsatz und Gewinn leisten oder die größten Kosteneinsparungen bringen können. Die mit jedem Prozess verbundenen Risiken sollten ebenfalls berücksichtigt werden. Kritische Prozesse, bei denen Fehler schwerwiegende Folgen haben könnten, werden höher priorisiert und optimiert. Auch ist es entscheidend, die Meinungen und Erfahrungen von Mitarbeitenden und Kunden zu berücksichtigen, da diese oft wichtige Einblicke in die Effektivität und Effizienz der Prozesse haben. Nach der Priorisierung sollten Unternehmen ihre Ressourcen und Anstrengungen auf die wichtigsten Prozesse konzentrieren und diese kontinuierlich verbessern, um ihre Effektivität und Effizienz zu steigern. In Abschnitt 11.2, »Prozessarchitektur«, haben wir bereits die theoretischen Grundlagen zur Prozesssegmentierung vorgestellt. Wie beschrieben, empfehlen wir eine solche Segmentierung auf der Ebene von Teilprozessen bzw. auf der Ebene von Kategorien oder Wertschöpfungsstufen durchzuführen.

Eine mögliche Segmentierung der Prozesse kann, wie in Abschnitt 11.2 beschrieben, in die folgenden vier Kategorien erfolgen:

1. Hauptunterscheidungsmerkmal
2. differenzierende Prozesse
3. harmonisierter Kern
4. Standardprozesse

Diese Kategorien haben maßgeblichen Einfluss auf das Prozessdesign, worauf wir im Folgenden näher eingehen.

[«]

Abbildung von Prozesssegmentierungen in SAP Signavio

Die Segmentierung der Prozesse in der Prozesslandkarte kann Unternehmen dabei helfen, ihre Prozesse besser zu verstehen und zu optimieren. So erkennen Sie, welche Prozesse für Ihr Unternehmen von strategischer Bedeutung sind und welche nicht. Je nachdem, wie wichtig ein Prozess für Ihr Unternehmen ist, kann das Prozessdesign stark variieren.

Die Prozesse werden in die genannten vier Kategorien unterteilt: Hauptunterscheidungsmerkmal, differenzierend, harmonisierter Kern und Standard. Die Unterscheidung dieser Kategorien kann in SAP Signavio durch Attribute festgehalten werden.

Bei den Hauptunterscheidungsmerkmalen befinden sich Prozesse, die das Unternehmen einzigartig machen und von anderen Unternehmen unterscheiden. Diese Prozesse sollten entsprechend angepasst und individualisiert werden.

Differenzierende Prozesse sind Prozesse, die wichtig sind, um sich von der Konkurrenz abzuheben, sie sind aber nicht unbedingt einzigartig für das Unternehmen. Diese Prozesse können angepasst werden, um sie an die spezifischen Anforderungen des Unternehmens anzugleichen.

Harmonisierte Kernprozesse sind Prozesse, die in vielen Bereichen des Unternehmens ähnlich sind und daher eine Standardisierung erfordern. Diese Prozesse sollten so gestaltet werden, dass sie standardisiert und effizient sind.

Standardprozesse sind Prozesse, die in vielen Unternehmen ähnlich sind und daher keine Anpassung erfordern. Diese Prozesse sollten effizient und standardisiert sein, um die Kosten zu minimieren.

Die Segmentierung der Prozesse in SAP Signavio ist ein wichtiger Schritt, um sicherzustellen, dass die Prozesse des Unternehmens optimal gestaltet sind. Durch die Definition von Attributen auf der Prozessebene, beispielsweise als Dropdown-Attribut, können Unternehmen sicherstellen, dass ihre Prozesse auf ihre spezifischen Anforderungen zugeschnitten sind.

Ein weiteres Werkzeug, das Einfluss auf die Priorisierung bzw. das Prozessdesign nehmen kann, ist das Konzept der *Customer Journey*, auf das wir hier näher eingehen.

Das Kundenverhalten hat sich in den letzten Jahren stark verändert. Kunden haben heute eine Vielzahl von Möglichkeiten, um Produkte und Dienstleistungen zu kaufen. Sie nutzen dabei verschiedene Kanäle und erwarten ein nahtloses und personalisiertes Erlebnis. Um diesen Erwartungen gerecht zu werden, müssen Unternehmen ein tiefes Verständnis für die Bedürfnisse und Erwartungen ihrer Kunden haben. Customer Journeys sind ein wichtiges Instrument, um dieses Verständnis zu gewinnen.

Customer Journeys sind in den letzten Jahren zu einem zentralen Bestandteil des Prozessmanagements geworden. Sie bieten die Möglichkeit, eine detaillierte Analyse der Interaktionen zwischen einem Unternehmen und seinen Kunden zu erstellen. Durch die Verknüpfung von Kunden-Touchpoints mit internen Prozessen können Unternehmen tiefe Einblicke in ihre Kundenbeziehungen gewinnen und Optimierungspotenziale identifizieren und priorisieren.

Eine Customer Journey ist die Gesamtheit aller Erfahrungen, die ein Kunde bei der Interaktion mit einem Unternehmen hat, vom ersten Kontakt bis zum Abschluss eines Kaufs oder einer anderen Art von Interaktion. Sie umfasst verschiedene Touchpoints, also Punkte, an denen ein Kunde mit dem Unternehmen in Berührung kommt. Diese können physisch (z. B. ein Ladengeschäft) oder digital (z. B. eine Website oder eine App) sein.

Customer Journeys sind aus verschiedenen Gründen wichtig. Sie bieten Einblicke in die Bedürfnisse, Vorlieben und Verhaltensweisen der Kunden. Außerdem ermöglichen sie es Unternehmen, Schwachstellen in ihren Prozessen zu identifizieren und zu beheben. Darüber hinaus tragen sie dazu bei, das Kundenerlebnis zu verbessern und die Kundenbindung zu erhöhen.

Die Implementierung von Customer Journeys (siehe Abbildung 12.11) im Prozessmanagement erfordert einen methodischen Ansatz. Folgende Schritte können dabei helfen:

1. **Customer Journeys definieren**
   Zunächst müssen die verschiedenen Customer Journeys identifiziert und definiert werden. Dies kann durch Gespräche mit Kunden, Mitarbeiterfeedback und Datenanalysen erfolgen.
2. **Touchpoints identifizieren**
   Als Nächstes müssen die verschiedenen Touchpoints in jeder Customer Journey identifiziert werden. Dazu gehören alle Punkte, an denen Kunden mit dem Unternehmen in Berührung kommen.
3. **Stimmung messen**
   An jedem Touchpoint sollte die Stimmung der Kunden gemessen werden. Dies kann durch Umfragen, Feedback-Tools oder Analysen von Kundenfeedback in den sozialen Medien erfolgen.
4. **Interne Prozesse verknüpfen**
   Die identifizierten Touchpoints sollten dann mit den internen Prozessen des Unternehmens verknüpft werden. Dies ermöglicht eine genauere Analyse der Customer Journey und hilft dabei, Schwachstellen zu identifizieren.
5. **Optimierungspotenziale identifizieren und priorisieren**
   Schließlich sollten die gesammelten Daten analysiert werden, um Optimierungspotenziale zu identifizieren und zu priorisieren. Dies kann durch Datenanalyse und -interpretation sowie durch Gespräche mit Mitarbeitenden und Kunden erfolgen.

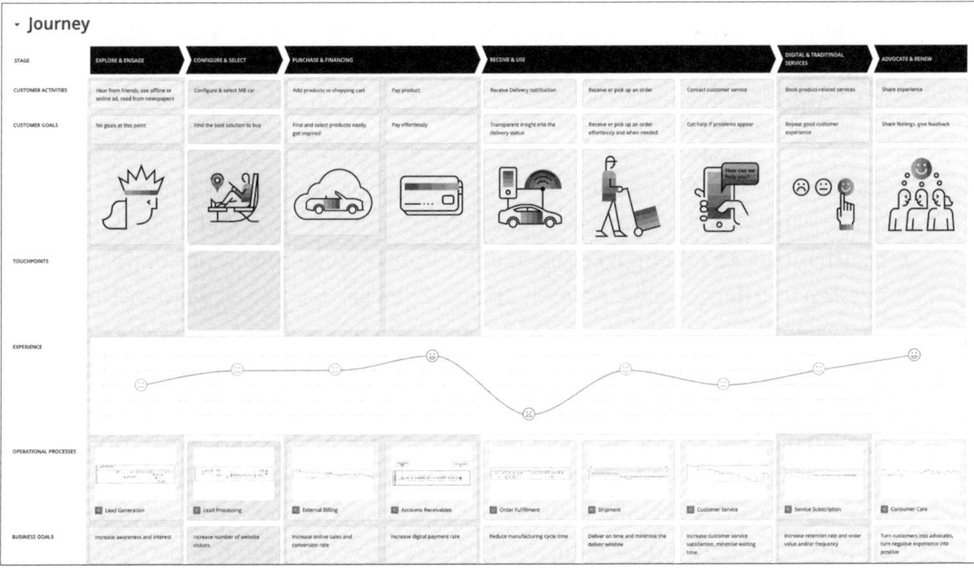

Abbildung 12.11 Ansicht einer Customer Journey in SAP Signavio

[»]

Abbildung einer Customer Journey in SAP Signavio

In SAP Signavio können Customer Journeys auf verschiedene Arten dargestellt werden, um ein besseres Verständnis für die Kundeninteraktionen zu gewinnen. Ein Ansatz ist die Verwendung von *Customer Journey Maps*. Diese stellen die einzelnen Phasen der Customer Journey dar und umfassen die verschiedenen Interaktionen zwischen Kunde und Unternehmen sowie die damit verbundenen Emotionen und Bedürfnisse des Kunden. Diese Darstellungen helfen Unternehmen, ein tieferes Verständnis für die Bedürfnisse ihrer Kunden zu gewinnen, und können als Grundlage für die Identifikation von Optimierungspotenzialen dienen. Insgesamt bieten Customer Journeys in Signavio eine effektive Möglichkeit, um das Kundenverhalten und die Interaktionen mit dem Unternehmen zu verstehen und zu optimieren. Durch die detaillierte Analyse der Customer Journey können Unternehmen das Kundenerlebnis verbessern und die Kundenbindung erhöhen.

Erstellung eines finalen modularen Prozessdesigns

Um ein erfolgreiches modulares Prozessdesign zu erreichen, bedarf es eines strukturierten Vorgehens. Im ersten Teil dieses Kapitels haben wir daher aufgezeigt, wie man von der Unternehmensstrategie ausgehend die End-to-End-Prozesse ableitet und wie diese wiederum in modulare Prozesse unterteilt werden können. Sobald die Grundmenge der modularen Prozesse definiert wurden, können diese segmentiert werden, sodass je nach Segmentierung des Prozesses das Design näher am Systemstandard orientiert sein sollte, oder an den jeweiligen Anforderungen der Geschäftsbereiche. Nun gilt es, diese modularen Prozesse zu einem finalen Design zusammenzuführen, das die Anforderungen des Unternehmens bestmöglich erfüllt.

Das detaillierte Ausarbeiten des Prozessdesigns erfordert eine strukturierte Vorgehensweise, die die Anforderungen an das Design priorisiert und eine klare Verbindung zwischen Geschäftsprozessen und Systemunterstützung herstellt. Hierbei sollten auch mögliche Abhängigkeiten und Wechselwirkungen zwischen den modularen Prozessen und den jeweiligen Geschäftsbereichen berücksichtigt werden. Um die Akzeptanz des Prozessdesigns und eine reibungslose Implementierung sicherzustellen, sollten Prozessexpert*innen und Verantwortliche frühzeitig in den Prozess involviert werden. Ihre Expertise und Rückmeldungen sind entscheidend, um das Prozessdesign an die Bedürfnisse der beteiligten Geschäftsbereiche und an die Anforderungen der technischen Systeme anzupassen. In den folgenden Abschnitten erläutern wir genauer, wie das detaillierte Prozessdesign erarbeitet werden kann, welche Kriterien bei der Gestaltung der modularen Prozesse zu beachten sind und welche Schritte notwendig sind, um das finale Prozessdesign zu implementieren.

Das modulare Prozessdesign ermöglicht es Unternehmen, ihre Geschäftsprozesse effizient und effektiv zu gestalten, um einen Wettbewerbsvorteil in der sich ständig wandelnden Geschäftswelt zu erzielen. Durch die Anwendung eines modularen Ansatzes können Organisationen ihre Geschäftsprozesse in einzelne, wiederverwendbare und anpassungsfähige Komponenten unterteilen. Dies erleichtert die Anpassung an neue Anforderungen, die Einführung von Best Practices und die kontinuierliche Verbesserung der Prozesse. Das modulare Prozessdesign besteht aus der Erstellung detaillierter Prozessmodelle, die alle geschäftsrelevanten Informationen sowie die jeweiligen Schritte enthalten, die systemgestützt durchgeführt werden. Dabei ist es wichtig, die richtige Balance zwischen Anpassung und Standardisierung zu finden, um sowohl die Einzigartigkeit der Unternehmensprozesse zu bewahren als auch von bewährten Vorgehensweisen zu profitieren. Eine derartige Detailgenauigkeit ist entscheidend, da sie es ermöglicht, die zugrundeliegenden Systeme und Technologien genau zu verstehen und sie bei der Gestaltung des Soll-Prozessdesigns zu berücksichtigen. Dies führt zu einer engeren Verzahnung von Geschäftsprozessen und IT-Systemen und stellt sicher, dass die entwickelten Lösungen sowohl den Geschäftsanforderungen entsprechen als auch technisch machbar und nachhaltig sind.

Ein wichtiger Aspekt des modularen Prozessdesigns ist die enge Verknüpfung von Business Process Transformation Management und Application Lifecycle Management. Durch die Integration dieser beiden Disziplinen können Unternehmen eine ganzheitliche Sicht auf ihre Prozesse und die unterstützenden Technologien erhalten, was zu einer besseren Abstimmung zwischen Geschäfts- und IT-Strategien führt. Das Business Process Transformation Management stellt dabei die Methoden und Werkzeuge bereit, um die Geschäftsprozesse zu analysieren, zu modellieren und zu optimieren, während ALM die Verwaltung des gesamten Lebenszyklus der Anwendungen und Systeme gewährleistet, die zur Unterstützung dieser Prozesse erforderlich sind.

In diesem Zusammenhang spielt die beschriebene Segmentierung von Geschäftsprozessen in verschiedene Kategorien, wie Hauptunterscheidungsmerkmal, differenzierend, harmonisierter Kern und Standard, eine entscheidende Rolle, um die Grundannahmen für das Prozessdesign zu präzisieren. Durch die Anwendung dieser Segmentierung können Unternehmen ihre Ressourcen und Anstrengungen gezielt auf die Prozesse konzentrieren, die den größten geschäftlichen Nutzen bieten und die Unternehmensstrategie am besten unterstützen. So entsteht eine synergetische Beziehung zwischen dem Business Process Transformation Management und ALM, die es ermöglicht, die Geschäftsprozesse entsprechend ihrer strategischen Bedeutung und ihrer Rolle im Gesamtportfolio optimal zu gestalten (siehe Tabelle 12.1).

Prozesskategorie	Bedeutung für das Prozessdesign
Hauptunterscheidungsmerkmal	Das Prozessdesign folgt den Empfehlungen der Prozessexpert*innen, da diese das meiste Know-how über die Anforderungen und Besonderheiten dieser Prozesse haben. Die Bedürfnisse und Anforderungen des Unternehmens werden in den Vordergrund gestellt und die Prozesse so gestaltet, dass sie einen maximalen Wettbewerbsvorteil bieten. Die Erfahrungen und das Wissen der Prozessexpert*innen wird genutzt, um innovative Lösungen zu entwickeln, die auf die spezifischen Anforderungen des Unternehmens zugeschnitten sind.
Standardprozesse	Der Fokus liegt auf Standardreferenzprozessen. Diese sind weniger kritisch für die Differenzierung des Unternehmens und bieten weniger Spielraum für Wettbewerbsvorteile. Das Prozessdesign basiert eher auf bewährten, standardisierten Vorgehensweisen, um Effizienz und Kosteneinsparungen zu maximieren. Abweichungen von Standardprozessen gibt es nur, wenn es eine gute Begründung dafür gibt, z. B. um spezielle gesetzliche Anforderungen zu erfüllen oder um auf besondere Marktbedingungen zu reagieren.
Differenzierende Prozesse und Prozesse des harmonisierten Kerns	Hier liegt der Fokus auf einer ausgewogenen Mischung aus Anpassung und Standardisierung. Das Prozessdesign geht sowohl auf die individuellen Bedürfnisse des Unternehmens als auch auf bewährte Best Practices ein. Ziel ist es, die Prozesse so zu gestalten, dass sie sowohl die Unternehmensstrategie unterstützen als auch effizient und kosteneffektiv sind.

Tabelle 12.1 Segmentierung der Prozesse und deren Bedeutung für das Prozessdesign

Die Segmentierung der Prozesse in verschiedene Kategorien trägt somit dazu bei, die Grundannahmen für das Prozessdesign effektiv zu steuern. Unternehmen können dadurch ihre Ressourcen und Bemühungen gezielt auf die wichtigsten Prozesse konzentrieren und die richtige Balance zwischen Anpassung und Standardisierung finden. Dies ermöglicht eine effektivere Umsetzung der Unternehmensstrategie und trägt dazu bei, nachhaltige Wettbewerbsvorteile in der sich ständig wandelnden Geschäftswelt zu erzielen.

Nachdem die Segmentierung der Geschäftsprozesse und deren Auswirkungen auf die Grundannahmen für das Prozessdesign erläutert worden sind, ist es nun an der Zeit, den *Prozess-Workshop* zu betrachten, der eine zentrale Rolle bei der Entwicklung des Soll-Prozessdesigns spielt. Im Prozess-Workshop kommen die relevanten Stakeholder zusammen, um Verbesserungspotenziale zu identifizieren und ein neues Prozessdesign zu entwickeln, das die strategischen Ziele des Unternehmens unterstützt. Nachfolgend werden die verschiedenen Aspekte des Prozess-Workshops vorgestellt und erläutert, um Ihnen ein umfassendes Verständnis dafür zu vermitteln, wie ein effektiver Workshop gestaltet und durchgeführt werden kann.

Der Prozess-Workshop ist ein wesentlicher Bestandteil der Prozessoptimierung, da er eine Plattform für die Zusammenarbeit und den Austausch von Wissen und Erfahrungen zwischen den verschiedenen Stakeholdern bietet. Die Vorbereitung ist daher entscheidend für den Erfolg und umfasst mehrere Aspekte. Dazu gehört die Auswahl der Teilnehmer, bei der darauf geachtet werden sollte, dass alle relevanten Stakeholder vertreten sind, die von den Prozessen betroffen sind. Vor dem Workshop sollten zudem die Ziele klar definiert werden, um sicherzustellen, dass alle Teilnehmer wissen, was erreicht werden soll. Diese Ziele können beispielsweise ein umfassendes Verständnis der Geschäftsanforderungen, die Identifizierung von Verbesserungspotenzialen, die Entwicklung von Lösungsansätzen oder die Festlegung von Prioritäten für die Umsetzung von Prozessänderungen sein. Durch den Workshop wird gewährleistet, dass die relevanten Akteure – wie Prozesseigentümer, Prozessexpertinnen, IT-Experten und Vertreterinnen aus verschiedenen Abteilungen – gemeinsam an der Entwicklung des Soll-Prozessdesigns arbeiten. Durch das Abwägen verschiedener Optionen entsteht ein Prozessdesign, das sowohl den strategischen Zielen des Unternehmens gerecht wird als auch die Bedürfnisse der verschiedenen Stakeholder berücksichtigt. Der Workshop ermöglicht es zudem, mögliche Herausforderungen oder Risiken, die mit den vorgeschlagenen Änderungen verbunden sind, frühzeitig zu erkennen und entsprechende Maßnahmen zur Risikominderung einzuplanen.

Um den Workshop effektiv zu gestalten und fundierte Entscheidungen zu treffen, ist es wichtig, dass die Teilnehmenden über den richtigen Input verfügen. Informationen über die aktuellen Prozesse und Abläufe des Unternehmens, die Ergebnisse der vorher durchgeführten Prozessanalyse und weitere Informationsquellen, wie Kundenfeedback, Mitarbeiterbefragungen oder Branchenstandards, können als Grundlage für die Diskussion dienen. Referenzmaterialien, wie SAP-Best-Practice-Prozesse oder andere (branchenspezifische) Referenzprozesse von Partnern können als Leitfaden für die Gestaltung von Prozessen dienen und dabei helfen, bewährte Vorgehensweisen zu identifizieren.

Als Nächstes betrachten wir die Durchführung des Prozess-Workshops selbst. Während des Workshops ist es wichtig, eine offene und kollaborative Atmosphäre zu schaffen, in der alle Teilnehmenden ihre Meinungen, Ideen und Bedenken frei äußern können. Die Moderation des Workshops sollte darauf abzielen, die Diskussionen zu lenken, um sicherzustellen, dass alle relevanten Themen behandelt werden und die festgelegten Ziele erreicht werden. Vor der eigentlichen Durchführung des Workshops sollten die Rollen und Verantwortlichkeiten der Teilnehmer klar definiert werden. Jeder Teilnehmer sollte seine spezifische Rolle im Workshop kennen, um effektiv zur Erreichung der Workshop-Ziele beizutragen. Zu den Rollen können Prozessverantwortliche, Fach- und IT-Expert*innen sowie Führungskräfte gehören. Die Verantwortlichkeiten variieren je nach Rolle und können die Identifizierung von Verbesserungspotenzialen, die Erarbeitung von Lösungsansätzen oder die Genehmigung des Soll-Prozessdesigns umfassen.

In der ersten Phase des Workshops sollten die Ergebnisse der Prozessanalyse präsentiert und diskutiert werden (siehe Abbildung 12.12). Dies gibt den Teilnehmenden die Möglichkeit, ein gemeinsames Verständnis der aktuellen Situation und der identifizierten Verbesserungspotenziale zu entwickeln. Anschließend können Lösungsansätze und Ideen für das Soll-Prozessdesign entwickelt und erörtert werden. Dabei sollte auf die unterschiedlichen Segmentierungskategorien der Prozesse Rücksicht genommen werden, um sicherzustellen, dass die richtigen Ansätze und Referenzmaterialien verwendet werden.

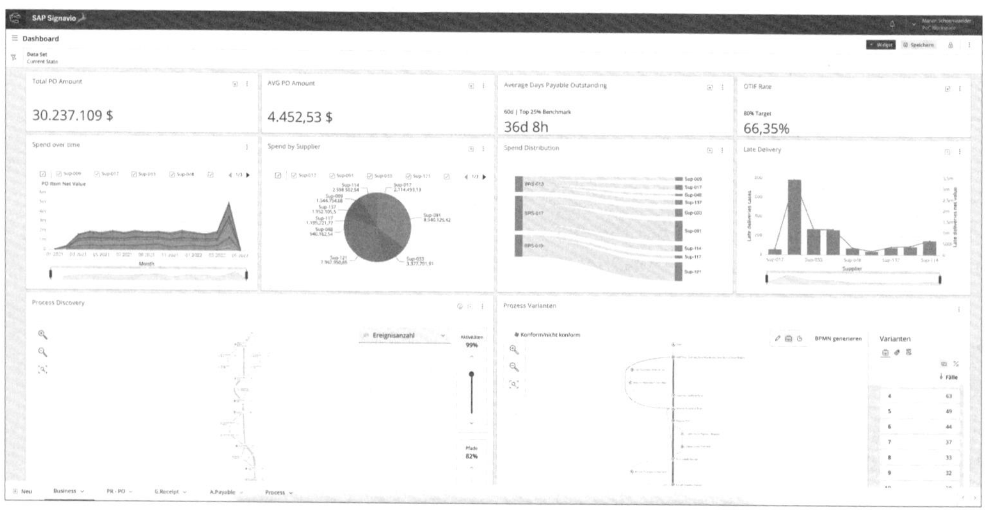

Abbildung 12.12 Prozessanalyse und Optimierungspotenziale in SAP Signavio Process Intelligence

[»]

Eigene Untermengen für Notationen in SAP Signavio definieren

Die Definition von eigenen Teilmengen bzw. Untermengen für Notationen in SAP Signavio ist ein leistungsstarkes Werkzeug, das Modellierer*innen dabei hilft, den Fokus auf spezifische Aspekte ihrer Prozesslandschaft zu legen. Durch das Anpassen der verfügbaren Diagrammelemente können sie ihre Prozessmodelle auf die relevantesten Details konzentrieren und damit die Klarheit und Lesbarkeit der Modelle verbessern.

Ein Anwendungsfall für die Erstellung eigener Untermengen könnte die Unterscheidung zwischen verschiedenen Ebenen der Prozessmodellierung sein. Beispielsweise könnten für End-to-End-Prozessdiagramme, die einen Überblick über Arbeitsabläufe bieten, nur grundlegende Elemente wie Start- und Endereignisse, Aufgaben, zugeklappte Unterprozesse, Pools/Lanes und Konnektoren benötigt werden. Für die Modellierung kompletter Prozesse oder technischer Prozessschritte könnte eine umfangreichere Palette von BPMN-Elementen erforderlich sein, um technische Details und Ausnahmeverhalten darzustellen.

Mit SAP Signavio können Administrator*innen diese Untermengen für Notationen einfach im SAP Signavio Process Manager definieren und verwalten. Der Prozess beginnt mit der Auswahl der Modellierungssprache unter **Setup • Notationen/Attribute festlegen**. Hier kann eine neue Untermenge hinzugefügt werden, indem auf **Untermenge hinzufügen** geklickt wird. Nachdem Sie einen Namen für die Untermenge eingegeben haben, können Sie die gewünschten Diagrammelemente auswählen oder entfernen. Standardmäßig sind alle Elemente für die neue Untermenge ausgewählt.

Auch besteht die Möglichkeit, bestehende Untermengen zu kopieren und zu bearbeiten, was eine schnelle und effiziente Anpassung der Modellierungsoptionen an unterschiedliche Modellierungsszenarien ermöglicht.

Es ist zu beachten, dass die Definition von Untermengen für Notationen ein privilegierter Vorgang ist, der ein Administratorkonto erfordert. Dies stellt sicher, dass die Notationsstandards im gesamten Arbeitsbereich konsistent bleiben und dass Änderungen sorgfältig und bewusst vorgenommen werden.

Um die Effektivität des Workshops zu erhöhen, können verschiedene Methoden und Techniken eingesetzt werden, um die Teilnehmenden bei der Entwicklung des Prozessdesigns zu unterstützen. Eine solche Methode ist die Prozessmodellierung mit SAP Signavio, das mit seiner intuitiven Prozessmodellierungsumgebung die Modellierung des Prozesses direkt im Workshop ermöglicht (siehe Abbildung 12.13). In der Praxis werden die Prozessmodelle in der Regel rudimentär im Workshop erfasst bzw. definiert und später entsprechend aufbereitet. Wie im vorherigen Hinweiskasten beschrieben, bietet SAP Signavio hier die Möglichkeit, die Objekte zur Modellierung der Prozesse einzugrenzen, sodass über alle Modelle und Bereiche hinweg nur bestimmte Objekte verwendet werden und gleiche Sachverhalte nicht mit unterschiedlichen Objekten abgebildet werden.

Bei der Überarbeitung der Prozessmodelle nach dem Workshop können auch weitere Kommentare und Erkenntnisse aus dem Workshop eingearbeitet werden. Die Modellierung wird meist im Workshop in Kombination mit anderen Techniken wie Brainstorming-Sessions oder Gruppendiskussionen einhergehen. Die Auswahl der geeigneten Methoden und Techniken hängt jedoch von den spezifischen Anforderungen und Zielen des Workshops ab.

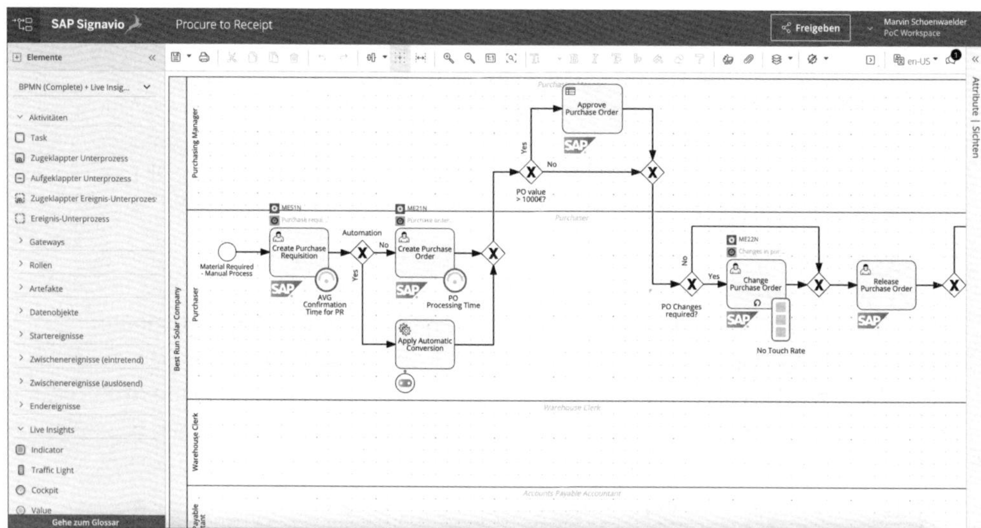

Abbildung 12.13 Prozessmodellierung im SAP-Signavio-Process-Editor

[»]

Modellierungskonventionen in SAP Signavio

Die Modellierungskonventionen in SAP Signavio spielen eine entscheidende Rolle in der Qualitätssicherung und Konsistenz der Prozessmodellierung. Sie sorgen dafür, dass alle Prozessdiagramme einem einheitlichen Format folgen und gewisse Regeln in Bezug auf die BPMN-Notation, Benennung, Prozessstruktur und das Diagrammlayout einhalten. Dies ist insbesondere wichtig, da es die Verständlichkeit und Vergleichbarkeit der Prozessmodelle über verschiedene Abteilungen und Projekte hinweg sicherstellt. Ebenso erleichtert es die Kommunikation und Zusammenarbeit zwischen den verschiedenen Stakeholdern.

SAP Signavio bietet daher eine Funktion zur Verwaltung vorhandener Modellierungskonventionen. Diese ermöglicht es, die aktiven und inaktiven Konventionen zu überblicken und gegebenenfalls anzupassen. Dies kann sowohl auf globaler Ebene für den gesamten Arbeitsbereich als auch spezifisch für bestimmte Funktionen, wie z. B. die Prüfdrucktaste in der Symbolleiste und die automatische Prüfung im Speicherdialog, geschehen.

Darüber hinaus können Sie benutzerdefinierte Modellierungskonventionen und -regeln definieren. Dies erlaubt es, auf spezifische Anforderungen des Unternehmens oder des Projekts einzugehen und diese in den Modellierungskonventionen abzubilden. Es können neue Modellierungskonventionen erstellt oder eine bestehende Konvention kopiert und angepasst werden. Dies ermöglicht eine hohe Flexibilität in der Ausgestaltung der Modellierungskonventionen.

Ein weiterer Aspekt der Modellierungskonventionen in SAP Signavio sind benutzerdefinierte Regeln. Diese können hinzugefügt werden, um bestehende Modellierungskonventionen zu ergänzen. Diese Regeln müssen manuell überprüft werden, da sie nicht automatisch vom System überprüft werden können. Darüber hinaus können Sie Pflichtattribute definieren. Diese Funktion meldet, wenn ein Diagramm leere Pflichtattribute enthält, und unterstützt damit die Qualitätssicherung Ihrer Prozessmodelle.

Insgesamt bieten die Modellierungskonventionen in SAP Signavio eine robuste und flexible Plattform zur Gewährleistung der Qualität und Konsistenz in der Prozessmodellierung. Sie ermöglichen eine hohe Anpassungsfähigkeit an spezifische Unternehmensanforderungen und tragen dazu bei, die Verständlichkeit und Vergleichbarkeit von Prozessmodellen zu erhöhen.

Im Prozessdesign sollten auch Geschäftsanforderungen erfasst werden, die später als Grundlage für die Implementierung der Prozesse dienen. Diese Anforderungen sollten klar und präzise formuliert sein und die gewünschten Ergebnisse, Funktionen und Leistungsmerkmale der neuen Prozesse beschreiben. Geschäftsanforderungen können aus verschiedenen Quellen stammen, wie z. B. Kundenerwartungen, regulatorische Anforderungen, Unternehmensziele und -strategien, Wettbewerbsanforderungen und Marktbedingungen. Es ist wichtig, dass diese Anforderungen im Prozessdesign berücksichtigt werden, um sicherzustellen, dass die neuen Prozesse den geschäftlichen Anforderungen entsprechen und den erwarteten Nutzen bringen.

Darüber hinaus können auch technische Anforderungen im Prozessdesign berücksichtigt werden, die später in der Implementierung von Bedeutung sind. Diese Anforderungen können z. B. die Integration von bestehenden IT-Systemen, die Automatisierung von manuellen Prozessschritten oder die Nutzung von bestimmten Technologien umfassen.

Es ist von großer Bedeutung, dass sowohl die Anforderungen des Geschäftsbereichs als auch die technischen Anforderungen im Prozessdesign unmittelbar erfasst und dokumentiert werden, sobald diese während der Diskussionen aufkommen. Hierdurch wird sichergestellt, dass das neue Prozessdesign sowohl den geschäftlichen Anforderungen entspricht als auch technisch realisierbar ist. Die Erfassung und Dokumentation der Anforderungen können auch dazu beitragen, dass während der Implementierung keine wichtigen Anforderungen übersehen oder vergessen werden. In Kombination mit einem strukturierten Anforderungsmanagement, wie es z. B. in SAP Focused Build zur Verfügung steht, können die Anforderungen später auch effektiv verwaltet und priorisiert werden.

Nachdem das Soll-Prozessdesign erarbeitet worden ist, ist es wichtig, den Geschäftsprozesswert und die Key Performance Indicators (KPIs) zu definieren. Der *Geschäftsprozesswert* beschreibt den geschäftlichen Nutzen, der durch die Umsetzung der Prozessänderungen erzielt werden soll. Die Identifikation der KPIs ermöglicht es, die

Leistung der neuen Prozesse zu messen und deren Erfolg zu bewerten. Durch die Festlegung des Geschäftsprozesswertes und der KPIs können Prioritäten und Ressourcen für die Umsetzung der Prozessänderungen festgelegt werden, und es wird sichergestellt, dass die Akzeptanz und Unterstützung für die Umsetzung des neuen Prozessdesigns bei den Stakeholdern gegeben ist. Am Ende des Workshops sollten die Teilnehmenden die erarbeiteten Lösungsansätze und das Soll-Prozessdesign gemeinsam überprüfen und diskutieren.

Nach Abschluss des Workshops sollten die erarbeiteten Lösungsansätze und das Soll-Prozessdesign zunächst dokumentiert und zusammengefasst werden. Anschließend wird das entwickelte Prozessdesign in einem strukturierten Feedback- und Überprüfungsprozess mit relevanten Stakeholdern und Entscheidungsträgern geteilt.

[»]

Kommentarfunktion im SAP Signavio Collaboration Hub

Die Kommentarfunktion in SAP Signavio ist ein essenzielles Werkzeug für die Kollaboration und Kommunikation zwischen verschiedenen Beteiligten während der Business Process Transformation. Sie ermöglicht den Austausch von Feedback, die Formulierung von Fragen, die Durchführung von Diskussionen und die Klärung von Problemen im direkten Kontext der Prozessmodelle (siehe Abbildung 12.14). Dies fördert die Transparenz und beschleunigt Entscheidungsprozesse, da Diskussionen direkt dort geführt werden, wo die relevanten Informationen vorhanden sind.

Ein typisches Anwendungsszenario könnte beispielsweise ein Team sein, das an einem komplexen Prozessmodell arbeitet. Ein Teammitglied könnte einen Kommentar zu einem bestimmten Element des Diagramms hinzufügen, um eine Frage zu stellen oder um ein Problem anzusprechen. Andere Teammitglieder könnten dann auf diesen Kommentar antworten, ihre Sichtweisen und Vorschläge teilen und auf diese Weise eine Diskussion führen. Sie könnten auch spezifische Personen erwähnen, um deren Aufmerksamkeit auf den Kommentar zu lenken. Sobald eine Entscheidung getroffen worden ist, könnte der ursprüngliche Kommentar als geklärt markiert werden. Dies dokumentiert die Diskussion und ermöglicht eine spätere Nachvollziehbarkeit. Zudem ist das Löschen von Kommentaren möglich, wobei beachtet werden sollte, dass dieser Vorgang nicht rückgängig gemacht werden kann. Schließlich bietet SAP Signavio eine Benachrichtigungsfunktion für Kommentare. Benutzer werden über verschiedene Aktivitäten im Zusammenhang mit Kommentaren informiert, wie beispielsweise das Hinzufügen eines Kommentars zu einem ihrer Diagramme, die Klärung, Ablehnung oder Wiedereröffnung eines ihrer Kommentare, das Erwähnen in einem Kommentar oder das Beantworten eines ihrer Kommentare. Dies gewährleistet, dass die Benutzer stets über relevante Diskussionen und Entwicklungen informiert sind.

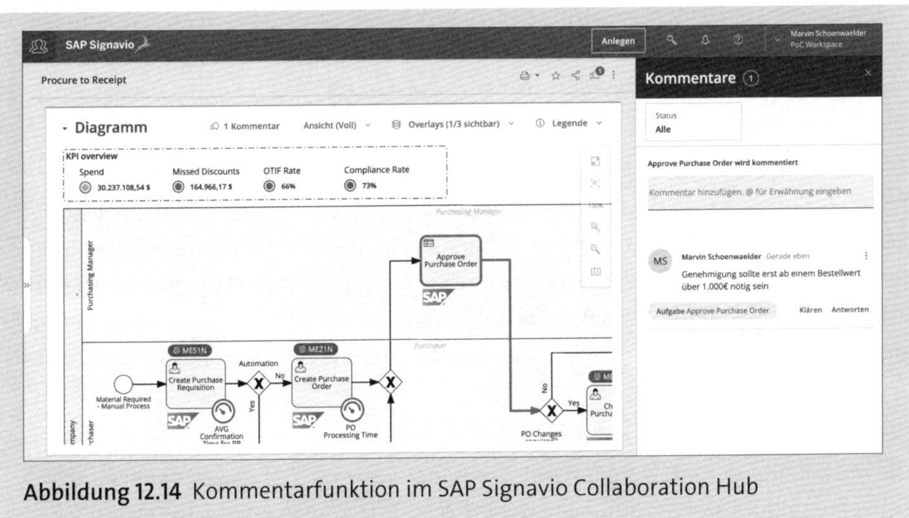

Abbildung 12.14 Kommentarfunktion im SAP Signavio Collaboration Hub

In diesem Feedback- und Überprüfungsprozess werden die Stakeholder und Entscheidungsträger gebeten, ihre Rückmeldungen und ihre Anmerkungen zum Soll-Prozessdesign zu geben. Dabei können sie auf mögliche Probleme, Verbesserungen oder Änderungsanforderungen hinweisen, die während des Workshops möglicherweise nicht erkannt oder angesprochen wurden. Die Validierung des Soll-Prozessdesigns sollte auch die Einhaltung von Compliance-Anforderungen und -Regelungen berücksichtigen. Nachdem das Feedback gesammelt und ausgewertet worden ist, sollte das Soll-Prozessdesign entsprechend angepasst und aktualisiert werden. Dabei ist es wichtig, ein Gleichgewicht zwischen den unterschiedlichen Anforderungen und Prioritäten der Stakeholder zu finden und sicherzustellen, dass das überarbeitete Prozessdesign den Zielen und Bedürfnissen des Unternehmens gerecht wird.

Im Rahmen des Prozessdesigns und der Prozesstransformation gilt es, eine Vielzahl von *Prozessartefakten* zu definieren und zu pflegen. Diese umfassen eine breite Palette von Dokumenten und Materialien, die während des gesamten Lebenszyklus des Prozesses erstellt, aktualisiert und genutzt werden. Die Kernartefakte, die in der Regel während eines Prozess-Workshops definiert und zugeordnet werden, umfassen Prozessmodelle, Anforderungsdokumente, Prozessbeschreibungen sowie Rollen und Verantwortlichkeiten. Diese bilden die Grundlage für ein detailliertes Verständnis der Abläufe, Anforderungen und Verantwortlichkeiten innerhalb des Prozesses.

KPI-Definitionen spielen eine zentrale Rolle bei der Messung und Überwachung der Prozessleistung. Sie ermöglichen es, Leistungsziele festzulegen und Fortschritte zu verfolgen, um kontinuierliche Verbesserungen zu unterstützen.

Eine weitere wichtige Kategorie von Prozessartefakten bezieht sich auf die Art und Weise, wie Aufgaben innerhalb des Prozesses ausgeführt werden. Die Klassifizierung von Aufgaben nach ihrer Ausführungsart, z. B. ob sie automatisiert oder manuell ausgeführt werden, hilft beim Verständnis des Automatisierungsgrades und der Effizienz von Prozessen. Dies wiederum kann Aufschluss über gezielte Verbesserungsmaßnahmen geben.

Die Identifizierung und Dokumentation der IT-Systeme, die zur Unterstützung der Prozesse eingesetzt werden, ist ebenfalls ein wesentlicher Aspekt des Prozessdesigns. Dies erleichtert die Abstimmung zwischen Geschäfts- und IT-Anforderungen und unterstützt die Planung von Systemänderungen und -erweiterungen. Die Erfassung ausführbarer Elemente, wie SAP-Transaktionen und SAP-Fiori-Apps, spielt eine wichtige Rolle für das Verständnis der Beziehung zwischen Prozessen und ihrer technischen Implementierung.

Schulungsunterlagen sind ebenfalls wichtige Prozessartefakte. Sie tragen dazu bei, die Mitarbeitenden im Umgang mit den neuen Prozessen und Systemen zu schulen und eine reibungslose Einführung der Prozessänderungen zu gewährleisten.

Ein weiterer wichtiger Aspekt ist das Mapping der Prozesse auf die Geschäftsfähigkeiten, die sie unterstützen. Dies kann helfen, den Wertbeitrag der Prozesse für das Unternehmen besser zu verstehen und sicherzustellen, dass die Prozesse auf die Geschäftsstrategie ausgerichtet sind.

Zusätzlich zu diesen Kernartefakten sollten auch einige weitere Elemente im Rahmen des Prozessdesigns berücksichtigt werden. Dazu gehören die Definition von Governance-Rollen, die Dokumentation des Anwendungsbereichs des Prozesses und seiner Kritikalität, die Identifizierung und Bewertung von Prozessrisiken und die Entwicklung von Kontrollmaßnahmen. Die Dokumentation und Analyse von Geschäftsentscheidungen innerhalb des Prozesses kann zur Verbesserung des Entscheidungsprozesses beitragen. Aus- und Weiterbildungsmaterialien, sogenannter *Enablement Content*, sind wichtig, um das Verständnis und die Akzeptanz der Prozesse bei den Mitarbeitenden zu fördern und sicherzustellen, dass sie über die notwendigen Fähigkeiten und Kenntnisse verfügen, um die Prozesse effektiv umzusetzen.

Nicht zuletzt ist die Identifizierung von Werttreibern und der Einsatz von datengetriebener Prozessanalytik von Bedeutung. Durch das Verständnis der Hauptwerttreiber eines Prozesses und die Nutzung von Daten zur Analyse der Prozessleistung können Unternehmen fundierte Entscheidungen treffen, um ihre Prozesse zu optimieren und ihre Geschäftsziele zu erreichen.

Es ist wichtig zu betonen, dass die zuvor genannten Prozessartefakte nicht isoliert betrachtet werden sollten. Vielmehr sollten sie als Teil eines zusammenhängenden Systems gesehen werden, das darauf ausgerichtet ist, das Verständnis der Prozesse zu vertiefen, ihre Leistung zu überwachen und kontinuierliche Verbesserungen zu unterstützen. Die effektive Pflege dieser Prozessartefakte erfordert eine enge Zusammenarbeit zwischen den verschiedenen Stakeholdern, darunter Prozessverantwortliche, Prozessexpertinnen, IT-Experten und Prozessanalystinnen.

Abschließend ist zu sagen, dass die Qualität des Prozessdesigns maßgeblich von der Qualität und Vollständigkeit der Prozessartefakte abhängt. Je vollständiger und genauer diese Artefakte sind, desto besser können Unternehmen ihre Prozesse verstehen, überwachen und verbessern. Daher sollte die Pflege von Prozessartefakten als integraler Bestandteil des Prozessdesigns und der Prozesstransformation angesehen werden.

Sind alle relevanten Artefakte zum Prozess definiert, und existiert ein gemeinsamer Entschluss zur zukünftigen Ausrichtung des Prozesses, muss der Prozess final in seiner neuesten Version genehmigt werden (siehe Abbildung 12.15). Die *Prozessgenehmigung* ist ein entscheidendes Kontroll- und Qualitätssicherungsinstrument. Sie bietet die Möglichkeit, die entworfenen oder überarbeiteten Prozesse zu überprüfen und sicherzustellen, dass sie den Anforderungen des Unternehmens und den geltenden Vorschriften entsprechen. Dabei spielt die Einbeziehung relevanter Stakeholder eine zentrale Rolle. Sie haben die Möglichkeit, ihre Expertise einzubringen, mögliche Schwachstellen zu identifizieren und so zur kontinuierlichen Verbesserung der Prozesse beizutragen.

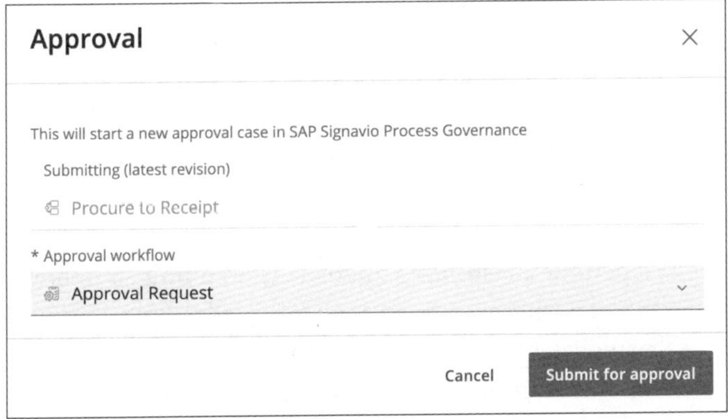

Abbildung 12.15 Starten eines Genehmigungsprozesses aus dem SAP Signavio Collaboration Hub

Eine effektive Prozessgenehmigung erfordert zudem ein klares Verständnis und eine eindeutige Definition der Rollen und Verantwortlichkeiten innerhalb des Genehmigungsprozesses. Es sollte klar sein, wer die Genehmigung erteilt, wer die Prozesse überprüft und wer für die Durchführung der genehmigten Prozesse verantwortlich ist. Diese Transparenz trägt zur Effizienz und Effektivität des Genehmigungsprozesses bei.

Eine weitere entscheidende Überlegung im Genehmigungsprozess ist die Abwägung zwischen dem Mehrwert des neuen Prozessdesigns und dem ungefähren Aufwand für die Umsetzung der Anforderungen. Es ist wichtig, dass der Nutzen des neuen oder überarbeiteten Prozesses die Ressourcen, die für seine Implementierung benötigt werden, überwiegt. Dabei geht es nicht nur um die direkten Kosten. Faktoren wie die Auswirkungen auf die Arbeitsabläufe des Personals, der Schulungsbedarf und die möglicherweise erforderliche Anpassung der IT-Systeme müssen ebenfalls berücksichtigt werden.

Der Mehrwert des Prozesses sowie der ungefähre Aufwand der Anforderungen sollten (wie zuvor beschrieben) idealerweise bereits vor der Genehmigung definiert werden. Dies ermöglicht eine objektive Bewertung und hilft sicherzustellen, dass nur Prozesse genehmigt werden, die einen echten Beitrag zur Erreichung der Unternehmensziele leisten. Es ist wichtig, dass diese Bewertung auf soliden Daten und einer sorgfältigen Analyse beruht, um eine informierte Entscheidung treffen zu können.

SAP Signavio bietet mit der Lösung SAP Signavio Process Governance eine hervorragende technische Unterstützung für den Ablauf der Prozessgenehmigung. Die Low-Code-/No-Code-Plattform ermöglicht es, individuelle Workflows zu definieren, die den Genehmigungsprozess unterstützen. Durch die intuitive Bedienung und die Anpassungsfähigkeit des Systems kann der Genehmigungsprozess an die spezifischen Bedürfnisse und Anforderungen des Unternehmens angepasst werden. Es können beispielsweise Genehmigungsworkflows erstellt werden, die automatische Benachrichtigungen an die zuständigen Personen senden, sobald ein Prozess zur Genehmigung ansteht. Zudem kann das System so konfiguriert werden, dass es bei Ablehnung eines Prozesses automatisch Feedback an den Verantwortlichen sendet und den Prozess zur Überarbeitung zurückführt. Dies minimiert Verzögerungen und verbessert die allgemeine Effizienz des Genehmigungsprozesses. Darüber hinaus bietet SAP Signavio die Möglichkeit, den Genehmigungsprozess zu visualisieren und zu überwachen. Dies ermöglicht einen klaren Überblick über den Status jedes Prozesses und trägt zur Transparenz und Nachvollziehbarkeit des Genehmigungsprozesses bei. Darüber hinaus können durch die Nutzung der integrierten Analysefunktionen Trends identifiziert und mögliche Verbesserungen im Genehmigungsprozess aufgedeckt werden.

Schließlich spielt der Abgleich des neu definierten Soll-Prozesses mit der Architektur-Roadmap eine wichtige Rolle bei der Prozessgenehmigung. Der im Workshop entwickelte und vom Team verfeinerte Soll-Prozess muss nun gegen die Architektur-Roadmap des Unternehmens geprüft werden. Dabei wird überprüft, ob das Prozessdesign und die Anforderungen mit der Roadmap übereinstimmen. Dieser Schritt ist entscheidend, um zu gewährleisten, dass die dafür vorgesehenen Systeme im neu definierten Prozess verwendet wurden. Es sollte geprüft werden, ob das Design und die Anforderungen des Prozesses mit den aktuellen Systemen und Technologien, die in der Architektur-Roadmap des Unternehmens festgelegt sind, erfüllt werden können.

Darüber hinaus muss geklärt werden, ob der neu definierte Prozess zusätzliche Applikationen oder Capabilitys benötigt, die bisher nicht in der Planung enthalten waren. Solche neuen Anforderungen könnten signifikante Auswirkungen auf die Roadmap und das Budget des Unternehmens haben und müssen daher sorgfältig geprüft und mit den relevanten Stakeholdern diskutiert werden. Die Herausforderung besteht darin, ein Gleichgewicht zwischen Prozessanforderungen und Architekturplanung zu finden, das es ermöglicht, die Vorteile von Prozessverbesserungen zu nutzen, ohne die Architektur-Roadmap zu gefährden. Dies erfordert eine sorgfältige Abwägung und eine enge Zusammenarbeit zwischen den Prozessdesignern und den Verantwortlichen für die Enterprise-Architektur.

Sobald das Soll-Prozessdesign die Zustimmung der relevanten Stakeholder und Entscheidungsträger erhalten hat, kann die Überführung des Prozessdesigns in das Lösungsdesign erfolgen. Ein wichtiger Bestandteil dieser Phase ist der Einsatz des Konnektors *Business Process Model Connector for SAP Signavio Solutions* zwischen dem SAP Signavio Process Manager und dem SAP Solution Manager 7.2. Der Konnektor ermöglicht eine effiziente und nahtlose Übertragung der Prozessdesigns und -modelle von SAP Signavio in den SAP Solution Manager, in dem die weiteren Detaillierungen, Anforderungen und spezifischen Dokumente erstellt werden. Aus methodischer Sicht nimmt der Konnektor eine zentrale Rolle im Designprozess ein. Er bietet eine Verbindung zwischen Prozessdesign und Lösungsgestaltung und ermöglicht so eine nahtlose Integration der beiden Phasen. Der Konnektor ermöglicht zudem den Import von Prozessdiagrammen, Glossareinträgen und anderen Inhaltstypen aus dem SAP Solution Manager in den SAP Signavio Process Manager sowie den Export von Ordnern, Szenarien, Prozessen, Aufgaben und benutzerdefinierten Attributen aus SAP Signavio in den SAP Solution Manager (siehe Abbildung 12.16).

Es ist wichtig zu beachten, dass SAP Signavio das führende System für Prozesse ist. Nachdem Änderungen in SAP Signavio vorgenommen und genehmigt worden sind, werden diese Änderungen mithilfe des Konnektors in den SAP Solution Manager 7.2 übertragen. Es ist es wichtig, eine sorgfältige Koordination zwischen den Teams zu gewährleisten, die in SAP Signavio und mit dem SAP Solution Manager 7.2 arbeiten. Dies stellt sicher, dass die Änderungen korrekt kommuniziert und implementiert werden und dass die Integrität des Lösungsdesigns während der gesamten Übertragung und Implementierung gewahrt bleibt.

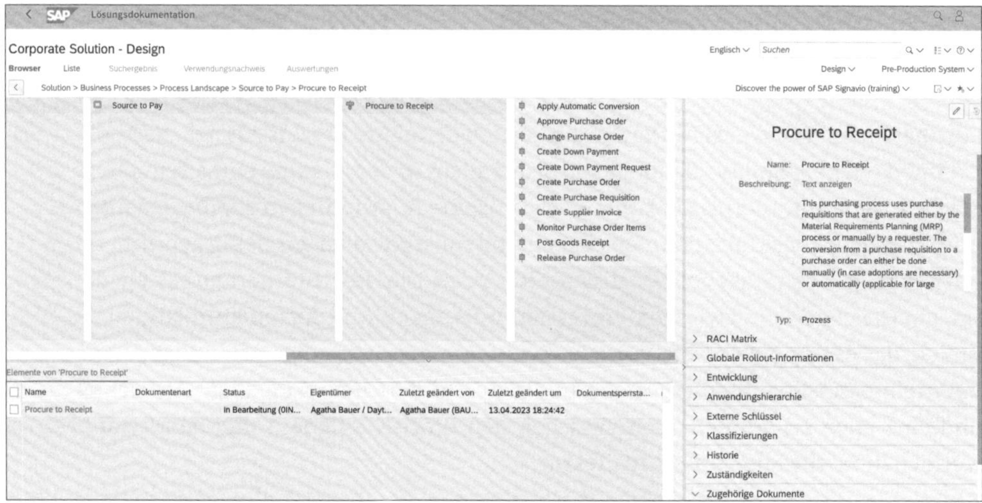

Abbildung 12.16 Übertragene Prozessstruktur im SAP Solution Manager 7.2

Die Phase des Lösungsdesigns ist ein entscheidender Schritt im Application Lifecycle Management und folgt unmittelbar auf die Genehmigung des Soll-Prozessdesigns durch die relevanten Stakeholder. In dieser Phase wird das genehmigte Prozessdesign in ein detailliertes Lösungsdesign überführt, das als Blaupause für die anschließende Implementierung dient. Dies ist eine kritische Schnittstelle zwischen Business Process Transformation Management und ALM, da in dieser Phase die theoretischen Prozessmodelle und -konzepte in konkrete technische Anforderungen und Designspezifikationen umgesetzt werden.

In der Lösungsdesignphase werden die in den vorangegangenen Phasen erstellten Prozessmodelle, Anforderungsdokumente und anderen Prozessartefakte gründlich analysiert und in spezifische technische Anforderungen übersetzt. Dies umfasst auch die Berücksichtigung der IT-Systeme, die zur Unterstützung der Prozesse genutzt werden sollen, und der Identifizierung von benötigten Anpassungen oder Erweiterungen dieser Systeme.

Ein weiterer wichtiger Aspekt dieser Phase ist die Erstellung von Designspezifikationen. In diesen Dokumenten wird detailliert beschrieben, wie die Prozesse auf technischer Ebene umgesetzt werden sollen. Außerdem dienen sie dem Implementierungsteam als Anleitung. Sie enthalten Informationen über die gewählten Technologien, Architekturen und Frameworks sowie detaillierte Anweisungen für die Programmierung und Konfiguration der Systeme. In dieser Phase werden zudem die Anforderungen an die Datenmodellierung und die Datenmigration definiert. Das Design der Datenstrukturen und -flüsse ist ein entscheidender Aspekt für die effektive Implementierung der Prozesse. Dazu gehört auch die Planung, wie vorhandene Daten in die neuen Systeme und Prozesse integriert werden sollen. Die Phase endet mit der Freigabe des Lösungsdesigns für die Implementierungsphase. Dabei wird das Lösungsdesign noch einmal gründlich überprüft, um sicherzustellen, dass es die Geschäftsprozessanforderungen korrekt und vollständig abbildet und dass es technisch umsetzbar ist.

Es ist wichtig zu betonen, dass diese Phase eine enge Zusammenarbeit zwischen den Fachabteilungen und den IT-Teams erfordert. Nur durch eine gemeinsame Anstrengung und ein tiefes Verständnis der Geschäftsprozesse und der technischen Möglichkeiten kann ein effektives Lösungsdesign erstellt werden, das die erfolgreiche Umsetzung der Business Process Transformation unterstützt.

12.5 Build and Test Solution

In diesem Kapitel wird der Fokus auf die Entwicklung und das Testen der Lösung gelegt. Diese beiden Phasen sind ein integraler Bestandteil des gesamten Prozesses der End-to-End-Business-Process-Transformation-Methode und folgen auf die Phase des Prozess- und Lösungsdesigns. In diesen Phasen werden die aus dem Lösungsdesign abgeleiteten Anforderungen in umsetzbare Einheiten zerlegt, die entwickelt, getestet und schließlich in die Produktionsumgebung eingeführt werden. In diesem Abschnitt stellen wir Ihnen daher die Schritte und Prozesse vor, die notwendig sind, um sicherzustellen, dass die entwickelte Lösung den Geschäftsanforderungen gerecht wird und den definierten Soll-Prozess unterstützt. Der Prozess der Entwicklung und des Testens einer Lösung erfordert eine präzise Planung, sorgfältige Umsetzung und gründliche Tests, um sicherzustellen, dass die Lösung fehlerfrei ist und wie erwartet funktioniert.

12.5.1 Fragestellungen, Herausforderungen und Ziele

In den Phasen der Entwicklung und des Testens einer Lösung im Rahmen einer SAP-S/4HANA-Transformation treten verschiedene Fragestellungen und Herausforderungen auf. In der ersten Phase, der Build Solution, konzentriert sich das Unternehmen auf die tatsächliche Entwicklung der Lösung. Dabei können Fragen aufkommen, wie beispielsweise: Wie können die im vorherigen Prozess- und Lösungsdesign definierten Prozesse in umsetzbare Schritte und Aktivitäten für die Entwicklung der Lösung zerlegt werden? Wie kann die Entwicklung effizient gestaltet werden, um den vordefinierten Prozessen zu entsprechen und eine nahtlose Integration in bestehende Abläufe zu ermöglichen?

In der zweiten Phase, der Test Solution, liegt der Fokus darauf, sicherzustellen, dass die entwickelte Lösung den Geschäftsanforderungen entspricht und reibungslos funktioniert. Dabei stellen sich Fragen wie: Wie können die entwickelten Prozesse in der Testphase vollständig und korrekt abgebildet werden? Welche Testfälle und Szenarien müssen entwickelt werden, um sicherzustellen, dass die Lösung die Anforderungen der vordefinierten Prozesse erfüllt? Wie können die Testprozesse so gestaltet werden, dass sie den realen Produktionsprozessen und den erwarteten Geschäftsszenarien möglichst genau entsprechen?

12.5.2 Vorgehensweise

Die Phase beginnt mit der Releaseplanung. Zunächst wird ein Überblick über die umzusetzenden Anforderungen gegeben und ein Rahmen für die Umsetzung der Lösung geschaffen. Anschließend zerlegt der oder die Solution-Architekt*in die Anforderungen in umsetzbare Einheiten, die dann für die Entwicklung und das Testen bereit sind. Die umsetzbaren Einheiten werden entwickelt und durchlaufen einzeln funktionale Tests, um sicherzustellen, dass sie korrekt funktionieren und keine Fehler aufweisen. Bei Bedarf werden Fehlerkorrekturen vorgenommen, um die Qualität der umsetzbaren Einheiten zu gewährleisten. Nachdem alle umsetzbaren Einheiten entwickelt und getestet worden sind, wird ein Akzeptanztest durchgeführt, um die Gesamtfunktionalität der Lösung zu überprüfen.

Nach einem erfolgreichen Akzeptanztest können anschließend bereits Schulungsunterlagen erstellt werden, die sich auf das Ergebnis einzelner Anforderungen beziehen. Schulungsmaterialien, die sich auf den gesamten Prozessfluss beziehen, werden hingegen erst nach erfolgreichem Integrationstest erstellt (zu Beginn der Deploy-Phase). Sind alle Anforderungen implementiert, folgt schließlich ein prozessorientierter funktionaler Integrationstest, um sicherzustellen, dass alle Teile der Lösung korrekt zusammenarbeiten.

Diese Phase ist ein wichtiger Schritt in der gesamten Geschäftsprozesstransformation. Sie stellt sicher, dass die entwickelte Lösung den Geschäftsanforderungen entspricht und technisch einwandfrei ist. Eine sorgfältige Planung, Entwicklung und Prüfung sorgen dafür, dass die Lösung effektiv und effizient ist und dem Unternehmen den beabsichtigten Nutzen bringt. Darüber hinaus stellt diese Phase sicher, dass die Anwender*innen in der Lage sind, die neue Lösung optimal zu nutzen, indem Schulungsinhalte erstellt werden, mit denen die Anwender*innen vor der Produktivsetzung des Prozesses geschult und unterstützt werden.

Diese Phase ist auch der Punkt, an dem die theoretischen Konzepte und Pläne aus den vorherigen Phasen in die Praxis umgesetzt werden. Dieser Übergang von Theorie zur Praxis ist ein kritischer Schritt, der sorgfältig durchgeführt werden muss, um sicherzustellen, dass die entwickelte Lösung den Geschäftsanforderungen gerecht wird und die gewünschten Prozessoptimierungen bringt.

Im Folgenden möchten wir Ihnen die einzelnen Schritte dieser Phase im Detail vorstellen:

Die Releaseplanung auf hoher Ebene ist ein zentraler Aspekt der Umsetzungsphase und spielt eine entscheidende Rolle für den Erfolg des Projekts. Sie beinhaltet die strategische Planung und Koordination aller Aktivitäten, die für die Entwicklung, das Testen und die Auslieferung der Lösung erforderlich sind. Darüber hinaus ermöglicht es eine effektive Releaseplanung, Risiken zu managen, Ressourcen effizient einzusetzen und sicherzustellen, dass die Projektziele erreicht werden. In dieser Phase übernimmt der Project Lead eine zentrale Rolle. Er oder sie ist dafür verantwortlich, die Releaseplanung zu koordinieren und zu überwachen und sicherzustellen, dass alle Projektbeteiligten ihre Aufgaben und Verantwortlichkeiten verstehen und erfüllen. Die Project Leads sorgen dafür, dass die notwendigen Ressourcen zur Verfügung stehen und dass alle Aktivitäten im Einklang mit den Projektzielen und -fristen stehen.

Mit dem SAP Solution Manager 7.2 und Focused Build stehen dem Project Lead leistungsfähige Werkzeuge zur Verfügung, um diese Aufgaben zu erfüllen. Mit Focused Build kann der Project Lead die Releaseplanung effektiv steuern und überwachen und dabei die notwendige Transparenz und Kontrolle gewährleisten. Die Funktionen von Focused Build unterstützen den Project Lead bei der Planung und Überwachung der Umsetzung von Anforderungen, bei der Koordination von Entwicklung und Test und bei der Planung und Überwachung des Lösungseinsatzes. So ermöglicht Focused Build beispielsweise eine effektive Planung und Überwachung von Sprints und ermöglicht es, den Fortschritt in Echtzeit zu verfolgen.

SAP Solution Manager 7.2 und Focused Build

Der *SAP Solution Manager 7.2* ist ein umfassendes Anwendungsmanagement- und Verwaltungstool, das Unternehmen dabei unterstützt, ihre SAP- und Nicht-SAP-Anwendungen über den gesamten Applikationslebenszyklus hinweg zu verwalten. Als zentrale Plattform bietet der SAP Solution Manager Funktionen für das Projektmanagement, das Testmanagement, das Change- und Release-Management, das Incident-Management und für viele weitere Bereiche.

Ein besonderes Merkmal des SAP Solution Managers 7.2 ist seine starke Integration in die Systemlandschaft. Dies ermöglicht eine enge Verknüpfung von Geschäftsprozessen und IT-Infrastruktur, was Unternehmen dabei unterstützt, ihre Geschäftsprozesse effizient zu gestalten und zu optimieren.

Zusätzlich zur Standardfunktionalität bietet der SAP Solution Manager 7.2 mit *Focused Build* eine spezielle Lösung für die Systemimplementierungen. Focused Build bietet eine standardisierte und hochautomatisierte Vorgehensweise für alle Aspekte der Implementierung, einschließlich Projektmanagement, Anforderungsmanagement, Entwicklungsmanagement, Testmanagement und Deployment-Management. Mit

Focused Build können Unternehmen ihre Implementierungsprojekte effizient und effektiv steuern und erfolgreich zum Abschluss bringen.

Im Anschluss an die Planung, die durch die Projektleitung durchführt wird, tritt der Solution Architect auf den Plan. Solution Architects fungieren als Schlüsselvermittler zwischen den Geschäftsanforderungen und der technischen Umsetzung. Die Rolle ist für das Verständnis der Geschäftsanforderungen verantwortlich, die in der Designphase definiert wurden, und die Übersetzung dieser Anforderungen in technische Spezifikationen. Personen mit der Rolle Solution Architect müssen daher ein tiefes Verständnis sowohl der Geschäfts- als auch der IT-Seite haben und in der Lage sein, beide Bereiche miteinander zu verbinden.

Diese Rolle hat die Aufgabe, die Anforderungen in kleinere, umsetzbare Arbeitspakete zu zerlegen, die den Entwickler*innen zugewiesen und von ihnen bearbeitet werden können (siehe Abbildung 12.17). Durch die Aufteilung der Anforderungen in kleinere Einheiten wird die Verwaltung und Verfolgung dieser Einheiten erleichtert, was wiederum zu einer effizienteren und effektiveren Umsetzung führt. Dieser Schritt ist von entscheidender Bedeutung, um sicherzustellen, dass die Anforderungen so aufgeteilt werden, dass sie in der realen Arbeitsumgebung umsetzbar sind.

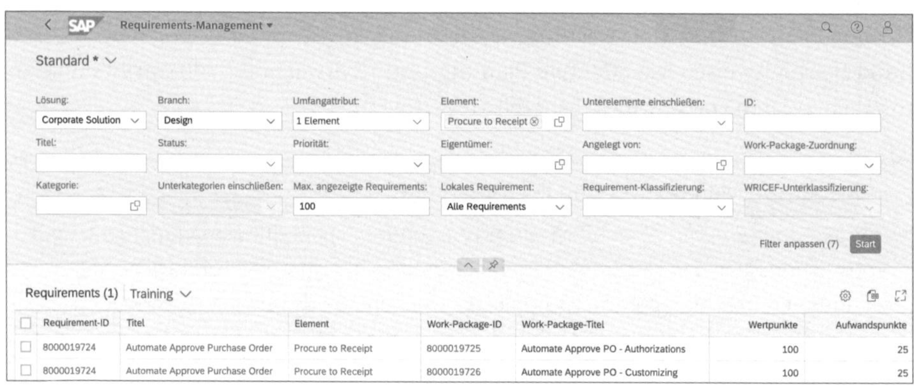

Abbildung 12.17 Anforderungen mit dem SAP Solution Manager 7.2 definieren und spezifizieren

Darüber hinaus wird für jedes umsetzbares Arbeitspaket ein technisches Dokument erstellt. Diese Dokumentation ist wichtig, um sicherzustellen, dass die Entwickler*innen ein klares Verständnis davon haben, was von ihnen erwartet wird, und um eine genaue Nachverfolgung und Überprüfung der umgesetzten Anforderungen zu ermöglichen.

Nachdem die Anforderungen in umsetzbare Einheiten unterteilt und adäquat dokumentiert worden sind, folgt die Phase der Entwicklung dieser Einheiten, in der die Geschäftsanforderungen in technische Lösungen umgesetzt werden. Hier kommen die Entwickler*innen ins Spiel, deren Hauptaufgabe es ist, die von den Solution Architects vorgegebenen Spezifikationen in funktionalen Code und in Konfigurationen umzusetzen. Die Entwicklung von umsetzbaren Einheiten beinhaltet in der Regel eine Reihe von Aktivitäten, darunter das Schreiben und Testen des Codes, die Fehlerbehebung und das erneute Testen. Dieser Prozess erfordert ein hohes Maß an technischem Know-how. Es ist wichtig zu betonen, dass die Entwicklung von umsetzbaren Einheiten ein iterativer Prozess ist. Das bedeutet, dass die Entwickler*innen nicht nur den Code schreiben, sondern auch kontinuierlich testen und verbessern, um sicherzustellen, dass er den Anforderungen entspricht und optimal funktioniert. Dieser Prozess der ständigen Überprüfung und Verbesserung trägt dazu bei, die Qualität der entwickelten Lösung zu gewährleisten und das Risiko von Fehlern oder Problemen zu minimieren.

Nach erfolgreicher Umsetzung der einzelnen Arbeitspakete folgen die Einzelfunktionstests. Bei diesem Prozess handelt es sich um eine systematische Überprüfung jeder einzelnen umsetzbaren Einheit, um sicherzustellen, dass sie wie vorgesehen funktioniert und die spezifizierten Anforderungen erfüllt. Einzelfunktionstests, auch bekannt als *Unit-Tests*, sind eine Art von Softwaretests, bei dem einzelne Komponenten eines Systems isoliert getestet werden. Der Hauptzweck dieser Tests ist es, sicherzustellen, dass jede Komponente oder Einheit korrekt funktioniert. Unit-Tests spielen eine entscheidende Rolle bei der Aufrechterhaltung der Codequalität und der Minimierung von Fehlern oder Defekten in der Software. Wenn Fehler oder Defekte während der Einzelfunktionstests entdeckt werden, ist es die Aufgabe der Entwickler*innen, diese zu beheben. Dieser Prozess beinhaltet das Identifizieren der Ursache des Fehlers, das Entwickeln einer Lösung und das erneute Testen der Komponente, um sicherzustellen, dass der Fehler behoben wurde.

Der darauffolgende *Akzeptanztest* stellt sicher, dass die entwickelte Lösung auf der Anforderungsebene getestet wird, um sicherzustellen, dass sie die definierten Geschäftsanforderungen erfüllt und für die Anforderung akzeptabel ist. Die Akzeptanztests werden normalerweise von den Prozessexperten oder den tatsächlichen Endbenutzern durchgeführt, da sie die besten Kenntnisse über die Geschäftsanforderungen und die täglichen Abläufe haben. Während des Akzeptanztests werden die umsetzbaren Einheiten, die zuvor erfolgreich entwickelt und in den Einzelfunktionstests geprüft wurden, erneut überprüft. Die Prozessexpert*innen führen die Tests durch, indem sie die entwickelte Lösung in einer realen oder einer den realen Bedingungen möglichst ähnlichen Umgebung nutzen. Ziel ist es, sicherzustellen, dass die Lösung den Geschäftsanforderungen entspricht und den Benutzer*innen einen Mehrwert bietet. Sollten während des Akzeptanztests Fehler oder Defekte identifiziert werden, werden diese an das Entwicklungsteam zurückgemeldet. Die Entwickler*innen beheben die Defekte, und die umsetzbaren Einheiten werden erneut getestet, um sicherzustellen, dass die Korrekturen erfolgreich waren und die Lösung nun den Anforderungen entspricht.

Nach dem erfolgreichen Abschluss des Akzeptanztests können bereits erste Schulungsunterlagen auf dem Level der umgesetzten Anforderungen erstellt werden. Schulungsunterlagen sind entscheidend, um sicherzustellen, dass die Endbenutzer*innen die neue Lösung effektiv nutzen können. Diese Inhalte werden erstellt, um den Benutzern das notwendige Wissen und die Fähigkeiten zu vermitteln, die sie benötigen, um die Lösung erfolgreich in ihren täglichen Arbeitsabläufen einzusetzen. Für die Erstellung und Bereitstellung von Schulungsinhalten kann z. B. SAP Enable Now genutzt werden, dass ebenfalls eine Integration mit SAP Signavio bietet und Schulungsunterlagen direkt mit Prozessschritten oder Prozessen verbinden kann.

Nachdem die Akzeptanztests auf der Anforderungsebene erfolgreich durchgeführt worden sind, ist der nächste entscheidende Schritt der funktionale Integrationstest auf der Prozessebene. Dieser Test wird in der Regel vom Key User durchgeführt und stellt sicher, dass alle implementierten Anforderungen nicht nur einzeln, sondern auch in ihrer Gesamtheit und in ihrer Interaktion korrekt funktionieren. Darüber hinaus kann der Test bereits Aufschluss darüber geben, ob die entwickelte Lösung den Anforderungen des realen Geschäftsumfeldes gerecht wird und ob sie in der Lage ist, den erwarteten Nutzen zu erbringen.

Die Erstellung von Testfällen für den Integrationstest auf der Prozessebene ist eine anspruchsvolle Aufgabe, die ein tiefes Verständnis und eine genaue Kenntnis des Geschäftsprozesses erfordert (siehe Abbildung 12.18). Ein effektiver Ansatz besteht darin, das Prozessdesign als Ausgangspunkt zu verwenden und es in seine einzelnen Schritte zu zerlegen. Für jeden dieser Schritte sollten Sie zunächst überlegen, welche Funktionen und Komponenten der Lösung benötigt werden. Darauf aufbauend können Sie dann Testfälle entwickeln, die überprüfen, ob diese Funktionen und Komponenten korrekt funktionieren.

Dieser Ansatz ermöglicht es, die Testfallerstellung systematisch und strukturiert anzugehen. Indem Sie den Prozess in seine einzelnen Schritte zerlegen, können Sie sicherstellen, dass alle relevanten Aspekte des Prozesses in den Tests abgedeckt werden. Gleichzeitig wird es Ihnen ermöglicht, den Fokus auf die spezifischen Anforderungen jedes einzelnen Schrittes zu richten und sicherzustellen, dass die Tests diese Anforderungen genau widerspiegeln.

Um vom Geschäftsprozess zu den Testfällen zu gelangen, ist es hilfreich, den Prozess als Abfolge von Ereignissen zu betrachten, die bestimmte Zustandsänderungen in der Lösung hervorrufen. Jeder Testfall sollte dann so konzipiert sein, dass er überprüft, ob die erwarteten Zustandsänderungen tatsächlich eintreten, wenn das entsprechende Ereignis eintritt. In diesem Zusammenhang ist es wichtig, auch mögliche unerwartete oder unerwünschte Zustandsänderungen zu berücksichtigen und zu überprüfen, ob die Lösung korrekt damit umgeht. Es ist jedoch wichtig zu beachten, dass nicht alle Sequenzflüsse im Prozessdesign in Kombination sinnvoll sein können. Deshalb erfordert die Ableitung von Testfällen aus dem Prozessdesign immer eine gewisse manuelle Anpassung und Überprüfung. Darüber hinaus sollten Sie immer prüfen, welche Schritte des Prozesses tatsächlich systemgestützt durchgeführt werden und somit getestet werden können. Nichtsdestotrotz kann das Prozessdesign eine wertvolle Grundlage für die Erstellung der Tests bieten und diesen Prozess erheblich beschleunigen.

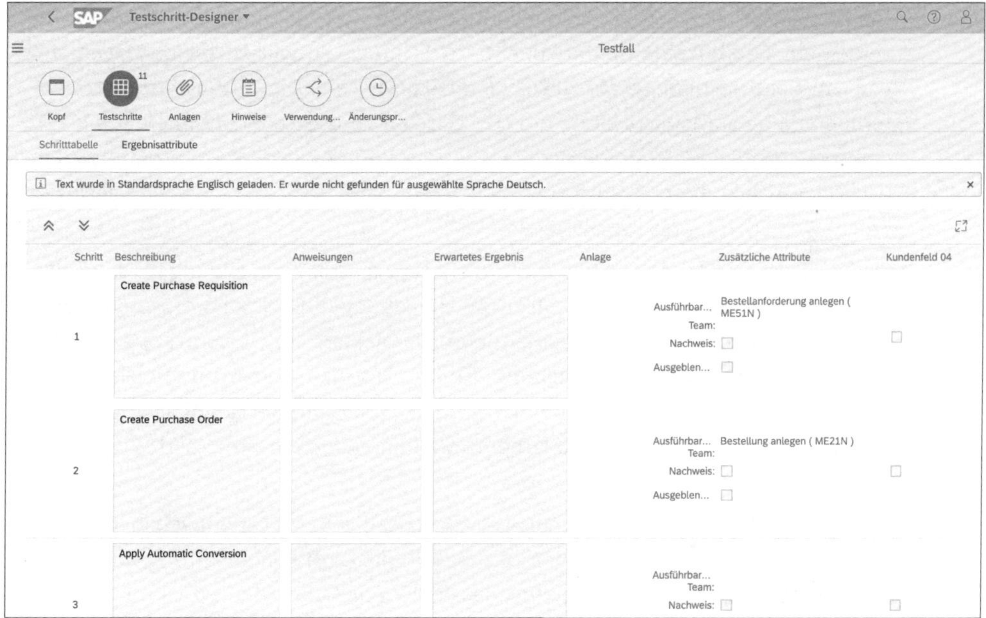

Abbildung 12.18 Erstellung eines Testfalls, basierend auf dem definierten Prozessfluss im SAP Solution Manager 7.2

In der Phase Build and Test verwandeln sich die sorgfältig erarbeiteten und detaillierten Anforderungen und Designelemente schließlich in eine funktionierende Lösung. Jeder Schritt in diesem Prozess, von der Releaseplanung, dem Herunterbrechen der Anforderungen, der Entwicklung und dem Testen von umsetzbaren Einheiten, bis hin zum Akzeptanz- und Integrationstest, trägt dazu bei, die Qualität der Lösung zu gewährleisten und die erfolgreiche Geschäftsprozesstransformation zu unterstützen. Es ist zu betonen, dass dieser Prozess, obwohl er technisch und strukturiert erscheinen mag, stark von der Zusammenarbeit und dem Engagement aller Beteiligten abhängt. Die effektive Kommunikation zwischen den Geschäfts- und IT-Teams, das tiefgreifende Verständnis der Geschäftsprozesse und technischen Möglichkeiten und die kontinuierliche Überprüfung und Verbesserung sind wesentliche Elemente, die den Erfolg dieser Phase bestimmen.

Mit den integrierten Tools, wie SAP Signavio und dem SAP Solution Manager 7.2, und einer sorgfältigen und methodischen Vorgehensweise, kann sichergestellt werden, dass die Lösung den Geschäftsanforderungen entspricht und technisch einwandfrei funktioniert. Am Ende dieses Prozesses steht die Freigabe der Lösung, die den Weg für den nächsten Schritt in der Geschäftsprozesstransformation ebnet: die Schulung des Prozesses und die Bereitstellung der Lösung.

[»]

Ausblick: SAP Cloud ALM

Mit dem Ziel, die Prozess- und Anwendungslandschaft für Unternehmen weiter zu verbessern, hat SAP eine zukunftsorientierte Strategie entwickelt, die den Übergang vom SAP Solution Manager 7.2 zu *SAP Cloud ALM* vorsieht. Diese Transition bietet Unternehmen neue Möglichkeiten, um ihre Geschäftsprozesse zu optimieren und von den fortschrittlichen Funktionen der cloudbasierten Anwendung zu profitieren. Ein wichtiger Aspekt dieser Transformation besteht darin, dass SAP Signavio nahtlos in SAP Cloud ALM integriert wird.

Der SAP Solution Manager 7.2 ist seit Langem eine zentrale Anwendung für das Application Lifecycle Management (ALM) in SAP-Umgebungen. Er bietet umfassende Funktionen zur Verwaltung von Implementierungsprojekten, zur Überwachung von Systemlandschaften, zur Fehlerbehebung, für das Testmanagement und vieles mehr. Mit der Einführung von SAP Cloud ALM wird der Fokus auf die cloudbasierte Lösung verschoben, um den Kunden modernere Funktionen und ein verbessertes Benutzererlebnis zu bieten.

SAP Cloud ALM bietet Unternehmen die Möglichkeit, ihre Anwendungen in der Cloud zu verwalten und zu überwachen. Es ermöglicht die zentrale Verwaltung von Projekten, die Überwachung von Systemen, das Fehlermanagement, die Testautomatisierung und bietet umfassende Analysemöglichkeiten. Mit einer intuitiven Benutzeroberfläche und einer nahtlosen Integration mit anderen SAP-Cloud-Services bietet SAP Cloud ALM eine moderne und benutzerfreundliche Lösung für das Application Lifecycle Management.

Ein wichtiger Bestandteil der langfristigen Strategie ist die Integration von SAP Signavio in SAP Cloud ALM. Die Integration von SAP Signavio wird es Unternehmen ermöglichen, ihre Geschäftsprozesse noch effizienter zu gestalten und Synergien zwischen Prozess- und Anwendungsmanagement herzustellen. Durch die Integration von SAP Signavio in SAP Cloud ALM werden Unternehmen eine umfassende End-to-End-Sicht auf ihre Geschäftsprozesse erhalten. Sie werden bestehende Prozesse analysieren, optimieren und neue Prozesse modellieren können, um die Effizienz und Agilität ihrer Organisation zu steigern. Die nahtlose Integration wird den Benutzern den Zugriff auf Signavio-Funktionen direkt innerhalb von SAP Cloud ALM, ohne zusätzliche Systeme oder Schnittstellen verwenden zu müssen, ermöglichen.

12.6 Deploy Solution and Enable Process

Die Transformation von Geschäftsprozessen ist eine dynamische Reise, die weit über die Implementierung einer Lösung hinausgeht. Es geht nicht nur darum, eine Technologie einzusetzen, sondern auch darum, wie diese Technologie genutzt wird, um Geschäftsprozesse effizienter und effektiver zu gestalten. Ein wichtiger Teil dieser Reise ist die Implementierung der entwickelten und getesteten Lösung in die Produktionsumgebung und die Aktivierung des Prozesses. Darum soll es in diesem Abschnitt gehen, in dem wir die letzte Phase der End-to-End-Business-Process-Transformation-Methode, Deploy und Enable, beschreiben.

In der Welt der SAP-S/4HANA-Implementierungen ist die Bereitstellung der Lösung ein kritischer Schritt. Dies ist nicht nur eine technische Aufgabe, sondern es erfordert auch eine methodische Vorgehensweise, um sicherzustellen, dass die Lösung reibungslos in die bestehende IT-Landschaft integriert wird und die gewünschten Geschäftsergebnisse liefert. Aber die Reise endet nicht mit der Implementierung der Lösung; ein ebenso wichtiger Teil ist das Ausrollen des neuen Prozesses und der neuen Arbeitsweise. Hier geht es darum, sicherzustellen, dass die Menschen, die die Lösung nutzen, die notwendigen Fähigkeiten und Kenntnisse haben, um das Beste aus ihr herauszuholen. In diesem Abschnitt widmen wir uns den Herausforderungen und Fragestellungen, die sich bei der Bereitstellung der Lösung und der Aktivierung des Prozesses stellen. Auch erläutern wir, wie wir diese Herausforderungen angehen und welche Methoden und Werkzeuge wir dabei nutzen.

12.6.1 Fragestellungen, Herausforderungen und Ziele

Die Bereitstellung einer Lösung wirft eine Vielzahl von Fragen auf: Wie können wir sicherstellen, dass die Lösung reibungslos von der Testumgebung in die Produktionsumgebung übertragen wird? Wie stellen wir sicher, dass die Datenintegrität während des Prozesses gewährleistet ist? Wie können wir mögliche Störungen des Geschäftsbetriebs minimieren? Wie gehen wir mit eventuell auftretenden Problemen während der Bereitstellung um? Auch die Erstellung von Inhalten zum Prozess-Enablement bringt Herausforderungen mit sich: Wie können wir sicherstellen, dass die erstellten Inhalte relevant und effektiv sind? Wie passen wir die Inhalte an die verschiedenen Lernstile der Benutzer*innen an? Wie stellen wir sicher, dass der Content aktuell bleibt, wenn sich Prozesse ändern? Wie kann SAP Enable Now dabei unterstützen, diesen Content zu erstellen und zu verwalten?

Auch die Gewährleistung der Transparenz und die Schulung im neuen Prozess sind Herausforderungen, die es zu bewältigen gilt: Wie machen wir den neuen Prozess für die Benutzer*innen verständlich? Wie überwinden wir Widerstände gegen Veränderungen? Wie können wir sicherstellen, dass das Training effektiv ist und die Benutzer*innen die neuen Prozesse korrekt anwenden? Wie können wir den Erfolg der Schulungen messen und Verbesserungsmöglichkeiten identifizieren? Jede dieser Fragen erfordert eine sorgfältige Überlegung und Planung. Im nächsten Abschnitt erörtern wir die Vorgehensweisen, die wir zur Beantwortung dieser Fragen und zur Bewältigung dieser Herausforderungen anwenden.

12.6.2 Vorgehensweise

Die Bereitstellung der Lösung oder auch das Go-live ist der Moment der Wahrheit in jedem Implementierungsprojekt. An diesem Punkt trifft die Theorie auf die Praxis, und die entwickelte Lösung muss sich in der realen Geschäftswelt bewähren. Angesichts der Komplexität und Bedeutung dieses Schrittes ist eine systematische Vorgehensweise unerlässlich.

Der SAP Solution Manager 7.2 bietet eine Reihe von Funktionen, die uns bei diesem kritischen Schritt unterstützen. Dabei handelt es sich nicht nur um ein technisches Werkzeug, sondern um eine zentrale Plattform, die eine durchgängige Verwaltung von Applikationen ermöglicht und das Zusammenspiel der verschiedenen Elemente des Projekts erleichtert. Zu Beginn der Bereitstellung koordiniert der SAP Solution Manager 7.2 die verschiedenen Aspekte des Prozesses. Dazu gehört die Verwaltung der technischen Ressourcen, die Koordination des Teams und die Überwachung des Fortschritts. Diese Funktionen helfen dabei, die Übersicht zu behalten und sicherzustellen, dass alle Elemente auf dem richtigen Weg sind. In Tabelle 12.2 sehen Sie die Funktionen im Überblick.

Herausforderung	Funktion im SAP Solution Manager
Übertragung der Lösung von der Testumgebung in die Produktionsumgebung	Der SAP Solution Manager 7.2 bietet Funktionen zum Change Control Management, die diesen Prozess unterstützen. Diese Funktionen ermöglichen es, Änderungen zu verfolgen, zu verwalten und zu dokumentieren und sicherzustellen, dass die Lösung korrekt in die Produktionsumgebung übertragen wird.
Gewährleistung der Datenintegrität	Mit Funktionen wie dem Data Consistency Management kann sichergestellt werden, dass die Daten während des gesamten Prozesses konsistent und korrekt bleiben.

Tabelle 12.2 Funktionen des SAP Solution Managers für die Lösungsbereitstellung

Herausforderung	Funktion im SAP Solution Manager
Minimierung von Störungen des Geschäftsbetriebs	Der SAP Solution Manager 7.2 enthält Funktionen zum IT-Service-Management. Diese Funktionen ermöglichen es, potenzielle Probleme frühzeitig zu erkennen und zu beheben und so die Auswirkungen auf den Geschäftsbetrieb zu minimieren.
Nach Bereitstellung Feedback sammeln und Verbesserungen vornehmen	Funktionen zur Prozessverbesserung und zum Qualitätsmanagement. Diese Funktionen ermöglichen es, den Erfolg der Bereitstellung zu messen, Verbesserungsmöglichkeiten zu identifizieren und die notwendigen Anpassungen vorzunehmen.

Tabelle 12.2 Funktionen des SAP Solution Managers für die Lösungsbereitstellung (Forts.)

Zusammenfassend lässt sich sagen, dass der SAP Solution Manager 7.2 uns nicht nur bei der technischen Umsetzung der Bereitstellung unterstützt, sondern auch bei der methodischen Steuerung des Prozesses. Durch die Kombination dieser beiden Aspekte können wir sicherstellen, dass die Bereitstellung erfolgreich verläuft und die gewünschten Geschäftsergebnisse erzielt werden.

Erstellung von Prozess-Enablement-Content

Die Veröffentlichung von Geschäftsprozessen erfordert mehr als nur eine gut implementierte Lösung. Es erfordert auch effektive Schulungs- und Support-Materialien, die den Benutzern helfen, die neuen Prozesse und Technologien zu verstehen und effektiv zu nutzen. Das Erstellen solcher Materialien kann eine Herausforderung sein, insbesondere angesichts der Vielfalt der Lernstile und der ständigen Veränderungen in den Geschäftsprozessen. SAP Enable Now bietet hierbei umfangreiche Möglichkeiten, dies zu erreichen.

[«]

SAP Enable Now und die Integration mit SAP Signavio

SAP Enable Now ist eine umfassende Plattform für Wissensmanagement und Endbenutzerschulung, die Unternehmen dabei unterstützt, ihre Mitarbeitenden effektiv auf neue Softwarelösungen oder Prozessänderungen vorzubereiten. Mit SAP Enable Now können Unternehmen schnell und einfach individuelle Lerninhalte und Anleitungen erstellen, die den Benutzern helfen, neue Lösungen effektiv zu nutzen. Ein interessanter Aspekt von SAP Enable Now ist seine Fähigkeit zur Integration mit anderen SAP-Produkten, insbesondere mit SAP Signavio. Durch die Integration von SAP Enable Now und SAP Signavio können Unternehmen ihre Geschäftsprozesse und Schulungsinhalte effektiv verknüpfen.

In SAP Enable Now können die Benutzer Schulungsinhalte mit den einzelnen Prozessschritten oder dem gesamten Prozessmodell verknüpfen. Dies geschieht durch die Verwendung von benutzerdefinierten Attributen, die in SAP Signavio eingeführt wurden. Die Verknüpfung der Schulungsinhalte ermöglicht es, dass die Benutzer direkt aus dem Geschäftsprozess heraus auf die entsprechenden Schulungsinhalte zugreifen können. Die Integration von SAP Enable Now und SAP Signavio ermöglicht somit eine enge Verknüpfung von Geschäftsprozessen und Schulungsinhalten. Dies erleichtert die Schulung der Benutzer und trägt dazu bei, dass die Benutzer die neuen Prozesse und Lösungen effektiv nutzen können.

Die Erstellung von Prozess-Enablement-Content beginnt mit einer klaren Übersicht und einem guten Verständnis der Prozessmodelle, die in SAP Signavio erstellt wurden. Diese Modelle dienen als Grundlage für den Inhalt, den Sie erstellen möchten, und können über die Integration zwischen SAP Signavio und SAP Enable Now direkt in Enable Now importiert werden. Sie liefern das notwendige Verständnis über die Abläufe und Aufgaben im Prozess und ermöglichen es uns, spezifische Schulungsinhalte zu erstellen, die auf die jeweiligen Rollen und Verantwortlichkeiten der Anwender zugeschnitten sind (siehe Abbildung 12.19).

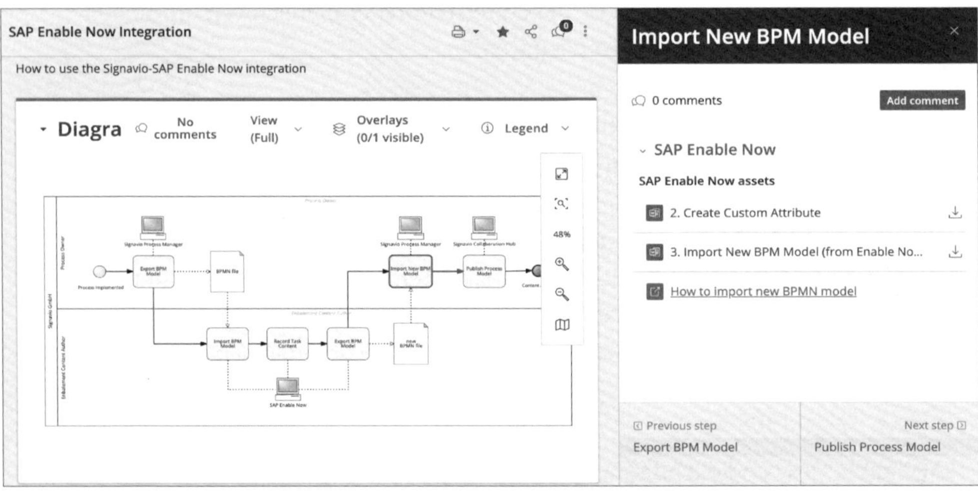

Abbildung 12.19 Beispiel von Schulungs-Content in SAP Enable Now mit Prozessbezug in SAP Signavio

SAP Enable Now ermöglicht es uns, eine Vielzahl von Inhaltstypen zu erstellen, um den unterschiedlichen Lernstilen und Bedürfnissen der Anwender*innen gerecht zu werden. Dies kann von schriftlichen Anleitungen und Handbüchern über interaktive Tutorials bis hin zu Videos und Webinaren reichen. Der Schlüssel ist es dabei, den Inhalt so zu gestalten, dass er für die Anwender*innen relevant und leicht verständlich ist.

Ein weiterer wichtiger Aspekt bei der Erstellung von Prozess-Enablement-Contents ist die Aktualität der Inhalte. Da sich Geschäftsprozesse mit der Zeit ändern können, ist es entscheidend, dass auch die Schulungsinhalte aktuell gehalten werden. SAP Enable Now unterstützt dabei, indem es eine effiziente Aktualisierung der Inhalte ermöglicht. Wenn ein Prozessmodell in SAP Signavio aktualisiert wird, können wir den entsprechenden Schulungsinhalt in SAP Enable Now schnell und einfach aktualisieren. Schließlich ist es wichtig, dass die erstellten Inhalte den Anwender*innen leicht zugänglich gemacht werden. Gerade durch die Integration mit SAP Signavio kann der erstellte Enablement Content direkt an den Prozessmodellen visualisiert und den Endanwender*innen zur Verfügung gestellt werden.

Gewährleistung der Transparenz und Schulung des neuen Prozesses

Transparenz und Verständlichkeit sind Schlüsselkomponenten für die erfolgreiche Implementierung und Nutzung neuer Prozesse. Sie sind entscheidend dafür, dass die Anwender*innen die neuen Prozesse verstehen, akzeptieren und effektiv nutzen. Daher ist es wichtig, eine klare Kommunikation und Schulung zu gewährleisten. Die von uns erstellten Prozessmodelle in SAP Signavio und die Enablement-Inhalte in SAP Enable Now sind die Basis für die Transparenz. Sie stellen sicher, dass die Anwender*innen ein klares Verständnis dafür haben, wie die neuen Prozesse funktionieren und was von ihnen erwartet wird. Sie bieten eine Referenz, auf die sie zurückgreifen können, wenn sie Fragen haben oder Unsicherheiten bestehen.

Die Schulung der Anwender ist ein weiterer entscheidender Faktor. Hier geht es nicht nur darum, den Anwender*innen zu zeigen, wie sie die neuen Prozesse ausführen sollen, sondern auch darum, ihnen das Warum hinter den Prozessen zu vermitteln. Dies hilft ihnen, die Vorteile und den Zweck der neuen Prozesse zu verstehen, was die Akzeptanz und die effektive Nutzung fördert. Die Schulung sollte in verschiedenen Formaten angeboten werden, um den unterschiedlichen Lernstilen und Bedürfnissen gerecht zu werden. Unabhängig vom gewählten Medium ist es wichtig, dass die Schulungsinhalte klar und verständlich und auf die spezifischen Bedürfnisse der Anwender*innen zugeschnitten sind. Die Schulung sollte auch ein fortlaufender Prozess sein. Dies bedeutet, dass sie nicht nur während der Implementierung, sondern auch danach noch stattfindet. Dies hilft, die Anwender*innen auf dem neuesten Stand zu halten und sicherzustellen, dass sie die Prozesse auch dann noch effektiv nutzen können, wenn sich Änderungen ergeben.

12.7 Praxisbeispiele

SAP Signavio ist nicht nur eine Applikationssuite mit Lösungen zur Prozessanalyse, zum Prozessdesign und zur Prozessautomatisierung, sondern es bietet auch eine gesamtheitliche Transformationsmethodik, die sich insbesondere bei SAP-S/4HANA-Projekten sehr gut anwenden lässt. Dennoch ist die Ausgangssituation bei jedem Unternehmen unterschiedlich; jedes Transformationsprogramm ist von unterschiedlichen Einflussfaktoren geprägt und wird deshalb auch immer unterschiedlich aufgesetzt. Im Folgenden sind einige der wesentlichen Einflussfaktoren aufgelistet:

- **Größe und Komplexität des Unternehmens**
  Wie groß und komplex ein Unternehmen ist, ist ein wichtiger Faktor. Ein Unternehmen aus dem Mittelstand hat normalerweise kürzere Entscheidungswege und weniger Abstimmungsaufwände, um das Prozessmanagement in der Organisation zu etablieren, als ein großer internationaler Konzern. Dies hat auch Auswirkungen darauf, welche Rollen benötigt werden und wie diese konkret definiert werden.
- **Bisheriger Reifegrad der Organisation**
  Manche Unternehmen haben bereits ein Prozessmanagement etabliert, aber die Themen Prozessanalyse, Prozessmanagement und Prozessverbesserung noch nicht miteinander kombiniert. Andere Unternehmen haben bereits Enterprise-Architektur-Methodiken etabliert und Capability Maps aus Sicht der Enterprise-Architektur aufgebaut und sehen Prozesse lediglich als Realisierung von Capabilitys auf Level 4/Level 5/Level 6. Wieder andere Unternehmen haben lediglich verschiedene Dokumentationen von früheren IT-Projekten, jedoch weder eine einheitliche Definition von End-to-End-Prozessen noch Rollen und Verantwortlichkeiten, die sich um eine kontinuierliche Prozessverbesserung kümmern.
- **Herangehensweise an die SAP-S/4HANA-Transformation**
  Wie bereits in Abschnitt 12.1 beschrieben, gibt es verschiedene Formen der Transformation nach SAP S/4HANA. Die prozessorientierte Transformation mit dem Fokus, die Prozesse generell neu zu überdenken und neu zu definieren, unterscheidet sind in wesentlichen Punkten von der lösungsorientierten Transformation mit dem Fokus, technisch auf die neue SAP-S/4HANA-Plattform zu migrieren. Im Rahmen einer SAP-S/4HANA-Neueinführung oder einer Systemkonsolidierung gibt es gar keine andere Möglichkeit, als die Prozesse neu zu überdenken und prozessorientiert vorzugehen. Dagegen wird ein Kunde mit einem SAP-ECC-System, das nur wenige Jahre alt ist und sich noch gut warten lässt, eher den Weg einer lösungsorientierten Transformation einschlagen.

- **Fokussierung auf Mehrwerte im Vergleich zu technischer Innovation**
  In manchen Unternehmen wird für jede Initiative, demnach auch für ein SAP-S/4HANA-Projekt, ein Business Case benötigt. Darüber hinaus werden einmal definierte Mehrwerte kontinuierlich nachgehalten, d. h., dass es stets nachvollziehbar sein muss, ob initial definierte Mehrwerte auch erreicht wurden bzw. an welcher Stelle die Ziele nicht erreicht wurden. Andere Unternehmen sehen in der Transformation auf SAP S/4HANA eher ein Investment, um zukünftig technologisch auf dem neusten Stand zu sein. Sie wünschen sich ein schlankes, beherrschbares ERP-System, um auch in Zukunft jederzeit Innovationen einführen und nutzen zu können. Solche Ziele sind schwieriger in einem Business Case zu kalkulieren.

In diesem Anschnitt möchten wir anhand von konkreten Beispielen beschreiben, wie SAP Signavio bei verschiedenen Transformationsprojekten in der Vergangenheit unterstützt hat bzw. auch bei weiteren Schritten unterstützen wird. Die genannten Unternehmen sind fiktiv und frei erfunden, die Beispiele sind aber sehr eng an echten Praxisbeispielen angelehnt. Wir vergleichen drei verschiedene Fallbeispiele:

1. **Unternehmen A – prozessorientierte Transformation mit Fokus auf das Prozessredesign**
   In diesem Beispiel fokussieren wir uns auf die Methodik einer prozessorientierten Transformation. Wir beschreiben konkret, wie das Unternehmen bei der Definition von Zielen, bei der konkreten Ausgestaltung der Vorgehensweise und bei dem Aufbau von Journey-Modellen und der Definition der Prozesshierarchie vorgegangen ist und wie das Unternehmen diese Erkenntnisse bei der Umsetzung des Projekts nutzen will.
2. **Unternehmen B – prozessorientierte Transformation mit Fokus auf die Realisierung von initial definierten Mehrwerten**
   In diesem Beispiel startet das Unternehmen mit der Identifikation von Mehrwerten und der Berechnung eines Business Case unter der Berücksichtigung von Process Performance Indicators, die direkt im System gemessen wurden. Die Analyseergebnisse werden dann in weiteren Schritten genutzt, um Ursachen für die schlechte Prozessperformance zu finden und daraus Verbesserungspotenziale abzuleiten. Identifizierte Mehrwerte werden in weiteren Schritten realisiert und Nutzer*innen im Unternehmen in die Lage versetzt, mit den neuen Prozessen zu arbeiten.
3. **Unternehmen C – lösungsorientierte Transformation mit Realisierung von schnellen Ergebnissen und Änderungen in ausgewählten Bereichen**
   Das Unternehmen plant im Wesentlichen die Übernahme von Bestandsprozessen, möchte aber dennoch in ausgewählten Bereichen Verbesserungspotenziale realisieren und diese im Rahmen des Transformationsprojekts berücksichtigen.

12.7.1 Unternehmen A – prozessorientierte Transformation mit Fokus auf das Prozessredesign

Unternehmen A ist ein weltweit führender Anbieter von Sport- und Freizeitbekleidung, Schuhen und Zubehör mit starken Wurzeln in Europa. Mit einer Geschichte, die mehr als sieben Jahrzehnte zurückreicht hat das Unternehmen eine bemerkenswerte Präsenz in verschiedenen Sportarten und Lifestyles aufgebaut und dabei immer einen Schwerpunkt auf Innovation und Design gelegt. Die Produkte von Unternehmen A sind bekannt für ihre Qualität und Vielfalt. Sie umfassen alles von hochleistungsfähiger Ausrüstung für Profisportler bis hin zu modischer Kleidung und Schuhen für den alltäglichen Gebrauch. Dabei hat das Unternehmen immer großen Wert auf Nachhaltigkeit gelegt und sich verpflichtet, die Umweltbelastung seiner Produkte und Produktionsprozesse zu minimieren.

Jedoch steht Unternehmen A vor mehreren Herausforderungen. Ein wesentlicher Aspekt ist das Streben nach einem Omni-Channel-Modell. Dieses Modell beabsichtigt es, eine nahtlose Kundenerfahrung über alle Berührungspunkte hinweg zu bieten, sei es online, in Geschäften oder über mobile Apps. Das Ziel ist es, den Kunden eine einheitliche Journey zu ermöglichen, unabhängig davon, wie und wo sie mit dem Unternehmen interagieren. In der modernen Verbraucherlandschaft ist dies eine enorme Herausforderung. Kunden erwarten eine personalisierte, bequeme und kohärente Erfahrung, unabhängig davon, wo sie einkaufen. Dies erfordert eine erhebliche Investition in Technologie und Datenmanagement, um die Kundendaten über alle Kanäle hinweg zu integrieren und zu nutzen. Zudem müssen interne Prozesse angepasst werden, um sicherzustellen, dass das Personal über alle Kanäle hinweg konsistente Informationen und Dienstleistungen anbieten kann. Das Omni-Channel-Modell erfordert auch eine tiefe Kenntnis der Kundenpräferenzen und des Kaufverhaltens. Unternehmen A muss in der Lage sein, seinen Kunden das zu bieten, was sie wollen, wann sie es wollen und wie sie es wollen. Dies erfordert eine ausgeklügelte Segmentierung und Personalisierung, um relevante Produkte und Dienstleistungen anzubieten.

Darüber hinaus muss das Unternehmen A seine physische Infrastruktur anpassen. Traditionelle Geschäfte müssen möglicherweise neu gestaltet oder modernisiert werden, um mit den digitalen Kanälen zu harmonieren und eine nahtlose Erfahrung zu bieten. Dies kann erhebliche Kosten verursachen und erfordert eine strategische Planung und Ausführung. Ein weiterer kritischer Aspekt ist die Logistik. Um eine nahtlose Omni-Channel-Erfahrung zu bieten, muss Unternehmen A in der Lage sein, schnelle und zuverlässige Lieferungen über alle Kanäle hinweg zu gewährleisten. Dies erfordert eine robuste und flexible Lieferkette, die in der Lage ist, sich an wechselnde Bedingungen und Anforderungen anzupassen.

Zusammengefasst steht Unternehmen A vor der Herausforderung, seine Kundenbeziehung durch das Omni-Channel-Modell zu transformieren.

In diesem Abschnitt gehen wir auf die konkreten Aktivitäten und Ergebnisse bei Unternehmen A ein. Das Unternehmen ist noch mitten in der Transformation, deshalb sind einige Phasen schon abgeschlossen, und weitere Phasen stehen noch aus. Dort geben wir einen entsprechenden Ausblick. Die Abfolge der verschiedenen Phasen ist nicht immer sequenziell, deshalb wurden manche Phasen zusammengefasst. Kurzfristige Verbesserungen oder Quick Fixes wurden bei Unternehmen A nicht vorgenommen, deshalb findet sich die Enhance-Phase in der weiteren Beschreibung nicht wieder.

Analyze, Process Design und Solution Design

Die Definition von Zielen war ein kritischer Schritt in der Business-Transformation von Unternehmen A und ein wesentlicher Bestandteil der Analyze-Phase. Sie bot eine klare Richtung und half, alle Beteiligten auf den gleichen Weg auszurichten. Bei der Definition der Ziele für die SAP-S/4HANA-Einführung hat Unternehmen A die folgenden Schritte befolgt:

1. **Geschäftsstrategie verstehen**
   Vor der Definition der Ziele hat Unternehmen A seine allgemeine Geschäftsstrategie eingehend analysiert. Dies gab einen Rahmen für die definierten Ziele vor. Unternehmen A verfolgt eine Strategie, die auf die Verbesserung der Kundenerfahrung, die Steigerung der Effizienz und die Förderung der Innovation abzielt.
2. **Engagement der Stakeholder einholen**
   Die Einbindung der Stakeholder war ein weiterer wichtiger Schritt. Dies umfasste Workshops, Interviews und Umfragen, um die Perspektiven und Anforderungen der verschiedenen Stakeholder zu verstehen. Bei Unternehmen A waren dies beispielsweise Vertriebsmitarbeitende, Marketingteams, IT-Mitarbeitende und natürlich auch die Kunden selbst.
3. **Ziele definieren**
   Auf der Grundlage des Verständnisses der Geschäftsstrategie und der Stakeholder-Anforderungen hat Unternehmen A seine Ziele definiert. Diese waren SMART (Akronym für Specific Measurable Achievable Reasonable Time-bound, zu Deutsch: spezifisch, messbar, erreichbar, relevant und zeitgebunden), um ihre Effektivität zu maximieren. Beispiele für Ziele, die Unternehmen A definiert hat, sind die Verbesserung der Kundenzufriedenheit um 20 % im ersten Jahr nach der Einführung von SAP S/4HANA, die Reduzierung der Lieferzeiten um 15 % und die Erhöhung der Innovationsrate um 10 %.

4. **Ziele kommunizieren und ausrichten**
   Sobald die Ziele definiert waren, hat Unternehmen A diese kommuniziert und sichergestellt, dass alle Beteiligten sie verstehen und darauf ausgerichtet sind. Dies geschah durch regelmäßige Updates, Meetings und Schulungen.
5. **Überwachung und Anpassung der Ziele**
   Schließlich hat Unternehmen A die Ziele regelmäßig überprüft und bei Bedarf angepasst. Dies stellte sicher, dass sie weiterhin relevant und ausgerichtet auf die Geschäftsstrategie waren.

Durch diesen strukturierten Ansatz zur Zieldefinition hat Unternehmen A sichergestellt, dass seine SAP-S/4HANA-Einführung effektiv zur Erreichung seiner Geschäftsziele beiträgt.

Unternehmen A hat sich für eine innovative Vorgehensweise entschieden, indem es die Vorteile von Prozessmodellierung und Kundendatenanalyse kombiniert hat. Vor der Neueinführung von SAP S/4HANA hat das Unternehmen eine Customer Journey in SAP Signavio aufgebaut. Die Customer Journey von Unternehmen A hat mehrere wichtige Berührungspunkte mit den Kunden identifiziert. Dazu gehören u. a. die Website, mobile Apps, physische Geschäfte, Kundenservicekanäle und soziale Medien. Jeder dieser Berührungspunkte wurde analysiert und mit den entsprechenden internen Prozessen verknüpft. Beispielsweise wurde die Interaktion der Kunden mit Prozessen auf der Website wie dem Bestandsmanagement, der Auftragsabwicklung und der Kundenbetreuung verknüpft.

SAP Signavio ermöglichte es Unternehmen A, die Prozesse hinter diesen Berührungspunkten zu visualisieren und zu analysieren. Dies half dem Unternehmen, Engpässe zu identifizieren und Möglichkeiten zur Verbesserung der Effizienz und Effektivität der Prozesse zu erkennen. SAP Signavio ermöglichte auch die Integration von Stimmungsdaten der Kunden, wodurch das Unternehmen ein besseres Verständnis dafür erhielt, wie die Kunden die Interaktionen an verschiedenen Berührungspunkten wahrnahmen. Dieses Verständnis hat Unternehmen A dabei geholfen, seine internen Prozesse zu priorisieren und die relevanten Prozesse neu zu gestalten, um den Kunden eine bessere Erfahrung zu bieten. Ein Beispiel eines Touchpoints, den Unternehmen A identifizierte, war der Kundenservice im Anschluss an den Kauf. Die Analyse der Stimmungsdaten ergab, dass Kunden oft Schwierigkeiten hatten, die benötigten Informationen zu finden oder Probleme schnell zu lösen. Infolgedessen hat das Unternehmen seinen Kundenserviceprozess für die Neugestaltung im Rahmen der SAP-S/4HANA-Einführung priorisiert.

Ein weiterer Prozessbereich, der durch die Stimmungsanalyse verbessert werden sollte, war die Logistik. Die Analyse der Kundenberührungspunkte hat gezeigt, dass Lieferverzögerungen und -probleme zu einem negativen Kundenerlebnis führten. Demensprechend nutzte Unternehmen A diese Erkenntnisse, um seine Lieferkettenprozesse ebenfalls für die Neugestaltung zu priorisieren, was zu schnelleren Lieferungen und weniger Problemen führen sollte.

Unternehmen A hat nach der Analyse der Customer Journey ein umfassendes Prozess-Scoping durchgeführt, um den Umfang für die Implementierung von SAP S/4HANA festzulegen. Diese wichtige Phase begann mit einer eingehenden Untersuchung der End-to-End-Prozesse, die dann wiederum in modulare Teilprozesse heruntergebrochen wurden. Dies ermöglichte eine granulare Betrachtung jedes einzelnen Prozesses und wie diese sich in das Gesamtbild einfügen.

Im Anschluss an das Scoping hat sich Unternehmen A dazu entschieden, seine Prozesse ebenfalls zu segmentieren. Die Segmentierung der Prozesse nach dem Scoping war von entscheidender Bedeutung, um zu bestimmen, welche Prozesse neu durchdacht oder auf der anderen Seite standardisiert werden sollten. Ziel war es, die optimale Balance zwischen maßgeschneiderten und standardisierten Prozessen zu finden, die sowohl betriebliche Effizienz als auch Wettbewerbsvorteile bietet. Unternehmen A erkannte, dass nicht alle Prozesse gleich sind. Einige Prozesse bieten einzigartige Wettbewerbsvorteile und tragen wesentlich zur Differenzierung auf dem Markt bei. Diese Prozesse erfordern eine maßgeschneiderte Herangehensweise, um sicherzustellen, dass sie ihren spezifischen Anforderungen gerecht werden und ihren strategischen Zielen entsprechen.

Gleichzeitig gibt es Prozesse, die, obwohl sie für den Betrieb des Unternehmens wichtig sind, keinen eindeutigen Wettbewerbsvorteil bieten. Diese Prozesse können standardisiert werden, indem die bewährten Praktiken und Funktionen von SAP S/4HANA genutzt werden. Dies führt zu verbesserten Effizienzen, reduzierten Kosten und ermöglicht es dem Unternehmen, sich auf seine Kernkompetenzen zu konzentrieren. Die Segmentierung der Prozesse half Unternehmen A auch dabei, seine Ressourcen effizient zu nutzen. Indem klar identifiziert wurde, welche Prozesse neu durchdacht werden sollten und welche Prozesse auf den Standard von SAP S/4HANA gehen konnten, konnte das Unternehmen seine Investitionen und Anstrengungen auf die Bereiche konzentrieren, die den größten Nutzen und Wert bringen würden.

Hierbei wurde die Segmentierung in die bereits bekannten Kategorien vorgenommen:

- **Hauptunterscheidungsmerkmal**
  Diese Kategorie umfasst die Prozesse, die Unternehmen A einzigartig machen und ihm einen Wettbewerbsvorteil verschaffen. Sie sind das Herzstück des Unternehmens und spiegeln die Kernwerte und -kompetenzen wider. Diese Prozesse erfordern eine maßgeschneiderte Gestaltung und Implementierung in SAP S/4HANA, um sicherzustellen, dass sie die gewünschten Ergebnisse liefern. Beispiele hierfür können die folgenden Prozesse sein:

- **Produktdesign und -entwicklung**
  Dieser Prozess ist entscheidend für die Schaffung innovativer und trendiger Produkte, die den Markenwert von Unternehmen A unterstreichen und seine Position auf dem Markt stärken.
- **Nachhaltigkeitsinitiativen**
  Unternehmen A legt großen Wert auf Nachhaltigkeit. Die Prozesse, die sich auf die Schaffung umweltfreundlicher Produkte und die Minimierung der Umweltauswirkungen seiner Betriebsabläufe beziehen, können als Hauptunterscheidungsmerkmale betrachtet werden.
- **Kundenbindung und -loyalitätsprogramme**
  Maßgeschneiderte Programme, die auf die Bedürfnisse und Vorlieben der Kunden eingehen, stärken die Beziehung zwischen Unternehmen A und seinen Kunden und fördern die Markenloyalität.

- **Differenzierend**
  Diese Prozesse sind nicht unbedingt einzigartig für Unternehmen A, tragen aber dennoch zur Differenzierung des Unternehmens bei. Sie könnten Elemente beinhalten, die über die Branchennorm hinausgehen und dem Unternehmen dabei helfen, sich auf dem Markt abzuheben. Diese Prozesse müssen möglicherweise angepasst werden, um sie an die spezifischen Anforderungen des Unternehmens anzupassen. Beispiele hierfür können die folgenden Prozesse sein:
  - **Omni-Channel-Marketingstrategien**
    Die Fähigkeit von Unternehmen A, kohärente und ansprechende Botschaften über alle Vertriebskanäle hinweg zu liefern, kann als differenzierend betrachtet werden.
  - **Personalisierte Online-Erfahrung**
    Die Bereitstellung einer personalisierten Online-Shopping-Erfahrung, basierend auf dem individuellen Kundenverhalten und den Vorlieben, kann auch als differenzierender Prozess angesehen werden.
  - **Maßgeschneiderte Produktlinien**
    Die Fähigkeit, maßgeschneiderte Produktlinien für spezifische Kundengruppen oder regionale Märkte zu entwickeln und bereitzustellen, kann ebenfalls als differenzierender Prozess betrachtet werden.
- **Harmonisierter Kern**
  Diese Kategorie umfasst Prozesse, die in allen Geschäftsbereichen von Unternehmen A einheitlich sind. Sie sind nicht differenzierend, aber wichtig für den effizienten Betrieb des Unternehmens. Diese Prozesse werden in der Regel standardisiert und harmonisiert, um Konsistenz und Effizienz zu gewährleisten. Beispiele hierfür können die folgenden Prozesse sein:

- **Lagerverwaltung und Logistik**
  Diese Prozesse sind für den Betrieb von Unternehmen A von wesentlicher Bedeutung und müssen über alle Geschäftsbereiche hinweg konsistent sein.
- **Finanzmanagement**
  Buchhaltungsprozesse, Finanzberichterstattung und Budgetierung sind weitere Beispiele für den harmonisierten Kern.
- **Personalmanagement**
  Prozesse wie Rekrutierung, Personalentwicklung und Mitarbeiterbeurteilungen sind ebenfalls harmonisiert, um eine konsistente Unternehmenskultur und Effizienz zu gewährleisten.

- **Standard**
  Dies sind Prozesse, die für die Branche und den Betrieb von Unternehmen A typisch sind. Sie erfordern keine Anpassung und können direkt aus der Standard-SAP-S/4HANA-Lösung übernommen werden. Beispiele hierfür können die folgenden Prozesse sein:
  - **Beschaffung**
    Prozesse für den Einkauf von Materialien und Dienstleistungen sind in der Regel standardisiert.
  - **IT-Support**
    Prozesse zur Routineunterstützung und zur Wartung von IT-Systemen und Infrastruktur können größtenteils aus dem Standard übernommen werden.
  - **Rechtliche Compliance**
    Auch Prozesse zur Einhaltung von Branchenvorschriften und rechtlichen Anforderungen erfordern meistens keine unternehmensspezifische Anpassung.

Die Ergebnisse der Customer-Journey-Analyse flossen in die Priorisierung der Prozesse ein und halfen bei der Bestimmung, welche Prozesse im Rahmen der SAP-S/4HANA-Einführung neu durchdacht werden sollten. Zum Beispiel könnten Prozesse, die sich auf Kundenerfahrungen auswirken, wie die Auftragsabwicklung oder der Kundenservice, als Hauptunterscheidungsmerkmale betrachtet und entsprechend angepasst werden.

Die Phase des Prozessdesigns war ein wesentlicher Schritt in der Neueinführung von SAP S/4HANA bei Unternehmen A. In dieser Phase wurden die Prozesse, die als Hauptunterscheidungsmerkmale und als differenzierend identifiziert wurden, neu durchdacht. Im Gegensatz dazu wurden für die Harmonisierung des Kerns und die Standardprozesse die SAP-Standardprozesse als Ausgangspunkt genommen und nur notwendige Anpassungen vorgenommen.

Die Neugestaltung der differenzierenden Prozesse und der Hauptunterscheidungsmerkmale war ein bedeutender Schritt. Unternehmen A wollte sicherstellen, dass diese Prozesse optimal auf die spezifischen Anforderungen und strategischen Ziele des Unternehmens zugeschnitten waren. Zum Beispiel wurde der Prozess der Produktentwicklung, ein Hauptunterscheidungsmerkmal, völlig neu konzipiert, um Innovation und Kreativität zu fördern, schneller auf Marktveränderungen zu reagieren und den Zeitaufwand für die Produkteinführung zu reduzieren.

Ein weiteres Beispiel war die Neugestaltung des Kundentreueprogramms, ein differenzierender Prozess. Unternehmen A hat diesen Prozess neu konzipiert, um die Kundenbindung zu verbessern, personalisierte Angebote zu ermöglichen und die Kundenzufriedenheit zu steigern. Dieser Prozess wurde auch neu durchdacht, um eine nahtlose Integration mit den Omni-Channel-Marketingstrategien von Unternehmen A zu ermöglichen.

Im Gegensatz dazu wurden bei den Harmonisierungs- und Standardprozessen die SAP-Standardprozesse als Ausgangspunkt genommen. Diese Prozesse sind in der Regel nicht differenzierend und erfordern keine maßgeschneiderte Lösung. Der Prozess der Lagerverwaltung, ein harmonisierter Kernprozess, wurde beispielsweise auf der Grundlage der SAP-Standardprozesse angepasst, um die Lagerbestandsverwaltung zu optimieren, die Lieferzeit zu reduzieren und die Kundenzufriedenheit zu verbessern.

Ähnlich könnte der Standardprozess der Beschaffung auf der Grundlage der SAP-Standardprozesse angepasst worden sein, um die Effizienz zu verbessern, die Kosten zu senken und die Lieferkette zu optimieren. Unternehmen A entschied sich bewusst dafür, die in SAP ECC laufenden Prozesse nicht zu analysieren, um keinen »Ballast« aus dem alten System mitzunehmen. Dies bedeutete, dass sich das Unternehmen nicht auf vorhandene Prozesse oder Einschränkungen stützte, sondern sich auf die Entwicklung optimaler Prozesse konzentrierte, die auf seine spezifischen Bedürfnisse und Ziele zugeschnitten waren.

Dieses Vorgehen ermöglichte es Unternehmen A, die Vorteile von SAP S/4HANA voll auszuschöpfen und Prozesse zu entwickeln, die auf die Optimierung der Leistung, die Erreichung der strategischen Ziele und die Verbesserung der Kundenerfahrung ausgerichtet waren. Es führte zu einer besseren Ausrichtung der Prozesse auf die Unternehmensstrategie, zu einer verbesserten Effizienz und einem stärkeren Wettbewerbsvorteil auf dem Markt. Nachdem die Prozesse neu durchdacht oder angepasst worden sind, ging Unternehmen A in die nächsten Phasen der SAP-S/4HANA-Implementierung über.

Build und Test, Deploy und Enable

Nachdem die Prozesse neu durchdacht oder angepasst worden sind, plant Unternehmen A in die nächsten Phasen der SAP-S/4HANA-Neueinführung überzugehen. Hierbei möchte sich das Unternehmen konsequent an den designten Prozessen orientieren und alle folgenden Schritte auf den Prozessen aufbauen:

1. **Systemkonfiguration und -anpassung**
Auf Basis der genehmigten Prozesse, die zukünftig über den Business Process Model Connector an den SAP Solution Manager 7.2 übergeben werden sollen, soll SAP S/4HANA konfiguriert und angepasst werden, um die neuen Prozesse und Anforderungen von Unternehmen A zu unterstützen. Dies beinhaltet die Einrichtung von Systemparametern, die Integration von Drittanbietertools und die Anpassung von Benutzeroberflächen, um die Benutzerfreundlichkeit zu erhöhen.
2. **Datenmigration**
In dieser Phase ist geplant, die Daten aus dem bestehenden SAP-ECC-System in SAP S/4HANA zu migrieren. Diese umfasst die Bereinigung und Konsolidierung von Daten, um sicherzustellen, dass sie konsistent und korrekt in das neue System übertragen werden.
3. **Schulung und Change Management**
Unternehmen A plant, in die Schulung der Mitarbeitenden zu investieren, um sie mit den neuen Prozessen und dem SAP-S/4HANA-System vertraut zu machen. Change-Management-Initiativen sind vorgesehen, um die Akzeptanz der neuen Prozesse und Systeme zu fördern und die Mitarbeitenden auf die Veränderungen vorzubereiten.
4. **Go-live und Support**
Nach Abschluss aller Vorbereitungen plant das Unternehmen, mit SAP S/4HANA live zu gehen. In dieser Phase sind laufende Support- und Wartungsdienste vorgesehen, um sicherzustellen, dass die Prozesse reibungslos funktionieren und alle Probleme oder Herausforderungen schnell und effizient gelöst werden können.
5. **Kontinuierliche Verbesserung**
Nach der Implementierung von SAP S/4HANA beabsichtigt Unternehmen A, seinen Fokus auf kontinuierliche Verbesserungen zu legen, um die Prozesse und Systeme weiter zu optimieren und die Leistung, Effizienz und Kundenzufriedenheit zu steigern, u. a. mit dem kontinuierlichen Einsatz der Customer Journey Map als auch Process-Analytics-Fähigkeiten.

Mit dieser strukturierten Vorgehensweise plant Unternehmen A, die Vorteile von SAP S/4HANA voll auszuschöpfen und seine Prozesse und Systeme zu optimieren, um seine strategischen Ziele zu erreichen und seine Position auf dem Markt zu stärken.

Wie hat SAP Signavio Unternehmen A geholfen?

SAP Signavio hat als Prozessmanagement-Tool bei Unternehmen A eine zentrale Rolle gespielt, insbesondere bei der Neugestaltung und Verbesserung der Geschäftsprozesse im Rahmen der SAP-S/4HANA-Implementierung sowie bei der im Vorfeld durchgeführten Customer Journey-Analyse.

Zu Beginn hat Unternehmen A die Customer Journey Map in SAP Signavio dargestellt und hier die Touchpoints mit den internen Prozessen verbunden. Der SAP Signavio Process Manager ermöglichte es dem Unternehmen, seine Prozesse zu modellieren und zu visualisieren. Insbesondere war es von Vorteil, dass die SAP-Signavio-Lösung eine klare und einheitliche Darstellung von Prozessen ermöglichte, was eine effektive Kommunikation und Diskussion über Prozesse über Abteilungsgrenzen hinweg erleichterte. Im Rahmen des Prozessdesigns spielte der SAP Signavio Process Collaboration Hub eine wesentliche Rolle. Der SAP Signavio Process Collaboration Hub ist eine Plattform, die den Austausch und die Zusammenarbeit zwischen den verschiedenen Stakeholdern des Unternehmens erleichtert. Im Fall von Unternehmen A ermöglichte der SAP Signavio Process Collaboration Hub eine offene und effektive Kommunikation zwischen Prozessverantwortlichen, Fachexpert*innen und anderen relevanten Stakeholdern während der Prozessneugestaltung. Über den SAP Signavio Process Collaboration Hub konnte das Unternehmen Feedback zu den neu durchdachten Prozessen einholen. Dies ermöglichte eine iterative Verbesserung der Prozesse und stellte sicher, dass die Prozesse den Anforderungen und Erwartungen aller Beteiligten entsprachen. Die Möglichkeit, Kommentare zu hinterlassen, Fragen zu stellen und Verbesserungsvorschläge zu machen, trug dazu bei, ein Gefühl der Eigenverantwortung und Beteiligung bei den Mitarbeitenden zu fördern.

Darüber hinaus unterstützte SAP Signavio die Einrichtung eines mehrstufigen Genehmigungsworkflows für die Freigabe der finalisierten Prozesse. Nachdem ein Prozess neu durchdacht und durch Feedback verbessert worden ist, wurde er durch einen mehrstufigen Genehmigungsworkflow freigegeben. Dies stellte sicher, dass jeder Prozess eine gründliche Überprüfung und Genehmigung durchlief, bevor er implementiert wurde. Der Genehmigungsworkflow trug zur Qualitätssicherung bei und stellte sicher, dass die finalisierten Prozesse den Anforderungen des Unternehmens und den Erwartungen der Stakeholder entsprachen.

12.7.2 Unternehmen B – prozessorientierte Transformation mit Fokus auf die Realisierung von initial definierten Mehrwerten

Unternehmen B ist ein global operierendes Unternehmen der Automobilindustrie (Umsatz ~20 Mrd. EUR). Das Unternehmen ist Innovationsführer und vertreibt neueste Technologien, Produkte und Services, abgestimmt auf die konkreten Bedürfnisse der Kunden. Dennoch bewegt sich das Unternehmen in einem sehr kompetitiven Marktumfeld. Um erfolgreich zu sein, muss das Unternehmen nicht nur die besten Produkte anbieten, sondern auch eine hohe Liefertreue in der Logistik garantieren, einen fairen Preis bieten und dadurch die maximale Kundenzufriedenheit sicherstellen. All diese Ziele müssen auch mit dem übergeordneten Ziel der Nachhaltigkeit abgestimmt sein: Ökologische, soziale und finanzielle Anforderungen müssen stets in Einklang gebracht werden, ohne dabei Kompromisse bezüglich Qualität und

Kundenzufriedenheit einzugehen. Schlanke und effiziente Prozesse in Verbindung mit der Reduktion von Kosten in Shared-Service-Prozessen sind damit wesentliche Erfolgsfaktoren für das Unternehmen. Bei Entscheidungen für große Projekte ist bei Unternehmen B stets ein Business Case erforderlich – ein kontinuierlicher Vergleich hinsichtlich der Performance von Wettbewerbern wird dabei genauso verfolgt wie ein internes Benchmarking zwischen verschiedenen Regionen und Organisationseinheiten.

Unternehmen B agiert in vier verschiedenen Regionen: In den Regionen Europa, Nordamerika und Südamerika sind jeweils unterschiedliche, unabhängig voneinander entwickelte ERP-Systeme im Einsatz. Es existiert kein gemeinsames Entwicklungs-Template; dies bedeutet, dass die Prozesse in jeder Region unterschiedlich realisiert sind. Außerdem wird in Asien ein Nicht-SAP-ERP-System betrieben, das bereits vor 18 Jahren eingeführt und mit der Zeit ständig kundenspezifisch angepasst und weiterentwickelt wurde. Ziel im Rahmen der SAP-S/4HANA-Transformation ist eine globale Prozessstandardisierung und -harmonisierung, die mit einem kompletten Prozessredesign einhergeht. Es soll ein neues SAP-S/4HANA-Template entstehen, das weltweit in die Regionen ausgerollt wird und damit die bestehenden Systeme ersetzt.

Auch wenn es einerseits das Ziel ist, die Prozesse gesamtheitlich zu überarbeiten, ist es andererseits wichtig, das Risiko der Transformation zu minimieren. Über viele Jahre hinweg wurden einige Investitionen in die Landschaft getätigt und unzählige Eigenentwicklungen realisiert. Deshalb ist es auch unbedingt erforderlich, eine gute Transparenz über den Prozessablauf in der Ist-Landschaft zu schaffen und regionale Besonderheiten zu berücksichtigen.

Analyze

Auf Basis der soeben geschilderten Zielsetzung entschied sich Unternehmen B dazu, eine detaillierte Prozessanalyse durchzuführen. Die drei ERP-Systeme wurden alle an SAP Signavio Process Insights angebunden. Außerdem wurden die Prozesse Order-to-Cash sowie Procure-to-Pay in SAP Signavio Process Intelligence eingerichtet. Dafür wurden Daten aus den drei verschiedenen SAP-ECC-Systemen geladen und diese mit Daten aus dem weiteren ERP-System ergänzt.

Für die extrahierten Daten wurden drei Initiativen genutzt:

- **Berechnung eines Business Case für das anstehende Transformationsprojekt**
  Unternehmen B verfolgt den Top-down-/Bottom-up-Ansatz, der sich aus drei Teilen zusammensetzt:
  - Im ersten Schritt wird das vollständige Mehrwertpotenzial berechnet.
  - Im zweiten Schritt wird ein SAP-S/4HANA-Business-Case berechnet.
  - Im letzten Schritt erfolgen die Bottom-up-Validierung und die Detaillierung der Daten (wie bereits in Abschnitt 12.3, »Enhance Process«, beschrieben).

- **Detaillierte Prozessanalyse**
  Die Daten aus SAP Signavio Process Insights werden in SAP Process Intelligence (Plug-and-Gain-Methode) für eine detaillierte Prozessanalyse visualisiert und zur Identifikation von Prozessvarianten, für ein internes Benchmarking zwischen Systemen und Buchungskreisen und zur Identifikation von Prozessineffizienzen in verschiedenen Bereichen eingesetzt.
- **Weitere Detailanalysen**
  Im weiteren Verlauf erfolgten zusätzliche Detailanalysen in SAP Signavio Process Intelligence, um den Prozess in seiner Gänze und einschließlich sämtlicher unternehmensspezifischer Besonderheiten zu durchdringen.

Für eine Bewertung des insgesamt zu erreichenden Mehrwertpotenzials wurden Benchmarking-Daten von vergleichbaren Unternehmen herangezogen. Mit objektiven Analysen wurde die Bilanz von Unternehmen B mit der Bilanz von Wettbewerbern und Unternehmen mit einem vergleichbaren Geschäftsmodell verglichen.

Zur Berechnung des vollständigen Mehrwertpotenzials verwendete Unternehmen B zunächst das Werkzeug SAP Value Lifecycle Manager (siehe Abschnitt 12.2.2). Der SAP Value Lifecycle Manager ermöglicht einen einfachen Zugriff auf Finanz- und Industriedaten und Informationen und Analysen des Dienstleisters *S&P Market Intelligence*, um Top-down-Mehrwertpotenziale zu identifizieren. Es werden Finanzdaten und Prozesskennzahlen von vergleichbaren Unternehmen aggregiert dargestellt, um diese mit den eigenen Ergebnissen zu vergleichen. Eine Move-the-Needle-Analyse zeigt dann den potenziellen Mehrwert, der durch die Verbesserung einer einzelnen Kennzahl entstehen kann. Bei jeder Kennzahl wird das Unternehmen mit Wettbewerbern aus der Automobilindustrie verglichen. Der Vergleich gibt einen Hinweis darauf, wie realistisch die angenommene Verbesserung tatsächlich ist.

In den folgenden Bereichen wurden signifikante Potenziale identifiziert (siehe Abbildung 12.20):

- **Operative Marge**
  Im Vergleich zu den analysierten Wettbewerbern schneidet Unternehmen B am schlechtesten ab; eine Erhöhung der Marge um einen Prozentpunkt würde das Betriebsergebnis um ca. ~203 Mio. EUR verbessern.
- **Vertriebsgemeinkosten**
  Der Anteil der Vertriebsgemeinkosten im Vergleich zum Unternehmensumsatz ist relativ hoch. Eine Verbesserung um einen Prozentpunkt würde das Betriebsergebnis um ca. ~29,7 Mio. EUR verbessern
- **Verweildauer der Bestände im Inventar**
  Die durchschnittliche Verweildauer von Beständen im Inventar gehen mit großen Summen an gebundenem Kapital einher. Eine Reduktion der Verweildauer von Beständen im Inventar würde ~57 Mio. EUR Kapital freigeben.

KPI	schlechteste Performance	Performance CAR AG	beste Performance	Verbesserung	potenzieller Mehrwert
operative Marge (in %)	CAR AG	4,4 13,1	Wettbewerber A	1 %	203,0 Mio. EUR
Vertriebsgemeinkosten (in % vom Unternehmensumsatz)	Wettbewerber B	25,7 14,3 7,1	Wettbewerber C	1 %	29,7 Mio. EUR
Verweildauer Bestände im Inventar (in Tagen)	Wettbewerber B	84,1 45,5	CAR AG	1 Tag	57,0 Mio. EUR

Abbildung 12.20 Ausgewählte KPIs der vollständige Mehrtwertanalyse bei Unternehmen B

In Summe über alle analysierten KPIs konnte Unternehmen B bei der beschrieben Move-the-Needle-Analyse die folgenden Potenziale identifizieren:

- Verbesserung des Betriebsergebnisses: ~500 Mio. EUR
- Verbesserung des frei verfügbaren Kapitals: ~100 Mio. EUR

In einem nächsten Schritt galt es zu verstehen, wie viel des errechneten vollständigen Mehrwertpotenzials sich durch die Einführung von SAP S/4HANA realisieren lässt. Datenpunkte von anderen SAP-S/4HANA-Projekten dienten als Hinweis dazu, welche Potenziale auch bei Unternehmen B realisiert werden können. Für die Darstellung der Mehrwerte von SAP S/4HANA wurden ausgewählte Capabilitys von SAP S/4HANA betrachtet, und es wurde verglichen, inwiefern sich die Prozessperformance von Unternehmen B von den Ergebnissen anderer Kunden in der Automobilindustrie unterscheidet. Es wurden also erneut Benchmarking-Daten genutzt. Dieses Mal stammten die Zahlen jedoch nicht aus den Bilanzen ausgewählter Unternehmen, sondern aus einer SAP-internen Datenbank.

Für die Berechnung des Business Case wurden die Kennzahlen aus den Bereichen Finanzwesen, Einkauf, Vertrieb und Supply Chain genutzt. Pro Kennzahl wurde verglichen, ob sich Unternehmen B im Vergleich zu den anderen Unternehmen im Bereich der besten 25 % der Unternehmen befindet, im Bereich der schlechtesten 25 % der Unternehmen oder dazwischen. Falls keine Daten von Unternehmen B für die verschiedenen Kennzahlen vorlagen, wurden die Daten geschätzt oder der Durchschnittswert der Branche als Kalkulationsgrundlage für den Mehrwert genutzt. Auf Basis dessen konnte ermittelt werden, inwiefern Verbesserungspotenziale bestehen.

Abbildung 12.21 zeigt die Ergebnisse der SAP-S/4HANA-Mehrwertanalyse aus dem Finanzwesen. Für verschiedene KPIs wurde die Performance von Unternehmen B mit den besten bzw. den schlechtesten Wettbewerbern in der Automobilindustrie verglichen. Auf Basis dessen wurde die Annahme getroffen, dass sich die Performance von Unternehmen B mindestens auf das 25-%-Perzentil optimieren lässt. Der sich daraus ergebende Mehrwert ist:

- Verbesserung des Betriebsergebnisses: ~100 Mio. EUR
- Verbesserung des frei verfügbaren Kapitals: ~150 Mio. EUR

Key Performance Indicators					
KPI Name	**Maß-einheit**	**Performance Unter-nehmen B**	**Beste 25%**	**Durchschnitt-liche Performance**	**Schlech-teste 25%**
Außenstandsdauer	Tage	43.6	30	46.2	60
Kosten (% Umsatz): Kostenrechnung und Analyse	Prozent	0,051	0,01	0,034	0,064
Kosten (% Umsatz): Hauptbuchhaltung und Hauptabschluss	Prozent	0,058	0,009	0,052	0,075
Kosten (% Umsatz): Debitorenbuchhaltung	Prozent	0,012	0,003	0,041	0,068
Durchschnittliche Anzahl Rechnungen pro Mitarbeiter in der Kreditorenbuchhaltung	Doku-mente	11.346	25.000	18.468	8.207
Anzahl Tage für den Jahresabschluss	Tage	18.8	7	13.8	20

Abbildung 12.21 Ausgewählte Kennzahlen aus dem Finanzwesen zur Berechnung eines SAP-S/4HANA-Business-Case

Eine mögliche Verbesserung des Betriebsergebnisses lässt sich also auch aus diesen Zahlen ablesen. Wenn es jedoch konkret darum geht, wie sich dieses Potenzial mit SAP S/4HANA realisieren lässt, ist es nicht überraschend, hier eine kleinere Zahl zu sehen. Erwähnenswert ist jedoch das kalkulatorisch hohe Kapital, das freigegeben werden könnte. Die hier konkret errechnete Summe ist sogar höher, als es im ersten Schritt des Business Case angenommen worden ist.

In einem nächsten Schritt wurden die identifizierten Mehrwerte auf der Basis von Daten zur Prozessperformance (sogenannten Process Performance Indicators, PPIs) aus dem System validiert und weiter detailliert. Business Cases wurden bei Unternehmen B auch schon in der Vergangenheit berechnet. Die Herausforderung war es jedoch stets, konkrete Handlungsfelder zu identifizieren und diese messbar zu quantifizieren. Mit dem SAP-S/4HANA-Projekt wählte Unternehmen B nun eine systematische datengestützte Herangehensweise, die ein vollständiges Bild hinsichtlich potenzieller Mehrwerte liefert. Im Ergebnis hatte das Unternehmen damit eine klare Argumentationsgrundlage, wie diese Mehrwerte auch praktisch realisiert werden können.

Zur Messung der soeben genannten Process Performance Indicators setzte Unternehmen B von Anfang an SAP Signavio Process Insights ein. Die drei existierenden SAP-ECC-Systeme wurden an SAP Signavio Process Insights angebunden. Die für den Business Case erforderlichen Kennzahlen werden damit im Standard ausgeliefert. Diese Kennzahlen ließen sich dann mit den soeben kalkulierten KPIs verbinden, um damit den angenommenen Mehrwert zu validieren.

Abbildung 12.22 zeigt eine Mehrwertberechnung auf Basis der folgenden zwei PPIs:

- **Automatisierungsrate bei FI-Belegen**
  Der PPI misst den Anteil der Finanzdokumente, die innerhalb einer Woche durch einen Systemnutzer erstellt, via Batch-Input verarbeitet oder automatisiert durch eine vorgeschaltete SAP-Komponente ausgelöst wurden.
- **Anzahl der Finanzbuchungen pro Woche**
  Auch hier wird eine bestimmte Woche als Referenzzeitraum genutzt, um eine Analogie für das gesamte Jahr abzuleiten.

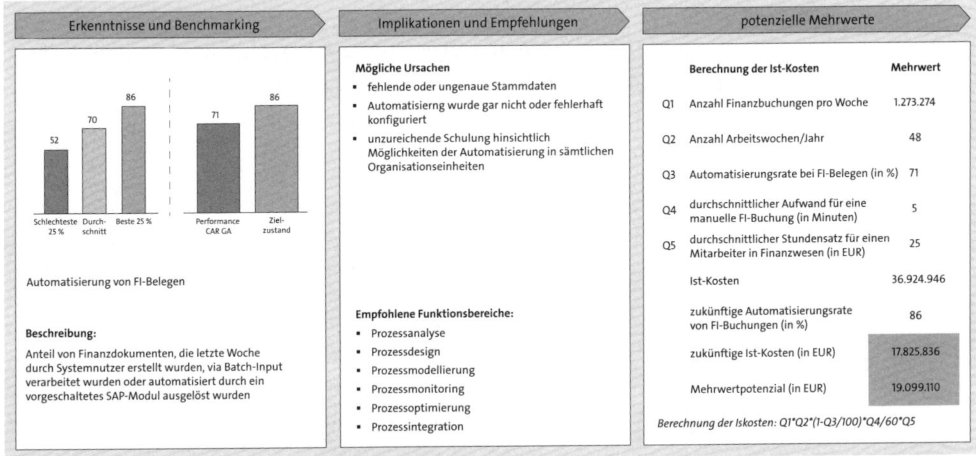

Abbildung 12.22 Detaildarstellung eines PPI zur Automatisierung von FI-Buchungen

Für die Berechnung wurden außerdem verschiedene Annahmen getroffen:

- Anzahl der Arbeitswochen pro Jahr: 48
- durchschnittlicher Aufwand für eine manuelle Buchung im Finanzwesen: 5 Minuten
- durchschnittlicher Stundensatz für Mitarbeitende im Finanzwesen: 25 EUR

Das Diagramm zeigt die aktuelle Automatisierungsrate bei Unternehmen B (71 %) und vergleicht diese mit der Automatisierungsrate anderer Kunden in der Automobilindustrie:

- 25 % der Kunden haben bei FI-Belegen eine Automatisierungsrate in Höhe von 52 % oder schlechter.
- Weitere 25 % der Kunden schaffen es, die Erstellung von Belegen zu mindestens 86 % zu automatisieren.
- Die restlichen 50 % der Kunden liegen dazwischen, d. h., dass die Automatisierungsrate zwischen 52 % und 86 % liegt.

Unternehmen B liegt somit im Mittelfeld im Vergleich zu anderen Kunden in der Automobilindustrie. Eine realistische Annahme erschien nun, dass Unternehmen B zu den Top 25 % der Kunden aufschließen kann, d. h., dass sich die Automatisierungsrate von aktuell 71 % auf zukünftig 86 % erhöhen müsste.

Zur Berechnung des potenziellen Mehrwertes wurden nun die Ist-Kosten auf Basis der Automatisierungsrate von 71 % ermittelt und mit den potenziellen zukünftigen Kosten (unter der Annahme, dass dann 86 % der Buchungen automatisiert ablaufen) verglichen. Durch eine einfache Kalkulationslogik errechnete sich dabei ein Mehrwertpotenzial in Höhe von ~19 Mio. EUR.

Die Realisierung der identifizieren Mehrwerte kann auf verschiedene Arten erfolgen. In jedem Fall ist es jedoch vorteilhaft, die zugrundeliegenden Prozesse und Prozessvarianten genauer zu verstehen. Damit beschäftigen wir uns in den weiteren Abschnitten der Analysephase.

In Vorbereitung auf die anstehende SAP-S/4HANA-Transformation wollte Unternehmen B auch die aktuellen Prozessvarianten im System genauer verstehen und außerdem analysieren, in welchen Buchungskreisen die Prozesse am besten bzw. am schlechtesten ausgeführt werden, um so Erkenntnisse für weitere Projektphasen zu gewinnen. Um dieses Ziel zu erreichen, bot sich der in Abschnitt 12.2, »Analyze Process«, beschriebene Plug-and-Gain-Ansatz an – Daten aus SAP Signavio Process Insights wurden zu einem EventFlow aufbereitet und in SAP Signavio Process Intelligence zur weiteren Analyse angezeigt.

In einem ersten Schritt wurde der Prozessfluss **Supplier invoice issuing to FI-AP clearing** analysiert. In diesem Prozess der Kreditorenbuchhaltung lässt sich der Belegfluss von der Anlage einer Bestellung bis hin zum Ausgleich des offenen Postens in der Kreditorenbuchhaltung nachverfolgen.

Zur Analyse von Belegvolumina, Durchlaufzeiten, Prozessvarianten sowie der Kalkulation des Best-Run-Scores verwendete Unternehmen B die von Plug-and-Gain ausgelieferten Prozessmodelle. Das Prozessmodell für den Prozessfluss **Supplier invoice issuing to FI-AP clearing** ist in Abbildung 12.23 dargestellt. Grün dargestellt sind die Prozessschritte, die von SAP als erwünschtes Verhalten angesehen werden. Rot dargestellte Prozessschritte repräsentieren unerwünschtes Verhalten, und gelb dargestellte Prozessschritte sind neutral zu bewerten.

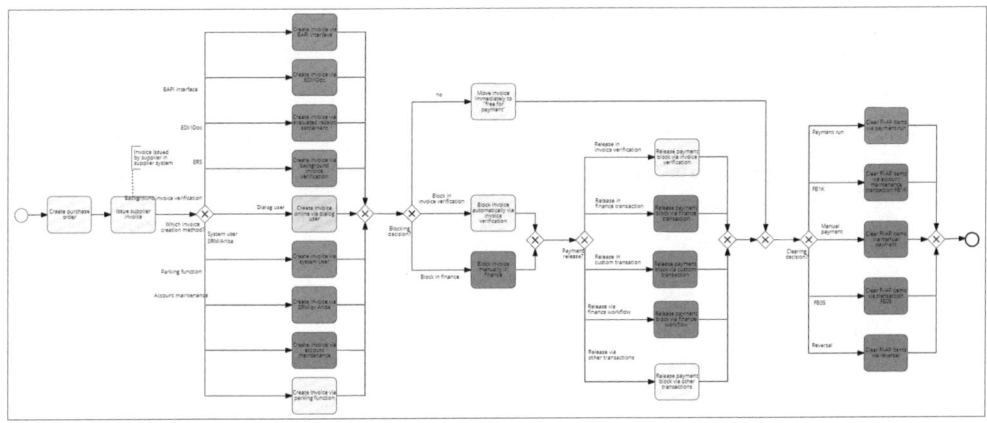

Abbildung 12.23 Plug-and-Gain-Prozessmodell

In einem ersten Schritt wurde der tatsächliche Prozessablauf einschließlich typischer Varianten in einem Durchflussdiagramm angezeigt (siehe Abbildung 12.24). Aus diesem Schaubild konnte abgeleitet werden, inwiefern Ineffizienzen den Prozess aufhalten, an welcher Stelle manuelle Aufwände bestehen und wo eine Prozessoptimierung sinnvoll wäre.

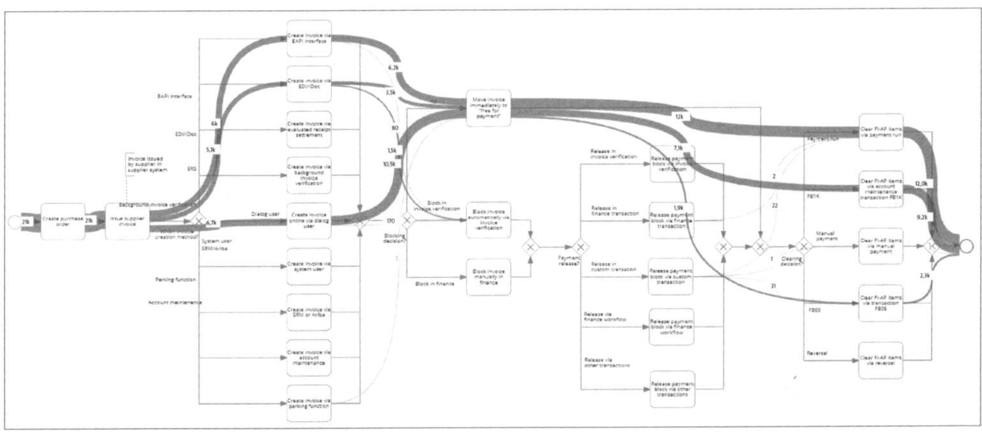

Abbildung 12.24 Durchflussdiagramm der Kreditorenbuchhaltung

Die folgenden Beobachtungen konnten gemacht werden:

- Sämtliche betrachteten Fälle starten mit der Anlage einer Bestellung.
- Nach der Ausstellung der Rechnung durch den Lieferanten wird diese im System von Unternehmen B verbucht. Dies geschieht teilweise über BAPIs, teilweise über EDI/IDOC, aber auch sehr häufig durch die manuelle Eingabe eines Dialognutzers (keine Automatisierung).

- Der Großteil der Rechnungen wird sofort zur Zahlung freigegeben, wobei es auch einige Fälle gibt, in denen die automatisierte Rechnungsprüfung die Freigabe zunächst blockiert.
- Der Rechnungsausgleich geschieht im häufigsten Fall über einen Zahllauf. Nicht selten werden die Rechnungen aber auch über die manuelle Pflege von Kreditoren (Transaktion FB1K) oder über manuelles Buchen und Ausgleichen (Transaktion FB05) ausgeglichen.

Es wird deutlich, dass an verschiedenen Stellen wesentliche manuelle Aufwände erforderlich sind. Eine konkrete Analyse einer einzelnen Variante ist in dieser Darstellung jedoch noch nicht möglich. Der Variantenexplorer in SAP Signavio Process Intelligence konnte jedoch helfen, hier tiefer einzusteigen.

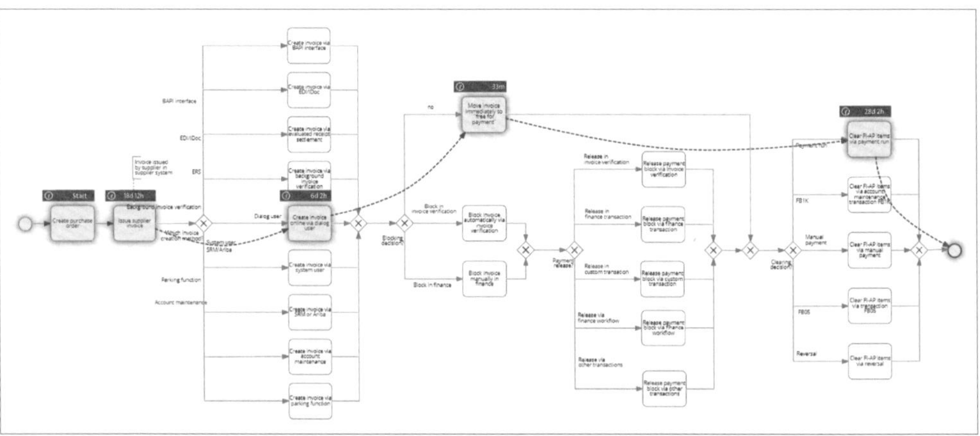

Abbildung 12.25 Variantenexplorer: Analyse der Prozessvarianten

Der Variantenexplorer gibt den Nutzer*innen die Möglichkeit, sämtliche Varianten transparent dazustellen (siehe Abbildung 12.25). Außerdem wird die Häufigkeit des Auftretens einzelner Varianten visualisiert. Diese Darstellung erlaubt es, weitere Rückschlüsse auf den tatsächlichen Prozessablauf zu ziehen.

Die Darstellung aus dem System zeigt den Prozess der Kreditorenbuchhaltung (Anlage einer Bestellung bis hin zum Ausgleich des offenen Postens in der Kreditorenbuchhaltung), aktuell gefiltert auf die Variante, die am häufigsten vorkommt. Man sieht, dass die Bestellung in diesem Fall manuell angelegt, die Zahlung aber durch einen automatisierten Zahllauf ausgelöst wurde. Weitere Varianten lassen sich im System genauso darstellen; bei Unternehmen B gibt es mehr als 20 verschiedene Prozessvarianten (mit unterschiedlicher Häufigkeit). Ein Klick auf die jeweilige Prozessvariante ermöglicht einen detaillierten Abgleich.

Nun stellte sich die Frage, inwiefern die heutige Realisierung einem erwünschten Prozessverhalten entspricht und wie häufig ein unerwünschtes Verhalten auftritt. Der *Best Run Index* kann genau solche Ergebnisse liefern (siehe Abbildung 12.26):

- Bei der Erstellung von Rechnungen beträgt der Best Run Score 100 %. Das bedeutet, dass die Rechnungserstellung im betrachteten Zeitfenster bereits sehr optimiert abläuft. Eine manuelle Anlage von Bestellungen über die Kontenpflege hat nicht stattgefunden; der Zielwert in Höhe von 80 % wird deutlich überschritten.
- Bei der Zahlung von Rechnungen beträgt der Best Run Score nur ~51 %. Diese Zahl lässt sich dadurch erklären, dass relativ viele Kreditorenposten durch die manuelle Kontenpflege mit Transaktion FB1K ausgeglichen wurden. Der Zielwert in Höhe von 80 % wird hier nicht erreicht; es besteht also Optimierungspotenzial.

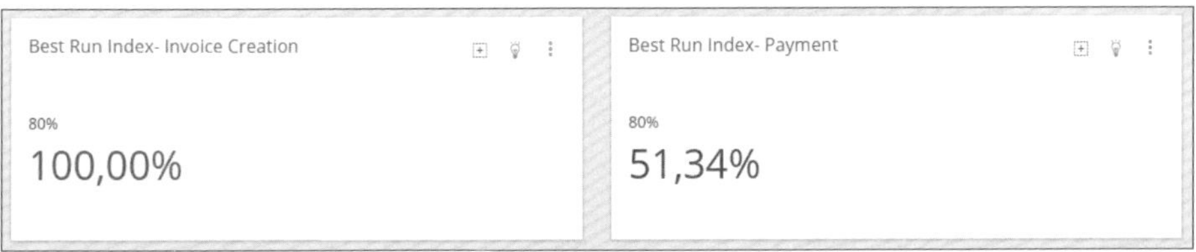

Abbildung 12.26 Berechnung des Best Run Scores

In einer weiteren Analyse wurde die Frage beantwortet, in welcher Variante und in welcher Organisationseinheit der Prozess keine Auffälligkeiten bzw. die meisten Auffälligkeiten zeigt. Zur Beantwortung dieser Frage wurden die in SAP Process Insights identifizierten Blocker gezählt, nach Buchungskreisen aufgeschlüsselt und in SAP Process Intelligence abgebildet. Gibt es in einem Buchungskreis keine auffälligen Blocker, ist der Prozessfluss sehr gut implementiert. Gibt es jedoch mehrere Blocker, gibt das einen Hinweis auf eine weniger gute Prozessimplementierung. Die Verwendung der Kontextinformationen aus SAP Signavio Process Insights beschleunigt die Analyse in SAP Signavio Process Intelligence somit signifikant. Es kann zielgerichtet auf die Fälle eingegangen werden, die Auffälligkeiten zeigen.

Abbildung 12.27 zeigt, dass im Buchungskreis AB11 sehr viele Rechnungen bearbeitet werden, ohne dass es zu Auffälligkeiten im Prozess kommt. Dieser Buchungskreis kann in nächsten Schritten also als Vorlage beim Prozessdesign genutzt werden.

Abbildung 12.28 visualisiert hingegen, dass Buchungskreis AB03 mit vielen Rechnungen Auffälligkeiten im Prozess hat. Dies ist also ein Beispiel, wie der Prozess nicht implementiert werden sollte.

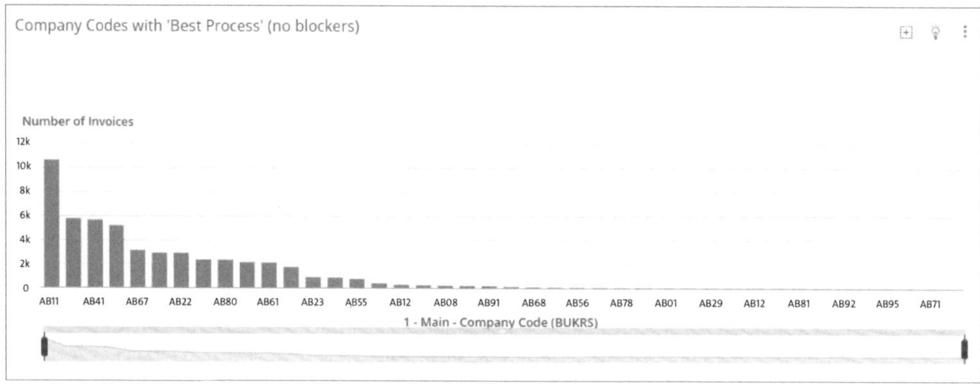

Abbildung 12.27 Buchungskreise ohne Blocker im Prozess

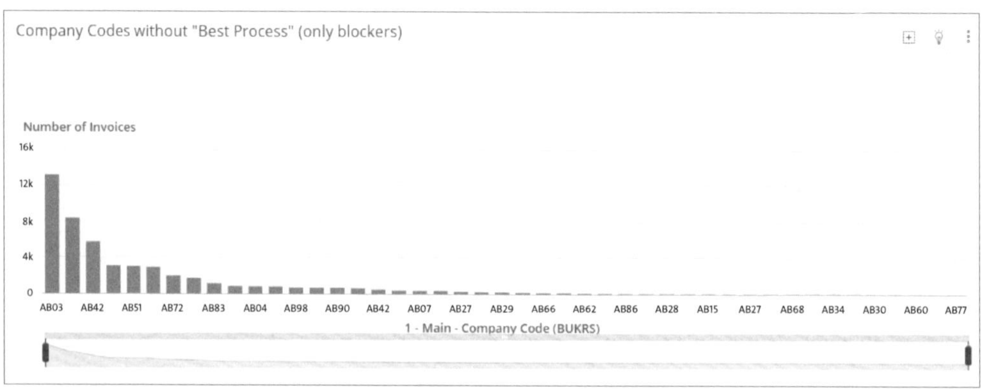

Abbildung 12.28 Buchungskreise mit Blockern im Prozess

Neben der Darstellung von Daten aus SAP Signavio Process Insights in SAP Signavio Process Intelligence sind mit dem Process Mining in SAP Signavio Process Intelligence noch viele weitere Analysen möglich. KPIs lassen sich hinsichtlich verschiedener weiterer Dimensionen analysieren, je nach Interesse kann Transparenz über Durchlaufzeiten, Automatisierungen, Änderungen von Belegen oder der Liefertreue erzeugt werden.

Unternehmen B entschied sich dazu, im Bereich der Kreditorenbuchhaltung weitere detailliertere Analysen vorzunehmen und hier nicht nur Daten aus den SAP-ERP-Systemen zu analysieren, sondern auch Informationen aus dem Nicht-SAP-ERP-System in SAP Signavio Process Intelligence zu laden.

Abbildung 12.29 zeigt einen Ausschnitt aus dem von Unternehmen B erstellten Dashboard in SAP Signavio Process Intelligence, gefiltert nach einer Region.

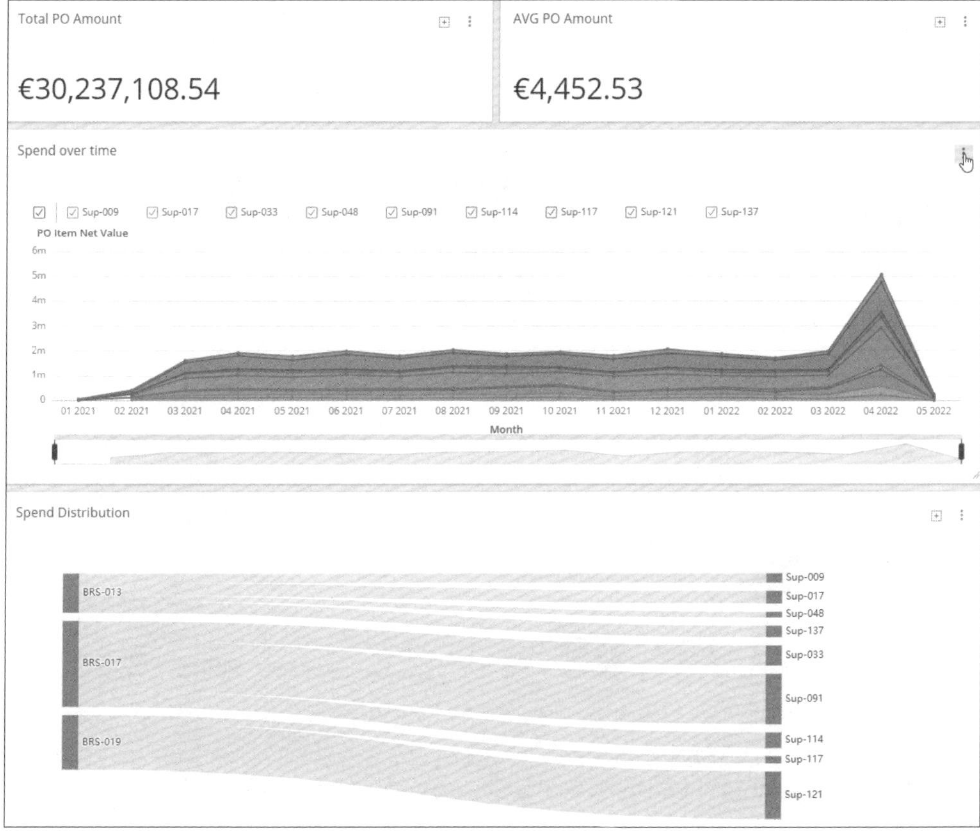

Abbildung 12.29 Kennzahlen über die Gesamtausgaben

Hier sind die folgenden Kennzahlen und Daten zu sehen:

- Zunächst sieht man zwei Kennzahlen zu Bestellvolumina: Das gesamte Volumen sämtlicher Bestellungen beträgt ~30 Mio. EUR. Der Wert einer einzelnen Bestellung liegt bei ~4.500 EUR.
- Des Weiteren wird visualisiert, wie sich die Volumina von Bestellungen bei verschiedenen Lieferanten über einen gewissen Zeitstrahl verhalten.
- Zuletzt sehen wir eine weitere Grafik, die darstellt, welchen Lieferanten für einen ausgewählten Buchungskreis die höchsten Bestellvolumina zuzurechnen sind.

Ein weiterer Ausschnitt aus dem von Unternehmen B erstellten Dashboard ist in Abbildung 12.30 dargestellt.

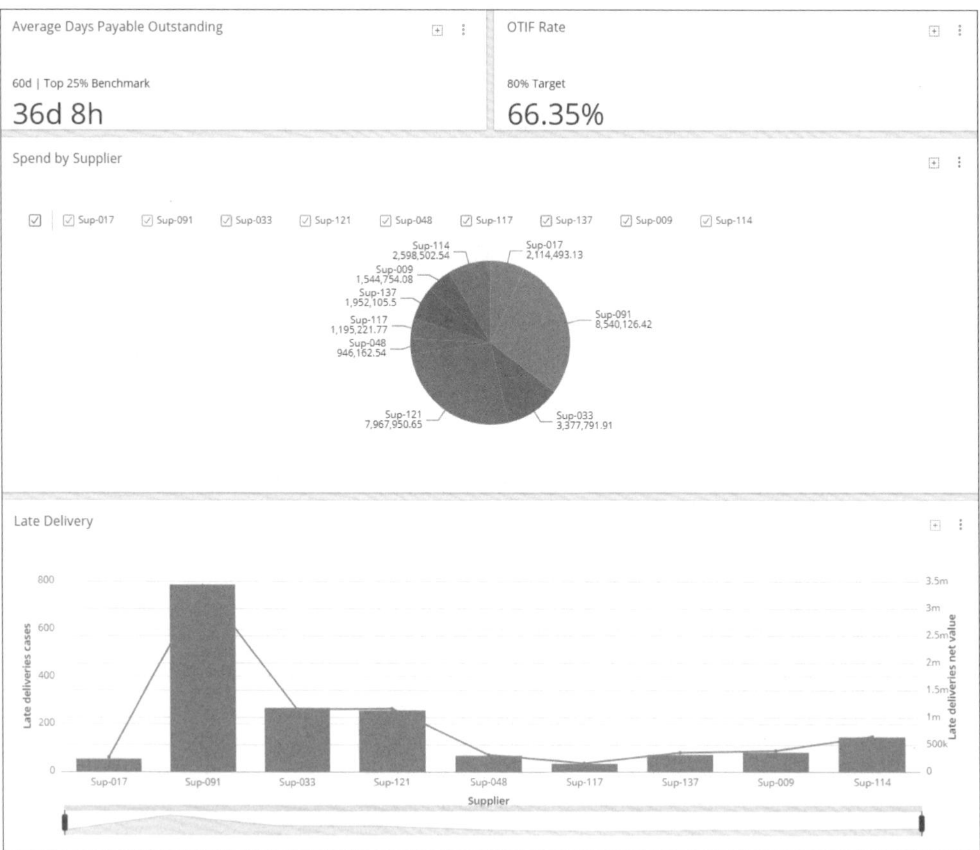

Abbildung 12.30 Kennzahlen, Außenstandstage und Liefertreue

Das Dashboard zeigt Folgendes:

- Die Kreditorenlaufzeit wird hier mit 36 Tagen und 8 Stunden berechnet. Für diese Kennzahl wurden auch Benchmarking-Daten ergänzt: Die Top 25 % der Vergleichsgruppe haben eine Kreditorenlaufzeit in Höhe von 60 Tagen. Das heißt, dass Unternehmen B hier wesentlichen Spielraum hat, um ebenfalls besser zu werden.
- Im Bereich der Liefertreue wird offensichtlich, dass Unternehmen B es aktuell nicht schafft, die gesetzten Ziele zu erreichen. Mit 66,35 % liegt die Liefertreue deutlich hinter dem Zielwert in Höhe von 80 %.
- Eine weitere Grafik zeigt die Ausgaben pro Lieferant in einem Kuchendiagramm.
- Zuletzt wurde ein Diagramm erstellt, um zu analysieren, welche Lieferanten häufig zu spät liefern und welche monetären Volumina damit verbunden sind.

Die in diesem Abschnitt beschrieben Ergebnisse und Dashboards sind nur ein Ausschnitt aus den von Unternehmen B aufgebauten Analysen. Wesentliche weitere Erkenntnisse wurden in den Bereichen Order-to-Cash und Logistik gewonnen.

Enhance

Während der detaillierten Analysephase hat Unternehmen B eine sehr gute Transparenz über den bestehenden Prozessablauf erhalten. Nun stellten sich aber einige Fragen: Wie können identifizierte Prozessineffizienzen verbessert werden? Gibt es Bordmittel in SAP ECC oder SAP S/4HANA, die relativ einfach eingesetzt werden können? Gibt es Automatisierungen oder intelligente Technologien auf der SAP BTP, die den Prozessablauf optimieren können? Können die SAP-Best-Practice-Prozesse beim Design der Ziellandschaft helfen? Welche Maßnahmen können sofort umgesetzt werden, welche sind relevant für spätere Phasen? Zur Beantwortung dieser Fragen wurden zunächst die Correction Recommendations aus SAP Signavio Process Insights genauer analysiert.

Abbildung 12.31 zeigt eine Übersicht über die Correction Recommendations aus dem Bestellprozess Source-to-Pay. Eine Empfehlung verspricht mittlere Auswirkung bei wenig Aufwand: 5505 offene Posten (Rechnungen) sind mit einer Zahlungssperre belegt und waren in der Vergangenheit fällig. Die empfohlene Maßnahme aus Abbildung 12.32 empfiehlt einen regelmäßig ABAP-Bericht einzuplanen, sodass Rechnungen mit einer Zahlungssperre, die aus heutiger Sicht obsolet wäre, automatisch freigegeben werden. Mit dieser Maßnahme können manuelle Aufwände zur Rechnungsprüfung und Rechnungsfreigabe verhindert werden.

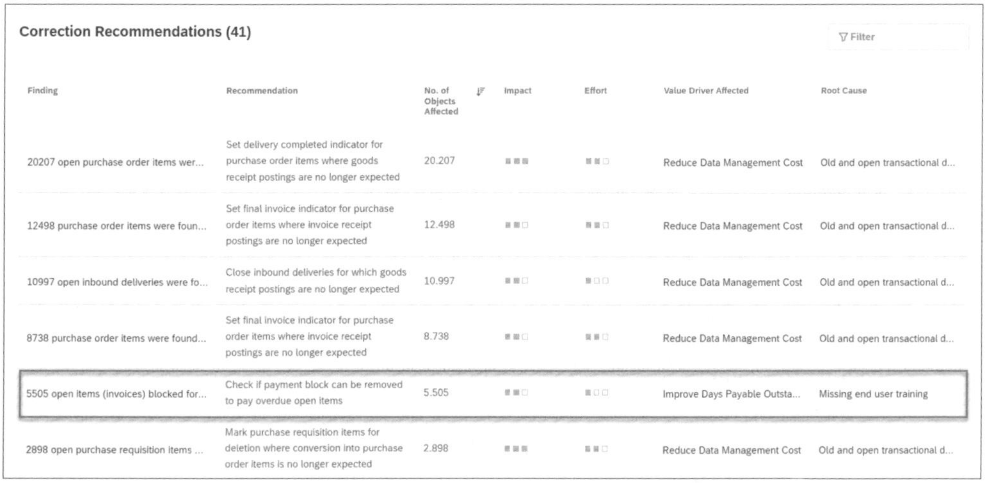

Correction Recommendations (41)

Filter

Finding	Recommendation	No. of Objects Affected	Impact	Effort	Value Driver Affected	Root Cause
20207 open purchase order items wer...	Set delivery completed indicator for purchase order items where goods receipt postings are no longer expected	20.207	■■■	■■□	Reduce Data Management Cost	Old and open transactional d...
12498 purchase order items were foun...	Set final invoice indicator for purchase order items where invoice receipt postings are no longer expected	12.498	■■□	■■□	Reduce Data Management Cost	Old and open transactional d...
10997 open inbound deliveries were fo...	Close inbound deliveries for which goods receipt postings are no longer expected	10.997	■■□	■□□	Reduce Data Management Cost	Old and open transactional d...
8738 purchase order items were found...	Set final invoice indicator for purchase order items where invoice receipt postings are no longer expected	8.738	■■□	■■□	Reduce Data Management Cost	Old and open transactional d...
5505 open items (invoices) blocked for...	Check if payment block can be removed to pay overdue open items	5.505	■■□	■□□	Improve Days Payable Outsta...	Missing end user training
2898 open purchase requisition items ...	Mark purchase requisition items for deletion where conversion into purchase order items is no longer expected	2.898	■■■	■■□	Reduce Data Management Cost	Old and open transactional d...

Abbildung 12.31 Correction Recommendations zum Prozess Source-to-Pay

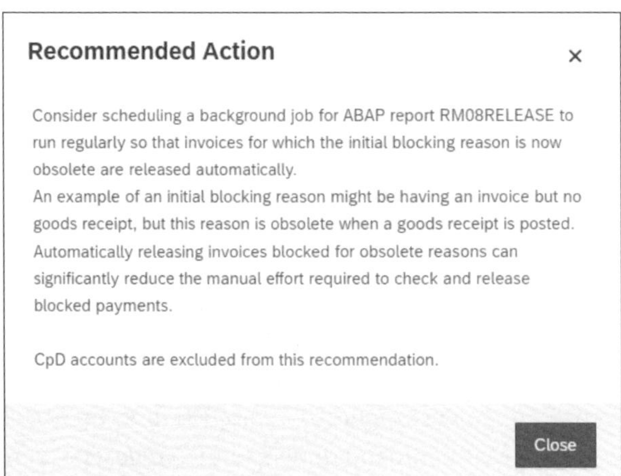

Abbildung 12.32 Vom System empfohlene Maßnahme

Im Bereich der Innovation Recommendations finden sich ebenfalls einige relevante Empfehlungen. Die Hinweise bezüglich der neuen Funktionen von SAP S/4HANA sind für die Unternehmen B von großer Relevanz. Aber auch im Bereich SAP Build Process Automation oder im Bereich Machine Learning finden sich spannende Hinweise. So wird beispielsweise auf einen Intelligent Approval Workflow hingewiesen, eine Funktionalität in SAP S/4HANA, die vergangene Freigabeschemata für Bestellanforderungen analysiert und Vorschläge für automatisierte Freigaben unterbreitet (siehe Abbildung 12.33).

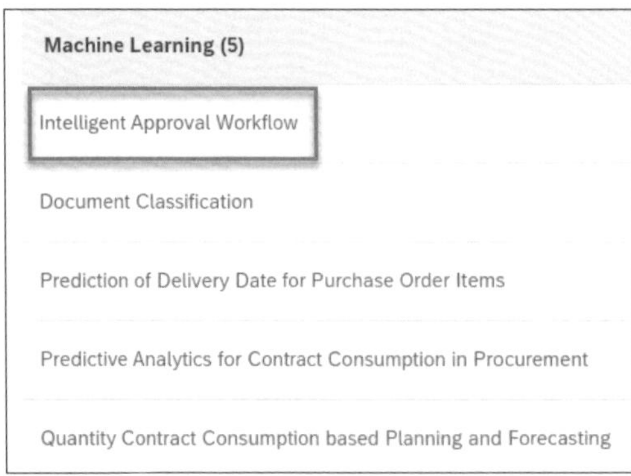

Abbildung 12.33 Innovation Recommendations

Als Vorbereitung für ein zukünftiges Prozessdesign verschaffte sich das Projektteam von Unternehmen B in dieser Phase außerdem eine Übersicht über die verfügbaren SAP-S/4HANA-Best-Practice-Prozesse. Über den SAP Signavio Process Explorer im Bereich **SAP Product Portfolio** erhält man eine strukturierte Übersicht über die **SAP Best Practices for SAP S/4HANA On-Premise** (siehe Abbildung 12.34).

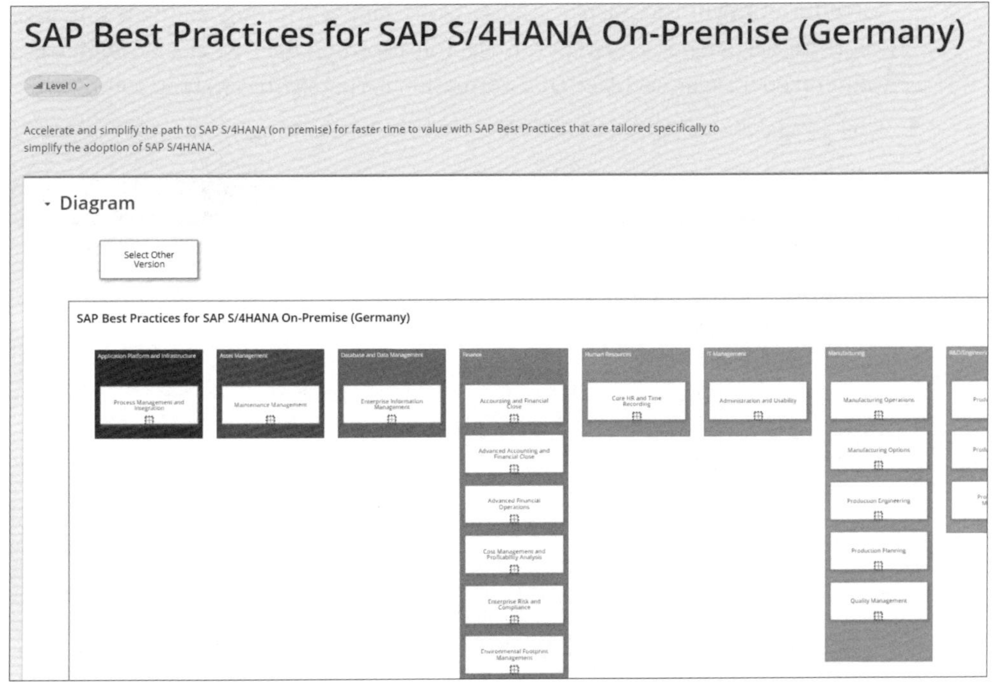

Abbildung 12.34 SAP Best Practices for SAP S/4HANA On-Premise

Ein weiterer Drilldown in den Bereich **Financial Operations** gibt eine Übersicht über die verfügbaren **SAP Best Practice Scope Items** in diesem Bereich. Scope Items werden durch eine Folge von drei Ziffern/Buchstaben (z. B. Accounts Payable J60) abgekürzt.

Zu jedem Scope Item gibt es eins bis mehrere vorgedachte BPMN-Diagramme, die Unternehmen B während des Prozessdesigns nutzen kann. Abbildung 12.35 zeigt eine Übersicht über die verfügbaren Diagramme im Bereich **Accounts Payable**; ein Klick auf die Diagramme auf der rechten Seite führt zu einer entsprechenden Detailsicht.

Zusätzlich zu Correction Recommendations, Innovation Recommendations und SAP-Best-Practice-Prozessen arbeitete Unternehmen B mit einem Beratungspartner zusammen, der weitere Ideen für Prozessoptimierungen auf Basis der Analyseergebnisse hatte.

Aus sämtlichen Ergebnissen wurde bei Unternehmen B eine Liste von Initiativen erstellt. Die Liste beinhaltete die folgenden Komponenten:

- konkrete Beschreibung der Initiative
- Kategorisierung, ob es sich um eine Automatisierung, eine Erweiterung der bestehenden Lösung oder um ein Redesign des Prozesses und/oder der Lösung handelt

- Kategorisierung hinsichtlich des Zeitpunktes der Realisierung: Kann die Initiative sofort im bestehenden System durchgeführt werden oder ist es ein Thema, das während oder sogar nach der Transformation berücksichtigt werden sollte?
- Schätzung des zu erwarteten Aufwands für die Realisierung

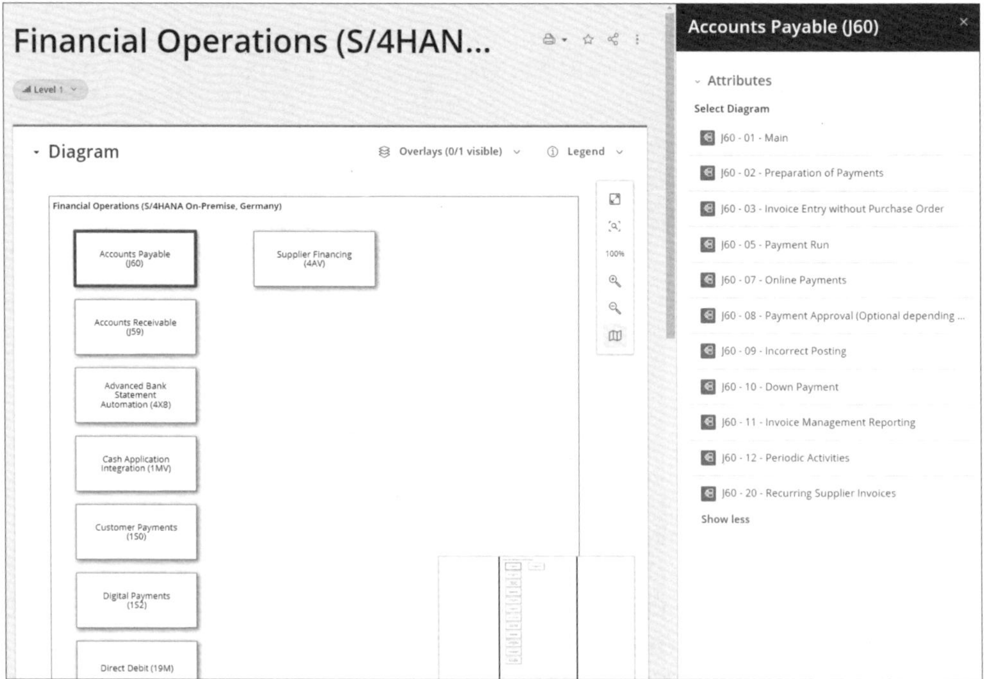

Abbildung 12.35 Best Practices Financial Operations

Im Ergebnis konnten einige Initiativen sofort durchgeführt werden, andere dienten als Input für die Design-Phase und wieder andere wurden niedriger priorisiert, d. h., sie wurden gar nicht realisiert.

Process Design und Solution Design

In einem nächsten Schritt ging es nun darum, eine Zielprozesslandschaft zu definieren (Process Design) und diese auch in einem entsprechenden Lösungsdesign abzubilden (Solution Design).

Das Thema Prozessmanagement war zu Beginn der Transformation von Unternehmen B nicht komplett neu, und manche Bereiche hatten in der Vergangenheit bereits Prozesse dokumentiert; dies wurde aber immer dezentral und ohne eine einheitliche Vorgehensweise gesteuert. Ein aus dem Gesamtbetriebsmodell abgeleitetes Prozessmodell mit Sicht auf die End-to-End-Prozesse einerseits und die Prozesse in einer funktionalen Einheit andererseits (wie in Kapitel 10, »Der Wechsel zu SAP S/4HANA als Einstieg in das Business Process Transformation Management«, beschrieben) existierte bisher nicht. Die aktuelle Transformation nach SAP S/4HANA erfordert aber genau das: Transparenz über die zukünftige Prozesslandschaft.

Unternehmen B wollte das Wissen aus den bisherigen Prozessmodellen nicht verlieren, Ergebnisse aus der Analysephase verwenden, aber dennoch neue Prozessstrukturen aufbauen, die sich an Best-Practice-Prozessen orientieren und Abweichungen vom Standard so weit wie irgendwie möglich vermeiden. Deshalb entschied sich das Projektteam für die eine Vorgehensweise in drei Schritten: Konsolidierung existierender Modelle, Remodellierung auf Basis der Prozessanalysen und Design eines neuen standardnahen Prozesshauses. Diese werden in den folgenden Abschnitten beschrieben.

Beginnen wir mit der Konsolidierung existierender Modelle. Das Thema Prozessmanagement wurde bisher in den unterschiedlichen Regionen jeweils anders angegangen:

- In Europa existierten schon Prozessmodelle, die in der Vergangenheit in SAP Signavio dokumentiert wurden. Prozessanalysen wurden jedoch nicht durchgeführt.
- In Nordamerika hat man in der Vergangenheit auf die Solution Documentation in SAP Solution Manager und Focused Build gesetzt, aber festgestellt, dass sich diese Dokumentation mehr als technische Plattform eignete. Die Oberfläche richtete sich eher an die Bedürfnisse der IT und weniger an die Anforderungen der Geschäftsbereiche. Eine einfach zu nutzende Modellierungsoberfläche, die PPIs mit Prozessmodellen verbindet, lag hier nicht im Fokus.
- In Südamerika existierten lediglich einige PowerPoint- und Visio-Diagramme mit Prozessdokumentationen.
- In Asien wurden einige der Prozesse mit einem externen Prozessmanagement-Tool dokumentiert, es existierte jedoch keine einheitliche Modellierungskonvention.

Ziel war es zunächst, eine einheitliche Plattform für alle existierende Modelle zu etablieren. Ein einmaliger Import aller nordamerikanischen Prozessmodelle aus dem SAP Solution Manager ließ sich über die Schnittstelle zwischen SAP Signavio und SAP Solution Manager 7.2 realisieren. PowerPoint-Diagramme wurden, falls sie in der Zukunft noch erforderlich sind, manuell in SAP Signavio überführt. Für Visio-Diagramme konnte die Importfunktion mit kleineren Nacharbeiten in SAP Signavio genutzt werden. Die Diagramme aus dem externen Prozessmanagement-Tool ließen sich ebenfalls in SAP-Signavio-BPMN-Diagramme überführen. Ein paar Nacharbeiten waren hier ebenfalls trotz Importfunktion erforderlich, um eine einheitliche und übersichtliche Darstellung zu gewährleisten. Dennoch ersparte der Import den größten Teil der manuellen Modellierung.

Der nächste Schritt war die Remodellierung auf der Basis der Prozessanalysen. Auf Basis der Variantenanalysen in SAP Signavio Process Intelligence ließen sich ebenfalls automatisiert BPMN-Diagramme erstellen, die den tatsächlichen Prozessablauf darstellen. Abbildung 12.36 zeigt den Variantenexplorer in SAP Signavio Process Intelligence. In der dargestellten Grafik wurden die acht häufigsten Varianten ausgewählt. Durch einen Klick auf **Generate BPMN** erstellt SAP Signavio automatisiert ein BPMN-Prozessmodell, das den Prozessdurchfluss für die acht häufigsten Varianten abbildet. Auch wenn die auf diese Weise erstellten Diagramme nicht 1:1 genutzt werden können, sondern immer noch Anpassungen erfordern, erleichterte diese Funktion das Prozessdesign in weiteren Schritten wesentlich; manuelle Aufwände für die Prozessmodellierung konnten eingespart werden.

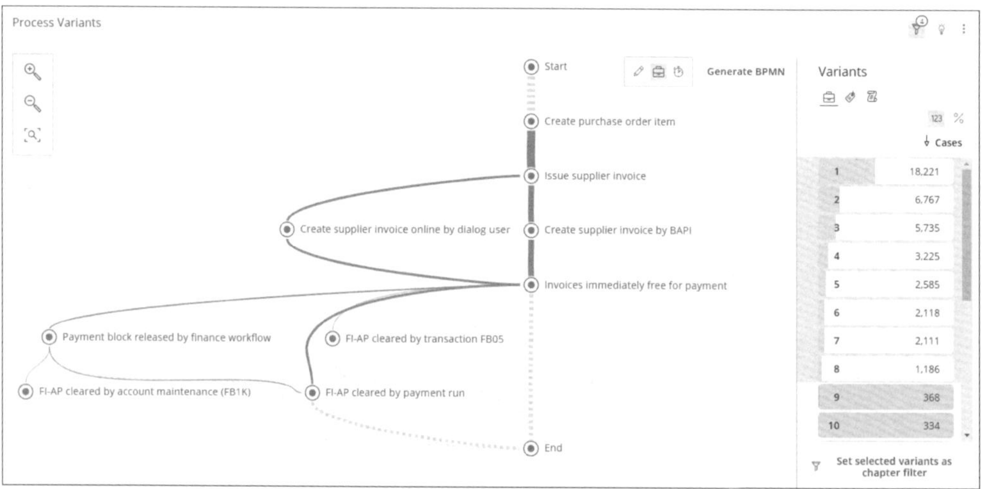

Abbildung 12.36 Remodellierung auf Basis der Prozessvarianten

Im nächsten Schritt sollte ein neues standardnahes Prozesshaus designt werden. Für den Aufbau eines neuen Prozessmodells orientierte sich Unternehmen B nun an den in Abschnitt 11.3, »Variantenmanagement«, beschrieben Prinzipien: Abgeleitet vom gesamtheitlichen Betriebsmodell wurde eine sechsstufige Hierarchie aufgebaut, unterteilt in eine funktionale und eine prozessorientierte Sichtweise. Für Prozesse mit regionalen Spezifika wurden zunächst Template-Prozesse definiert und daraufhin die entsprechenden Prozessvarianten abgeleitet (siehe Abschnitt 11.3, »Variantenmanagement«).

Beim Prozessdesign wurden fachliche Geschäftsprozesse definiert, die das Geschäft von Unternehmen B abbilden. Als Input dafür wurde verwendet:

- **SAP-S/4HANA-Best-Practice-Prozesse**
  Die bereitgestellten Prozesse waren wesentlicher Input für die Erstellung des Prozesshauses. Dennoch galt es zu berücksichtigen, dass diese Prozesse eher lösungs-

orientiert sind, d. h., dass sie zeigen wie ein (Teil)prozess in SAP S/4HANA abgebildet ist. Ein fachlicher End-to-End-Prozess von Unternehmen B in SAP Signavio basiert deshalb auf mehreren SAP-S/4HANA-Best-Practice-Prozessen. In Fit-Gap-Workshops wurde letztendlich geprüft, inwiefern die Anforderungen von Unternehmen B von den Standard-Best-Practice-Modellen abweichen.

- **Bestehende bzw. importierte Prozessmodelle**
  Um im Rahmen der Fit-Gap-Workshops zu prüfen, ob auch wirklich alle Anforderungen betrachtet wurden, wurde ein Vergleich der neu modellierten Prozesse mit den bisherigen Prozessmodellen vorgenommen. In Bereichen, in denen sich die Anforderungen von Unternehmen B wesentlich von den Anforderungen anderer Unternehmen unterscheiden, orientierte sich das Projektteam auch an bisherigen Modellen. Um spätere Eigenentwicklungen zu vermeiden, orientierte man sich jedoch immer, wenn möglich, am SAP-Best-Practice-Standardprozess.
- **Prozessmodelle, die durch die Remodellierung entstanden sind**
  Auch diese Modelle wurden beim Design der neuen Zielprozesse zur Vollständigkeitsprüfung herangezogen. Aber auch hier galt, dass der Standardprozess stets führend ist.

Build und Test

SAP-S/4HANA-Transformationen für Unternehmen der Größenordnung von Unternehmen B dauern in der Regel einige Jahre. Dies ist auch in diesem Beispiel der Fall. Das Unternehmen befindet sich gerade in der Build-Phase und realisiert die Lösung auf Basis des zuvor erstellen Prozessdesigns. Weitere Schritte finden also aktuell statt bzw. sind für die nahe Zukunft geplant.

Wie bereits beschrieben, hat sich Unternehmen B für den Ansatz der ganzheitlichen integrierten Prozesstransformation entschieden. Dies bedeutet, dass auch die Lösungsanforderungen prozessorientiert aufgenommen und realisiert werden. Um hier einen nahtlosen Übergang vom Prozessmanagement hin zum Thema Application Lifecycle Management sicherzustellen, nutzt Unternehmen B die Lösung Focused Build, die auf dem SAP Solution Manager 7.2 implementiert wurde.

In SAP Signavio definierte Prozesse werden bei Unternehmen B über die Schnittstelle zwischen SAP Signavio und dem SAP Solution Manager übertragen. Auch Änderungen an den Prozessmodellen werden kontinuierlich übertragen und dort weiterverwendet. So entsteht eine durchgängige Transparenz von Prozessmodellen hin zu Lösungsbeschreibung und Lösungsrealisierung. Durch die Synchronisation des Prozesshauses zwischen SAP Signavio und dem SAP Solution Manager sind die Grundlagen für ein mit dem Prozessmanagement abgestimmtes Application Lifecycle Management gelegt. Sämtliche funktionalen Anforderungen werden vom Projektteam in umsetzbare Einheiten zerlegt, sodass diese im Rahmen einer agilen Vorgehensweise in Sprints realisiert und getestet werden können.

Durch den Einsatz von Focused Build auf dem SAP Solution Manager werden Anforderungen und Spezifikationen nicht unabhängig von der Prozesshierarchie aufgenommen, sondern können immer mit einem entsprechenden Prozess verbunden werden. Eine Verfolgung des Entwicklungsfortschritts ist dadurch jederzeit möglich; auch die Nutzer*innen aus dem Fachbereich haben Transparenz darüber, welche der definierten Zielprozesse schon technisch realisiert und getestet sind und bei welchen Prozessen es noch etwas dauern wird.

Deploy und Enable

Sobald die Konfiguration und die Entwicklung der neuen Lösung abgeschlossen sind, soll die neue Lösung live gesetzt werden und in die Organisation ausgerollt werden. Dabei wird der SAP Solution Manager 7.2 wieder eine wesentliche Rolle spielen. Mit den Komponenten Change Control Management und Data Consistency Management unterstützt der SAP Solution Manager nicht nur die technische Umsetzung, sondern auch die methodische Steuerung des Projekts.

Für die Themen Training und Enablement soll bei Unternehmen B SAP Enable Now eingesetzt werden. Abbildung 12.37 zeigt eine exemplarische Übersicht aller verfügbaren Lernmaterialien für den Prozess der Direktmaterialbeschaffung. Neben Inhalten, die von SAP S/4HANA Best Practice Scope Items übernommen wurden (erkennbar an der Referenz zu J45) wurden auch weitere Lernmaterialien ergänzt.

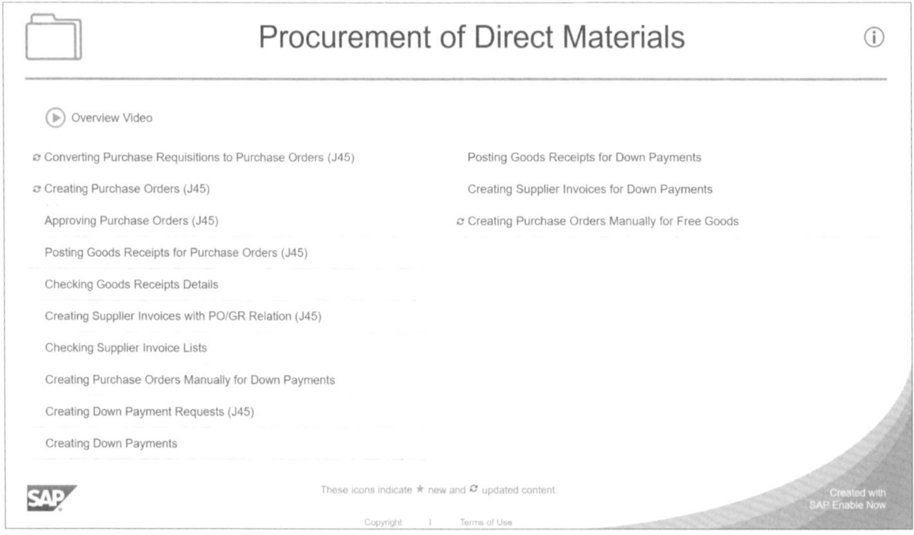

Abbildung 12.37 Übersicht der Lernmaterialien in SAP Enable Now

Abbildung 12.38 zeigt ein Beispiel, wie das Zusammenspiel zwischen dem SAP Signavio Process Manager und SAP Enable Now in Zukunft realisiert werden soll. Es existiert ein in SAP Signavio Process Manager dokumentierter Prozess (Beschaffung von direkten Materialien). Bei der Auswahl des Prozessschrittes **Create Purchase Order** findet sich nun ein Link auf die Lernmaterialien für das SAP S/4HANA Best Practice Scope Item **Creating Purchase Orders (J45)**. Für Prozessschritte ohne Referenz zu einem SAP S/4HANA SAP Best Practice Scope Item und weiteren Nicht-Standardprozessen möchte das Projektteam selbst schriftliche Anleitungen, Tutorials und Videos in SAP Enable Now erstellen und diese zum entsprechenden Prozessmodell verlinken.

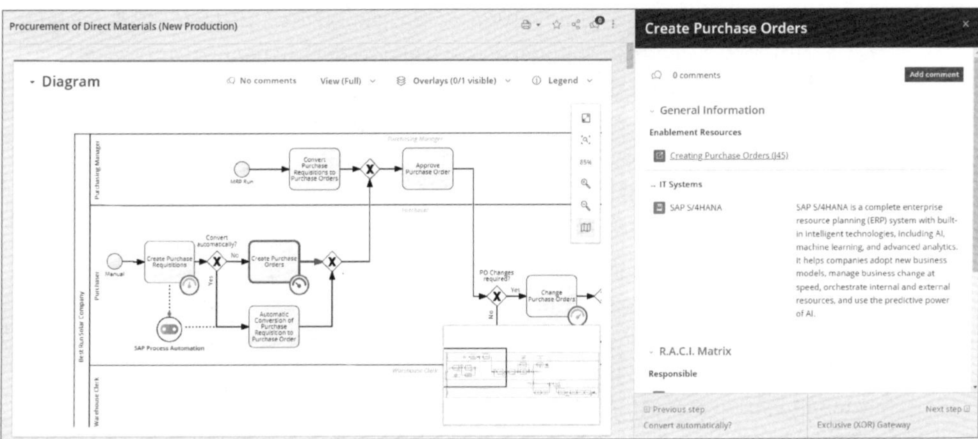

Abbildung 12.38 Integration von SAP Enable Now mit SAP Signavio

Wie hat SAP Signavio Unternehmen B geholfen?

Die Nutzung von SAP Signavio hat bei Unternehmen B von Anfang an eine große Rolle gespielt.

Bereits bei der Berechnung des initialen Business Case mit dem SAP Value Lifecycle Manager war es möglich, nicht nur top-down eine Move-the-Needle-Analyse und einen SAP-S/4HANA-Business-Case zu berechnen, sondern diesen auch mit konkreten Process Performance Indicators aus SAP Signavio Process Insights zu validieren. Wir haben in diesem Beispiel die Mehrwertkalkulation anhand eines ausgewählten PPIs gezeigt, solche Berechnungen lassen sich aber für die meisten der in SAP Signavio Process Insights verfügbaren PPIs erstellen. Durch diese Herangehensweise werden die identifizierten Mehrwerte konkretisiert, und es können Hebel identifiziert werden, um die Mehrwerte auch tatsächlich zu realisieren. Die Kombination von SAP Value Lifecycle Manager und SAP Signavio Process Insights ermöglicht somit eine durchgängige Mehrwertberechnung und die Validierung eines zunächst top-down erstellen Business Case.

Im Rahmen einer detaillierten Prozessanalyse wurde zunächst SAP Signavio Process Insights genutzt, die Daten jedoch auch durch die Plug-and-Gain- Methodik in SAP Signavio Process Intelligence weiter ausgewertet. Da SAP Signavio Process Insights zunächst nur standardisierte Inhalte liefert und keine Möglichkeit bietet, kundeneigene Tabellen, Tabellenerweiterungen und kundeneigene Felder zu berücksichtigen, wurden diese in SAP Signavio Process Intelligence geladen und dort entsprechend erweitert. Außerdem konnten die Daten aus dem asiatischen Nicht-SAP-ERP-System ausgelesen werden. Somit konnten Prozessineffizienzen noch besser identifiziert werden und diese mit Bezug zur spezifischen Situation bei Unternehmen B bewertet werden.

Um einerseits kurzfristige Optimierungspotenziale zu identifizieren, andererseits aber auch Themen, die es im Rahmen des Prozessdesigns zu berücksichtigen gibt, zu identifizieren, wurden die Correction und Innovation Recommendations aus SAP Signavio Process Insights genutzt. Die diskutierten Correction und Innovation Recommendations sind nur eine kleine Auswahl aus den vielfältigen Vorschlägen von SAP Signavio Process Insights. Sämtliche Vorschläge müssen geprüft und dahingehend bewertet werden, ob sie tatsächlich auch für das Unternehmen relevant sind.

Während des Prozessdesigns nutzte Unternehmen B Importfunktionen im SAP Signavio Process Manager sowie die Schnittstelle zwischen dem SAP Solution Manager und SAP Signavio, um sämtliche Prozesse in Signavio verfügbar zu haben. Bei der Definition der Zielprozesse kam dann die Remodellierung in SAP Process Intelligence sowie die Inhalte aus dem SAP Best Practice Explorer zum Einsatz.

Für ein prozessorientiertes Lösungsdesign im SAP Solution Manager soll wieder die Schnittstelle zwischen dem SAP Signavio Process Manager und dem SAP Solution Manager genutzt werden. Damit haben Fachbereiche und IT eine einheitliche Sicht auf die bestehenden Prozesse.

Zum Ausrollen der Lösung und für die Schulung der Mitarbeitenden plant Unternehmen B, die Integration zu SAP Enable Now zu nutzen.

12.7.3 Unternehmen C – lösungsorientierte Transformation mit Realisierung von schnellen Ergebnissen und Änderungen in ausgewählten Bereichen

Unternehmen C kommt aus dem Bereich der diskreten Fertigung: Der Photovoltaik-Hersteller aus Deutschland war in den 2000ern, also den Anfangsjahren der Photovoltaik, global führend und auch wirtschaftlich sehr erfolgreich. Mit dem Aufschwung der asiatischen Solarindustrie zu Beginn der 2010er Jahre kam es jedoch zu einem immer höheren Wettbewerbs- und Preisruck, der bis heute anhält. Unternehmen C unterscheidet sich jedoch nach wie vor durch eine besonders hohe Qualität der hergestellten Solarmodule. Zudem wird eine Produktgarantie von 25 Jahren für die Photovoltaik-Module angeboten, ein Merkmal, das die asiatischen Wettbewerber in der Regel nicht erfüllen. Daher sind die deutschen Premiummodelle nach wie vor sehr beliebt, insbesondere bei Kunden, die bei der Auswahl der Module einen gesteigerten Wert auf Langlebigkeit und Widerstandsfähigkeit legen. Dennoch herrscht weiterhin ein starker Preiskampf zwischen den Herstellern. Unternehmen C hat stabile Prozesse etabliert, die Reduktion von Kosten hat jedoch auch immer eine sehr hohe Priorität, um sich gegenüber den chinesischen Konkurrenten zu behaupten. Zur Abwicklung der Kerngeschäftsprozesse ist bei Unternehmen C SAP ERP im Einsatz. Von Anfang an hat man darauf Wert gelegt, sich möglichst standardnah zu halten und eine möglichst gute Transparenz über die Geschäftsprozesse herzustellen, dennoch sind einige Aufräumarbeiten bei transaktionalen Daten und Stammdaten schon lange überfällig.

Für das anstehende SAP-S/4HANA-Projekt hat Unternehmen C verschiedene Vorstudien durchgeführt. Die SAP Simplifcation Items wurden im Detail analysiert, Neuerungen durch die neue Lösung bewertet und Transformationspfade evaluiert. Die folgenden Ergebnisse wurden am Ende vom Projektteam zusammengefasst:

- Es ist nicht damit zu rechnen, dass die Wartungszusage von SAP für das bestehende ECC-System über das Jahr 2027 verlängert wird. Insofern ist ein Umstieg auf SAP S/4HANA unumgänglich.
- Der Aufwand des kompletten Prozessredesigns, des Fit-to-Standard-Workshops und des Roll-outs in die verschiedenen Regionen und Werke würde die erwarteten Vorteile wesentlich übersteigen.
- Dennoch ist es in einigen Bereichen erforderlich, Prozessanpassungen vorzunehmen und in Abstimmungen mit dem Fachbereich zu gehen.
- Des Weiteren wurden bereits einige Bereiche identifiziert, in denen schnelle Ergebnisse zu erwarten sind (siehe die soeben beschriebenen Aufräumarbeiten).
- Eine Umstellung mit dem Fokus auf die technischen notwendigen Änderungen ist der beste Weg für Unternehmen C.

Das Projektteam beschäftigt sich derzeit intensiv mit SAP Signavio. Im Folgenden beschreiben wir die Erfahrungen, die das Projektteam aktuell macht, und welche Schlüsse es daraus zieht.

Analyze

Auf Basis bisheriger Vorstudien wurde aus technischer Perspektive definiert, welche Aktivitäten vor bzw. während und nach der Transformation anstehen. Bei der Bewertung der Migrationsaufwände und Laufzeiten bei der Migration ist jedoch aufgefallen, dass große Datenmengen bewegt werden müssen und eine Bereinigung dieser Daten schon vor der Transformation sinnvoll wäre. Des Weiteren sollen trotz des Migrationsansatzes Prozessoptimierungen in ausgewählten Bereichen realisiert werden.

Unternehmen C möchte die Aufwände für die Datenanalysen gering halten, aber dennoch von schnell umzusetzenden Verbesserungspotenzialen profitieren. SAP Process Insights ermöglicht diese Herangehensweise; deshalb wird das bestehende SAP-ECC-System an SAP Process Insights angebunden.

In einem ersten Schritt wird ein Beispiel aus dem Bereich Source-to-Pay analysiert. Abbildung 12.39 zeigt die ersten der insgesamt 22 identifizierten Prozessflüsse. SAP Process Insights bietet nun die Möglichkeit, nach verschiedenen Faktoren zu filtern. Ein Prozess mit relativ vielen »Blockern« ist der Prozess **Purchase order item creation (without account assignment) to invoice receipt creation**. Der Prozess startet mit der Erstellung einer Bestellung und zeigt die Schritte bis zur Anlage der Rechnung im System.

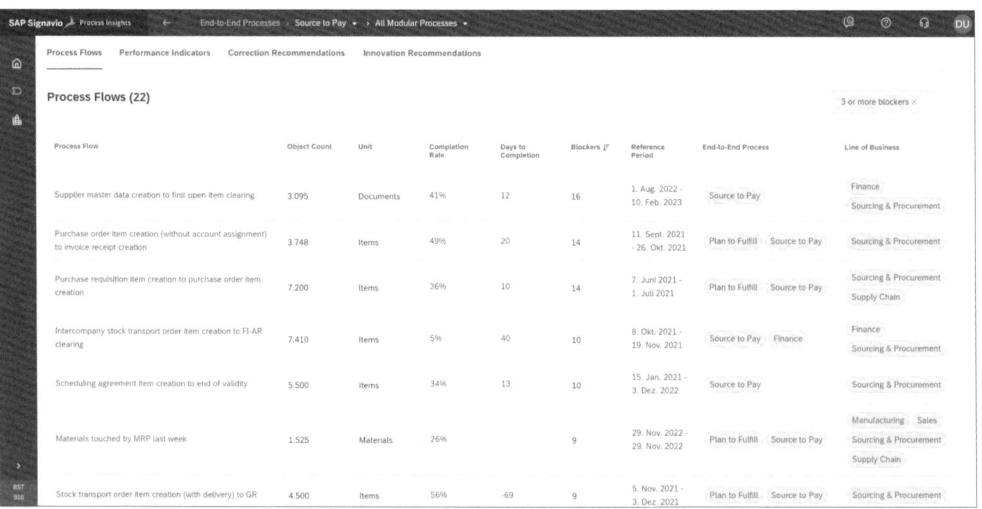

Process Flow	Object Count	Unit	Completion Rate	Days to Completion	Blockers	Reference Period	End-to-End Process	Line of Business
Supplier master data creation to first open item clearing	3.095	Documents	41%	12	16	1. Aug. 2022 - 10. Feb. 2023	Source to Pay	Finance, Sourcing & Procurement
Purchase order item creation (without account assignment) to invoice receipt creation	3.748	Items	49%	20	14	11. Sept. 2021 - 26. Okt. 2021	Plan to Fulfill, Source to Pay	Sourcing & Procurement
Purchase requisition item creation to purchase order item creation	7.200	Items	36%	10	14	7. Juni 2021 - 1. Juli 2021	Plan to Fulfill, Source to Pay	Sourcing & Procurement, Supply Chain
Intercompany stock transport order item creation to FI-AR clearing	7.410	Items	5%	40	10	8. Okt. 2021 - 19. Nov. 2021	Source to Pay, Finance	Finance, Sourcing & Procurement
Scheduling agreement item creation to end of validity	5.500	Items	34%	13	10	15. Jan. 2021 - 3. Dez. 2022	Source to Pay	Sourcing & Procurement
Materials touched by MRP last week	1.525	Materials	26%		9	29. Nov. 2022 - 29. Nov. 2022	Plan to Fulfill, Source to Pay	Manufacturing, Sales, Sourcing & Procurement, Supply Chain
Stock transport order item creation (with delivery) to GR	4.500	Items	56%	-69	9	5. Nov. 2021 - 3. Dez. 2021	Plan to Fulfill, Source to Pay	Sourcing & Procurement

Abbildung 12.39 Übersicht der Prozessflüsse im Bereich Source-to-Pay

Eine Detailansicht des Prozesses zeigt Blocker aus verschiedenen Bereichen (siehe Abbildung 12.40):

- Bestellpositionen wurden blockiert, gelöscht oder zurückgewiesen.
- Beim Wareneingang wird deutlich, dass manche Bestellpositionen nur teilweise geliefert oder storniert wurden oder die Datenpflege unzureichend war.
- Im Bereich des Rechnungseingangs sieht man, dass Rechnungen erstellt wurden, schon bevor die Ware eingetroffen war.

All diese Auffälligkeiten lassen sich durch einen Drilldown genauer analysieren. Außerdem ist es möglich, Benchmarks zu erstellen, um den Prozessablauf nach verschiedenen Kriterien zu filtern, z. B. nach Buchungskreis, nach Materialart, nach der Einkaufsorganisation usw.

Abbildung 12.41 zeigt einen Vergleich der Materialarten: Welche Materialart hat aggregiert den größten Wert? Für wie viele der Bestellpositionen wurde im Betrachtungszeitraum ein Wareneingang gebucht (das bedeutet, welche Materialien kommen früher an, und welche kommen später an)?

Abbildung 12.40 Detaillierter Prozessfluss im Bereich des Einkaufs

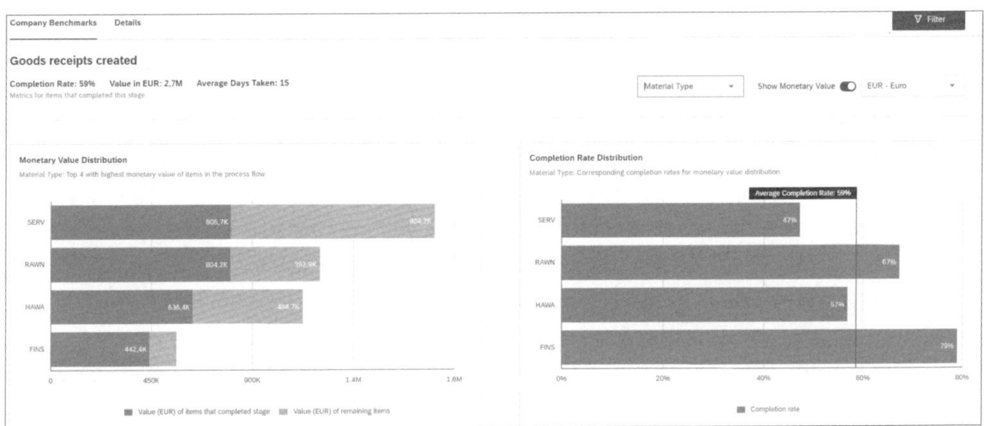

Abbildung 12.41 Interne Benchmarks

Prozessexpert*innen aus dem Einkauf können aus diesen Werten bereits relevante Rückschlüsse über mögliche Optimierungen ziehen. Darüber hinaus bietet SAP Signavio Process Insights standardisierte Hinweise darauf, wie der Prozess entsprechend verbessert werden kann. Darauf gehen wir in der nächsten Phase (Enhance) genauer ein.

Unternehmen C entscheidet sich gegen eine tiefergehende Analyse mit SAP Signavio Process Intelligence. Ein solches Projekt würde initiale Aufwände für den Aufbau erfordern sowie zusätzliche Kapazitäten binden und ist damit nicht im Scope des Transformationsprojekts.

Enhance

SAP Signavio Process Insights bietet Unternehmen C nicht nur die Möglichkeit, bestehende Prozesse detailliert zu analysieren, sondern listet auch verschiedene Verbesserungsvorschläge auf.

Abbildung 12.42 zeigt eine Übersicht über sämtliche Correction Recommendations im Bereich Source-to-Pay. Die Empfehlungen lassen sich nach den Bereichen **Master Data**, **Transactional Data** und **Automation** filtern und in der Regel sofort im bestehenden System realisieren.

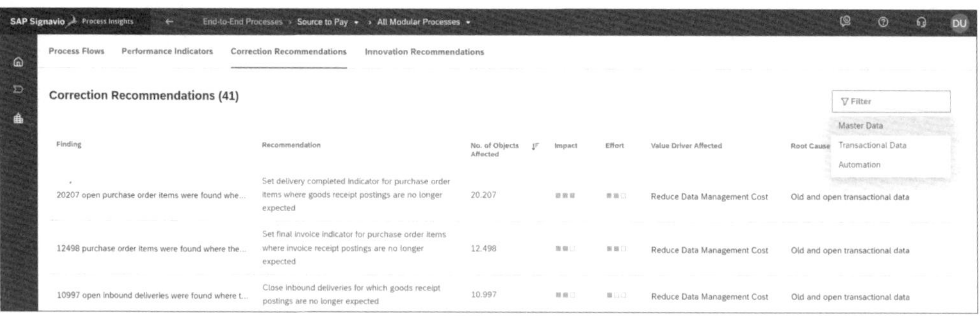

Abbildung 12.42 Correction Recommendations für den Source-to-Pay-Prozess

Eine Empfehlung aus dem Bereich Master Data ist **Set delivery completed indicator for purchase order items where goods receipt postings are no longer expected** (siehe Abbildung 12.43). Hintergrund der Empfehlung ist, dass im System Bestellpositionen identifiziert wurden, deren geplantes Lieferdatum mindestens ein Jahr in der Vergangenheit liegt. Die Empfehlung ist nun, die Anzahl der offenen Bestellungen zu reduzieren, indem man solche schließt, bei denen kein Wareneingang mehr erwartet wird. Dieses Verhalten lässt sich einfach durch eine Einstellung in der Systemkonfiguration anpassen.

Eine Empfehlung aus dem Bereich der transaktionalen Daten bezieht sich darauf, dass mehr als 30 % der offenen oder noch nicht zur Zahlung freigegebenen Rechnungen noch nicht geprüft wurden. Das System schlägt nun die automatisierte Freigabe von Rechnungen vor, falls der initiale Grund für die Sperrung der Rechnung nicht mehr gegeben ist (**Check if ABAP report can be scheduled regularly to automatically release invoices blocked for obsolete reasons**, siehe Abbildung 12.44). Ein Beispiel für eine Rechnungssperre könnte sein, dass es eine Rechnung für ein Material gibt, für das noch kein Wareneingang gebucht wurde. Diese Sperrung ist jedoch obsolet, sobald der Wareneingang stattgefunden hat. Ein regelmäßig eingeplanter ABAP-Report kann hier helfen, manuelle Aufwände zu vermeiden: Der Bericht prüft, ob die Gründe für eine Sperrung noch gegeben sind, und gibt Rechnungen auf Basis des Ergebnisses entsprechend frei.

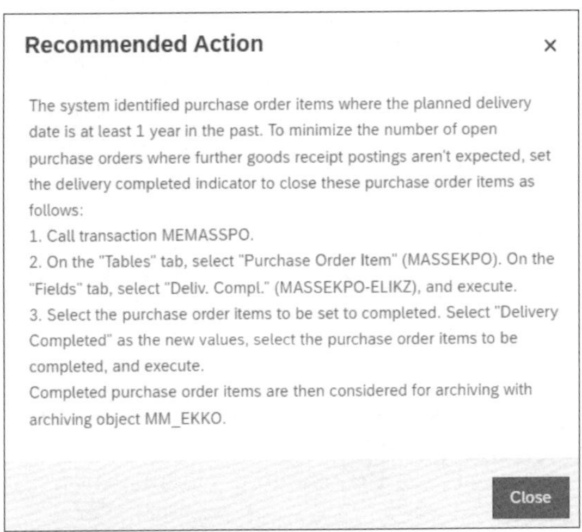

Abbildung 12.43 Correction Recommendation für die Stammdaten

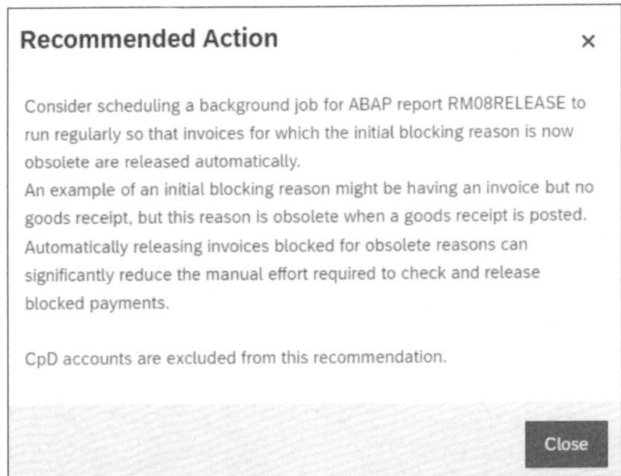

Abbildung 12.44 Correction Recommendation für transaktionale Daten

Process Design und Solution Design

Auch wenn sich Unternehmen C dazu entschieden hat, eine lösungsgesteuerte Transformation mit wenigen Änderungen an den Prozessen durchzuführen, sollen dennoch Verbesserungen in ausgewählten Prozessen realisiert werden.

Um Möglichkeiten der Prozessstandardisierung und Automatisierung zu verstehen, nutzt das Projektteam die Inhalte des SAP Process Explorers. Abbildung 12.45 zeigt eine Übersicht über die Inhalte des SAP Process Explorers: Verfügbare Prozessmodelle können durchsucht werden, sortiert nach Industrien, nach Lösungs-Capabilitys, nach Prozessen und nach konkreten Best Practices aus Lösungen des SAP-Produktportfolios.

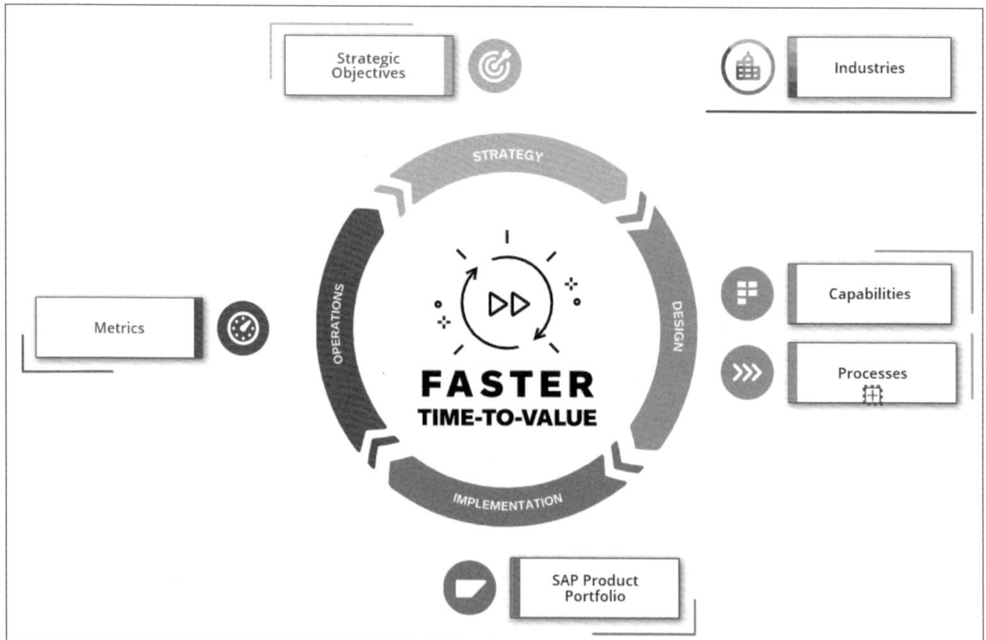

Abbildung 12.45 Übersicht des SAP Signavio Process Explorers

Das Projektteam wählt die Kategorie **Processes** aus und erhält eine Übersicht über alle verfügbaren End-to-End-Prozesse (siehe Abbildung 12.46).

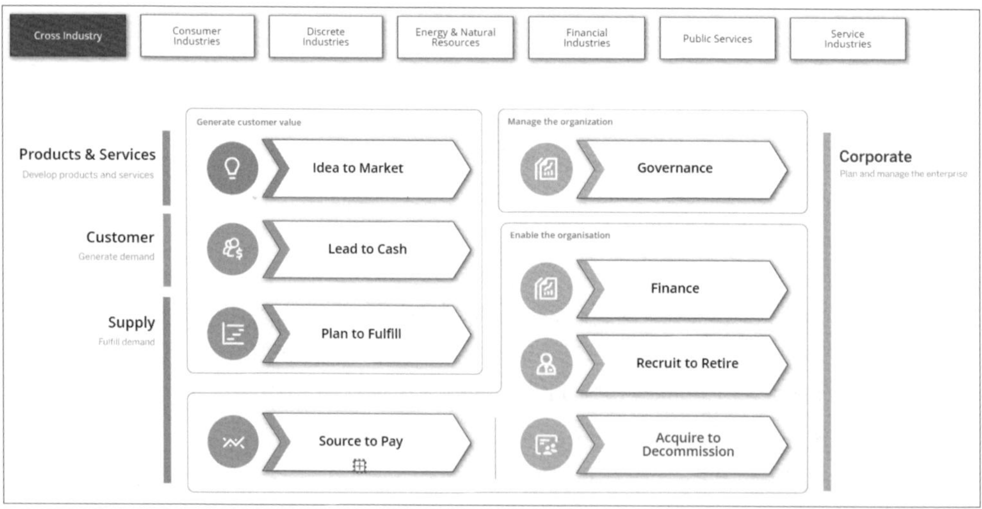

Abbildung 12.46 End-to-End-Prozesse im SAP Signavio Process Explorer

Es sollen Prozessverbesserungen im Bereich Source-to-Pay identifiziert werden. Der Umfang des gesamten Prozesses wird nun angezeigt: Von der Lieferantenauswahl über die Planung, die tatsächliche Beschaffung, das Handling von Disputfällen bis hin zur Verbuchung und zum Ausgleich der Rechnung finden sich Best-Practice-Prozessmodelle im SAP Process Explorer (siehe Abbildung 12.47).

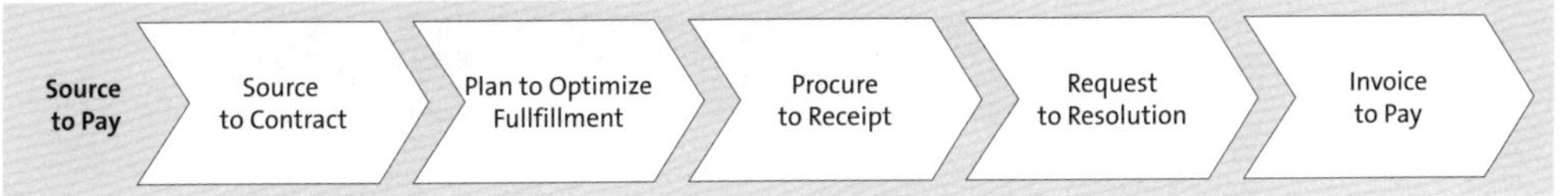

Abbildung 12.47 Source-to-Pay-Prozess im SAP Signavio Process Explorer

Ein weiterer Drilldown in den Prozess **Procure-to-Receipt** (siehe Abbildung 12.48) führt nun direkt zum SAP-Best-Practice-Prozess **J45 | Procurement of Direct Materials**. Das übergeordnete Ziel beim Beschaffungsprozess ist es, die Lieferung zum richtigen Zeitpunkt zu erhalten und die Anzahl der Außenstandstage zu reduzieren. Für jeden der Prozessschritte im Best-Practice-Prozess sind Mehrwertpotenziale hinterlegt, sodass die Anwender*innen einen Hinweis haben, welchen Nutzen sie aus der Implementierung des entsprechenden Schrittes ziehen können.

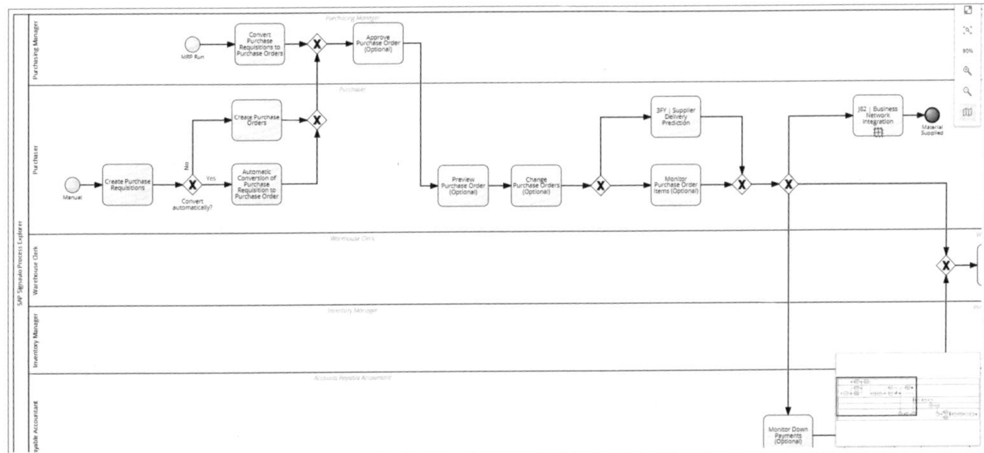

Abbildung 12.48 Best-Practice-Prozess im SAP Process Explorer

Der Best-Practice-Prozess gibt Hinweise auf verschiedene Optimierungspotenziale. Im Folgenden erhalten Sie zwei Beispiele dazu:

- Im Unterprozess **3FY | Supplier Delivery Preduction** (siehe Abbildung 12.49) sind die Mehrwertpotenziale die Reduzierung von Inventarkosten (**Reduce inventory carrying cost**), die Reduzierung von Umsatzverlusten aufgrund von fehlenden Beständen (**Reduce revenue loss due to stock-outs**) und die Verbesserung der Liefertreue (**Improve on-time delivery performance**) genannt. Eine Realisierung von diesem Unterprozess im Rahmen des SAP-S/4HANA-Projekts könnte also wesentliche Vorteile mit sich bringen.

- Der Unterprozess **J82 | Business Network Integration** beschreibt, wie Kunde und Lieferant durch die Nutzung der Lösung SAP Ariba Commerce Automation enger zusammenarbeiten können.

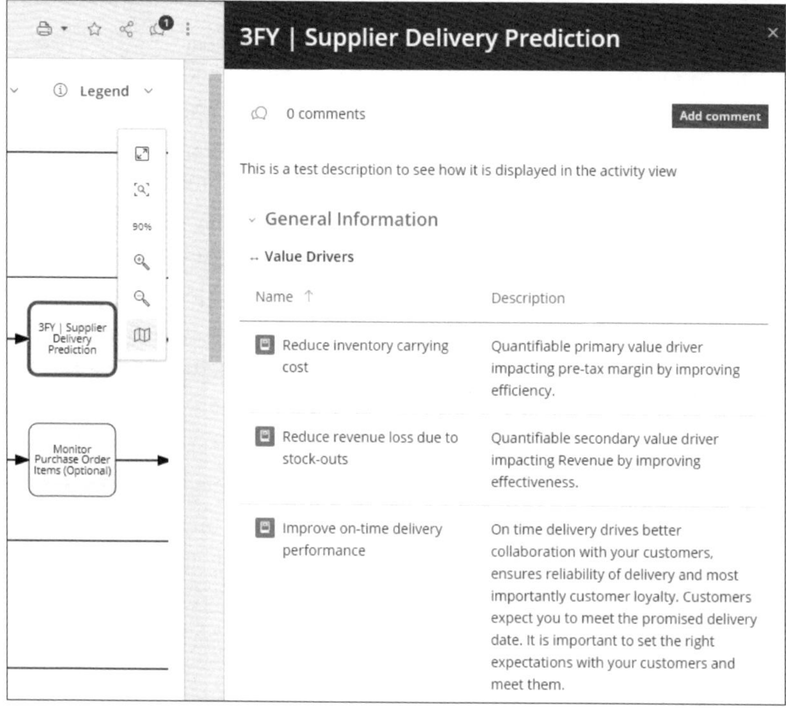

Abbildung 12.49 Best-Practice-Prozess im SAP Process Explorer (detailliert)

Bisherige Aktivitäten in der Designphase haben sich nun mit dem Verständnis der SAP-Best-Practice-Prozesse beschäftigt. In einem nächsten Schritt beschäftigt sich das Unternehmen mit weiteren Empfehlungen, die durch SAP Process Insights bereitgestellt werden.

In der Enhance-Phase hat sich das Projektteam mit den Correction Recommendations beschäftigt, also Automatisierungen, die sich direkt umsetzen lassen. Im Gegensatz dazu werden in den Innovation Recommendations Vorschläge für eine zukünftige Lösungsarchitektur zusammengestellt. Die Vorschläge können sich auf Funktionen in SAP S/4HANA, in SAP Build Process Automation oder auf in anderen SAP-Lösungen verfügbare SAP-Fiori-Apps oder neue Technologien wie Machine-Learning-Szenarien beziehen.

Im Bereich von SAP Build Process Automation stößt das Team auf zwei Empfehlungen (siehe Abbildung 12.50). Eine vielversprechende Automatisierung ist die Erstellung von Bestellanforderungen aus einer Excel-Datei (**Create Purchase Requisitions from Excel**). Die Auswahl dieser Innovation Recommendation führt direkt zum SAP

Intelligent Robotic Process Automation Store, in der der Bot im Detail beschrieben wird und heruntergeladen werden kann (siehe Abbildung 12.51).

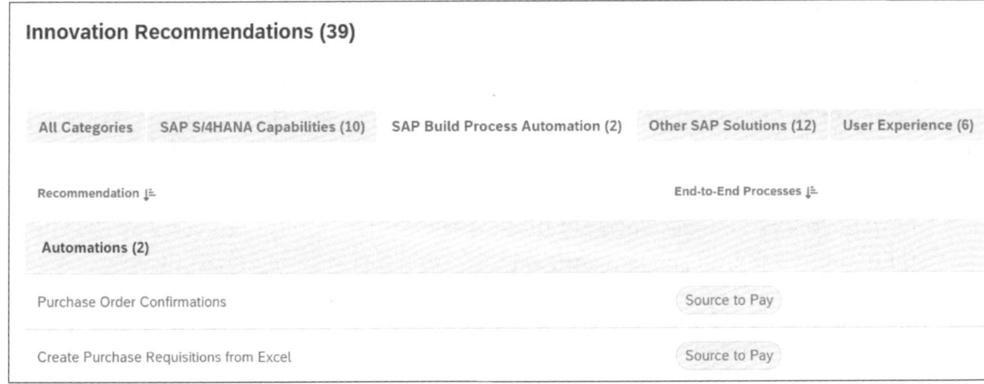

Abbildung 12.50 Innovation Recommendations für SAP Build Process Automation

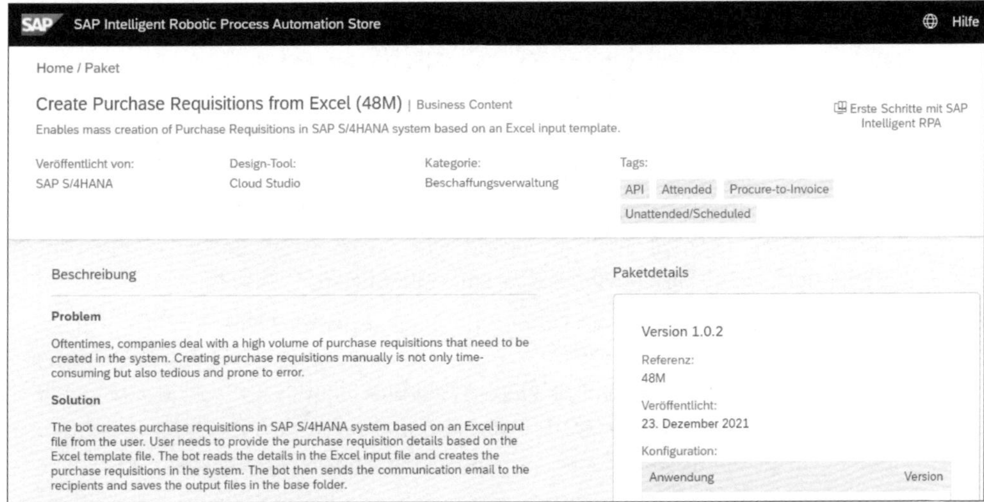

Abbildung 12.51 SAP Intelligent Robotic Process Automation Store

Die in diesem Abschnitt beschriebenen Aktivitäten dienen also der Identifikation von Optimierungsmöglichkeiten, die im Rahmen des Projekts interessant sein könnten.

Build und Test

Wie initial beschrieben, plant Unternehmen C, nur in einigen ausgewählten Bereichen wesentliche Änderungen an den Prozessen vorzunehmen. Die beschriebene Integration zwischen SAP Signavio und dem Application Lifecycle Management wird daher nicht genutzt. Für die Anforderungsanalyse und zur Planung der Testfälle wurden in der Vergangenheit Nicht-SAP-Tools genutzt; aufgrund der lösungsorientierten Transformation wurde an dieser Vorgehensweise nicht geändert.

Deploy und Enable

Im Rahmen der SAP-S/4HANA-Transformation bei Unternehmen C werden viele Prozesse aus dem Altsystem direkt übernommen. Bei vielen Transaktionen werden die Nutzer*innen keinen Unterscheid zur bisherigen Lösung feststellen. Dennoch wird es Änderungen geben, die geschult werden müssen. Hierzu plant Unternehmen C den Einsatz von SAP Enable Now. Auf diese Weise ist das Unternehmen für eine spätere Integration mit SAP Signavio gerüstet.

Wie hat SAP Signavio Unternehmen C geholfen?

Trotz des Ansatzes der systemgetriebenen Transformation konnte SAP Signavio wesentliche Mehrwerte für Unternehmen C generieren.

Auffälligkeiten bei den Stammdaten sowie bei verschiedenen transaktionalen Daten wurden in der Analysephase mit SAP Signavio Process Insights identifiziert. Blocker wurden in einigen ausgewählten Prozessen identifiziert. Mit einem Drilldown bis zur Belegebene war es möglich, der Ursache von Problemen auf den Grund zu gehen. Durch interne Benchmarks ließen sich verschiedene Organisationseinheiten vergleichen.

Maßnahmen, die sich schon vor der Umstellung nach SAP S/4HANA realisieren ließen und im weiteren Verlauf das Projekt vereinfachen, wurden mit den Correction Recommendations in SAP Signavio Process Insights identifiziert.

Potenziale für Innovationen im Rahmen des Projekts wurden einerseits durch die Innovation Recommendations in SAP Signavio Process Insights, andererseits aber auch durch die Inhalte des SAP Signavio Process Explorers identifiziert. Auch wenn im Rahmen einer systemgetriebenen Transformation kein komplettes Prozessredesign durchgeführt wurde, war es dennoch geplant, manche Prozesse anzupassen.

Für das Management von fachlichen Anforderungen sowie das Testen plant Unternehmen C den Einsatz von Nicht-SAP-Lösungen. Lernmaterialien sollen später mit SAP Enable Now erstellt werden.

12.8 Zusammenfassung

Durch den Einsatz der SAP Signavio Process Transformation Suite im Rahmen von SAP-S/4HANA-Projekten können wesentliche Mehrwerte erzielt werden. Darüber hinaus ist der Wechsel auf SAP S/4HANA auch der ideale Einstiegspunkt für die Einführung eines kontinuierlichen Business Process Transformation Managements in Ihrem Unternehmen.

In diesem Kapitel haben wir auf den Erkenntnissen der vorangehenden Kapitel aufgebaut und Schritt für Schritt erklärt, wie sich die einzelnen Bausteine miteinander verbinden lassen.

Mit der Methode zur End-to-End Business Process Transformation von SAP Signavio können im Rahmen von SAP-S/4HANA-Transformationsprojekten wesentliche Mehrwerte erzielt werden. Mit dem Zusammenspiel von Enterprise-Architektur, Business Process Transformation Management und Application Lifecycle Management unterstützt SAP Signavio nicht nur den Wechsel nach SAP S/4HANA, sondern ist auch die Grundlage für kontinuierliche Prozessanpassungen im Nachgang.

Wir haben uns innerhalb der Analyze-Phase mit dem Messen der Prozessperformance beschäftigt und diskutiert, wie durch Prozess- und Benchmarking-Daten Mehrwerte generiert werden können. Eine Beschreibung der Enhance-Phase hat aufgezeigt, wie schnell umzusetzende Verbesserungen im schon bestehenden ERP-System identifiziert, priorisiert und realisiert werden können. Für größere Veränderungen bedarf es jedoch des Designs neuer Geschäftsprozesse und des Aufbaus einer zukünftigen Prozessarchitektur. Die Vorgehensweise für die Priorisierung und Segmentierung eines modularen Prozessdesigns sowie der Aufbau von Customer Journey Maps wurde im Abschnitt zu den Phasen Process Design und Solution Design beschrieben. Für die Phasen Build und Test ist eine enge Zusammenarbeit zwischen den Fachbereichen ein kritischer Erfolgsfaktor. SAP Signavio und der SAP Solution Manager können diese Phase wesentlich vereinfachen. Mit dem Focused Build im SAP Solution Manager stehen dem Projektteam Werkzeuge für eine effiziente und effektive Projektsteuerung zur Verfügung. Sobald die Entwicklungen abgeschlossen sind, geht es in der Phase Deploy und Enable an die Inbetriebnahme und das Ausrollen der Lösung. Ein wesentlicher Aspekt dabei sind die Schulungen für Mitarbeitende, die über die Integration von SAP Signavio und SAP EnableNow unterstützt werden können.

Um die theoretisch erklärten Phasen nachvollziehbar darzustellen, haben wir in diesem Kapitel außerdem anhand von drei Praxisbeispielen erklärt, wie Kunden aus verschiedenen Industrien und mit unterschiedlichen Zielsetzungen im Rahmen des SAP-S/4HANA-Projekts das Business Process Transformation Management mehrwertstiftend eingesetzt haben bzw. aktuell noch einsetzen.

Das SAP-S/4HANA-Transformationsprojekt ist jedoch nur der Start für das erfolgreiche Business Transformation Management. Der größte Mehrwert wird durch den kontinuierlichen Einsatz auch nach dem Go-live erzielt. Darauf gehen wir im nächsten Kapitel näher ein.

Kapitel 13

Der Einsatz des Business Process Transformation Managements über das SAP-S/4HANA-Projekt hinaus

In diesem Kapitel widmen wir uns der fortlaufenden Prozessoptimierung nach der SAP-S/4HANA-Transformation. Wir reflektieren Lektionen aus der Transformation und konzentrieren uns auf zukünftige Verbesserungen des Business Process Transformation Managements. Dabei betrachten wir die Rolle von Kultur, Technologie und End-to-End-Prozessen. Abschließend präsentieren wir Methoden zur Analyse, Optimierung und Erfolgsmessung. Dieses Kapitel dient damit als Orientierung zur fortlaufenden Weiterentwicklung nach der SAP-S/4HANA-Transformation.

Nachdem wir uns im letzten Kapitel ausführlich mit dem Business Process Transformation Management (BPTM) im Kontext der SAP-S/4HANA-Transformation beschäftigt haben, betrachten wir nun die *kontinuierliche Prozessverbesserung*, die nach dem Abschluss des Projekts beginnt. Ziel ist es, die gewonnenen Erkenntnisse, Arbeitsweisen und Methoden, die Sie während der SAP-S/4HANA-Transformation entwickelt und angewendet haben, auch in der Zeit nach der Transformation weiterhin gewinnbringend einzusetzen. In diesem Kapitel erörtern wir, wie das Business Process Transformation Management nach der erfolgreichen Implementierung von SAP S/4HANA kontinuierlich weiterentwickelt werden kann. Neben der kontinuierlichen Prozessverbesserung steht dabei die Verbesserung und Weiterentwicklung des Business Process Transformation Managements im Fokus unserer Betrachtungen. Dieses soll auch nach dem Erreichen des ursprünglichen Ziels der SAP-S/4HANA-Transformation im Unternehmen nachhaltig und dauerhaft verankert werden und dient der unternehmensweiten Prozesssteuerung über die Grenzen von SAP S/4HANA hinaus.

Wir beginnen dieses Kapitel mit einem Blick auf die erfolgte Transformation und die dabei gewonnenen Erkenntnisse (siehe Abschnitt 13.1). In Abschnitt 13.2 folgt ein Rückblick auf das abgeschlossene Projekt. In Abschnitt 13.3 benennen wir die Unterschiede zwischen dem Einsatz des Business Process Transformation Managements während der Transformation und der Phase der kontinuierlichen Prozessverbesserung nach dem Projekt. In den weiteren Abschnitten gehen wir auf spezifische Aspekte des Business Transformation Process Managements ein, die weiterhin angewendet oder weiterentwickelt werden sollten. In Abschnitt 13.8, »Zusammenfassung«, schließen wir das Kapitel mit einer Zusammenfassung ab.

13.1 Rückblick und Lessons Learned

Im Zuge der SAP-S/4HANA-Transformation wurden viele Erfahrungen gesammelt und wertvolle Erkenntnisse über den Veränderungsprozess im Unternehmen gewonnen. Es ist sinnvoll, diese zu analysieren, um das Business Process Transformation Management über das SAP-S/4HANA-Projekt hinaus nachhaltig im Unternehmen zu verankern und für zukünftige Prozessverbesserungsinitiativen nutzbar zu machen. Die erfolgreiche Implementierung von SAP S/4HANA ist ein wichtiger Meilenstein, der es dem Unternehmen ermöglicht, seine Geschäftsprozesse zu optimieren und effizienter zu gestalten. Viele Prozesse wurden beispielsweise harmonisiert, standardisiert und automatisiert, redundante Systeme wurden eliminiert und ein verbesserter Datenfluss ermöglicht. Daher ist es wichtig, den Wertbeitrag des Business Process Transformation Managements im Rahmen der Transformation zu würdigen.

Einige der Lehren, die wir aus diesem Transformationsprozess gezogen haben, betreffen die *Planung und Vorbereitung*. Die Transformation erfordert eine sorgfältige Planung und Koordination zwischen den verschiedenen Teams und den Stakeholdern. Es hat sich gezeigt, dass die Einbeziehung aller Stakeholder von Anfang an unerlässlich ist, um sicherzustellen, dass alle Anforderungen berücksichtigt und alle potenziellen Herausforderungen bei Geschäftsprozessveränderungen frühzeitig erkannt wurden.

Ein weiterer wichtiger Aspekt, der sich aus der Nachbetrachtung der SAP-S/4HANA-Transformation ergibt, ist die Bedeutung der *Schulungen und Mitarbeiterentwicklung* auf Basis von unternehmensweit einheitlich definierten Prozessen für den Transformationserfolg. Die Implementierung neuer Systeme und Prozesse führt zu Veränderungen in den Arbeitsabläufen der Mitarbeitenden. Daher ist es wichtig, dass diese ausreichend geschult und unterstützt werden.

Die Transformation hat auch gezeigt, wie wichtig eine klare *Kommunikation und Führung* während des gesamten Vorhabens ist. Es gab Herausforderungen und Unvorhergesehenes, und in solchen Situationen war es wichtig, dass das Führungsteam eindeutig kommunizierte – auch hier auf der Grundlage einheitlich definierter Prozesse im gesamten Unternehmen – und eine positive Einstellung beibehielt, um das Engagement und die Motivation der Mitarbeitenden aufrechtzuerhalten.

Darüber hinaus wurde die *Bedeutung einer robusten technischen Infrastruktur* betont. Es wurden Herausforderungen im Zusammenhang mit der Integration von SAP

S/4HANA mit weiteren SAP- und Nicht-SAP-Systemen, der Datenmigration und -sicherheit sowie der Systemleistung und -stabilität identifiziert. Diese technischen Herausforderungen erfordern eine sorgfältige Vorbereitung und Planung sowie die Fähigkeit, flexibel und anpassungsfähig auf unvorhergesehene Probleme zu reagieren. Das Prozessmanagement hat erheblichen Einfluss auf die Bewältigung dieser Probleme. Durch eine systematische Analyse und Beschreibung der Geschäftsprozesse kann das Prozessmanagement sicherstellen, dass beim Wechsel alle prozessualen Schnittstellen zwischen SAP S/4HANA und weiteren Systemen identifiziert und berücksichtigt werden. Auch ermöglicht es eine geordnete Datenmigration und Datensicherheit, indem es die Möglichkeit bietet, klare Richtlinien und Verfahren für den Umgang mit sensiblen Informationen zu definieren. Darüber hinaus trägt das Prozessmanagement dazu bei, die Überwachung der Systemleistung und -stabilität zu verbessern, indem es kontinuierlich die Effizienz der Abläufe überwacht. Dadurch sind Unternehmen in der Lage, Probleme insbesondere bei für sie wichtigen Prozessen frühzeitig zu erkennen und schnell darauf zu reagieren.

Eine weitere wichtige Lektion betrifft die *Governance und das Management des Transformationsprozesses*. Die Etablierung effektiver Governance-Strukturen und Managementpraktiken hat sich als unerlässlich erwiesen, um den Transformationsprozess durch das Prozessmanagement zu steuern und sicherzustellen, dass diese Etablierung im Einklang mit den strategischen Zielen des Unternehmens erfolgt. Schließlich wurde auch die Notwendigkeit deutlich, den Fortschritt der Transformation kontinuierlich zu messen und zu überwachen. Dies geschieht am besten, indem transparent gemacht wird, wie viele identifizierte Prozessanpassungen bereits konzipiert und umgesetzt wurden und wie viele noch zu bearbeiten sind. Diese und viele andere Erkenntnisse sind wertvolle Lektionen, die die zukünftigen Prozessverbesserungsinitiativen beeinflussen. Sie verdeutlichen, dass die Transformation weit mehr als eine technische Implementierung ist. Es handelt sich um einen ganzheitlichen Prozess, der Planung, Kommunikation, Schulung, Führung und kontinuierliche Verbesserung erfordert.

Eine gründliche *Lessons-Learned-Analyse* ist der Startpunkt der Einführung bzw. die Weiterführung des Prozessmanagements nach der SAP-S/4HANA-Transformation. Sie hilft den Unternehmen, ihre Fähigkeiten im Bereich des Change Managements und der kontinuierlichen Verbesserung zu stärken. Es ist von besonderer Bedeutung zu erkennen, dass die im Rahmen des SAP-S/4HANA-Projekts implementierten Strukturen zur Prozesstransformation lediglich den Startpunkt darstellen. Sie bilden ein solides Fundament, auf dem aufgebaut werden kann. Es ist jedoch wichtig, sie nicht als das endgültige Ziel anzusehen. Vielmehr sollten sie als erster Schritt verstanden werden, der Raum für kontinuierliche Verbesserungen und Anpassungen bietet. Unternehmen sollten die Möglichkeit nutzen, auf diesen Strukturen aufzubauen, um ihre Geschäftsprozesse weiterhin zu optimieren und sich den sich ständig verändernden Anforderungen und Chancen des digitalen Zeitalters anzupassen. Das Business Process Transformation Management schafft die Grundlagen für Flexibilität und Agilität, um Innovationen in SAP S/4HANA auch zukünftig zu realisieren, das volle Potenzial des Systems auszuschöpfen und somit die digitale Transformation des Unternehmens bestmöglich zu unterstützen. Tatsächlich kann die Weiterentwicklung und Vertiefung dieser Strukturen nach dem Projekt eine entscheidende Rolle für den fortgesetzten Erfolg des Unternehmens spielen. Rückblickend bietet die SAP-S/4HANA-Transformation eine hervorragende Gelegenheit, um das erlernte Wissen zu nutzen und es als Sprungbrett für zukünftige Verbesserungen zu verwenden. Es ermöglicht Unternehmen, ihre Prozesse und Systeme kontinuierlich zu verbessern, ihre Effizienz zu steigern und letztendlich ihren Wettbewerbsvorteil zu erhöhen.

In diesem Sinne dient die SAP-S/4HANA-Transformation nicht nur der Implementierung eines neuen ERP-Systems, sondern kann auch zum Katalysator für eine Kultur der kontinuierlichen Verbesserung und des Lernens im Unternehmen werden – ein Prozess, der das Unternehmen stärkt und es für zukünftige Herausforderungen und Möglichkeiten rüstet.

13.2 Ausrichtung auf eine kontinuierliche Verbesserung

Die kontinuierliche Prozessverbesserung nach der Umsetzung Ihres SAP-S/4HANA-Projekts bringt neue Herausforderungen mit sich, die sich deutlich von der Projektphase unterscheiden. Im Rahmen des SAP-S/4HANA-Projekts lag der Fokus auf der Implementierung von SAP S/4HANA und den damit verbundenen Prozessveränderungen. Dabei handelt es sich um einen klar strukturierten Prozess, der auf die Erreichung der definierten Projektziele ausgerichtet ist. Das Mandat für Veränderungen ist daher in dieser Phase klar definiert und durch das Management legitimiert. Die Veränderungsbereitschaft ist in der Regel hoch, da alle Beteiligten das gemeinsame Ziel verfolgen, den Wechsel zu SAP S/4HANA erfolgreich zu gestalten.

Die Phase der kontinuierlichen Prozessverbesserung beginnt nach der Implementierung von SAP S/4HANA und erstreckt sich über den gesamten Prozesslebenszyklus. Die Ziele dieser Phase sind nicht notwendigerweise klar definiert. Daher ist eine Kultur der ständigen Reflexion, des Lernens und Anpassens erforderlich. Es handelt sich um einen kontinuierlichen Prozess, in dem ständig nach Möglichkeiten gesucht wird, die Effizienz und Effektivität der Prozesse zu verbessern und den Nutzen von SAP S/4HANA zu steigern, wobei das Mandat für Veränderungen in dieser Phase oft weniger klar definiert ist. Die Bereitschaft zur Veränderung kann variieren und hängt häufig von Faktoren wie der wahrgenommenen Notwendigkeit zur Veränderung, der

Fähigkeit des Unternehmens, Veränderungen erfolgreich umzusetzen, und der allgemeinen Kultur der Organisation ab.

Aus dem organisatorischen Blickwinkel heraus betrachtet unterscheidet sich die Phase der kontinuierlichen Prozessverbesserung ebenfalls von der Optimierungsphase während des SAP-S/4HANA-Projekts. Während der Optimierungsphase ist die Projektorganisation in der Regel stark hierarchisch und funktional gegliedert, mit klaren Rollen, Verantwortlichkeiten und Zuständigkeiten. In der Phase der kontinuierlichen Verbesserung ist hingegen die Organisationsstruktur oft flacher und flexibler, erlaubt und erfordert gleichzeitig aber auch mehr Raum für Kreativität und Eigeninitiative.

Neben organisatorischen und prozessualen Unterschieden spielt die Unternehmenskultur eine entscheidende Rolle bei der kontinuierlichen Verbesserung. Die Etablierung einer *Kultur der kontinuierlichen Verbesserung* ist oft Grundlage für ein erfolgreiches Business Process Transformation Management über ein spezifisches SAP-S/4HANA-Projekt hinaus. Eine Kultur der kontinuierlichen Verbesserung fördert Innovation und Kreativität, unterstützt Experimente und Risikobereitschaft und erkennt Fehler als Chance zum Lernen und zur Verbesserung. Sie ermutigt Mitarbeitende, Prozesse und Arbeitsweisen zu hinterfragen und nach besseren Lösungen zu suchen. In einer solchen Kultur werden Verbesserungsideen nicht nur akzeptiert, sondern aktiv erwartet und gefördert. Das Mitarbeiterengagement ist wesentlicher Bestandteil einer solchen Kultur. Wenn Mitarbeitende das Gefühl haben, dass ihre Ideen gehört und geschätzt werden und dass sie einen Unterschied machen können, sind sie eher bereit, sich aktiv am kontinuierlichen Verbesserungsprozess zu beteiligen. Schulungen und Entwicklungsmöglichkeiten können dazu beitragen, die Fähigkeiten und Kompetenzen der Mitarbeitenden zu stärken und sie besser auf die Anforderungen der kontinuierlichen Verbesserung vorzubereiten. Führung spielt ebenfalls eine entscheidende Rolle. Führungskräfte müssen den Wert der kontinuierlichen Verbesserung erkennen und vorleben, sie müssen die Botschaften und Ziele der kontinuierlichen Verbesserung kommunizieren und die Mitarbeitenden dabei unterstützen, ihre Ideen und Verbesserungsvorschläge umzusetzen.

Das *Change Management* ist auch hier ein wichtiger Aspekt. Da Veränderungen nicht mehr im Kontext des Wechsels auf ein neues System mitgetragen werden, wächst die Bedeutung für den Erfolg sogar noch. Die kontinuierliche Verbesserung erfordert häufig Veränderungen in den Arbeitsweisen und Prozessen, und diese Veränderungen können Widerstand hervorrufen. Ein effektives Change Management kann dazu beitragen, diesen Widerstand zu überwinden und sicherzustellen, dass die Veränderungen effektiv umgesetzt und akzeptiert werden.

Ein weiterer wichtiger Unterschied betrifft die Art und Weise, wie Verbesserungen identifiziert und umgesetzt werden. Während der Optimierungsphase im Rahmen des SAP-S/4HANA-Projekts ist die Identifizierung von Verbesserungen in der Regel zentralisiert und häufig stark auf die technischen und funktionalen Aspekte des neuen Systems ausgerichtet. Das Projektteam arbeitet eng mit den Fachabteilungen zusammen, um Prozesse zu optimieren und den größtmöglichen Nutzen aus den Funktionen und Möglichkeiten von SAP S/4HANA zu ziehen. Oftmals sind externe Berater involviert, die spezielles Wissen und Erfahrungen einbringen. Im Gegensatz dazu ist die kontinuierliche Verbesserung nach der Implementierung in der Regel stärker dezentralisiert und partizipativ. Verbesserungsideen können von allen Mitarbeitenden kommen und werden in einem Bottom-up-Prozess gesammelt und bewertet. Dies erfordert ein hohes Maß an Beteiligung und Engagement der Mitarbeitenden sowie eine Kultur, die Innovation und kontinuierliche Verbesserung fördert. Es geht nicht mehr nur darum, das neue System zu verstehen und optimal zu nutzen, sondern vielmehr darum, die Geschäftsprozesse kontinuierlich zu hinterfragen und zu verbessern.

Ein weiterer wichtiger Unterschied betrifft die Art und Weise, wie Veränderungen umgesetzt und autorisiert werden. Während der Implementierungsphase gibt es in der Regel ein starkes Mandat für Veränderungen. Die Organisation versteht, dass die Einführung eines neuen Systems umfangreiche Änderungen in den Prozessen und Arbeitsweisen erfordert, und es gibt eine hohe Bereitschaft, diese Änderungen zu akzeptieren und umzusetzen. Nach der Implementierung kann sich dies ändern. Diese Veränderungsbereitschaft kann abnehmen, insbesondere wenn die Organisation das Gefühl hat, dass die größten Herausforderungen bewältigt sind. Das Mandat für Veränderungen kann schwächer werden, und es kann schwieriger werden, Unterstützung für kontinuierliche Verbesserungsinitiativen zu erhalten. Dies erfordert eine starke Führung und kontinuierliche Kommunikation, um die Bedeutung der kontinuierlichen Verbesserung hervorzuheben und die Organisation für den Prozess zu gewinnen.

Diese und andere Unterschiede führen während der kontinuierlichen Verbesserung nach der Implementierung von SAP S/4HANA zu neuartigen und anderen Herausforderungen. Es erfordert spezifische Strategien und Ansätze, die sich von denen unterscheiden, die während der Implementierungsphase angewendet werden. Gleichzeitig bietet es jedoch auch eine enorme Gelegenheit, den Nutzen von SAP S/4HANA zu maximieren und die Wettbewerbsfähigkeit und Leistungsfähigkeit der Organisation langfristig zu stärken.

In den folgenden Abschnitten betrachten wir nun ausgewählte Aspekte im Hinblick auf die Weiterentwicklung des Business Process Transformation Managements unter der Berücksichtigung des Rückblicks und der in diesem Abschnitt skizzierten Unterschiede der Nutzung des Business Process Transformation Managements im Vergleich, während und nach der SAP-S/4HANA-Transformation.

13.3 Prozess-Governance nach Anschluss des SAP-S/4HANA-Projekts

In der kontinuierlichen Verbesserungsphase, auf die wir uns nun konzentrieren, spielt die Governance des Prozessmanagements eine zentrale Rolle. Die während der SAP-S/4HANA-Transformation etablierten Governance-Strukturen und Managementpraktiken bilden ein solides Fundament, das auch nach dem Projekt von großem Nutzen sein kann und in eine nachhaltige Ausübung der Governance überführt werden sollte. Es ist jedoch wichtig, diese Strukturen und Praktiken regelmäßig zu überprüfen und anzupassen, um sicherzustellen, dass sie den kontinuierlichen Prozessverbesserungsprozess optimal unterstützen.

Die in der Transformationsphase eingeführten Governance-Modelle (siehe Abschnitt 12.4, »Process Design and Solution Design«) waren eine grundlegende Voraussetzung für die Definition klarer Verantwortlichkeiten und Entscheidungsstrukturen. Doch während dieser Phase waren die Initiativen zeitlich begrenzt und zielten auf konkrete Ergebnisse bzw. Prozesse, die während der Transformation betrachtet werden sollten, ab. In der Phase der kontinuierlichen Verbesserung sind die zu definierenden Verbesserungsinitiativen bzw. Projekte oft weniger strukturiert und erfordern eine flexiblere, anpassungsfähigere Herangehensweise. Das bedeutet, dass die Governance-Strukturen und Managementpraktiken weiterentwickelt und angepasst werden müssen, um diese neuen Anforderungen zu unterstützen. Dazu kann gehören, dass das Stakeholder-Management stärker fokussiert oder die Prozesse zur Priorisierung und Auswahl von Verbesserungsprojekten verfeinert werden.

Ein Beispiel ist die Rolle des *Lenkungsausschusses*, der während der SAP-S/4HANA-Transformation etabliert wurde. Der Lenkungsausschuss ist ein zentrales Gremium, das die Entscheidungen des Projekts steuerte und den Fortschritt überwachte. Er bestand aus Führungskräften und Key-Stakeholdern und fand regelmäßig zusammen, um den Fortschritt zu überwachen und Entscheidungen zu treffen. In der Phase der kontinuierlichen Verbesserung ist der Lenkungsausschuss in der ursprünglichen Form jedoch weniger effektiv. Die Verbesserungsinitiativen im Anschluss an das SAP-S/4HANA-Transformationsprojekt sind jetzt weniger strukturiert und erfordern einen flexibleren Ansatz. Dies erfordert ein Überdenken und möglicherweise eine Erweiterung der ursprünglichen Strukturen und Rollen. An dieser Stelle stellt sich die Frage, ob der ursprüngliche Lenkungsausschuss noch das geeignete Gremium ist, um den kontinuierlichen Verbesserungsprozess zu steuern und zu begleiten. Während der Transformationsphase bestand der Lenkungsausschuss hauptsächlich aus Führungskräften und Key-Stakeholdern. In der Phase der kontinuierlichen Verbesserung könnte es jedoch sinnvoll sein, Mitarbeitende aus verschiedenen, weiteren Bereichen des Unternehmens einzubeziehen, um eine breitere Perspektive zu gewinnen und das Engagement für den Verbesserungsprozess zu fördern. Auch könnten neue

Rollen innerhalb des Unternehmens benötigt werden, die speziell dazu beitragen, die kontinuierliche Prozessverbesserung zu fördern und zu unterstützen. Wenn bisher im Rahmen der SAP-S/4HANA-Transformation noch nicht geschehen, sollte ein Business Process Transformation Office etabliert werden (siehe Abschnitt 11.1, »Prozessorganisation und Prozessrollen«), dessen Aufgabe es ist, einen Rahmen für die kontinuierliche Prozessverbesserung zu schaffen und anderen Stakeholdern zu helfen, Verbesserungsmöglichkeiten zu identifizieren und zu priorisieren und die Implementierung dieser Verbesserungen zu überwachen.

Im Kontext der kontinuierlichen Verbesserung muss auch das Change Management überarbeitet bzw. erweitert werden. Während der Transformationsphase konzentrierte sich der Lenkungsausschuss hauptsächlich auf die Steuerung des Projektfortschritts. In der Phase der kontinuierlichen Verbesserung könnten die neu etablierten Methoden zur kontinuierlichen Prozessverbesserung jedoch eine stärkere Rolle beim Management von Veränderungen spielen, z. B. durch die Koordination von Schulungs- und Entwicklungsprogrammen, die Förderung einer Kultur der kontinuierlichen Verbesserung und die Kommunikation von Veränderungen und deren Auswirkungen auf das Unternehmen. Dieses Beispiel zeigt, dass die während der SAP-S/4HANA-Transformation etablierten Governance-Strukturen und Managementpraktiken einen wertvollen Ausgangspunkt darstellen, aber angepasst und erweitert werden müssen, um den Anforderungen der Phase der kontinuierlichen Verbesserung gerecht zu werden.

Es ist wichtig zu betonen, dass die hier diskutierten Aspekte – Governance-Strukturen und Change Management – nur einzelne Teile des Erfolgs sind. Sie sind zweifellos entscheidend für den Erfolg des kontinuierlichen Verbesserungsprozesses, aber sie sind nicht die einzigen zu berücksichtigenden Faktoren.

Es gibt eine Vielzahl weiterer Elemente, die für eine erfolgreiche Aufrechterhaltung eines effektiven kontinuierlichen Verbesserungsprozesses von Bedeutung sind. Dazu gehören z. B. die fortlaufende Schulung und Entwicklung der Mitarbeitenden im Kontext des Business Process Transformation Managements, die Etablierung einer Kultur der kontinuierlichen Verbesserung, die Bereitstellung der notwendigen Tools, Methoden und Ressourcen und die Gewährleistung einer effektiven Kommunikation auf allen Ebenen des Unternehmens.

Jedes Unternehmen ist einzigartig, und die genaue Gestaltung des kontinuierlichen Verbesserungsprozesses wird von einer Reihe von Faktoren beeinflusst, darunter die Größe und Struktur des Unternehmens, die Branche, in der es tätig ist, und die spezifischen Herausforderungen und Chancen, mit denen es konfrontiert ist. Es ist daher von entscheidender Bedeutung, dass Unternehmen die genannten Aspekte berücksichtigen, eine flexible Herangehensweise an den kontinuierlichen Verbesserungsprozess verfolgen und bereit sind, ihre Ansätze und Praktiken kontinuierlich zu überdenken und anzupassen, um den sich ändernden Anforderungen und Umständen gerecht zu werden.

13.4 Betrachtung und Optimierung der End-to-End-Prozesse

Nach Abschluss des Transformationsprojekts verlagert sich der Fokus von der Neugestaltung und Optimierung der durch SAP S/4HANA unterstützten Prozesse hin zu End-to-End-Prozessen, die nicht ausschließlich durch SAP S/4HANA unterstützt werden. Während der Projektphase konzentrieren sich Unternehmen auf den Teil ihrer End-to-End-Prozesse, der durch SAP S/4HANA unterstützt wird, und vernachlässigen möglicherweise Teilprozesse, die Auswirkungen auf Kunden, Lieferanten und andere Stakeholder haben. Die Betrachtung der End-to-End-Prozesse ist jedoch notwendig, um die Gesamtperformance durch ein besseres Verständnis der Beziehungen und Wechselwirkungen zwischen allen Prozessen zu verbessern.

Ein wesentlicher Aspekt der Betrachtung der End-to-End-Prozesse ist das Verständnis, dass der Wertfluss oft über Abteilungsgrenzen und sogar über die Grenzen des Unternehmens hinausgeht. Dies bedeutet, dass Optimierungsmaßnahmen, die sich nur auf einzelne Abteilungen oder Funktionen konzentrieren, möglicherweise nicht ausreichen, um die Gesamtperformance zu verbessern. Stattdessen sollten Unternehmen versuchen, einen ganzheitlichen Blick auf ihre Prozesse zu werfen und Optimierungsmöglichkeiten entlang des gesamten Wertflusses zu identifizieren. Dies macht es erforderlich, neben SAP S/4HANA weitere IT-Systeme zu berücksichtigen. Zum Beispiel könnte ein Unternehmen feststellen, dass ein Prozess wie die Bestellung von Rohstoffen zwar intern effizient abläuft, aber zu Verzögerungen in der Lieferkette führt, weil die Lieferanten nicht in der Lage sind, mit den Anforderungen Schritt zu halten. Indem das Unternehmen seinen Fokus erweitert und den gesamten Prozess von der Bestellung bis zur Lieferung betrachtet, könnte es Möglichkeiten zur Verbesserung identifizieren, wie z. B. eine engere Zusammenarbeit mit den Lieferanten oder die Einführung einer bedarfsgesteuerten Beschaffungsstrategie.

Ebenso wichtig ist die Optimierung von Prozessen, die während der SAP-S/4HANA-Implementierung möglicherweise nicht im Detail betrachtet wurden, insbesondere in Bereichen außerhalb des SAP-S/4HANA-Umfangs, oder von solchen Prozessen, die zwar analysiert wurden, jedoch aufgrund des gewählten Transformationsansatzes oder z. B. aufgrund zeitlicher oder finanzieller Restriktionen nicht umgesetzt wurden. Während der Implementierungsphase konzentrieren sich viele Unternehmen auf die Optimierung der Prozesse, die direkt mit dem neuen System verknüpft sind, und durch deren Anpassung der größte Mehrwert generiert wird. Es gibt jedoch oft Prozesse, die indirekt von der Implementierung betroffen sind oder die aufgrund einer Kosten-Nutzen-Betrachtung während der Implementierung nicht berücksichtigt wurden. Ein Beispiel dafür könnte ein Prozess im Bereich des Personalmanagements sein. Während der Implementierung von SAP S/4HANA könnte der Schwerpunkt auf der Optimierung der Personalabrechnung liegen. Andere Prozesse wie die Personalentwicklung oder das Performance Management könnten jedoch übersehen worden sein. Nach der Implementierung ist es wichtig, diese Prozesse erneut zu betrachten und nach Möglichkeiten zur Optimierung zu suchen.

Ein weiterer Bereich, der oft übersehen wird, ist die Interaktion mit Kunden. Während viele Unternehmen ihre internen Prozesse im Rahmen der SAP-S/4HANA-Implementierung optimieren, übersehen sie oft die Möglichkeit, ihre Prozesse so zu gestalten, dass sie den Kundenservice verbessern. Dies könnte z. B. durch die Einführung neuer Technologien zur Verbesserung des Kundenerlebnisses oder durch die Überarbeitung der Prozesse zur Kundeninteraktion, wie z. B. der Verbesserung des Bestell- oder Reklamationsprozesses, erreicht werden.

Es ist nach wie vor wichtig, die Prozessoptimierung in einem breiteren Kontext zu betrachten. Dies bedeutet, dass nicht mehr die Auswirkungen der Prozessverbesserungen, die das SAP-S/4HANA-System betreffen, berücksichtigt werden müssen, sondern vor allem die Auswirkungen auf die strategischen Ziele des Unternehmens, auf die Mitarbeitenden und auf andere Stakeholder. Beispielsweise könnte eine Optimierung, die zu Kosteneinsparungen führt, möglicherweise negative Auswirkungen auf die Mitarbeiterzufriedenheit oder die Produktqualität haben. Daher ist es wichtig, ein Gleichgewicht zu finden und sicherzustellen, dass die Prozessverbesserungen die allgemeinen Ziele des Unternehmens unterstützen.

13.5 Analyse und Optimierung implementierter Prozesse

Im Vorfeld des SAP-S/4HANA-Projekts konzentriert sich die Analyse vor allem auf die bestehenden Prozesse des Unternehmens. Das Ziel besteht darin, Schwachstellen und Engpässe zu identifizieren sowie Möglichkeiten zur Prozessoptimierung zu finden, um ein umfassendes Verständnis der aktuellen Geschäftsprozesse zu erlangen. Die Analyse zielt darauf ab zu ermitteln, wie die Einführung von SAP S/4HANA die Prozesse verbessern und den betrieblichen Mehrwert steigern kann. Dabei werden auch die spezifischen Anforderungen des Unternehmens berücksichtigt, um maßgeschneiderte Lösungen zu entwickeln.

Nach der SAP-S/4HANA-Implementierung ändert sich der Fokus der Analyse. Nun liegt der Schwerpunkt darauf, die Wirksamkeit der implementierten Verbesserungen zu überwachen und sicherzustellen, dass die Prozesse tatsächlich wie geplant ausgeführt werden. Es werden umfangreichere Analysen aufgebaut und durchgeführt, um die Konformität der Prozesse zu überprüfen und mögliche Abweichungen oder Probleme zu identifizieren. Dies beinhaltet beispielsweise die Überwachung von Prozesskennzahlen, um die Effizienz der Prozesse zu bewerten. Bei Bedarf können weitere spezifische Analysen durchgeführt werden, um gezielte Optimierungen zu identifizieren und vorzunehmen.

Insgesamt ist die Analyse vor dem SAP-S/4HANA-Projekt eher explorativ, da sie darauf abzielt, potenzielle Verbesserungsbereiche zu identifizieren. Nach der Implementierung konzentriert sich die Analyse mehr auf das Monitoring und die Optimierung der neu implementierten Prozesse, um sicherzustellen, dass das Unternehmen die erwarteten Vorteile von SAP S/4HANA realisiert. Es handelt sich um einen kontinuierlichen Prozess, der es dem Unternehmen ermöglicht, seine Prozesse anzupassen und den maximalen Nutzen aus SAP S/4HANA zu ziehen.

Die Analyse und Optimierung der implementierten Prozesse ist ein kontinuierlicher Prozess, der durch den Einsatz spezifischer Werkzeuge unterstützt wird. SAP Signavio bietet hierzu eine Vielzahl von Möglichkeiten, wie beispielsweise die Verknüpfung von Process Performance Indicators (PPIs) mit Prozessschritten oder die Integration von Live Insights in die Prozessmodelle (siehe Abbildung 13.1).

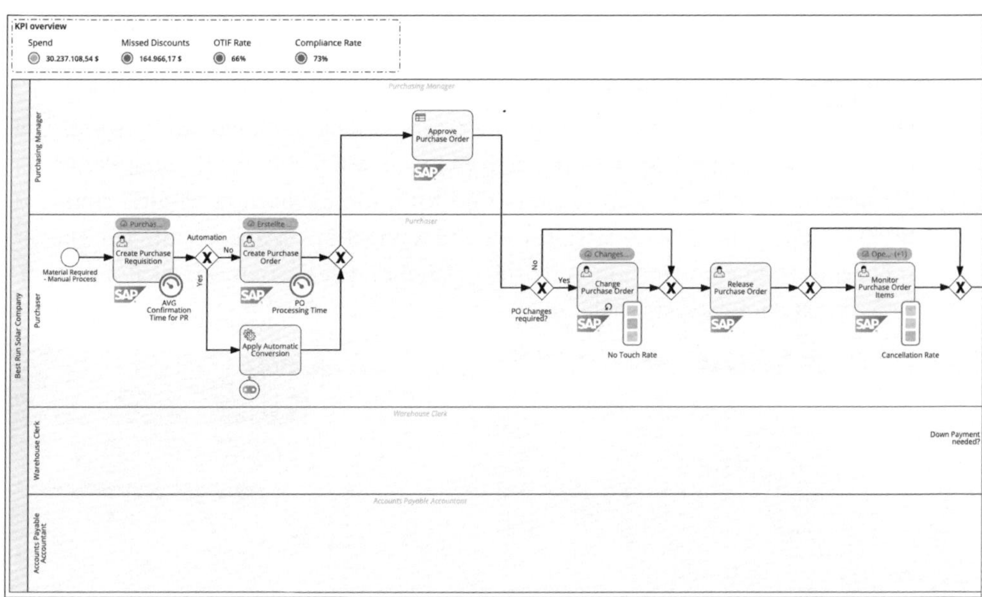

Abbildung 13.1 Erweitertes Prozessmodell mit grafisch dargestellten Analyseergebnissen aus SAP Signavio Process Insights und SAP Signavio Process Intelligence

Ein besonders interessantes Feature ist die Möglichkeit, PPIs aus SAP Signavio Process Insights direkt mit den Prozessschritten zu verknüpfen. Dies geschieht über Deep Links, die den Standard-PPIs von SAP Signavio Process Insights in benutzerdefinierten Attributen als Verknüpfungen hinzugefügt werden können (siehe Abbildung 13.2). Durch diese Verknüpfungen können Benutzer auf einfache Weise auf relevante Leistungsindikatoren zugreifen und diese in ihrer Prozessanalyse und -optimierung berücksichtigen.

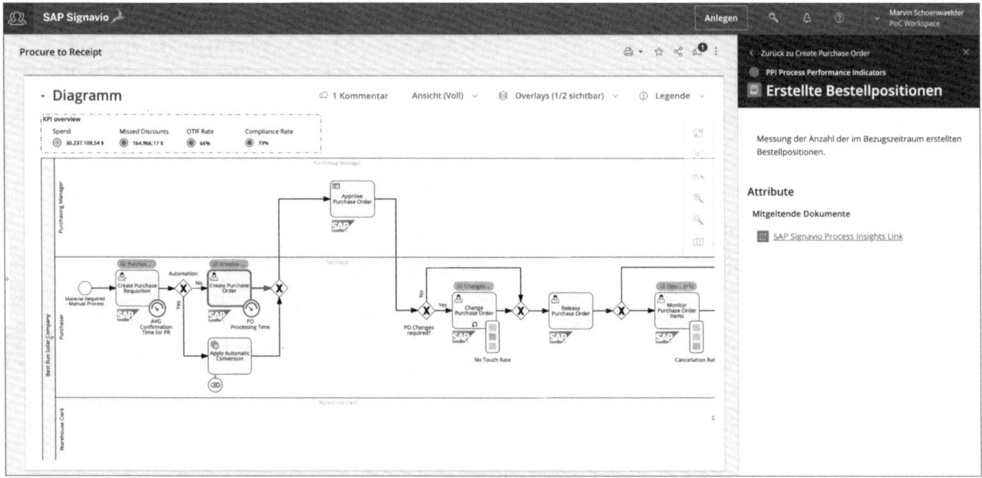

Abbildung 13.2 Verbindung von PPIs in SAP Signavio Process Insights mit Prozessschritten im bereits definierten und implementierten Prozessmodell

Die Integration von Live Insights in die Prozessmodelle stellt eine weitere entscheidende Erweiterung der Analysemöglichkeiten dar. Mit den Modellierungselementen für Live Insights lassen sich Insights und KPIs, die beobachtet werden sollen, zu BPMN-Diagrammen, Prozesslandkarten und Navigations-Maps hinzufügen. Dies ermöglicht es den Benutzer*innen, aktuelle Daten und Performanceindikatoren direkt im Kontext der Prozessmodelle zu betrachten (siehe Abbildung 13.3).

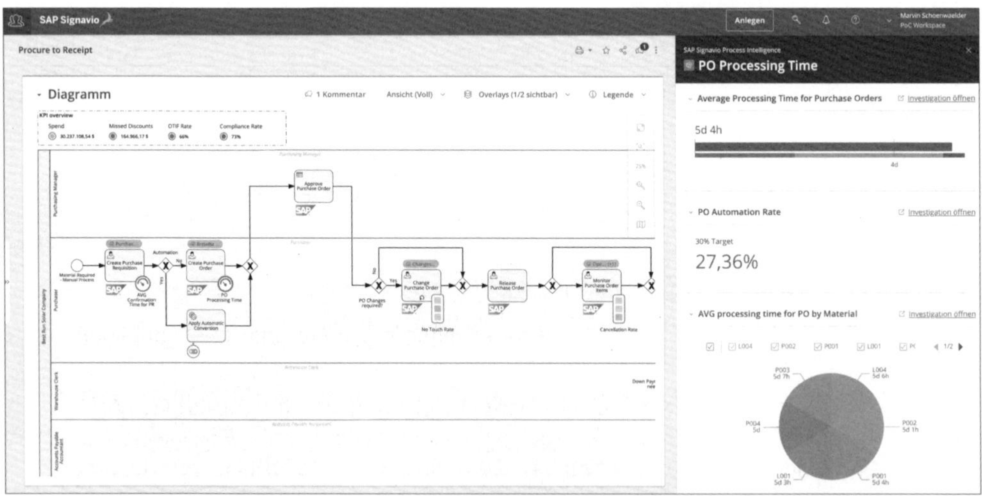

Abbildung 13.3 SAP-Signavio-Process-Intelligence-Analyseergebnisse, verbunden mit spezifischen Prozessschritten im bereits definierten und implementierten Prozessmodell

Zur Integration von Live Insights in die Prozessmodelle fügen Sie dem Diagramm ein Modellierungselement für Live Insights hinzu und verknüpfen es mit einem Widget aus SAP Signavio Process Intelligence. Diese Widgets können unterschiedliche Formen annehmen, von einfachen Symbolen, Ampeln und Cockpits, bis hin zu Fortschrittsbalken und Ringdiagrammen. Jedes dieser Elemente liefert eine visuelle Darstellung eines bestimmten Aspekts der Prozessleistung. In SAP Signavio Process Intelligence müssen für die Widgets Schwellenwerte definiert werden. Diese Schwellenwerte werden dann im SAP Signavio Process Manager durch die Farbe des Modellierungselements dargestellt, was eine sofortige visuelle Rückmeldung über den Status des entsprechenden Leistungsindikators liefert. Diese Verbindung von PPIs und Live Insights mit den Prozessmodellen ermöglicht es den Benutzer*innen, die Prozessleistung auf einen Blick zu erfassen und auf dieser Grundlage fundierte Entscheidungen zur Prozessoptimierung zu treffen. Dies ermöglicht eine kontinuierliche und datengetriebene Prozessverbesserung, die auf den tatsächlichen Leistungsdaten basiert, und nicht nur auf theoretischen Modellen.

Die Anwendung dieser Werkzeuge setzt jedoch eine sorgfältige Planung und Durchführung voraus. Es ist wichtig, die richtigen Leistungsindikatoren zu wählen, die Widgets sinnvoll zu konfigurieren und die Live Insights so zu platzieren, dass sie einen echten Mehrwert für die Prozessanalyse und -optimierung bieten. Darüber hinaus muss sichergestellt werden, dass alle Benutzer*innen die notwendigen Berechtigungen haben, um auf die verknüpften Inhalte zugreifen zu können.

Die erfolgreiche Anwendung dieser Werkzeuge und die daraus resultierende datengetriebene Prozessverbesserung bilden einen soliden Ausgangspunkt für die weitere Analyse und Optimierung der implementierten Prozesse. Dabei geht es nicht nur um die technischen Aspekte, sondern auch um ein tieferes Verständnis der Prozessleistung und der zugrundeliegenden Faktoren, die diese Leistung beeinflussen. Die Methoden und Ansätze zur Analyse der neu implementierten Prozesse sind vielfältig und richten sich nach den spezifischen Anforderungen und Zielen des Unternehmens. Sie umfassen sowohl qualitative als auch quantitative Methoden und können auf verschiedene Ebenen der Prozesshierarchie angewendet werden – von einzelnen Prozessschritten bis hin zum gesamten Prozessfluss. Ein zentraler Aspekt bei der Prozessanalyse ist es, die Identifikation und Auswahl der richtigen Leistungsindikatoren (PPIs) zu identifizieren. PPIs sind quantitative Maße, die anzeigen, wie gut ein Prozess seine Ziele erreicht. Sie können sich auf verschiedene Aspekte des Prozesses beziehen, wie z. B. die Effizienz, die Effektivität, die Qualität oder die Geschwindigkeit. Durch die Auswahl der relevantesten PPIs können die Aspekte des Prozesses, die am wichtigsten für die Erreichung der Unternehmensziele sind, genauer beobachtet und analysiert werden.

Sobald diese PPIs identifiziert sind, können sie mithilfe der Deep Links zum standardisierten PPI in SAP Signavio Process Insights oder im spezifisch definierten Widget von SAP Signavio Process Intelligence verlinkt und analysiert werden. Diese Verbindung direkt im Prozessmodell bietet eine visuelle Darstellung der Leistungsdaten und ermöglichen es den Benutzer*innen, Trends und Muster zu erkennen, die sonst vielleicht übersehen würden. Darüber hinaus können die Widgets so konfiguriert werden, dass sie bestimmte Schwellenwerte anzeigen, die eine Warnung auslösen, wenn der Prozess unter oder über einem bestimmten Niveau performt. Dies kann helfen, Problembereiche frühzeitig zu erkennen und zeitnah zu adressieren.

Die Analyse der implementierten Prozesse sollte jedoch nicht nur auf harten Daten und Zahlen basieren, sondern es ist auch wichtig, das Feedback und die Erfahrungen der Prozessbeteiligten zu berücksichtigen. Durch Interviews, Umfragen oder Workshops können wertvolle Einblicke in die praktische Umsetzung der Prozesse gewonnen werden, die möglicherweise nicht in den Daten sichtbar sind. Diese qualitative Analyse kann helfen, die Prozesse aus der Perspektive der Nutzer*innen zu verstehen und Verbesserungspotenziale zu identifizieren, die zu einer höheren Benutzerzufriedenheit und einer besseren Prozessleistung führen können. Die Daten und Erkenntnisse aus diesen Überprüfungen sollten dann genutzt werden, um die Prozesse anzupassen und zu optimieren. Dies kann durch die Implementierung neuer Technologien, die Änderung von Prozessschritten oder die Schulung der Mitarbeitenden erfolgen. Dabei sollte stets darauf geachtet werden, dass die Anpassungen an den Prozessen auf soliden Daten und Erkenntnissen basieren und nicht nur auf Vermutungen oder Annahmen.

Zusammenfassend lässt sich sagen, dass die Analyse und die Optimierung der implementierten Prozesse ein kontinuierlicher Prozess ist, der eine sorgfältige Planung, regelmäßige Überprüfungen und kontinuierliche Anpassungen erfordert. Durch den Einsatz von Technologien wie SAP Signavio und einer entsprechenden Methodik, die auch, wie beispielhaft geschildert, bereits bestehende Analysefunktionen erweitert, können Unternehmen ihre Prozesse effektiv analysieren und optimieren, um ihre Leistung zu steigern und ihre Ziele zu erreichen.

13.6 Bewertung und Priorisierung von Prozessverbesserungen

Nachdem wir die Bedeutung und die Methoden der Analyse von Prozessen beleuchtet haben, ist es nun an der Zeit, den Fokus auf den nächsten entscheidenden Schritt zu legen: die Bewertung und Priorisierung von Prozessverbesserungen. Im Rahmen einer SAP-S/4HANA-Transformation werden die Prozesse ebenfalls analysiert, um optimierte und standardisierte Abläufe zu definieren. Dabei priorisiert man während der Transformation große Optimierungspotenziale und Quick Wins. Nach der Transformation bewertet man die Auswirkungen und optimiert die Prozesse kontinuierlich in kleinen Schritten, um weitere Verbesserungen zu erzielen. Die *Bewertung und Priorisierung von Prozessverbesserungen* unterscheidet sich hier zwar nicht grundlegend von der Bewertung und Priorisierung von Prozessverbesserungen während der Transformation, die Vorgehensweise erfordert aber die Berücksichtigung einiger Aspekte nach dem erfolgten Go-live. Bevor wir die wichtigsten Schritte der Bewertung und Priorisierung von Prozessverbesserungen betrachten, führen wir diese hier auf:

- **Kontinuierliches Release Management von Prozessen und Systemen**
  Eine Implementierung von Verbesserungen erfolgt nicht nur einmalig beim Go-live, sondern auch während des produktiven Betriebs des SAP-S/4HANA-Systems und erfordert daher ein Releasemanagement von Prozess und System.
- **Prozessverbesserungen vs. Prozessinnovationen**
  Prozessverbesserungen konkurrieren mit neuen Anforderungen (Prozessinnovationen), in denen häufig ein größerer Nutzen für das Unternehmen gesehen wird. Daher müssen Sie den Mehrwert der geplanten Verbesserungen eindeutig darlegen.
- **Auswirkungen von Prozessveränderungen**
  Die Auswirkung von Prozessveränderungen muss unter Umständen ausführlicher betrachtet werden, da aus Kapazitätsgründen nur selektive Regressionstest durchgeführt werden können.
- **Stakeholder Involvement**
  Der Kreis der Ansprechpartner erweitert sich, da neben Prozessen, die in SAP S/4HANA abgebildet werden, auch weitere End-to-End-Prozesse hinzukommen.

Die Konzeption von Prozessverbesserungen basiert auf den gewonnenen Erkenntnissen aus der Prozessanalyse. Allerdings ergeben sich häufig mehr Verbesserungsvorschläge, als sie zeit- und ressourcenmäßig umsetzbar sind. Daher ist es entscheidend, eine systematische Methode zur Bewertung und Priorisierung dieser Vorschläge anzuwenden, um sicherzustellen, dass die Maßnahmen mit dem größten potenziellen Nutzen für das Unternehmen zuerst durchgeführt werden.

Ein erster Schritt in diesem Prozess ist die genaue Bewertung jedes Verbesserungsvorschlags. Wichtige Kriterien für diese Bewertung können der erwartete Nutzen der Verbesserung, der Aufwand für die Implementierung, die Risiken, die mit der Umsetzung verbunden sind, sowie die strategische Bedeutung der betroffenen Prozesse sein. Der erwartete Nutzen kann dabei sowohl in quantitativen Größen wie Kostenreduktion oder Zeitersparnis, aber auch in qualitativen Aspekten wie einer erhöhten Kundenzufriedenheit oder verbesserten Arbeitszufriedenheit der Mitarbeitenden bestehen.

Nach der Bewertung der einzelnen Verbesserungsvorschläge folgt die Priorisierung. Hierbei kann es hilfreich sein, ein strukturiertes Modell wie eine *Priorisierungsmatrix* zu verwenden. In dieser Matrix können beispielsweise der erwartete Nutzen und der Implementierungsaufwand gegenübergestellt werden, um so eine Rangfolge der Verbesserungsvorschläge zu erstellen.

Obwohl der erwartete Nutzen und der Implementierungsaufwand wesentliche Kriterien für die Priorisierung von Prozessverbesserungen sind, sollten Sie auch weitere Faktoren betrachten. Einer dieser Faktoren ist die Dringlichkeit einer Verbesserung. Manchmal können Prozesse so problematisch sein, dass ihre Verbesserung oder Überarbeitung nicht aufgeschoben werden kann, unabhängig von den potenziellen Kosten oder dem Aufwand. In solchen Fällen ist es wichtig, schnell zu handeln, um schwerwiegendere Auswirkungen auf das Unternehmen zu verhindern. Ein weiterer wichtiger Faktor ist die Übereinstimmung einer geplanten Verbesserung mit der übergeordneten Unternehmensstrategie. Es ist essenziell, dass Prozessverbesserungen die strategischen Ziele und die Vision des Unternehmens unterstützen. Verbesserungen, die stärker mit der Unternehmensstrategie übereinstimmen, sollten in der Regel eine höhere Priorität haben als solche, die weniger gut dazu passen. Darüber hinaus können auch externe Faktoren, wie regulatorische Anforderungen oder Marktveränderungen, die Priorisierung beeinflussen. Prozessverbesserungen, die dazu beitragen, die Einhaltung von Vorschriften zu gewährleisten oder die Wettbewerbsfähigkeit des Unternehmens zu verbessern, können trotz hoher Implementierungskosten oder geringem direkten Nutzen eine hohe Priorität haben. Ein Beispiel für eine Priorisierungsmatrix mit unterschiedlichen Faktoren zeigt Abbildung 13.4.

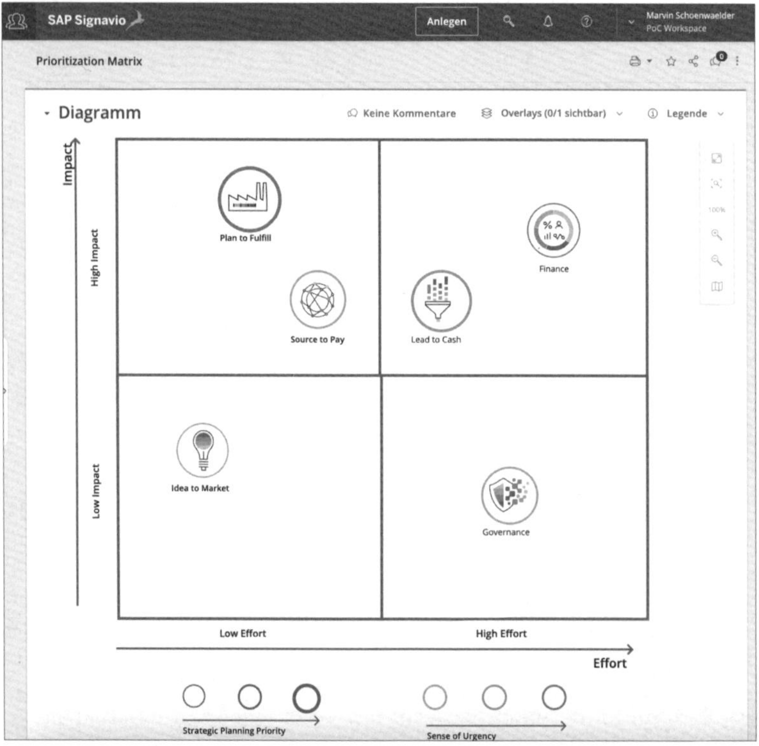

Abbildung 13.4 Beispiel einer Priorisierungsmatrix

Die Bewertung und Priorisierung von Prozessverbesserungen ist ein komplexer Prozess, der eine gründliche Betrachtung verschiedener Aspekte erfordert. Es ist wichtig, dass dieser Prozess strukturiert und systematisch durchgeführt wird, um eine fundierte und nachvollziehbare Entscheidungsfindung zu gewährleisten. Ebenfalls ist es wichtig zu betonen, dass die Bewertung und Priorisierung von Prozessverbesserungen kein einmaliger Prozess ist, sondern regelmäßig wiederholt wird. Dadurch wird es möglich, auf Veränderungen im Geschäftsumfeld zu reagieren und sicherzustellen, dass die gewählten Verbesserungsmaßnahmen weiterhin relevant und wertvoll für das Unternehmen sind.

13.7 Messung und Darstellung von Fortschritten

Die *Fortschrittsmessung* ist eine wichtige Grundlage für eine kontinuierliche Prozessoptimierung. Es ist wichtig, kontinuierlich zu überwachen, wie gut die angestoßenen Prozessveränderungen bzw. implementierten Verbesserungen funktionieren und ob sie die gewünschten Ergebnisse liefern. Hierzu sind erneut die Leistungsindikatoren von zentraler Bedeutung. Sie ermöglichen es, den Fortschritt auf objektive und messbare Weise zu beurteilen.

Die Darstellung der Fortschritte ist ebenfalls von großer Bedeutung. Sie sollte so gestaltet sein, dass sie leicht verständlich ist und einen schnellen Überblick über den aktuellen Stand der Prozessoptimierung bietet. Hierzu können verschiedene Darstellungsmethoden und Werkzeuge verwendet werden, wie z. B. Dashboards, Berichte oder visuelle Prozessdiagramme.

Dashboards sind ein äußerst effektives Instrument zur Darstellung des Fortschritts und zur Überwachung der Leistung in der Prozessoptimierung. Sie bieten eine visuelle Oberfläche, die es Benutzer*innen ermöglicht, verschiedene Prozessleistungsindikatoren zu betrachten und zu analysieren, und sie bieten die Möglichkeit, Daten zu aktualisieren und zu verfolgen. Eine der größten Stärken von Dashboards liegt in ihrer Fähigkeit, den Zustand eines Prozesses vor und nach einer Verbesserungsinitiative darzustellen. Sie können die Leistungsmetriken vor der Implementierung der Änderung mit den aktuellen Metriken vergleichen, um den Effekt der Verbesserungsmaßnahme zu sehen. Dies ist nicht nur für die interne Bewertung hilfreich, sondern kann auch bei der Kommunikation des Fortschritts und der erzielten Verbesserungen an die Stakeholder sehr effektiv sein. Ein weiterer großer Vorteil von Dashboards ist ihre Interaktivität. Benutzer*innen können verschiedene Filter oder Ansichten anwenden, um spezifische Aspekte der Daten zu untersuchen. Sie können beispielsweise die Daten nach Abteilung, Zeitraum oder bestimmten PPIs filtern. Dies gibt den Benutzer*innen die Möglichkeit, die Daten auf die für sie relevanteste Weise zu betrachten und zu analysieren. Darüber hinaus können Benutzer durch die Darstellung der Daten über einen bestimmten Zeitraum hinweg sehen, wie sich die Leistung im Laufe der Zeit verändert hat und ob es bestimmte Trends oder Muster gibt, die beachtet werden sollten. Dies kann dazu beitragen, neue Verbesserungsmöglichkeiten zu identifizieren oder potenzielle Probleme frühzeitig zu erkennen.

All diese Funktionen sind in SAP Signavio Process Intelligence (siehe Kapitel 4) integriert, was es zu einem äußerst effektiven Werkzeug für die Überwachung und Darstellung von Fortschritten in der Prozessoptimierung macht. Neben den Vorteilen der Dashboard-Funktionen lassen sich die erstellten Analyse-Widgets dann ebenso wieder in das Prozessmodell einbetten und den Benutzer*innen direkt im Prozessmodell anzeigen.

Schließlich möchten wir betonen, dass die Messung und Darstellung von Fortschritten nicht nur dazu dient, den Erfolg der bisherigen Verbesserungen zu bewerten, sondern auch dazu, neue Verbesserungsmöglichkeiten zu identifizieren. Dies ermöglicht es den Benutzer*innen, die Leistung der Prozesse kontinuierlich zu überwachen und zu analysieren, um so neue Möglichkeiten zur Verbesserung zu erkennen und zu nutzen.

13.8 Zusammenfassung

In diesem Kapitel haben wir auf das Transformationsprojekt zurückgeblickt, analysiert, welche Bereiche in der Phase der kontinuierlichen Prozessverbesserung weiterentwickelt werden sollten, und uns eingehend mit der Analyse und Optimierung implementierter Prozesse auseinandergesetzt. Die Verwendung datengetriebener Prozessanalysewerkzeuge, insbesondere von SAP Signavio Process Insights und SAP Signavio Process Intelligence, stand dabei im Fokus.

Wir haben die verschiedenen Möglichkeiten betrachtet, wie Prozessdiagramme durch die Verbindung mit datengetriebenen Analysen, Analyse-Widgets und Prozessleistungsindikatoren weiterentwickelt werden können. Ein Hauptaugenmerk lag dabei auf der Verknüpfung von Prozessleistungsindikatoren und Live Insights direkt mit Prozessschritten, um eine umfassende und kontinuierliche Prozessverbesserung zu ermöglichen. Wir haben die Bedeutung der sorgfältigen Planung und Durchführung bei der Anwendung dieser Werkzeuge hervorgehoben, von der Auswahl der richtigen Leistungsindikatoren über die sinnvolle Konfiguration der Widgets bis hin zur Platzierung der Live Insights. Zudem wurde auf die Notwendigkeit einer kontinuierlichen Überprüfung und Anpassung der Prozesse hingewiesen, um auf Veränderungen im Unternehmensumfeld, neue Technologien oder veränderte Nutzeranforderungen reagieren zu können. In der Diskussion über die Bewertung und Priorisierung von Prozessverbesserungen wurden Kriterien und Methoden vorgestellt, die bei der Entscheidungsfindung helfen können. Dabei wurde deutlich, dass neben dem erwarteten Nutzen und dem Implementierungsaufwand auch andere Faktoren wie Dringlichkeit und strategische Relevanz in Betracht gezogen werden sollten. Abschließend haben wir uns mit den Möglichkeiten zur Messung und Darstellung von Fortschritten in der Prozessoptimierung beschäftigt. SAP Signavio Process Insights und SAP Signavio Process Intelligence wurden als effektive Werkzeuge zur Überwachung und Darstellung dieser Fortschritte hervorgehoben.

Zusammenfassend lässt sich sagen, dass die kontinuierliche Analyse und Optimierung während der Transformation implementierter Prozesse sowie die Erweiterung des betrachteten Prozessumfangs essenzielle Bestandteile der Weiterentwicklung des Business Process Transformation Managements sind. Durch die Anwendung der in diesem Kapitel vorgestellten Werkzeuge und Methoden können Unternehmen ihre Prozesse kontinuierlich verbessern und so ihre Leistung steigern und ihre Ziele effektiver erreichen.

Kapitel 14
Der Einstieg in das Business Process Transformation Management

Der Report SAP Innovation and Optimization Pathfinder, der Report SAP Discovery, SAP Signavio Process Insights Discovery Edition und das Business Process Transformation Starter Pack (Bestandteil von RISE with SAP) ermöglichen einen einfachen Einstieg in das Thema der prozessorientierten SAP-S/4HANA-Transformation. In diesem Kapitel stellen wir Ihnen die verschiedenen Möglichkeiten vor.

In Kapitel 12, »Der Einsatz des Business Process Transformation Managements beim Wechsel zu SAP S/4HANA«, und in Kapitel 13, »Der Einsatz des Business Process Transformation Managements über das SAP-S/4HANA-Projekt hinaus«, haben wir anhand der SAP-Signavio-Transformationsmethodik Einsatzmöglichkeiten und Potenziale des Business Process Transformation Managements beim Wechsel auf SAP S/4HANA diskutiert. Vielleicht haben Sie jedoch noch nicht die Entscheidung getroffen, eine prozessorientierte Transformation durchzuführen und SAP Signavio einzusetzen. Sie benötigen erste konkrete datenbasierte Ergebnisse oder eine nach Ihren Bedürfnissen angepasste Systemumgebung, um weitere Stakeholder im Unternehmen vom Mehrwert des Ansatzes zu überzeugen.

Dieses Kapitel gibt Ihnen einen Überblick über Einstiegsmöglichkeiten in das Business Process Transformation Management. In Abschnitt 14.1, »Analysen von SAP-ERP-Systemen«, zeigen wir auf, wie Sie auch schon ohne SAP-Signavio-Subskription in Ihrem SAP-ERP-System Prozesse analysieren und Optimierungsvorschläge automatisiert erstellen lassen können. Darüber hinaus stellen wir in Abschnitt 14.2, »Business Process Transformation Starter Pack«, das in RISE with SAP enthaltene *Business Process Transformation Starter Pack* vor. Kunden erhalten hiermit Nutzungsrechte für ausgewählte SAP-Signavio-Komponenten, um erste Erfahrungen mit der Lösung zu machen. In Abschnitt 14.3, »Zusammenfassung«, fassen wir die Erkenntnisse noch einmal zusammen.

14.1 Analysen von SAP-ERP-Systemen

Die Möglichkeit, automatisiert Prozesskennzahlen in SAP-ERP-Systemen zu überwachen und zu analysieren, wurde schon im Jahr 2008 in Verbindung mit einem neuen Konzept im SAP Solution Manager ins Leben gerufen. Das sogenannte *Business Process Integration and Automation Management* beinhaltet die folgenden Lösungen:

- **Business Process Monitoring (BPMon)**
  Proaktives und prozessorientiertes Monitoring der wichtigsten Geschäftsprozesse
- **Interface Monitoring (IFMon)**
  Prüfung auf Fehler in der Schnittstellenverarbeitung sowie Identifikation von nicht verarbeiteten Belegen
- **Data Consistency Monitoring (DCMon)**
  Identifikation und Korrektur von Inkonsistenzen einzelner Systeme in einer verteilten Systemlandschaft

Das Business Process Monitoring im SAP Solution Manager stellte schon damals eine breite Auswahl vorkonfigurierter Key Performance Indicators (KPIs) aus verschiedenen Bereichen zur Verfügung (teilweise Prozess-KPIs, teilweise eher technische KPIs, nachzulesen im *KPI-Katalog* (siehe Abbildung 14.1). Wie der Begriff Monitoring es jedoch schon vermuten lässt, ist der Ansatz bis heute hauptsächlich IT-Administrator*innen bekannt, die sich auf die technische Überwachung ihrer SAP-Systemlandschaft konzentrieren (insbesondere der Lösungen SAP ERP, SAP Financial Supply Chain Management, SAP Extended Warehouse Management (SAP EWM), SAP Transportation Management (SAP TM), SAP Customer Relationship Management (SAP CRM), SAP Supplier Relationship Management (SAP SRM) und SAP Advanced Planning and Optimization (SAP APO)). Probleme lassen sich erkennen und lösen, bevor kritische Situationen eintreten. Anhand von Schwellenwerten werden Warnungen (sogenannte *Alerts*) ausgegeben, die für bestimmte Geschäftsprozesse und Geschäftsprozessschritte relevant sind.

KPI-Katalog

Der KPI-Katalog ist ein Cloud-Service, der von SAP über das SAP ONE Support Launchpad bereitgestellt wird. Er enthält Definitionen, technische Dokumentation und detaillierte Beschreibungen von KPIs und damit verbundenen Metriken, die in SAP-Applikationen verfügbar sind. Der Katalog ist unter dieser URL erreichbar:

https://launchpad.support.sap.com/#/kpicatalog

Mit dem Tool *Business Process Analytics* (BPA) wurde später das Business Process Monitoring im SAP Solution Manager in einer modernisierten analytischen Anwendung weiterentwickelt. Daten werden technisch mit BW-InfoProvidern gesammelt und können nun fortlaufend analysiert werden. Außerdem lassen sich Trendanalysen auf der Basis historischer Daten erstellen. Business Process Analytics lässt sich bis heute über den SAP Solution Manager konfigurieren (zwischenzeitlich auch Business Process Improvement im SAP Solution Manager genannt). Die sogenannten *Business Key Figures* (BKF) können dann in regelmäßigen technischen Reportings wie dem *SAP EarlyWatch Alert* angezeigt werden. Die Konfiguration der Business Key Figures war immer mit manuellem Aufwand aufseiten der IT verbunden. Selbst wenn die Konfiguration erfolgreich abgeschlossen wurde, war der Wert der Erkenntnisse aus den Prozess-KPIs den meisten Fachanwendern gar nicht bewusst; die Ergebnisse wurden nur selten an den Fachbereich herangetragen.

Abbildung 14.1 zeigt einen Vergleich zwischen den verfügbaren Inhalten in der On-Premise-Lösung *Business Process Improvement* im SAP Solution Manager und der neuen Cloud-Lösung SAP Signavio Process Insights. Im SAP Solution Manager sind bereits 18 Prozessflüsse mit zugehörigen Metriken und weiteren Prozess-Performance-Indikatoren verfügbar. Mit SAP Process Insights sind weitere Kennzahlen hinzugekommen; für 2023 beinhaltet die Cloud Lösung laut SAP Roadmap 100 verschiedene Prozessflüsse. Des Weiteren werden die Ergebnisse grafisch aufbereitet, und, abgeleitet von den Erkenntnissen der Analyse werden Empfehlungen für Verbesserungen angezeigt (Correction und Innovation Recommendations). Neben den vielen neuen Inhalten ist mit SAP Signavio Process Insights auch das Einrichten und Konfigurieren deutlich einfacher geworden.

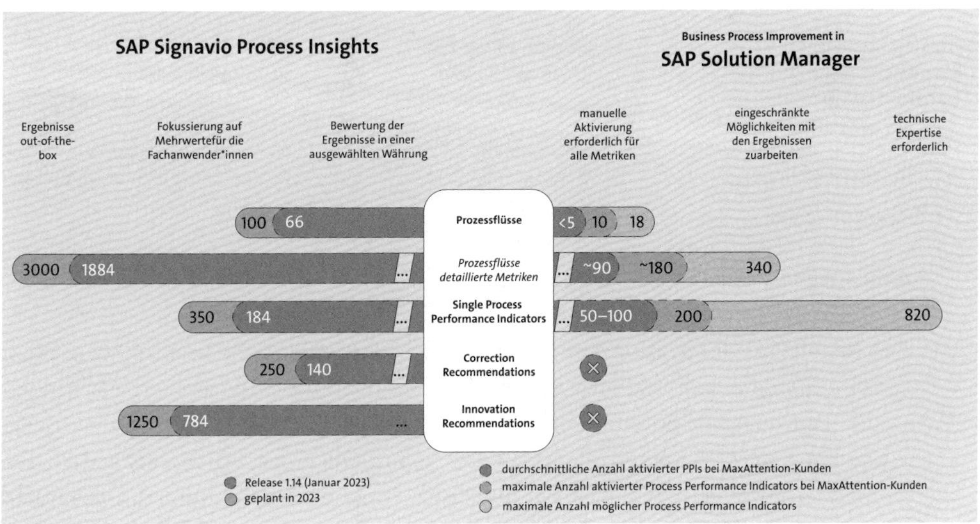

Abbildung 14.1 Vergleich der Inhalte: SAP Signavio Process Insights vs. SAP Solution Manager

[»]

SAP EarlyWatch Alert

Der SAP EarlyWatch Alert ist ein in der Wartung enthaltener, regelmäßig erstellter Statusbericht, der Kennzahlen zu wesentlichen Verwaltungsbereichen eines SAP-Systems enthält und eine Einschätzung über die Leistung und Stabilität bietet. Darin werden Kennzahlen wie Antwortzeiten sowie Hinweise auf erkannte Konfigurationsprobleme aufgelistet. Der SAP EarlyWatch Alert wird bei entsprechender Konfiguration automatisch ausgeführt, sodass die Nutzer proaktiv auf Probleme reagieren können, bevor diese kritisch werden. Das Ergebnis kann z. B. wöchentlich per E-Mail gesendet werden.

Um die Ergebnisse leichter und fokussierter zu konsumieren und einen Einstieg in das Thema Business Process Transformation im Kontext von SAP S/4HANA sowohl für die IT- als auch für die Fachanwender*innen zu erleichtern, stellt SAP seit 2017 verschiedene Analyseberichte zur Verfügung. So gibt es bis heute den Report **SAP Innovation and Optimization Pathfinder** und den Report **SAP Process Discovery**. Beide Berichte sind für Kunden mit einem SAP-Wartungsvertrag kostenfrei verfügbar. Die Ergebnisse dieser Berichte zeigen die Mehrwertpotenziale von Prozessverbesserungen in einem SAP-ERP-System (SAP ERP Central Component, SAP ECC, oder SAP S/4HANA) auf. Um die Ergebnisse jedoch detaillierter zu betrachten und zu priorisieren, ist es erforderlich, weitere Komponenten aus dem SAP-Signavio-Lösungsportfolio zu nutzen (siehe Abbildung 14.2).

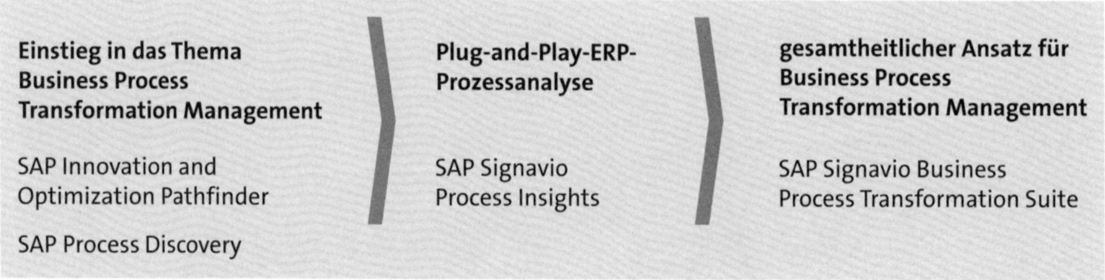

Einstieg in das Thema Business Process Transformation Management	**Plug-and-Play-ERP-Prozessanalyse**	**gesamtheitlicher Ansatz für Business Process Transformation Management**
SAP Innovation and Optimization Pathfinder SAP Process Discovery	SAP Signavio Process Insights	SAP Signavio Business Process Transformation Suite

Abbildung 14.2 SAP Process Discovery als erster Schritt

Der Report **SAP Innovation and Optimization Pathfinder** (Quelle: *http://www.sap.com/pathfinder2*) identifiziert relevante SAP-Innovationen, Prozessverbesserungen und IT-Optimierungspotenziale für Ihr SAP-Kernsystem, unabhängig davon, ob Sie schon SAP S/4HANA nutzen oder nicht. Der Report **SAP Process Discovery** erstellt, basierend auf Ihrer aktuellen Systemumgebung, konkrete Empfehlungen hinsichtlich Transformationsszenarien und Prozessverbesserungen, die im Rahmen Ihrer SAP-S/4HANA-Transformation relevant sein könnten.

Beide Berichte liefern nicht nur systemspezifische Ergebnisse und Empfehlungen, sondern können auch für ein Benchmarking herangezogen werden. Die Mechanismen zur Datensammlung existieren schon seit vielen Jahren. Die SAP-Datenbank enthält zwischenzeitlich Datenpunkte von über 15.000 Analysen. Bei der Erstellung des Ergebnisberichts kann als Vergleichsgrundlage zwischen 29 Industrien ausgewählt werden. Im Ergebnis werden dann sämtliche Prozesskennzahlen mit den Kennzahlen anderer Kunden vergleichen. Neben Ihren eigenen Kennzahlen sehen Sie im Bericht, ob Sie mit Ihren Ergebnissen im Vergleich zu anderen SAP-Kunden im besten oder im schlechtesten Quartil liegen. Dementsprechend werden die Ergebnisse in Rot, in Gelb oder in Grün angezeigt (siehe Abbildung 14.3).

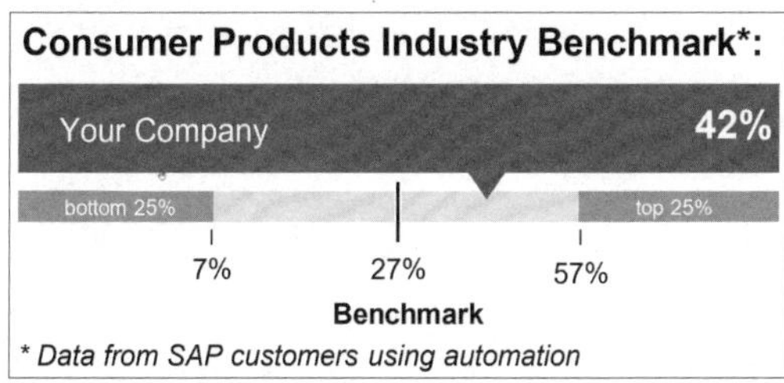

Abbildung 14.3 KPI: Benchmarking

Die Ergebnisse werden in zwei Formaten zur Verfügung gestellt: eine Online-Version (auch genannt *Spotlight by SAP*) sowie eine detaillierte Zusammenfassung im PDF-Format. Inhaltlich und auch vom Detailgrad der Analyse gibt es zwischen PDF- und Online-Version kaum Unterschiede, Sie können also selbst entscheiden, welche Darstellungsform für Sie besser geeignet ist.

Der Mechanismus zur Datensammlung basiert nach wie vor auf der gleichen Technik wie die das gerade vorgestellte Business Process Monitoring und der Business Process Analyzer. Die Berichte lassen sich jedoch auch ohne Konfigurationen im SAP Solution Manager nutzen. Das im Kontext der SAP-S/4HANA-Transformation eingeführte Framework *SAP Readiness Check for SAP S/4HANA* beinhaltet nun eine Funktionalität zur *Business-Process-Improvement-Analyse*, die hier genutzt wird. Dennoch lassen sich der Report **SAP Innovation and Optimization Pathfinder** und der Report **SAP Process Discovery** unabhängig vom SAP Readiness Check ausführen. Die Ergebnisse unterscheiden sich wesentlich: Während der Report **SAP Innovation and Optimization Pathfinder** sowie der Report **SAP Process Discovery** vorrangig Potenziale zur Prozessverbesserung in den Vordergrund stellen (Zielgruppe sind Fachbereiche bzw. Schnittstellenfunktionen zwischen Fachbereichen und IT), werden im SAP Readiness Check for SAP S/4HANA die wichtigsten technischen Aspekte im Rahmen einer Systemkonvertierung von SAP ERP 6.0 nach SAP S/4HANA identifiziert (Zielgruppe ist die IT). Dies gilt insbesondere für die Implikationen durch den Einsatz der Datenbanktechnologie SAP HANA sowie für erforderliche Anpassungen durch einen neuen und angepassten Quellcode in SAP S/4HANA. In den folgenden Abschnitten gehen wir nun näher auf den Report **SAP Innovation and Optimization Pathfinder** sowie auf den Report **SAP Process Discovery** ein.

[»]

Technische Voraussetzungen

Für die Ausführung des Reports **SAP Innovation und Optimization Pathfinder** und des Reports **SAP Process Discovery** müssen verschiedene technische Voraussetzungen in Ihrem produktiven ERP-System geschaffen werden. Eine Systemkopie des produktiven Systems kann nicht verwendet werden, da dort nicht alle erforderlichen Datenpunkte verfügbar sind. Falls Sie mehrere produktive Mandanten in Ihrem System verwenden, müssen die Datenkollektoren in jedem Mandanten separat ausgeführt werden. Die folgenden technischen Voraussetzungen müssen geschaffen werden:

- ERP-Release: SAP ERP 6.0 (EHP 0 bis EHP 8) oder SAP S/4HANA
- Funktionsbausteine und Berichte für die Datensammlung: ST-A/PI Version 01T oder höher
- Installation verschiedener SAP-Hinweise (siehe den SAP-Hinweis 2918818 für weitere Details)

14.1.1 SAP Innovation and Optimization Pathfinder

Der Report **SAP Innovation and Optimization Pathfinder** wurde im Jahr 2017 erstmals SAP-Kunden und -Partnern zur Verfügung gestellt, um relevante Innovationen zu identifizieren, Geschäftsprozesse zu verbessern und IT-Optimierungspotenziale aufzuzeigen. Im Jahr 2018 wurde der Bericht um eine Line-of-Business-Edition erweitert, die weitere Erkenntnisse zur Prozessperformance und Optimierungspotenziale für spezifische Geschäftsbereiche ergänzte. Während der Bericht zunächst nur für SAP-ECC-Kunden verfügbar war, steht er seit 2019 auch für Kunden von SAP S/4HANA zur Verfügung. Mit der Einführung des SAP Innovation and Optimization Pathfinder 2.0 gibt es nun seit 2020 einen einheitlichen Bericht, der die vorausgehenden Versionen miteinander kombiniert und damit einen gesamtheitlichen Ansatz mit konkreten Ergebnissen für sowohl Fachbereiche als auch für die IT darstellt.

Abbildung 14.4 zeigt eine Übersichtsseite aus dem SAP Innovation and Optimization Pathfinder. Die folgenden Themen werden beleuchtet:

- **Empfehlungen pro Geschäftseinheit**
  Basierend auf der Nutzung Ihres ERP-Systems werden systemspezifische Empfehlungen, unterschieden nach sechs Geschäftsbereichen, aufgezeigt: Finanzwesen, Einkauf, Vertrieb, Supply Chain, Fertigung und Anlagenmanagement.

- **Möglichkeiten der Prozessoptimierung pro End-to-End-Prozess**
  Basierend auf 83 Prozess-Performance-Indikatoren und Benchmarking-Daten werden industriespezifische Empfehlungen für Prozessverbesserungen in den folgenden Bereichen zusammengestellt: Record-to-Report, Procure-to-Pay, Order-to-Cash, Complaints and Returns Management, Inventory Management, Plan-to-Produce und Operate-to-Maintain.
- **Optimierung von IT und Adaption von Innovationen**
  In diesem Bereich werden Empfehlungen zur Automatisierung und Verbesserung der IT-Landschaft aufgezeigt. Diese umfassen die Bereiche Sicherheit, Benutzerfreundlichkeit, Änderungsmanagement, Datenmanagement, Systemstabilität und Performance, kundeneigene Entwicklungen und Vorbereitung für die digitale Transformation

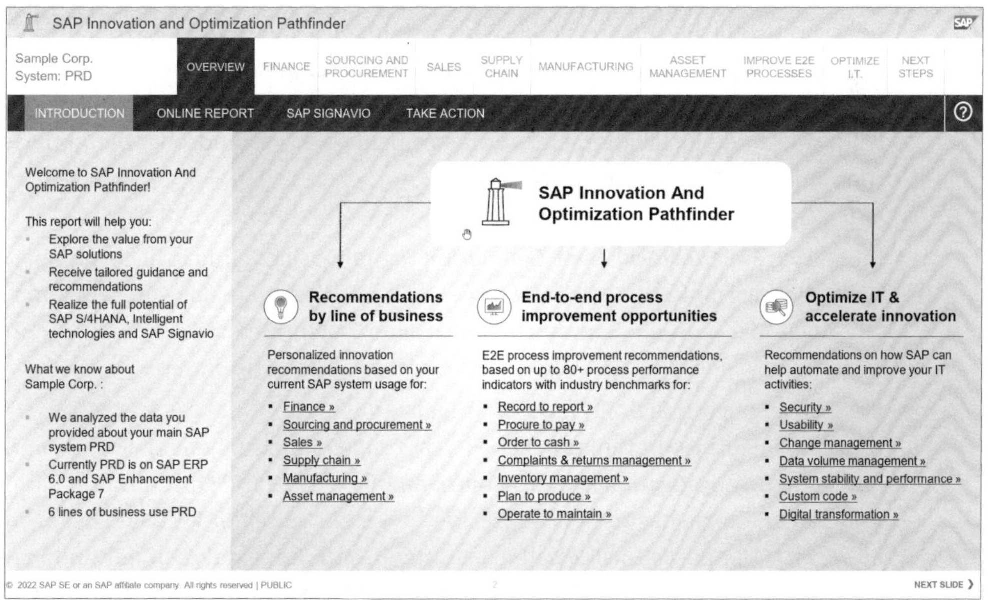

Abbildung 14.4 SAP Innovation and Optimization Pathfinder (Bildquelle: http://www.sap.com/pathfinder2)

Empfehlungen pro Geschäftseinheit

Exemplarische Ergebnisse für den Bereich Finanzwesen eines Unternehmens aus der Konsumgüterindustrie sind in Abbildung 14.5 dargestellt (Quelle: *http://www.sap.com/pathfinder2*). Im Abschnitt zu den Innovationen (Bereich **Recommended Finance Innovations**) wird zwischen vier Bereichen unterschieden:

- **Vereinfachte Benutzererfahrung**
  Die Verfügbarkeit von SAP Fiori als neue Benutzeroberfläche für Geschäftsanwendungen ist Grundlage von SAP S/4HANA. Nun gibt es einige SAP-Fiori-Apps, die sich schon in SAP ECC jederzeit aktivieren lassen. Andere SAP-Fiori-Apps erfordern eine SAP-HANA-Datenbank als Mindestvoraussetzung. Mit SAP S/4HANA stellt SAP in nahezu allen Bereichen SAP-Fiori-Apps zur Verfügung, sodass ein Arbeiten mit dem klassischen SAP GUI nicht mehr erforderlich ist. Anhand verschiedener Nutzungsparameter in Ihrem ERP-System wird hier auf die SAP-Fiori-Apps verwiesen, die für Sie relevant sein könnten.
- **Funktionale Erweiterungen**
  Ebenfalls auf der Basis von Nutzungsdaten aus Ihrem ERP-System werden hier funktionale Erweiterungen aufgezeigt, die für Sie einen Mehrwert generieren könnten. Eine konkrete Liste der identifizierten Transaktionen sowie eine Bewertung, wie häufig die entsprechende Funktionalität in Ihrer Industrie genutzt wird, finden Sie in der Detailansicht. Viele der Verbesserungsvorschläge lassen sich in der Regel schon mit einer bestehenden Softwarelizenzierung realisieren. Hier ist dann jedoch die Installation eines Enhancement Packages und/oder die Aktivierung einer Business Function erforderlich.
- **SAP-S/4HANA-Erweiterungen**
  Im Bereich **SAP S/4HANA Next-Generation Digital Business** findet sich eine Übersicht über relevante SAP-S/4HANA-Innovationen, die für Sie relevant sein könnten. Auch hier wird die Relevanz auf Basis von Nutzungsparametern aus Ihrem System sowie die Durchdringung in der gewählten Industrie bewertet.
- **Erweiterungen durch SAP-Cloud-Lösungen**
  Neben SAP-Fiori-Apps, funktionalen Erweiterungen im bestehenden System und SAP-S/4HANA-Innovationen werden im SAP Innovation and Optimization Pathfinder auch Möglichkeiten der Prozessverbesserung durch SAP-Cloud-Lösungen aufgezeigt. Der Bericht listet potenziell interessante Applikationen auf und verweist auf weiterführende Online-Informationen. Zu berücksichtigen ist, dass Empfehlungen einerseits von der tatsächlichen ERP-Nutzung abgeleitet, andererseits aber auch generelle Best-Practice-Vorschläge ergänzt werden.

Neben dem Abschnitt zu den Innovationen befindet sich auf der Übersicht pro Geschäftseinheit außerdem ein Verweis auf mögliche Potenziale zur Prozessverbesserung (in Abbildung 14.5 im Bereich **Improve Finance Processes** beispielhaft für das Finanzwesen erkennbar). Dieser Themenbereich wird im Folgenden genauer beleuchtet.

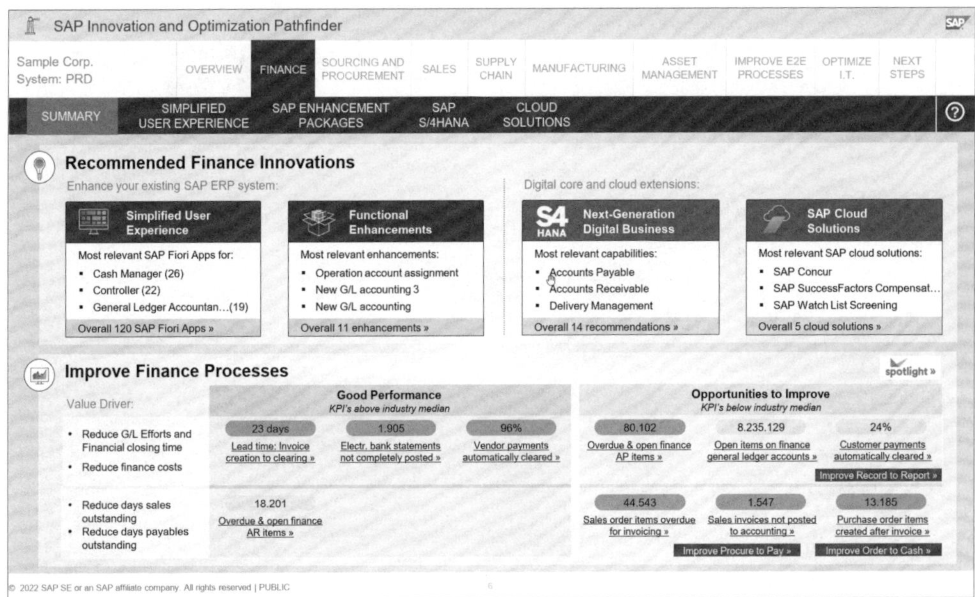

Abbildung 14.5 Empfehlungen im Bereich Finanzwesen

Möglichkeiten der Prozessoptimierung pro End-to-End-Prozess

In diesem Abschnitt des Reports werden anhand von ausgewählten KPIs Verbesserungspotenziale hinsichtlich der folgenden Kategorien identifiziert (siehe Abbildung 14.6):

- Reduktion von Durchlaufzeiten
- Verbesserung von Automatisierungsraten
- Reduktion von Fehlern
- Minimierung von Rückständen

Der Bericht ermittelt konkrete Kennzahlen, vergleicht, wie Sie im Verhältnis zu anderen Unternehmen in Ihrer Industrie stehen, beschreibt mögliche Gründe für eine schlechte Prozessperformance und zeigt mögliche Auswirkungen auf den Geschäftsbetrieb auf. Die ermittelten Werte sind Durchschnittswerte, die im System gemessen werden. Manche Kennzahlen werden nach den fünf größten Buchungskreisen, den fünf größten Werken oder der Altersverteilung von Belegen aufgeschlüsselt. Jede der Kennzahlen ist farblich hinterlegt. Eine rote Markierung bedeutet dabei, dass das Ergebnis im Vergleich zu anderen Kunden in der ausgewählten Industrie in den schlechtesten 25 % liegt. Bei grün hinterlegten Kennzahlen liegt das Ergebnis in den besten 25 %. Sämtliche Werte dazwischen werden in Gelb angezeigt.

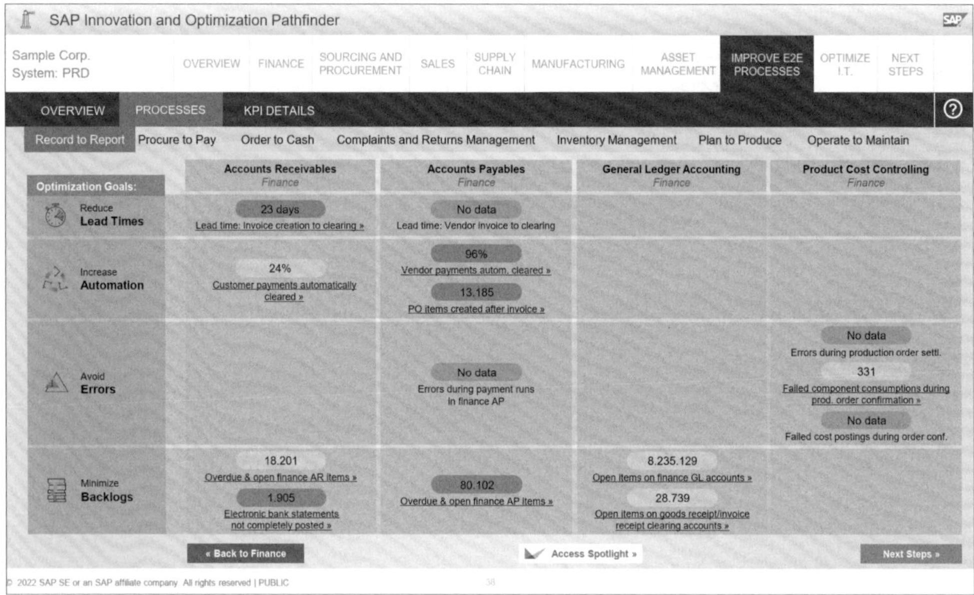

Abbildung 14.6 Verbesserung der End-to-End-Prozesse

Es ist wichtig, die Ergebnisse des Benchmarkings richtig zu interpretieren. Auch wenn die Unterscheidung zwischen 29 verschiedenen Industrien bereits sehr granular ist, werden absolute Zahlen nicht normalisiert mit anderen Unternehmen verglichen. Bei einem großen Unternehmen sind beispielsweise im Vergleich zu einem kleineren Unternehmen höhere Belegvolumina zu erwarten. Bei großen Unternehmen sind also alleine aufgrund dieser Tatsache mehr rote Kennzahlen zu erwarten als bei kleinen Unternehmen. Umgekehrt gilt dies genauso – bei kleineren Unternehmen sind häufiger grüne Kennzahlen zu beobachten. Dies gilt jedoch nur für absolute Kennzahlen. Bei relativen Kennzahlen (z. B. hinsichtlich des Automatisierungsgrades in Prozent) spielt die Anzahl der involvierten Belege keine Rolle.

Die Kennzahlen geben typischerweise erste Hinweise bezüglich den zugrundeliegenden Potenzialen der Prozessverbesserung in Ihrem System. Ein individuelles Filtern nach mehreren Kriterien, der Drilldown auf der Belegebene oder die Auswertung nach verschiedenen Kriterien ist hier allerdings nicht möglich. Für tiefergehende Analysen ist eine Subskription von SAP Signavio Process Insights erforderlich (siehe Kapitel 3, »SAP Signavio Process Insights«).

Optimierung von IT und Adaption von Innovationen

Der letzte Bereich im SAP Innovation and Optimization Pathfinder fokussiert sich nicht mehr auf Prozessoptimierungen, sondern auf technische IT-Optimierungsmöglichkeiten (siehe Abbildung 14.7).

Mit der Umsetzung der aufgezeigten Maßnahmen können verschiedene Mehrwerte gehoben werden:

- Sicherstellen der Geschäftskontinuität und Erhöhung der Agilität bei der Umsetzung von Innovationen
- Reduktion der operativen Betriebskosten
- Erfüllen von Compliance- und Sicherheitsanforderungen

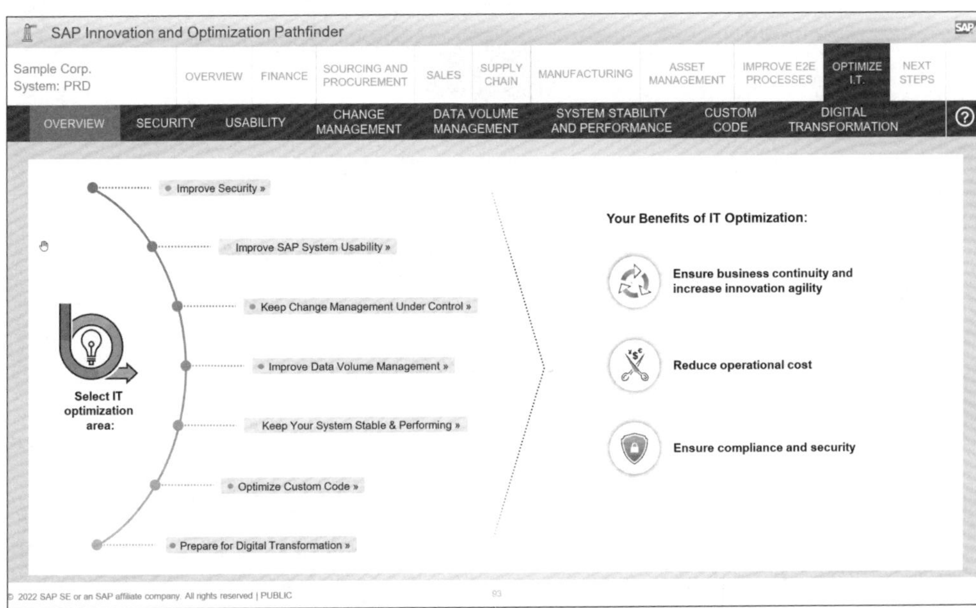

Abbildung 14.7 Technische Optimierungsmöglichkeiten

14.1.2 Process Discovery für SAP S/4HANA Transformation

Der Report **SAP S/4HANA Process Discovery** existiert seit dem Jahr 2021. Der Report ist eine Weiterentwicklung des seit 2016 existierenden Reports **SAP Business Scenario Recommendation** (bzw. des Reports **Next Generation SAP Business Scenario Recommendation** seit 2019). Der Bericht unterstützt Sie bei der Transformationsplanung und Umsetzung Ihres SAP-S/4HANA-Projekts. Insbesondere werden Mehrwerte identifiziert, die durch ein strukturiertes Geschäftsprozessmanagement im Rahmen des SAP-S/4HANA-Projekts realisiert werden können.

Abbildung 14.8 gibt einen Überblick über die Einsatzszenarien des Berichts **SAP Process Discovery** (Quelle: *http://www.s4hana.com/*). Diese möchten wir Ihnen im Folgenden noch detaillierter vorstellen:

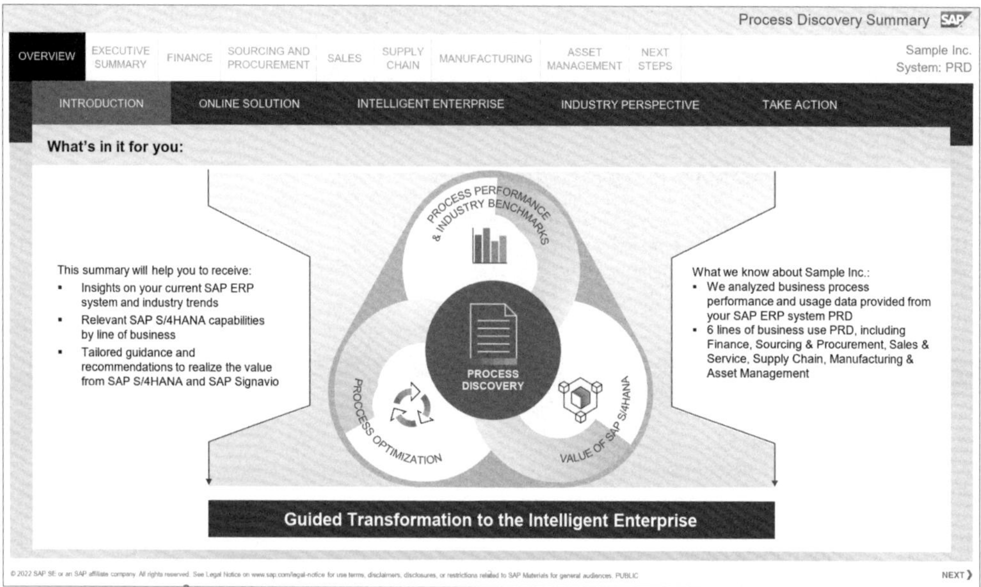

Abbildung 14.8 Report: SAP Process Discovery

- **Messung der Prozessperformance und Benchmarking im Vergleich zu anderen Unternehmen in Ihrer Industrie**
  Ähnlich wie im SAP Innovation and Optimization Pathfinder werden verschiedene Process Performance Indicators in Ihrem System gemessen und mit Unternehmen der gleichen Industrie verglichen.
- **Identifikation von Prozessoptimierungspotenzialen**
  Pro Process Performance Indicators werden Hinweise genannt, um das Problem zu verstehen. Mögliche Ursachen für eine schlechte Prozessperformance werden ausgewertet sowie mögliche Auswirkungen auf den Geschäftsbetrieb ohne Prozessverbesserungsmaßnahmen angegeben. Auch diese Auswertung ist vergleichbar mit den Ergebnissen des Berichts SAP Innovation and Optimization Pathfinder.
- **Evaluation des Mehrwertes von SAP S/4HANA**
  Basierend auf der Prozessanalyse werden Funktionen in SAP S/4HANA angezeigt, die zu einer Prozessverbesserung führen können. Zur Bewertung der Relevanz werden Nutzungsdaten aus Ihrem System herangezogen z. B. die Nutzungsintensität und ausgeführte Transaktionen, die mit SAP S/4HANA verbessert werden. Des Weiteren liefert das bereits erwähnte Industrie-Benchmark Hinweise darauf, ob eine Funktion in der für Sie relevanten Industrie häufiger oder wenig häufig genutzt wird.

Auf diese drei Funktionen gehen wir im Folgenden noch einmal genauer ein.

Messung der Prozessperformance und Benchmarking

Abbildung 14.9 zeigt exemplarisch einige Kennzahlen aus dem Finanzbereich wie sie im Discovery-Bericht ermittelt werden. In der Kategorie **REDUCE FINANCE COSTS & CLOSING TIME** wurden mehrere Werttreiber identifiziert:

- Reduktion von Aufwänden im Bereich **Reduce G/L Efforts And Financial Closing Time** (Hauptbuch und Reduktion der Abschlusszeiten)
- Reduktion der Finanzkosten

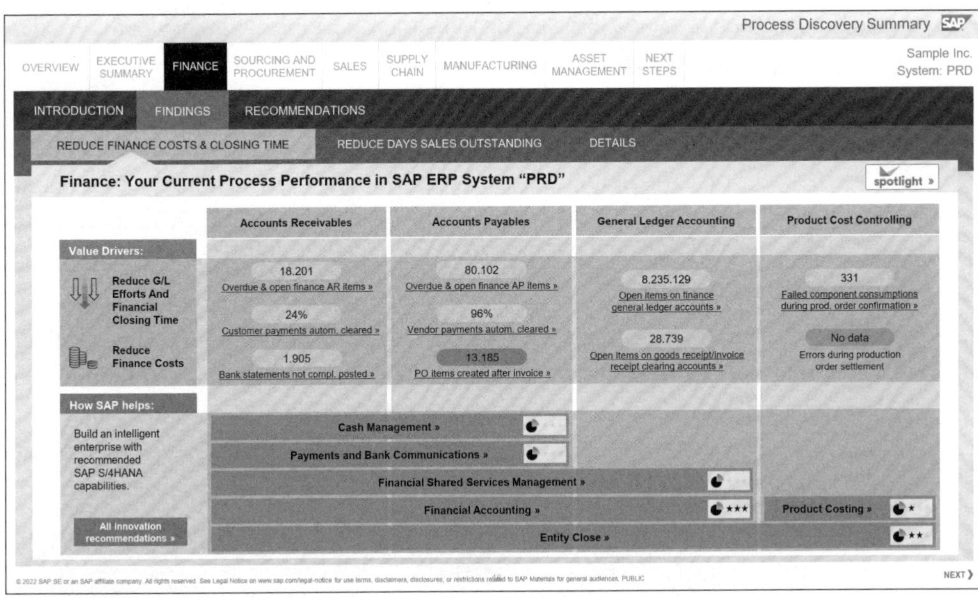

Abbildung 14.9 Detailansicht der Prozesse im Finanzwesen

Die Kennzahlen sind nach verschiedenen organisatorischen Einheiten aufgeschlüsselt:

- Kreditorenbuchhaltung
- Debitorenbuchhaltung
- Hauptbuchhaltung
- Steuerung der Produktkosten

Die Farbgebung der Kennzahlen basiert, genauso wie beim SAP Innovation and Optimization Pathfinder, auf dem Industrie-Benchmarking, dem die gleichen Annahmen zugrunde gelegt werden.

Neben den Kennzahlen wird im unteren Teil der Grafik als Überblick dargestellt, welche Funktionen Sie in SAP S/4HANA dabei unterstützen, den Prozess zu optimieren.

Die hier nach organisatorischer Einheit aufgeschlüsselten Hinweise werden im Bereich **Evaluation des Mehrwertes von SAP S/4HANA** genauer dargestellt.

Identifikation von Prozessoptimierungspotenzialen

Für jede Kennzahl liefert der Bericht eine detaillierte Darstellung auf einer Seite (siehe Abbildung 14.10). Dort findet sich eine konkrete Beschreibung der Kennzahl, eine detailliertere Übersicht über das Industrie-Benchmarking sowie weitere Details wie beispielsweise das Alter der analysierten Belege oder die Erkenntnisse, gegliedert in die fünf größten Buchungskreise, Vertriebsorganisationen, Werke oder Materialarten (abhängig von der analysierten Kennzahl).

Während die Kennzahlen in der Übersicht aggregiert über sämtliche organisatorische Strukturen dargestellt werden, ist die Detailansicht in der Regel sehr interessant, um die Ursache von ineffizienten Prozessen zu identifizieren. Genauso wie im Report SAP Innovation Pathfinder besteht hier aber keine individuelle Möglichkeit der Filterung. Auch ein Drilldown auf der Belegebene ist nicht möglich. Solche Funktionen werden erst mit der kostenpflichten Lösung SAP Signavio Process Insights möglich.

Neben der Beschreibung und weiteren Details zur Kennzahl werden in der detaillierten Darstellung auch Hinweise auf mögliche Ursachen von auffälligen Kennzahlen aufgelistet sowie mögliche Auswirkungen auf den Geschäftsbetrieb aufgezeigt.

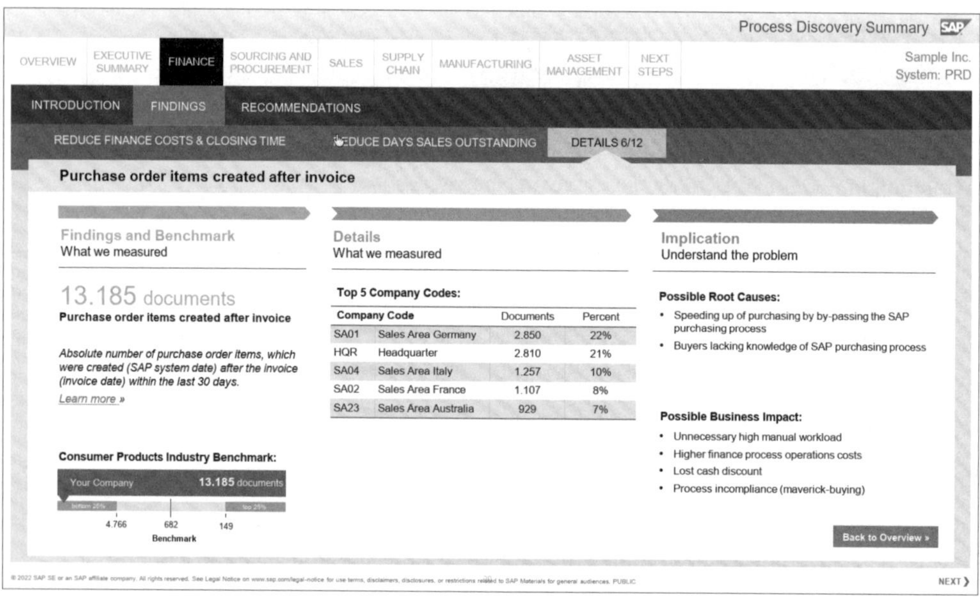

Abbildung 14.10 Detaillierte Darstellung einer Kennzahl

Evaluation des Mehrwertes von SAP S/4HANA

Für jede vorgeschlagene Empfehlung, wie ein Prozess in SAP S/4HANA verbessert werden kann, enthält der Bericht eine detaillierte Übersicht (siehe Abbildung 14.11). Diese enthält die folgenden Aspekte:

- Beschreibung der Funktionalität in SAP S/4HANA
- Mehrwerte der genannten Funktion
- Neuerungen in SAP S/4HANA bei der genannten Funktion

Des Weiteren wird die Verwendungshäufigkeit in der entsprechenden Industrie angegeben sowie auf weitere Informationen im Internetauftritt von SAP verlinkt. Insgesamt sind die meisten hier genannten Informationen auf den Webseiten von SAP frei zugänglich; der Bericht verknüpft diese allerdings mit den Prozesskennzahlen und den Industrie-Benchmarks.

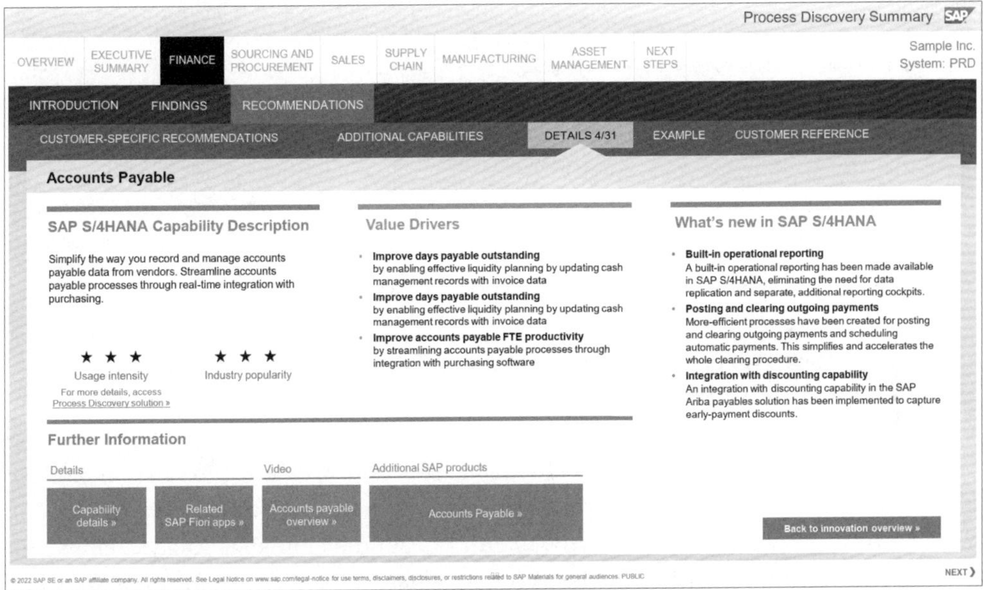

Abbildung 14.11 Beschreibung des Mehrwertes einer SAP-S/4HANA-Funktionalität

14.1.3 SAP Process Insights, Discovery Edition

Der Report **SAP Process Discovery** und der Report **SAP Innovation and Optimization Pathfinder** existierten bereits vor der Akquisition der Firma Signavio durch SAP und vor dem Release der Lösung SAP Process Insights. Im Jahr 2023 sind diese Berichte auch nach wie vor die Empfehlung von SAP, wie Sie ohne ein SAP-Signavio-Abonnement in Ihrem SAP-ERP-System Prozesse analysieren und Optimierungsvorschläge automatisiert erstellen.

Inzwischen wurde jedoch eine Nachfolgelösung angekündigt. Um den Kunden einen noch einfacheren Einstieg in das SAP-Signavio-Portfolio zu ermöglichen, gibt es seit April 2023 ein Beta-Programm für die *SAP Signavio Process Insights, Discovery Edition* (abgekürzt SPIDE). Es ist geplant, dass die Verfügbarkeit des Reports **SAP Process Discovery** des Reports **SAP Innovation and Optimization Pathfinder** sowie der dazugehörigen Online-Oberfläche (Spotlight by SAP) Ende 2023 endet. Ab diesem Zeitpunkt wird SAP Signavio Process Insights, Discovery Edition, allgemein verfügbar sein und die genannten Berichte ablösen (siehe Abbildung 14.12).

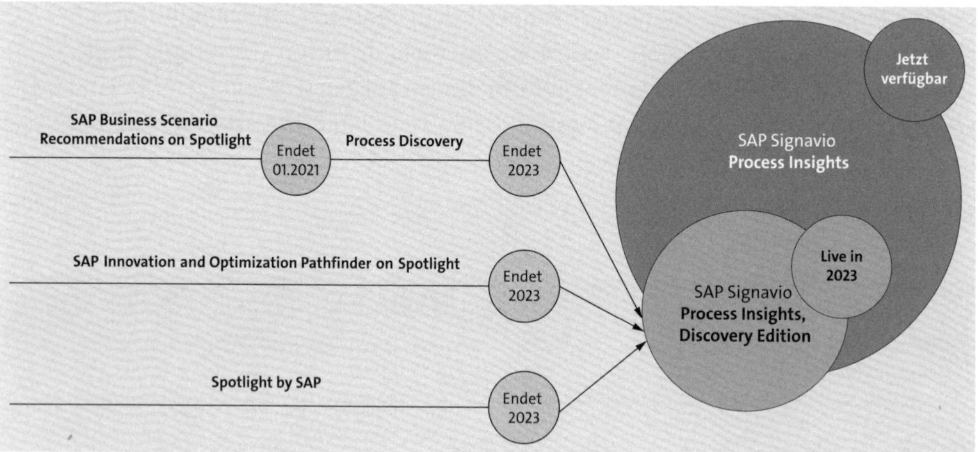

Abbildung 14.12 Roadmap für SAP Signavio Process Insights, Discovery Edition

Mit SAP Signavio Process Insights, Discovery Edition, stellt SAP eine eingeschränkte Version von SAP Signavio Process Insights zur Verfügung. Während die kostenpflichtige Lösung ein kontinuierliches Monitoring von Geschäftsprozessen ermöglicht und den Anwender*innen die Möglichkeit bietet, eine große Auswahl an Prozessflüssen und Process Performance Indicators zu analysieren, beschränkt sich SAP Signavio Process Insights, Discovery Edition, auf die einmalige Analyse eines Prozessflusses mit zugehörigen Metriken und einer kleineren Auswahl an Process Performance Indicators. Der Prozessfluss kann nicht ausgewählt werden, und es kann nur ein Prozess aus der Kreditorenbuchhaltung analysiert werden: Supplier Invoice Issuing to FI-AP Clearing (Rechnungsstellung durch den Lieferanten bis zum Ausgleich in der Kreditorenbuchhaltung). Dieser Prozess kann jedoch sehr detailliert analysiert werden:

- Die Benutzeroberfläche ist die gleiche wie die von SAP Signavio Process Insights.
- Es werden die üblichen Blocker zu dem Prozess angezeigt.
- Correction und Innovation Recommendations sind verfügbar.

- Filtermöglichkeiten sind gegeben.
- Ein Drilldown bis auf die Belegebene ist möglich.

Abbildung 14.13 vergleicht konkret den Funktionsumfang von SAP Signavio Process Insights und SAP Signavio Process Insights, Discovery Edition.

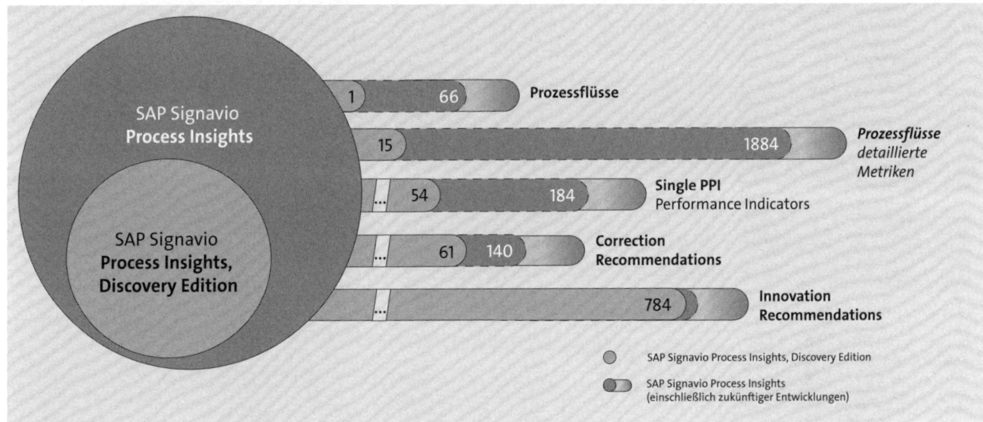

Abbildung 14.13 Geplanter Funktionsumfang von SAP Signavio Process Insights, Discovery Edition

Im Vergleich zum Report **SAP Process Discovery** oder dem Report **SAP Innovation and Optimization Pathfinder** bietet die SAP Signavio Process Insights, Discovery Edition, jedoch deutlich mehr Inhalte. Während die Gesamtzahl der Process Performance Indicators vergleichbar ist, kann in SAP Signavio Process Insights, Discovery Edition, ein Process Flow analysiert werden. Der Process Flow wird mit relevanten Metriken angereichert, und Correction sowie Innovation Recommendations sind ebenfalls verfügbar.

Technisch Voraussetzungen für SAP Signavio Process Insights, Discovery Edition

Die technischen Voraussetzungen bei der Beantragung von SAP Signavio Process Insights, Discovery Edition, sind vergleichbar mit denen für den Report **SAP Process Discovery** oder den Report **Innovation and Optimization Pathfinder**.

Zunächst müssen die beiden SAP-Hinweise 2758146 und 2745851 in das produktive ERP-System eingespielt werden. Mit den Ergebnissen kann daraufhin ein Antrag für SAP Signavio Process Insights, Discovery Edition, unter dem folgenden Link gestellt werden: *http://s-prs.de/v917420*

Tabelle 14.1 zeigt eine Übersicht über die Funktionen der verschiedenen Einstiegstools zur Prozessanalyse in einem SAP-ERP-System.

		SAP Innovation and Optimization Pathfinder	SAP S/4HANA Process Discovery	SAP Signavio Process Insights, Discovery Edition
Prozessanalyse	Prozesskennzahlen	83 PPIs	63 PPIs	54 PPIs und ein Process Flow
Ursachen und Auswirkungen	ja	ja	ja	ja
Vorschläge	SAP-Fiori-Apps	ja	ja	ja
	Erweiterungen in bestehendem Release	ja	nein	ja
	Erweiterungen durch SAP S/4HANA	ja	ja	ja
	IT-Optimierungsmöglichkeiten	ja	nein	nein
	qualitative Mehrwerte durch SAP S/4HANA	ja	ja	ja
	quantitative Mehrwerte durch SAP S/4HANA	nein	nein	Roadmap
Look & Feel	ähnlich zu SAP Process Insights	nein	nein	ja
	Verfügbarkeit eines PDF-Downloads	ja	ja	nein

Tabelle 14.1 Vergleich der Einstiegsmöglichkeiten

14.2 Business Process Transformation Starter Pack

RISE with SAP beinhaltet neben dem Cloud-ERP-System in Form von SAP S/4HANA, Private Edition, oder der SAP S/4HANA Public Cloud auch das Business Process Transformation Starter Pack. Das Paket beinhaltet die Nutzungsrechte für die folgenden SAP-Signavio-Komponenten (siehe Tabelle 14.2).

Komponente	Umfang	Anmerkung
SAP Signavio Process Insights	50 GB Datenvolumen, einmaliges Laden der Daten aus dem Quellsystem	Es ist möglich, ein ERP-System anzubinden. Dies kann entweder ein bereits vorhandenes ERP-System oder ein konvertiertes bzw. neu implementiertes SAP-S/4HANA-System sein. Eine Analyse eines SAP-S/4HANA-Public-Cloud-Systems ist nicht möglich. Daten können jedoch nur einmal geladen werden, wodurch keine kontinuierliche Prozessanalyse möglich ist.
SAP Signavio Process Manager	3 Prozessmanager	Die Funktion kann in vollem Umfang genutzt werden.
SAP Signavio Collaboration Hub	10 Collaboration-Hub-User	Die Funktion kann in vollem Umfang genutzt werden.

Tabelle 14.2 Umfang des Business Process Transformation Starter Packs

Wie Sie sehen, umfasst das Business Process Transformation Starter Pack nicht alle SAP-Signavio-Komponenten, da es sich lediglich um ein Einstiegspaket handelt. Es erlaubt Kunden, die bisher noch nicht die jeweilige SAP-Signavio-Komponente lizenziert haben, diese zu nutzen. Kunden, die im Vorfeld des Wechsels auf SAP S/4HANA beispielsweise eine erste Analyse Ihrer Ist-Prozesse mit SAP Process Discovery durchgeführt haben, können mit SAP Signavio Process Insights die Kennzahlen im Kontext von Prozessflüssen analysieren und die umfangreichen Filterfunktionen nutzen. Mit der Nutzung des SAP Signavio Process Managers ist es möglich, den SAP-Standard-Content, der im SAP Signavio Process Explorer verfügbar ist, in einen eigenen Signavio Workspace zu übertragen, die Standardprozessmodelle zu verfeinern und mit weiteren Projektbeteiligten zu teilen.

Die Vertragslaufzeit des Business Transformation Starter Packs ist identisch zu der des RISE-with-SAP-Vertrags. Sie können die vorhandenen Nutzungsrechte erweitern. Dabei gehen Sie wie folgt vor: In Ihrem SAP-BTP-Subaccount haben Sie die Applikation SAP Signavio Process Insights unter der Verwendung des Serviceplans RISE with SAP angebunden (siehe Abbildung 14.14). Der Serviceplan unterstützt das einmalige Laden der Daten. Dies kann die Analyse eines existierenden SAP-ERP-Systems oder die Analyse des SAP-S/4HANA-Systems nach dem Go-live sein.

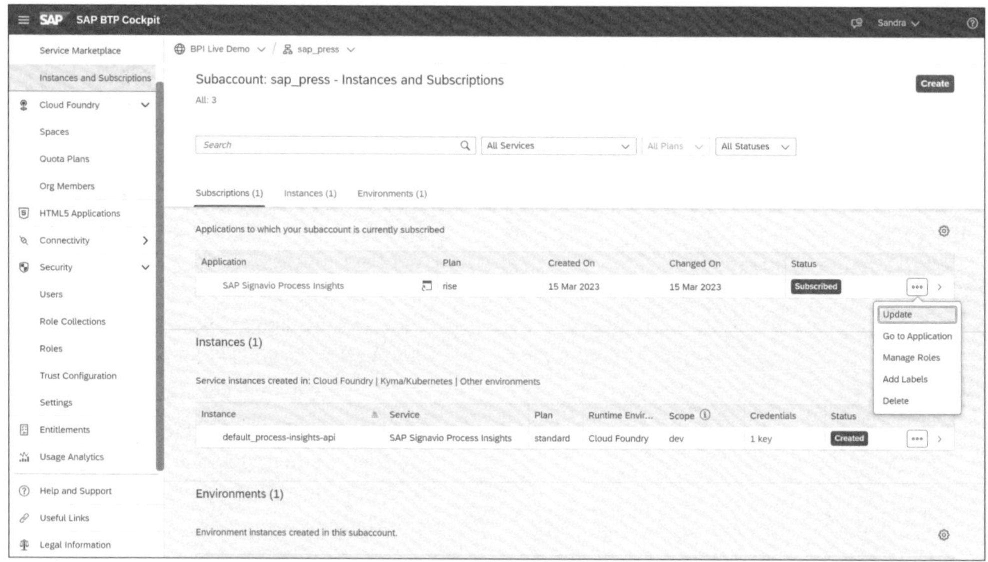

Abbildung 14.14 Anbindung von SAP Signavio Process Insights

Falls Sie nach dem einmaligen Laden aus Ihrem Quellsystem Daten mit SAP Signavio Process Insights kontinuierlich analysieren möchten, ist dies problemlos möglich. Nach dem Erwerb einer SAP-Signavio-Process-Insights-Lizenz müssen Sie lediglich den Service-Plan in der SAP BTP austauschen (siehe Abbildung 14.15).

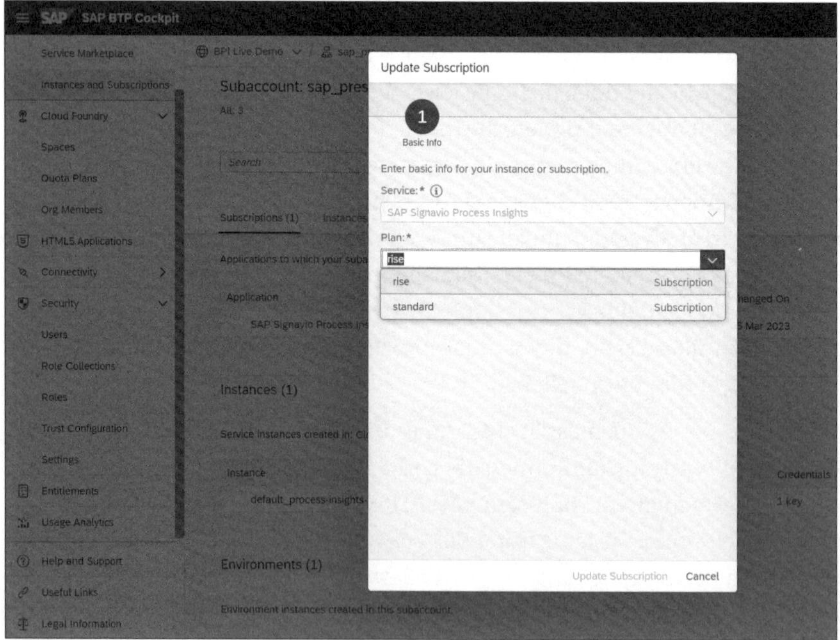

Abbildung 14.15 Wechsel des Serviceplans

Alternativ können Sie auch eine existierende Instanz mit dem RISE-with-SAP-Serviceplan bestehen lassen, falls Sie z. B. Ihr existierendes SAP-ERP-System analysiert haben und mit dem Standard-Serviceplan Ihr SAP-S/4HANA-System. In diesem Fall wird die SAP-ERP-Analyse nicht überschrieben und bleibt als Baseline für Prozess-Performance-Vergleiche bestehen.

Benötigen Sie zusätzliche Benutzer für den SAP Signavio Process Manager oder den SAP Signavio Collaboration Hub, können diese lizenziert und dem SAP Signavio Workspace hinzugefügt werden.

[«]

Business Process Transformation Starter Pack

Das Business Process Transformation Starter Pack ist seit Ende Oktober 2021 Bestandteil von RISE with SAP. Es ermöglicht Kunden, SAP Signavio Process Insights, den SAP Signavio Process Manager und den SAP Signavio Collaboration Hub zu nutzen. Der exakte Nutzungsumfang ist im Supplement von RISE with SAP S/4HANA Cloud und dem Supplement von RISE with SAP S/4HANA Cloud, Private Edition, beschrieben. Die Supplements sind im SAP Trust Center unter dieser URL einsehbar:

https://www.sap.com/germany/about/trust-center/agreements/cloud/cloud-services.html

Um den Einstieg in die SAP-Signavio-Produkte so einfach wie möglich zu gestalten, gibt es neben der umfangreichen Dokumentation zu den SAP-Signavio-Produkten im SAP Support Portal auch das Onboarding Ressource Center. Das SAP Signavio Onboarding Ressource Center stellt Informationen in drei Bereichen zur Verfügung:

- **Get started**: Sie erhalten einen Überblick und alle Informationen, damit Sie in der Lage sind, das Business Process Transformation Starter Pack zu nutzen.
- **Enablement**: Sie erhalten einen Zugriff zu E-Learnings, der Dokumentation, Produktneuigkeiten und Schulungen.
- **Support & Community**: Sie erfahren, wo Sie Unterstützung bei Fragen erhalten und wobei Sie die SAP Signavio Community unterstützt.

Zusätzlich zu den Informationen, die im SAP Support Portal und im SAP Signavio Onboarding Ressource Center zur Verfügung stehen, werden regelmäßig E-Mails an Ihren IT-Hauptansprechpartner versendet. Bei dem IT-Hauptansprechpartner handelt es sich um die Person, die bei Vertragserstellung von Ihrem SAP-Kundenbetreuer im Vertrag hinterlegt wurde. Es werden u. a. die folgenden E-Mails automatisiert versendet (siehe Tabelle 14.3).

Name der E-Mail	Versandzeitpunkt	Wichtige Inhalte
Technical Pre-Onboarding Process Insights	maximal drei Monate vor Vertragsstart	Beschreibung der notwendigen technischen Voraussetzungen
Process Insights Onboarding	bei Vertragsstart	Process Insights Onboarding Video, Informationen zum Onboarding Resource Center und zu Online-Trainings
Prepare Your Users	14 Tage nach Vertragsstart	Konfiguration des SAP Signavio Workspace, Informationen zu Online-Trainings
Setting up Process Insights	14 Tage nach Vertragsstart	Schritt-für-Schritt-Anleitung zum Aufsetzen von SAP Signavio Process Insights
BTP Onboarding	bei Vertragsstart, falls kein SAP-BTP-Account vorhanden ist	Informationen zum Aufsetzen eines SAP-BTP-Global-Accounts

Tabelle 14.3 Übersicht der Onboarding-E-Mails

[»]

Informationsquellen

Zugriff auf die Online-Dokumentation zu den einzelnen im Starter Pack enthaltenen Lösungen erhalten Sie hier:

- SAP Signavio Process Insights: *https://help.sap.com/docs/BPI*
- SAP Signavio Process Manager *https://documentation.signavio.com/suite/de/Content/process-manager.htm*
- SAP Signavio Collaboration Hub *https://documentation.signavio.com/suite/de/Content/collaboration-hub.htm*

Das SAP Signavio Onboarding Resource Center ist unter dieser URL erreichbar: *https://support.sap.com/en/product/onboarding-resource-center/sap-signavio.html*

Für SAP Signavio gibt es eine eigene Community mit u. a. Blogs und der Möglichkeit, Fragen zu stellen und mit SAP-Experten und Kunden zu kommunizieren, die Sie unter dieser URL erreichen: *https://community.sap.com/topics/signavio*

14.3 Zusammenfassung

Der Einstieg in das Business Process Transformation Management mit SAP wird Unternehmen durch die verschiedenen Angebote leicht gemacht. Durch die Möglichkeit, produktive Systeme zu analysieren, können die Lösungen und Grundkonzepte nicht nur kennengelernt, sondern auch Verbesserungspotenziale identifiziert werden. Die cloudbasierten Lösungen mit dem vordefinierten Analyse-Content ermöglichen es außerdem, sehr schnell und mit geringem Ressourcenaufwand zu starten.

Vor dem Projekt unterstützen Sie der SAP Innovation and Optimization Pathfinder, SAP S/4HANA Process Discovery und SAP Signavio Process Insights, Discovery Edition, mit einer kennzahlenbasierten Analyse ihres ERP-Systems sowie Empfehlungen, wie Sie Ihre Prozesse verbessern können. Für die weitere detailliertere Analyse der Kennzahlen sowie eine Betrachtung von Prozessflüssen nutzen Sie SAP Signavio Process Insights für eine Definition von Zielprozessen den SAP Signavio Prozess Manager und den SAP Signavio Collaboration Hub. Die Lösungen sind Bestandteil des Business Process Transformation Starter Packs. Für eine Vorbereitung Ihres Projektvorhabens in Form einer Vorstudie ist es sinnvoll, diese im Vorfeld zu erwerben.

Haben Sie sich bereits für RISE with SAP entschieden, bietet Ihnen das Business Process Transformation Starter Pack die Möglichkeit, schnell erste Mehrwertpotenziale zu identifizieren und diese auch sofort in Form von Zielprozessen zu beschreiben. Für ein dauerhaftes Messen der Prozessperformance können Sie nach dem Erwerb einer SAP-Signavio-Process-Insights-Lizenz, wie im vorangehenden Abschnitt beschrieben, den Serviceplan wechseln. Macht es z. B. die Anzahl der Prozesse erforderlich, weiteren Mitarbeitenden als Projektmanager*innen oder als Prozessteilnehmenden Zugriff auf den Signavio Workspace zu geben, ist dies nach dem Erwerb der entsprechenden Anzahl an Benutzern möglich.

Unabhängig davon, welche Möglichkeit Sie für einen Einstieg nutzen, machen Sie das Business Process Transformation Management und SAP Signavio zu einem festen Bestandteil nicht nur Ihres Wechsels nach SAP S/4HANA, sondern auch der Nutzung danach. Nur so sind in der Lage, Ihr Unternehmen und deren Prozesse zu analysieren, Verbesserungspotenziale kontinuierlich zu identifizieren und auch den vollen Nutzen von SAP S/4HANA für Ihr Unternehmen zu realisieren.

Das Autorenteam

Johannes Strasser ist als Produktexperte für RISE with SAP und SAP Signavio bei Westernacher Consulting tätig. Seine Beratungsschwerpunkte umfassen die Geschäftsprozesstransformation und -optimierung mit SAP Signavio. Mit seinen fundierten Kenntnissen über die SAP Signavio Process Transformation Suite unterstützt er zahlreiche Unternehmen europaweit bei der systematischen Umsetzung von SAP Signavio. In diesem Zusammenhang hilft er seinen Kunden nicht nur dabei, ihre Prozessqualität, sondern auch die Wertschöpfung sämtlicher Geschäftsbereiche nachhaltig zu steigern.

Michael Sokollek ist seit 1996 bei der SAP-Gruppe beschäftigt. Vor seinem Wechsel zu SAP Signavio war er in der Produktentwicklung, Applikationsberatung und als Architekt tätig. Gemeinsam mit Kunden entwickelte er kundenindividuelle SAP-S/4HANA-Transformation-Roadmaps. Seit Januar 2021 ist Michael Sokollek Senior Director im SAP Signavio Customer Transformation Office. Dort unterstützt er Kunden dabei, das Business-Process-Transformation-Portfolio von SAP in Vorbereitung, während als auch im Nachgang der SAP-S/4HANA-Transformation für eine kontinuierliche Prozessverbesserung einzusetzen.

Manuel Sänger ist Teil des SAP Signavio Customer Office und unterstützt strategische Kunden dabei, Mehrwerte durch eine prozessgetriebene SAP-S/4HANA-Transformation zu identifizieren und zu realisieren. Vor seinem Wechsel zu SAP Signavio arbeitete er in der SAP-Transformationsberatung, entwickelte gemeinsam mit Kunden SAP-S/4HANA-Roadmaps und steuerte Fit-Gap Workshops im Rahmen von großen SAP-S/4HANA-Umstellungssprojekten.

Maike Spierling ist Expertin für die Bereiche Geschäftsprozesstransformation und Prozess-Excellence. Sie ist Teil von SAP Signavio und unterstützt strategische Kunden dabei, Mehrwerte durch eine prozessgetriebene SAP-S/4HANA-Transformation zu identifizieren und zu realisieren. Vor ihrem Wechsel zu SAP Signavio war sie in der Unternehmensberatung tätig und unterstützte Kunden unter anderem im Rahmen von SAP-S/4HANA-Transformationen als Prozessberaterin. In ihrer Rolle begleitete sie Kunden bei der Einführung einer Prozessorganisation, beim Einsatz von Prozessanalyse-Methoden und bei der kontinuierlichen Optimierung von Prozesslandschaften.

Marvin Schönwälder ist Teil des SAP Signavio Customer Office und unterstützt strategische Kunden dabei Mehrwerte durch eine prozessgetriebene SAP-S/4HANA-Transformation zu identifizieren und zu realisieren. Vor seinem Wechsel zu SAP Signavio war er in der Beratung tätig und unterstützte Kunden im Rahmen von SAP-S/4HANA-Transformationen als Prozessberater. In seiner Rolle begleitete er Kunden bei der Einführung einer Prozessorganisation, beim Einsatz von Prozessanalyse-Methoden und bei der kontinuierlichen Optimierung von Prozesslandschaften.

Index

M

N

O

P

Q

R

S

T

U

V

W

Z

- Szenarien, Vorbereitung und Durchführung
- Greenfield- und Brownfield-Ansatz
- Empfehlungen und Best Practices für SAP S/4HANA Cloud und On-Premise

Frank Densborn, Frank Finkbohner, Martina Höft, Boris Rubarth, Kim Mathäß, Petra Klöß

Migration nach SAP S/4HANA

SAP S/4HANA in der Cloud oder On-Premise? Systemkonvertierung oder Neuimplementierung? Für jedes Szenario liefert Ihnen diese 4., aktualisierte Auflage unseres Bestsellers die richtige Anleitung. Schritt für Schritt unterstützt Sie das Buch bei Ihrem Migrationsprojekt, erklärt Ihnen wichtige Tools wie das SAP S/4HANA Migration Cockpit und den SAP S/4HANA Migration Object Modeler und zeigt Ihnen, wie Sie Ihr neues SAP-S/4HANA-System einrichten.

714 Seiten, gebunden, 89,90 Euro
ISBN 978-3-8362-9364-8
www.rheinwerk-verlag.de/5654